건설공사 품질시험기준

핵 | 심 | 정 | 리

건설교통부 고시 제 2008-83호

CONSTRUCTON
STANDARDS
FOCUS

건설공사 품질시험기준 [건설교통부고시 제2008 -83호]

건설기술관리법 제24조제2항 및 같은 법 시행령 제42조제2항의 규정에 따른 건설공사 품질시험기준을 다음과 같이 고시합니다.

2008년 2월29일
건설교통부장관

건설공사 품질시험기준

제1조(목적) 이 기준은 건설기술관리법(이하 "법"이라 한다) 제24조제2항 및 같은 법 시행령 제42조제2항의 규정에 따라 건설공사의 품질시험기준을 정하여 건설공사의 품질확보를 목적으로 한다.

제2조(정의) 이 기준에서 사용하는 용어의 정의는 다음과 같다.

1. "건설공사"라 함은 「건설산업기본법」 제2조제4호의 규정에 의한 건설공사를 말한다.
2. "발주자"라 함은 법 제2조제5호의 발주청과 건설공사의 허가 · 인가 · 승인 등을 한 행정기관의 장, 자재에 대한 공급원 승인권한을 갖는 자 등을 말한다.
3. "설계등 용역업자(이하 "설계자"라 한다)"라 함은 법 제2조제4호의 역무를 수행하는 자를 말한다.

제3조(적용범위) 이 기준은 법 시행령 제42조 규정에 따른 품질관리계획 및 품질시험계획 수립 대상공사로서, 다음 각 호의 어느 하나에 해당되는 경우에 적용한다.

1. 설계자가 설계도서에 품질시험 관련 사항 반영시
2. 건설업자 및 주택건설등록업자가 건설공사의 품질확보를 위하여 품질관리계획 및 품질시험계획 수립시
3. 발주자가 품질관리계획 및 품질시험계획의 적정수립 및 이행여부 확인시

제4조(품질시험기준) ① 건설공사의 종류별, 공종별, 시험종목 · 방법 및 빈도 등 건설공사 품질시험기준은 별표와 같다.

② 별표의 건설공사 품질시험기준에 명시되지 아니한 공종이나 자재에 대해서는 시방서 등 설계도서에 제시된 시험종목 · 방법 및 빈도에 따른다.

③ 발주자가 공사종류 · 규모 및 중요성, 현지실정 등을 감안하여 특히 필요하다고 인정하는 경우에는 별표의 건설공사 품질시험기준의 시험빈도를 조정할 수 있다.

제5조(품질시험기준의 반영 등) ① 발주자는 「산업표준화법」에 의한 한국산업규격, 법 제34조제1항 각 호에 따른 설계 및 시공기준과 별표의 건설공사 품질시험기준을 검토하여 설계도서에 반영하여야 한다.

② 발주자는 「산업표준화법」에 의한 한국산업규격, 법 제34조제1항 각 호에 따른 설계 및 시공기준과 별표의 건설공사 품질시험기준이 각기 다른 경우 공사의 종류, 구조물의 특성 등을 감안하여 적합한 기준을 선정하여 설계도서에 반영하여야 한다.

③ 신공법이나 신기술의 도입 등으로 국내 시험방법이 없는 경우 및 품질검사전문기관의 시험장비 기준상 시험이 곤란한 경우 등은 발주자가 설계자와 협의하여 품질을 확인할 수 있는 방법을 시방서에 명기하여야 하며, 시방서에 따라 품질을 확인하는 경우 법 제24조제2항에 따라 시험한 것으로 본다.

부 칙

① (시행일) 이 기준은 2008. 3. 1.부터 시행한다.

② (적용례) 이 기준은 시행일 이후 최초로 계약을 체결하는 건설공사부터 적용하며, 시행일 이전에 계약이 체결된 건설공사는 종전의 기준에 따라 품질관리를 하거나, 이 기준에 따라 품질관리계획 및 품질시험계획을 변경하여 품질관리를 할 수 있다.

[별표] 건설공사 품질시험기준(제4조제1항 관련)

1. 공 통

가. 토공사 및 기초공사

종 별	시험종목	시험방법	시험빈도	비 고
성토용 흙	함수비	KS F 2306	· 토취장마다	
	입도	KS F 2302		
	세립토 비율	KS F 2309		
	밀 도	KS F 2308		
	액성한계 · 소성한계	KS F 2303		
	노상토지지력비(CBR)	KS F 2320		
	다 짐	KS F 2312		
	토질조사	보링 등	· 필요시	
	투수	KS F 2322	· 토취장마다	· 흙댐, 용수로, 배수로용 일반 성토 및 표토 · 공종에 따라
	직접진다	KS F 2343		
	3축압축	KS F 2346		
터파기	토질조사	보링 등	· 필요시	
	지지력 확대기초	KS F 2444	· 필요시	
	지지력 말뚝기초 정재하	KS F 2445		
	지지력 말뚝기초 동재하	KS F 2591		
되메우기 및 구조물 뒷채움	다짐	KS F 2312	· 재질 변화시마다	
	현장밀도	KS F 2311	· 독립구조물 : 개소별마다 · 연속구조물 : 3층마다, 50m마다 · 연속구조물 : 3층마다, 100m마다	
	평판재하	KS F 2310	· 현장밀도시험 불가능시	
	입도	KS F 2302	· 토질변화시마다	
	함수비	KS F 2306 또는 급속함수량 측정방법	· 현장밀도시험의 빈도	
지반조사 (연약지반 등)	토질조사	보링 등	· 1개지구마다 3개소 이상	
	함수비	KS F 2306		
	입도	KS F 2302		
	밀도	KS F 2308		
	액성한계 · 소성한계	KS F 2303		
	세립토 비율	KS F 2309		

종 별	시험종목	시험방법	시험빈도	비 고
지반조사 (연약지반 등)	흙의 압밀시험	KS F 2316	· 보링개소마다	
	1축 압축강도	KS F 2314		
	3축 압축시험	KS F 2346		
	표준관입시험	KS F 2307		
	흙의 투수시험	KS F 2322	· 필요시	
	점성토의 현장베인 전단시험	KS F 2342		
	압밀배수조건하의 직접전단시험	KS F 2343		
	동적콘관입시험	KS F 2592		
프리텐션방식 원심력 PC말뚝	KS F 4303에 규정된 시험종목	KS F 4303	· 제조회사마다 · 200개마다	
프리텐션방식 원심력 고강도 콘크리트말뚝	KS F 4306에 규정된 시험종목	KS F 4306	· 제조회사마다 · 200개마다	
강관말뚝	KS F 4602에 규정된 시험종목	KS F 4602	· 제조회사마다 · 200개마다	
	용접부의 비파괴 검사	KS B 0845, KS B 0817	· 10이음당 1회	둘 중 하나

나. 콘크리트 공사

골재(부순 골재포함)	체가름	KS F 2502	· 골재원마다 · 1,000m³마다	
	0.08mm 체 통과량	KS F 2511		
	밀도 및 흡수율	KS F 2503	· 골재원마다 · 1,000m³마다	굵은 골재
		KS F 2504	· 골재원마다 · 1,000m³마다	잔 골재
	마모	KS F 2508	· 골재원마다 · 1,000m³마다	굵은 골재
	안정성	KS F 2507	· 골재원마다 · 1,000m³마다	

종 별	시험종목	시험방법	시험빈도	비 고
골재(부순 골재포함)	용적질량	KS F 2505	· 골재원마다 · 재질변화시마다	
	염화물함유량	KS F 2515	· 공급회사별 · 1일 3회 이상	바다모래인 경우
	골재의 알카리 잠재반응시험	KS F 2545 KS F 2546 KS F 2825	· 골재원마다 · 재질변화시마다	셋 중 하나
	표면수량	KS F 2509	· 1일 1회 이상	
콘크리트용 고로슬래그 골재	KS F 2544에 규정된 시험종목	KS F 2544	· 제조회사별 · 1,000m^3마다	
시멘트	KS L 1592에 규정된 시험종목	KS L 1592	· 제조일부터 3월이 되어 재질의 변화가 있다고 인정되는 때 · 300t마다	
	KS L 5201에 규정된 시험종목	KS L 5201		
	KS L 5204에 규정된 시험종목	KS L 5204		
	KS L 5210에 규정된 시험종목	KS L 5210		
	KS L 5219에 규정된 시험종목	KS L 5219		
물 (수질검사)	KS F 4009에 규정된 시험종목	KS F 4009 부속서	· 음용수가 아닌 경우 · 취수원이 달라질 때마다	
콘크리트용 화학혼화제	KS F 2560에 규정된 시험종목	KS F 2560	· 제조회사별 · 3월 이상 저장하여 재질의 변화가 있다고 인정되는 때마다	동결융해 시험및 길이 변화시험은 필요시
	적외선 흡수 스펙트럼	KS M 0024		
콘크리트용 양생제	KS F 2540에 규정된 시험종목	KS F 2540	· 제조회사별 · 3월 이상 저장하여 재질의 변화가 있다고 판단되는 때마다	
콘크리트용 팽창재	KS F 2562에 규정된 시험종목	KS F 2562		
콘크리트용 방청제	KS F 2561에 규정된 시험종목	KS F 2561		
플라이 애시	KS L 5405	KS L 5405		

종 별	시험종목	시험방법	시험빈도	비 고
굳지 아니한 콘크리트(레미콘 포함)	배합설계	콘크리트표준시방서	· 재료가 다른 각 배합마다	
	현장배합수정		· 작업개시전 1회	
	온도	온도계에 의함	· $150m^3$마다	댐의 경우
	KS F 4009에 규정된 시험종목(강도 제외)	KS F 4009	· 배합이 다를 때마다 · 콘크리트 1일 타설량이 $150m^3$ 미만인 경우 : 1일 타설량마다 · 콘크리트 1일 타설량이 $150m^3$ 이상인 경우 : $150m^3$마다	
	KS F 4009에 규정된 시험종목(강도)	KS F 4009	· 배합이 다를 때마다 · 1일 타설량마다 · KS F 4009 또는 당해 공사시방서	공시체는 시험빈도당 최소 3회(1회 3개, 총 9개) 제작
철근 및 강재(압접철근 포함)	KS D 3504의 시험	KS D 3504	· 제조회사별 · 제품규격별 100t마다 · 용접이음부위는 500개소마다	
	KS D 3527 〃	KS D 3527		
	KS D 3613 〃	KS D 3613		
	KS D 3503 〃	KS D 3503		
	KS D 3511 〃	KS D 3511		
	KS D 3515 〃	KS D 3515		
	KS D 3529 〃	KS D 3529		
	KS D 3530 〃	KS D 3530		
	KS D 3542 〃	KS D 3542		
	KS D 3558 〃	KS D 3558		
	KS D 3593 〃	KS D 3593		
콘크리트 포장용 주입줄눈재	KS F 2538 〃 KS F 4910 〃	당해 공사시방서	· 제조회사별	
철근가스압접이음	외관검사	육안 및 자에 의한 측정	· 모든 이음마다	
	초음파탐사법	KS D 0273	· 1검사로트에 20개소 이상	1검사로트는 1조의 작업반이 하루에 시공하는 압접개소의 수량
	인장시험	KS D 0244	· 1검사포트에 시험편 3개	

종 별	시험종목	시험방법	시험빈도	비 고
PC강선 및 PC강연선	KS D 7002에 규정된 시험종목	KS D 7002	· 제조회사별	
PC 강봉	KS D 3505에 규정된 시험종목	KS D 3505	· 제조회사별	
용접철망	KS D 7017에 규정된 시험종목	KS D 7017	· 제조회사별	
플랜트	계량기의 눈금점검, 자동계량장치점검	영점검사와 눈금의 정상 작동여부	· 작업개시전 1회	
	믹서성능시험	KS F 2455	· 필요시마다	
그라우팅	컨시스턴시	KS F 2432	· 작업개시전 1회	
	블리딩	KS F 2414		
	블리딩률 및 팽창률	KS F 2433		
	압축강도	KS F 2426		
콘크리트 조립식 부재	KS F 4722에 규정된 시험종목	KS F 4722	· 제조회사별 · 제품규격별	
	KS F 4726에 규정된 시험종목	KS F 4726		
	KS F 4729에 규정된 시험종목	KS F 4729		
경량기포콘크리트조립식부재	KS F 4914에 규정된 시험종목	KS F 4914	· 제조회사별 · 제품규격별	
PC조립식 구조접합부	접합부 결함 (초음파 탐상)	당해 공사 시방서	· 층별 5개소	

다. 철강구조물공사

강재(용접부 반입 검사)	용접부의 내부결함	KS B 0845	· 맞이음부재 총연장의 5/100 또는 100이음에 대하여 1장	
		KS B 0896	· 완전 용입부위의 20개소에 대하여 1개소	
	표면결함검사	육안검사	· 전용접부위에 대하여 무작위 추출하여 10% 이상	

종 별	시험종목	시험방법	시험빈도	비 고
강재(용접부 반입 검사)	스터드용접부의 검사	용접후 마무리 높이 및 기울기 검사(금속제 곧은자, 한계게이지, 콘벡스롤)	· 100개 또는 주요부재 1개에 용접한 숫자 중 작은 쪽을 1개 검사로트로 하여 1개 검사로트마다 1개씩 검사	
		타격구부림검사	· 100개 또는 주요부재 1개에 용접한 숫자 중 작은 쪽을 1개 검사로트로 하여 1개 검사로트마다 1개씩 검사	스터드가 기울어져 있는 경우에는 축에서 축길이를 측정함
강교용접	맞이음의 내부 결함	KS B 0845	· I형보 · 상자형보 · 트러스 · 아치 등의 이음부재 총연장의 5/100 또는 5이음에 대하여 1장	
	필렛용접 – 균 열	자분탐상법 또는 침투액 탐상법	· 주부재의 크레이터측 10개소마다 1개소	
	필렛용접 – 용접비이드의 외관 및 형상	육안검사 등	· 주부재의 이음마다	
마찰접합용 고장력볼트와 너트	KS B 1010에 규정된 시험종목	KS B 1010	· 제조회사별 · 제품규격마다	

라. 기 타

석 재	비중 및 흡수율	KS F 2518	· 골재원마다 · 재질의 변화시마다	
	압축강도	KS F 2519		
	탄성파 속도			
지반 보강 섬유	두께	KS K ISO 9863-1 KS K ISO 9863-2	· 20,000m²마다 · 제조회사별 · 제품규격마다	
	질량	KS K ISO 9864		
	인장강도 및 신도	KS K ISO 10319		
	봉합강도	KS K 0530 또는 KS K ISO 10321		
	투수	KS K ISO 11058		
	유효구멍크기	K S K 0754 또는 KS K ISO 12956		
	혼용률 및 재질	KS K 0210	· 필요시	
	파열강도(인열강도)	KS K 0768(9)		

종 별	시험종목	시험방법	시험빈도	비 고
드레인보드 (Drain Board)	인장강도 및 신도	KS K ISO 10319	· 20,000m²마다 · 제조회사별 · 제품규격마다	
	투수	KS K ISO 11058		
	질량	KS K ISO 9864		
	유효구멍크기	KS K 0754 또는 KS K ISO 12956		
	액체저항성	KS K ISO TR 12960 또는 당해 공사 시방서		
상수도용관	KS D 3565에 규정된 시험항목	KS D 3565	· 제조회사별 · 제품규격마다	
	KS M 3408-2에 규정된 시험항목	KS M 3408-2		
	KS M 3401에 규정된 시험항목	KS M 3401		
하수도용관	KS M 3404에 규정된 시험항목	KS M 3404		
	KS M 3407에 규정된 시험항목	KS M 3407		
	KS F 4402에 규정된 시험항목	KS F 4402		
	KS F 4403에 규정된 시험항목	KS F 4403		
	KS F 4405에 규정된 시험항목	KS F 4405		
	KS F 4406에 규정된 시험항목	KS F 4406		

2. 토 목

가. 도로공사

(1) 흙 및 혼합골재

종 별	시험종목	시험방법	시험빈도	비 고
노 체	다짐	KS F 2312	· 토질변화시마다	급속함수량측정기사용불가
	함수비	KS F 2306 또는 급속함수량 측정방법	· 포설후 다짐전 2,000m³ 마다	
	현장밀도	KS F 2311	· 2000m³마다(폭이 넓은 광활한 지역의 성토작업시) · 층별 450m마다(층다짐시 : 2차선기준)	급속함수량측정기 사용가능
	평판재하	KS F 2310	· 3층 포설후 150m마다(층다짐시 : 2차선기준) · 2,000m³마다(폭이 넓은 광활한 지역의 성토작업시	· 재료최대치수가 37.5mm 이상인 경우 · 현장밀도시험 불가능시
노 상	다짐	KS F 2312	· 토질변화시마다	급속함수량측정기 사용불가
	함수비	KS F 2306 또는 급속함수량 측정방법	· 포설 후 다짐 전 1,000m³ 마다	
	현장밀도	KS F 2311	· 1,000m³마다(폭이 넓은 광활한 지역의 성토작업시) · 층별 400m마다	급속함수량측정기 사용가능
	평판재하	KS F 2310	· 2층 포설후 200m마다(층다짐시 : 2차선기준) · 1,000m³마다(폭이 넓은 광활한 지역의 성토작업시)	· 재료 최대치수가 37.5mm 이상인 경우 · 현장밀도시험불가능시
	프르프롤링	5t 이상의 복륜하중(타이어접지압 5.6kg/㎠ 이상)통과	· 노상완성 후 전구간에 걸쳐 3회 이상	
동상방지층 및 보조기층	골재의 0.08mm 체 통과량	KS F 2511	· 골재원마다 · 재질변화시마다	
	골재의 밀도 및 흡수율	KS F 2503		
	마모	KS F 2508		
	노상토지지력비(CBR)	KS F 2320		

종 별	시험종목	시험방법	시험빈도	비 고
동상방지층 및 보조기층	다짐	KS F 2312	· 골재원마다 · 재질변화시마다	급속함수량시험기 사용불가
	체가름	KS F 2502	· 골재원마다 · 1,000m³마다	
	두께	KS F 2367	· 1일 1회 이상	
	함수비	KS F 2306 또는 급속함수량 측정방법	· 골재원마다 · 포설 후 다짐 전 500m³ 마다	
	현장밀도	KS F 2311	· 500m³마다(폭이 넓은 광활한 지역의 성토작업시) · 층별 200m마다 : 2차선기준	급속함수량시험기 사용가능
	평판재하	KS F 2310	· 선택층 및 보조기층 완성 후 100m마다 : 2차선 기준 · 500m³마다(폭이 넓은 광활한 지역의 성토작업시)	현장밀도시험 불가능시
	모래당량시험	KS F 2340	· 골재원마다 · 재질변화시마다	
	프르프롤링	5t 이상의 복륜하중(타이어접지압 5.6kg / ㎠ 이상)통과	· 완성 후 전구간에 걸쳐 3회 이상	
입도조정기층	밀도	KS F 2308	· 골재원마다 · 재질변화시마다	흙
	밀도 및 흡수율	KS F 2503	· 골재원마다 · 재질변화시마다	굵은 골재
	안정성	KS F 2507	· 골재원마다 · 재질변화시마다	급속함수량 측정기 사용불가
	마모	KS F 2508		
	노상토지지력비(CBR)	KS F 2320		
	다짐	KS F 2312		
	체가름	KS F 2502	· 골재원마다 · 재질변화시마다 · 1,000m³마다	
	0.08mm체 통과량	KS F 2511		
	함수비	KS F 2306 또는 급속함수량 측정방법	· 골재원마다 · 재질변화시마다 · 포설 후 다짐 전 500m³ 마다	

종별	시험종목	시험방법	시험빈도	비고
입도조정기층	현장밀도	KS F 2311	· 500m^{3}마다(폭이 넓은 광활한 지역의 성토작업시) · 층별 200m마다 : 2차선기준	급속함수량측정기 사용불가
	평판재하	KS F 2310	· 500m^{3}마다(폭이 넓은 광활한 지역의 성토작업시) · 층별 200m마다 : 2차선기준	현장밀도시험 불가능시
	프르프롤링	5t 이상의 복륜하중(타이어접지압 5.6kg/㎠ 이상)통과	· 기층완성 후 전구간에 걸쳐 3회 이상	
시멘트안정처리기층	체가름	KS F 2502	· 골재원마다 · 재질변화시마다	급속함수량측정기 사용불가
	밀도 및 흡수율	KS F 2503 (굵은 골재) KS F 2504 (잔 골재)		
	안정성	KS F 2507		
	마모	KS F 2508		
	연석량	KS F 2516		
	점토덩어리 함유량	KS F 2512		
	0.08mm체 통과량	KS F 2511		
	배합설계	시방규정	· 재료가 다른 배합마다	
	다짐	KS F 2312	· 재질변화시마다	
	시멘트 함유량	KS F 2327		
	압축강도	KS F 2328	· 1일 1회 이상	
	함수비	KS F 2306	· 골재원마다 · 재질변화시마다 · 500m^{3}마다(폭이 넓은 광활한 지역의 성토작업시)	500m^{3}마다 하는 경우에는 급속함수량측정기 사용가능
	현장밀도	KS F 2311	· 층별 200m마다 : 2차선기준 · 500세m^{3}마다(폭이 넓은 광활한 지역의 성토작업시)	급속함수량 측정기 사용가능

(2) 아스팔트 포장

종 별	시험종목	시험방법	시험빈도	비 고
골재(부순 골재 포함)	체가름	KS F 2502	· 골재원마다 · 재질이 변할 때마다 · 공사개시전 1회	
	0.08mm체 통과량	KS F 2511		
	밀도 및 흡수율	KS F 2503	· 골재원마다 · 재질이 변할 때마다 · 공사개시전 1회	굵은 골재
		KS F 2504	· 골재원마다 · 재질이 변할 때마다 · 공사개시전 1회	잔 골재
	마모	KS F 2508	· 골재원마다 · 재질이 변할 때마다 · 공사개시전 1회	
	안전성	KS F 2507		
	피막박리	KS F 2355		
채움재	KS F 3501에 규정된 시험종목	KS F 3501	· 제조회사마다 · 반입시마다	
아스팔트 콘크리트	배합설계	표준시방서	· 재료가 다른 각 배합마다	아스팔트품질시험포함
	KS F 2349에 규정된 시험종목	KS F 2349	· 1일 1회 이상	
플랜트	계량기의 눈금점검, 자동계량장치 점검	영점검사와 눈금의 정상작동 여부	· 작업개시전 1회 · 필요시마다	
	아스팔트의 온도		· 1시간에 1회 이상	가열시
	골재의 온도			가열후
	골재의 체가름	KS F 2502	· 1일 1회 이상	가열 전 · 후
도로포장용 아스팔트	KS M 2201에 규정된 시험종목	KS M 2201	· 2,000t마다 · 장기저장으로 재질의 변화가 있다고 판단되는 때 · 제조회사별	
컷백아스팔트	KS M 2202에 규정된 시험종목	KS M 2202	· 제조회사별 · 제품규격마다 · 반입시마다	
유화 아스팔트	KS M 2203에 규정된 시험종목	KS M 2203	· 제조회사별 · 제품규격마다 · 반입시마다	

종 별	시험종목		시험방법	시험빈도	비 고
플랜트 화합물	혼합물 온도		온도계에 의함	· 운반차량마다	
	역청함유량		KS F 2354	· 1일 1회 이상	
	체가름		KS F 2502		
	마샬안정도		KS F 2337		
	피막박리		KS F 2355	· 필요시마다	
혼합물의 포설	밀도		KS F 2353	· 1일 1회 이상	
	두께		KS F 2367	· 포설 1층당 30아르마다	
	평탄성	종방향	KS F 2373	· 차로마다 전구간	7.6m 측정기
			3.0m 측정기	· 차로마다 전구간	7.6m측정기 사용 불가능시
		횡방향	직선자	· 200m마다	측정기사용 불가능시

(3) 기 타

종 별	시험종목		시험방법	시험빈도	비 고
콘크리트 포장	평탄성	종방향	KS F 2373	· 차로마다 전구간	7.6m 측정기
			3.0m 측정기	· 차로마다 전구간	7.6m 측정기 사용 불가능시
		횡방향	직선자	· 200m마다	
포장용콘크리트 평판	KS F 4001에 규정된 시험종목		KS F 4001	· 2,000매마다	
콘크리트경계블록(보·차도용)	KS F 4006에 규정된 시험종목		KS F 4006	· 1,000매마다 · 호칭 및 길이를 달리할 때마다	
보·차도용콘크리트인터로킹블럭	KS F 4419에 규정된 시험종목		KS F 4419	· 10,000개 미만 : 5개 · 10,000개 이상 100,000개 미만 : 10개 · 100,000개 초과 : 100,000개마다 5개씩 추가	
도로표지용 도료	KS M 6080에 규정된 시험종목		KS M 6080	· 제조회사별 · 제품규격마다	
교량용교좌장치	KS F 4420에 규정된 시험종목		KS F 4420 또는 당해 공사시방서	· 제조회사별 · 제품규격마다	
	KS F 4424에 규정된 시험종목		KS F 4424 또는 당해 공사시방서		
교량용 신축이음장치	인장강도, 신장률, 경도, 압축영구줄음, 노화, 오존, 저항성, 회복률		당해 공사시방서	· 제조회사별 · 제품규격마다	

종 별	시험종목	시험방법	시험빈도	비 고
PC콘	인장 및 압축	당해 공사시방서	· 제조회사별 · 제품규격마다	
폴리염화비닐 지수판	KS M 3805에 규정된 시험종목	KS M 3805	· 제조회사별 · 제품규격마다	
이중벽고밀도 폴리에틸렌관	KS M 3500에 규정된 시험종목	KS M 3500	· 제조회사별 · 제품규격마다	
터널용 방수 시트	KS F 4911에 규정된 시험종목	KS F 4911	· 제조회사별 · 제품규격마다 · 7,000m²마다 · 재질변화시마다	
	KS F 4917에 규정된 시험종목	KS F 4917		

나. 수공구조물공사

흙댐, 용수로, 배수로용 일반성토 및 표토	함수비	KS F 2306 또는 급속함수량 측정방법	· 함수량 변화시마다	
	다짐	KS F 2312	· 토질변화시마다	급속함수량 측정기 사용불가
	현장밀도	KS F 2311	· 토량 10,000m³ 마다 · 매층마다 · 용 · 배수로의 간선은 길이 200m마다	급속함수량 측정기 사용가능
	투수	KS F 2322	· 토질변화시마다	
축제성토공	다짐	KS F 2312	· 재질변화시마다	급속함수량 측정기 사용불가
	현장밀도 또는 포화도(점질토)	KS F 2311	· 각 층별 1회 이상 · 층별 500m마다. 다만, 토량이 1,000m³ 미만인 공사는 1회 이상	급속함수량 측정기 사용가능
	함수비	KS F 2306 또는 급속함수량측정방법	· 강우 후 또는 함수량 변화시마다	
	투수	KS F 2322	· 토질변화시마다	
흙댐의 중심점토	함수비	KS F 2306 또는 급속함수량측정방법	· 토량 300m³마다	
	다짐	KS F 2312	· 토질변화시마다	급속함수량 측정기 사용불가

종 별	시험종목	시험방법	시험빈도	비 고
흙댐의 중심토	현장밀도	KS F 2311	· 토량 300m³마다 · 매층마다	급속함수량 측정기 사용가능
	투수	KS F 2322	· 토질변화시마다	
호안용 블록(콘크리트 및 모르터)	압축강도	KS F 2405 또는 시편제작	· 5,000매마다	· 현품이 불가능한 경우에는현품에서 시편을 제작하여 시험(1:1비율로 제작)
아연도 철선(돌망태 포함)	KS F 4601 또는 당해 공사시방서에 규정된 시험종목	KS F 4601 또는 당해 공사시방서	· 제조회사별 · 제품규격별 10t마다	

3. 건 축

가. 조적공사

콘크리트벽돌	KS F 4004에 규정된 시험종목	KS F 4004	· 제품 30,000매당	
속빈콘크리트블럭	KS F 4002에 규정에 시험종목	KS F 4002	· 제품 3,000매당	
경량기포콘크리트블럭	KS F 2701에 규정된 시험종목	KS F 2701	· 제품 1,000매당	
속빈유리블럭	KS F 4903에 규정된 시험종목	KS F 4903	· 제품 1,000매당	
연소재벽돌	KS L 8520에 규정된 시험종목	KS L 8520	· 제품 10,000매당	

나. 방수공사

건축용시멘트방수제	KS F 2451에 규정된 시험종목	KS F 2451	· 제조회사별 · 제품규격마다	
아스팔트펠트	KS F 4901에 규정된 시험종목	KS F 4901		
아스팔트루핑	KS F 4902에 규정된 시험종목	KS F 4902		
시트방수	KS F 4911에 규정된 시험종목	KS F 4911		

종 별	시험종목	시험방법	시험빈도	비 고
시트방수	KS F 4917에 규정된 시험종목	KS F 4917	· 제조회사별 · 제품규격마다	
방수용 아스팔트	당해 제품의 KS규격에 규정된 시험종목	당해 제품의 KS규격		

다. 단열 · 보온공사

단열 · 보온재	KS M 3808에 규정된 시험종목	KS M 3808	· 시공면적 1,000m²마다 · 1,000매마다	
	KS M 3862에 규정된 시험종목	KS M 3862		
	KS L 9101에 규정된 시험종목	KS L 9101		
	KS L 9102에 규정된 시험종목	KS L 9102		
	KS F 4714에 규정된 시험종목	KS F 4714		
단열모르터	당해 공사시방서에 규정된 시험종목	당해 공사시방서	· 시공면적 1,000m² 마다	

공 통 [Commonness]

Ⅰ. 토공사 및 기초공사

A. 성토용 흙

B. 터파기

C. 되메우기 및 구조물 뒷채움

D. 지반조사(연약지반 등)

C. 드레인보드(Drain Board)

D. 상수도용관

E. 하수도용관

토 목 [Engineering]

Ⅰ-1. 도로공사(흙 및 혼합골재)

A. 노체

B. 노상

C. 동상방지층 및 보조기층

D. 입도조정기층

Ⅰ-3. 도로공사(기타)

Ⅱ. 수공구조물 공사

A. 흙댐, 용수로, 배수로용 일반성토 및 표토

B. 축제성토공

C. 흙댐의 중심점토

D. 호안용 블록(콘크리트 및 모르터)

E. 아연도 철선(돌망태 포함)

건 축 [Architecture]

Ⅰ. 조적공사

A. 콘크리트 벽돌

B. 속빈 콘크리트 블럭

C. 경량기포콘크리트 블럭

D. 속빈 유리 블럭

E. 연소재벽돌

Ⅱ. 방수공사

A. 건축용 시멘트 방수제

B. 아스팔트 펠트

C. 아스팔트 루핑

D. 시트방수

Ⅲ. 단열 · 보온공사

A. 단열 · 보온재

건설공사 품질시험기준
핵 | 심 | 정 | 리

공 통

COMMONNESS

CONSTRUCTON
STANDARDS
FOCUS

Ⅰ. 토공사 및 기초공사

A. 성토용 흙

흙의 함수비 시험방법 [KS F 2306]

시험빈도 : 토취장마다

1) 시험 기구

a) 용기 시험 중에 무게의 변화를 일으키지 않는 것.

b) 항온 건조로 온도를 110±5℃로 유지할 수 있는 것.

*** [참고_전동 팬에 의해 노 안의 공기를 강제적으로 순환시키는 순환 송풍식의 것이 바람직하다.]

c) 저울 표 1의 최소 눈금 값까지 측정할 수 있어야 한다.

[표_1] 시료의 무게 측정에 사용하는 저울의 최소 눈금 값

[단위 : g]

시료 무게		최소 눈금 값
	10 미만	0.001
10 이상	100 미만	0.01
100 이상	1000 미만	0.1
1000 이상		1

d) 데시케이터(Desicator) (KS L 2302), 또는 이와 동등한 기능을 가진 용기로 실리카겔, 염화칼슘 등의 흡수제를 넣은 것.

2) 시료

시험의 목적 및 시료의 입자 지름에 따라 적당량을 취한다.

***[참고_표 2의 시료로서 필요한 최소 무게기준 참조. 굵은 입자가 많은 흙일 수록 많이 취한다.]

[표_2] 함수비 측정에 필요한 시료의 최소 무게의 기준

시료의 최대 입자 지름 (mm)	시료의 최소 무게
75	5~30kg
37.5	1~5kg
19	150~300g
4.75	30~100g
2.	10~30g
0.425	5~10g

3)시험 방법

a) 용기의 무게 m_c(g)를 단다.
b) 시료를 용기에 넣고 전 무게m_a(g)를 단다.
c) 시료를 용기별로 항온 건조로에 넣고 110±5℃에서 일정 무게가 될 때까지 노 건조한다.
d) 노 건조 시료를 용기별로 데시케이터에 옮기고, 거의 실온이 될 때까지 식힌 후 전 무게m_b(g)를 단다.

***[참고_일정 무게가 될 때까지의 시간은 일반적으로 18~24시간 정도이다.]

4) 계산

함수비는 다음 식에 따라 산출한다.

$$w = \frac{m_a - m_b}{m_b - m_c} \times 100$$

***[참고_w : 함수비 / m_a: 시료와 용기의 질량(g) / m_b:노 건조 시료와 용기의 질량(g) / m_c:용기의 질량(g)]

5) 보고

시험 결과에 따라 다음 사항을 보고한다.
- 흙의 함수비

흙의 입도 시험 방법 [KS F 2302]

시험빈도 : 토취장마다

1) 시험 방법의 종류 및 순서

1. 시험 방법은 다음 2종류의 분석 방법으로 한다.

a) 체 분석 시험용 체에 의한 입도 시험으로 75㎛ 체에 잔류한 흙 입자에 대하여 적용한다.

b) 침강 분석 흙 입자 현탁액의 밀도 측정에 의한 입도 시험 75㎛ 체를 통과한 흙 입자에 대하여 적용한다.

2. 시험 순서는 다음과 같다.

a) 2mm 체에 의한 체 가름

b) 2mm 체 잔류분에 대한 체 분석

c) 2mm 체 통과분에 대한 침강 분석. 다만 입자 지름이 0.075mm 미만인 범위의 입도를 필요로 하지 않는 경우는 침강 분석을 생략하여도 좋다.

d) 2mm 체 통과, 75㎛ 체 잔류분에 대한 체 분석

*** [참고_입도 시험의 표준적인 실시 순서를 [그림_1]에 나타낸다.]

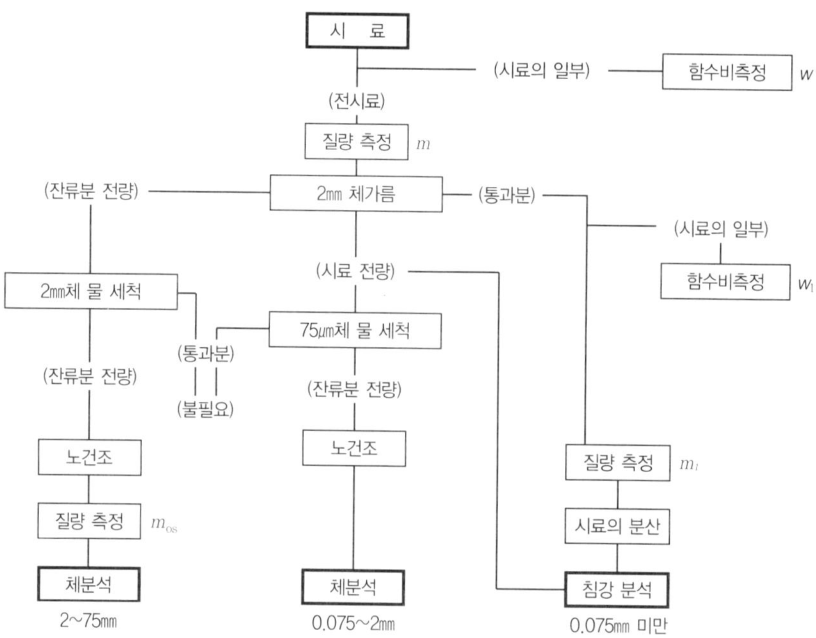

[그림_1] 시험의 실시 순서

2) 시험 기구 및 시약

1. 시험 기구는 다음과 같다.

a) **체** KS A 5101에 규정하는 시험 용 체로 다음 호칭 치수의 것.
75㎛, 106㎛, 250㎛, 425㎛, 850㎛, 2㎜,4.75㎜,9.5㎜, 19㎜, 26.5㎜, 37.5㎜, 53㎜, 75㎜

b) **비중계** 밀도 0.995~1.050g/㎤까지의 사이에 0.001g/㎤마다 눈금선을 붙인 것

c) **분산 장치** 흙 입자의 기계적 분산을 충분히 달성할 수 있는 것

d) **메스 실린더** KS L 2317에 규정하는 호칭 용량 250mL 및 1000mL의 것. 다만, 호칭 용량 1000mL의 메스 실린더는 1000mL의 눈금선만인 것이어도 좋다.

e) **온도계** 최소 눈금 0.5℃ 또는 1℃인 것.

f) **항온 수조** 메스 실린더 내에 넣은 흙 입자 현탁액의 온도를 거의 일정하게 유지할 수 있는 것. 다만, 침강 분석을 항온실 내에서 실시하는 경우에는 필요로 하지 않는다.

g) **비커** KS L 2303에 규정하는 호칭 용량 500mL 이상인 것.

h) **저울** 칭량 100g 미만의 경우에는 0.01g, 칭량 100g 이상 1kg 미만인 경우에는 1.0g, 칭량 1kg 이상의 경우에는 1g까지 잴 수 있는 것.

i) **버니어캘리퍼스** 최소 눈금 값이 0.05㎜ 이하인 것.

j) **함수비 측정 기구** KS F 2306에 규정하는 것.

k) **푸는 기구**

l) **고무 주걱**

2. 시약은 다음과 같이 한다.

a) 과산화 수소 6% 용액인 것.

b) 분산제 헥사메타인산 나트륨의 포화 용액*

[*] 포화 용액으로서 헥사메타인산 나트륨 약 20g을 20℃의 증류수 100mL 중에 충분히 녹이고 결정의 일부가 용기 바닥에 남아 있는 상태의 용액을 사용한다.
*** [참고_분산제는 흙 입자의 화학적 분산을 달성할 수 있는 것으로 하고 헥사메타인산 나트륨 대신에 피로 인산 나트륨, 트리폴리 인산 나트륨의 포화 용액 등을 사용하여도 좋다.]

c) 증류수

3) 시험의 준비

시험의 준비 및 2㎜ 체에 의한 체가름 시료의 준비는 다음과 같이 한다. 다만, 시료가 2㎜ 체를 모두 통과하는 경우 b),c) 및 d)를 생략하고 그 시료를 2㎜ 체 통과분으로 한다.

a) KS F 2301에 규정하는 방법으로 분취한 습윤 시료 또는 공기 건조 시료를 사용한다.

*** [참고1_시험에 필요한 시료의 최소 필요량은 시료의 최대 입자 지름에 따라 참고 표 1과 같이 한다. 또한 침강 분석을 실시하는 경우는 2㎜ 체 통과분의 노 건조 질량이 적어도 사질토계의 흙에서는 115g, 점성토계의 흙에서는 65g 정도 확보할 수 있도록 한다.]

[참고 표_1] 분취하는 시료의 최소 질량의 기준

시료의 최대 입자 지름(mm)	시료질량
75	30kg
37.5	6kg
19	1.5kg
4.75	400g
2	200g

*** [참고2_시료에 75㎜ 체에 잔류한 암석질 재료가 포함되는 경우는 그 질량 백분율도 구하는 것이 바람직하다.]

b) 시료에서 약 1/4을 취하여 그 함수비 w(%)를 구한다.

c) 나머지 시료의 전량을 입도 시험용 시료로 하고 그 질량 m(g)를 잰다.

d) 체가름시에 체에 잔류하는 굵고 큰 입자의 표면에 부착되어 있는 고운 입자분을 되도록 통과시킨다. 습윤 상태의 점성토에서 시험을 실시하는 경우는 그것에 적당량의 물을 가하고 KS F 2301에 규정하는 고운 체에 의해 체가름한다.

4) 2mm 체 잔류분에 대한 체 분석

1. 시료는 다음과 같이 한다.

a) 2mm 체 잔류분을 2mm 체 위에서 물로 씻어 체 통과분의 흙 입자를 충분히 씻어 낸다.

b) 체에 잔류한 시료의 전량을 110±5℃에서 일정 질량이 될 때까지 노 건조하고 그 질량 m_{0s}(g)를 잰다.

2. 시료의 체가름은 다음과 같이 한다.

a) 노 건조 시료의 전량을 75mm, 53mm, 37.5mm, 26.5mm, 19mm, 9.5mm 및 4.75mm 체를 사용하여 체가름 하며, 1분간의 연속 체가름에서 통과분이 잔류분의 약 1% 이하가 될 때가지 실시한다. 체 가름에서는 체에 진동을 주지 않으면서 체를 상하 및 수평 방향으로 움직여서 시료가 끊임없이 체의 전면으로 펴져 있도록 한다.

b) 각 체에 잔류한 시료의 질량을 달아서 호칭 치수(d_1)의 체에 잔류한 시료의 질량을 $m(d_1)$(g)으로 한다. 또한 4.75mm 체를 통과한 시료의 질량을 달아서 2mm 체에 잔류한 시료의 잘량을 $m(2)$(g)으로 한다.

5) 2mm 체 통과분에 대한 침강 분석

1. 비중계의 검정은 다음과 같이 한다.

a) 비중계를 증류수 안에 띄우고 비중계 소수 부분에 대해 메니스커스 위 끝의 눈금 r_u와 아래 끝 눈금 r_L을 읽는다. 비중계 손잡이 부분은 알코올이나 세제로 미리 씻어 둔다.

b) 비중계 구부의 길이 L_B(mm)를 0.1mm까지 체적 V_B(cm^3)를 호칭 용량 250mL의 메스 실린더로 $1cm^3$까지 잰다.

c) 비중계 구부의 위 끝*에서 눈금선 1.000까지의 길이 ℓ_1(mm) 및 1.050까지의 길이 ℓ_2(mm)를 0.1mm까지 잰다.

[*] 비중계 구부의 위 끝이란 구부와 손잡이의 접합면을 말한다.

d) 사용하는 호칭 용량 1000mL의 메스 실린더의 단면적 A(cm^2)를 $0.01cm^2$까지 구한다.

2. 시료는 다음과 같이 한다.

a) 2mm 체 통과분에서 노 건조 질량으로 사질토계의 흙에서는 115g 정도, 점성토계의 흙에서는 65g 정도를 취하여 시료로 한다.

b) 시료의 약 1/4의 양을 취하여 그 함수비 w_1(%)을 구한다.

c) 나머지 시료의 전량을 침강 분석용 시료로 하고 그 질량 m_1(g)을 잰다.

3. 시료의 분산은 KS F 2303에 따라 구한 소성 지수에 따라 다음 방법 중 실시한다.

a) 소성 지수 20 미만의 시료의 경우

- 비커에 넣은 시료에 증류수를 가하여 동일하도록 휘저어 섞고 전체 흙 입자가 물에 잠기도록 한다.
- 15시간 이상 방치한 후 비커의 내용물의 전량을 분산 장치의 용기에 옮기고 증류수를 가하여 전체적으로 약 700mL가 되게 한다.
- 분산제 10mL를 가하여 내용물을 분산 장치에서 약 1분간 휘젓는다.

b) 소성 지수 20 이상의 시료인 경우

- 비커에 넣은 시료에 과산화 수소의 6% 용액 약 100mL를 가만히 가하고 똑같아지도록 휘저어 섞고 전체 흙 입자가 물에 잠기도록 한다.

- 비커에 유리판 등으로 덮개를 하고 110±5℃의 항온 건조로 안에 넣는다. 비커의 내용물이 흘러 넘친 경우는 앞 *2의 a)*항부터 다시한다.
- 약 1시간 후에 항온 건조로에서 비커를 꺼내고 약 100mL의 증류수를 가하여 전체 흙 입자가 물에 잠기도록 한다.
- 15시간 이상 방치한 후 비커의 내용물의 전량을 분산 장치의 용기에 옮기고 증류수를 가하여 전체적으로 약 700mL가 되게 한다.
- 분산제 10mL를 가하고 내용물을 분산 장치에서 약 1분간 휘젓는다.

4. 침강 측정은 다음과 같이 한다.

a) 분산시킨 시료의 전량을 메스 실린더에 옮기고 증류수를 가해 전체를 1L가 되게 한다.

b) 메스 실린더를 항온 수조 안 또는 항온실 내에 놓고 메스 실린더의 내용물 온도가 항온 수조의 수온 또는 항온실의 실온과 거의 같아질 때까지 방치한다. 그 사이 내용물을 가끔 막대로 휘저어 섞어 똑같게 한다.

c) 메스 실린더에 덮개를 하고 반대로 하거나 되돌리는 조작을 약 1분간 계속하여 메스 실린더의 내용물이 균일한 현탁액이 되도록 한 후 재빨리 메스 실린더를 가만히 놓는다. 그 때 내용물을 조금이라도 잃지 않아야 한다.

d) 가만히 둔 후 소정의 경과 시간마다 메스 실린더 내에 비중계를 띄우고 그 눈금의 소수 부분의 눈금 r을 메니스커스 위 끝에서 0.0005까지 읽고, 또한 동시에 현탁액의 온도 T(℃)를 읽는다. r의 눈금의 경과 시간 t(min)는 메스 실린더를 그대로 둔 후 1분, 2분, 5분, 15분, 30분, 60분, 240분 및 1440분으로 한다.

*** [참고1_가만히 둔 후 1분 및 2분의 판독에서는 메스 실린더 내에 넣은 채로 좋지만 그 후의 판독에서는 판독 후에 비중계를 반드시 꺼내고 비중계에 부착한 오염물을 닦아 낸다.]

*** [참고2_측정 중에 흙 입자가 응집한 경우에는 침강 분석을 다시 한다. 그 경우, 분산제의 양을 많게 하거나 또는 별도의 분산제를 사용한다. 분산제를 많게 한 경우는 증류수에 그 양의 분산제를 넣고 1L의 용액으로 하고 이 용액에 대한 비중계의 눈금을 읽고 이 눈금을 기초로 하여 측정값을 보정한다.]

6) 2mm 체 통과 및 75㎛ 체 잔류분에 대한 체 분석

1. 시료의 준비 침강 분석에 사용한 시료의 전량을 시료로 한다.

*** [참고_침강 분석을 하지 않는 경우, 2mm 체 통과분에서 노 건조 질량에서 사질토계의 흙에서는 90g점성토계의 흙에서는 50g 정도 취하여 증류수를 가하여 똑같아지도록 휘저어 섞고 다시 증류수를 가하여 약 700mL가 되게 한 후 분산 장치에서 약 1분간 휘젓는다.]

2. 시료의 물 세척 시료를 75㎛체 위에서 물로 씻고 가는 입자분을 충분히 씻어낸 후 잔류분의 전량을 110±5℃에서 일정 질량이 될 때까지 노 건조한다.

3. 시료의 체가름

a) 노 건조 시료를 850㎛, 425㎛, 250㎛, 106㎛, 및 75㎛체를 사용하여 *4)의 2 a)*와 같은 방법으로 체가름 한다.

b) 각 체에 잔류한 시료의 질량 $m(d_1)$(g)을 각각 잰다.

7) 계산

1. 체 분석 결과에 대한 입도의 계산

a) *4)* 의 결과에서 2mm 체 이상의 체에 잔류한 시료의 통과 질량 백분율은 다음 식에 따라 산출한다.

$$P(d_1) = 1 - \left(\frac{\sum m(d_1)}{m_s} \right) \times 100$$

$$m_s = \frac{m}{1 + \frac{w}{100}}$$

***[참고_d_1: 체의 호칭 치수(mm) / $P(d_1)$: 체의 호칭 치수 d_1의 각 체에 대한 통과 질량 백분율(%) / m_S: 전시료의 노 건조 질량(g) / m: 전시료의 질량(g) / w: 전시료의 함수비(%) / $m(d_1)$: 체의 호칭 치수 d_1의 각 체에 잔류한 시료의 노 건조 질량(g) / $\Sigma_m(d_1)$:체의 호칭 치수 d_1 이상의 모든 체에 대하여 그 $m(d_1)$의 총합(g)]

b) *6)*항의 결과에서 2mm 체를 통과하고 75㎛ 체에 잔류한 시료의 통과 질량 백분율은 다음 식에 따라 산출한다.

$$p(d_1) = \frac{m_s - m_{os}}{m_s} \quad 1 - \left(\frac{\sum m(d_1)}{m_{1s}} \right) \times 100$$

$$m_{1s} = \frac{m_1}{1 + \frac{w_1}{100}}$$

***[참고_m_{0s}: 2mm 체. 잔류분의 노 건조 질량(g) / m_{1s}: 침강 분석용 시료의 노 건조 질량(g) / m_1: 침강 분석용 시료의 질량(g) / w_1: 침강 분석용 시료의 함수비(%)]

2. 침강 분석 결과에 대한 입도의 계산 *5)* 항의 결과에서, 75㎛ 체를 통과한 시료의 통과 질량 백분율은 다음 순서로 계산한다.

a) *5)의 1 a)*의 결과에서 메니스커스 보정값은 다음 식에 따라 산출한다.

$$C_m = r_L - r_U$$

***[참고_ C_m: 메니스커스 보정값 / r_L:메니스커스 아래 끝에서의 비중계의 소수 부분의 눈금 / r_U: 메니스커스 위 끝에서 비중계의 소수 부분의 눈금]

b) *5)의 1 b), c)* 및 *d)* 의 결과에서 각각의 비중계의 소수 부분의 눈금 r에 대한 비중계의 유효 깊이는 다음식에 따라 산출한다.

$$L = L_1 + \frac{1}{2}\left(L_B - \frac{V_B}{A} \times 10\right)$$

$$L_1 = l_1 - 20(r + C_m)(l_1 - l_2)$$

***[참고_ L: 비중계의 구부 중심의 유효 깊이(mm) / L_1: 비중계 구부의 위 끝에서 눈금 r까지의 길이(mm) / l_1: 비중계 구부의 위 끝에서 눈금선 1.000까지의 길이(mm) / l_2: 비중계 구부의 위 끝에서 눈금선 1.050까지의 길이(mm) / r : 비중계 소수 부분의 눈금 / L_B: 비중계 구부의 길이(mm) / V_B: 비중계 구부의 체적(cm^3) / A: 메스 실린더의 단면적

c) 각각의 비중계의 눈금에 대한 입자 지름은 다음 식에 따라 산출한다.

$$d = \sqrt{\frac{30\eta}{g_n(\rho_S - \rho_W)} \frac{L}{t}}$$

***[참고_ d : 비중계의 소수 부분의 눈금 r에 대응하는 입자 지름(mm) / t : 메스 실린더를 그대로 둔 후 비중계의 눈금을 읽을 때까지의 경과 시간(mm) / η : 비중계의 눈금을 읽었을 때의 현탁액의 온도 T(℃)에 대한 물의 점성 계수로 표 1에 나타내는값($\rho_{a.s}$) / ρ_S: KS F 2308에 따라 구한 흙 입자의 밀도(g/cm^3) / P_W: 비중계의 눈금을 읽었을 때의 현탁액의 온도 T(℃)에 대한 물의 밀도로 표 1에 나타내는 값(g/cm^3) / g_n: 표준의 중력 가속도($980cm/s^2$)

[표_1] 물의 점성계수 및 밀도

온도 ℃	4	5	6	7	8	9	10	11	12	13	14	15
η $x10^{-3}P_{a \cdot S}$	1.568	1.519	1.473	1.428	1.386	1.346	1.307	1.270	1.235	1.201	1.169	1.138
ρ_W g/㎠	1.000	1.000	1.000	1.000	1.000	1.000	1.000	1.000	1.000	0.999	0.999	0.999

온도 ℃	16	17	18	19	20	21	22	23	24	25	26	27
η x10^{-3}Pa·s	1.109	1.080	1.053	1.027	1.002	0.977 9	0.954 7	0.932 4	0.910 9	0.890 2	0.870 3	0.851 0
ρ_W g/㎤	0.999	0.999	0.999	0.998	0.998	0.998	0.998	0.998	0.997	0.997	0.997	0.997

온도 ℃	28	29	30	31	32	33	34	35	36	37	38	39
η x10^{-3}Pa·s	0.832 5	0.814 6	0.797 3	0.780 6	0.764 4	0.748 8	0.733 7	0.719 1	0.705 0	0.691 3	0.678 0	0.665 1
ρ_W g/㎤	0.996	0.996	0.996	0.995	0.995	0.995	0.994	0.994	0.994	0.993	0.993	0.993

d) 75㎛ 체를 통과한 시료의 통과 질량 백분율 $P(d)$(%)는 다음 식에 따라 산출한다.

$$P(d) = \frac{m_s - m_{os}}{m_s} \times \frac{V}{m_{1s}} \quad \frac{\rho_s}{\rho_s - \rho_w}(r + C_m + F)\rho_w \times 100$$

***[참고_현탁액의 체적(=1000cm^3)
/ F : 표 2에 나타내는 보정 계수로 비중계의 눈금을 읽었을 때의 현탁액의 온도에 대한 값]

[표_2] 보정 계수 F의 값

T ℃	4~12	13~16	17~19	20~22	23, 24	25, 26	27, 28
F	− 0.000 5	0.000 0	0.000 5	0.001 0	0.001 5	0.002 0	0.002 5

T ℃	29, 30	31,32	33	34, 35	36, 37	38	39
F	0.003 0	0.003 5	0.004 0	0.004 5	0.005 0	0.005 5	0.006 0

3. 입자 지름 누적 곡선은 다음과 같이 한다.

a) 반로그 그래프 용지의 로그 눈금의 축에 호칭 치수 d_1(mm) 및 비중계의 눈금에 대한 입자 지름 d(mm)를 산술 눈금의 축에 통과 질량 백분율 $P(d_1)$ 및 $P(d)$를 잡는다. 여기에 d_1과 $P(d_1)$ 및 d와 $P(d)$와의 관계를 플롯하고 그 관계를 대표하는 매끄러운 곡선을 구하여 입자 지름 누적 곡선으로 한다.

b) 입자 지름 누적 곡선에서 통과 질량 백분율이 10%, 30%, 50%, 및 60%일 때의 입자 지름 D(mm)를 읽고 각각 10% 입자 지름 D_{10}(mm), 30% 입자 지름 D_{30}(mm), 50% 입자 지름 D_{50}(mm) 및 60% 입자 지름 D_{60}(mm)으로 한다.

c) 입자 지름 누적 곡선에서 입자 지름 2mm, 0.425mm 및 0.075mm에 대한 통과 질량 백분율을 읽는다.

d) 입자 지름 누적 곡선에서 다음 성분의 질량 백분율을 읽는다.

- 흙 입자 지름의 범위가 19~75mm인 굵은 자갈분
- 흙 입자 지름의 범위가 4.75~19mm인 중간 자갈분
- 흙 입자 지름의 범위가 2~4.75mm인 고운 자갈분
- 흙 입자 지름의 범위가 0.850~2mm인 굵은 모래분
- 흙 입자 지름의 범위가 0.250~0.850mm인 중간 모래분
- 흙 입자 지름의 범위가 0.075~0.250mm인 고운 모래분
- 흙 입자 지름의 범위가 0.005~0.075m인 실트분
- 흙 입자 지름의 범위가 0.005m 이하인 점토분

균등 계수 및 곡률 계수는 다음 식에 따라 산출한다.

$$U_c = \frac{D_{60}}{D_{10}}$$

$$U'_c = \frac{(D_{30})^2}{D_{10} \times D_{60}}$$

***[참고_U_c : 균등 계수 / U'_c : 곡률 계수 / D_{10} : 10% 입자 지름 / D_{30} : 30% 입자 지름 / D_{60} : 60% 입자 지름

8) 보고

시험 결과에 대해서는 다음 사항을 보고한다.

a) 시료의 최대 입자 지름

b) 사용한 분산제, 용액 농도 및 용액 첨가량

c) 입자 지름 누적 곡선 및 입자 지름과 그 통과 질량 백분율의 관계

d) 10% 입자 지름, 30% 입자 지름, 50% 입자 지름 및 60% 입자 지름

e) 입자 지름 2mm, 0.425mm 및 0.075mm의 통과 질량 백분율

f) 굵은 자갈분, 중간 자갈분, 고운 자갈분, 굵은 모래분, 중간 모래분, 고운 모래분, 실트분 및 점토분의 질량 백분율

g) 균등 계수 및 곡률 계수

*** [참고_시료에 75mm 체에 잔류하는 암석질 재료가 포함되는 경우는 그 질량 백분율도 보고하는 것이 바람직하다.]

흙의 씻기 시험 방법 [KS F 2309]

시험빈도 : 토취장마다

1) 시험용 기구

1. **체** KS A 5101-1에 규정한 75㎛ (No.200) 및 425㎛ (No.40) 체
2. **용기** 시료를 물 속에 넣고 흔들어도 시료가 손실되지 않을 만한 크기의 용기와 건조용 팬 또는 그릇이 있어야 한다.

2) 시료

시료는 잘 섞인 흙에서 사분법 또는 시료 분취기를 사용하여 대표적 시료를 건조 질량이 표 1이상이 되도록 취하여야 한다.

[표_1]

입자의 최대 치수(mm)	시료의 최소 질량(g)
2	200
4.75	500
19	1500
25	2000
37.5 이상	2500

3) 시험 방법

1. 시료는 110±5℃의 온도에서 일정 질량이 될 때까지 건조시켜, 0.05%의 정밀도로 그 질량(W_0)을 측정한다.

2. 시료를 용기 속에 넣고 깨끗한 물을 시료가 잠길 저도로 부어 2시간 이상 담가둔다.

3. 용기 속의 시료를 저은 후 씻은 물을 75㎛ 체 위에 끼운 425㎛ 체에 붓는다. 씻은 물이 깨끗하게 될 때까지 이 방법을 되풀이한다. 시료량이 많을 때에는 맨 처음 씻은 후에 용기 안에 든 시료를 체에 옮겨 씻는다*.

[*] 75㎛체를 통과하는 양이 많은 흙에서는 시험값(%)이 정확하지 않을 때가 있다. 그 원인은 잘 젓지 않았기 때문이다. 이러한 흙의 75㎛체 통과량을 정확히 알고자 할 때에는 425㎛체에 통과하고, 75㎛체에 남은 시료를 KS F 2302의 5.1에 규정한 분산 장치의 분산 용기에 옮겨 담고, 물을 절반 가량 채워 1분간 저은 후 체에 옮겨 계속해서 씻는다. 만일 75㎛체에 남은 시료를 건조시키기 전에 분산 장치를 쓰지 않았다가 그 후 필요하게 되었다면 건조된 흙을 425㎛체로 체가름하여 통과한 부분을 물이 든 분산 용기에 넣고, 위와 같은 분산 장치로 1분간 젓는다. 용기 속의 시료를 75㎛ 체에 옮겨 씻은 다음 건조시킨다. 75㎛체에 남는 질량의 수정값은 두 부분을 합쳐 측정하여 얻는다.

4. 포갠 체에 시료를 옮겨 담고 흐르는 물로 씻는다*. 한번에 체질하기가 어려울 정도로 시료가 많을 경우에는, 그 일부를 씻고 건조 용기에 옮겨 담는다.

[*] 체를 두드리면 빨리 씻을 수 있다.

5. 체에 남아 있는 씻은 흙을 용기에 담아서 110±5℃의 온도에서 일정 질량이 될 때까지 건조시켜 체가름 한다*. 각 체에 남은 시료의 질량(W_1)을 0.05%의 정밀도로 칭량한다.

[*] 씻는 동안에 통과하지 않았던 시료의 일부도 건조 시료로 체가름하는 동안 75㎛ 체에 남는 시료를 KS F 2302에 따라 체가름할 수 있다.

4) 계 산

흙의 75㎛ 체 통과량은 다음 식에 따라 계산한다.

$$P(\%) = \frac{W_0 - W_1}{W_0} \times 100$$

***[참고_P:75㎛ 체 통과율(%) / W_0 :시험 전의 시료의 건조 질량(g) / W_1 :씻은 후 건조 시료를 체가름하여 75㎛ 체에 남은 시료의 건조 질량(g)]

흙의 밀도 시험 방법 [KS F 2308]

시험빈도 : 토취장마다

1) 시험 기구 및 증류수

시험 기구 및 증류수는 다음과 같이 한다.

a) 피크노미터 KS L 2303에 규정하는 호칭 용량 50mL 이상의 게이뤼삭형 비중병 또는 KS L 2317에 규정하는 호칭 용량 100mL 이상의 용량 플라스크 혹은 이것들과 동등한 기능을 가진 것.

b) 저울 0.001g까지 잴 수 있는 것.

c) 온도계 최소 눈금 0.5℃ 또는 0.1℃인 것.

d) 항온 건조로 온도를 (110±5)℃로 유지할 수 있는 것.

e) 데시케이터 KS L 2303에 규정하는 것, 또는 이것과 동등한 기능을 가진 용기로 실리카겔, 염화칼슘 등의 흡습제를 넣은 것.

f) 흙 입자의 분리 기구 또는 흙의 파쇄 기구 흙 입자의 분리 기구는 시료 중의 흙 입자를 서로 분리할 수 있는 것. 또는 흙의 파쇄 기구는 고유기질토의 큰 식물 섬유를 갈아 부술 수 있는 것.

g) 끓이는 기구 기구 내에 넣은 물을 끓일 수 있는 것.

h) 증류수 끓이기 또는 감압에 의해 충분히 탈기한 것.

2) 시 료

시료는 다음과 같이 한다.

a) KS F 2301에 규정하는 방법에 따라 얻어진 9.5mm 체를 통과한 시료를 사용한다.

b) 흙 입자의 분리 기구 또는 흙의 파쇄 기구를 사용하여 흙 입자를 충분히 분리해 놓는다.

*** [참고_큰 식물 섬유는 갈아 부수어 둔다.]

c) 시료는 젖은 상태 그대로인 것. 공기 건조한 것 또는 노 건조한 것이어도 좋지만, 그 양은 호칭 용량 100mL 이하의 피크노미터를 사용할 때는 노 건조 질량 10g 이상, 호칭

*** [참고_시료의 최대량은 시료를 피크노미터에 넣었을 때, 물 속의 채적 높이에서 피크노미터 실질 부분의 아래에서부터 1/4 정도가 바람직하다.]

3) 시험 방법

a) 피크노미터의 질량 m_f(g)를 측정한다.

b) 피크노미터에 증류수를 채우고 전 질량 m_a' (g)와 피크노미터 안의 수온 T' (℃)를 측정한다.

c) 시료를 피크노미터에 넣고 다시 증류수를 가하여 그 전량이 피크노미터 용량의 2/3가 되도록 한다.

*** [참고1_노 건조 시료를 사용하는 경우는 충분히 저은 후 노 건조하여 시료의 질량을 측정한 후 피크노미터에 놓는다. 그리고 증류수를 가하여 12시간 이사 담근 후 d)를 실시한다.]

d) 끓이는 기구를 사용하여 시료를 가열한다. 가끔 피크노미터를 흔들어 기포가 빠져 나오는 것을 돕는다. 기포를 충분히 제거한 후에 시료를 거의 실온이 될 때까지 방치한다.

*** [참고1_끓이는 시간은 일반적인 흙에서 10분 이상, 고유기질토에서는 약 40분, 화산재 흙에서는 2시간 이상 필요하다.]
*** [참고2_시료가 흘러 넘치지 않도록 주의한다.]

e) 피크노미터에 증류수를 가해 채우고 전 질량 m_b(g)와 내용물의 온도 T' (℃)를 측정한다.

*** [참고_피크노미터의 바깥면을 마른 천으로 조심스럽게 닦은 후에 전 질량을 측정한다.]

f) 피크노미터의 내용물의 전량을 꺼내어 (110±5)℃에서 일정 질량이 될 때까지 노 건조한다. 그 후 데시케이터 안에서 거의 실온이 될 때가지 식혀서 노 건조 시료의 질량 m_s(g)를 측정한다.

*** [참고_노 건조 시료에 대한 시험에서는, 이 순서는 이미 c)에서 종료되어 있으므로 반복할 필요는 없다.]

4) 계 산

계산은 다음과 같이 한다.

a) 온도 T ℃에서 증류수를 채운 피크노미터의 질량은 다음 식에 따라 산출한다.

$$m_a = \frac{\rho_w(T)}{\rho_w(T')}(m'_a - m_f) + m_f$$

***[참고_m_a : 온도 T ℃에서 증류수를 채운 피크노미터의 질량(g) / m_a' : 온도 T'℃에서 증류수를 채운 피크노미터의 질량(g) / T' : m_a'를 측정하였을 때 피크노미터의 내용물의 온도(℃) /m_f : 피크노미터의 질량(g) / $\rho_w(T)$: T'℃에서 증류수의 밀도로 표 1에 나타내는 값(g/cm^3) / $\rho_w(T')$: T'℃에서 증류수의 밀도로 표 1에 나타내는 값(g/cm^3)]

b) 흙 입자의 밀도는 다음 식에 따라 산출한다.

$$\rho_s = \frac{m_s}{m_s + (m_a - m_b)} \times \rho_w(T)$$

***[참고_ ρ_s: 흙 입자의 밀도(g/cm^3) / m_s : 노 건조 시료의 질량(g) / m_b : 온도 T℃의 증류수와 시료를 채운 피크노미터의 질량(g) / T : m_b를 측정하였을 때 피크노미터의 내용물의 온도(℃)

[표_1] 증류수의 밀도

온도 ℃	증류수의 밀도(g/㎤)									
	0.0	0.1	0.2	0.3	0.4	0.5	0.6	0.7	0.8	0.9
4	0.999 97	0.999 97	0.999 97	0.999 97	0.999 97	0.999 97	0.999 97	0.999 97	0.999 97	0.999 97
5	0.999 96	0.999 96	0.999 96	0.999 96	0.999 96	0.999 95	0.999 95	0.999 95	0.999 95	0.999 94
6	0.999 94	0.999 94	0.999 93	0.999 93	0.999 93	0.999 92	0.999 92	0.999 91	0.999 91	0.999 91
7	0.999 90	0.999 90	0.999 89	0.999 89	0.999 88	0.999 88	0.999 87	0.999 87	0.999 86	0.999 85
8	0.999 85	0.999 84	0.999 84	0.999 83	0.999 82	0.999 82	0.999 81	0.999 80	0.999 79	0.999 79
9	0.999 78	0.999 77	0.999 76	0.999 76	0.999 75	0.999 74	0.999 73	0.999 72	0.999 72	0.999 71
10	0.999 70	0.999 69	0.999 68	0.999 67	0.999 66	0.999 65	0.999 64	0.999 63	0.999 62	0.999 61
11	0.999 61	0.999 59	0.999 58	0.999 57	0.999 56	0.999 55	0.999 54	0.999 53	0.999 52	0.999 51
12	0.999 49	0.999 48	0.999 47	0.999 46	0.999 46	0.999 44	0.999 43	0.999 41	0.999 40	0.999 39
13	0.999 38	0.999 36	0.999 36	0.999 34	0.999 32	0.999 31	0.999 30	0.999 28	0.999 27	0.999 26
14	0.999 24	0.999 23	0.999 21	0.999 20	0.999 19	0.999 17	0.999 16	0.999 14	0.999 13	0.999 11
15	0.999 10	0.999 08	0.999 07	0.999 05	0.999 04	0.999 02	0.999 02	0.998 99	0.998 97	0.998 96
16	0.998 94	0.998 92	0.998 91	0.998 89	0.998 88	0.998 86	0.998 84	0.998 82	0.998 81	0.998 79
17	0.998 77	0.998 76	0.998 74	0.998 72	0.998 70	0.998 68	0.998 67	0.998 65	0.998 63	0.998 61
18	0.998 60	0.998 57	0.998 56	0.998 54	0.998 52	0.998 50	0.998 48	0.998 46	0.998 44	0.998 42
19	0.998 41	0.998 38	0.998 36	0.998 34	0.998 32	0.998 30	0.998 28	0.998 26	0.998 24	0.998 22
20	0.998 20	0.998 18	0.998 16	0.998 14	0.998 12	0.998 10	0.998 08	0.998 05	0.998 03	0.998 01
21	0.997 99	0.997 97	0.997 95	0.997 92	0.997 90	0.997 88	0.997 86	0.997 84	0.997 81	0.997 79
22	0.997 77	0.997 75	0.997 72	0.997 70	0.997 68	0.997 65	0.997 63	0.997 61	0.997 58	0.997 56
23	0.997 54	0.997 51	0.997 49	0.997 46	0.997 44	0.997 42	0.997 39	0.997 37	0.997 34	0.997 32
24	0.997 30	0.997 27	0.997 24	0.997 22	0.997 19	0.997 17	0.997 14	0.997 12	0.997 09	0.997 07
25	0.997 04	0.997 02	0.996 99	0.996 97	0.996 94	0.996 91	0.996 89	0.996 86	0.996 83	0.996 81
26	0.996 78	0.996 76	0.996 73	0.996 70	0.996 67	0.996 65	0.996 62	0.996 59	0.996 57	0.996 54
27	0.996 51	0.996 48	0.996 46	0.996 43	0.996 40	0.996 37	0.996 34	0.996 32	0.996 29	0.996 26
28	0.996 23	0.996 20	0.996 17	0.996 15	0.996 12	0.996 09	0.996 06	0.996 03	0.996 00	0.995 97
29	0.995 94	0.995 91	0.995 88	0.995 85	0.995 83	0.995 80	0.995 77	0.995 74	0.995 71	0.995 68
30	0.995 65	0.995 62	0.995 58	0.995 55	0.995 52	0.995 49	0.995 46	0.995 43	0.995 40	0.995 37
31	0.995 34	0.995 31	0.995 28	0.995 25	0.995 21	0.995 18	0.995 15	0.995 12	0.995 09	0.995 06
32	0.995 03	0.994 99	0.994 96	0.994 93	0.994 90	0.994 86	0.994 83	0.994 80	0.994 77	0.994 73
33	0.994 70	0.994 67	0.994 64	0.994 60	0.994 57	0.994 54	0.994 50	0.994 47	0.994 44	0.994 40
34	0.994 37	0.994 34	0.994 30	0.994 27	0.994 23	0.994 20	0.994 17	0.994 13	0.994 10	0.994 06
35	0.994 03	0.994 00	0.993 96	0.993 93	0.993 89	0.993 86	0.993 82	0.993 79	0.993 75	0.993 72
36	0.993 68	0.993 65	0.993 61	0.993 58	0.993 54	0.993 51	0.993 47	0.993 43	0.993 40	0.993 36
37	0.993 33	0.993 29	0.993 25	0.993 22	0.993 18	0.993 15	0.993 11	0.993 07	0.993 04	0.993 00
38	0.992 96	0.992 93	0.992 89	0.992 85	0.992 82	0.992 78	0.992 74	0.992 70	0.993 67	0.992 63
39	0.992 59	0.992 55	0.992 52	0.992 48	0.992 44	0.992 40	0.992 37	0.992 33	0.992 29	0.992 25

5) 보고

시험 결과에 대해서는 다음 사항을 보고한다.

– 흙 입자의 밀도

*** [참고_ 9.5mm 이상의 입자를 제거한 경우, 그 전체에서 차지하는 질량 백분율의 개략적인 값을 보고하는 것이 바람직하다.]

흙의 액성 한계 · 소성 한계 시험 방법 [KS F 2303]

시험빈도 : 토취장마다

1) 시험 기구

1. 액성 한계 시험 기구는 다음과 같다.

a) 액성 한계 측정기 황도 접시, 낙하 장치 및 경질 고무 받침대로 구성되며 모양, 치수 및 다음의 조건을 만족하는 것.

- 낙하 장치는 황동 접시의 낙하 높이를 1cm로 조절할 수 있고, 1초 동안에 2회의 비율로 자유 낙하할 수 있는 것.
- 경질 고무 받침대는 KS M 6784에 규정하는 듀로미터 경도 시험 타입 A에 따른 경도가 88±5인 것.

*** [참고_경질 고무는 시간이 경과함에 따라 딱딱해지므로 1년에 1회 정도는 경도를 측정하여 조건을 충족한 것을 사용한다.]

b) 홈파기 날 및 게이지

- 홈파기 날은 규정의 모양 및 치수의 스테인리스 강제의 것.
- 게이지는 두께 10±0.1mm의 스테인리스 강제 또는 황동제의 판 모양인 것.

*** [참고_게이지는 독립된 판 모양의 것이어도 좋다.]

c) 기타 기구

- 함수비 측정 기구는 KS F 2306의 4.(시험 기구)에 규정하는 것.
- 유리판은 두께 몇 밀리미터(mm) 정도의 판유리가 바람직하다.
- 주걱
- 증류수

2. 소성 한계 시험 기구는 다음과 같다.

a) 불투명 유리판 불투명 유리판은 두께가 몇 밀리미터(mm) 정도의 불투명 판유리

b) 둥근 봉 지름 약 3mm의 것.

2) 시료

a) 자연 함수비 상태의 흙을 사용하여 KS F 2301에 규정하는 방법에 따라 얻어진 425㎛ 체를 통과한 것을 시료로 한다. 시료를 공기 건조하여도 액성 한계, 소성 한계의 시험 결과에 영향을 주지 않는 경우는 공기 건조 시료를 사용하여도 좋다.

b) 시료의 양은 액성 한계 시험용으로는 약 200g, 소성 한계 시험으로는 약 30g으로 한다.
c) 시료를 유리판 위에 놓고 충분히 반죽한다.
- 시료의 수분 상태는 액성 한계 시험에서는 퍼티 상태, 소성 한계 시험에서는 작은 덩어리 상태가 되는 정도로 한다. 시료의 함수비가 낮은 경우는 증류수를 가하고, 또한 함수비가 너무 높은 경우는 자연 건조에 의해 탈수한다.
- 공기 건조한 경우, 증류수를 가하여 충분히 반죽한 후 흙과 물이 잘 혼합되도록 하기 위하여, 수분이 증발되지 않도록 해서 10여 시간 방치한다.

3) 시험 방법

1. 액성 한계 시험은 다음과 같이 실시한다.

a) 황동 접시와 경질 고무 받침대 사이에 게이지를 끼우고, 황동 접시의 낙하 높이가 10±0.1mm가 되도록 낙하 장치를 조정한다.
b) 주걱을 사용하여 시료를 황동 접시에 최대 두께가 약 1cm가 되도록 넣고 모양을 정리한다. 홈파기를 황동 접시 바닥에 직각으로 유지하면서 캠이 닿는 중심선을 지나는 황동 접시의 지름을 따라 홈을 파고 시료를 2개로 나눈다.
c) 황동 접시를 낙하 장치에 부착하고, 낙하 장치에 의해 1초 동안에 2회의 비율로 황동 접시를 들어 올렸다가 떨어뜨리고, 홈의 바닥부의 흙이 길이 약 1.5cm 합류할 때까지 계속한다.
d) 홈이 합류하였을 때의 낙하 횟수를 기록하고 합류한 부근의 시료의 함수비를 구한다.
e) 시료에 증류수를 가하거나 또는 수분을 증발시킨 후 시료를 잘 반죽하여 *b)~d)*의 조작을 반복한다. 그 때 낙하 횟수 10~25회인 것 2개, 25~35회인 것 2개가 얻어지도록 한다.

2. 소성 한계 시험은 다음과 같이 실시한다.

a) 반죽한 시료 덩어리를 손바닥과 불투명 유리판 사이에서 굴리면서 끈 모양으로 하고, 끈의 굵기를 3mm의 둥근 봉에 맞춘다. 이 흙 끈이 지름 3mm가 되었을 때 다시 덩어리로 만들고 이 조작을 반복한다.
b) 상기의 조작에서 흙에 끈이 지름 3mm가 된 단계에서 끈이 끊어졌을 때 그 조각조각 난 부분의 흙을 모아 즉시 함수비를 구한다.

4) 계산

1. 액성 한계

a) 반 로그 그래프 용지의 로그 눈금에 낙하 횟수, 산술 눈금에 함수비를 잡고 측정값을 플롯한다.

b) 측정값에 가장 적합한 직선을 구하고 이것을 유동 곡선으로 한다.

c) 유동 곡선에서 낙하 횟수 25회 상당하는 함수비를 액성 한계 w_L(%)로 한다.

d) 액성 한계를 *3)-1* 항의 조작으로 구할 수 없을 때는 NP(non-plastic)로 한다.

2. 소성 한계

a) *3)-2* 항에서 구한 함수비를 소성 한계 w_p(%)로 한다.

b) 소성 한계를 *3)-2* 의 조작에서 구할 수 없을 때는 NP로 한다.

3. 소성 지수

소성 지수는 다음 식에 따라 산출한다. 다만, 액성 한계 혹은 소성 한계를 구할 수 없을 때, 또는 액성 한계와 소성 한계에 유의차(有意差)가 없을 때는 NP로 한다.

$$I_P = w_L - w_P$$

***[참고_ I_p : 소성 지수 / w_L : 액성 한계(%) / w_p : 소성 한계(%)]

5) 보고

시험 결과에 대해서는 다음 사항을 보고한다.

a) 유동 곡선

b) 액성 한계

c) 소성 한계

d) 소성 지수

노상토 지지력비(CBR) 시험 방법 [KS F 2320]

시험빈도 : 토취장마다

1) 시험 방법의 종류

1. 교란 시험의 CBR 시험

2. 비교란 시료의 CBR 시험

3. 현장의 CBR 시험

2) 공시체의 제작

1. 최적 함수비 및 최대 건조 밀도의 결정*

공시체의 제작에 앞서 KS F 2312에 따라 다음 조건에서 다짐 시험을 하여 시료의 최적 함수비를 구한다.

a) 무게를 측정한 몰드에 유공 밑판 및 Collar를 결합하고 밑면에 스페이서 디스크를 넣고, 그 위에 거름종이를 깐다.

b) 다짐 방법은 KS F 2312의 표 1에 따라, 허용 최대 입자 크기가 19mm일 경우는 D의 규정, 37.5mm의 경우에는 E의 규정에 따른다.

c) 시험은 건조법, 비건조법의 어느 경우도 비반복법에 따라 한다. 다만, 반복법의 사용이 불가피할 경우에는 책임 기술자의 판단에 따른다.

d) 최적 함수비 및 최대 건조 밀도를 KS F 2312에 따라 구한다.

*** [참고_시험체의 제작 조건을 다짐 시험으로 구할 필요가 없는 경우에는 이 조작은 하지 않는다.]

2. 비교란 시료의 공시체 제작

a) 몰드와 유공 밑판의 무게 m_1(g)을 단다.

b) Collar와 유공 밑판을 결합한 몰드에 스페이서 디스크를 넣고 그 위에 거름종이를 놓는다.

c) 다짐 시험을 한 나머지 시료에 대하여 최적 함수비와의 차가 1% 이내가 되도록 물을 가하여 수분이 균일하도록 잘 혼합하고, 함수량이 변하지 않도록 기밀 용기에 넣어 둔다. 이외의 함수비로 시험에 제공하는 경우에는 그 내용을 보고서에 기재한다.

d) *c)* 에서 준비한 시료로 공시체를 제작하고, 최대 건조 밀도 이외의 건조 밀도에서 공시체를 제작하는 경우에는 그 내용을 보고서에 기재한다. 또한, 다짐 전에 시료의 함수량을 조사하여 만일 최적 함수비와 1% 이상의 차가 있는 경우 또는 최적 함수비 이외에 소정의 함수량에서 다질 때 소정의 함수량과 어느 정도* 이상의 차가 있는 경우에는

다시 함수량을 조절하거나 새로운 시료로 공시체를 제작한다. 다짐이 끝나면 Collar를 떼어내고, 몰드 상부 여분의 흙을 곧은 날로 주의 깊게 깎아낸다. 굵은 입자 재료를 제거했기 때문에 표면에 생긴 구멍은 미세립자 재료로 묻는다.

[*] 어느 정도란, CBR 시험 결과에 명료한 차가 나타나는 정도를 말한다.

e) 몰드와 유공 밑판의 외부에 부착된 흙을 잘 털어내고 스페이서 디스크를 떼어낸다.

f) 거름종이를 유공 밑판의 위에 깔고, 공시체를 가만히 전도시켜 유공 밑판에 다시 고정하여 전체의 무게를 단다.

3. 비교란 시료의 공시체

a) 몰드와 유공 밑판의 무게 m_1(g)을 단다.

b) 현장의 대표적인 곳에 커터를 부착한 몰드를 반력 장치와 Jack을 이용하여 주의 깊게 밀어 넣어* 자연 상태의 공시체를 채취한다.

[*] 몰드를 밀어 넣는 것이 불가능할 경우, 다음과 같은 방법으로 시료를 채취한다. 몰드와 공시체의 틈새는 녹인 파라핀 등을 이용하여 충전한다.
1. 흙의 조직을 무르게 하지 않도록 주위를 파고, 지름 약 15cm의 원주형으로 깎으면서 몰드를 덮어서 채취한다.
2. 충분한 크기의 흙덩어리를 채취하여, 지름 약 15cm, 높이 약 17cm의 원주형으로 성형하여, 이것에 몰드를 덮어도 좋다.

c) 실내 시험에 앞서, 스페이서 디스크, 기타 용구를 사용하여 시료를 몰드 끝에서 몇 cm 밀어내고, 몰드 가장자리 면에 맞추어서 곧은 날로 시료의 양 끝면을 성형하여 공시체를 제작한다.

d) 거름종이를 유공 밑판의 위에 갈고, 공시체를 가만히 전도하여 유공 밑판을 몰드로 고정한다.

e) 몰드와 유공 밑판의 외부에 부착된 흙을 잘 떨어뜨리고, 전체의 무게를 단다.

f) 깎아 떨어뜨린 시료를 이용하여 함수비 w_1(%)을 구한다.

3) 시험 방법

1. 흡수 팽창 시험

a) 공시체 윗면의 거름종이 위에 축붙이 유공판을 놓고, 그 위에 0.05kN의 하중을 가한다. 0.05kN 이외의 하중판을 올리는 경우*에는 그 내용을 보고서에 기재한다.

b) 위의 장치를 물에 담그고 몰드 가장자리에 팽창량 측정용 삼발이와 다이얼 게이지를 정확하게 설치한다. 다이얼 게이지의 최초 눈금을 기록하고 나서 96시간** 물속에 정치하여 원칙적으로 1h, 2h, 4h, 8h, 24h, 48h, 72h및 96h의 각 시간마다 다이얼 게이지의 눈금을 기록한다.

c) 다이얼 게이지의 최후 눈금을 기록하고 나서 삼발이와 다이얼 게이지를 제거하고, 물 속에서 꺼내어 하중판을 올린 채 가만히 기울여서 고여 있는 물을 제거한다. 그 후, 약 15분간 정치하여 거름종이를 제거하고 전체의 무게 m_2(g)를 단다.

[*] 포장 등의 무게를 고려하여 하중판을 올리는 경우에는 그 무게에 상당하는 하중판(포장 등의 실하중±20N으로, 그 밖에도 항상 50N 이상)을 올린다.
[**] 96시간 이내에 팽창이 멈추었다고 인지되는 경우 또는 흡수가 빠른 사질토 지반 등과 같이 수침시간을 짧게 하여도 시험 결과에 영향이 없는 경우에는 충분히 포화되었다고 판단되는 시점에서 팽창이 멈춘 것을 확인한 후 흡수 팽창 시험을 끝내도 좋다.

2. 관입 시험

a) 관입 피스톤의 단면적을 구한다.

b) 공시체 위에 *3)의 1. a)*와 같은 무게의 하중판을 올린다.

c) 재하 장치에 공시체 및 관입 피스톤을 부착한다. 관입 피스톤을 정확히 공시체의 중앙에 설치하여 공시체와 밀착시키고, 이 때의 하중은 0.05kN 이하로 하며, 이것을 시험의 제로 하중으로 한다.

d) 재하 장치 하중계의 눈금을 기록하거나 또는 제로에 맞춘다. 관입량을 측정하는 다이얼 게이지를 몰드의 가장자리에 놓고 제로에 맞춘다.

e) 관입 피스톤이 1mm/min의 속도로 공시체에 관입되도록 매끄럽게 하중을 걸어 관입량이 0.5mm, 1.0mm, 1.5mm, 2.0mm, 2.5mm, 3.0mm, 4.0mm, 5.0mm, 7.5mm, 10.0mm 및 12.5mm일 때 각각에 대한 하중계의 눈금을 기록한다*. 관입량이 12.5mm가 되기 전에 하중계의 눈금이 최대값에 달했을 때에는 그 때의 하중 강도와 관입량을 기록하여 둔다.

[*] 관입량 10.0mm 및 12.5mm일 때의 하중계의 눈금은 생략하여도 좋다.

f) 최후의 관입량에서 하중계의 눈금을 기록한 후, 하중을 제거하고 재하 장치에서 공시체를 떼어낸다.

g) 시료 추출기를 사용하여 몰드에서 흙을 밀어내면서 공시체의 표면으로부터 0.5~3.0cm 범위에서 흙 입자의 최대 입자 지름이 약 5mm인 경우는 200g 이상, 기타인 경우는 500g 이상의 시료를 채취하여 함수비 ω_2(%)를 구한다.

4) 계 산

1. 공시체의 습윤 밀도 및 건조 밀도는 KS F 2312의 (계산)에 따른다.

2. 공시체의 팽창비는 다음 식에 의해 산출한다.

$$\gamma_e = \frac{d_e}{h_0} \times 100$$

***[참고_ γ_e: 공시체의 팽창비(%) / d_e: 공시체의 흡수 팽창 시험 종료시의 팽창량(mm) / h_0: 공시체의 최소의 높이 (125mm) / 흡수 팽창 시험 후 공시체의 건조 밀도와 평균 함수비는 다음 식으로 계산한다.]

흡수 팽창 시험 후 공시체의 건조 밀도와 평균 함수비는 다음 식으로 계산한다.

$$\gamma'_d = \frac{\gamma_d}{1 + \frac{\gamma_e}{100}}$$

$$\omega' = \left(\frac{\gamma'_t}{\gamma'_d} - 1 \right) \times 100$$

또한, $$\gamma'_t = \frac{m_2 - m_1}{V\left(1 + \frac{\gamma_e}{100}\right)}$$

***[참고_ γ'_d: 흡수 팽창 시험 후의 공시체의 건조 밀도(g/cm^3) / ω' : 흡수 팽창 시험 후의 공시체의 평균 함수비(%) / γ_d: 흙의 건조 밀도[(KS F 2312의 7.(2)](g/cm^3) / γ'_t: 흡수 팽창 시험 후의 습윤 밀도(g/cm^3) / m_1 : 몰드와 유공 밑판의 무게(g) / m_2: 흡수 팽창 시험 후의 공시체와 몰드 및 유공 밑판의 무게(g) / V: 몰드의 용량(cm^3) / 15cm 몰드 V = 2209±26cm^3]

3. 관입 시험에서 읽은 값을 관입 피스톤의 단면적으로 나누어 하중 강도(MN/m^2)로 표시하고, 하중 강도-관입량 곡선을 구한다. 하중 강도-관입량 곡선의 초기 부분에 [그림 1]의 곡선 2와 같은 변곡점이 생기는 경우, 변곡점 이후의 직선 부분을 연장하여 가로축과의 교점을 관입량의 수정원점으로 한다. 또 하중 또는 강도를 하중(kN)으로 나타내는 것도 좋다. 이 경우는 하중 관입량 곡선이라고 말한다.

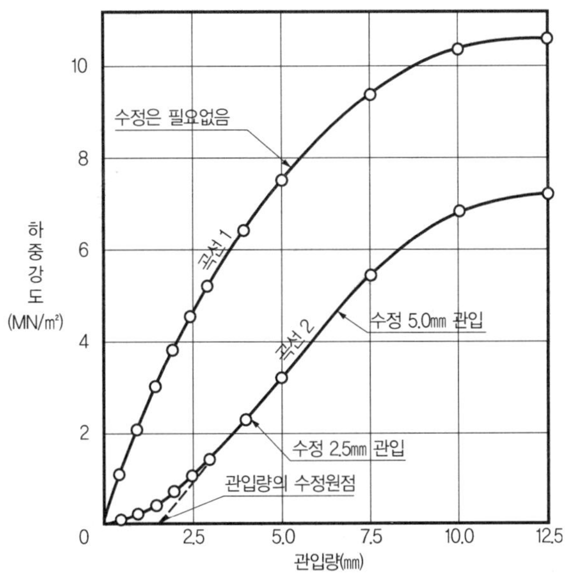

[그림_1] 하중 강도-관입량 곡선

4. CBR는 관입량 2.5mm, 5.0mm 각각에 있어서 하중 강도를 하중 강도-관입량 곡선으로부터 구한 후, 각 관입량에 따른 표준 하중 강도를 이용, 다음 식에 의해 계산한다.

$$CBR = \frac{q}{q_0} \times 100$$

***[참고_CBR: 지지력비(%) / q : 관입량에 따른 하중 강도(MN/m^2) / q_0 : 관입량에 따른 표준 하중 강도(MN/m^2)(표 1 참조) / 관입 시험 결과를 하중으로 하는 경우는 2.5mm, 5.0mm 각각에 따른 표준 하중을 이용하여 CBR를 다음 식에 따라 계산한다.]

$$CBR = \frac{Q}{Q_0} \times 100$$

***[참고_Q : 관입량에 따른 하중(kN) / Q_0 : 관입량에 따른 표준 하중(kN) (표 1 참조)]

[표_1] 표준 하중 강도 및 표준 하중치

관입량 mm	표준 하중 강도 MN/m^2	표준 하중 kN
2.5 5.0	6.9 10.3	13.4 19.9

5. CBR는 일반적으로 관입량 2.5mm에서의 값을 취한다. 또한, 관입량 5.0mm에서 CBR가 관입량 2.5mm의 것보다 큰 경우에는 새로운 공시체로 재시험을 한다. 그러나, 다시 동일한 결과를 얻었을 때는 관입량 5.0mm일 때의 CBR를 취한다.

5) 현장의 CBR 시험

1. 시험 용구

a) 재하물 트럭, 중장비 등 기타 이동이 간편한 것 또는 재하 장치에 대하여 하중이 될 수 있는 것으로 한다.

b) 재하 장치 예상되는 하중 강도에 따라 5~50kN의 능력을 가진 것으로 정밀도가 1/100 이상인 하중계가 붙은 스크류 잭 또는 오일 잭과 구면 자리로 이루어지며, 피스톤의 관입 속도를 1mm/min 으로 조절할 수 있는 것으로 한다.

c) 관입량 측정 장치 다이얼 게이지 2개와 그것을 관입 피스톤에 붙이기 위한 부착구 및 가대로 이루어진다.

d) 관입 피스톤과 하중판

e) 기타 건조 모래, 스쿠프, 손가래 등을 준비한다.

2. 시험 방법

a) 시험 위치의 표면을 지름 약 30cm의 수평한 면으로 다듬질한다. 평평하게 다듬질할 수 없는 곳에는 건조 모래를 얇게 깔아 고르고 평평한 면으로 다듬질한다.

b) 현장 시험 장치를 조립한다.

c) 하중판을 올린다.

d) 관입 시험을 한다.

e) 관입 시험 종료 후, 시험 위치에서 [표 2]에 나타내는 양의 시료를 채취하여 함수량을 측정한다.

f) 시험 위치 부근 흙의 밀도를 구한다.

[표_2] 함수량 측정용 시료의 양

흙 입자의 최대 지름 (mm)	시료의 필요량 (g)
약 5 약 20 약 40	약 200 약 500 약 1000

6) 보고

1. 교란 시료의 CBR 시험

a) 시료 준비 방법 건조법 또는 비건조법

b) 함수비 시료의 준비에 있어 건조법을 사용한 경우는 건조 처리 전후의 함수비와 최적 함수비, 비건조법을 사용한 경우는 자연 함수비 및 최적 함수비(%)

c) 공시체의 조건 수침 또는 비수침

d) 팽창비(%)

e) 흡수 팽창 시험 후의 평균 함수비(%)와 건조 밀도(g/cm^3)

f) 관입 시험 후의 상부 함수비(관입부)(%)

g) 공시체의 CBR(%)와 대응하는 관입량(mm)

h) 교란 시료의 다짐 곡선 및 제로 공기 간극 곡선

i) 기타 특기할 만한 사항 시험 시료중 허용 최대 입자 크기가 19mm인 경우 19mm 이상, 19~4.75mm, 4.75mm 이하 흙 입자의 무게 백분율과 허용 최대 입자 크기가 37.5mm인 경우 37.5mm 이상 흙 입자의 무게 백분율

2. 비교란 시료의 CBR 시험

a) 함수비(%)

b) 공시체의 조건 수침 또는 비수침

c) 팽창비(%)

d) 흡수 팽창 시험 후의 평균 함수비(%)와 건조 밀도(g/cm^3)

e) 관입 시험 후의 상부 함수비(관입부)(%)

f) 수침 또는 비수침 공시체의 CBR(%)와 대응하는 관입량(mm)

g) 비교란 시료의 건조 밀도(g/cm^3)

3. 현장 CBR 시험

a) 함수비(%)

b) 건조 밀도(g/cm^3)

c) CBR(%)와 대응하는 관입량(mm)

흙의 다짐 시험 방법 [KS F 2312]

시험빈도 : 토취장마다

1) 시험 방법의 종류 및 선택

1. 시험 방법의 종류 다짐 방법과 시료의 준비 방법 및 사용 방법에 따라 다음과 같다.

a) **다짐 방법** [표_1]에 나타내는 5종류로 한다.

[표_1] 다짐방법의 종류

다짐 방법의 호칭명	래머 질량 (kg)	몰드 안지름 (cm)	다짐 층수	1층당 다짐 횟수	허용 최대 입자 지름 (mm)
A	2.5	10	3	25	19
B	2.5	15	3	55	37.5
C	4.5	10	5	25	19
D	4.5	15	5	55	19
E	4.5	15	3	92	37.5

b) **시료의 준비 방법 및 사용 방법** 시료의 준비방법 및 사용방법은 다음과 같고, 그 조합은 [표-2]에 나타내는 3종류로 한다.

[표_2] 시료의 준비 방법 및 사용 방법의 조합

조합의 호칭명	시료의 준비 방법 및 사용 방법
a	건조법으로 반복법
b	건조법으로 비반복법
c	습윤법으로 비반복법

– **시료의 준비 방법**

· 건조법 : 시료 전량을 최적 함수비를 얻을 수 있는 함수비까지 건조하고, 다질 때 물을 가하여 필요한 함수비로 조정하는 방법

· 습윤법 : 자연 함수비에서 건조 또는 물을 가함으로써 시료를 필요한 함수비로 조정하는 방법

– **시료의 사용 방법**

· 반복법 : 동일한 시료를 함수비를 바꾸어 반복 사용하는 방법

· 비반복법 : 항상 새로운 시료를 함수비로 바꾸어 사용하는 방법

2. 시험 방법의 선택

a) 다짐 방법 시험 목적과 시료의 최대 입자 지름에 따라 선택한다.

b) 시료의 준비 방법 시료의 준비에서 함수비 조정은 시료를 건조하면 다짐 시험 결과에 영향을 미치는 흙에는 습윤법을, 그 외의 흙에는 건조법을 적용한다.

c) 시료의 사용 방법 다짐에 의해 흙 입자가 부서지기 쉬운 흙이나 물을 가한 후에 물과 섞이는데 시간이 걸리는 흙에는 비반복법을, 그 외의 흙에는 반복법을 적용한다.

2) 시험기구

1. 몰드, 칼라, 밑판 및 스페이서 디스크

몰드는 칼라의 장착 및 밑판에 긴밀하게 결합할 수 있는 강제 원통형의 것으로, 다음 조건을 만족하는 것으로 한다.

a) 10cm 몰드 안지름 100±0.4mm, 용량 1000± 10cm^{3}인 것
b) 15cm 몰드 안지름 15±0.6mm, 스페이서 디스크 삽입시의 용량 2209±26cm^{3}인 것. 또한 안지름과 용량의 조건을 만족하고 있는 경우는, 스페이서 디스크를 이용하지 않는 몰드를 사용하여도 좋다.
c) 스페이서 디스크 지름 148±0.6mm, 높이 50±0.2mm의 금속제 원반인 것

2. 래머

지름 50±0.12mm로 밑면이 평평한 면을 가지며, 다음 조건을 갖춘 금속제로 한다.

a) 2.5kg 래머 질량 2.5±0.01kg, 낙하 높이 30±0.15cm로 자유 낙하할 수 있는 것
b) 4.5kg 래머 질량 4.5±0.02kg, 낙하 높이 45±0.25cm로 자유 낙하할 수 있는 것

*** [참고_위의 조건을 만족하는 경우는 자동 다짐장치를 사용하여도 좋다.]

3. 기타 기구

a) 저울 10cm 몰드를 사용하는 경우는 5g까지 잴 수 있는 것, 15cm 몰드를 사용하는 경우는 10g까지 잴 수 있는 것
b) 체 KS F 5101에 규정하는 시험용 체로 호칭 치수 19mm 및 37.5mm인 것
c) 함수비 측정 기구 KS A 2306(시험기구)에 규정하는 것
d) 혼합기구 시료와 물을 균일하게 혼합할 수 있는 것. 혼합 기구로서 믹서를 사용해도 좋다.
e) 곧은 날 강제로서, 한 쪽 날이 있는 길이 25cm 이상인 것
f) 시료 추출기 다진 흙을 몰드에서 꺼낼 수 있는 것으로, 잭 또는 그와 유사한 장치로 한다. 주걱, 흙손 등으로 흙을 몰드로부터 깎아 내어도 좋다.
g) 거름종이

3) 시료

시료는 다음과 같이 한다.

a) KS F 2301에 규정하는 방법에 따라 그 함수비 w_0(%)를 구한다.

*** [참고_각종 시험에 필요한 최소 필요량은 다음 [표_3]과 같다.]

[표_3] 준비하는 시료의 최소 필요량

조합의 호칭명	시료 준비 방법 및 사용 방법의 조합	몰드의 지름 (cm)	허용 최대 입자 지름 (mm)	시료의 최소 필요량
a	건조법으로 반복법	10 15 15	19 19 37.5	5kg 8kg 15kg
b	건조법으로 비반복법	10 15	19 37.5	3kg씩 필요 조 수 6kg씩 필요 조 수
c	습윤법으로 비반복법	10 15	19 37.5	3kg씩 필요 조 수 6kg씩 필요 조 수

b) 건조법에 의한 경우는 시료를 공기 건조시킨 후에 충분히 부수고, 또 습윤법에 의한 경우는 시료를 건조하지 않고 허용 최대 입자 지름에 대한 체로 시료를 체가름하여 그 통과분을 시료로 한다.

*** [참고1_건조법으로 시료를 급히 건조시키는 경우는 항온 건조로를 사용하여도 좋다. 그 때 건조 온도는 50℃ 이하로 한다.]
*** [참고2_습윤법에서 흙이 많이 젖어 있어서 허용 최대 입자 지름에 대응하는 체를 통과시킬 수 없을 경우는 굵은 입자를 손으로 제거하는 정도면 된다.

c) 건조법에 의한 경우는 건조 처리 후에 체를 통과한 시료의 함수비 w_1(%)을 구한다.

d) 시료의 함수비를 다음 방법을 사용하여 조정한다. 어떤 경우든 물과 섞이는 데 시간이 걸리는 흙은 함수비가 변화하지 않도록 기밀 용기에 넣어 12시간 이상 가만히 둔다.

- 반복법에 의한 경우는 제1회째의 다지기를 하는 임의의 함수비로 조정한다.
- 비반복법에 의한 경우는 예상되는 최적 함수비를 포함하여 6~8종류의 함수비의 시료를 준비한다.

4) 시험방법

시험방법은 다음과 같다.

a) 몰드와 밑판의 질량 $m_1(g)$을 단다.

b) 시료를 몰드에 넣어 소정의 다짐 방법으로 다진다. 다짐은 견고하고 평평한 바닥 위에서 하며 다진 후 각 층의 두께가 거의 같아지도록 한다. 또한 각 층 사이의 밀착을 좋게 하기 위하여, 다진 각 층의 윗면에 주걱 등으로 가로 · 세로선을 긋는다. 그리고 15cm 몰드의 경우는 시료를 몰드에 넣기 전에 몰드에 스페이서 디스크를 넣고 거름종이를 깐다.

c) 다진 후의 시료 윗면은 몰드의 위 끝에서 약간 위가 되도록 한다. 다만 10mm를 넘어서는 안 된다.

d) 다진 후 칼라를 떼고, 몰드 상부의 여분의 흙을 곧은 날로 주의 깊게 깎아 내고 평면으로 다듬질한다. 자갈 등을 제거함으로써 표면에 생긴 구멍은 입자 지름이 작은 흙으로 메운다.

e) 몰드와 밑판의 외부에 붙은 흙을 잘 닦아 내고 전체의 질량 $m_2(g)$를 단다. 그리고 15cm 몰드의 경우는 이 조작 전에 밑판을 떼고, 몰드에서 거름종이 및 스페이서 디스크를 꺼낸다.

f) 시료 추출기 등을 사용하여 다진 시료를 몰드에서 꺼내고 함수비 $w(\%)$를 구한다. 함수비 측정용 시료는 측정 개수가 1개인 경우는 다진 흙의 중심부에서, 2개인 경우는 상부 및 하부에서 채취한다.

g) 반복법 및 비반복법 중 어느 경우나 예상되는 최적 함수비를 포함하여 6~8종류의 함수비로 *b)~f)* 의 조작을 반복한다. 반복법에 의할 때는 다진 후의 함수비 측정용 시료를 채취한 후의 시료를 다지기 전의 최초 상태가 될 때까지 잘게 부순 후, 나머지 시료와 함께 소요량의 물을 가하여 함수비가 균일하게 되도록 혼합한다.

5) 계산

a) 다진 흙의 습윤 밀도

$$\rho_t = \frac{m_2 - m_1}{V}$$

***[참고_참고 ρ_t : 흙의 습윤 밀도(g/cm^3) / m_2 : 다진 후의 전체 질량(g) / m_1 : 몰드와 밑판의 질량(g) / V : 몰드의 용량 / 10cm 몰드 V = 1000cm^3 / 15cm 몰드 V = 2209cm^3]

b) 다진 흙의 건조 밀도

$$\rho_d = \frac{\rho_t}{1 + \frac{w}{100}}$$

***[참고_ρ_d : 흙의 건조 밀도(g/cm^3) / w : 함수비(%)

c) 건조 밀도를 세로축에, 함수비를 가로축에 잡고 측정값을 기입하여, 이들을 매끄러운 곡선으로 연결하여 밀도-함수비 곡선으로 한다. 이 곡선의 건조 밀도 최대값을 최대 건조 밀도 ρ_{dmass}(g/cm^3), 그것에 대응하는 함수비를 최적 함수비 w_{opt}(%)로 한다.

d) 영 공기 공극 상태에서의 함수비 w(%)에 대한 건조 밀도 ρ_{dsat}(gm^3)는 다음 식에 따라 산출한다. 그 결과를 건조 밀도-함수비 곡선에 병기하고, 매끄러운 곡선으로 연결한 것을 영 공기 공극 곡선으로 한다.

$$\rho_{dsat} = \frac{\rho_w}{\frac{\rho_w}{\rho_s} + \frac{w}{100}}$$

***[참고_ρ_{dsat} : 영 공기 공극 상태의 건조 밀도(g/cm^3) / ρ_w : 물의 밀도(g/cm^3) / ρ_s : KS F 2308에 따라 구한 흙 입자의 밀도(g/cm^3)

6) 보고

시험 결과에 대하여 다음 사항을 보고한다.

a) 시험 방법 [표_1]및 [표_2]에 나타내는 호칭명을 조합하여 보고한다. ex)A-a

b) 시료 분취 후의 함수비 및 건조법을 사용한 경우는 건조 처리 후의 함수비

c) 건조 밀도-함수비 곡선 및 영 공기 공극 곡선

d) 최대 건조 밀도 및 최적 함수비

e) 기타 특기하여야 할 사항

- 자갈을 포함하는 흙의 시료 조제 전의 최대 입자 지름을 보고하는 것이 바람직하다.

흙의 투수 시험 방법 [KS F 2322]

시험빈도 : 토취장마다 (흙댐, 용수로, 배수로용 일반성토 및 표토 · 공종에 따라)

1) 시험 방법의 종류와 선택

1. 시험 방법의 종류

a) **정수위(定水位) 투수 시험** 일정한 단면과 길이를 가진 시험체 안을, 일정한 수위차 아래에서 일정 시간 내에 침투하는 수량(水量)을 측정하는 시험

b) **변수위(變水位) 투수 시험** 일정한 단면과 길이를 가진 시험체 안을, 일정한 수위차를 초기 상태로 하여 침투할 때의 수위 강하량과 그 경과 시간을 측정하는 시험

2. 시험 방법의 선택

일반적으로 정수위 투수 시험은 투구 계수가 비교적 큰 흙에, 변수위 투수 시험은 투수 계수가 비교적 작은 흙에 적용한다.

2) 정수위 투수 시험

가. 시험 기구

1. 투수 시험 기구

a) **투수 원통** 투수 원통은 시료의 최대 입자 지름에 비해 충분히 큰 안지름과 길이를 가진 원통으로 한다.

*** [참고1_ 투수 원통은 통상 안지름 10cm, 길이 12cm로 한다.]
*** [참고2_ 투수 원통의 안지름과 길이는 시료의 최대 입자 지름의 10배 이상으로 한다. 다만, 입도 분포가 넓은 시료에 대해서는 최대 입자 지름의 5배 까지 허용한다.

b) **투수 원통 칼라** 급수 쪽의 수위를 일정하게 유지할 수 있는 월류구(越流口)를 가진 원통으로 한다.

c) **유공판** 투수 원통 내의 시험체 및 필터를 유지하기 위한 다수의 작은 구멍을 가진 내식성 판으로 한다.

d) **필터** 시험체의 10배 이상의 투수 계수를 갖는 굵은 모래 또는 다공판으로 그 합계 두께는 시험체 길이의 0.2배 이하로 한다.

e) **철망** 시험체와 필터 사이에 놓는 내식성 철망으로, 눈의 간격은 보통 425㎛ 로 한다.

f) **월류 수조** 월류 수조는 배수 쪽의 수위를 일정하게 유지할 수 있는 월류구를 가진 수조로 한다.

2. 시험체 제작 기구

a) 버니어 캘리퍼스

b) 저울 측정 무게에 대하여 0.02%의 무게까지 측정할 수 있는 것으로 한다.

c) 다짐 기구 래머 다짐의 경우에는 KS F 2312에 규정하는 래머, 진동 다짐의 경우에는 탬퍼 및 직각 나이프로 한다.

d) 함수비 측정 기구 KS F 2306의 3.(시험 기구)에 규정하는 것으로 한다.

3. 시험체의 포화도를 높이는 장치 및 기구

a) 진공 펌프 진공 펌프는 진공도 80kPa 이상을 유지할 수 있는 것으로 한다.

b) 수침 감압 용기 수침(水侵) 감압 용기는 시험체를 넣은 투수 원통을 수침 상태로 유지하는 용기로, 투명부가 있는 밀폐된 덮개를 가진 것으로 한다.

c) 감압 흡수 장치 저수조, 급수병, 투명 아스피레이터병 등으로 구성되는 것으로 한다. 이 장치를 사용하는 경우의 투수 원통은 그 상하단을 배수구 · 급수구를 가진 덮개와 밑판으로 수밀하게 유지할 수 있는 것으로 한다.

4. 계측 기구

a) 금속제 곧은자

b) 메스 실린더 측정 수량의 1/100 이하의 눈금을 가진 것으로 한다.

c) 스톱워치 또는 시계

d) 온도계 최소 눈금 1℃ 이하인 것으로 한다.

나. 시료 및 시험체의 제작

a) 시험체를 다져서 제조하는 경우는 KS F 2301에 규정하는 방법에 의해 얻어진 시료를 잘 혼합하여 함수비가 균일해진 것을 준비한다.

b) 시료의 흙 입자의 밀도 ρ_s(g/cm^3)를 KS F 2308에 규정하는 방법에 따라 구한다.

c) 투수 원통의 안지름을 측정하여 단면적 A(cm^2)를 구한다.

d) 투수 원통을 유공판에 고정하여 필터를 설치하고 그 위에 철망을 놓는다.

e) 시료를 철망 위에 일정 두께로 넣고 층 모양으로 다진다. 1층의 두께는 다짐 후의 두께가 15mm 또는 최대 입자 지름의 1.5배 중 큰 쪽으로 한다.

*** [참고_KS F 2312에 따라 몰드 안에 다진 시료를 그대로 투수 시험용 시험체로 사용할 수 있다.]

f) 다짐 후의 시험체의 길이 L(cm), 무게 m(g)를 측정하여 시료의 함수비 w(%)를 구한다.

g) 흩어지지 않는 시료를 시험체로 사용하는 경우는 시험체와 투수 원통 내면의 틈새를 누수 방지재로 밀봉한다. 이 경우, 시험체의 무게 m(g), 단면적 A(cm^2)와 길이 L(cm)

및 함수비 w(%)를 미리 구해 둔다.

h) 시험체의 윗면을 철망과 필터로 덮고 유공판을 얹어서 투수 원통에 고정한다.

다. 시험체의 포화도를 높이는 방법

시험체의 포화도를 높이기 위하여 다음 중 한 가지 방법으로 기포를 제거한다. 사용하는 물은 끓이거나 감압에 의해 충분히 기포를 제거한 물로 한다. 시험체의 바닥부로 부터의 수침에 의해 충분히 포화도를 높일 수 있는 굵은 모래 또는 자갈의 경우는 진공 펌프에 의한 기포 제거 과정을 생략해도 좋다. 또 이 경우는 기포를 제거한 물을 사용하지 않아도 좋다.

a) **수침 기포 제거법** 물을 채운 수침 감압 용기에 투수 원통을 넣고 진공 펌프로 용기 안을 서서히 감압한다. 투수 원통에서 기포가 나오지 않는다는 것을 확인한 후 용기 내의 압력을 서서히 대기압으로 되돌린다.

b) **흡수 기포 제거법** 투수 원통을 감압 흡수 장치에 연결하고 진공 펌프에 의한 투수 원통 내의 감압과 급수병에서의 급수를 교대로, 아스피레이터병에 기포가 나오지 않을 때까지 반복한다.

라. 시험 방법

a) 투수 원통의 상부에 투수 원통 칼라를 부착하고 월류 수조에 물을 채운다.

b) 급수 쪽 수조가 되는 투수 원통 칼라에 주입하여 월류구에서 월류시켜서 급수 쪽의 수위를 일정하게 한다.

c) 월류 수조에서의 원류량이 거의 일정해지는 것을 기다려서, 시각 t_1에서 t_2까지 사이의 유출 수량 Q (cm^3)를 메스실린더로 측정한다. 측정은 3회 이상 실시한다.

d) 급수 족 수조(투수 원통 칼라)의 수위와 월류 수조의 차 h(cm)를 측정한다.

e) 월류 수조 안의 온도 T(℃)를 측정한다.

f) 시험 후의 시험체의 함수비 W_f (%)를 구한다. 보수성이 작은 시료인 경우 생략해도 좋다.

마. 계산

a) 시험체의 건조 밀도, 틈새비 및 포화도는 다음 식에 따라 산출한다.

$$\rho_d = \frac{m}{A \cdot L\left(1 + \frac{w}{100}\right)}$$

$$e = \frac{\rho_s}{\rho_d} - 1$$

$$S_t = \frac{w\rho_s}{e\rho_w}$$

***[참고_ρ_d: 건조 밀도(g/cm^3) / e: 간극비 / S_r: 포화도(%) / m: 시험체의 무게(g) / A: 시험체의 단면적(cm^2) / L: 시험체의 길이(cm) / w: 함수비(%) / ρ_s: KS F 2308에 따라 구한 흙 입자의 밀도(g/cm^3) / ρ_w: 물의 밀도(g/cm^3)]

b) 측정시의 수온 T(℃)에서의 투수 계수는 다음 식에 따라 산출한다.

$$k_t = \frac{L}{h} \cdot \frac{Q}{A(t_2 - t_1)}$$

***[참고_k_t: T℃에서의 투수 계수(cm/s) / h: 수위차(cm) / Q: 유출 수량(cm^3) / $t_2 - t_1$: 측정 시간(s)]

c) 온도 15℃에서의 투수 계수는 다음 식에 따라 산출한다.

$$k_{15} = k_T \cdot \frac{\eta_T}{\eta_{15}}$$

***[참고_k_{15}: 온도 15℃에서의 투수 계수(cm/s)
η_T / η_{15}: 온도 15℃에서의 투수 계수를 구하기 위한 보정 계수로 표 1에서 구한다.]

[표_1] 온도 15℃에 대한 T℃의 점성 계수의 비 η_T / η_{15}

T℃	0	1	2	3	4	5	6	7	8	9
0	1.575	1.521	1.470	1.424	1.378	1.336	1.295	1.255	1.217	1.181
10	1.149	1.116	1.085	1.055	1.027	1.000	0.975	0.950	0.925	0.925
20	0.880	0.859	0.839	0.819	0.800	0.782	0.764	0.748	0.731	0.715
30	0.700	0.685	0.671	0.657	0.645	0.632	0.620	0.607	0.596	0.584
40	0.574	0.564	0.554	0.544	0.535	0.525	0.517	0.507	0.498	0.490

d) 시험 후의 시험체의 함수비 w_f(%)를 사용하여 포화도 S_r(%)를 *a)* 의 식에 준하여 산출한다. 다만, 보수성이 작은 시료의 경우는 포화도의 계산을 생략하여도 좋다.

3) 변수위 투수 시험

가. 시험기구

1. 투수 시험기구

a) **투수 원통** 주수(注)水) 구멍이 있는 위 덮개와 배수 구멍이 있는 바닥판에 의해 내부를 기밀하게 할 수 있는 원통으로, 시료의 최대 입자 지름에 비하여 충분히 큰 안지름과 길이가 있는 것으로 한다.

*** [참고1_투수 원통은 통상 안지름 10cm, 길이 12cm로 한다.]
*** [참고2_투수 원통의 안지름과 길이는 시료의 최대 입자 지름의 10배 이상으로 한다. 다만, 입도 분포가 넓은 시료에 대해서는 최대 입자 지름의 5배까지 허용한다.]

b) **스탠드 파이프** 길이 1m 정도의 투명관으로, 눈금 또는 표준차를 붙인 것으로 한다. 시료의 투수성에 따라 관의 안지름이 0.5cm, 2cm 또는 5cm인 것을 고른다.

c) **유공판** *2)의 가-1* 에 규정하는 것으로 한다.

d) **철망** *2)의 가-1* 에 규정하는 것으로 한다.

e) **필터** *2)의 가-1* 에 규정하는 것으로 한다.

f) **저수조**

g) **월류 수조** *2)의 가-1* 에 규정하는 것으로 한다.

2. 시험체 제작 기구 *2)의 가-2* 에 규정하는 것으로 한다.

3. 시험체의 포화도를 높이는 장치 및 기구 *2)의 가-3*에 규정하는 것으로 한다.

4. 계측 기구

a) 금속제 곧은자

b) 스톱워치 또는 시계

c) **온도계** 최소 눈금 1℃ 이하인 것으로 한다.

나. 시료 및 시험체의 제조 *2)의 나* 에 규정하는 방법에 따라 실시한다.

다. 시험체의 포화도를 높이는 방법 *2)의 다* 에 규정하는 방법에 따라 실시한다.

라. 시험 방법

a) 투수 원통의 위 덮개에 스탠드 파이프와 저수조를 연결하여 물을 채운 월류 수조에 담근다.

b) 스탠드 파이프의 단면적 a(cm^2)를 구하여 스탠드 파이프에 월류 수조의 수면에서 측정한 높이 h_1(cm) 및 h_2(cm)를 설정한다.

c) 시험체의 밸브를 닫고 저수조의 밸브를 열어서 저수조의 물을 스탠드 파이프에 채우고 시험체의 밸브를 닫는다.

d) 시험체의 밸브를 열고 스탠드 파이프의 수면이 h_1 및 h_2를 통과한 시각 t_1(s) 및 t_2(s)를 기록한다.

e) *c)*와 *d)*의 조작을 반복하여 (t_2-t_1)의 값이 거의 일정해졌다는 것을 확인한 후 3회 이상의 측정을 실시한다.

f) 월류 수조의 수온 T(℃)를 측정한다.

g) 시험 후의 시험체의 함수비 w_f(%)를 구한다.

마. 계산

a) 시험체의 건조 밀도 ρ_d(g/cm^3), 간극비(e) 및 포화도 S_r(%)는 *2)–마–a)* 식에 따라 산출한다.

b) 측정시의 수온 T(℃)에서의 투수 계수는 다음 식에 따라 산출한다.

$$k_T = 2.303\frac{aL}{A(t_2-t_1)}\log_{10}\frac{h_1}{h_2}$$

***[참고_k_T : T℃에서의 투수 계수(cm/s) / a : 스탠드 파이프의 단면적(cm^2) / L: 시험체의 길이(cm) / A: 시험체의 단면적(cm^2) / t_2-t_1 : 측정 시간(s) / h_1 : 시각 t_1에 있어서의 수위차(cm) / h_2 : 시각 t_2 에 있어서의 수위차(cm)]

c) 온도 15℃에서의 투구 계수(k_{15})는 *2)–마 c)*의 식에 따라 산출한다.

d) 시험 후의 시험체의 함수비 w_f(%)를 사용하여 포화도 S_r(%)를 *2)–마 a)*의 식에 따라 산출한다. 다만, 보수성이 작은 시료의 경우는 포화도의 계산을 생각하여도 좋다.

4) 보고

시험 결과에 대해서는 다음 사항을 보고한다.

a) 시료의 상태

b) 시험체 제조 방법

c) 시험체의 지름, 길이 및 질량

d) 시험 방법의 종류

e) 시험체의 포화도를 높이기 위하여 사용한 방법

f) 시험 용수의 종류

g) 시험시의 수온

h) 시험 전의 시험체의 함수비, 간극비, 건조 밀도 및 포화도

i) 시험 후의 시험체의 함수비 및 포화도

***** [참고_보수성이 작은 시료의 경우에는 생략해도 좋다.]**

j) 온도 15℃에서의 투수 계수

압밀 배수 조건에서 흙의 직접 전단 시험 방법 [KS F 2343]

시험빈도 : 토취장마다

1) 장 치

가. 전단 장치

공시체에 비틀림이 일어나지 않도록 두 개의 다공반 사이에 안전하게 공시체를 잡아줄 수 있는 것이어야 하고, 공시체의 두께 변화를 측정할 수 있도록 공시체 표면에 수직 하중을 작용시킬 수 있어야 한다. 이 때 다공반을 통하여 배수가 되고 공시체는 물 속에 잠기도록 하여야 한다. 또한 이 장치는 공시체를 예정한 전단면(1면 전단 혹은 양면 전단)에 따라서 공시체의 표면과 평행하게 전단하기 위하여 전단력을 작용시킬 수 있어야 한다. 공시체를 잡아주는 몸체는 공시체를 전단하는 중에 비틀리지 않게 충분한 강도를 가져야 한다. 장치의 각 부품은 흙 속의 물질이나 흙의 습도로 인하여 부식되지 않는 금속제이어야 한다.

나. 다공반

다공반은 흙 속의 물질이나 흙 속의 수분에 의하여 부식되지 않는 규소, 카바이드, 산화알루미늄 또는 금속 성분으로 되어 있어야 한다. 다공반의 적당한 등급은 시험할 흙에 따라 좌우된다. 다공반은 공시체에 잘 맞도록 거칠어야 하나 흙이 다공반 구멍으로 많이 들어가는 것을 방지할 수 있도록 결이 가늘어야 한다. 이에 대한 정확한 범위는 정하여지지 않고 있다. 일반적인 토질 시험에서는 투수가 약 0.5~1.0mm/s 되는 중간 등급이 적당하다.

다. 재하 장치

a) 수직 하중 재하 장치는 예정 하중을 초과하지 않게 신속히 작용시킬 수 있어야 하며, 시험 도중 ±1%의 정밀도를 유지할 수 있어야 한다.

b) 전단력 작용 장치 기능은 변형 제어 시험 또는 응력 제어 시험에 다른다. 변형 제어 시험은 극한 응력을 측정할 수 있으므로 일반적으로 많이 이용된다. 변형 제어 시험 장치는 ±10% 이내의 오차를 가지고 일정한 이동 속도로 공시체를 전단할 수 있어야 한다. 또한 이동 속도를 광범위하게 조정할 수 있어야 한다. 이동 속도는 흙의 압밀 특성에 좌우된다. 속도는 보통 모터와 기어로서 유지하며, 전단력은 하중 측정 장치인 프로빙링으로 측정한다. 응력 제어 시험장비를 사용하면 *a)*에서와 같은 방법과 정밀도로서 공시체에 전단력을 증가시킬 수 있다.

라. 시료 저장 습도실

시료 준비실과 같이 시료를 준비하는 도중에 습도가 0.5% 이상 변하지 않아야 한다.

마. 트리머 및 커터

트리머 및 커터는 전단 상자 내부 치수보다 큰 시료를 다듬는데 있어 시료가 흐트러지지 않도록 만들어진 것이어야 한다.

바. 저울

정밀도 0.1g의 것 또는 공시체 무게의 0.1%까지 측정할 수 있는 것이어야 한다.

사. 변위 측정 장치

공시체의 두께 변화를 0.002mm의 정밀도로 측정할 수 있고, 수평 이동은 0.02mm까지 측정할 수 있어야 한다.

아. 건조기

105±5℃를 유지할 수 있어야 한다.

자. 젖은 시료를 담을 수 있는 용기

차. 공시체 제작 및 다짐 지구

카. 그 밖의 기구

시료 준비에 필요한 초시계, 증류수, 스패튤러, 칼, 곧은 날 및 실톱 등

2) 공시체

1. 흐트러지지 않은 시료인 경우, 최소한 3개의 동일한 공시체를 준비하여야 한다. 공시체는 함수량의 손실이 없도록 준비한다. 공시체는 직접 전단 장치에 맞도록 또 트리머의 길이에 맞도록 다듬는다. 예민성 흙의 흐트러지지 않은 공시체를 준비하는 데는 자연 상태의 조직이 흐트러지지 않도록 각별히 주의하여야 한다. 초기 함수비 측정을 위하여 공시체의 무게를 단다.
2. 다진 흙의 공시체를 사용할 경우, 그것은 각각 요구하는 함수비와 단위 무게로 다져져야 한다. 공시체는 전단 장치 내에서 직접 다지거나 같은 치수의 몰드 내에서 다져서 전단 장치 속에 밀어 넣거나, 아니면 큰 몰드를 사용해서 다듬는다.
3. 원형 공시체의 최소 지름이나 구형 공시체의 나비는 약 50mm가 되어야 한다.
4. 공시체의 최소 두께는 약 12.5mm가 되어야 하나 최대 입자 지름의 6배보다 작아서는 안 된다.

5. 공시체의 지름과 두께의 비는 2:1이어야 한다. 정사각형이나 구형 공시체에서도 최소 나비와 두께의 비도 2:1이어야 한다.

3) 보정 장치

1. 시험 공시체와 같은 두께이고 지름이 약 5mm가 작은 금속제 보정판으로서 직접 전단 시험 장치를 조립한다.
2. 시험을 위하여 예정한 수직 압력과 동일한 수직 압력을 작용시키고 수직 변위 측정계를 설치한다. 보정판으로서 압밀과 부풂 두 가지를 측정할 수 있도록 수직 변위 측정계를 조정한다. 수직 변위 측정계를 조정하면 보정판 읽음으로부터 압밀과 부풂 두 가지를 측정하는데 이용할 수 있다.
3. 공시체의 두께를 측정할 때에는 앞으로 참고가 될 수 있도록 수직 변위 측정계의 눈금과 시험기의 압력을 기록한다.
4. 보정판을 제거한다.

4) 시험 방법

1. 시험기의 몸체와 전단함을 결합하고 정치한다. 몸체의 사이사이에 그리스를 엷게 칠하여 압밀 진행 중 수밀성을 보장하고 또 전단시 마찰을 감소시킨다. 공시체를 조심스럽게 삽입하고 재하 장치를 연결한다. 전단변형과 공시체의 두께변화를 측정하기 위한 변위 측정기를 정치하고 작용하도록 한다. 공시체의 초기 두께를 측정한다.
2. 적당한 압력으로 각 공시체를 압밀한다. 초기 압력 작용 후 즉시 물을 공시체 표면 수준 가지 채운다. 압밀하는 동안, 그리고 전단이 진행되는 동안 계속하여 같은 수준의 물을 유지함으로써 공시체는 효과적인 침수가 된다. 공시체를 요구하는 압력으로서 압밀 배수가 되도록 하고, 전단에 앞서 압력을 증가시킨다. 압밀 진행 중 각 단계의 압력을 증가하기 직전에 수직 변위 수치와 시간을 기록한다. 다음은 시간~변위 수치를 나타내는 도표를 그린다. 1차 압밀이 종료될 때가지 증가한 각 하중들을 유지하여 둔다. 최종의 하중 증가는 증가 시켜온 하중과 동일하여야 하며 명시된 하중을 가져야 한다.
3. 압밀이 완료된 후 몸체의 연결을 풀고, 약간 몸체와 몸체를 분리시킨(0.25mm) 후 공시체를 전단한다. 전단력은 과잉 공극압을 완전 배제하도록 작용시켜 전단한다. 다음 방식에 의한 파괴할 때까지의 총시간 산출 50은, 재하 속도를 결정함에 있어 필요하게 된다. 변형 제어 시험에서는 이동 속도는 최대 응력에 측정된 전단 변형을 파괴에 걸린 환산된 시간으로 나누어줌으로써 개략값을 구할 수 있다. 시험은 전단 응력이 일정해질 때가지 혹은 전단 변형이 공시체 지름의 10%에 이를 때까지 계속한다. 응력 제어 시험에서는 전

단력의 증가량이 예상된 최대 수직 압력의 약 10% 때부터 시작한다. 수직 압력의 단계적인 증가 하중을 작용시키기 직전의 압밀 상태는 최소한 95%이어야 한다. 공시체에 예상 파괴 압력의 50 내지 70%가 작용했을 때, 수직 증가 하중을 반으로 감소시키거나 예상하는 최대 전단 응력의 5%를 감소시킨다. 파괴에 도달하면 단계적 증가 하중은 초기 하중의 1/4되는 것을 사용한다. 또 편리한 시간간격을 두고 작용시킨 전단력, 전단 변위, 수직 변위를 기록한다.

4. 시험이 끝났을 때, 전체 공시체를 전단함에서 꺼내어 노건조시킨 후 무게를 단다.

5) 계산

다음 사항을 계산한다.

a) 초기 함수비
b) 젖은 시료 무게 및 건조 시료 무게
c) 전단 응력 기록 자료
d) 압밀 전후의 공극비 및 전단 시험 후의 공극비
e) 초기 및 최종 포화도

6) 보고

다음 사항을 포함시킨다.

a) 시험에 사용한 전단 장치의 형
b) 시료의 분류 및 설명(흙 시료의 상태와 특기할 사항)
c) 초기 함수비
d) 젖은 시료 무게
e) 건조 시료 무게
f) 초기 공시체 두께
g) 수직 하중 전단 변위 및 그에 대응하는 전단 저항값과 공시체 두께 변화를 포함한 모든 기본 시험 자료
h) 최대 전단 응력
수직 하중 도표 공시체별 전단 응력 및 두께 변화에 따른 전단 변위 도표
i) 시험 방법과는 달리 특별히 실시한 재하 방법 또는 시료의 특별히 요구되는 축임 사항

주장치의 시방 : 하함은 고정이며, 상함은 수직 · 수평으로 이동 가능하며, 압밀하는 동안은 함과 함 사이에 간격이 없다. 다만 전단 직전에 상함을 경미하게 올린다. 보통 한 개의 함은 전단 방향으로 고정된다. 하함이거나 상함이거나 어느 것이든 관계없다.

3축 압축 시험에서 점성토의 비압밀, 비배수 강도 시험 방법 [KS F 2346]

시험빈도 : 토취장마다

1) 시험용 기구

a) **축 하중 기구** 축 압축 기구는 변속 장치를 통한 전기 모터, 수동, 수압 등을 이용한 하중 기구 등 *3)의 b)* 및 *3)의 c)* 에서 설명한 하중을 조정할 수 있으므로 충분한 용량을 가진 것이면 된다.

b) **축 하중 측정 기구** 축 하중 측정 기구는 3 축실 내외에서 하중계와 변위계 그 밖에 필요한 정밀도로 측정할 수 있는 어떤 장치도 좋다. 또 파괴 축 하중의 1% 정밀도로 측정할 수 있어야 한다.

c) **3축실 압력 및 측정 기구** 3축실 압력 및 측정 장치는 작용 압력의 ±1% 범위 내에서 측정할 수 있는 것이어야 한다. 그 밖의 3 축실 압력을 조정할 수 있는 장치이면 된다.

d) **3축 압축실** 원주형 공시체를 등액압하에 있도록 시료대와 캡에 고무막을 씌워 액체를 차단한다. 시료대와 캡 사이에서 공시체가 축방향으로 압축되게 피스톤이 축의 일직선상에 있어야 한다. 부싱과 피스톤은 마찰이 적어지도록 설계되어야 한다.

e) **공시체 캡과 시료대** 녹이 슬지 않고, 투수되지 않는 물질이어야 하며 공시체와 접하는 면은 평면이고, 단면은 원형이어야 한다. 공시체 캡의 무게는 가해지는 축 하중의 $0.01kg/cm^2$ 이하이어야 한다. 시료캡과 시료내의 지름은 공시체 지름과 같고, 시료대는 3축 압축실에 고정되어 옆으로 움직인다든가 기우는 것을 막고, 캡은 집중 하중이 작용하도록 설계되어야 하며 5° 이상 기울어지지 않아야 한다. 시료의 원주면은 고무막을 씌울 때 밀착이 잘 되도록 매끈해야 한다.

f) **변위계** 시료 높이의 0.03% 정밀도의 다이얼 게이지로, 측정 길이는 공시체 높이의 20% 이상인 것이어야 한다.

g) **고무막** 공시체를 싸는데 사용하는 고무막은 공시체를 최소로 억제하며, 물이 새는 것을 충분히 막을 수 있는 것이어야 한다. 고무막은 사용 전에 주의깊게 검사해야 하며, 흠이나 바늘구멍이 없어야 한다. 고무막의 두께는 공시체 지름의 1%를 초과해서는 안된다. 고무막은 응력을 주지 않도록 시료 지름의 90~95%보다 작지 않아야 하고, 고무줄로 시료대와 캡으로 공시체가 밀폐되어야 한다.

h) **시료 축출기** 시료가 흐트러짐이 없이, 채취시와 같은 방향으로 코어를 채취할 수 있는 것이어야 한다.

i) **버니어 캘리퍼스** 공시체의 크기를 실길이의 0.1% 정밀도로 측정할 수 있는 것이어야 한다.

j) **시계** 초를 읽을 수 있고, 시험 시간을 측정할 수 있는 것으로, *3)의 b)* 와 *3)의 c)* 에 규정한 응력과 변위를 읽는데 사용하는 것이어야 한다.

k) 저울 공시체 무게를 0.1% 이내의 정밀도로 측정할 수 있는 것이어야 한다.
l) 그 밖의 기구 공시체를 다듬는 기구, 고무막 씌우개, 함수비 측정용 통 등

2) 시험 공시체

a) 공시체 크기 공시체는 최소 지름이 30mm이고, 입자의 크기는 공시체 지름의 1/6보다 작은 것이어야 한다. 시험 완료 후 허용보다 큰 입자가 있었을 때에는 비고에 이를 기록하여야 한다. 높이와 지름의 비는 2~2.5배이어야 한다.

b) 흐트러지지 않은 공시체 큰 시료에서 준비하거나 KS F 2317에 따른다. 공시체 끝부가 평편하지 않은 것을 제외하고는 시료관에서 직접 얻을 수 있어야 한다. 시료의 취급의 흐트러지지 않게 단면에 변화가 없고, 함수비 변화가 적도록 취급하여야 한다. 어떤 형태의 압축이나 흐트러짐이 시료축출 용구나 시료관을 제로로 쪼개거나, 작은 단면으로 잘라서 흐트러짐을 최소로 하면서 공시체를 쉽게 만들어야 한다. 공시체를 만들 때에는 가능하면 습도 조절실에서 하는 것이 좋다. 그렇지 않을 때에는 시험 보고서에 표시하여야 하며, 흙의 함수량이 변하는 것을 방지해야 한다. 공시체는 축에 수직으로 균등한 원형 단면이 되어야 한다. 끝부가 지나치게 불규칙하게 부셔지거나 자갈이 있을 때는 흙을 채워서 면을 바르게 만들어야 한다. 한쪽 끝의 처리는 최소 두께의 소석고나 하이드로스톤 또는 이와 동등한 것으로 마무리해야 한다. 시험에 사용하는 공시체의 무게를 단다. 공시체가 준비되면 신속히 시료대와 캡에 고무막으로 밀봉해야 한다. 시험용 공시체는 함수비 측정에는 사용하지 않고 잘라낸 대표적인 시료로서 한다.

c) 되이긴 공시체 이 공시체는 흐트러지지 않는 공시체를 만들 때, 망가진 것이나 흐트러진 시료로 만든다. 흐트러지지 않은 공시체로 만들 때는 고무막 속에 넣고 손가락으로 완전히 이긴다. 주의해야 할 것은 균질 밀도가 되도록 공기의 혼입을 피하여야 하고, 흐트러지지 않은 시료 때의 공극비와 같도록 하고, 자연 함수비가 보존되어야 한다.

d) 다짐 공시체 다짐 방법으로 분비하는 공시체는 정해진 함수비와 단위 중량으로 만드는데 쪼개는 몰드에 6층으로 가압 또는 다져서 만든다. 시료 조제는 *a)* 에 따르고 충분히 수분을 넣어 혼합한 후 16시간 통에 보관한다. 공시체를 만들 때는 매층마다 윗면을 잘 긁어야 하고 다짐봉을 사용할 때는 공시체 단면에 반 정도의 다짐봉을 사용하여야 한다. 공시체는 크기를 측정하고 무게를 단다.

3) 시험 방법

a) 공시체를 시료대에 놓고 고무막을 씌워 밀봉하고, 3 축실을 설치한 후 하중 축을 제자리에 놓는다. 조심스럽게 축하중 기구와 계측기를 설치한다. 압력을 유지하는 기구로서 정해진 양의 액체를 채우고 압력을 가한다. 이 때 축 하중 로트에는 밀어올리는 힘이 작용하므로 시험 전에 피스톤은 가만히 공시체 캡에 닿도록 해야 한다. 피스톤이 캡에 닿았을 때 변위계의 최소 읽음값을 기록한다.

b) 변위 제어 방법 횡압을 가하고 10분간 기다린다. 축 하중을 가하는데 축 변위는 1분당 0.5에서 2.0%로 하며, 변위 0.1, 0.2, 0.3, 0.4, 0.5% 및 3%까지는 0.5%마다, 그 이후는 매 1%마다 기록하며 응력과 변위 곡선을 분명히 하기 위하여 충분히 읽어야 하며, 특히 시험 초기와 파괴에 가까울 때는 상세히 읽어야 한다. 작은 변위에서 파괴가 일어나거나 15%까지 하는 것을 제외하고는 20%까지 시험을 계속해야 한다.

c) 응력 제어 방법 하중과 변위를 0.1, 0.2, 0.3, 0.4 및 0.5% 변위의 값을 기록하고 3%까지는 0.5%마다, 이후 매 1%마다 하고 응력~변위 곡선을 얻을 수 있도록 충분히 읽어야 한다.

d) 시험이 끝난 후 공시체를 꺼내 함수비를 측정하여야 한다. 시험 후 공시체 상태를 그리거나 또는 사진을 찍고 파괴각을 재둔다.

4) 계산

a) 가해진 축 하중에 의한 축 변위 계산은 다음과 같다.

$$\varepsilon = \frac{\Delta L}{L_0}$$

***[참고_ΔL : 변위계로 읽은 공시체의 길이 변화 / L_o : 공시체의 최초 길이]

b) 가해진 축 하중하의 평균 단면적 A의 계산은 다음과 같이 계산한다.

$$A = \left(\frac{A_0}{1-\varepsilon} \right)$$

***[참고_A_o : 공시체의 최초 단면적 / ε : 주어진 축 하중의 축 변위]

공시체의 길이가 변하는 압력이 변하게 된다. 단면적 A_o은 이 용적 변화에 따라 보정되어야 한다. 흔히 횡변위와 수직 변위는 같게 일어난다. 용적 변화 후의 지름 $D = D_o(1\frac{\Delta L}{L})$로 주어진다.

c) 주응력 차 $\sigma_1 - \sigma_3$은 가해진 축 하중으로 다음과 같이 계산하다.

$$\sigma_1 - \sigma_3 = \frac{P}{A}$$

***[참고_*P* : 축 하중 / *A* : 상응하는 평균 단면적]

d) 응력-변위 곡선 준비된 그래프는 주응력과 축 방향 변형률 사이의 관계를 나타낸다. 세로 좌표에 주응력 차를, 가로 좌표에 축 방향 변형률을 그린다.

e) 파괴시 최대 응력과 최소 응력은 다음과 같이 계산하다.

- 최소 주응력 σ_3은 3 축실 압력
- 최대 주응력 σ_1은 파괴시 주응력차 +3축실 압력

f) 사용된 공시체의 초기 포화도를 중량과 크기로써 계산하다.

5) 보고

보고는 다음 사항을 포함해야 한다.

a) 흙의 분류명과 필요한 설명, 흐트러지지 않은 시료, 되이긴 시료 또는 다진 시료 등과 사업 지구명, 위치, 보링 번호, 시료 번호, 깊이 등을 기록한다.

b) 초기 단위 중량과 함수비 및 시험 후의 단위 중량과 함수비

c) 포화도

d) 공시체 지름과 높이

e) 높이와 지름의 비

f) 파괴시의 최대 주응력과 최소 주응력

g) 응력-변위 곡선

h) 파괴시 축 방향 변형률

i) 단위 분당 파괴 축 방향 변형률의 평균값(%/분)

j) 액성 한계와 소성 한계

k) 파괴 상태의 그림 또는 사진

l) 압도 분석

m) 그 밖의 필요한 사항 ex) 슬릿콘 사이드, 조개껍질, 돌, 뿌리 등

B. 터파기

확대기초에서 정적하중에 대한 흙의 지지력 시험방법 [KS F 2444]

시험빈도 : 필요시

1) 시험 기구

a) **재하대 또는 상자** 예상되는 소요 총 하중을 제공하는 데 충분한 크기와 강도를 가진 재하대 또는 상자, 또는 예상 총 하중반력을 제공할 수 있는 설비

b) **유압 또는 기계적인 잭 설비** 용량이 50t 이상, 특정 토질조건에 대한 최대 예상하중을 가하는데 충분하고, 잭에 의하여 작용하는 힘을 측정하는 장치로서 압력계 로드셀 또는 역계 등이 있어야 한다. 하중계는 하중을 ±2% 정밀도로 측정할 수 있어야 한다.

c) **지지판** 두께 25mm이상, 지름 30~75인 3개의 강제원판 또는 등치 면적의 사각 철판

d) **다이얼 게이지 또는 기타 침하량 측정 장치** 시험판의 침하량을 적어도 0.01mm의 정밀도로 측정할 수 있어야 한다.

e) **기타** 재하 기둥, 강제 쐐기 및 시험용 모래와 장치의 준비를 위하여 필요한 기구

2) 시험 준비

a) **시험 구역 선정** 지지력 시험을 위한 대표적 시험 구역의 선정은 보링에 의한 탐사 결과와 구조물의 설계조건에 의거하여 실시한다. 다른 규정이 없는 한, 재하시험은 해당 기초와 같은 깊이, 같은 조건(측면 억제 또는 비억제) 아래에서 현재 또는 장래 예상되는 함수 조건으로 실시한다.

b) **시험 구멍** 최소한 3개소에 시험하여야 하며, 시험 개소 사이의 거리는 시험에 사용하는 최대한의 지름의 5배 이상이어야 한다. 재하 전에 시험 구멍 및 구역의 흙중의 함수량 변화를 방지해야 한다. 단, 수력 구조물의 경우와 같이 장차 흙이 젖을 것이 예상되는 경우에는 구역내의 흙을 최대 지압판 지름의 2배 이상의 깊이까지 미리 축여야 한다.

c) **재하대** 재하대 또는 상자는 될 수 있는 한 시험 장소에서 2.4m 떨어진 점에서 구유통 또는 기타 적당한 수단에 의하여 지지하여야 한다. 시험에 필요한 총 하중은 시험이 시작되기 전에 현장에 준비되어 있어야 한다.

d) **사하중** 강제 철판, 재하 기중, 잭 등 모든 기구는 하중을 재하하기 전에 무게를 달아서 사하중으로 기록하여야 한다.

e) **측정보** 시험 구역에서 적어도 2.4m 떨어진 곳에 침하 측정용 게이지 부착용 보를 독립적으로 지지하는 것

3) 시험 방법

a) **하중 증가** 10t/m²(1ton/ft²)가 넘지 않거나 또는 시험 구역의 예상 지지력의 1/5이 넘지않는 하중으로 나누고 누계적으로 동일 하중을 흙에 가한다. 각 하중을 정확하게 측정하고 모든 하중을 축격요동 또는 편심없이 정적 하중으로 흙에 전달되도록 가한다.

b) **재하 시간 간격** 각 하중 증가 실시 후 누적 하중으로 선정된 시간동안 유지하여야 하며, 적어도 15분 이상 하여야 한다. 보다 더 긴 시간동안은 침하가 멎거나 침하 비율이 균일하게 될 때까지 하중을 유지하도록 시간 간격을 결정할 수 있다. 그러나 그렇게 선정된 시간 간격은 일련의 모든 시험에서 각 하중증가에 계속 적용해야 한다.

c) **침하 측정** 정밀도 0.01mm의 다이얼 게이지 또는 침하량을 측정하며 모든 침하량을 계속해서 기록한다. 측정은 될 수 있는 한 하중 증가 바로 전과 후, 그리고 하중이 일정하게 유지되는 동안 6회 이상 침하량 측정을 할 수 있도록 동일 시간 간격으로 실시한다.

d) **시험 종결** 침하의 진행과 하중 비율이 일정하게 되든가 시험기의 용량 이상 하중으로 증가할 때까지 각 시험을 계속한다. 충분한 하중을 얻을 수 있을 때는 어떤 경우던지 총가적 침하량이 적어도 판 지름의 10%가 될 때까지 시험을 계속하여야 한다. 최후 하중 증가에 관한 관측을 완료한 후 재하 하중을 제거하고 적어도 시간 간격과 같은 시간동안 탄성반동이 더 일어나지 않을 때까지 계속 기록한다.

4) 시험 기록

a) 일자
b) 인원
c) 기상 조건
d) 특기 사항

축 하중에 의한 말뚝 침하 시험 방법 [KS F 2445]

시험빈도 : 필요시

1) 재하 시험

a) 일반 사항 말뚝 또는 무리 말뚝에 장축 중앙선을 따라 압축 하중을 가한다.

b) **표준 재하 시험** 전체 시험 하중은 외말뚝에서 설계 하중의 200%, 무리 말뚝에서 150%이고, 25%씩 하중을 증가하면서 가한다. 각 하중 증가의 지속 시간은 침하율이 시간당 0.25mm보다 크지 않거나 2시간 지난 후 어느 것이나 좋다. 준비된 말뚝이 약해지지 않았다면 전 하중을 48시간 두는데 평균 침하율이 시간당 0.25mm보다 크지 않을 때를 제외하며, 총하중은 24시간 후 재하한다. 재하는 총하중의 25%씩 1시간으로 한다.

- **직접 재하법** 첫하중 증가는 시험보와 하중판을 포함한다. 하중을 가하기 전 또는 제거 전에 하중대 구석과 옆의 쐐기를 안전하게 단단히 해야 한다. 하중 취급에서 항상 하중판 균형을 유지하며 충격을 가하지 말아야 한다.

c) **주기 하중** 초기 하중과 재하 때 최종 하중은 *b)*에 따라야 한다. 외말뚝에 설계 하중의 50, 100, 150%와 같은 하중을 가한 뒤, 재하에서는 같은 단계의 하중을 20분 간격으로 뗀다. 각 하중을 뗀 다음 다시 같은 방법으로 설계 하중의 50%씩 20분 간격으로 가한다.

d) **표준 재하에서 초과 하중** 재하는 *b)*항에 따르며, 재재하는 표준 재하 시험으로 설계 하중의 50%씩 20분 간격으로 증가시킨다. 그런데, 요구 최대 하중까지 또는 파괴될 때까지 설계하중의 10%씩 20분마다 가하는데, 만일 파괴가 일어나지 않으면 전 하중을 2시간 동안 두고 재하는 4시간 동안 또는 20분마다 한다.

e) **일정한 비율로 관입하는 방법** 말뚝 재하 시험에 일정한 비율로 관입하는 방법을 사용하는 것이다. 유압잭은 예상한 말뚝 총 침하량 보다 크게 작용되는 것이어야 하고, 적어도 지름 또는 대각선의 크기의 25%보다 적지 않아야 한다. 특수 밸브와 가변속기가 달린 펌프 또는 조용히 관입시킬 수 있는 것이면 좋다. 말뚝 관입률은 점성토에서 분당 0.25~1.25mm, 사질토에서 분당 0.75~2.5mm로 하거나 명기하여야 한다. 말뚝의 관입률을 명백히 유지할 필요가 있으면 재하를 바꿀 수 있다. 관입률은 연속적으로 시간에 따라 조정하여야 한다. 잭에 의하여 비율을 조정하므로 관입이 적어진다. 그 외에 어떤 기계 또는 전기기구도 관입률을 조정할 수 있다. 하중 증가가 그 이상 없을 때까지 말뚝에 하중을 계속 가하는 것은 재하기계의 용량에 달하지 않았거나, 저항력에 미치지 않는 한 정한 비율로 관입을 계속하여야 한다. 정하여진 관입률이 되는 하중 유지가 요구되는데, 이는 총관입의 지름이 적어도 15%될 때까지 하고 하중을 뗀다.

f) 일정시간 간격의 재하 일정시간 간격으로 말뚝에 시험 하중을 가한다. 전체 시험 하중은 *b)*에 따라야 하며, 외말뚝이나 무리 말뚝에 시간마다 20%씩 가한다. 파괴가 일어나지 않는 한 전 하중을 24시간 유지하고, 1시간 간격으로 4번에 재하한다.

g) 급속 재하 시험 방법 급속 하중으로 말뚝에 재하 시험을 한다. 재하 기계는 규정에 따라 정해진 용량의 것이어야 한다. 2.5분마다 5~10t의 하중을 가한다. 재하 기계의 용량에 달할 때까지 또는 요구된 하중을 유지할 때까지 계속 하중을 증가시켜 잭을 멈추게 한 다음, 말뚝에서 5분 간격으로 재하를 한다.

h) 침하 조정 방법 침하 조정 방법으로 말뚝에 재하 시험을 한다. 재하 기계는 규정된 용량의 것이어야 한다. 말뚝에 가하는 하중은 지름의 1% 침하가 되도록 가한다. 각 침하가 진행되도록 하중을 증가하고, 시간당 0.1%보다 적지 않은 여러 가지 하중으로 한다. 말뚝에 지름 10%의 침하될 때까지 또는 재하 기계 용량에 도달할 때까지 먼저 일어난 것으로 계속 하중을 가한다. 최종 침하가 여러 하중에서 시간당 전 하중의 0.1%보다 적지 않게 유지하고, 전 하중을 네 번에 동등하게 뗀다. 첫 하중을 뗀 후, 시간당 회복이 지름의 0.3%보다 적게 일어날 때까지는 다음 하중을 제거하지 않는다.

2) 말뚝의 변위를 측정하기 위한 순서

a) 일반 사항 말뚝, 말뚝캡 또는 말뚝에 용접한 판 등 서로 반대측 두 지점에서 변위를 측정한다. 규정된 방법으로 재하할 때, 시험보나 하중대가 시험판에 무게가 걸리기 전에 읽은 수를 기록하고, 현장상황과 조정 등에 대하여 기록한다.

b) 표준 측정 순서 시간, 하중, 변위 등을 읽고, 각 증가 하중을 가하고 제거하기 전후에 기록한다. 말뚝에 재하하는 동안 첫 0.5시간 동안은 10분 간격으로, 그 이후는 20분마다 기록하여야 한다. 전 하중이 가해진 뒤 첫 2시간 동안은 20분마다, 다음 10시간 동안은 1시간마다, 다음 12시간 동안은 2시간마다, 그 다음은 4시간마다 기록하여야 한다. 하중을 제거할 때는 20분마다 읽는다. 전 하중을 제거한 12시간 뒤에 읽는다.

c) 일정한 비율로 관입할 때의 읽음 재하시간과 침하량은 정해진 관입률에 달하는 충분한 간격 또는 적어도 매 30초마다 기록한다. 만일, 자동 기록을 할 때에는 매 시험하는 동안 계속 조작해야 한다. 말뚝이 규정된 관입률에 달할 때까지 재하하는 동안 읽음을 계속 기록하고 가해지는 최대 하중을 결정한다. 하중을 제거할 때는 하중과 시간을 매분마다 기록한다. 전 하중을 뗀 1시간 뒤 최종 기록을 한다.

d) 급속 재하 시험의 읽음 각 하중을 재하 전후, 즉시 시간 하중 침하를 기록한다. 최대 하중을 가했을 때 잭을 멈춘 후 기록한다. 2.5분 후 그리고 다시 5분 후에 반복한다.
전 하중을 제거한 뒤 회복량과 시간을 기록하고, 2.5분 후 그리고 다시 5분 뒤에 반복한다.

e) 침하 조정 방법의 읽음 하중 변동률과 각 침하 증가가 지속되는 실하중을 정하도록 충분한 중간 읽은 수와 각 침하 증가 후에 하중, 시간, 침하량을 즉시 기록한다. 말뚝 회복률을 정하도록 충분한 중간 읽은 수와 각 재하 하중 전후의 하중, 시간, 회복량을 기록한다. 모든 하중을 뗀 12시간 후에 최종 기록을 한다.

3) 보고

1. 일반 사항

a) 지구 설명
b) 위치
c) 소유자
d) 시설 책임자
e) 토질 자문
f) 시험 보링 계약자
g) 시험 보링 위치와 명칭

2. 말뚝 타입 기계

a) 제작자, 모양, 추의 크기
b) 추의 무게
c) 추의 낙하 높이
d) 에너지량과 추의 작동 속도
e) 캡의 형과 두께, 말뚝 쿠션
f) 무게와 드라이브 캡의 크기
g) 뚫은 구멍의 크기와 분사 기구
h) 클램프의 무게, 플로어, 어댑터, 진동 기구의 진동자

3. 시험과 앵커 말뚝

a) 시험 말뚝의 설명
b) 말뚝의 설계 하중
c) 말뚝의 모양
d) 말뚝 재료와 기본 시방
e) 말구와 원구 크기
f) 두께
g) H형 말뚝의 m당 무게
h) 말뚝의 작업 무게
i) 타설 일자(현장치기 말뚝)

j) 공시체에 의한 콘크리트 강도
k) 철근 사용 여부
l) 유효 선행 능력
m) 수직 경사 말뚝의 구분
n) 경사각
o) 타입 길이
p) 지지된 길이
q) 시험된 길이
r) 말뚝머리의 최종 높이, 참고 자료

4. 말뚝 설치

a) 작업 일시
b) 콘크리트 작업 일시
c) 기 굴착 또는 제팅 깊이, 크기, 압력 기간 등
d) 최종 타입의 추의 속도
e) 마력 전달과 3m관입의 진폭 진동기
f) 타입도(0.3m당 타수)
g) 최종 관입 저항(2.5m당 타수)
h) 최종 3m당 관입률, 진동기
i) 별도 방법의 설치인 때는 설명
j) 설치 중 일어난 사항 표기

5. 말뚝 시험

a) 시험 날짜
b) 말뚝 시험 형태
c) 무리 말뚝일 때는 그 수
d) 재하 시험 기계의 모양
e) 앵커 말뚝의 수
f) 변위 측정에 사용된 기구
g) 특별 시험 순서
h) 시험 기간의 기온, 일기 상태
i) 하중-시간-변위 표 작성
j) 게이지, 자, 보조점의 확인
k) 현장 시험값과 해석
l) 시험 중 이상이 일어난 것의 표기
m) 시험 책과 다른 필요한 보정

말뚝의 동적 재하 시험 방법 [KS F 2591]

시험빈도 : 필요시

1) 시험 기구

1. **항타 장비** 파일에 충격력을 가하기 위하여 일반적인 항타기나 유사 장비를 사용할 수 있으며 파일 관입량 또는 최소 3/1000초간 파일에 설계 지지력을 충분히 초과하는 지지층에서의 정적 저항을 만들어낼 수 있어야 한다. 항타기 위치는 파일의 두부에 대해 축방향으로 그리고 파일 중심에 항타가 이루어지도록 한다.
2. **가속도계** 항타 중에 파일 축을 따라 측정 위치에서 시간에 따른 가속도와 변형을 독립적으로 측정할 수 있는 변환기가 포함되어야 한다. 파일 중심축을 기준으로 반대편에 가속도 측정용 장비와 변형 측정용 장비가 하나씩 최소 2개 이상의 장비가 미끄러지지 않도록 안전하게 부착되어야 한다. 볼트로 조이거나 아교로 붙이거나 용접된 측정기를 사용할 수 있다.
3. **변형률계** 변형 측정용 게이지에는 전체 변형 가능 범위에서 선형 결과가 있어야 한다. 파일에 설치하는 힘 또는 변형 측정용 게이지의 고유 주파수는 2000Hz 이상이어야 한다. 측정된 변형률은 그 위치에서의 파일 순단면적과 동적 탄성 계수를 이용하여 힘으로 전환되어야 한다. 강재의 동적 탄성 계수는 200~207×10^6kPa 정도이다. 콘크리트와 목재 파일의 동적 탄성 계수는 KS F 2438과 KS F 2206에 따라 압축 시험 중에 측정된 것으로 추정할 수 있다. 또 다른 방법으로 콘크리트 목재, 그리고 강재 파일의 탄성 계수($E=\rho c^2$)는 단위 중량(말뚝 재료의 밀도)에 파속도(압축파가 말뚝을 따라 전달되는 속도)의 제곱을 곱하여 계산할 수 있다.
4. 변환기가 항타 시스템의 동적 특성을 변환할 수 있으며 힘은 파일 두부와 항타기 해머 사이에 위치한 힘 변환기로 측정 가능하다. 힘 변환기의 임피던스는 파일 임피던스의 50~200%이어야 한다. 출력파는 비정상적인 부하 적용하에서도 축 방향 힘에 선형적으로 비례해야 한다.

2) 시험 방법

1. **시험 말뚝 선정 및 두부 정리** 시험 말뚝을 선정하고 이 시험 말뚝은 지상 부분의 길이가 $3D$ (D : 말뚝의 지름) 정도 되어야 하며, 말뚝 두부는 편심이 걸리지 않도록 표면에 요철이 없는 완전히 매끈한 면이 이루어지도록 한다.
2. **게이지 선정** 동재하 시험에 사용되는 게이지는 변형률계와 가속도계가 분리되어 있는 것과 일체로 된 것이 있으며 같은 형태의 것을 선정한다. 즉 변형률계와 가속도계가 분리되어 있는 것과 일체로 된 것이 있으며 같은 형태의 것을 선정한다. 즉 변형률계와 가속도계가 분리되어 있는 것은 분리되어 있는 것으로, 일체로 되어 있는 것은 일체로 된

것을 사용해야 한다. 대구경 현장타설 말뚝인 경우에는 여러 개의 게이지를 부착해야 한다.

3. **게이지 부착** 게이지는 말뚝에 1쌍씩 대칭(180°)으로 부착하는데 말뚝 두부로부터 최소 1.5D 이상(D : 말뚝 지름 또는 대각선 길이) 이격시키는 것이 바람직하다. 게이지는 움직이지 않도록 안전하게 부착되어야 한다. 볼트로 조이거나 아교로 붙이거나 용접된 장비를 사용할 수 있다.
4. **항타 분석기(PDA : Pile Driving Analyzer)에 기초 자료 입력**
   a) 말뚝 길이
   - 말뚝 전체 길이
   - 두부에서 게이지 설치하는 위치까지의 길이
   - 지표에서 말뚝 선단까지의 관입 길이

   b) 말뚝 면적
   - 말뚝 바깥지름을 기준으로 한 전체 면적
   - 말뚝 바깥지름에서 안지름을 제외한 순단면적

   c) 말뚝의 탄성 계수
   d) 말뚝의 단위 중량
   e) 탄성파 속도
   f) 지반의 댐핑 계수
   g) 게이지 보정 계수

5. **게이지를 항타 분석기에 연결하고 게이지 이상 유무 점검** 게이지의 초기 상태는 동재하 시험의 신뢰성과 관련되는 중요한 것으로 게이지 보정 계수, 부착 상태 확인으로 크게 나눌 수 있으며 게이지에서의 출력값이 허용 범위 이상이거나 파형이 불안전하면 말뚝에 부착된 게이지를 점검한다.
6. **항타 및 자료 평가** 초기 3~5회 항타하여 편타 여부를 확인한다. 편타가 확인되면 항타 장비를 이동하여 항타를 다시 실시하여 최종 편타 여부를 확인한다. 양질의 데이터를 위해서는 측정 자료의 비례성이 확보되어야 한다. 최종 관입 길이를 확인하고 입력하여 측정 자료를 저장한다.

3) 분석

1. **분석파형의 선택** 분석파형의 선정 기준은 비례성이 양호하고 지지력을 충분히 발현시키도록 변위가 발생한 것을 선택해야 하며 말뚝 두부에서의 압축력, 말뚝에 작용하는 최대 인장 응력, 최대 항타 에너지등을 참조하여 선택한다.
2. **측정파 분석(matching)** 현장에서 측정된 파를 실내에서 재현 분석한 후 측정된 파와 재현 분석된 파의 결과를 함께 나타낸다.

4) 보고

1. 일반 사항
   a) 사업명
   b) 시험 위치 또는 인접한 위치의 주상도
   c) 파일 시공 장비의 명칭 및 해머 중량, 낙하고
   d) 해머 쿠션, 파일 쿠션, 리드 타입(lead type)
2. 시험 파일
   a) 시험 파일의 종류, 시공법, 시공 일자, 시험 일자
   b) 시험 파일의 지지력
   c) 시험 파일의 길이, 지름, 두께, 단면적
3. 동적 시험
   a) 게이지 설치에 대한 설명과 위치를 포함한 시험 절차에 대한 설명
   b) 초기 항타 또는 재항타 시 시험 일자 및 시험 파일 항타 순서 및 관입 깊이
   c) 게이지 설치 위치, 단위 중량, 탄성파 속도, 탄성 계수, 댐핑 계수 확인
   d) 초기 항타 또는 재항타 시 시항타 종료 시점과 재항타 시작 시점을 설명
   e) 해머 성능, 파일 두부 및 선단에서의 압축 응력
   f) 건전도에 대한 설명
   g) 항타 종료 시 최종 관입량
4. 분석
   a) 시험 파일의 지지력 산정에 대한 설명 : 초기 항타 또는 재항타 여부 확인 및 재항타 시 시항타 종료 시점과 재항타 시작 시점을 설명
   b) 측정파와 계산파의 분석 결과로부터 주면 마찰력과 선단 지지력
   c) 관입 깊이에 따른 주면 마찰력의 분포
   d) 말뚝 선단과 주변에서의 지반 동적 계수(퀘이크, 댐핑)
   e) 초기 항타 시 관입성에 대한 분석

C. 되메우기 및 구조물 뒷채움

모래 치환법에 의한 흙의 밀도 시험 방법 [KS F 2311]

시험빈도
독립구조물 : 개소별 3층마다
연속구조물 : 3층마다, 50미터마다
관로매설물 : 3층마다, 100미터마다

1) 시험기구

1. 밀도 측정기 밀도 측정기는 병과 부속 기기를 조립하여 하나의 용기로 한 것으로, 치수 및 모양을 가진 부분으로 구성되는 것으로 한다.

a) **병** 용량 약 4ℓ, 높이 약 200㎜의 투명 플라스틱제 병으로, 병의 앞 끝을 부속 기기에 접속할 수 있도록 암나사로 되어 있는 것으로 한다. 모래의 밀도를 잴 때의 병의 어깨 부분에 공기 공극이 생기지 않도록 병의 어깨를 매끄럽게 한다.

b) **부속기기** 다음과 같은 부품이 하나로 되어 있는 금속제의 것으로 한다.

- **연결부** 작은 깔때기 모양의 것으로 그 위 끝부분은 병을 접속할 수 있도록 수나사로 되어 있고, 아래 끝부분은 밸브 몸체에 고정되어 있는 것으로 한다.
- **깔대기** 아래 끝의 안지름이 162㎜, 아래 끝에서 밸브 가이드까지의 높이가 134㎜의 치수를 가진 것으로, 위 끝은 밸브 가이드에 고정되어 있는 것으로 한다.
- **밸브 가이드** 연결부와 깔때기를 고정하는 부품으로, 지름 12.5㎜의 구멍 입구와 밸브를 가진 것으로 한다.

2. 밑판 치수를 가진 금속제 판으로, 그 중앙에 깔대기의 안지름과 같은 구멍이 있는 것으로 한다.

3. 유리판 두께 약 5㎜, 한 변 약 200㎜의 정사각형인 것으로 한다.

4. 시험용 모래 KS A 5101에 규정하는 시험용 체의 호칭 지름 2㎜를 통과하고 75㎛에 잔류하는 입자 지름 범위의 것으로 물 세척하여 충분히 건조한 모래로 한다.

5. 저울 칭량 10kg, 감량 5g인 것 또는 그것과 동등 이상의 성능을 가진 것으로 한다.

6. 기타기구

a) **함수량 측정 기구** KS F 2306의 (시험기구)에 규정하는 것으로 한다.

b) **시험 구멍 굴착 기구**

- 핸드스코프 또는 스푼
- 정, 끌 또는 이것과 유사한 것
- 나무 망치 또는 해머

c) 곧은 날 곧은 날은 KS F 2313에 규정하는 것으로 한다.
d) 온도계 최소 눈금 1℃인 것으로 한다.

2) 시험방법

가. 측정기의 체적과 시험용 모래의 밀도의 교정

1. 병과 연결부의 체적의 교정

a) 측정기를 조립하여 측정기의 질량(m_1)을 잰다
b) 측정기를 반대로 하여(깔대기를 위쪽으로 하고, 병을 아래로 한다.) 밸브를 연다.
c) 깔때기의 위쪽에서 측정기에 물을 넣어서 병과 연결부를 물로 채운다. 이 때 병과 연결부에 기포가 남지 않도록 한다.
d) 밸브를 닫고 깔때기에 남은 물을 버리고 나서, 마른 헝겊으로 측정기의 바깥 및 깔때기의 내면을 잘 닦아 말린다.
e) 물로 채운 측정기의 질량(m_2)을 재고 나서, 즉시 측정기 안의 물의 온도(t)를 잰다
f) *3)의 a)*항의 방법에 따라 그 측정기 온도에 대한 병과 연결부의 체적(V_1)을 계산한다.
g) *a)~f)*의 조작을 측정기의 온도가 일정한 상태에서 3회 반복하여 실시한다. 만약 각자의 시험 결과에서 얻은 체적의 계산값의 차가 5㎖ 이하의 계산값을 얻을 때까지 *a)~f)* 의 조작을 반복한다.

> *** [참고1_이 시험에서 얻은 병과 연결부의 체적(V_1)은 측정기 온도가 일정하고 병과 부속 기기의 조립 위치가 바뀌지 않는 한 불변이므로, 시험시의 접속 위치를 항상 일정하게 하기 위하여 병에 표시를 해 두어야 한다.]
> *** [참고2_측정기 온도가 광범위하게 변화하면 V_1 값도 그것에 따라 다르므로, 그 경우에는 미리 그 범위에서 4~5점의 측정기 온도에 대하여 *a)~g)*의 조작을 하여 온도 변화에 따르는 V_1값 변화의 교정 곡선을 구해둔다.]

2. 시험용 모래의 밀도의 교정

a) 내부를 잘 말린 측정기를 수평한 면 위에 거꾸로 세우고 *가-1-b* 항의 규정과 같은 요령으로 밸브를 닫는다.
b) 시험용 모래를 깔때기의 위 끝까지 넣어 밸브를 열고, 모래를 병과 연결부가 채워질 때까지 넣는다. 이 때, 깔대기 안의 모래는 하부로 이동하므로 모래면이 점차 내려가지만, 그 면이 항상 깔때기 높이의 반 이상이 되도록 모래를 보충한다.
c) 모래의 이동이 멈추고 병과 연결부가 모래로 채워지면 밸브를 닫고, 깔대기 안에 남은 모래를 버리고 모래로 채워진 측정기의 질량(m_3)을 잰다.
d) 모래로 채워진 측정기의 질량(m_3)에서 측정기만의 질량(m_1)을 빼서, 측정기 안의 모래의 질량(m_4)을 구한다.
e) 시험용 모래용 밀도는 *2)-가* 항에서 얻은 측정기의 체적(V_1)과 측정기 안의 모래의 질량(m_4)에서 *3)* 항의 계산에 의해 구한다.

*** [참고1_측정기의 체적(V_1)은 *a)~d)*의 조작을 하였을 때의 측정기 온도에 대응하는 값이어야 한다. 따라서 만약 필요하면 *2)항 참고2* 에서 서술한 교정 곡선에서 V_1 값을 구한다.]

*** [참고2_측정기 안의 시험용 모래의 체적을 구하는 시험을 통하여 모래에 진동을 주어서는 안 된다. 모래에 진동을 주면 모래가 치밀해져서 모래의 밀도가 크게 구해지고, 그 결과 구하는 흙의 밀도를 크게 얻게 된다.]

*** [참고3_시험용 모래의 밀도는 현장에서 파는 시험 구멍 체적 정도의 체적을 알고 있는 용기를 사용하여 측정하여도 좋다. 그 경우는 시험 구멍의 체적 측정 방법을 준용한다.

*** [참고4_시험용 모래의 밀도를 구한 후 너무 오랜 시간이 지난 것을 현장 시험에 사용하거나, 또는 현장 시험에서 이미 사용한 모래를 다시 사용하는 경우, 모래의 함수량 변화나 입도의 변화에 의해 흙의 밀도 시험 결과에 정확도를 잃을 염려가 있다. 따라서 시험용 모래의 함수량이나 입도를 관리하고, 모래의 밀도 교정을 때때로 실시하여야 한다.

3. 깔때기를 채우는 데 필요한 시험용 모래의 질량 교정

a) 깔대기를 채우기에 충분한 양의 시험용 모래를 병에 미리 넣어 두고 밸브를 닫고, 측정기와 넣은 모래의 질량(m_1')을 단다. *나-1*의 교정에 이어서 이 교정을 하는 경우에는 *나-1-c)* 에서 얻은 병과 연결부에 채운 모래의 질량(m_3')를 m_3''로 한다.

b) 수평으로 놓은 유리판 위에 밑판을 놓고, 다시 그 위에 깔대기가 밀접하도록 측정기를 세운다.(깔때기 입구를 아래로 하고 병을 위로 한다.)

c) 밸브를 열고 병 안의 모래를 깔때기에 넣는다. 모래의 이동이 멈추고 나서 밸브를 닫는다.

d) 깔때기로 이동한 모래를 제외하고, 측정기와 남은 모래의 질량(m_5)을 달아서 $m_3' - m_5'$에서 깔때기를 채우는 데 필요한 모래의 질량(m_6)을 구한다.

나. 현장에서의 흙의 밀도 측정

1. 측정 전의 준비와 시험 구멍의 굴착 방법

a) 시험 장소의 지표면을 곧은 날로 수평으로 고른다. 이 때 지표면에 느슨한 흙, 돌 또는 쓰레기가 있으면 그것을 제거한다.

b) 평평하게 고른 지표면에 밀착시켜서 놓는다.

c) 밑판의 구멍 안쪽의 흙을 시험 구멍 굴착 기구를 사용하여 판다. 파낸 흙의 전량을 용기에 넣고 함수량이 변화하지 않도록 용기에 마개를 하여 보존한다.

*** [참고_시험 구멍의 최소 체적은 흙의 최대 입자 지름에 따라 표-1에 나타내는 값을 기준으로 한다. 흙의 최대 입자 지름은 체를 사용하거나 육안으로 개략적인 값을 읽는다.]

[표_1] 흙의 최대 입자 지름에 대한 시험 구멍의 최소 체적

흙의 최대 입자 지름 (mm)	시험 구멍 최소 체적 (cm^3)
53	2800
26.5	2100
13.2	1400
4.75	700

2. 시험 구멍에서 파낸 흙의 질량 및 구멍 체적

a) 시험구멍에서 파낸 흙의 전 질량(m_7)을 잰다.

b) 계량이 끝난 흙을 잘 혼합하여 그 중에서 KS F 2306에 규정하는 방법에 따라 함수량(w)을 구한다.

c) *가-2-a)~c)* 와 같은 조작을 하여 m_3를 구한다.

d) 밑판의 구멍에 깔때기를 맞추고 측정기를 직립시킨다.

e) 밸브를 열고 병 안의 모래의 이동이 멈추고 나서 밸브를 닫는다.

f) 측정기와 남의 모래의 질량(m_8)을 재고 m_3~m_8에서 시험 구멍 및 깔때기에 들어간 모래의 질량(m_9)을 구한다.

g) m_9에서 깔때기를 채우는 데 필요한 모래의 질량(m_6)을 빼고, 시험 구멍을 채우는 데 필요한 모래의 질량(m_{10})을 구한다. 시험 구멍의 체적(V_0)은 *3)-4-a)*에 따라 계산한다.

3. 흙의 밀도를 구하는 방법 *2)*항의 시험에서 얻은 m_7, V_0 및 w의 값을 사용하여 *3)-3* 및 *3)-4* 에서 흙의 밀도를 구한다.

3) 계산

1. 병과 연결부의 체적 측정기 중 병과 밸브 구멍의 체적을 포함시킨 연결부의 체적은 다음 식에 따라 산출한다.

$$V_1 = K(m_2 - m_1)$$

***[참고_ V_1: 병과 밸브 구멍의 체적을 포함시킨 연결부의 체적(cm³) / m_1:측정기의 질량(g) / m_2: 병과 연결부의 부분에 물을 채웠을 때의 질량(g) / K : 측정 수온 t℃에서의 물 1g당 체적(cm³/g) [표2 참조]]

[표_2] 온도 10~32℃에서의 물 1g당 체적

수온 t (℃)	물 1g당 체적 K (㎤/g)	수온 t (℃)	물 1g당 체적 K (㎤/g)
10	1.00027	22	1.00221
12	1.00048	25	1.00268
14	1.00073	26	1.00320
16	1.00103	28	1.00375
18	1.00138	30	1.00435
20	1.00177	32	1.00497

2. 시험용 모래의 밀도

$$\rho_{ds} = \frac{m_3 - m_1}{V_1} = \frac{m_4}{V_1}$$

***[참고_ρ_{ds} : 시험용 모래의 밀도(g/㎤) / m_3 : 병과 연결부에 모래를 채웠을 때의 질량(g) / m_4 : 측정기 안의 모래의 질량(g)]

3. 시험 구멍에서 파낸 흙의 노 건조 질량

$$\rho_{ds} = \frac{100 m_7}{w + 100}$$

***[참고_w : 함수량 / m_0 :시험 구멍에서 파낸 흙의 노 건조 질량(g) / m_7 :시험 구멍에서 파낸 습윤 흙의 질량(g)]

4. 흙의 밀도

a) 시험 구멍의 체적

$$V_0 = \frac{m_9 - m_6}{\rho_{ds}} = \frac{m_{10}}{\rho_{ds}}$$

***[참고_V_0 : 시험 구멍의 체적(㎤) / m_6 : 깔때기를 채우는 데 필요한 모래의 질량(g) / m_9 : 시험 구멍 및 깔때기에 들어간 모래의 질량(g) / m_{10} : 시험 구멍을 채우는 데 필요한 모래의 질량(g)]

4) 보고

시험 결과에 대해서는 다음 사항을 보고한다.

a) 지점 번호 및 위치
b) 시험일
c) 시험자
d) 최대 입자 지름
e) 함수량
f) 습윤밀도
g) 건조밀도

도로의 평판 재하 시험 방법 [KS F 2310]

시험빈도 : 현장밀도시험 불가능시

1) 시험 장치 및 기구

a) **재하판** 두께 22mm 이상의 강제 원판으로, 지름이 각각 30cm, 40cm 및 75cm의 것으로 한다.

b) **잭** 능력 50~400kN이며, 정밀도가 그 능력의 1/100이상이며 하중계 또는 압력계가 부착된 것으로 한다.

c) **변위계** 최소 눈금이 1/100mm로, 최대 20mm까지 측정할 수 있는 다이얼 게이지 또는 이것과 동등한 성능을 가진 전기식 변위계로 한다.

d) **침하량 측정 장치** 재하판의 침하량을 측정하는 장치로, 변위계 부착 장치를 갖춘 길이 3m 이상의 지지보와 그 지지 다리로 구성되며, 지지 다리의 위치를 재하판 및 지지력 장치의 지지점(자동차 또는 트레일러의 경우는 그 차륜)에서 1m 이상 떨어져 설치할 수 있는 것으로 한다.

e) **지지력 장치** 자동차 또는 트레일러와 같은 소요 지지력을 얻을 수 있는 장치로, 그 지점을 재하판의 바깥쪽 끝에서 1m 이상 떨어져 설치할 수 있는 것으로 한다.

f) **스톱워치 또는 시계**

g) **건조 모래**

2) 시험 방법

1. 다음 순서로 시험을 준비한다.

a) 지반을 수평하게 고르고, 필요하면 얇게 모래를 깐다.

b) 이 위에 시험에 사용하는 지름의 재하판을 설치하지만, 보다 작은 지름의 재하판이 남아 있는 경우에는 이것들도 중심을 맞추어 순서대로 쌓아 올린다.

c) 재하판 위에 잭을 놓고 지지력 장치와 조합하여 소요 반력을 얻을 수 있도록 한다. 그 때 지지력 장치의 지지점은 재하판의 바깥쪽 끝에서 1m 이상 떨어져 배치하여야 한다.

d) 침하량 측정 장치를 재하판 및 지지력 장치의 지지점에서 1m 이상 떨어져 배치하고, 재하판의 정확한 침하량을 측정할 수 있도록 변위계를 부착한다.

e) 재하판을 안정시키기 위하여 미리 하중 강도 35kN/m² 상당의 하중을 가하고 나서, 하중을 0으로 제거하여 변위계의 눈금을 읽고 침하의 원점으로 한다.

2. 하중 강도가 35kN/m²씩 되도록 하중을 단계적으로 증가해 나가고, 하중을 올릴 때마다 그 하중에 의한 침하의 진행이 멈추는 것*을 기다려 하중계와 변위계의 눈금을 읽는다.

[*] 1분간의 침하량이 그 하중 강도에 의한 그 단계에서의 침하량이 1% 이하가 되면, 침하의 진행이 정지된 것으로 본다.

3. 침하량이 15mm에 달하거나 하중 강도가 현장에서 예상할 수 있는 가장 큰 접지 압력의 크기 또는 지반의 항복점을 넘으면 시험을 멈춘다.

3) 기록 및 정리

시험 결과의 기록 및 정리는 다음과 같이 한다.

a) 시험 결과는 [표 1]과 같이 기록하고, 하중 강도와 침하량의 관계를 구한다.

[표_1] 평판 재하 시험 기록의 보기

- 재하판의 지름 : 30cm
- 재하판의 면적 : 706.5cm²
- 측정 연월일 :
- 시험 번호 :

시 간	하 중			침 하			
	하중계의 눈금	전하중	하중 강도	변위계의 눈금 mm			침하량
min-s		kN	kN/m²	왼 쪽	오른쪽	평 균	mm
0-0	0	0	0	0.05	0.07	0.06	0
5-05	13	2.5	35	0.30	0.28	0.29	0.23
10-03	26	5.0	70	0.60	0.52	0.56	0.50
14-58	40	7.4	105	0.85	0.80	0.83	0.77
18-42	53	9.9	140	1.19	1.09	1.14	1.08
22-30	66	12.4	175	1.48	1.32	1.40	1.34
26-02	79	14.8	210	1.77	1.61	1.69	1.63
29-15	93	17.3	245	2.04	1.84	1.94	1.88
31-45	106	19.8	280	2.36	2.16	2.26	2.20
35-10	119	22.3	315	2.68	2.46	2.57	2.51
38-30	132	24.7	350	3.05	2.77	2.91	2.85

b) 하중 강도 – 침하량 곡선은 a)의 결과를 사용하여 그림 1과 같이 그린다.

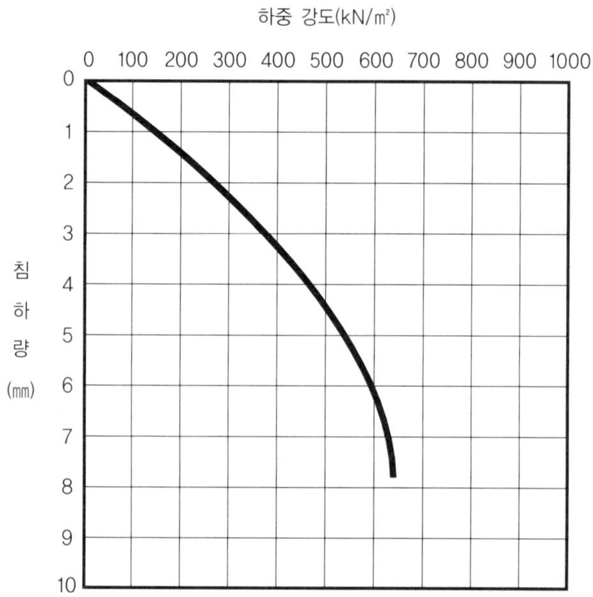

[그림_1] 하중 강도-침하량 곡선의 보기

c) 지지력 계수는 하중 강도-침하량 곡선에서 일정 침하량일 때의 하중 강도를 구하고, 다음 식에 따라 산출한다.

$$K_s = \frac{P}{S}$$

***[참고_K_s : 지지력 계수(MN/m³) / P : 하중 강도(kN/m²) / S : 침하량(mm)}

4) 보고

시험 결과에 대해서는 다음 사항을 보고한다.

a) 지점(地点) 번호

b) 시험일

c) 시험자

d) 재하판의 지름

e) 측정 기록(하중 강도와 침하량)

f) 하중 강도-침하량 곡선

g) 계산에 사용한 침하량

h) 지지력 계수

흙의 압밀 시험 방법 [KS F 2316]

시험빈도 : 보링개소마다

1) 시험 장치 및 기구

가. 압밀시험기

a) 압밀 용기 다음처럼 구성되며 압밀 압력에 의해 변형되지 않는 충분한 강성을 가진 것.

- 압밀링 내면이 매끄러운 링으로 안지름 6cm, 높이 2cm를 표준으로 한다. 스테인리스 강 등의 녹슬지 않는 재질로, 흙과의 마찰이 적은 것을 사용한다. 또한 최대 압밀 압력 시의 안지름 변화는 0.05% 이하인 것
- 가이드링 가이드링은 압밀링과 같은 안지름으로 높이가 가압판의 바깥둘레의 높이와 같은 정도의 것.
- 가압판 중심에 재하점이 있는 강철 원판으로 다공판을 가지며 가이드링 및 압밀링 안을 매끄럽게 움직이는 것.
- 밑판 압밀링을 고정하는 강철판으로 다공판을 가진 것.
- 다공판 충분한 강성을 가지며 투수 계수가 10^{-4}cm/s 이상이며 흙 입자가 들어가지 않을 정도로 틈이 적은 것.

b) 수침 용기 압밀 용기 내의 시험체를 수침 상태로 유지할 수 있는 것.

c) 재하 장치 압밀 용기를 수평으로 지지하고 소정의 하중을 시험체에 충격 및 편심없이 단시간에 가할 수 있는 것.

d) 변위계 예상되는 시험체의 총압밀량이 10^{-4}mm 미만인 경우는 0.002mm까지, 10mm 이상인 경우는 0.01mm까지 측정할 수 있는 것을 표준으로 한다. 다이얼게이지 또는 이것과 동등 이상의 성능을 가진 전기식 변위계를 사용한다.

나. 압밀 시험체 제작 기구

a) 트리머 시료를 압밀링 안지름보다 약간 큰 원반 모양으로 성형할 수 있으며, 성형한 시료에 커터링을 수직으로 압입할 수 있는 것.

b) 커터링 압밀링과 같은 안지름을 가진 내면이 매끄러운 링으로 그 한 끝은 예리한 칼로 되어 있고 다른 한 끝에는 압밀링을 부착할 수 있는 것.

c) 시험체 압입 원판 지름이 압밀링보다도 0.3mm 정도 작은 것.

d) 줄톱 줄의 지름이 0.2mm 정도인 것.

e) 곧은 칼 강제이며 한쪽 날이 붙은 것.

f) 칼

다. 기타 기구

a) 저울 0.01g까지 잴 수 있는 것.
b) 버니어 캘리퍼스 0.05mm까지 측정할 수 있는 것.
c) 함수비 측정 기구 KS F 2306 (시험 기구)에 규정하는 것.
d) 시계 초 눈금인 것.
e) 최고최저 온도계 최소 눈금 1℃ 이하인 것.
f) 실리콘 오일 또는 실리콘 그리스 압밀링 및 커터링의 내면에 도포하여 시험체와의 마찰을 줄이는 것.

2) 시험체

가. 시험체의 모양 및 치수

시험체는 지름 6cm, 높이 2cm를 표준으로 한다. 그 외 치수의 시험체를 사용하는 경우는 시험체의 지름을 높이의 2.5배 이상으로 한다.

나. 시험체의 성형

시험체의 성형방법은 다음과 같다.

a) 압밀링의 질량 m_R(g), 높이 H_0(cm) 및 안지름 D(cm)를 잰다.
b) 필요한 시험체 높이보다 5~10mm 큰 시료를 트리머의 회전판 위에 놓고 줄톱, 칼 등을 사용하여 시료를 시험체의 지름보다 3~5mm 큰 원반 모양으로 성형한다.
c) 트리머 위에 시료의 윗면에 압밀링을 장착한 커터링을 놓고 날 끝이 닿는 부분의 시료를 줄톱, 칼 등으로 커터링의 안지름보다 1~2mm 크게 깎고 트리머 상판을 가볍게 누르고 시료에 커터링을 2~3mm 눌러 넣는다. 이를 반복, 시료를 커터링 안에 틈없이 넣는다.
d) 시험체 압입 원판을 사용하여 커터링 안의 시료를 압밀링 안으로 옮긴 후 커터링을 떼고 압밀링에서 나온 부분을 줄톱, 칼 등으로 잘라 내고 양 끝면을 곧은 칼로 평면으로 다듬질한다. 자갈 또는 조개껍질을 제거하여 생긴 작은 오목부는 절삭 칩으로 메운다.
e) 압밀링에서 시험체를 넣은 상태의 질량 m_T(g)을 잰다.
f) 절삭 칩에서 대표적 시료를 취하여 KS F 2306에 따라 초기 함수비 w_0(%)을 구한다.

3) 시험 방법

가. 준비

- 시험체가 들어간 압밀링을 압밀 용기의 밑판 위에 놓고 가이드링을 압밀링에 부착한다. 가압판을 시험체 윗면에 놓고 압밀 용기를 조립한다.
- 압밀 용기를 빈 수침 용기에 넣어 재하 장치에 실치하고 변위계를 부착한다.

*** [참고_재하 전 또는 재하 중에 시료를 흡수 팽창시키지 않도록 주의하여야 한다.]

나. 재하 및 측정 하중의 재하 및 압밀량의 측정은 다음과 같다.

*** [참고_하중 제거, 재재하 과정의 데이터가 필요한 경우에는 다음 방법을 준용하여 시험을 한다.]

- 압밀 압력 p (kN/m²)의 하중 증분비를 1로 한다. 재하 단계의 수는 8, p의 범위는 10~1600kN/m²를 표준으로 한다.
- 압밀 압력은 충격을 주지 않도록 단시간에 재하한다. 하나의 재하 단계에서 24시간 압밀한 후 다음 재하 단계로 옮긴다.
- 각 재하 단계의 재하 직전의 변위계 눈금 d_1(mm)를 기록한다.
- 변위계의 눈금 d(mm)는 압밀량-시간의 관계를 매끄러운 곡선으로 그릴 수 있는 경과 시간마다 기록한다.

*** [참고_변위계의 눈금을 측정할 때의 경과 시간의 보기로서 다음 시간을 참고로 한다.
3s, 6s, 9s, 12s, 18s, 30s, 42s, 1min, 1.5min, 2min, 3min, 5min, 7min, 10min, 15min, 20min, 30min, 40min, 1h, 1.5h, 2h, 3h, 6h, 12h, 24h]

- 선행 압밀 응력을 넘었다고 간주할 수 있는 시점에서 수침 용기에 물을 채우고 시험체를 물에 담근다. 그 때까지의 사이는 압밀 용기를 젖은 천으로 덮는 등 시험체를 건조시키지 않도록 한다.

*** [참고_포화도가 낮은 시료에 이 규격을 준용하는 경우는 시험체를 물에 담그지 않는다. 다만, 시험체를 건조시키지 않는 처리가 필요하다.]

- 제1재하 단계의 재하 개시시부터 최종 재하 단계의 측정 종료에 이르는 동안의 최고 및 최저 실온을 기록한다.

다. 해체 최종 재하 단계의 측정이 종료한 후 압밀 용기에서 시험체 전량을 증발 접시에 꺼내서 110±5℃에서 질량이 일정해질 때까지 노 건조하고 시험체의 노 건조 질량 m_S (g)을 잰다.

*** [참고_포화도가 낮은 시험체의 시험 후의 포화도를 구하는 경우에는 시험체가 흡수하지 않도록 하중 제거 및 해체하고 시험체 전량의 습윤 질량을 측정하고 나서 노 건조하고 시험 후의 함수비를 측정한다.]

4) 계산

가. 시험체의 초기 상태 초기 상태의 시험체의 함수비 w_0 (%), 간극비 e_0 및 포화도 S_{r0}(%)은 다음 식에 따라 산출한다.

$$w_0 = \frac{(m_T - m_R) - m_S}{m_S} \times 100$$

$$e_0 = \frac{H_0}{H_S} - 1$$

$$S_{r0} = \frac{w_0 \rho_S}{e_0 \rho_w}$$

$$H_S = \frac{m_S}{\rho_S A} = \frac{m_S}{\rho_S \pi D^2 / 4}$$

***[참고1_w_0 : 초기 함수비(%) / e_0 : 초기 간극비 / S_{r0} : 초기 포화도(%) / m_T : 압밀 전의 시험체와 압밀링의 질량(g) / m_R : 압밀링의 질량(g) / m_S : 시험체의 노 건조 질량(g) / H_0 : 시험체의 초기 높이(cm) / H_S : 시험체의 실질 높이(cm) / A : 시험체의 단면적(cm^2) / D : 시험체의 지름(cm) / P_S : KS F 2308에 따라 구한 흙 입자의 밀도(g/cm^3) / P_W : 물의 밀도(g/cm^3)]

***[참고2_e_0 대신에 체적비 f_0을 사용하여도 좋다. f_0 은 다음 식에 따라 산출한다. / f_0 : 초기 체적비

$$f_0 = \frac{H_0}{H_S}$$

나. 압밀량과 시간과의 관계

1. 각 재하 단계의 압밀량과 시간과의 관계

각 재하 단계의 압밀량과 시간과의 관계는 다음 순서로 정한다.

A. 다음 방법에 따라 이론 압밀도 0%에 해당하는 변위계의 눈금 d_0(mm), 이론 압밀도 100%에 해당하는 변위계의 눈금 d_{100}(mm) 및 이론 압밀도 90%에 해당하는 시간 t_{90}(min) 또는 이론 압밀도 50%에 해당하는 시간 t_{50}(min)을 구한다.

*** [참고1_ 과압밀 영역에서는 d_0, d_{100}, t_{50} 또는 t_{50}을 굳이 구할 필요는 없다.]
*** [참고2_ 포화도가 낮은 시료에 이 규격을 준용하는 경우에는 d_0, d_{100}, t_{90} 또는 t_{50}을 구하지 않는다.]

a) $\sqrt{t}$ 법 (그림1 참조)

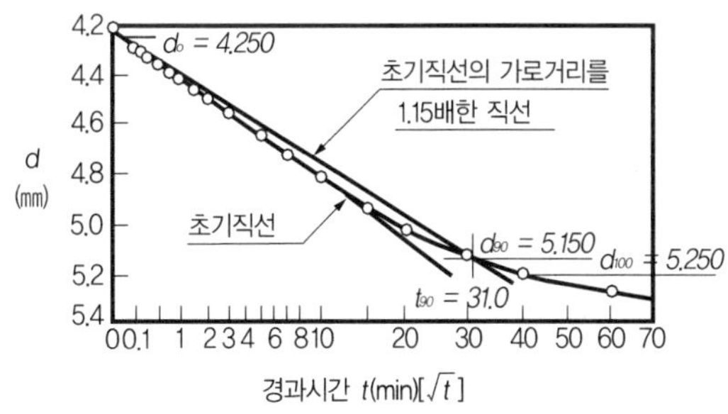

[그림_1] $\sqrt{t}$ 의 보기

❶ 세로축에 변위계 눈금 d(mm)를 산술 눈금으로, 가로축에 경과 시간 t(min)을 제곱근 눈금으로 잡아서 $d-\sqrt{t}$ 곡선을 그린다.

❷ $d-\sqrt{t}$ 곡선의 초기의 부분에 나타나는 직선부를 연장하여 $t = 0$에 해당하는 점을 초기 보정점으로 하여 이 점의 변위계의 눈금을 d_0(mm)으로 한다.

❸ 초기 보정점을 지나고 ❷에서 구한 직선의 1.15배의 가로 거리를 가진 직선을 그리고 $d-\sqrt{t}$ 곡선과의 교점을 이론 압밀도 90%의 점으로 하고 이 점의 변위계의 눈금 d_{90}(mm) 및 시간 t_{90}(min)을 구한다.

❹ d_{100}은 다음 식에 따라 산출한다.

$$d_{100} = \frac{10}{9}(d_{90} - d_0) + d_0$$

***[참고_d_{100} : 각 재하 단계의 이론 압밀도 100%에 해당하는 변위계의 눈금(mm) / d_{90} : 각 재하 단계의 이론 압밀도 90%에 해당하는 변위계의 눈금(mm) / d_0 : 각 재하 단계의 이론 압밀도 0%에 해당하는 변위계의 눈금(mm)]

b) log t법 *a)* 에서 정리하였을 때 초기의 직선부를 구하기 어려운 경우에는 이 방법에 따라 정리한다. (그림 2 참조)

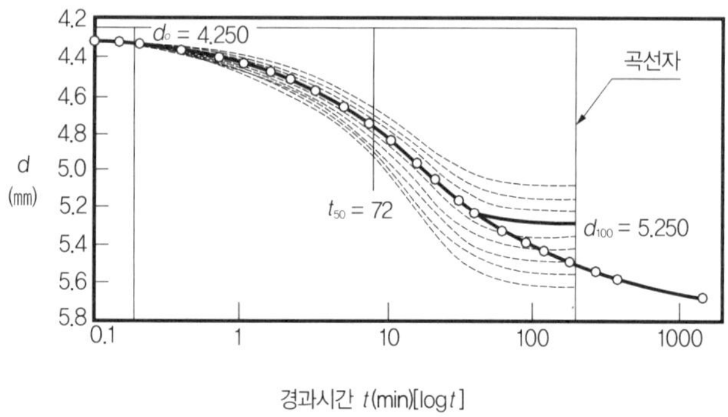

[그림_2] log t 법의 보기

❶ 세로축에 변위계의 눈금 d(mm)를 산술 눈금으로, 가로축에 경과 시간 t(min)를 로그 눈금으로 잡고 $d-\log t$ 곡선을 그린다.

❷ $d-\log t$ 곡선을 그린 것과 같은 길이의 log 사이클로 그린 곡선자(그림 3 참조)를 $d-\log t$ 곡선 위에 대고 상하 좌우로 평행 이동하여 $d-\log t$ 곡선의 초기 부분을 포함하여 가장 긴 범위에서 일치하는 곡선을 고른다.

❸ $d-\log t$ 곡선의 이론 압밀도 0%에 해당하는 변위계의 눈금을 d_0(mm)으로 한다.

❹ ❷에서 고른 곡선에서 t_{50} 및 d_{100}을 구한다.

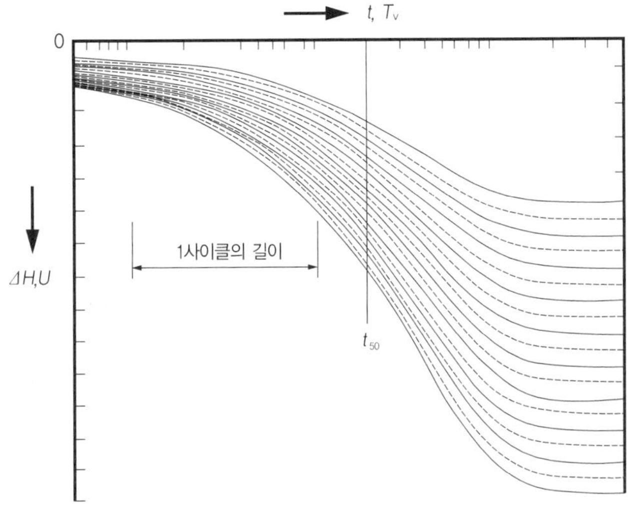

[그림_3] log t 압밀량 곡선

*** [참고_ d-log t 곡선은 참고 표 1에 나타내는 이론해를 사용하여 세로축에 이론 압밀도 U(%), 가로축에 시간 계수 T_V의 로그를 잡고 U의 스케일을 바꿔서 그린 이론 압밀 곡선군이다.]

[참고 표_1] U와 T_V의 이론해

U %	10	20	30	40	50	60	70	80	90	95	98
T_v	0.008	0.031	0.071	0.126	0.197	0.287	0.403	0.567	0.848	1.15	1.50

B. 세로축에 변위계의 눈금 d(mm)를 산술 눈금으로, 가로축에 경과 시간 t(min)를 로그 눈금으로 잡고 압밀량-시간 곡선(d-log t곡선)을 그리고 d_1, d_0, d_{100}및 t_{90}또는 t_{50}의 위치를 나타낸다.

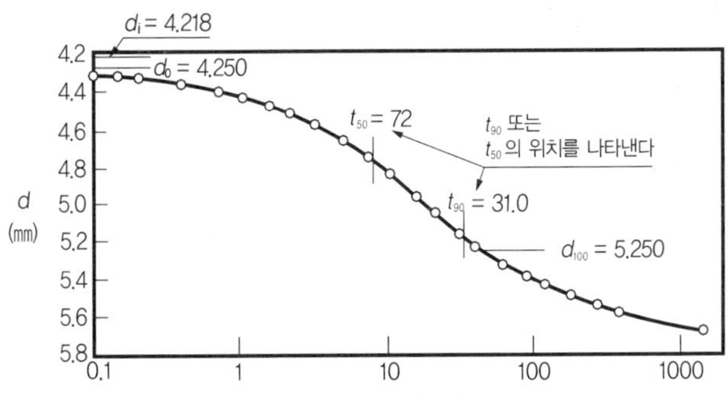

[그림_4] 압밀량과 시간의 관계

2. **각 재하 단계의 압밀량, 시험체 높이 및 평균 시험체 높이** 각 재하 단계의 압밀량 ΔH(cm), 시험체 높이 H(cm) 및 평균 시험체 높이 $\bar{H}$ (cm)는 다음 순서로 구한다.

- 각 재하 단계의 압밀량 ΔH(cm)는 다음 식에 따라 산출한다.

$$\Delta H = \frac{d_f - d_i}{10}$$

***[참고1_ΔH : 각 재하 단계의 압밀량(cm) / d_f : 각 재하 단계의 최종 변위계의 눈금(mm) / d_i : 각 재하 단계의 재하 직전의 변위계의 눈금(mm)]

***[참고2_제1재하 단계의 경우에는 d_0을 바꿔 읽어서 d_i로 한다.]

***[참고3_각 재하 단계의 1차 압밀량 ΔH_1(cm) 및 1차 압밀비 r를 구하는 경우는 다음 식에 따라 산출한다.]

$$\Delta H_1 = \frac{d_{100} - d_0}{10}$$

$$r = \frac{\Delta H_1}{\Delta H}$$

*** [참고4_ΔH_1 : 각 재하 단계의 1차 압밀량(cm) / r : 각 재하 단계의 1차 압밀비]

- 각 재하 단계의 압밀 종료시의 시험체 높이 H(cm) 및 평균 시험체 높이 $\bar{H}$ (cm)는 다음 순서로 구한다.

$$H = H' - \Delta H$$

$$\bar{H} = \frac{H + H'}{2}$$

***[참고1_ H : 각 재하 단계의 압밀 종료시 시험체 높이(cm) / $\bar{H}$: 각 재하 단계의 평균 시험체 높이(cm) / H : 각 재하 단계의 평균 시험체 높이(cm) / H' : 직전의 재하 단계의 압밀 종료시 시험체 높이(cm)]

***[참고2_제1재하 단계의 경우에는 H'는 H_0으로 한다.

3. **각 재하 단계의 압밀 관계**

- 앞에서 t_{90} 또는 t_{50}을 구한 경우에는 각 재하 단계의 압밀 계수 c_V(cm²/d)는 다음 식에 따라 산출한다.

$$c_V = 0.848 \left(\frac{\bar{H}}{2}\right)^2 \frac{1440}{t_{90}} \quad (\sqrt{t}\text{법에 따른 경우})$$

$$c_V = 0.197 \left(\frac{\bar{H}}{2}\right)^2 \frac{1440}{t_{50}}$$ (곡선 정규법에 따른 경우)

***[참고1_ c_V : 각 재하 단계의 압밀 계수(cm^2/d) / t_{90} : 각 재하 단계의 이론 압밀도 90%에 해당하는 시간(min) / t_{50} : 각 재하 단계의 이론 압밀도 50%에 해당하는 시간(min)]
***[참고2_제1재하 단계의 c_V를 굳이 구할 필요는 없다.

- 세로축에 c_V를 로그 눈금으로, 가로축에 다음 식에서 구한 평균 압밀 압력 $\bar{p}$(kN/m^2)를 로그 눈금으로 잡고 log c_V와 log $\bar{p}$와의 관계를 나타낸다.

$$\bar{p} = \sqrt{p \cdot p'}$$

***[참고1_ $\bar{p}$: 각 재하 단계의 평균 압밀 압력(kN/m^2) / p : 각 재하 단계의 압밀 압력(kN/m^2) / p' : 직전 재하 단계의 압밀 압력(kN/m^2)]
***[참고2_ 제1재하 단계의 $\bar{p}$는 $p/2$로 한다.]

다. 압밀량과 압력의 관계

1. 압축 곡선, 압축 지수 및 선행 압밀 응력

압축 곡선, 압축 지수 및 선행 압력 응력은 다음 순서로 구한다.

a) 각 재하 단계의 압밀 종료시의 간극비 e는 다음 식에 따라 산출한다.

$$e = \frac{H}{H_s} - 1$$

***[참고_e : 각 재하 단계의 압밀 종료시의 간극비]

b) 세로축에 a)에서 구한 간극비 e를 산술 눈금으로, 가로축에 그 재하 단계의 압밀 압력 p(kN/m^2)를 로그 눈금에 잡고 압축 곡선을 그린다.

***[참고1_압축 곡선은 e 대신 다음 식에 따라 산출하는 체적비 f로 그려도 좋다.]

$$f = \frac{H}{H_s}$$

***[참고2_f : 각 재하 단계이 압밀 종류시의 체적비]

c) 압축 곡선의 정규 압밀 영역의 직선부에 2점 a,b를 잡고 압축 지수 C_c는 다음 식에 따라 산출한다(그림5 참조).

$$C_c = \frac{e_a - e_b}{\log(p_b/p_a)}$$

***[참고_C_c : 압축 지수]

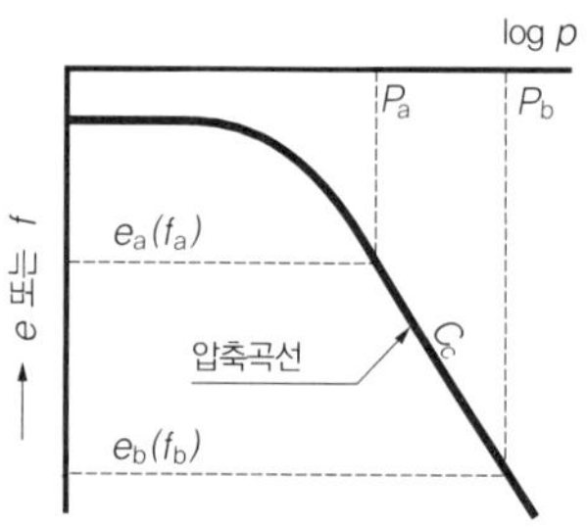

[그림_5] C_c를 구하는 방법

*** [참고1_압축 곡선을 f로 그린 경우에는 C_c는 다음 식에 따라 산출한다.]

$$C_c = \frac{f_a - f_a}{\log(p_b/p_a)}$$

*** [참고2_압축 곡선에서 명료하게 직선 부분을 인식할 수 없는 경우는 정규 압밀 영역의 가장 기울기가 큰 부분을 직선 근사치로 구한다.

*** [참고3_ 목적에 따라 필요한 압력 범위에 있어서 압축 곡선의 평균 기울기로부터 C_c를 구한다. 이 경우는 대응하는 압력 범위를 병기한다.

d) 선행 압밀 응력 p_c(kN/m^2)는 다음 방법에 따라 구한다. 다만 p_c를 구하기 어려운 경우에는 p를 산술 눈금으로 잡고 e−p 곡선 또는 f−p 곡선을 그리고 그것이 볼록한 부분을 갖지 않으면 p_c를 구하지 않아도 좋다.

♣ $C_c' = 0.1 + 0.25C_c$의 기울기를 가진 직선과 압축 곡선의 접점 A를 구한다.

♣ 점 A를 통하여 $C_c'' = C_c'/2$의 기울기를 가진 직선과 압축 곡선의 정규 압밀 영역의 가장 급한 기울기부를 대표하는 직선의 연장과의 교점 B의 가로 좌표를 p_c로 한다.

2. 각 재하 단계의 체적 압축 계수

– 각 재하 단계에서 생기는 압축 변형의 증분 $\Delta\varepsilon$(%)는 다음 식에 따라 산출한다.

$$\Delta\varepsilon = \frac{\Delta H}{H} \times 100$$

***[참고_$\Delta\varepsilon$: 각 단계 재하에서 생기는 압축 변형의 증분(%)]

– 각 재하 단계의 체적 압축 계수 m_V(m^2/kN)는 다음 식에 따라 산출한다.

$$m_V = \frac{\Delta\varepsilon/100}{\Delta p}$$

***[참고_m_V : 각 재하 단계의 체적 압축 계수(m^2/kN) / Δp : 각 재하 단계의 압밀 압력의 증분($p-p'$)(kN/m^2)]

– 세로축에 m_V를 로그 눈금으로, 가로축에 평균 압밀 압력 $\bar{p}$(kN/m^2)를 로그 눈금으로 잡고 log m_V와 log p와의 관계를 나타낸다.

5) 보고

시험 결과에 대해서는 다음 사항을 보고한다.

– 시험체의 지름 및 초기 높이
– 시험체의 초기 상태의 함수비, 간극비 또는 체적비 및 포화도
– 각 재하 단계의 압밀량–시간 곡선
– 압축 곡선
– 압축 지수
– 선행 압밀 응력
– 체적 압축 계수와 평균 압밀 압력과의 관계
– 압밀 계수와 평균 압밀 압력과의 관계 및 압밀 계수를 구한 방법
– 시험 기간 중의 최고 및 최저 실온
– 기타 보고 사항

*** [참고1_비 고 24시간 압밀하지 않는 경우는 그 재하 단계의 압밀 압력과 재하 계속 시간을 보고하는 것이 바람직하다.]

*** [참고2_기타 보고 사항의 보기로서 다음 항목이 있다. ■시료 및 시험체의 제작 방법 / ■시험체이 상태, 조개껍질 조각 및 굵고 큰 입자의 혼입 상태 / ■1차 압밀비]

흙의 일축 압축 시험 방법 [KS F 2314]

시험빈도 : 보링개소마다

1) 시험기구

1. 일축 압축 시험기 일축 압축 시험기는 변형 제어식 압축 장치, 하중계 및 변위계로 구성되며, 다음에 나타내는 조건을 만족하는 것으로 한다.[그림_1참조]

- 시험체 높이의 15%까지의 압축 변형을 연속적으로 줄 수 있도록 일정 속도로 작동하는 것으로 한다. 하중계, 상부 가압판, 시험체, 하부 가압판 및 압축 장치의 각각의 중심축은 동일선 위에 있는 것으로 한다.
- 시험체의 최대 압축력의 ±1%의 허용차에서 압축력을 측정할 수 있는 것으로 한다. 하중계는 프로빙량 또는 전기적으로 하중을 지시할 수 있는 것으로, 용량이 다른 것 0.2~2kN을 여러개 준비해 두고 예상되는 일축 압축 강도에 따라 나누어 사용한다.
- 시험체의 높이의 ±0.1%의 허용차에서 압축량을 측정할 수 있는 것으로 한다. 변위계는 측정 범위가 20mm 이상이며 최소 눈금이 1/100mm인 변위계, 또는 이것과 동등 이상의 성능을 가진 전기식 변위계로 사용한다.

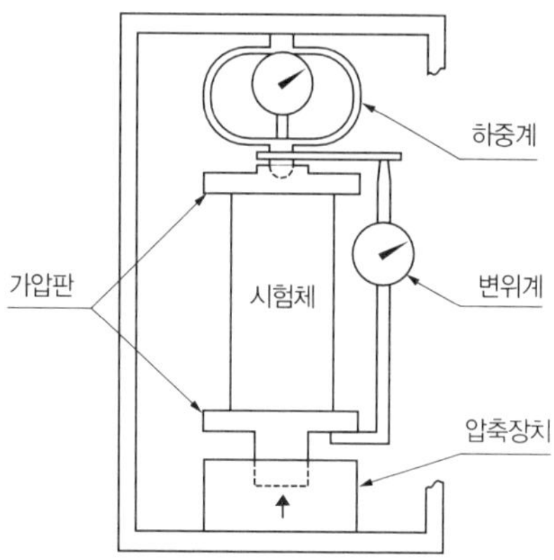

[그림_1] 변형 제어식 일축 압축 시험기의 보기

2. 시험체 제작 기구

- 트리머
- **마이터 박스** 마이터 박스는 두 개로 나뉘어져 있으며 그 안지름이 시험체의 지름보다 약간 큰 것으로 하고, 양끝이 평행하며 축 방향에 대하여 직각인 것으로 한다.
- **줄톱 및 곧은 날** 줄톱에 사용하는 강선의 지름은 0.2~0.3mm 정도로 한다. 곧은 날은 강제로서, 한쪽 날이 붙은 길이 25cm 이상의 것으로 한다.

3. 기타기구
 - 버니어 캘리퍼스
 - 스톱워치 또는 시계
 - 저울 0.1g까지 잴 수 있는 것으로 한다.
 - 함수비 측정 기구 KS F 2306의 (시험기구)에 규정하는 것으로 한다.

2) 시험체

1. **시험체의 모양 및 치수** 시험체의 모양은 원기둥으로 한다. 그 지름은 보통 3.5cm 또는 5.0cm로 하고, 높이는 지름의 1.8~2.5배로 한다.

*** [참고_시험체의 치수는 시료의 상태에 따라 시료를 대표하는 시험을 할 수 있는 치수를 고른다. 또한, 흙의 종류와 자료의 상태에 따라서는 샘플링 튜브에서 꺼낸 시료를 지름 그대로 끝면 성형을 하여 시험체로 하여도 좋다.]

2. **시험체의 제작** 시험체의 제작은 *a)~f)* 의 순서에 따라 시료의 함수비를 변화시키지 않도록 솜씨 있게 실시한다. 또한 시료가 흐트러지지 않도록 충분히 주의하여야 한다.
 a) 시료는 샘플링 등에 의해 흐트러진 부분을 제외하고 시험체의 지름, 높이보다 여유를 둔 크기의 것을 준비한다.
 b) 시험체 옆면은 일정한 지름의 원기둥이 되도록 트리머, 줄톱, 곧은 날 등을 사용하여 성형한다. 트리머를 사용하여 성형하는 경우, 시료에 비틀림이나 압축력을 주지 않도록 주의한다. 시험체의 성형은 보통 줄톱을 사용하여 시료를 깎아내지만, 시료가 딱딱한 경우에는 곧은 날을 사용한다.
 c) 시험체의 끝면은 양 끝면이 평행하며 축방향과 직각이 되도록 마이터 박스, 줄톱, 곧은 날 등을 사용하여 성형한다.
 d) 시험체의 평균 높이 H_0(cm) 및 평균 지름 D_0(cm)를 구한다. 시험체의 높이 지름은 여러 장소를 버니어 캘리퍼스 등으로 최소 눈금값 0.1mm까지 측정하여 각각의 평균값으로 한다.
 e) 시험체의 질량 m(g)을 측정한다.
 f) 시험체의 성형시에 깎아낸 흙 속에서 대표적 시료를 취하여 함수비를 구해서 시험체의 함수비로 한다. 압축 후의 시험체를 노 건조하여 함수비를 구하는 경우, 깎아낸 흙의 측정은 생략하여도 좋다.

3) 시험 방법

다음 순서에 따라 실시한다. 이 경우 시험체의 성형 후, 가능한 한 재빨리 시험을 개시한다.

a) 시험체를 일축 압축 시험기에 설치한다. 시험체를 하부 가압판의 중앙에 놓고 시험체에 압축이 가해지지 않도록 상부 가압판을 밀착시킨다. 그 후 변위계, 하중계의 원점을 조정한다.

b) 매분 1%의 압축 변형이 생기는 비율을 표준으로 하여 연속적으로 시험체를 압축한다.

c) 압축 중에는 압축량 ΔH(cm)와 압축력 P(N)를 측정한다. 압축량과 압축력의 측정 간격은 응력-변형 곡선을 매끄럽게 그릴 수 있을 정도로 한다. 연속 기록을 하지 않는 경우는 압축력의 최대값까지는 압축량 0.2mm, 그 이후에는 0.5mm를 넘지 않는 간격이 바람직하다.

d) 압축력이 최대가 되고 나서 계속해서 변형이 2% 이상 생기거나, 압축력이 최대값이 2/3 정도로 감소하거나 또는 압축 변형이 15%에 도달하면 압축을 종료한다.

e) 시험체의 변형, 파괴 상황 등을 관찰하여 기록한다. 압축 종료 후의 시험체의 변형 · 파괴 상황은 그것들의 상태가 가장 뚜렷하게 보이는 방향에서 관찰하여 기록한다. 또한 미끄럼면이 보이는 경우는 그 기울기가 가장 급하게 보이는 방향에서 관찰을 하여 대략 그 각도를 읽을 수 있을 정도로 기록한다. 시험체의 불균질 상황이나 이물의 혼입 상황 등에 대해서도 관찰하여 기록한다.

4) 계 산

a) 시험체의 압축 변형은 다음 식에 따라 산출한다.

$$\varepsilon = \frac{\Delta H}{H_0} \times 100$$

***[참고_ε: 시험체의 압축 변형(%) / ΔH : 압축량(cm) / H_0 : 압축하기 전 시험체의 높이(cm)]

b) 압축 변형이 ε 일 때의 압축 응력은 다음 식에 따라 산출한다.

$$\sigma = \frac{P}{A_0} \times \left(1 - \frac{\varepsilon}{100}\right) \times 10 \qquad A_0 = \frac{\pi D_0^2}{4}$$

***[참고_σ: 압축 응력(MPa) / P : 압축 변형이 ε일 때 시험체에 가해진 압축력(N) / A_0 : 압축하기 전의 시험체의 단면적(cm^2) / D_0 : 압축하기 전의 시험체의 지름(cm)]

c) 압축 변형을 가로축에, 압축 응력을 세로축에 잡고 응력-변형 곡선을 도시한다.

d) 압축 변형이 15%에 도달할 때까지의 압축 응력의 최대값을 응력-변형 곡선에서 구하여 일축 압축 강도 q_u(kN/m²)로 하고, 그 때의 변형을 파괴 변형이라 한다. 응력-변형 곡선의 초기 부분에 [그림 2]와 같은 변곡점이 생기는 경우는 변곡점 이후의 직선 부분을 연장하여 가로축과의 교점을 파괴 변형 산출의 수정 원점으로 한다.

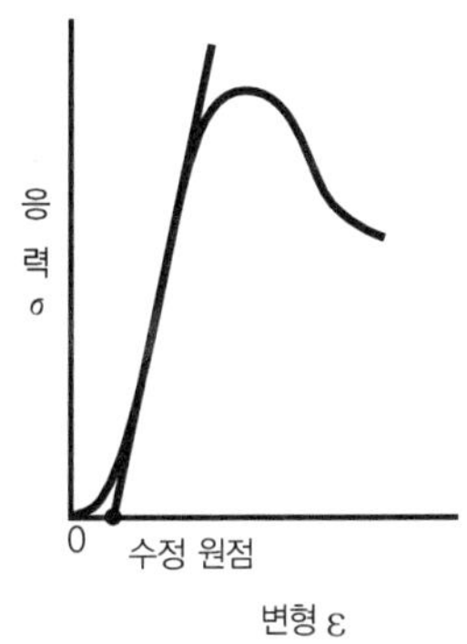

[그림_2] 응력-변형 곡선의 초기 부분에 변곡점이 생기는 경우의 보정 방법

*** [참고_변형 계수는 다음 식에 따라 산출한다.]

$$E_{50} = \frac{\frac{q_u}{2}}{\varepsilon_{50}} \times 100$$

***[참고_E_{50} : 변형 계수(MPa) / q_u : 일축 압축 강도(MPa) / ε_{50} : 압축 응력 $\sigma = \frac{q_u}{2}$ 일 때의 압축 변형(%) / 응력-변형 곡선의 초기 부분에 그림 2와 같은 변곡점이 생기는 경우는 보정을 실시한다.]

5) 보고

시험 결과에 대해서는 다음 사항을 보고한다.

a) 시험체의 지름, 높이, 질량 및 함수비

b) 시험체의 파괴 상황

c) 압축 응력-변형 곡선

d) 일축 압축 강도 및 파괴 변형

표준 관입 시험 방법 [KS F 2307]

시험빈도 : 보링개소마다

1) 시험 장치 및 기구

1. **시험 구멍 굴착 장치** 시험 구멍 굴착 장치는 원칙적으로 지름 65~150mm의 시험 구멍을 굴착할 수 있는 보링 기계식인 것.
2. **표준 관입 시험 장치** 표준 관입 시험 장치는 지반의 *N*값을 구함과 동시에 시료를 채취할 수 있는 것으로 그 기구는 다음과 같다.
   - 표준 관입 시험 장치 표준 관입 시험용 샘플러는 슈, 2분할할 수 있는 스플릿 배럴 및 커넥터 헤드로 구성되는 강제의 것으로 그림 1에 나타내는 치수의 것. 특히 슈는 손상이 잘 되지 않는 열처리를 한 구조용 합금 강제의 것으로 바깥면 및 내면은 마찰이 적은 다듬질면을 가진 것.

*** [참고1_슈와 스필릿 배럴을 접속하는 나사는 그림 2에 나타내는 각나사 4산으로 한다.]
*** [참고2_시험 전에는 슈가 손상되어 있지 않다는 것을 미리 점검하여 확인한다.]

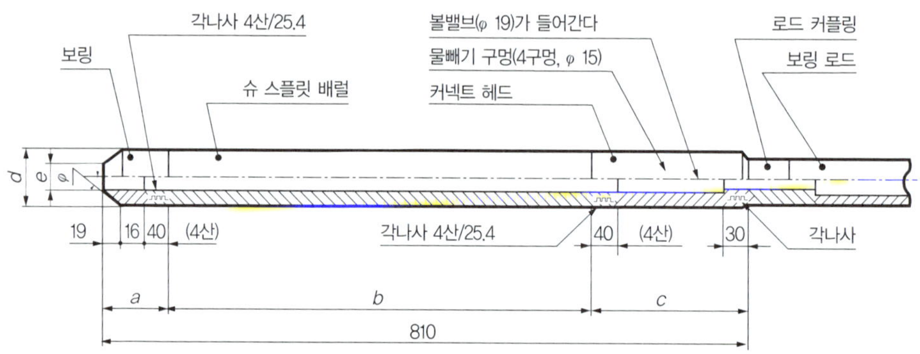

각 부	전체 길이	슈 길이 *a*	배럴 길이 *b*	헤드 길이 *c*	바깥지름 *d*	안지름 *e*	슈 각도 φ	날끝 살두께 *t*
치 수	810±1.0	75±1.0	560±1.0	175±1.0	51±1.0	35±1.0	19° 45'±8'	1.15±0.05

[그림_1] 표준 관입 시험용 샘플러

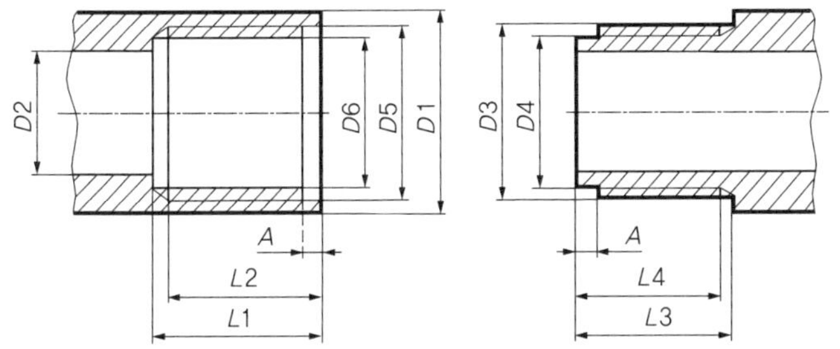

바깥지름	D1		51
안지름	D2		35
수나사		피치	4산/25.4
	D3	나사의 바깥지름	45
	D4	나사의 골의 지름	42
	L3	나사의 길이	40
	L4	유효 나사의 길이	34
	A	플랭크	6
암나사		피치	4산/25.4
	D5	나사의 골의 지름	45
	D6	나사의 안지름	42
	L1	나사의 길이	40
	L2	유효 나사의 길이	34
	A	플랭크	6

[그림_2] 나사 상세도

- 보링로드 및 보링로드 커플링 보링로드는 KS E 3112에 규정하는 호칭 지름 40.5인 것. 또한 보링로드 커플링은 KS E 3137에 규정하는 호칭 지름 40.5인 것.
- 노킹 블록 노킹블록은 드라이브 해머의 타격을 직접 받는 강제로 된 것.

*** [참고_시험전에는 노킹블록 수압면의 평활성을 미리 점검하여 확인하다.]

- 드라이브 해머 질량이 (63.5±0.5)kg의 강제로 된 것.

*** [참고1_드라이브 해머의 바깥지름의 표준은 (180±2)mm로 한다.]
*** [참고2_드라이브 해머 질량에는 손잡이용 기구 질량을 포함한다.]
*** [참고3_시험 전에는 드라이브 해머의 밑면의 평활성을 미리 점검하여 확인한다.]

- 낙하 기구 및 장치 낙하 기구 및 장치는 드라이브 해머를 매달아서 자유 낙하시킬수 있는 것으로 시험의 목적에 따라 그림 3에 나타내는 방법에서 선택한다.

낙하방법
- 자동 낙하법
- 수동 낙하법

[그림_3] 낙하 방법의 종류

*** [참고1_자동 낙하법은 가이드용 보링로드의 (760±10)mm의 위치에 돌기 또는 오목부를 만들고 훅이 슬라이드하여 그 돌기 또는 오목부를 통과할 때에 훅 열리는 훅은 닫히는 것으로 훅에서 드라이브 해머가 떨어져서 자동 낙하하는 구조를 가진 장치. 드라이브 해머를 매다는 방법에는 크게 나누어 로프를 드럼에 감아서 매다는 수동형(이른바 반자동형)과 완전히 자동으로 매다는 자동형(이른바 전자동형)의 두 가지 방법이 있다.]

*** [참고2_수동 낙하법에는 드라이브 해머의 낙하 방법으로 콘풀리법과 통비법이 있다. 수동법은 드라이브 해머를 연결한 로프를 드럼에 감아서 매달고 드라이브 해머의 하부가 가이드용 보링로드의 (760±10)mm의 위치에 미리 붙인 표시 지점까지 올라간 곳에서 신속하게 수동으로 로프를 드럼에서 떼서 드라이브 해머를 자유 낙하시키는 방법이다. 한편, 통비법은 통비 모양의 기구로 로프에 드라이브 해머를 걸고 로프를 드럼에 감아서 매달아 드라이브 해머의 하부가 가이드용 보링로드의 (760±10)mm의 위치에 미리 표시한 지점까지 올린 곳에서 신속하게 수동으로 통비에 붙인 또 한쪽의 로프를 당겨서 통비에서 드라이브 해머를 자유 낙하시키는 방법이다.]

■ **기록 용구 또는 장치** 시험의 목적에 따라 매달기 수동형(반자동형)이나 매달기 자동형(전자동형) 중 선택한다.

기록 용구 또는 장치 ─┬─ 자동 기록 장치
　　　　　　　　　　　└─ 야장

[그림_4] 기록 방법의 종류

*** [참고1_자동 기록 장치는 이하의 기능을 가질 것
■타격 1회마다의 관입량을 mm 단위로 기록 / ■타격 횟수와 누계 관입량의 표시와 기록]

2) 시험 방법

1. 시험 구멍 굴착

a) 표준 관입 시험을 위한 시험구멍은 원칙적으로 지름 65~150mm로 한다.
b) 소정의 깊이까지 시험 구멍을 굴착한다.
c) 시험 구멍 바닥의 슬라임을 제거한다.
d) *b)* 및 *c)*의 작업에서는 구멍 바닥 이하의 지반을 흐트러뜨리지 않도록 주의하여야 한다. 특히 코어배럴의 끌어올리기에 대해서는 구멍 바닥에서 보일링을 일으키지 않도록 신중하게 천천히 한다.

2. 표준 관입 시험

a) 표준 관입 시험용 샘플러를 보링로드에 접속하고 가만히 구멍 바닥으로 내린다.
b) 보링로드 상부에 노킹블록 및 가이드용 보링로드를 붙인다.

*** [참고_ a) 또는 b)의 시점에서 자침한 경우는 로드 자침으로 하고 자침 깊이를 측정한다. 로드 자침으로 450mm에 도달한 경우는 본박기는 하지 않는다.]

c) 가이드용 보링로드 등의 연직성을 확보함과 동시에 타격시의 흔들림을 방지하기 위한 조치를 강구한다. 보링로드 접속부의 헐거움이 생기지 않도록 단단히 조인다. 만약 헐거워지면 신속하게 조인다.

d) 드라이브 해머를 살짝 노킹블록에 세트한다.

*** [참고1_드라이브 해머의 밑면과 노킹블록의 윗면이 수평에 접하도록 세트한다.
*** [참고2_이 시점에서 자침한 경우는 해머 자침으로 하고 자침 깊이를 측정한다. 해머 자침으로 450mm에 도달한 경우는 본박기는 하지 않는다. 그리고 b) 및 d)에서 자침량의 누계는 600mm를 넘지 않도록 한다.]

e) 드라이브 해머의 타격에 의해 원칙적으로 150 mm의 예비박기, 300 mm의 본박기를 한다. 이때 본박기 개시 깊이 및 본박기 종료 깊이를 측정한다.

f) 예비박기는 드라이브 해머 낙하 높이를 작게 하여 경타격에 의해 관입 저항을 확인하면서 관입한다. 다만, *N*값 50회 이상으로 상정되는 지반에서는 드라이브 해머 낙하 높이를 (760±10)mm로 하여 드라이브 해머를 자유 낙하시키고 본박기를 대신할 수 있다.

*** [참고1_예비박기 단계에서 자침한 경우는 해머 자침으로 하고 자침 깊이를 측정한다. 해머 자침으로 450mm에 도달한 경우는 본박기는 하지 않는다.]
*** [참고2_자동 기록 장치를 사용하는 경우 등에서는 예비박기 단계에서도 드라이브 해머 낙하 높이를 (760±10)mm로 하여 드라이브 해머를 자유 낙하시키고 기록을 할 수 있다. 이 때 드라이브 해머는 정지를 확인하고 나서 다음 타격으로 옮긴다. 다만 자침 혹은 N값 여러 번 정도라고 상정되는 지반을 제외한다.]

g) 본박기의 드라이브 해머 낙하 높이는 (760±10)mm로 하고 드라이브 해머는 자유 낙하시킨다. 또한 드라이브 해머는 그 정지를 확인하고 나서 다음 타격으로 옮긴다.

h) 본박기에서는 타격 1회마다 누계 관입량을 측정한다. 다만, *N*값의 이용 목적에 따라 관입량 100mm마다의 타격 횟수를 측정하여도 좋다.

*** [참고_타격 1회마나 누계 관입량을 기록하기 위해서는 일반적으로는 자동 기록 장치를 사용한다.]

i) 본박기의 타격 횟수는 특별히 필요가 없는 한 50회를 한도로 하고 그때의 누계 관입량을 측정한다. 다만, 예비박기 단계에서 50회에 도달한 경우는 그때의 누계 관입량을 측정하여 *N*값으로 한다. 또한 예비박기 단계에서 관입 불능인 경우는 그 결과를 채용 한다.

j) 측정을 종료한 후 지표에 표준 관입 시험용 샘플러를 올리고 슈 및 커넥터 헤드를 떼고 스플릿 배럴을 두 개로 나누어 채취 시료를 관찰한다.

k) 대표적인 시료를 투명한 용기에 보존한다.

*** [참고_채취시료가 복수의 흙층에 걸치는 경우는 시료의 상하 관계를 유지한 채 시료 사이에 칸막 이판을 끼워서 시료를 보존한다.]

3) 기록 및 정리

시험 결과의 기록 및 정리는 다음과 같이 한다.

1. 시험 방법의 기록

a) 채용한 낙하 방법을 기록한다.

*** [참고_낙하 방법의 표기 보기는 아래와 같다.]

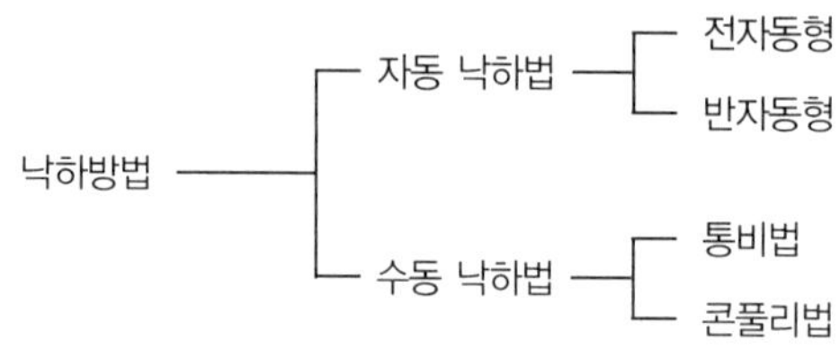

[그림_5] 낙하 방법의 표기

b) 채용한 기록 방법을 기록한다.

2. *N*값의 기록

- 예비박기 및 본박기의 시작 깊이와 종료 깊이를 기록 또는 출력한다.
- 타격 1회마다의 관입량을 측정할 경우는 필요에 따라 타격 횟수와 누계 관입량의 관계를 도시 또는 출력한다.
- 본박기 300mm에 대한 타격 횟수를 *N*값으로 기록한다.

*** [참고1_자침의 경우, 로드 자침, 해머 자침의 구별을 기록한다.}
*** [참고2_예비박기 및 본박기에서 누계 관입량이 각각 150mm, 300mm 미만으로 타격 횟수가 50회에 도달한 경우, N값은 50 이상으로 하고 분자에 50, 분모에 누계 관입량의 분수형(타격 횟수/10mm)으로 기록한다.]
*** [참고3_예비박기 및 본박기에서의 50회의 타격에 대하여 누계 관입량이 10mm 미만인 경우는 관입 불능이라고 기록한다.]

3. 채취 시료의 관찰 결과의 기록

- *2)-2-i)* 의 관찰 결과를 기록한다.
- 채취 시료를 보존한 용기에 지점 번호, 시험 깊이, *N*값, 토질명 등의 기재를 한다.

4) 보고

시험 결과에 대해서는 다음 사항을 보고한다.

- 지점 번호
- 지반 높이
- 시험일
- 시험자
- 드라이브 해머 낙하 방법
- 기록 방법
- 예비박기 및 본박기의 개시 깊이와 종료 깊이
- 타격 1회마다의 관입량을 측정한 경우는 필요에 따라 타격 횟수와 누계 관입량의 관계를 나타내는 그림(주상도)
- N값

***** [참고_자침 및 관입 불능의 경우는 그것을 기록]**

- 채취 시료의 관찰 결과
- 기타 보고 사항

점토성의 현장 베인 전단 시험 방법 [KS F 2342]

시험빈도 : 필요시

1) 시험용 기구

1. 베인은 4개의 날개로 이루어져 있다.
- 베인의 높이는 지름의 2배가 되고, 치수는 아래의 표에 규정된 것과 같다.
- 표 1에 규정된 것 이외의 치수를 사용할 때에는, 보링(boring) 담당 기술자의 승인이 있어야 사용할 수 있다.
- 베인의 끝 부분은 뾰족해도 좋다.

[현장용 베인의 추천하는 치수(*a*)]

케이싱 크기	지름 (mm)	높이 (mm)	날의 두께 (mm)	베인 로트의 지름 (mm)
AX	38.1	76.2	1.6	12.7
BX	50.8	101.6	1.6	12.7
NX	63.5	127.0	3.2	12.7
101.6㎜(*b*)	92.1	184.1	3.2	12.7

*** [참고_*a* : 베인 크기의 선택은 시험할 흙의 반죽 질기에 직접 관계된다. 즉, 흙이 연하면 연할수록 베인의 지름은 더욱 더 커진다. / *b* : 안지름]

2. 베인은 철제 회전 로트에 의해서 지표면까지 연결된다.
- 로트는 베인이 회전력의 최대 용량까지 가해질 때 탄성 한계를 넘지 않을 만한 충분한 지름을 가져야 한다*.
- 로트는 잘 죄어서 시험 도중 회전력에 의해 로트가 죄는 일이 없도록 해야 한다.
- 베인 틀을 사용할 때에는, 회전 로트가 틀을 지나는 곳에 베어링을 사용해야 하는데 베어링에 흙이 들어가지 않도록 잘 보호하여야 한다.
- 회전 로트는 케이싱 또는 시굴 벽면과 마찰이 생기지 않도록 보호해야 한다.

[*] 보정을 정하려면 회전 로트를 현장에서 사용하기에 앞서 점검하여야 한다. 만일, 비틀림이 있다면 로트의 비틀림 양은 단위 길이당 회전력 단위로 정하여야 한다.
이러한 보정은 시험 깊이가 깊어질수록 더욱 더 중요해서 검정은 적어도 예상 최대 시험 깊이에 대해서 이루어져야 한다.

3. 회전력은 처음에는 회전 로트에 가해지고, 그 다음에는 베인에 가해진다.
- 회전력의 읽기는 오차가 ±0.01MPa(=N/mm^2)의 전단 강도 이내어야 한다.
4. 기어식으로 된 드라이브로 베인에 회전력을 가하는 것이 좋고, 기어식이 아닌 경우에는 회전 렌치나 그와 유사한 것으로 직접 손으로 회전시킨다.
- 시험 시간은 *2)-3* 에 따라 조절되어야 한다.

2) 시험 방법

1. 베인 틀을 사용할 경우에는, 틀을 요구되는 베인 단부의 깊이보다도 얕거나 적어도 베인 틀 지름의 5배 이상되는 깊이까지 자연 지반 속으로 밀어넣는다. 베인 틀을 사용하지 않을 때에는, 베인 단부를 구멍 지름이 적어도 5배 이상되는 깊이의 자연 지반으로 밀어넣을 수 있는 깊이로 베인을 내려서 멈춘다.
2. 구멍의 밑바닥이나 베인 틀로부터 베인 시험을 해야 될 깊이까지 한 번에 밀어넣는다.
3. 베인을 설치한 다음 회전시킬 때에는 회전 속도가 0.1deg/s 넘지 않도록 한다. 이 때에, 매우 연약한 지반에서는 자연 지반이 완전 파괴하는데 걸리는 시간이 10분 내지 15분, 그 외의 지반에서는 보통 2분 내지 5분이 걸린다.

- 적은 변형에서도 파괴되는 굳은 지반에 있어서는 응력-변형률 특성을 합리적으로 결정하기 위해서 각변위(角變位)를 감소시키는 것이 좋다.
- 베인을 회전시키는 동안 일정한 깊이를 유지하도록 하고, 최대 회전력을 기록해야 한다. 기어식 기구를 사용할 경우에는 15초마다 중간값을 기록해야 하고, 필요하다면 보다 적은 간격으로 기록해야 한다.

4. 최대 회전력을 결정한 다음에는, 베인을 최소 10회 정도 빨리 회전시킨다. 다시 성형한 시료의 강도를 결정하려면 빨리 회전시킨 후에 곧 시작해야 하고, 성형 작업을 끝낸 다음 보통 1분 이내에 끝내야만 한다.
5. 흙이 회전 로트와 접촉하게 되는 경우, 흙과 로트와의 마찰력을 결정하려면, 베인의 영향이 미치지 않는 곳의 동일 깊이까지 같은 로트로 회전력 시험을 해야 한다.

- 로트 마찰 시험은 1군데당 1회 이상 심도에 따라 측정하여야 한다.

6. 회전 로트가 흙과 완전히 차단된 시험 기구에서는, 베어링의 마찰력 크기를 결정하기 위해서 1군데에서 적어도 한 번씩 브랭크 로트로 마찰력 측정을 해야 한다*.

- 적절한 기능을 갖춘 베인 시험기에서는 이 마찰을 거의 무시할 수 있다.

[*] 어떤 경우에는 마찰력 측정을 위해서 베인을 제거할 필요가 없다.
베인이 흙과 접촉하지 않는 한, 즉 베인이 케이싱 속에 들어가 있는 경우에는 마찰력 측정에 아무런 영향도 미치지 않는다.

7. 자연 지반과 다시 이긴 시료의 베인 시험은, 76cm 간격으로 흙 단면 중에 베인 시험이 가능한 깊이까지 실시한다*.

- 베인 시험을 하는 동안 배수나 구멍이 넓어질 염려가 있는 사질토, 실토 또는 돌이나 조개껍질 등 시험 결과에 영향을 미칠 수 있는 토질에서는 베인 시험을 실시하지 않는다.

[*] 이러한 간격은, 보링 담당 기술자만이 변경할 수 있다.

3) 계산

1. 흙의 전단 강도는 다음과 같은 방법으로 계산한다. 흙을 전단시키는데 필요한 회전 모멘트는 아래의 식 (1)과 같다.

$$T = S \times K \cdots\cdots(1)$$

***[참고_T : 회전력(N · m) / S : 점토의 전단 강도(MPa) / K : 베인의 치수와 형태에 따른 상수(mm^3)]

2. 전단 강도가 원주의 단부와 주변에 균등하게 분포된다는 가정 아래 K값은 다음과 같이 계산한다.

$$K = \frac{\pi}{10^6} \times \frac{D^2H}{2} \times \left(1 + \frac{D}{3H}\right)$$

***[참고1_ D : 베인의 지름(mm) / H : 베인의 높이(mm)]
***[참고2_ 이 치수는 베인이 찌그러졌거나, 닳았을 경우를 확인하기 위해 주기적으로 검사하는 것이 중요하다.]

3. 베인의 폭에 대한 길이의 비가 2:1이기 때문에 K값은 지름의 항으로 해서, 다음과 같이 표시된다.

미터 단위 $K = 0.000\,00366D^3$

4. S값이 필요할 때에는 아래의 식 (2)를 쓰는 것이 더욱 실용적이다.

$$S = T \times k \cdots\cdots(2)$$

***[참고_$k = 1/K$이고, 회전력 T를 측정함으로써 S를 계산할 수가 있다.]

5. 끝이 뾰족한 베인에 대해서는, 베인 상수로서 다음과 같은 수정식이 사용될 수 있다.

미터단위 $K = \frac{1}{10^6}\left[\pi D^3 + 0.37(2D^3 - d^3)\right]$

***[참고1_d : 로트 지름(cm) / 1.27cm짜리 로트의 경우에는 $K = 0.00000388D^3 - 0.00000076$]

4) 보 고

1. 각 베인 시험에 대해서는 다음과 같은 사항을 관찰 기록한다.
   - 시험 일자
   - 보링 번호
   - 베인의 치수와 모양(끝이 뾰족한지 구형인지를 기록)
   - 베인 끝 부분의 깊이
   - 베인 틀이나 구멍 및 바닥으로부터 베인 끝까지의 깊이
   - 최대 회전력 읽기와 자연 지반의 시험에 필요하다면 중간 읽음값
   - 파괴될 때까지의 소요 시간
   - 다시 이김의 비율
   - 다시 이긴 시료에 대한 최대 회전력 읽음
   - 표준 시험법과 다른 점의 기록

2. 그 외 보링시에 다음과 같은 관찰 사항을 기록한다.
   - 보링 번호 및 위치
   - 흙의 상태에 관한 주상도
   - 지반고
   - 구멍을 내는 방법
   - 회전력 측정 및 적용 방법 및 기록
   - 시험자의 이름

전기식 콘 관입 시험 방법 [KS F 2592]

시험빈도 : 필요시마다

1) 시험 장비 및 기구

1. **프로브** 프로브의 외부는 콘, 필터, 마찰 슬리브와 원통형 확장 부위로 구성되어 있으며 총 길이는 대략 1m 정도이다. 길이에 따른 지름은 허용 오차 범위 내에서 일정하다.
   - 콘 프로브의 콘은 선단각 60°, 저면적 10㎠ 원뿔형 부분(이하 콘이라 칭함.)과 원통형의 연장 부분으로 구성되어야 한다.
   - 필터 필터의 지름은 콘의 지름과 같아야 하며, 콘의 지름보다 약간 클 수는 있으나 작아서는 안된다. 허용 오차는 콘의 지름 +0.20㎜이다. 필터의 크기는 5mm이나 콘 크기의 요구 조건을 만족할 수 있는 링을 사용하는 경우 5㎜ 이하의 필터를 사용할 수 있다. 다공질인 필터는 비압축성이고 내마모성을 지녀야 한다.
   - 마찰 슬리브 마찰 슬리브의 표면적은 15000㎟±2%이며 길이는 133.7㎜이다. 또한 마찰 슬리브의 지름은 콘의 지름 +0.20㎜(*)이고 표면 거칠기는 0.25~0.75㎛이어야 한다. 마찰 슬리브는 콘과 필터 바로 위 5mm 이내에 위치하여야 한다.

***[참고_간극 수압이 콘의 원뿔형 면에서 측정되는 경우 마찰 슬리브의 최대 허용 지름은 콘+0.30mm를 적용할 수 있다.]

   - 원통형 연장부 원통형 연장부는 허용 한계 −0.3mm의 범위에서 마찰 슬리브와 같은 지름을 가지고 있으며 길이는 1000mm 이상이어야 한다.
   - 홈 및 밀봉 홈의 크기는 5mm 이하이어야 하며 콘 관입 시 토립자가 안으로 들어오지 않도록 해야한다. 밀봉 장치는 측정 요소에 비해서 압축성이 매우 크므로 큰 힘이 전달되지 않도록 해서 오차를 발생시키지 않아야 한다. 틈의 단면적 부분은 밀봉이 되어서는 안 되며 간극 수압을 측정하지 않은 경우에는 10mm²을 초과해서는 안 된다. 필터가 일반적인 위치에 있는 간극 수압 측정 시험에서는 면적이 0.5mm²를 초과해서는 안된다.
   - 마찰 감소 장치 관측 봉에 대한 마찰을 감소시켜 전체 관입 저항력을 감소시키는 마찰 감소 장치는 하부의 첫 번째 관측 봉 또는 콘 관입 시험기 프로브와 관측 봉의 연결 부위에 둔다.

2. **관입 장치** 최소 1m의 관입 사이클을 가지고 있어야 하고 관입 작업 동안 지반에 대해 상대적인 변위가 생기지 않고 필요한 관입력을 줄 수 있도록 지반에 고정되어 있거나 안정된 상태로 있어야 한다. 타격이나 회전에 의한 관입 시스템은 이용하지 않는다. 관입 장비는 가능한 한 연직으로 정렬시켜야 하며 연직 방향으로 2% 이상의 편차가 발생해서는 안된다. 관입 속도는 20mm/sec이며 그 허용 오차는 ±10% 이하이어야 한다.

- **관측 봉** 관측 봉은 요구되는 관입력과 데이터 측정을 위한 신호 전달 시스템을 고려하여 선정되어야 한다. 케이블을 이용한 데이터 전송을 위해서 중공의 관과 이음부가 필요하고 이음부는 단단하고 연직성을 유지하여야 한다.

3. 측정 장치

- **트랜스 듀서, 데이터 측정 장치** 콘에 작용하는 힘과 압력을 적합하게 측정할 수 있는 게이지와 체적 변형이 매우 작게 발생하고 높은 정확도를 가진 트랜스 듀서를 이용하며, 데이터의 기록은 콘 관입 동안 데이터를 관찰할 수 있는 방법이어야 한다. 데이터의 기록 간격은 최소 10mm마다 측정이 가능하여야 하고 측정 간격 변화가 자유로워야 한다. 전기식 심도 기록 장치의 정확도는 최소 0.01m이어야 한다. 모든 측정 요소와 전자 장치는 온도 변화에 대한 안정성을 유지하여야 한다. 시험 장비의 취급 시는 온도 변화를 최소화하기 위해서 주의를 기울여야 한다.

4. 고정 장치 시험 중 한 위치에서 지반의 관입 반력에 충분히 견딤으로써 관입 장치를 안정하게 유지할 수 있는 장치이어야 한다.

2) 시험 방법

1. 시험 전 준비 사항

a) **선 굴착** 연약한 지반에서 콘 관입 시험을 수행하는 경우 지반 상부의 불포화 지층은 불포화층의 두께 및 지반 강도에 대한 정보를 얻기 위하여 초기 시험을 실시한다. 선 굴착된 구멍은 케이싱을 설치한 후 물로 채워 굴착공을 보호한다. 필요한 경우 선 굴착공 내의 관측 봉은 가이드 롤러, 케이싱 또는 다른 장비를 이용하여 좌굴되는 것을 방지한다.

b) **검사** 콘 관입 시험을 수행하기 전에 프로브는 보정되어야 하며 콘과 마찰 슬리브, 전자 장치 등의 이상 유무를 확인해야 한다.

- **관측 봉의 연직성** 관측 봉의 연직성 콘 관입 시험 전 봉의 연직성은 주로 하부의 봉 5개에 대해서 검사를 한다. 검사는 시험 전에 기반암이나 다른 단단한 지층을 가진 연약 지반에서 시험이 중단된 경우에는 특별한 주의를 기울여야 한다.
- **마모** 콘이나 마찰 슬리브의 마모나 표면 거칠기를 조사하고 콘이나 필터, 마찰 슬리브의 지름과 연관지어 조사하여야 한다.
- **밀봉재** 프로브 각 연결 부위 사이의 밀봉 상태 등을 조사하고 이 때 슬롯이나 밀봉 사이에 끼인 토립자는 가능한 한 제거해야 한다.
- **보정 및 기능 조사** 측정 장치에 대한 보정 검사는 콘 관입 시험 전에 수행하여야 하며 장기간 시험을 하는 경우 주기적으로 최소 3개월에 한번씩 수행한다.

- **인접 시험공 및 보링 구멍과의 거리** 인접 시험공과는 최소 2m이상 떨어져야 한다. 그리고 교란 시료를 채취해야 하는 경우 콘 관입 시험을 수행한 후 시험 결과를 참조하여 샘플링 심도를 결정한다.
- **관입 장비** 매 시험 시마다 관입 장비의 연직성 및 관입 속도를 조사한다.
- **필터의 높이** 프로브를 포화시키고 조립한 후에 필터가 조립이 잘 되었는지를 조사한다. 정해진 위치에서 쉽게 손으로 조립되어야 하고 조립된 후에는 움직여서는 안 된다.

c) **필터의 포화 및 포화액의 취급** 장비에 대한 검사를 마친 후에 글리세린이나 깨끗한 증류수를 사용하여 필터를 포화시키는 과정은 다음과 같다.
- 실험실 내에서 초음파 용기 안에 적당한 포화 용액을 넣고 고압의 진공 상태로 약 3시간 정도 놓아둔 후 포화가 완료되면 필터를 이송하는 동안 포화 상태가 유지될 수 있도록 필터를 포화 용액 속에 넣어 운반한다.
- 주사 바늘 등을 이용하여 포화 용액을 콘 내부에 흘려 넣어 공기를 제거하고 콘은 뾰족한 부분이 위로 향하게 하고 마찰 슬리브 주의를 커다란 플라스틱 깔때기 모양 밀봉재를 잘라 씌운다. 콘 전체를 포화액에 수침시킨 후 피조미터와 콘을 조립한다.
- 콘을 조립한 후 콘을 포화액에 넣어 시험 직전까지 콘의 포화 상태를 유지시킨다.
- 콘을 시험 지반에 관입할 때 시험 지반의 지하 수위가 지표면에 있지 않은 경우 포화를 유지하기 어렵다. 따라서 콘의 포화를 유지하기 위해서는 지하 수위 이하까지 보링공을 굴착한다. 이 때 콘 위에 얇은 보호 고무 슬리브의 파손을 방지하기 위해서 피조콘보다 더 큰 지름의 보링공이 필요하다. 콘이 지하 수위에 도달한 후에는 콘 끝으로 고무 슬리브를 관통한 후에 지반으로 관입된다.
- 매 시험 시마다 포화를 반복하고 필터가 파손된 경우에는 필터를 교환한다.

d) **관입 및 측정**
- 시험 위치에서 관입 장비를 연직으로 정렬시키고 측정 시스템은 프로브가 조립되는 동안 충분히 가동하여 둔다.
- 콘 선단부의 온도가 시험 지반의 온도와 같아지도록 선 굴착된 구멍에 콘을 수 cm 정도 관입한다. 그리고 콘을 다시 끌어올려 하중이 전혀 걸리지 않은 공기 중이나 물 속에서 영점 하중 조정을 한다. 이때 직사광선은 피한다.
- 콘을 20mm/sec의 일정한 속도로 관입시킨다. 시험 전 과정 동안 오차 범위 내에서 일정한 속도를 유지할 수 있도록 주의하여야 한다.
- 콘 관입 시험 동안 선단 저항력(q_C), 주면 마찰력(f_S), 간극 수압(u)([2])을 매 3cm의 간격으로 기록한다.

***** [참고_임의의 심도에서 콘의 관입을 멈추고 간극 수압 소산 시험을 하여도 좋다.]**

- 콘 관입 시험이 종료된 후에는 위의 방법으로 영점 하중 조정을 한 후, 초기값과 비교한다. 그 결과값이 허용 범위 이내에 들지 않는 경우에는 콘을 보수하거나 새 것으로 교환해야 한다.

– 콘 시험이 종료된 후 콘 관입으로 인해 생긴 구멍은 지반 오염을 방지하기 위해서 시멘트–벤토나이트 슬러리 등을 이용하여 구멍을 채워야 한다.

3) 계산

1. 콘 저항값

– 부등 단면적의 효과를 고려하지 않은 비보정 간극 수압에 대한 콘 관입 저항력은 다음 식에 따라서 계산한다.

$$q_c = Q_c / A_c$$

***[참고_q_C : 비보정 간극 수압에 대한 콘 관입 저항력(MPa) / Q_C : 콘 하중(kN) / A_C : 콘의 저면적, 10cm^2]

– 부등 단면적의 효과를 고려한 보정 간극 수압에 대한 콘 관입 저항력은 다음 식에 따라 계산한다.

$$q_T = q_c + u_T(1-a)_c$$

***[참고_q_T : 보정 간극 수압에 대한 콘 관입 저항력(MPa) / q_C : 비보정 간극 수압에 대한 콘 관입 저항력(MPa) / u_T : 임의 심도에서의 간극 수압, 콘 뒤에서 측정된 값(MPa)]

2. 주면 마찰력 부등 단면적의 효과를 고려하지 않은 주면 마찰력은 다음 식에 따라 계산한다.

$$f_s = (Q_s + A_s)$$

***[참고_f_S : 주면 마찰력(MPa) / Q_S : 마찰 슬리브에서 측정된 하중(kN) / A_S : 마찰 슬리브의 면적, 150cm^2]

3. 마찰 비율 부등 단면적의 효과를 고려하지 않은 마찰 비율은 다음 식에 따라 계산한다.

$$R_f = (f_s / q_c) \times 100$$

***[참고_R_f : 마찰비(%) / f_S : 주면 마찰력(MPa) / q_C : 콘 저항값(MPa)]

4) 시험 결과의 정확도

전기식 콘의 정확도는 영점 하중 오차와 보정 오차에 의해 영향을 받는다. 영점 하중 오차는 전 출력값의 0.5~1%를 초과해서는 안 되며 연약한 흙에서는 0.5%보다 작아야 한다. 콘 관입 시험 결과의 정확도는 오차값이 측정된 값의 5%보다 작거나 고려된 층에서 측정된 최대값의 1%보다 작아야 한다.

5) 보고

1. 일반 사항
   - 시험자 및 시험 일자
   - 시험 위치 및 시험 면적
   - 시험 위치 표고
   - 지하 수위
   - 선 굴착 지반의 정보 및 굴착 깊이
   - 선 굴착 바닥부터의 굴착 깊이

2. 장비 특성
   - 장비의 형식
   - 프로브의 번호 및 필터의 위치, 측정 범위
   - 최종 보정 날짜
   - 면적 계수
   - 간극 수압 측정에 사용된 유체의 형태

3. 시험 결과
   - 깊이에 따른 콘 관입 저항력 데이터 및 그래프
   - 깊이에 따른 주면 마찰력 데이터 및 그래프
   - 깊이에 따른 간극 수압 데이터 및 그래프
   - 특별한 시험을 위해 중지된 관입의 최장 시간
   - 시험 결과에 영향을 주는 요소, 즉 봉의 휨, 프로브의 과도한 마모, 영점의 이동 등 시험 전후 시험자에 의해 관찰된 모든 정보
   - 시험 전후의 영점값의 차이(kPa), 시험 전후에 보정값에 큰 차이가 있는 경우 깊이에 따른 오차

E. 프리텐션 방식 원심력 PC말뚝

프리텐션 방식 원심력 PC 말뚝 [KS F 4303]

시험빈도 : 제조회사마다 / 200개소마다

1) 모양, 치수, 종류 및 호칭

1. **모양** PC 말뚝은 속이 빈 원통형을 몸체로 하고, 필요에 따라 적당한 전단부, 이음부 또는 머리부를 둔다. 몸체 각 횡단면의 바깥지름 및 두께는 몸체 전체 길이에 대하여 일정해야 한다.
2. **치수** PC 말뚝의 치수는 [표 1]에 따르고, 그 허용차는 [표 2]에 따른다.

[표_1]

종 류 [*]	균열 휨 모멘트 kN · m	바깥지름 (mm)	두께 (mm)	길이(m)[**]								
				7	8	9	10	11	12	13	14	15
A B C	24.5 34.3 39.2	300	60	O	O	O	O	O	O	O	-	-
A B C	34.3 49.0 58.8	350	65	O	O	O	O	O	O	O	O	O
A B C	53.0 73.6 88.3	400	75	O	O	O	O	O	O	O	O	O
A B C	73.6 107.9 122.6	450	80	O	O	O	O	O	O	O	O	O
A B C	103.0 147.1 166.7	500	90	O	O	O	O	O	O	O	O	O
A B C	166.7 245.2 284.4	600	100	O	O	O	O	O	O	O	O	O
A B C	264.8 372.7 441.3	700	110	O	O	O	O	O	O	O	-	-
A B C	392.3 539.4 637.4	800	120	O	O	O	O	-	-	-	-	-
A B C	735.5 1029.6 1176.8	1000	140	O	O	O	O	-	-	-	-	-
A B C	1176.8 1667.1 1961.3	1200	150	O	O	-	-	-	-	-	-	-

[*] A종, B종 및 C종의 유효 프리스트레스는 각각 약 4.0, 8.0, 10.0Mpa이다.
[**] 주문자가 승인하면 길이 7m 이하의 짧은 말뚝을 제조할 수 있다.

[표_2]

[단위 : mm]

구분 / 바깥지름	길 이	바깥지름	두 께
300~600	PC 말뚝 길이의 ±0.3%	+5 −2	+규정하지 않음 −0
700~1200		+7 −4	

*** [참고1_PC 말뚝의 바깥지름은 한 단면에 대하여 직교축에 따라 측정한 2개의 평균값이다.]
*** [참고2_PC 말뚝의 두께는 한 단면에 대하여 직교축에 따라 측정한 4개의 평균값이다.]

3. **종류** PC 말뚝은 [표 1]의 균열 휨 모멘트의 크기에 따라 A종, B종 및 C종으로 구분한다.

2) 재료

1. **시멘트** 다음 규격에 적합하거나 동등 이상의 것을 사용한다.
   KS L 5201, KS L 5210, KS L 5211, KS L 5401
2. **골재** 청정, 강경, 내구적인 것으로 하고, 먼지, 점토, 덩어리, 염화물, 유기물 등을 유해량 이상 포함해서는 안 된다. 다만 굵은 골재의 최대 치수는 25mm 이하이고, PC 말뚝 두께의 2/5 이하이어야 한다.
3. **물** 기름, 산, 염화물, 유기물 등의 해로운 양을 함유해서는 안 된다.
4. **혼화 재료** 혼화 재료를 사용하는 경우에는 말뚝에 해로운 영향을 주지 않는 것이어야 하며, 플라이애시, 팽창제, 화학 혼화제, 고로 슬래그 미분말 및 방청제를 사용하는 경우에는 다음에 적합하여야 한다.
   KS L 5405, KS F 2560, KS F 2561, KS F 2562, KS F 2563
5. **PC 강재** PC 말뚝에 사용하는 PC 강재는 다음 어느 하나에 적합한 것 또는 기계적 성질이 이와 동등 이상인 것을 사용한다.
   - KS D 3505에 규정한 이형봉
   - KS D 7002
6. **철근** PC 말뚝에 사용하는 철근은 다음에 적합한 것 또는 이와 동등 이상의 것을 사용하여야 한다. KS D 3504, KS D 3510, KS D 3527, KS D 3552
7. **철판** PC 말뚝에 사용하는 철판은 다음에 적합한 것 또는 이와 동등 이상의 것을 사용하여야 한다. KS D 3503, KS D 3515

3) 제조

1. PC 강재 및 철근

- 축 방향에 배치하는 PC 강재 및 축 방향 철근의 합계 단면적에 따른 철근비는 0.4% 이상이고, 말뚝의 각 단면에서 그 동심원의 둘레를 따라 되도록이면 균등하게 배치하고 말뚝의 휨 강도에 방향성이 적게 되도록 고려하여야 한다. PC 강재 및 철근의 순간격은 그 지름의 1배 이상, 굵은 골재 최대 치수의 4/3배 이상이어야 한다.
- 나선 철근은 축 방향 PC 강재 및 축 방향 철근의 바깥쪽에 배치한다. 이 철근은 지름이 3㎜ 이상, 피치 110㎜ 이하이어야 한다.
- 덮개는 15㎜ 이상이어야 한다.
- PC 강재 및 철근의 조립 전에 콘크리트가 부착하는 데 방해가 되는 녹, 기름 등을 제거하고, PC 강재 및 철근이 바른 위치에 고정되도록 조립해야 한다.

2. 콘크리트

- PC 말뚝에 사용하는 콘크리트의 품질은 제품과 같이 양생한 공시체의 압축 강도가 소정의 양생 완료시에 50.0Mpa 이상이어야 한다. 공시체의 제작 및 압축 강도 시험은 KS F 2454에 따른다.
- 콘크리트 재료의 계량은 모두 무게로 한다. 다만 물과 액상 혼화제는 부피로 계량해도 좋다.
- 콘크리트는 믹서를 사용하여 혼합하여야 한다.
- 굳지 않은 콘크리트에 함유된 염화물량은 염소 이온으로 0.3kg/㎥ 이하이어야 한다.

3. 성형

- PC 말뚝은 조립된 PC 강재 및 철근을 거푸집 속에 넣어, 콘크리트를 말뚝의 두께가 균일하게 되도록 거푸집 속에 넣고, 원심력에 의하여 치밀하게 성형한다. 이 경우 PC 강재에는 미리 소정의 인장력을 주어야 한다.
- PC 말뚝에 선단부, 이음부 또는 머리부를 둘 경우, 그것의 위치가 바르고 몸체와 일체가 되도록 하여야 한다.

4. 양생 PC 말뚝의 양생은 만족할 만한 결과를 얻을 수 있는 방법으로 양생하여야 한다.

5. 프리스트레스의 도입 방법

- PC 강제는 바른 위치에 배치하여 인장하고 프리스트레스를 도입할 때까지 인장력이 감소되지 않도록 그 양 끝을 완전히 고정하여야 한다.
- 초기 인장력은 소정의 유효 프리스트레스를 얻을 수 있는 양이고, PC 강재 인장 하중의 0.7배 이하 또는 항복점 하중의 0.8배 이하이어야 한다.
  프리스트레스의 도입은 전단면에 균등하게 서서히 하여야 한다.
- 프리스트레스를 도입할 때 콘크리트의 압축 강도는 도입할 프리스트레스의 3배

이상이고 25.0Mpa이상이어야 한다. 이 때 압축 강도 시험은 제품과 같이 양생한 원심력으로 다져진 손 빈 원통형 공시체로 하며, KS F 2454에 따른다.

6. 이음부 및 선단부

- PC 말뚝의 이음부 및 선단부는 몸체와 동등한 품질 및 성능을 가진 구조이어야 한다.
- PC 강재의 끝 부분은 이음부에서 철물에 정착시켜야 한다.
- 이음의 단면은 PC 말뚝의 축선에 대하여 직각이어야 한다.
- 이음 끝 부분의 바깥지름 허용차는 [표 1]에 정한 PC 말뚝 바깥지름에 대하여 +0.5 - 3mm이다. 다만 말뚝을 이을 때 이음부 철물 상호간의 바깥지름의 차는 2mm 이하이어야 한다.
- 별도로 제작된 선단부를 몸체에 부착할 경우에는 말뚝의 품질과 시공에 해로운 영향을 주지 않도록 견고한 방법으로 몸체와 일체가 되도록 해야 한다.

4) 구 조

1. **선단부의 구조** PC 말뚝의 선단부의 구조는 하중을 지반에 안전하게 전달할 수 있는 것이어야 한다.
2. **머리부의 구조** PC 말뚝의 머리부의 구조는 시공할 때 지장이 없는 것이어야 한다.

5) 제품의 품질

1. **겉모양** PC 말뚝은 그 질이 치밀하고 해로운 흠, 균열 등의 결점이 없어야 한다.
2. **몸체의 휨 강도** PC 말뚝의 몸체는 *6)-1*에 규정한 휨 강도 시험을 하여 표 1의 균열 휨 모멘트를 가했을 때, 균열*이 발생하지 않아야 한다. 파괴 휨 모멘트는 표 1의 균열 휨 모멘트에 대하여 A종의 경우 1.5배 이상, B종의 경우 1.8배 이상, C종의 경우 2.0배 이상이어야 한다.

[*] 육안으로 구별할 수 있는 균열 폭은 0.05mm 정도이다.

3. 이음부의 휨 강도

- 이음부의 휨 강도는 위의 *2*항에 규정한 휨 강도와 같거나 그 이상이어야 한다.
- 이음부의 휨 강도 시험에서 이음부의 휨 모멘트가 표 1에 있는 균열 휨 모멘트에 달했을 때의 처짐량과 처짐 곡선은 각각 이미 측정한 이음부가 없는 경우의 처짐량 및 처짐 곡선과 거의 같아야 한다.

6) 휨 강도 시험

1. 몸체의 휨 강도 시험은 [그림1]에 표시된 PC 말뚝 길이의 3/5을 지간으로 하고, 지간 중앙에 연직 하중 P를 가한다. 말뚝이 휨 파괴를 일으키기 전에 재하점이나 지지점에서 국부 파괴를 일으키지 않는 방법을 강구할 필요가 있다. 휨 모멘트의 계산은 다음 식에 따른다.

$$M = \frac{1}{40} g_n \cdot W \cdot L + \frac{P}{4}\left(\frac{3}{5}L - 1\right)$$

***[참고_여기에서 M : 휨 모멘트(kN · m) / L : PC 말뚝의 길이(m) / P : 하 중(kN) / W : PC 말뚝의 무게 (t) / g_n : 표준 자유 낙하 가속도(9.81m/s²)]

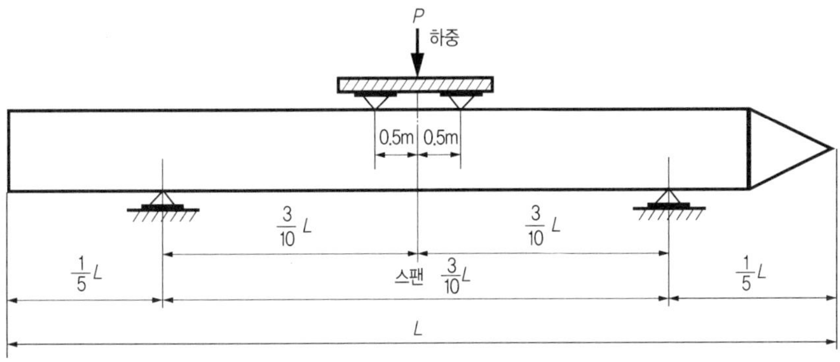

[그림 1] 재하 방법

2. 파괴 휨 모멘트는 PC 말뚝이 파괴될 때까지 나타내는 하중 P의 최대값에서 위의 식에 따라 계산하여 구한다.
3. 이음부의 휨 강도 시험은 지간의 중앙에 이음 부분을 일치시키고 위의 *1*항에 따른다.

7) 검사

1. 검사는 겉모양, 모양, 치수, 몸체의 휨 강도, 이음부의 휨 강도, PC 강재 및 철근의 배치에 대하여 한다.
2. 겉모양, 모양 및 치수 검사는 전수에 대하여 하며, *5)-1*항의 규정에 적합하여야 한다.
3. **몸체 및 이음부의 휨 강도**
   - 몸체의 균열 검사는 1로트의 PC 말뚝에서 2개를 취해서 *6)-1*항의 시험을 하고, *5)-2*항의

규정에 합격하면 그 로트 전부를 합격으로 한다. 파괴 검사는 주문자의 승인이 있으면 이것을 생략할 수 있다.

- 이음부에 대해여는 몸체에 준한 검사를 한다. 다만 주문자의 승인이 있으면 이것을 생략할 수 있다.

4. PC 강재 및 철근 배치의 검사는 파괴 시험을 한 PC 말뚝에 대하여 하고, *3)-1* 항의 규정에 적합하면 합격으로 한다. 또한 이 경우 파괴된 부분에서 PC 말뚝의 두께에 대해서도 검사한다.

8) 호칭

PC 말뚝은 프리텐션 방식 원심력 PC 말뚝을 나타내는 기호 PC, 종류, 바깥지름(mm) 및 길이(m)로 표시한다. ex) PC-A-500-11

9) 표시

PC 말뚝에는 다음 사항을 명기하여야 한다.

1. 종류 및 호칭
2. 제조자 명 또는 그 약호
3. 제조 연월일

F. 프리텐션 방식 원심력 고강도 콘크리트 말뚝

프리텐션 방식 원심력 고강도 콘크리트 말뚝[KS F 4306]

시험빈도 : 제조회사마다 / 200개마다

1) 재료

1. **시멘트** 다음 어느 규격에 적합한 것 또는 품질이 이들과 동등 이상인 것이어야 한다.
   - KS L 5201
   - KS L 5210
   - KS L 5211
   - KS L 5401
2. **골재** 깨끗하고 강하며, 내구적이고 적당한 입도를 가지고, 먼지, 점토 덩어리, 연한 석편, 가늘고 긴 석편, 유기 불순물, 염화물 등을 유해량 포함해서는 안 된다. 굵은 골재의 최대 치수는 25mm 이하로 한다. 또 골재는 KS F 2545에 따라 알칼리 골재 반응 시험을 하여 해가 없는 것으로 판정된 것이어야 한다. 다만 저 알칼리형 시멘트를 사용하는 등 알칼리 골재 반응에 대한 억제 대책을 강구하고 있을 경우 및 KS F 2544에 규정하는 고로 슬래그 골재를 사용하는 경우는 이에 따르지 않는다.
3. **물** 기름, 산, 염류, 유기 불순물, 현탁물 등 PHC 말뚝의 품질에 악영향을 미치는 물질을 유해량 포함하고 있어서는 안 된다.
4. **강재** PC 강재 PHC 말뚝에 사용하는 PC 강재는 다음 어느 규격에 적합한 것 또는 기계적 성질이 이들과 동등 이상인 것으로 한다.
   - KS D 3505
   - KS D 7049
   - KS D 7002에 규정하는 PC 강선
5. **철근** PHC 말뚝에 사용하는 철근은 다음 어느 규격에 적합한 것 또는 기계적 성질이 이들과 동등 이상인 것으로 한다.
   - KS D 3504
   - KS D 3510
   - KS D 3527
   - KS D 3552에 규정하는 보통 철선(SWM-B 및 SWM-F) 또는 용접 철망용 철선(SWM-P)
6. **강판** PHC 말뚝에 사용하는 강판은 다음 어느 규격에 적합한 것 또는 기계적 성질이 이들과 동등 이상인 것으로 한다.

- KS D 3501
- KS D 3503
- KS D 3512
- KS D 3515

7. **혼화 재료** 혼화 재료를 사용하는 경우는 PHC 말뚝에 해로운 영향을 미치지 않는 것이어야 한다. 플라이 애시, 팽창재, 화학 혼화제 및 방청제를 사용하는 경우는 다음 어느 규격에 적합한 것을 사용한다.
   - KS F 2560
   - KS F 2561
   - KS F 2562
   - KS L 5405

2) 제조 방법

1. **PC 강재 및 철근**
   - 축 방향에 배치하는 PC 강재 및 축방향 철근은 그 합계 단면적에 의한 철근비가 0.4% 이상이고, 개수는 6개 이상으로 하고, PHC 말뚝의 각 단면에서 그 동심원의 원둘레를 따라 가능한 한 균등하게 배치하고, PHC 말뚝의 휨 강도에 방향성이 작게 되도록 하여야 한다. PC 강재 및 철근의 간격은 그들 지름의 1배 이상이고, 굵은 골재 최대 치수의 4/3배 이상이어야 한다.
   - 나선형 철근은 축방향 PC 강재 및 축방향 철근의 바깥쪽에 배치한다. 나선형 철근은 선지름 3mm 이상으로 하고 피치는 110mm 이하이어야 한다.
   - PC 강재 및 나선형 철근의 피복 두께는 15mm 이상이어야 한다.
   - PC 강재 및 철근은 콘크리트의 부착에 해로운 녹이나 기름 등을 제거하고, 바른 위치로 고정할 수 있는 방법으로 조립하여야 한다.
2. **콘크리트** 다음 사항을 만족하여야 한다.
   - PHC 말뚝에 사용하는 콘크리트는 충분히 관리된 것이어야 한다.
   - 콘크리트의 품질은 제품과 동일 양생을 한 공시체의 압축 강도가 정해진 양생 완료시에 78.5MPa 이상이어야 한다. 압축 강도 시험은 KS F 2454에 따른다.
   - 콘크리트에 사용하는 재료의 계량은 무게에 따르는 것으로 한다. 다만 물 및 액상의 혼화제는 부피로 계량해도 좋다.
   - 콘크리트는 믹서로 충분히 혼합하여야 한다.
   - 아직 굳지 않은 콘크리트에 포함되는 염화물 이온(Cl^-)량은 0.20kg/m^3 이하이어야 한다.
3. **성형**
   - PHC 말뚝은 조립한 PC 강재 및 철근을 거푸집 내에 배치하고, 콘크리트를 PHC 말뚝의 두께가 균일하게 되도록 거푸집 속에 넣어, 원심력으로 다져 성형한다. 이 때 PC 강

재에는 미리 정해진 긴장력을 주어야 한다.
- PHC 말뚝에 선단부, 이음부 또는 머리부를 설치할 때, 그들의 위치는 정확하고 몸체와 일체가 되도록 부착하여야 한다.

4. **양생** PHC 말뚝의 양생은 품질에 만족한 결과를 얻을 수 있는 방법으로 하여야 한다.

5. **프리스트레스의 도입 방법**
- PC 강재는 바른 위치에 배치하여 긴장하고, 콘크리트에 프리스트레스를 도입할 때까지 긴장이 풀리지 않도록 그 양 끝을 완전히 고정하여야 한다.
- 초기 긴장력은 정해진 유효 프리스트레스를 얻을 수 있는 만큼의 양으로 하고, 긴장 작업 직후 PC 강재의 인장 응력도는 인장 강도의 0.7배 이하 또는 항복점 하중의 0.8배 이하 중 작은 값으로 한다. 다만 호칭명이 13mm 이하의 건조 나사 가공 PC 강봉에서는 인장 강도의 0.665배 이하 또는 항복점 하중의 0.76배 이하 중 작은 값이어야 한다.
- 프리스트레스의 도입은 서서히 하여야 한다.
- 프리스트레스를 도입할 때의 콘크리트의 압축 강도는 고온 고압 증기 양생을 할 때 A종인 경우 29.4MPa(=N/mm^2)이상, B종 및 C종의 경우는 39.2MPa(=N/mm^2) 이상이어야 한다. 또한 상압 증기 양생만을 하는 경우는 58.8MPa(=N/mm^2) 이상이어야 한다. 압축 강도 시험은 KS F 2454에 따른다.

6. **이음부**
- PHC 말뚝의 이음부는 몸체와 동등 이상의 휨파괴 강도를 가진 구조이어야 한다.
- PC 강재의 끝부는 이음부에서 이음 철물에 정착되어야 한다.
- 이음부의 끝면은 PHC 말뚝의 축선에 대해서 직각이 되도록 하여야 한다.

3) 시험 방법

1. 휨 강도 시험

a) 몸체의 휨 강도 시험은 KS B 5533에 규정하는 1등급 이상의 시험기 또는 이것과 동등 이상의 허용값을 가진 시험기를 사용하는 것으로 하고, PHC 말뚝 길이의 3/5을 지간으로 하여 지지하고 지간의 중앙에 연직 하중 P를 가하여 하고, 다음 식에 따라 휨 모멘트를 산출한다. 또한 PHC 말뚝이 휨 파괴를 일으키기 전에 재하점 또는 지지점에서 국부 파괴를 일으킬 우려가 있는 경우는 그 대책을 강구할 필요가 있다.

$$M = \frac{WL}{40} + \frac{P}{4}\left(\frac{3}{5}L - 1\right)$$

***[참고_M : 휨 모멘트(kN · m) / W : PHC 말뚝의 질량(kN) / L : PHC 말뚝의 길이(m) / P : 하중(kN)]

b) 파괴 휨 모멘트는 PHC 말뚝이 파괴될 때까지 표시한 하중 P의 최대값에서 상단의 규정 식에 따라 산출한다.

c) 이음부의 휨 강도 시험은 지간 중앙에 이음 부분을 일치시켜 *a)*에 따라 한다.

2. **축력 휨 강도 시험(정보 교대 반복 축력 휨 강도 시험)** 축력 휨 강도 시험은 다음과 같다.

a) 몸체의 축력 휨 강도 시험은 KS B 5533에 규정하는 1등급 이상의 시험기 또는 이것과 동등 이상의 허용값을 가진 시험기를 사용하여 하고, 축력 N을 가한 PHC 말뚝을 L_1을 지간으로 하여 지지하고, 지간의 중앙에 하중 P를 가하여 하고, 다음 식에 따라 점 모멘트를 산출한다. 또한 PHC 말뚝이 휨 파괴를 일으키기 전에 재하점 또는 지지점에서 국부 파괴를 일으킬 우려가 있는 경우는 그 대책을 강구할 필요가 있다.

정하중의 경우 $$M = \frac{1}{8}W(2L_1 - L) + \frac{P}{4}(L_1 - 1) + \delta N$$

부하중의 경우 $$-M = \frac{1}{8}W(2L_1 - L) - \frac{(P - W)(L_1 - 1)}{4} - \delta N$$

***[참고_M : 휨 모멘트 (kN · m) / W : PHC 말뚝의 질량 (kN) / L : PHC 말뚝의 길이(m) / L_1: PHC 말뚝의 지간(m) L_1=7.0 이상으로 한다. / P : 하중(kN) / δ: 중앙부의 상대 변위량(m) / N : 축력(kN) / l : 재하 지간(m) l=1.0으로 한다.]

b) 축력 N, 하중 P 및 정보 교대 반복 횟수는 다음 조건을 만족하여야 한다.

· 축력 N은 시험 완료시까지 일정하게 확보하여야 한다.

· 축력 N은 N_1, N_2 및 N_3의 3단계로 한다.

· 반복 하중 P는 축력 N이 주어진 상태에서 균열 휨 모멘트 및 파괴 휨 모멘트의 각각의 1/1.2이 일으키는 값으로 하고, 반복 횟수는 10사이클 이상으로 한다. 또한 정부 각 1회를 1사이클로 한다.

c) 파괴 휨 모멘트는 정부 교대 반복 완료 후, PHC 말뚝이 파괴될 때까지 하중 P를 가하고, 파괴될 때까지 표시된 하중 P의 최대값에서 *a)*에 규정하는 식에 따라 산출한다.

3. **전단 강도 시험** 몸체의 전단 강도 시험은 KS B 5533에 규정하는 1등급 이상의 시험기 또는 이것과 동등 이상의 허용값을 가진 시험기를 사용하고, 다음 식에 따라 전단 강도를 산출한다. 또한 PHC 말뚝이 전단 파괴를 일으키기 전에 재하점 또는 지지점에서 국부 파괴를 일으킬 우려가 있는 경우는 그 대책을 강구할 필요가 있다.

$$Q_c = \frac{P_c}{2}$$

***[참고_Q_C : 전단 강도(kN) / P_C : 전단 지간 내에 경사 인장 균열이 발생했을 때의 하중(kN)]

4) 검사 방법

1. **검사 항목** 검사는 겉모양, 모양, 치수, 몸체의 휨 강도, 몸체의 축력 휨 강도, 몸체의 전단 강도, 이음부의 휨 강도, PC 강재 및 철근의 배치에 대하여 한다.
2. **겉모양 및 모양** 겉모양 및 모양의 검사는 전수에 대하여 하고 규정에 적합하면 합격으로 한다.
3. **치수** 치수 검사는 1로트의 PHC 말뚝에서 임의로 샘플링한 것에 대하여 하고, 규정에 적합하면 그 로트 전부를 합격으로 한다. 이 검사에서 1개라도 적합하지 않을 때는 그 로트는 전수에 다하여 검사하고, 규정에 적합하면 최초의 불합격품을 제외하고 합격으로 한다. 1로트의 PHC 말뚝 개수 및 샘플링 개수는 인수 · 인도 당사자간의 협의에 따라 정한다.
4. **몸체 및 이음부의 휨 강도**
   a) **몸체의 휨 균열 강도** 몸체의 휨 균열 검사는 1로트의 PHC 말뚝에서 임의로 2개의 PHC 말뚝을 샘플링하여 *3)-1*항의 시험을 하고, 2개 모두 규정에 적합하면 그 로트 전부를 합격으로 한다. 2개 모두 적합하지 않으면 그 로트 전부를 불합격으로 한다. 이 검사에서 1개만 합격하지 않을 때는 그 로트에서 다시 4개를 샘플링하여 *3)-1*항의 시험을 하고, 4개 모두 규정에 적합하면 최초의 불합격품을 제외하고, 그 로트 전부를 합격으로 한다. 다만 1개라도 적합하지 않을 때는 그 로트 전부를 불합격으로 한다. 1로트의 개수는 인수 · 인도 당사자간의 협의에 따라 정한다.
   b) **몸체의 휨 파괴 강도** 몸체의 휨 파괴 검사는 위의 *a)*항목에서 시험한 처음의 2개 중 1개에 대하여 *3)-1*항의 시험을 하고, 규정에 적합하면 그 로트 전부를 합격으로 한다. 이 시험 성적서로 인수 · 인도 당사자간의 검사를 대신할 수 있다.
   c) **이음부의 휨 강도** 이음부에 대해서는 몸체에 준하여 검사를 한다. 이 시험 성적서로 인수 · 인도 당사자간의 검사를 대신할 수 있다.
5. **몸체의 축력 휨 강도** 제조자가 대표 바깥 지름 400mm 및 800mm의 것 또는 규정하는 것에 대하여 유효 프리스트레스의 크기에 따른 종류별로 축력 N_1, N_2 및 N_3에 대하여 2개씩의 형식 검사를 하고, 그 시험 성적서를 가지고 있어야 한다. 제품 검사는 대표 바깥 지름 400mm 및 800mm의 것 또는 별도의 부속서의 2에 규정하는 것 중 종류별로 1년간에 1개를 샘플링하고 축력 N_2에 대하여 *3)-2*항의 시험을 하여 그 결과가 규정에 적합하여야 한다. 이 시험 성적표로 인수 · 인도 당사자간의 검사를 대신할 수 있다. 또한 이음부의 축력 휨 강도에 대해서는 시험을 하지 않는다.
6. **몸체의 전단 강도** 몸체의 전단 강도는 제조자가 표시한 대표 바깥 지름 400mm 및 800mm의 것 또는 별도의 부속서 2.에 규정하는 것에 대하여 유효 프리스트레스의 크기에 따른 종류별로 2개씩의 형식 검사를 하고, 그 시험 성적서를 가지고 있어야 한다. 제품 검사는 대표 바깥 지름 400mm 및 800mm의 것 또는 별도의 부속서에 규정하는 것 중 종류별로 1년에 1개를 샘플링하여 *3)-3*항의 시험을 하고, 그 결과가 별도의 부속

서의 규정에 적합하여야 한다. 이 시험 성적서로 인수 · 인도 당사자간의 검사를 대신할 수 있다. 또한 이음부의 전단 강도에 대해서는 시험을 하지 않는다.

7. **배근** PC 강재 및 철근 배치의 검사는 *4)-4-b)* 항에 따른 파괴 검사를 한 PHC 말뚝에 대하여 하고, *3)-1* 항의 규정에 적합하면 합격으로 한다. 또 이 때 파괴한 부분에서 PHC 말뚝의 두께에 대하여도 검사한다.

5) 제품의 호칭 방법

PHC 말뚝의 호칭 방법은 프리텐션 방식 원심력 고강도 콘크리트 말뚝을 나타내는 기호 PHC, 유효 프리스트레스의 크기에 따른 종류, 바깥 지름(mm) 및 길이(m)로 나타낸다.
ex) PHC-A500-11

6) 표시

PHC 말뚝에는 다음 사항을 표시하여야 한다.

- 제품의 호칭(5)의 규정에 따른다.)
- 제조자명 또는 그 약호
- 제조 연월일 또는 그 약호

G. 강관 말뚝

강관 말뚝 [KS F 4602]

시험빈도 : 제조회사마다 / 200개마다

1) 종류 및 기호

말뚝의 종류는 2종류로 하고 그 기호는 아래의 [표_1]에 따른다.

[표_1] 종류의 기호

종류의 기호	참 고
	구 기 호
SKK 400	SPS41
SKK 490	SPS50

2) 화학 성분

소관은 *6)* 의 시험을 하고 그 용강 분석값은 아래의 [표_2]에 따른다.

[표_2] 화학성분

[단위 : %]

종류의 기호	C	Si	Mn	P	S
SKK 400	0.25 이하	–	–	0.040 이하	0.040 이하
SKK 490	0.18 이하	0.55 이하	1.50 이하	0.040 이하	0.040 이하

*** [참고_필요에 따라 표기 이외의 합금 원소를 첨가할 수 있다.]

3) 기계적 성질

소관은 *6)-2* 항 및 *6)-3* 항의 시험을 하여 그 인장 강도, 항복점 또는 내력, 연신, 용접부 인장 강도 및 편평성은 아래의 [표_3]에 따른다. 편평성의 경우는 관의 벽에 흠집, 갈라짐을 일으켜서는 안 된다.

[표_3] 기계적 성질

기계적 성질	인장 강도 (N/㎟)	항복점 또는 내력 (N/㎟)	연신 % 5호 시험편 가로 방향	용접부 인장 강도 (N/㎟)	편평성 평판 평판사이의 거리(H) (*D*는 관의 바깥지름)
제법 구분	아크 용접, 전기 저항 용접			아크 용접	전기 저항 용접
SKK 400	400 이상	235 이상	18 이상	400 이상	$\frac{2}{3}D$
SKK 490	490 이상	315 이상	18 이상	490 이상	$\frac{7}{8}D$

4) 모양, 치수, 질량 및 그 허용차

1. 모양

- 말뚝의 양 끝 및 현장 원둘레 용접부의 모양은 기준에 따르며, 두께가 다른 관을 잇는 경우는 원칙적으로 미리 공장에서 가공한다. 다만, 보강 또는 가공에 대하여 특별히 요구가 있는 경우는 인수인도 당사자 사이의 협정에 따를 수 있다.

2. 모양 및 치수의 허용차

- 단관의 모양 및 치수의 허용차는 [표_4]에 따른다.

[표_4] 모양 및 치수의 허용차

구 분			허용차	적 요
바깥지름 (*D*)	관끝부		±0.5%	바깥지름(*D*)=바깥둘레길이÷ π
두께 (*t*)	두께 16mm 미만	바깥지름 500mm 미만	+규정하지 않는다 −0.6mm	
		바깥지름 500mm 이상 800mm 미만	+규정하지 않는다 −0.7mm	
		바깥지름 800mm 이상 2000mm 이하	+규정하지 않는다 −0.8mm	
	두께 16mm 이상	바깥지름 800mm 미만	+규정하지 않는다 −0.8mm	
		바깥지름 800mm 이상 2000mm 이하	+규정하지 않는다 −1.0mm	
길이(*L*)			+규정하지 않는다 0	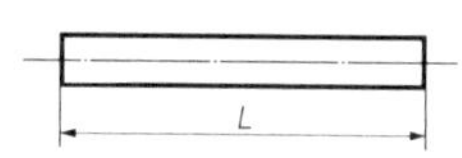
가로 휨(*M*)			길이(*L*)의 0.1% 이하	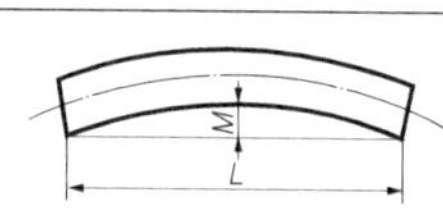
현장 원둘레 용접부가 되는 끝면의 평면도(*h*)			2mm 이하	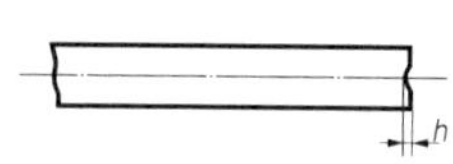
현장 원둘레 용접부가 되는 끝면의 직각도(*c*)			바깥지름의 0.5% 이하 다만 최대 4mm	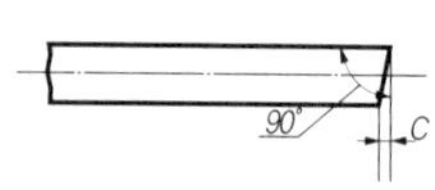

*** [참고_바깥지름 2000mm를 넘는 것 및 $\frac{t}{D}$가 1.0% 미만인 것은 미리 인수 인도 당사자 사이의 협정에 따른다.]

- 현장에서 연결하는 단관 바깥면의 이음매 차이(이하, 현장 원둘레 용접부의 이음매 차이라 한다.)의 허용차는 [표 5]에 따른다.

[표_5] 현장 원둘레 용접부의 이음매 차이의 허용값

바깥지름	허용값	적 요
700㎜ 미만	2㎜ 이하	윗말뚝과 아랫말뚝의 바깥둘레길이의 차로 나타내고, 그 차를 2㎜ x π 이하로 한다.
700㎜ 이상 1016㎜ 이하	3㎜ 이하	윗말뚝과 아랫말뚝의 바깥둘레길이의 차로 나타내고, 그 차를 3㎜ x π 이하로 한다.
1016㎜ 초과 2000㎜ 이하	4㎜ 이하	윗말뚝과 아랫말뚝의 바깥둘레길이의 차로 나타내고, 그 차를 4㎜ x π 이하로 한다.

***** [참고_바깥지름 2000mm를 넘는 것 및 $\frac{t'}{D}$가 1.0% 미만인 것은 미리 인수 인도 당사자 사이의 협정에 따른다.**

이 허용값에 적합하게 하기 위하여 일부 또는 전부의 단관의 조합을 미리 정할 필요가 있는 경우는 현장 작업에 실수가 없도록 하기 위하여 조합하는 단관의 번호 또는 기호를 붙여 두어야 한다.]

5) 겉모양

단관은 사용상 유해한 결함이 없어야 한다. 다만, 사용상 유해한 표면 결함은 KS D 3500의 6.(겉모양)에 따라 표면 손질을 할 수 있다.

6) 시험

1. 분석 시험

- 분석 시험의 일반 사항 및 분석 시료의 채취 방법은 KS D 0001의 4.(화학 성분)에 따른다.
- 분석 방법은 다음 중 어느 것에 따른다. KS D 1652, KS D 1655, KS D 1659, KS D 1802, KS D 1803, KS D 1804, KS D 1805, KS D 1806

2. 인장 시험

- 시험편
  - · 인장 시험편은 KS B 0801의 5호 시험편으로 하고 채취 방법은 다음 중 어느 것에 따른다.
    - » 확관 성형 이외의 관은 관 또는 관에 사용하는 강대 혹은 강판에서 채취한다.
    - » 확관 성형하는 관은 관에서 채취한다.
  - · 아크 용접 강관의 용접부 인장 시험편은 KS B 0833의 1호 시험편으로 하고 관 또는 관체와 동일 조건에서 용접된 관 끝의 공시체에서 채취한다.
- 시험 방법 시험 방법은 KS B 0802에 따른다.
- 시험편의 수 공시재의 채취 방법 및 시험편의 수는 [표_6]에 따른다.

[표_6] 공시재의 채취 방법 및 시험편의 수

구 분	공시재의 채취 방법 및 시험편의 수
관에서 공시재를 채취하는 경우	동일 치수*의 관 1250m 또는 그 끝수마다 1개의 공시재를 채취하고, 여기에서 인장 시험편 1개 및 용접부 인장 시험편 1개 또는 편평 시험편 1개를 채취한다.
강판 또는 강대에서 인장 시험의 공시재를 채취하는 경우	강판 또는 강대의 인장 시험에서의 공시재 채취 방법은 KS D 0001의 A류에 따른다. 인장 시험편의 수는 강판에서는 동일 용강에 속하고, 최대 두께가 최소 두께의 2배 이내인 것을 일괄하여 각각 1개, 다만 50t을 넘을 때는 2개를 채취한다. 강대에서는 동일 용강에 속하며 동일 두께인 것을 일괄하여 각각 1개, 다만, 50t을 넘을 때는 각각 2개를 채취한다.
소관과 동일 조건에서 용접된 공시재에서 용접부 인장 시험편을 채취하는 경우	동일 치수*의 관 1250m 또는 그 끝수마다 1개의 공시재를 채취하고, 여기에서 인장 시험편 1개 및 용접부 인장 시험편 1개 또는 편평 시험편 1개를 채취한다.

[*] 동일 치수란 동일 바깥지름, 동일 두께를 말한다.

3. 편평 시험

- **시험편** 전기 저항 용접 강관의 편평 시험편은 관의 끝에서 길이 50mm 이상을 채취하여 시험편으로 한다.
- **시험 방법** 시험 방법은 시험편을 상온 그대로 2장의 평판 사이에 끼우고 평판 사이의 거리가 규정값이 될 때까지 압축하고, 편평하게 하였을 때, 관의 벽에 흠집, 갈라짐이 생겼는지를 조사한다. 심 용접부는 [그림 1]과 같이 압축 방향에 직각으로 놓는다.
- **시험편의 수** 공시재의 채취 방법 및 시험편의 수는 [표_6]에 따른다.

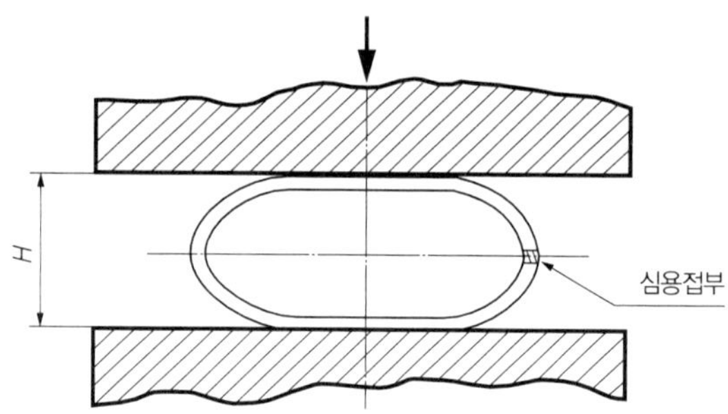

[그림_1] 편평 시험

7) 검사

1. 검사

- 검사의 일반 사항은 KS D 0001에 따른다.
- 말뚝의 모양 · 치수 및 겉모양은 원칙적으로 말뚝 1개마다 하여야 한다.
- 소관의 화학 성분, 기계적 성질은 2) 및 3)에 적합하여야 한다.
- 주문자는 공장 원둘레 용접부의 비파괴 검사를 지정할 수 있다. 이 경우의 합격 여부 판정 기준은 미리 인수 인도 당사자 사이에서 협정하여야 한다.

2. 재검사 KS D 0001에 5.4(재시험)의 재시험을 하여 합격 여부를 결정할 수 있다.

8) 표시

검사에 합격한 단관에는 쉽게 지워지지 않는 방법으로 다음 항목을 표시한다. 표시의 순서는 지정하지 않는다.

- 종류의 기호
- 제조자명 또는 그 약호
- 제조 번호
- 치수(바깥지름, 두께 및 길이)

9) 보고

제조자는 검사 증명서 및 치수 검사 성적표(10개 또는 그 끝수마다 1개)를 주문자에게 제출하여야 한다. 그리고 [표_2] 비고에 따른 경우는 검사 증명서에 첨가 원소의 함유량을 표기한다.

강 용접 이음부의 방사선 투과 시험 방법 [KS B 0845]

시험빈도 : 10이음당 1회

1) 방사선 투과 장치 및 부속 기기

1. **방사선 투과 장치** 방사선 투과 장치는 KS A 4606에 규정하는 X선 장치, 전자 가속기에 따른 X선 발생 장치 및 KS A 4921에 규정하는 γ선 장치 및 이들과 동등 이상의 성능을 가진 장치로 한다.
2. **감광 재료** 공업용 방사선 필름(이하 필름이라 한다.)은 저감도 · 극초미립자, 저감도 · 초미립자, 중감도 · 미립자 또는 고감도 · 미립자로 한다. 증감지를 사용하는 경우는 납박 증감지, 형광 증감지 또는 금속형광 증감지로 한다.
3. **투과도계** 투과도계 투과도계는 KS A 4054에 규정하는 일반형의 F형(강재) 혹은 S형(스테인리스)의 투과도계, 또는 이와 동등 이상의 성능을 가진 것으로 한다. 또한 원둘레 용접 이음부의 촬영에 대해서는 원칙적으로 띠형 투과도계의 F형 또는 S형을 사용하는 것으로 하지만, 일반형의 F형 또는 S형의 투과도계 및 이들과 동등 이상의 성능을 가진 것을 사용할 수 있다.
4. **계조계(階調計)** 계조계의 종류, 구조, 치수 및 재질은 다음에 따른다.
   - 계조계의 종류, 구조, 치수는 그림 1에 따른다. 또한 계조계의 치수허용차는 두께에 대해서는 ±5%로 하고, 한 변의 길이에 대해서는 ±0.5mm로 한다.
   - 계조계의 재질은 KS D 3503에 규정하는 강재, KS D 3705에 규정하는 STS 304로 한다.

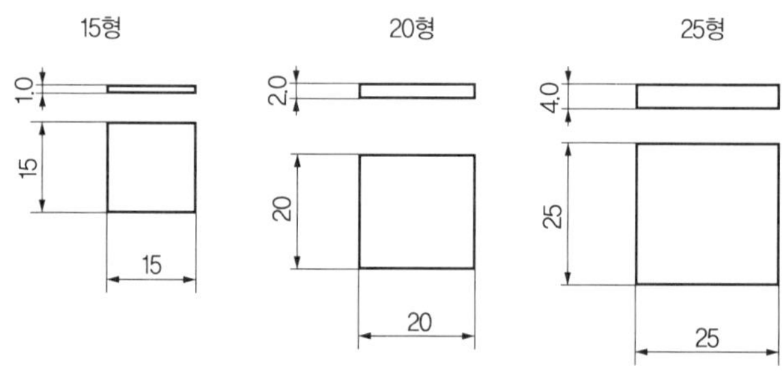

[그림_1] 계조계의 종류 · 구조 및 치수

5. **관찰기** KS A 4918에 규정하는 것, 또는 이와 동등 이상의 성능을 가진 것으로 한다.

2) 투과 사진의 촬영 방법

1. **선원과 감광 재료의 조합** 선원과 감광 재료는 투과도계의 식별 최소 선지름을 식별할 수 있도록 조합한다.
2. **기호** 촬영시에는 투과 사진이 기록과 조합되도록 기호를 사용한다.
3. **조사범위** 촬영시에는 조리개 또는 조사통을 사용하여 조사 범위(영역)를 필요 이상으로 크게하지 않는 것이 바람직하다.
4. **촬영 방법** 투과 사진의 촬영 방법은 용접 이음부의 모양에 따라서 [표 1]에 표시하는 부속서에 따른다.

[표_1] 촬영 방법을 규정하는 부속서

용접 이음부의 모양	부 속 서
강판의 맞대기 용접 이음부 및 촬영시의 기하학적 조건이 이와 동등하다고 보는 용접 이음부	부속서 1
강관의 원둘레 용접 이음부	부속서 2
강판의 T용접 이음부	부속서 3

3) 투과 사진의 필요 조건

촬영된 투과 사진의 필요 조건은 용접 이음부의 모양에 따라서 표 2에 표시하는 부속서에 따른다. 또한 투과 사진에는 상질의 평가 및 결함의 분류에 방해가 되는 현상, 즉 얼룩, 필름 결함 등이 없어야 한다.

[표_2] 투과 사진의 필요 조건을 규정하는 부속서

용접 이음부의 모양	부 속 서
강판의 맞대기 용접 이음부 및 촬영시의 기하학적 조건이 이와 동등하다고 보는 용접 이음부	부속서 1
강관의 원둘레 용접 이음부	부속서 2
강판의 T용접 이음부	부속서 3

4) 투과 사진의 관찰

1. **관찰기** 투과 사진의 관찰기는 투과 사진의 농도에 따라 *1)-5*항에서 규정하는 휘도를 갖는 것을 사용한다.

[표_3] 관찰기의 사용 구분

관찰기의 휘도 요건(cd/㎡)	투과 사진의 최고 농도*
300 이상 3000 미만	1.5 이하
3000 이상 10000 미만	2.5 이하
10000 이상 30000미만	3.5 이하
30000 이상	4.0 이하

[*] 개개의 투과 사진에서 시험부가 표시하는 농도의 최대값

2. **관찰 방법** 투과 사진의 관찰은 어두운 방에서 투과 사진의 치수에 적합한 고정 마스크를 사용하여야 한다.

5) 결함의 분류 방법

투과 사진에 따른 결함의 분류는 부속서 4에 따른다.

6) 기록

시험 성적서는 다음에 표시하는 사항을 기재하고, 그 기록과 시험부를 조합할 수 있도록 한다.

a) 시험부 관련
- 시공 업자 또는 제조 업자
- 공사명 또는 제품명
- 시험 부위의 기호 또는 번호
- 재 질
- 모재의 두께(관의 두께 및 바깥지름)
- 용접 이음부의 모양(덧살의 유무 등)

b) 촬영 연월일

c) 시험 기술자의 소속 및 성명

d) 시험 조건
- 사용 장치 및 재료
  · 방사선 투과 장치명 및 실효 초점 치수
  · 필름 및 증감지의 종류
  · 투과도계의 종류
  · 계조계의 종류
- 촬영 조건
  · 사용 관전압 또는 방사성 동위 원소의 종류

· 사용 관전류 또는 방사능의 강도
· 노출 시간
– 촬영 배치
· 선원과 필름 간의 거리($L_1 + L_2$)
· 시험부의 선원측 표면과 필름 간의 거리(L_2)
· 시험부의 유효 길이 L_3(2중벽 양면 : $L_3 = L_3' + L_3''$)
– 현상 조건
· 현상액, 현상 온도 및 현상 시간(수동 현상)
· 자동 현상기명 및 현상액(자동 현상)

e) 투과 사진의 필요 조건 확인
– 관찰기의 종류 및 관찰 조건
– 상질의 종류(A급, B급, P1급, P2급 또는 F급)
– 투과도계의 식별 최소 선지름
– 시험부의 농도
– 계조계의 값(농도차/농도)
– 투과 사진의 여부

f) 결함의 분류 실시 연월일

g) 결함의 분류 결과
– 결함의 상의 결함 점수에 관한 분류 결과
· 제1종 결함의 분류
· 제4종 결함의 분류
· 제1종 결함과 제4종 결함의 공존 유무
· 공존 결함의 분류
– 제2종 결함의 분류
– 제3종 결함의 분류
– 시험 시야의 제2종 결함의 혼재 유무
– 총합 분류

h) 기타 필요한 사항

i) 비 고

Ⅱ. 콘크리트공사

A. 골재(부순골재포함)

굵은 골재 및 잔골재의 체가름 시험 방법 [KS F 2502]

시험빈도 : 골재원마다 / 1,000m^{3}마다

1) 시료

1. **시료의 채취** 시험하려고 하는 로트를 대표하도록 골재를 채취하여 사분법 또는 시료 분취기에 의해 거의 소정량이 되도록 축분한다.
2. **시료의 건조** 분취한 시료를 (105±5)℃에서 24시간, 일정 질량이 될 때까지 건조시킨 후, 시료는 실온까지 냉각시킨다.
3. **시료의 질량** 시료의 최소 건조 질량은 굵은 골재의 경우, 사용하는 골재의 최대 치수(밀리미터 표시)의 0.2배를 킬로그램으로 표시한 양으로 한다. 잔골재의 경우 1.2㎜ 체를 95%(질량비) 이상 통과하는 것에 대한 최소 건조 질량을 100g으로 하고, 1.2㎜ 체에 5%(질량비) 이상 남는 것에 대한 최소 건조 질량을 500g으로 한다. 단, 구조용 경량 골재에서는 위의 최소 건조 질량의 1/2로 한다.
   - 잔골재 1.2mm 체를 95%(질량비) 이상 통과하는 것 ······100g
   - 잔골재 1.2mm 체를 5%(질량비) 이상 남는 것 ···········500g
   - 굵은 골재의 최대 치수 10mm 정도 ·····················2kg
   - 굵은 골재의 최대 치수 13mm 정도 ···················2.6kg
   - 굵은 골재의 최대 치수 15mm 정도 ·····················3kg
   - 굵은 골재의 최대 치수 20mm 정도 ·····················4kg
   - 굵은 골재의 최대 치수 25mm 정도 ·····················5kg
   - 굵은 골재의 최대 치수 30mm 정도 ·····················6kg
   - 굵은 골재의 최대 치수 40mm 정도 ·····················8kg
   - 굵은 골재의 최대 치수 50mm 정도····················10kg
   - 굵은 골재의 최대 치수 60mm 정도····················12kg
   - 굵은 골재의 최대 치수 80mm 정도····················16kg
   - 굵은 골재의 최대 치수 100mm 정도 ··················20kg

2) 기구

1. **저울** 저울은 시료 질량의 0.1% 이하의 눈금량 또는 감량을 가진 것으로 한다. 현장에서 시험하는 경우에는 저울의 정밀도를 시료 질량의 0.5%까지 측정할 수 있는 것으로 한다.
2. **체** 체는 KS A 5101-1~3에 규정하는 망체 75㎛, ㎛150, ㎛300, ㎛600 및 1.18㎜, 2.36㎜, 4.75㎜, 9.5㎜, 13.2㎜, 16㎜, 19㎜, 26.5㎜, 31.5㎜, 37.5㎜, 53㎜, 63㎜, 75㎜, 106㎜[*]의 망체로 한다. 다른 치수의 체는 KS A 5101-1~3에서 고른다.

[*] 이러한 체의 치수는 KS F 2523에서 규정한 호칭치수 0.08mm, 0.15mm, 0.3mm, 0.6mm, 1.2mm, 2.5mm, 5mm, 10mm, 13mm, 15mm, 20mm, 25mm, 30mm, 40mm, 50mm, 60mm, 80mm, 100mm이다.

3. **덮개 및 받침 접시** 덮개 및 받침 접시는 단단히 조이는 것을 사용한다.
4. **건조기** 건조기는 배기구가 있는 것으로 (105±5)℃로 유지할 수 있는 것으로 한다. 만약 현장에서 시험하는 경우, 조건을 만족하는 건조기를 사용할 수 없을 때 건조된 골재에 대하여 일정한 질량으로 유지할 수 있는 외부의 적합한 장비를 사용하여도 된다.

3) 시험 방법

a) *1)-3* 항의 시료를 0.1% 이상의 정밀도로 측정한다. 현장에서 시험하는 경우에는 시료의 정밀도를 0.5% 이상으로 측정하도록 한다.
b) 시료는 규정하는 체 중, 골재의 체가름 시험의 목적에 맞는 조합 망체를 사용하여 체가름한다.
c) 잔골재(가열 골재 포함) 및 부순 잔골재는 75㎛ 체를 통과하는 양을 사전에 KS F 2511에 따라 측정하고, 잔골재 체가름 시험의 시료는 씻기 시험 후 잔류분(로건조 후)으로 시험한다.
d) 체가름은 수동 또는 기계에 의하여, 체에 상하 운동 및 수평 운동을 주고 시료를 흔들어 시료가 끊임없이 체면을 균등하게 운동하도록 하고, 1분간 각 체를 통과하는 것이 전 시료 질량의 0.1% 이하로 될 때까지 작업을 한다. 기계를 사용하여 체가름하는 경우에는* 다시 손으로 체가름하여 1분간의 각 체 통과량이 위의 값보다 작다는 것을 확인하여야 한다.

[*] 기계 체를 사용하여 체가름 중에 분쇄될 가능성이 있다고 판단되는 골재는 기계를 사용하여 체가름하여서는 안 된다.

e) 체 눈에 막힌 알갱이는 파쇄되지 않도록 주의하면서 되밀어 체에 남은 시료로 간주한다. 어떤 골재에서나 손으로 밀어서 무리하게 체를 통과시켜서는 안 된다. 다만, 큰 입자는 손으로 놓도록 하고 방향을 바꾸어 개개의 구멍에 맞추어 통과하는 것은 체를 통과하는 시료로 간주한다.
f) 4.75㎜보다 작은 제에서는 체 작업이 끝난 시점에서 각 체에 남은 것이 다음의 값을 넘어서는 안 된다.

$$m_r = \frac{A\sqrt{d}}{300}$$

***[참고1_m_r : 각 체에 남는 것의 질량(g) / A : 체의 면적(mm^2) / d : 체의 호칭 치수(mm)]
***[참고2_m_r : 현장에서 적용할 때에는 다음의 식으로 대체한다.]

$$m_r = \frac{A\sqrt{d}}{200}$$

***[참고3_각 체 중의 어느 쪽이 이 양을 넘는 경우는 다음 두 가지 방법 중 하나를 실시한다.
_그 부분의 시료를 규정한 최대 질량보다 작아지도록 나누어 이것들을 차례차례 체가름한다.
_5mm의 체를 통과하는 시료를 시료 분취기 또는 사분법에 의해 축분하고 축분한 시료에 대하여 체가름한다.

g) 각 체에 남은 시료를 전 시료 질량의 0.1% 이상까지 정확하게 측정한다. 각 체에 남은 것과 받침접시 안의 것의 총합은 체가름 전에 측정한 시료 질량과 1% 이상 달라서는 안 된다.

3) 보고

1. 필수 보고 사항

- 시료의 식별 기호
- 시료의 질량
- 체가름 방법(수동 · 기계)
- 각 체에 남는 것의 질량 백분율, 각 체를 통과한 것의 누적 백분율
- 시험일

2. 기타 보고 사항

- 골재의 종류, 크기, 겉모양 및 산지. 다만, 인공 경량 골재의 경우는 명칭 (명칭은 상품명도 좋다.)
- 시료를 채취한 위치 및 일시
- 시료 및 시료 조정에 관한 기술
- 결과의 그래프

골재에 포함된 잔 입자(0.08mm 체를 통과하는) 시험 방법 [KS F 2511]

시험빈도 : 골재원마다 / 1,000m^3마다

1) 시료

시료는 잘 혼합되고, 또한 재료 분리가 일어나지 않을 정도의 충분한 수분을 가진 것이어야 한다. 이 시료는 재료를 대표할 수 있는 것이어야 하며, 건조되었을 때의 질량은 대략 표 1의 값 이상이어야 한다.

[표_1]

체의 최대 치수 mm	시료의 최소 질량의 근사값 kg
2.5	0.1
5	0.5
10	1.0
20	2.5
40 및 그 이상	5.0

2) 시험용 기구

1. **저울** 저울은 시료 질량의 0.1% 이상의 정밀도를 가진 것이어야 한다.
2. **체** 체는 KS A 5101의 0.08mm 체와 1.2mm 체에 가까운 크기의 체를 한 벌로 하여 사용한다.

2) 시험 방법

a) 시료는 105±5℃의 온도에서 항량이 될 때까지 건조시키고, 시료 질량의 0.1% 정밀도로 정확히 한다.
b) 건조 및 계량이 끝난 시료를 용기에 넣고, 시료가 완전히 침수되도록 물을 가한다. 용기 속을 충분히 휘저은 후 즉시 굵은 눈을 가진 체를 위에 끼운 한 벌의 체에 씻은 물을 붓는다.
c) 휘젓는 작업은 굵은 입자와 잔 입자를 완전히 분리시키고 0.08mm 체를 통과하는 잔 입자를 씻은 물에 뜨게 하여, 씻은 물과 같이 유출되도록 충분히 휘저어야 한다. 이 때 가능한 한 시료 중의 굵은 입자가 씻은 물과 함께 유출되지 않도록 주의하여야 한다. 이 작업은 씻은 물이 맑아질 때까지 반복한다.
d) 한 벌로 된 체에 남은 모든 재료는 씻은 시료 중에 다시 넣어야 한다. 씻은 시료는 105±5℃의 온도에서 항량이 될 때까지 건조시킨 후, 0.1%의 정밀도로 정확히 계량해야 한다.

4) 계산

결과는 다음 식으로 계산한다.

$$A(\%) = \frac{B-C}{B} \times 100$$

***[참고_*A* : 0.08mm 체를 통과하는 잔 입자량의 백분율 / *B* : 씻기 전의 건조 질량 / *C* : 씻은 후의 건조 질량]

4) 시험 결과에 대한 검산

시험 결과에 대한 검산이 필요할 때에는 씻은 물을 증발시키거나 거름종이로 거른 후, 잔재를 충분히 건조시켜 계량하고 다음 식으로 그 백분율을 계산한다.

$$A(\%) = \frac{R}{B} \times 100$$

***[참고_*R* : 남는 양의 질량]

5) 보고

- 골재의 종류, 크기, 모양 및 산지, 인공 경량 골재인 경우에는 명칭
  (명칭은 상품명이어도 좋다.)
- 골재를 채취한 위치 및 일시
- 0.08mm 체를 통과하는 양의 백분율

굵은 골재의 밀도 및 흡수율 시험 방법 [KS F 2503]

시험빈도 : 골재원마다 / 1,000m^{3}마다

1) 시료

1. 시료는 대표적인 것을 채취하여, 호칭 치수 5mm의 체에 남은 굵은 골재를 사분법 또는 시료 분취기에 의해, 거의 일정 분량이 될 때까지 축분한다.
2. 보통 골재의 1회 시험에 사용하는 시료의 최소 질량은 굵은 골재의 최대 치수(mm 표시)의 0.1배를 kg으로 나타낸 양으로 한다. 경량 골재에 대하여는 다음 식에 따라 대강의 시료 질량을 정한다.

$$m_{min} = \frac{d_{max} \times D_e}{25}$$

***[참고_m_{min} : 시료의 최소 질량(kg) / d_{max} : 굵은 골재의 최대 치수(㎜) / D_e : 굵은 골재의 추정 밀도(g/㎤)]

3. 시료를 물로 충분히 세척하고, 입자 표면의 불순물 및 그 밖의 이물질을 제거한다.

2) 시험 방법

1. *1)-3* 항의 시료를 철망에 집어넣고, 수중에 진동을 주고, 입자 표면과 입자간의 부착 공기를 제거한 후, 20±5℃의 물속에 24시간 담근다.
2. 20±5℃의 물속에서 시료의 수중 질량(C)과 수온을 측정한다.
3. 철망태와 시료를 수중에서 꺼내고, 물기를 제거한 후 시료를 흡수천 위에 굴리고, 눈에 보이는 수막을 제거하여 표면 건조 포화 상태의 질량(B)을 측정한다.
4. 105±5℃에서 일정 질량이 될 때까지 건조시키고, 실온까지 냉각하여 절대 건조 상태의 질량(A)을 측정한다.

3) 계 산

1. 굵은 골재의 표면 건조 포화 상태의 밀도, 절대 건조 상태의 밀도 및 흡수율은 각각 다음 식에 의해 산출하고, KS A 0021에 의해 소수점 이하 둘째 자리까지 구한다.
2. 표면 건조 포화 상태의 밀도

$$D_S = \frac{B}{B-C} \times \rho_W$$

***[참고_D_S : 표면 건조 포화 상태의 밀도(g/cm³) / B : 표면 건조 포화 상태의 시료의 질량(g) / C : 시료의 수중 질량(g) / ρ_W : 시험 온도에서의 물의 밀도*(g/cm³)]

[*] 순수한 물의 밀도는 15℃에서 0.9991g/cm³, 20℃에서 0.9982g/cm³, 25℃에서 0.9970g/cm³이다.

3. 절대 건조 상태의 밀도

$$D_d = \frac{A}{B-C} \times \rho_w$$

***[참고_D_d : 절대 건조 상태의 밀도(g/cm³) / A : 절대 건조 상태 시료의 질량(g)]

4. 진밀도

$$D_A = \frac{A}{A-C} \times \rho_w$$

***[참고_D_A : 진밀도 (g/cm³)]

5. 흡수율

$$Q = \frac{B-A}{A} \times 100$$

***[참고_Q : 흡수율(질량 백분율)(%)]

6. 시험의 평균값을 굵은 골재의 밀도 및 흡수율 값으로 한다.

7. 평균값의 계산

- 평균 밀도 시료를 여러 개의 무더기로 나누어서 시험하였을 때 표면 건조 포화 상태의 밀도, 절대 건조 상태 밀도의 평균값은 다음 식을 사용해서 *3)-2*항 및 *3)-3*항의 규정에 따라 계산한 값을 계산할 수 있다.

$$D = \frac{1}{\frac{P_1}{100D_1} + \frac{P_2}{100D_2} + \ldots + \frac{P_n}{100D_n}}$$

***[참고_ D : 평균 밀도(g/cm³) / D_1, D_2......, D_n : 각 무더기의 밀도(g/cm³) / P_1, P_2......, P_n : 원시료에 대한 각 무더기의 질량 백분율(%)]

– *3)-5* 항의 규정에 따라 계산한 흡수율의 평균값은 다음과 같다.

$$Q = \frac{P_1Q_1}{100} + \frac{P_2Q_2}{100} + \ldots + \frac{P_nQ_n}{100}$$

***[참고_Q : 평균 흡수율(%) / Q_1, Q_2......, Q_n : 각 무더기의 흡수율(%) / P_1, P_2......, P_n : 원시료에 대한 각 무더기의 질량 백분율(%)]

4) 정밀도

시험값은 평균값과의 차이가 밀도의 경우 0.01g/cm³ 이하, 흡수율의 경우는 0.03% 이하이어야 한다.

4) 보고

보고는 다음 사항 중 필요한 것을 기재한다.

- 골재의 종류, 크기, 겉모양 및 산지
- 시료를 채취한 일시
- 시험에 이용된 물의 온도
- 표면 건조 포화 상태의 밀도 및 절대 건조 상태의 밀도
- 흡 수 율

잔골재의 밀도 및 흡수율 시험 방법 [KS F 2504]

시험빈도 : 골재원마다 / 1,000m^{3}마다

1) 시료의 준비

1. 시료는 대표적인 것을 채취하고, 사분법 또는 시료 분취기에 의해 약 1kg의 잔골재를 준비하여 적당한 팬이나 그릇에 넣어 105±5℃의 온도로 일정한 양이 될 때까지 건조시킨다.
2. 일정한 양이 될 때까지 건조시킨 다음, 24±4시간 물속에 담근다. 수온은 20±5℃에서 최소한 20시간이상 유지하도록 한다.
3. 위의 *1)-2* 항에서 함수시킨 시료를 평평한 용기에 펴서 따뜻한 공기 속에서 서서히 건조시킨다. 자주 시료를 헤쳐서 건조가 균일하게 되도록 하고, 잔골재 중의 물기가 거의 없어질 때까지 이 작업을 계속하여야 한다.
4. *1)-3* 항의 작업이 끝난 후, 잔골재를 원뿔형 몰드에 다지는 일이 없이 서서히 넣은 다음, 윗면을 평평하게 한 후, 힘을 가하지 않고 다짐봉으로 25회 가볍게 다진다. 다짐한 후, 남아 있는 공간을 다시 가득 채워서는 안 되며, 원뿔형 몰드를 가만히 연직으로 들어 올린다.
5. 표면수가 있으면 잔골재의 원뿔이 흘러내리지 않고 그 상태를 유지할 것이나, 몰드를 빼올릴 때, 잔골재의 원뿔이 흘러내릴 때까지 계속해서 잔골재를 헤쳐 말려야 하며, 원뿔이 처음 흘러내린다는 것은 잔골재가 표면 건조 포화 상태*에 도달하였다는 것을 의미한다. 표면 건조 포화 상태를 제작하기 위해 필요하다면 기계적인 방법을 사용하여도 좋다.

[*] 최초의 시험에서 원뿔형 몰드를 제거할 때, 잔골재의 원뿔이 흘러내린다면, 이것은 잔골재가 표면 건조 포화 상태의 한도를 넘어서 건조된 것을 의미하는 것이다. 이 경우에는 소량의 물을 가하여 잘 혼합하고, 덮개를 하여 30분간 유지한 후, 위의 작업을 다시 행한다.

6. *1)-5* 항에서 제작한 표면 건조 포화 상태의 잔골재를 500g 이상 채취하고, 그 질량(m)을 0.1g까지 측정하여, 이것을 1회 시험량으로 한다.

2) 시험 방법

1. *1)-6* 항에서 측정한 시료를 플라스크에 바로 넣고, 물을 90%까지 채운 다음, 플라스크를 평평한 면에 굴려서 교란시켜 기포를 모두 없애야 한다. 이 때 물의 온도를 측정하고, 다음에 플라스크를 평평한 면에 굴려서 교란시켜 기포를 모두 없애야 한다. 이 때 물의 온도를 측정하고, 다음에 플라스크를 항온조에 약 1시간 동안 담가 20±5℃의 온도로 조정한 후 플라스크, 시료, 물의 질량(C)을 0.1g까지 측정한다*.

[*] 시료를 플라스크에 넣기 전에 소량의 물을 넣어두면, 플라스크가 깨질 염려가 적다.

2. *2)-1*항의 시험 후 금속제 용기 안으로 플라스크 속에 있는 시료를 모두 옮기고, 플라스크 속에 물을 검정 용량까지 다시 채워 그 질량(*B*)을 측정한다. 이 때 물의 온도를 측정하여야 하는데, 첫 번째와 두 번째 물의 온도 차이가 1℃를 초과해서는 안 된다.
3. *2)-2*항에서와 같이 플라스크에서 꺼낸 시료로부터 상부의 물을 천천히 따라 버리고, 금속제 용기를 시료와 함께 일정한 온도가 될 때까지 약 24시간 동안 105±5℃에서 건조시킨다. 또한, 데시케이터 내에서 실온까지 냉각하여, 그 질량(*A*)을 0.1g까지 측정한다.

3) 계산

1. 굵은 골재의 표면 건조 포화 상태의 밀도, 절대 건조 상태의 밀도 및 흡수율은 각각 다음 식에 의해 산출하고, KS A 0021에 의해 소수점 이하 둘째 자리까지 구한다.
2. 표면 건조 포화 상태의 밀도

$$d_s = \frac{m}{B + m - C} \times \rho_w$$

***[참고_d_S : 표면 건조 포화 상태의 밀도(g/cm³) / m : 표면 건조 포화 상태 시료의 질량(g) / C : 시료와 물로 검정된 용량을 나타낸 눈금까지 채운 플라스크의 질량(g) / B : 검정된 용량을 나타낸 눈금까지 물을 채운 플라스크의 질량(g) / ρ_W : 시험 온도에서 물의 밀도*(g/cm³)]
[*] 순수한 물의 밀도는 15℃에서 0.9991g/cm³, 20℃에서 0.9982g/cm³, 25℃에서 0.997g/cm³이다.

3. 절대 건조 상태의 밀도

$$d_d = \frac{A}{B + m - C} \times \rho_w$$

***[참고_ d_d : 절대 건조 상태의 밀도(g/cm³) / A : 절대 건조 상태의 시료의 질량(g)]

4. 진밀도

$$d_A = \frac{A}{B + A - C} \times \rho_w$$

***[참고_d_A : 진밀도(g/cm³)]

5. 흡수율

$$Q = \frac{m - A}{A} \times 100$$

***[참고_ Q : 흡수율(질량 백분율)(%)]

6. 2회 시험의 평균값을 잔골재의 밀도 및 흡수율 값으로 한다.

4) 정밀도

시험값은 평균과의 차이가, 밀도의 경우 0.01g/cm^3 이하, 흡수율의 경우는 0.05% 이하이어야 한다.

5) 보고

보고는 다음 사항 가운데 필요한 것을 기재한다.

- 골재의 종류, 크기, 겉모양 및 산지
- 시료를 채취한 일시
- 시험에 사용한 물의 온도
- 표면 건조 포화 상태의 밀도 및 절대 건조 상태의 밀도
- 흡수율

콘크리트용 모래에 포함되어 있는 유기 불순물 시험 방법 [KS F 2510]

시험빈도 : 골재원마다 / 1,000m^3마다

1) 시료

시료는 대표적인 것을 취하고 공기 중 건조 상태로 건조시켜서 4분법 또는 시료 분취기를 사용하여 약 450g을 채취한다.

2) 시험 방법

a) 시료를 시험용 무색 투명 유리병에 130mL 눈금까지 채운다.
b) 여기에 3%의 수산화나트륨 용액을 가하여 시료와 용약의 전량이 200mL가 되게 한다.
c) 마개를 닫고 잘 흔든 후 24시간 동안 정치한다.

3) 색도의 측정

시료에 수산화나트륨 용액을 가한 유리 용기와 표준색 용액을 넣은 유리 용기를 24시간 정치한 후 잔골재 상부의 용액색이 표준색 용액보다 연한지, 진한지 또는 같은지를 육안으로 비교한다.

*** [참고_시험 용액의 색도가 표준색 용액보다 진할 때는 그 모래를 사용하기 전에 골재로서 KS F 2514의 시험을 할 필요가 있음을 나타낸다.]

4) 보고

- 잔골재의 종류, 겉모양 및 산지
- 시료를 채취한 위치 및 일시
- 유기 불순물 시험의 결과(표준색 용액보다 진함 또는 연함)

로스앤젤레스 시험기에 의한 굵은 골재의 마모 시험 방법 [KS F 2508]

시험빈도 : 골재원마다 / 1,000m^{3}마다

1) 시료

1. **시료의 채취** 시료는 대표적인 것을 채취하여 합리적인 방법으로 축분한다.
2. **시료의 조정 방법**
   - 굵은 골재를 망체 2.5mm, 5mm, 10mm, 15mm, 20mm, 25mm, 40mm, 50mm, 65mm, 및 75mm 체 중의 시료의 입도에 따른 망체를 사용하여 체가름한다.
   - [표 2]에 나타내는 입도 구분 중 시험하는 굵은 골재의 입도에 가장 가까운 입도 구분을 고르고 거기에 해당하는 입자지름의 범위의 굵은 골재를 물로 씻은 후 105±5℃의 온도에서 일정 질량이 될 때까지 건조한다.
3. 건조시킨 굵은 골재를 해당하는 입도 구분의 시료의 질량에 적합하도록 1g까지 측정하여 시료로 한다.

[표_1] 구의 수 및 전질량

입도 구분	구의 수	구의 전질량 (g)
A	12	5000 ± 25
B	11	4580 ± 25
C	8	3330 ± 25
D	6	2500 ± 25
E	12	5000 ± 25
F	12	5000 ± 25
H	12	5000 ± 25
H	10	4160 ± 25

[표_2] 시료의 질량

입도 구분	입자지름의 범위 (mm)	시료의 질량 (g)	시료의 전질량 (g)
A	40~25 25~20 20~15 15~10	1250±25 1250±25 1250±10 1250±10	5000±10
B	25~20 20~15	2500±10 2500±10	5000±10
C	15~10 10~5	2500±10 2500±10	5000±10
D	5~2.5	5000±10	5000±10
E	80~65 65~50 50~40	2500±50 2500±50 5000±50	10000±100
F	50~40 40~25	5000±50 5000±25	10000±75
G	40~25 25~20	5000±25 5000±25	10000±50
H	20~10	5000±10	5000±10

2) 시험 방법

a) 시료의 전질량(m_1)이 [표 2]에 적합하다는 것을 확인한다.
b) 시료의 입도 구분에 따라 [표 1]에 적합하도록 구를 고르고, 이것을 시료와 함께 원통에 넣어 덮개를 부착하고 매분 30~33회의 회전수로 A, B, C, D 및 H의 입도 구분의 경우는 500회, E, F 및 G의 경우는 1000회 회전시킨다.
c) 시료를 시험기에서 꺼내서 1.7mm의 망체로 친다. 이 때, 습식으로 쳐도 좋다.
d) 체에 남은 시료를 물로 씻은 후*, 105±5℃의 온도에서 일정 질량이 될 때까지 건조하고 질량(m_2)을 잰다.

[*] 습식으로 친 경우에는 이 작업을 생략하여도 좋다.

3) 계산

마모 감량은 다음 식에 따라 산출하여 반올림하여 소수점 이하 1자리로 끝맺음한다.

$$R = \frac{m_1 - m_2}{m_1} \times 100$$

***[참고_R : 마모 감량(%) / m_1: 시험 전의 시료의 질량(g) / m_2: 시험 후 1.7mm의 망체에 남은 시료의 질량(g)]

4) 보고

보고는 다음 사항에 대하여 한다.

- 시험 연월일
- 골재 채취일
- 골재의 종류, 겉모양 및 산지
- 굵은 골재의 입도 분포
- 적용한 입도 구분
- 구의 수 및 그 전질량
- 마모 감량(%)

*** [참고_암석을 육면체에 가까운 입자 모양으로 손으로 부순 것을 이 방법에 따라 시험한 경우의 마모 감량은 같은 암석으로 만든 부순 돌에 대하여 시험한 경우의 마모 감량의 약 85% 정도이다.]

골재의 안정성 시험 방법 [KS F 2507]

시험빈도 : 골재원마다 / 1,000m^3마다

1) 시험 방법

a) 시험용 용액은 시험에 사용하기 전에 잘 휘저어 섞는다.

b) 시료를 철망 바구니에 넣고 시험용 용액 안에 담근다*. 이 때 용액의 표면은 시료의 윗면에서 15mm 이상 높아지도록 한다**. 용액의 증발 및 이물의 혼입을 막기 위하여 적절한 덮개를 한다. 용액의 온도는 20±1℃로 유지한다. 시료를 용액에 담가 두는 시간은 16~18시간으로 한다.

[*] 이러한 조작을 하는 동안 시료를 흘리지 않도록 주의한다.
[**] 구조용 경량 콘크리트 골재의 경우는 시료 위에 적절한 질량의 철망을 얹으면 된다.

c) 시료를 용액에서 꺼내어 액이 떨어지지 않게 된 후*, 시료를 건조기에 넣고 건조기 내의 온도를 1시간에 약 40℃의 비율로 올리고 100~110℃의 온도에서 4~6시간** 건조한다.

[*] 이 때 20mm 이상인 입자는 파괴 상황을 주의 깊게 관찰한다.
[**] 시료를 건조하기 위하여 필요한 시간보다 오래 건조를 계속하는 것은 적당하지 않다.

d) 건조한 시료를 실온까지 식힌다.

e) *b)~d)* 항의 조작을 소정의 횟수* 만큼 반복한다**.

[*] KS F 2527 콘크리트용 부순 골재 5회, KS F 2534 구조용 경량 콘크리트 골재 5회
[**] 1. 용액은 10회 이상 반복하여 사용하여서는 안 된다.
2. 만약 b)~d)의 조작을 도중에 중단하는 경우에는 d)의 상태에서 보존한다.

f) 소정 횟수의 조작을 끝낸 시료를 깨끗한 물로 씻는다*. 씻은 물에 소량의 염화바륨($BaCl_2$) 용액을 가하여도 뿌옇게 흐려지지 않게 될 때까지 씻는다. 씻은 시료를 100~110℃의 온도에서 질량이 일정해질 때까지 건조한다.

[*] 필요에 따라 끓여도 좋다.

g) 잔골재 또는 굵은 골재의 경우는 건조한 각 군의 시료를 시험하기 전에 시료가 남은 체에서 치고, 남은 시료의 질량을 측정한다. 20mm 이상의 입자는 그 파괴 상황(붕괴, 갈라짐, 이빠짐, 잔금, 기타)을 주의 깊게 관찰한다.

h) 암석의 경우는 시료를 손가락으로 살짝 눌러서 시료의 몇 개가 3조각 이상으로 부서졌는지를 센다. 또한 입자의 파괴 상황(붕괴, 갈라짐, 이빠짐, 잔금, 기타)을 주의 깊게 관찰한다.

2) 계산

1. **각 군의 시료 손실 질량 백분율** 각 군의 시료 손실 질량 백분율(P_1)은 다음 식에 따라 산출하여 KS A 3251-1에 따라 소수점 이하 1자리로 끝맺음 한다.

$$P_1 = \left(1 - \frac{m_2}{m_1}\right) \times 100$$

***[참고_P_1: 골재의 손실 질량 백분율(%) / m_1: 시험 전의 시료의 질량(g) / m_2: 시험 전에 시료가 남은 체에 남은 시험 후의 시료의 질량(g)]

2. **골재의 손실 질량 백분율** 골재의 손실 질량 백분율은 시험한 골재의 각 군에서의 입자의 질량 백분율과 각 군에서의 손실 질량 백분율의 곱의 총합이다. 이것의 산출에 있어서는 입자의 질량 백분율이 5% 미만인 군에서의 손실 질량 백분율은 그 전후 군에서 시험한 손실 질량 백분율의 평균값으로 한다. 전후의 군에서의 시험값 중 어느 쪽이 빠져 있을 때는 빠져 있지 않은 쪽의 군의 손실 질량 백분율을 잡는다. 그리고 시험용 망체 300㎛를 통과하는 입자의 손실 질량은 0으로 가정하여 계산한다.
3. 암석의 경우의 손실 질량 백분율(P_2)은 다음 식에 따라 산출하여 KS A 0021에 따라 소수점 이하 1자리로 끝맺음한다.

$$P_1 = \left(1 - \frac{m_4}{m_3}\right) \times 100$$

***[참고_P_2: 암석의 손실 질량 백분율(%) / m_3: 시험 전의 시료의 질량(g) / m_4 : 3조각 이상을 분수 입자를 뺀 것의 질량(g)]

3) 보고

보고는 다음 사항 중 필요한 것을 기재한다.

- 골재 또는 암석의 종류, 크기, 겉모양 및 산지
- 시료를 채취한 위치 및 일시
- 시료의 체가름 시험 결과
- 시험 전에서의 각 군의 시료의 질량
- 각 군의 시료의 손실 질량 백분율
- 골재의 손실 질량 백분율
- 20mm보다 큰 입자의 시험 전의 개수는 및 이상이 인정된 개수와 그 파괴 상황
- 암석의 경우에는 3조각 이상으로 부서진 입자의 수, 손실 질량 백분율 및 입자의 파괴 상황

골재의 단위 용적 질량 및 실적률 시험 방법 [KS F 2505]

시험빈도 : 골재원마다 / 재질변화시마다

1) 시료

시료는 대표적인 것을 채취하여 4분법 또는 시료 분취기에 의해 거의 소정량이 될 때까지 축분한다. 그 양은 사용하는 용기의 용적의 2배 이상으로 한다. 시료는 절건 상태로 한다. 다만, 굵은 골재의 경우는 기건 상태이어도 좋다. 이 시료를 둘로 나눠 각각을 1회의 시험의 시료로 한다.

2) 시험 방법

1. **단위 용적 질량의 측정** 다음과 같이 시료를 채우고 골재의 표면을 고른 후, 용기 안의 시료의 질량을 잰다.
   - **시료를 채우는 방법** 봉 다지기에 따르기로 한다. 다만 굵은 골재의 치수가 커서 봉 다지기가 곤란한 경우 및 시료를 손상할 염려가 있는 경우는 충격에 의한다. 시료를 채우는 방법은 다음에 따른다.
     - **봉 다지기에 의한 경우** 시료를 용기의 1/3까지 넣고 윗면을 손가락으로 고르게 하고 다짐봉으로 균등하게 소요 횟수를 다진다. 이 때 다짐봉의 앞 끝이 용기 바닥에 세게 닿지 않도록 주의한다. 다지는 횟수는 골재의 최대 치수에 따라 표 1에 따른다. 다음으로 용기의 2/3까지 시료를 넣고 앞과 똑같은 횟수를 다진다. 마지막으로 용기에서 넘칠 때까지 시료를 넣고 전회와 같은 횟수를 다진다.
     - **충격에 의한 경우** 용기를 콘크리트 바닥과 같은 튼튼하고 수평인 바닥 위에 놓고 시료를 거의 같은 3층으로 나누어 채운다. 각 층마다 용기의 한 쪽을 약 5cm 들어 올려서 바닥을 두드리듯이 낙하시킨다. 다음으로 반대쪽을 약 5cm 들어 올려 낙하시키고 각각을 교대로 25회, 전체적으로 50회 낙하시켜서 다진다.

[표_1]

굵은 골재의 최대치수(mm)	용적(L)	안높이/안지름	1층당 다짐 횟수
5 [*](잔 골재) 이하	1~2	0.8~1.5	20
10[*] 이하	2~3		20
10[*] 초과 이하	10		30
40[*] 초과 이하	30		50

[*] 이러한 체의 치수는 KS F 2523에서 규정한 호칭치수 0.08mm, 0.15mm, 0.3mm, 0.6mm, 1.2mm, 2.5mm, 5mm, 10mm, 13mm, 15mm, 20mm, 25mm, 30mm, 40mm, 50mm, 60mm, 80mm, 100mm이다.

- 골재의 표면 고르는 방법 잔 골재의 경우는 다짐봉을 자로 하여 여분의 시료를 긁어 내고 용기의 윗면을 따라 고른다. 굵은 골재의 경우는 골재의 표면을 손가락 또는 자로 고르게 하여 용기의 윗면에서의 굵은 골재 입자의 돌기가 윗면에서의 오목부와 같은 정도가 되도록 한다.

2. **시료의 밀도, 흡수율 및 함수율의 측정** 밀도, 흡수율 및 함수율*의 측정은 다음과 같이 한다.
   - 질량을 측정한 시료에서 4분법 또는 시료 분취기에 의해 밀도, 흡수율 및 함수율을 측정하기 위한 시료를 채취한다.
   - 밀도, 흡수율 및 함수율은 KS F 2503, KS F 2504, KS F 2529, KS F 2533 및 KS F 2550에 따라 시험한다.

[*] 절건 상태의 시료를 사용하는 경우 또는 시료의 함수율이 1.0% 이하로 예상되는 경우는 함수율의 측정은 생략하여도 좋다.

3. **시험의 횟수** 시험은 동시에 채취한 시료에 대하여 2회 실시한다.

3) 계산

a) 골재의 단위 용적 질량(T)은 다음 식에 따라 산출하여 KS A 3251-1에 따라 유효 숫자 3자리로 끝맺음 한다.

$$T = \frac{m_1}{V} \text{ [*]}$$

***[참고1_T : 골재의 단위 용적 질량(kg/L) / V : 용기의 용적(L) / m_1: 용기 안의 시료의 질량(kg)]
[*] 기건 상태의 시료를 사용하여 시험을 하고, 함수율을 측정한 경우는 다음 식에 따른다.]

$$T = \frac{m_1}{V} \times \frac{m_0}{m_2}$$

*** [참고_m_2: 함수율 측정을 위한 시료의 건조 전의 질량(kg) / m_D : 함수율 측정을 위한 시료의 건조 후의 질량(kg)]

b) 골재의 실적률(G)은 다음 식에 따라 산출하고 KS A 3251-1에 따라 유효 숫자 3자리로 끝맺음한다.

$$G = \frac{T}{d_D} \times 100 \quad \text{또는} \quad G = \frac{T}{d_S} \times 100 + Q$$

***[참고_G : 골재의 실적률(%) / T : a)에서 구한 단위 용적 질량(kg/L) / d_D : 골재의 절건 밀도(kg/L) / Q : 골재의 흡수율(%) / d_S : 골재의 표건 밀도(kg/L)]

c) 2회의 시험의 평균값을 시험 결과로 한다.

*** [참고_공극률은 위에서 구한 실적률로부터 계산한다. 공극률(%) = 100 − 실적률(%)]

4) 정밀도

단위 용적 질량의 평균값에서의 차는 0.01kg/L 이하이어야 한다.

5) 보고

다음 사항 중 필요한 것을 기재한다.

- 골재의 종류, 크기, 겉모양 및 산지 또는 명칭*
- 골재를 채취한 위치 및 일시
- 용기의 치수
- 시료의 상태(절건 상태 또는 기건 상태)
- 시료를 채우는 방법(봉 다지기 또는 충격)
- 함수율 측정의 유무와 함수율의 측정값(기건 상태의 경우)
- 밀도 및 흡수율
- 단위 용적 질량
- 실적률 및 시료의 입도

[*]_명칭은 인공 경량 골재의 경우만으로 하고 상품명이어도 좋다.]

골재 중의 염화물 함유량 시험 방법 [KS F 2515]

시험빈도 : 공급회사별 / 1일 3회 이상

1) 시약 및 조제 방법

a) 0.1N 질산은 용액 질산은($AgNO_3$) 특급 시약을 110~150℃로 유지된 오븐 안에서 약 1시간 건조하고, 데시케이터에서 식힌 후 16.9873g을 정확히 달아 메스 플라스크(1000mL)에 넣고, 소량의 증류수로 용해한 다음, 정확히 100mL가 되도록 증류수로 희석하여 유색병*에 보존한다.

*** [참고_유색병을 선택할 때는 용기를 구성하고 있는 재료(안료나 그 밖의 부가물 포함)와 시약이 반응하거나 용기벽을 통해 유출되는 일이 발생하여 시약의 농도가 변하지 않도록 주의를 기울여야 하며, 벽 두께 0.50mm 이상인 고밀도 폴리에틸렌 용기가 적합하다.]

b) 5% 크롬산칼륨 용액 크롬산칼륨 시약(K_2CrO_4) 5g을 메스 플라스크(100mL)에 넣어 소량의 증류수로 용해한 다음, 100mL로 희석하여 시약 보존용 병에 보존한다.

2) 시험 방법

염화물 시험 방법은 다음과 같다.

a) 채취한 골재를 잘 혼합하여 이 중 500g을 비커(1000mL)에 취하고 105±5℃의 온도로 질량 변화가 더 이상 없을 때까지 건조하여, 데시케이터에서 식힌 후 절대 건조 질량(w)을 구한다.

b) 건조시킨 시료에, 증류수 CmL(500mL)를 가하여 3시간 후에 약 5분 간격으로 3회 이상 휘저어준 다음 은박지로 덮고 부유 물질이 침전하도록 놓아둔다.*

c) 상등액 C'mL(평균 50mL)를 홀피펫으로 취하여 삼각 플라스크(100mL)에 담고, 여기에 크롬산칼륨 용액 1mL를 피펫으로 첨가한 후 시험액을 휘저으면서 뷰렛에 채워둔 0.1N 질산은 용액을 한 방울씩 천천히 가한다.

d) 이 때 용액의 색이 황색에서 적갈색으로 변하여 없어지지 않는 점을 종말점으로 하고, 소요된 질산은 용액의 양을 구한다(A).

e) 시험은 2회 이상 실시한다.

f) 바탕 시험으로, 시험에 사용된 증류수 50mL에 크롬산칼륨 용액을 약 1mL 가하고, 위의 방법에 따라 0.1N 질산은 용액으로 적정하여 여기에 소요된 질산은 용액의 양을 구한다(B).

[*] 침전이 가라앉지 않아 현탁한 상태로 있으면 이를 급속 여과지로 걸러 시험한다.

*** [참고_염분이 미량일 경우에는 0.1N 질산은 용액 100mL를 홀피펫으로 취하여 메스 플라스크에서 정확히 1000mL가 되도록 증류수로 희석한 것(0.01 $NAgNO_3$)을 사용할 수 있다..]

3) 염화물 함유량 계산

a) 염화물 함유량은 다음 식에 따라 계산한다.

$$염화물(\%) = 0.00584 \times \frac{(A-B)\ 10}{W} \times 100$$

***[참고_염화나트륨(NaCl)으로 환산한 수치 / 0.00584 : 0.1N 질산은($AgNO_3$) 용액 1mL의 염화나트륨(NaCl) 해당량(다만 0.01N 질산은 용액 1mL의 염화나트륨 해당량은 0.000584) / *A* : 시험에 사용된 0.1N 질산은($AgNO_3$) 용액 소비량(mL) / *B* : 바탕 시험에 사용된 0.1N 질산은($AgNO_3$) 용액 소비량(mL) / *C* : 시료에 가한 물의 양(mL) / *C′* : 적정을 위해서 취한 물의 양(mL) / *W* : 추출에 사용된 잔골재의 절대 건조 질량(g)]

b) 결과는 2회 이상 시험한 값의 평균값으로 한다.

4) 보고

보고는 다음 사항에 대하여 한다.

- 시료의 종류 및 산지
- 시료 채취일
- 시험에 사용된 0.1N 질산은($AgNO_3$) 용액 소비량(mL)
- 바탕 시험에 사용된 0.1N 질산은($AgNO_3$) 용액 소비량(mL)
- 시료에 가한 물의 양(mL)
- 적정을 위해서 취한 물의 양(mL)
- 추출에 사용된 잔골재의 절대 건조 무게(g)
- 염화물 함유량

골재의 알칼리 잠재 반응 시험 방법(화학적 방법) [KS F 2545]

시험빈도 : 골재원마다 / 재질변화시마다

1) 시료

시료는 모르타르 및 콘크리트용 골재로서, KS F 2501의 규정에 따라 시료를 채취하도록 한다.

2) 시약

1. **시약의 순도** 시약으로 사용하는 화공 약품은 모든 시험에 사용할 수 있다. 별도의 지시가 없는 한 표준 규격서를 이용할 수 있을 때는 공인된 기관의 분석용 시약에 관한 규정을 따라도 된다. 사용할 때 측정의 정밀도가 떨어지지 않게 사용할 수 있을 정도로 순도가 높다는 것만 우선 확인된다면 다른 시약을 사용할 수도 있다.
2. **물의 순도** 별도의 지시가 없는 한 물에 관한 기준은 증류수나 이에 준하는 순도의 물을 뜻하는 것으로 이해하여야 한다.
3. **몰리브덴산 암모늄 용액** 100mL의 물로 10g의 몰리브덴산 암모늄[$(NH_4)_6 Mo_7O_{24} \cdot 4H_2O$]을 용해시킨다. 용액이 청결하지 못하면 거름종이를 이용하여 여과한 후, 플라스틱 용기*에 보관한다.
4. **염산(비중 1.19)** 농축 염산(HCl) 용액을 내화학 유리 용기나 적당한 플라스틱 용기*에 담아 두어야 한다.

[*] 용기를 선택할 때는 용기를 구성하고 있는 재료(안료나 그 밖의 부가물 포함)와 시약이 반응하거나 용기벽을 통해 유출되는 일이 발생하여 시약이 변화되지 않도록 주의를 기울여야 하며, 벽두께 0.50mm 이상인 고밀도 폴리에틸렌 용기가 적합하다.

5. **염산(0.05N) 표준 용액** 약 0.05N 염산을 준비하여 ±0.0001N까지 표준에 맞춰야 한다. 용액은 내화학 유리 용기나 적당한 플라스틱 용기*에 담아 두어야 한다.
6. **염산(1:1)** 농축 염산(비중 1.19)과 물을 같은 양으로 섞어서, 용액을 내화학 유리 용기나 적당한 플라스틱 용기*에 담아 두어야 한다.
7. **플루오르화 수소산(약 50% HF)** 농축 플루오르화 수소산 용액은 플라스틱병*에 담아두어야 한다.
8. **옥살산 용액** 옥산살 이수화물 10g을 100mL 물로 녹이고, 용액은 내화학 유리 용기나 적당한 플라스틱 용기*에 담아 두어야 한다.
9. **페놀프달레인 지시 용액** 페놀프탈레인 1g을 100mL 에틸알코올(1:1)로 녹인다. 용액은 내화학 유리용기나 적당한 플라스틱 용기*에 담아 두어야 한다.

10. **실리카 표준 용액** 나트륨 메타실리케이트를 물에 녹여서 리터(L)당 실리카(SiO_2) 약 10mmol을 함유하는 표준 실리카 용액을 제조하여 플라스틱 병*에 보관한다. *5)-1-a)*항에서 *5)-1- b)*항의 방법으로 실리카 용액의 당량을 측정하려면, 100mL의 분취량 용액을 사용하여야 한다. 1년 이상 경과한 표준 실리카 용액에 녹아 있는 실리카 이온은 느린 속도로 중합되며, 광도기 해상력의 저하를 유발시키기 때문에 1년 이상 경과한 용액을 사용해서는 안 된다.
11. **수산화나트륨 표준 용액(1.00±0.01N)** 1.00±0.01N 수산화나트륨(NaOH) 용액을 준비하고, 표준에 ±0.001N까지 맞추어야 한다.
  a) 용액은 플라스틱 병*에 담아 두어야 한다. 건조 시약과 용액이 이산화탄소로 오염되지 않도록 하여야 한다.
  b) **황산(비중 1.84)** 농축 황산(H_2SO) 용액은 내화학 유리 용기에 담아 두어야 한다.

3) 표본 시료의 제조

1. 잔 골재나 굵은 골재의 어느 것도 시험 가능하며, 잔 골재나 굵은 골재가 동일 재료인 경우에는 전체 골재로 시험할 수도 있다.
2. **제조 방법**
  - 시험 시료 전체를 대표할 수 있는 일정 분량의 골재 시료를 체가름하여 0.15mm 이상인 300g의 시료를 디스크형 분쇄기, 로터리 밀 장비 등을 이용하여 시료를 소량씩 분쇄한다.
  - 분쇄 도중 0.15mm 이하 시료의 발생량을 최소화하도록 분쇄된 시료를 체가름하여 0.3mm 이하인 시료는 분리하고 이상인 시료를 분쇄한다. 만약 시료 300g 전체를 분쇄한 후에 0.15mm 이상 크기의 시료 양이 100g 이하이면, 시료 전체를 버리고, 새롭게 시료 300g을 채취한다*.

[*] 크게 분쇄된 시료는 정확한 화학적 실험 결과를 나타내지 못하며 적당하게 분쇄된 시료는 대략적인 수세 후에 0.15mm 이상 크기의 시료 양이 대략 110~150g 정도이다.

3. 0.15㎜ 체보다 가는 재료가 제거되었는지를 확인하기 위하여 0.15㎜ 체 이상의 표본을 물로 씻는다. 203㎛ 체 이상에서는 한번에 100g 이상은 씻지 말아야 한다. 씻은 표본은 105℃에서 20±4시간 동안 건조시킨다. 표본을 냉각시킨 후 다시 0.15㎜ 체로 친다. 표본의 검사 결과 입자 표면에 실트나 점토가 묻어 있는 것이 확인될 때는 세척과 건조 과정을 되풀이하고, 전과 같이 0.15㎜ 이상의 체로 친다. 0.15㎜ 체에 남는 양을 시험용으로 비축한다.

4) 알칼리와 골재 시료의 반응 조작

1. 앞의 *3)*항에 따라 준비한 0.3mm와 0.15mm 사이의 건조 시험 표본을 25.00±0.05g씩 3부분으로 분류한다. 이것을 3개의 반응 용기 각각에 나누어 넣고, 피펫으로 1.0N 수산화나트륨 용액 25mL를 가한다. 네 번째의 비어 있는 용기에는 피펫으로 위와 동일한 수산화나트륨 용액 25mL만을 넣는다. 네 개의 용기를 밀봉하고, 그 속에 갇힌 공기를 방출시키기 위하여 용기를 부드럽게 흔들어 준다.
2. 용기를 밀봉한 직후 80±1.0℃로 유지하는 액체 수조에 넣는다. 24±1/4시간 경과 후 수조에서 용기를 꺼내어 30℃ 이하의 냉각수로 15±2분 동안 냉각시킨다.
3. 다음에 용기를 열고 남은 골재 중에서 용액을 거른다. 사용하는 구치 자기 도가니에는 도가니의 밑에 맞도록 자른 급속 분석 여과지를 두고 깔때기 안의 고무 홀더로 도가니를 잡아 놓는다. 여과액을 받을 여과 플라스크 안에 용량 35~50mL의 건조한 시험관을 놓고, 여과 플라스크의 목에 깔때기를 끼운다. 조각 중인 내용물을 젓지 말고 나머지 액체를 도가니 안에 넣는다. 이 과정이 끝나면 진공을 단속하고, 용기 내에 남아 있는 고체 입자를 도가니로 옮겨 스테인리스강 주걱으로 적당히 누른다. 다음에 진공 상태를 약51kPa까지 조절한다. 10초에 한 방울의 비율로 여과하여 끝날 때까지 이를 계속한다. 이 때 추가 실험용으로 잉여 여과액을 별도 보관한다. 여과 시간으로 진공을 작용시킨 총시간을 기록한다. 이 때 여과 기구를 조립하고, 도가니 내의 고체 입자를 싸는 과정을 일정하게 유지하면서 한 조의 모든 시료가 동일한 여과 시간이 되도록 노력해야 한다.
4. *3*의 과정에 따라 시료가 없는 용기도 여과한다. 이 때는 3개의 시료에 실시한 평균 여과 시간과 동일한 시간 동안 진공을 작용시킨다.
5. 여과를 마친 직후에는 균일하게 되도록 여과액을 젓고, 피펫으로 10mL의 여과액을 취한 후 메스 플라스크(200mL)에 넣고 물로 묽혀서 200mL 되게 한다. 용해된 실리카와 알칼리도의 감소량을 결정하기 위하여, 이 희석 용액을 따로 보관한다.
6. 희석 용액을 여과 직후 4시간 안에 분석하지 않을 때는 용액을 청결하고 건조된 폴리에틸렌 용기에 옮겨 놓고, 꼭맞는 뚜껑이나 마개로 용기를 봉해야 한다.

5) 용해 실리카의 정량 방법

용해 실리카의 정량은 질량법과 분광 광도법 중 한 가지 방법에 따라 행한다.

1. 질량법

a) 실험 방법

- 피펫으로 100mL의 희석 용액(*4)-5*)을 촉진을 위해 백금으로 만든 증발 접시에 옮기고 5~10mL의 염산(비중 1.19)을 가하고, 증기 수조 위에서 건소 상태로 증발시킨다.

나머지에는 열을 더 가하지 않고 5~10mL의 염산(비중 1.19)과 동일한 양의 물로 처리하거나 곧 10~20mL의 염산(1:1)을 붓는다. 증발접시를 덮고 증기 수조나 뜨거운 판 위에 10분 동안 침지한다. 용액을 같은 양의 뜨거운 물로 희석한 후 즉시 재성분이 적은 정량 분석용 여과지로 거르고, 뜨거운 물*로 분리된 실리카를 철저히 씻고 나머지는 별도로 보관한다.

[*] 실리카 침전물을 씻으려면 뜨거운 염산(1:99)으로 처리한 후 뜨거운 물로 씻는 것이 매우 효과적이다.

· 다시 여과액을 건조 상태로 증발시키고, 찌끼를 105±5℃의 건조기 내에서 1시간 동안 건조시킨다. 10~15mL의 연산(1:1)으로 찌끼를 처리하여 수조나 뜨거운 판 위에 놓고 가열한다. 용액을 동일한 양의 뜨거운 물로 희석하고, 다른 여과지 위에 있는 소량의 실리카를 취하여 씻는다. *2)-10*의 표준 나트륨 메타실리케이트 용액의 농축도를 결정하는 경우에 한하여 제2차 증발 과정이 필요하다. 그 밖의 시험에서는 이 과정을 생략할 수 있다.

· 전 과정의 나머지를 포함하여 여과지를 백금제 도가니*로 옮긴다. 여과지의 탄소가 불을 붙이지 않고 완전히 소모될 때까지는 처음에는 낮은 온도에서, 마지막으로 질량이 일정하게 될 때까지는 1100~1200℃에서 종이를 건조시키고 불을 붙인다.

[*] 잔여 실리카 내의 불순물의 양을 알려면 빈 도가니의 질량을 측정하기도 한다.

· 몇 방울의 물, 플루오르화수소 약 10mL, 황산 한 방울을 가진 도가니 안에서 소량의 나머지 부분을 1~2분 동안 1050~1100℃로 가열한 후 냉각시켜 질량을 단다. 이 때 이 질량과 앞에서 얻어진 질량의 차이가 실리카의 양이 된다.

b) 계산

· 골재 재료에서 용해에 농축된 수산화나트륨중의 용해 실리카량은 다음과 같이 계산한다.

$$S_c = 3330 \times W$$

***[참고_S_C : 용해 실리카량(초기 여과액의 mmol/L) / W : 100mL의 희석 용액에서 검출된 실리카의 양(g)]

2. 분광 광도법

a) 실험 방법

· 이 방법은 과로한 색 간섭을 받은 경우를 제외한 모든 수용액 내의 결정질 실리카*를 측정하는데 응용되는 것이지만, 실리카 총량을 결정할 수는 없다. 이 방법은 특히 10ppm 이하의 결정질 실리카의 급속 분석에 적용할 수 있다.

[*] 콜로이드 상태가 아닌 결정질 실리카는 산 용액(최적 pH는 1.2~1.5)내에서 몰리브데이트 이온과 반응하여 녹색의 실리코-몰리브데이트(Silico-molybdate) 색을 형성하고, 그 색의 강도는 용액의 실리카 농축도에 비례하지만 Beer의 법칙을 완전히 따르지는 않는다.

b) 검정 곡선의 작성

· 예비해 두었던 나트륨 실리케이트 용액의 일부를 희석하여 0.0~0.5mmol/L 사이의 미리 농축도를 알고 있는 일련의 용액을 준비한다. 이 용액을 물을 반쯤 채운 1000mL의 메스 플라스크로 옮긴다.

· 다시 2mL의 몰리브덴산 암모늄 용액과 1mL의 염산(1:1)을 가한 후 플라스크를 흔들어 씻는다. 다음에 용액을 실온에서 15분 동안 정치한다. 15±0.2mL의 옥살산 용액을 가하고, 표시된 부분까지 물로 플라스크를 채운 후 잘 혼합한다. 다시 용액을 5±0.1분 동안 정치한다. 물과 비교하여 410mm에서 광도계에 나타난 각 용액의 전달도를 읽는다.

· 각 용액마다 농축도를 아는 실리카의 것과 대비하여 전달도와 흡수율(%)을 나타낸 검정 곡선을 구한다.

c) 용해 실리카량의 측정

· 피펫으로 10mL의 희석 용액을 물로 반쯤 채운 100mL의 메스 플라스크에 옮기고 *b)*의 방법에 따라 진행한다. 이 파장을 가진 빛의 전달도와 실리카 농축도의 상관 관계를 나타내는 *5)-2-b)*의 검정 곡선을 이용하여 직접 용액의 실리카 농축도를 읽는다. 전달도가 30% 미만이거나 50%를 초과하면, 희석 용액의 양을 늘리거나 줄여서 사용해야 한다.

· 골재로부터 용해된 수산화나트륨 용액 중의 용해 실리카량은 다음과 같이 계산한다.

$$S_c = 20 \times \frac{100}{V} \times C$$

***[참고_S_C : 용해 실리카량(최초 여과액의 mmol/L) / C : 광도계로 측정한 용액의 실리카 농축도(mmol/L) / V : *4)-5*의 희석 용액의 용적(mL)]

6) 알칼리 농도의 감소량

1. **실험 방법** 피펫으로 20mL의 희석 용액을 삼각 플라스크(125mL)에 옮긴 후 거기에 2~3 방울의 페놀프탈레인 용액을 가하고, 0.05N 염산으로 페놀프탈레인 종말점까지 적정한다.
2. **계산** 알칼리 농도의 감소량은 다음과 같이 계산한다.

$$R_c = \frac{20N}{V_1}(V_3 - V_2) \text{ X } 1000$$

***[참고_R_C : 알칼리 농도 감소량 / N : 적정에 사용한 염산의 규정 농도 / V_1 : *4)-5*의 희석 용액의 체적(mL) / V_2: 시료에서 페놀프탈레인 종말점을 얻는 데 사용된 염산의 양(mL) / V_3: 빈 플라스크로 페놀프탈레인 종말점을 얻는 데 사용된 염산의 양(mL)]

7) 실험의 정확도

세 개의 R_C중 어떤 것도 평균값과 다음 값보다 큰 차이를 나타내는 것이 없을 때는 시험 결과를 만족한 것으로 본다.

1. 평균값이 100mmol 이하일 때는 12mmol/L 이내
2. 평균값이 100mmol을 초과할 때는 12% 이내

8) 결과 분석

1. 콘크리트 구조의 골재에 대하여, 이 방법으로 얻어진 자료들 사이의 상관 관계, 알칼리도가 높은 시멘트를 포함한 모르타르 봉의 팽창성, 골재의 암석학적 검사, 골재의 거동 등에 관한 연구 결과는 많이 발표되었다. 이들 자료를 기초로 하여 그 관계를 나타내면 그림 2의 실선과 같다. 만일 3개의 R_C, S_S 점 중 어떤 것이 그림의 곡선에 유해한 편에 놓이게 되면, 알칼리의 잠재 유해도가 나타난다. 그러나 그림의 점선 위에 있는 점들이 표시하는 잠재 유해도를 보면, 비록 알칼리도와 심한 반응을 한다하더라도 모르타르나 콘크리트에서 비교적 팽창이 적게 된다.
   적당한 입도를 가진 석영이나 규질 석회석과 같은 불활성 골재와 실험용 골재를 여러 가지로 혼합하여 KS F 2546의 규정에 따라 보충 시험을 실시하거나 현장의 사용 기록을 통하여 골재의 유해한 특성이 나타나지 않을 때까지는 이런 골재는 유해한 잠재 반응력을 가진 것으로 간주해야 한다. 시험 골재와 불활성 골재의 혼합 골재 비율은 질량비로 5:95로부터 50:50까지 변화시킨다.
2. 방해석, 백운석, 마그네사이트, 능철석과 같은 칼슘, 마그네슘, 철 이온의 탄산염을 포함한 골재에서는 시험 결과가 정확하지 않을 수도 있다. 또한 사문석과 같은 마그네슘을 함유하는 규산염의 경우도 마찬가지이다. 탄산칼슘으로 인해 유발되는 오차는 S_C와 R_C의 값이 잠재 반응에 한계가 있음을 나타내지 않는 한 의미가 없는 것이다. KS F 2548의 규정에 따라 골재를 검사하는 방법은 이런 형태의 광물의 존재 여부를 결정하는 데에도 사용할 수 있다. 이들의 효과를 평가하려면 KS F 2546의 규정에 따라 시험하는 것이 좋다.

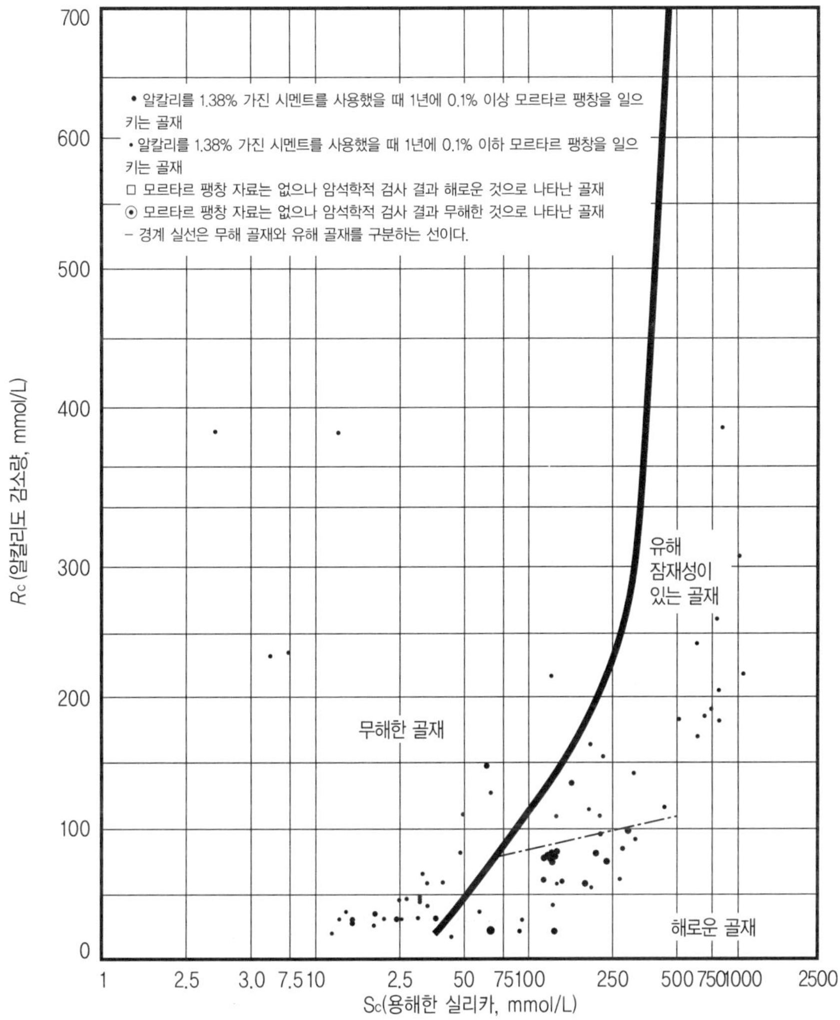

[그림_알칼리 농도 감소 시험을 기초로 한 무해 및 유해 골재 사이의 규별을 나타낸 보기

3. 이 방법으로 결과를 분석할 때는 골재의 현장 사용 기록과 KS F 2548의 규정을 연관시켜서 판단하는 것이 좋다.

9) 보고

보고는 다음 사항에 따라 행한다.

- 골재의 종류 또는 원산지
- 시료 채취일
- 알칼리 농도 감소량
- 용해 실리카량과 이의 정량 방법
- 판정 결과

잔 골재의 표면수 시험 방법 [KS F 2509]

시험빈도 : 1일 1회 이상

1) 시료

시료는 대표적인 것을 400g 이상* 채취한다. 채취한 시료는 가능한 한 함수율의 변화가 없도록 주의하여 2분하고 각각을 1회의 시험의 시료로 한다**.

[*] 시료의 양이 많을수록 정확한 결과가 얻어진다.
[**] 2회째의 시험에 사용하는 시료는 특히 시험을 할 때까지의 사이에 함수량이 변화하지 않도록 주의한다.

2) 시험 방법

시험은 다음의 질량법 또는 용적법 중 어느 쪽에 따른다. 시험하는 동안 용기 및 그 내용물의 온도는 15~25℃의 범위 내에서 가능한 한 일정하게 유지한다.

1. 질량법

a) 시료의 질량(m_1)을 0.1g까지 측정한다.

b) 표시 또는 눈금이 있는 유리 용기를 사용할 때는 표시 또는 적당한 눈금까지 물을 넣는다. 비중병 또는 윗면을 가공한 용기*를 사용할 때는 덮개 또는 평평한 유리판을 사용하여 용기를 물로 채운다. 이렇게 하여 물을 넣은 용기의 질량(m_2)을 측정한다.

[*] 비중병 또는 윗면을 가공한 용기를 사용할 때는 덮개 또는 평평한 유리판을 한 채 측정한다.

c) 용기를 비우고 시료를 덮기에 충분한 물을 넣는다. 다음으로 시료를 넣고 시료와 물을 흔들거나 또는 휘저어서 공기를 충분히 빼낸다. 그리고 위의 *2)-1-b)* 항과 같이 하여 표시 혹은 같은 눈금까지, 또는 덮개 혹은 유리판을 사용하여 용기를 채울 때까지 물을 넣고 용기, 시료 및 합계 질량(m_3)을 측정한다.

d) 시료에서 치환된 물의 질량(m)은 다음 식에 의해 산출한다.

$$m = m_1 + m_2 - m_3$$

***[참고_m : 시료에서 치환된 물의 질량(g) / m_1 : 시료의 질량(g) / m_2 : 용기와 물의 질량(g) / m_3 : 용기, 시료 및 물의 질량(g)]

2. 용적법 시험에는 일정한 용량을 나타내는 표시가 있는 유리 용기 또는 눈금이 있는 유리 용기를 사용한다.

- 시료의 질량(m_1)을 측정한다.
- 시료를 덮기에 충분한 수량 (V_1)을 측정하여 용기에 넣는다.
- 시료를 용기에 넣고 시료와 물을 흔들거나 또는 휘저어서 공기를 충분히 빼낸다.

- 눈금이 있는 용기를 사용할 때는 시료와 물의 부피의 합(V_2)의 눈금을 읽는다. 표시가 있는 용기를 사용할 때는 시료와 물의 부피의 합(V_2)은 넣은 양을 알 수 있도록 하여 물을 표시까지 채우고 이 물의 부피를 용기의 용량에서 빼서 구한다.
- 시료에서 치환된 물의 양(V)은 다음 식에 따라 산출한다.

$$V = V_2 - V_1$$

***[참고_V : 시료에서 치환된 물의 양(mL) / V_2: 시료와 물의 부피의 합(mL) / V_1: 시료를 덮도록 넣은 물의 양(mL)]

3) 계산

1. 표면수율(H)은 다음 식에 따라 산출하여 반올림하여 소수점 이하 1자리로 끝맺음한다.

$$H = \frac{m - m_s}{m_1 - m} \times 100$$

$$\text{다만 } m_s = \frac{m_1}{d_s} \times 100$$

***[참고_H : 표면수율(%) / m : 시료에서 치환된 물의 질량(g). 그리고 용적법에 따르는 경우는 물의 밀도를 비슷하게 1g/cm로 하여 $m = 1 \times V$를 이용한다. / m_1 : 시료의 질량(g) / d_s : KS F 2504 또는 KS F 2529에 따라 구한 잔골재의 표건 밀도(g/cm). 단, 경량 잔골재의 경우는 그 흡수 상태와 가능한 한 가까운 상태에서 측정한 값으로 한다.]

2. 시험은 동시에 채취한 시료에 대하여 2회 실시하고 결과는 그 평균값으로 나타낸다.

B. 콘크리트용 고로 슬래그 골재

콘크리트용 고로 슬래그 골재 [KS F 2544]

시험빈도 : 제조회사별 / 1,000m^3마다

1) 시험 방법

1. **시료의 채취 방법** 시료는 대표적인 것을 채취하여 합리적인 방법에 의해 축분한다.
2. **화학 분석 시험**
3. **절대 건조 밀도 및 흡수율 시험** 고로 슬래그 골재의 절대 건조 밀도 및 흡수율 시험은 다음에 따른다.
   - **고로 슬래그 굵은 골재** 고로 슬래그 굵은 골재의 절대 건조 밀도 및 흡수율 시험은 KS F 2503에 따른다. 그리고 KS F 2503의 시료는 5mm 체에 남는 것으로 하고, 또한 KS F 2503의 시료는 KS F 2503의 시료를 충분히 물로 씻어 입자의 표면에 붙어 있는 쓰레기, 기타를 제거하여 온도 100~110℃에서 항량이 될 때까지 건조하고 상온까지 식힌 후 온도 20±2℃의 물 속에서 24시간 흡수시킨 것으로 한다.
   - **고로 슬래그 잔 골재** 고로 슬래그 잔 골재의 절대 건조 밀도 및 흡수율 시험은 KS F 2503에 따른다[*][**].

> [*] 미립자가 많은 고로 슬래그 잔 골재의 경우는 KS F 2511에 규정하는 방법에 따라 씻은 것을 시료로 할 수 있다. 이 경우에는 보고 사항에 그 내용을 표기한다.
> [**] 미립자가 적은 5~0.3mm 고로 슬래그 잔 골재의 표면 건조 포화 상태의 제작 방법은 KS F 2503의 3.3에 따른다. 이 경우는 보고 사항에 그 내용을 표기한다.

4. **단위 용적 질량 시험** 고로 슬래그 골재의 단위 용적 질량 시험은 KS F 2505에 따른다.
5. **수중 침지 시험** 고로 슬래그 굵은 골재의 물 속 침지 시험은 다음에 따른다.
   a) **시료** 약 2000g의 고로 슬래그 굵은 골재를 채취하여 10mm 체로 체가름하여 체에 남은 것을 용기에 넣는다. 이것에 물을 붓고 물 속에서 세게 휘저어 고로 슬래그 굵은 골재의 표면에 부착하거나 공동에 포함되는 고운 입자를 제거한다. 고운 입자가 뿌옇게 된 씻은 물은 용기를 기울여 흘러 보낸다.
   용기 안의 고로 슬래그 굵은 골재는 별도의 용기 안에 10mm 체를 놓고 이 체 위에 올린다. 다시 용기 안의 고로 슬래그 굵은 골재에 물을 가하여 휘저어 씻고 물이 맑아질 때까지 이 조작을 반복한다. 이렇게 하여 얻은 고운 입자를 포함하지 않는 10mm 이상의 고로 슬래그 굵은 골재를 시료로 한다.
   b) **방법** 임의로 30알갱이의 시료를 꺼내 온도 20±2℃의 물 속에 2일간 담가 관찰한다.
   c) **결과 및 판정** 관찰의 결과, 시료의 전 입자에 대하여 균열, 분해, 진흙화, 분화 등의 현상이 없으면 합격으로 한다. 1알갱이라도 균열, 분해, 진흙화, 분화 등의 현상이 인정된 경우는 재시험한다.

6. 자외선(360.0nm)조사 시험 고로 슬래그 굵은 골재의 자외선 조사 시험은 다음에 따른다.

a) **시료** 기건 상태의 고로 슬래그 굵은 골재 약 2000g을 채취하여 10mm 체로 체가름하여 체에 남은 것에서 임의로 10알갱이를 꺼내서 시료로 한다.

b) **장치** 분석용 석영등 및 산회니켈유리(U.V필터용)를 조합한 파장 360.0mm의 자외선을 조사할 수 있는 가시 광선을 포함하지 않는 자외선 감식 장치로 한다.

c) **방법** 10알갱이의 시료를 각각 정과 해머로 깨서 신선한 파단면을 내놓는다. 다음으로 이 파단면에 파장 360.0mm의 자외선을 조사하여 관찰한다.

d) **결과 및 판정** 관찰의 결과, 발광하지 않거나 또는 똑같이 자주색으로 빛나고 있으면 합격으로 한다. 1 알갱이라도 이상한 발광을 나타내는 경우는 재시험을 한다.

7. 입도 시험 고로 슬래그 골재의 입도 시험은 KS F 2502에 따른다.

2) 검사 방법

검사는 KS A ISO 2859-0또는 인수 · 인도 당사자 사이의 협정에 따라 로트의 크기를 결정하고, 합리적인 샘플링 검사 방법에 따라 시료를 샘플링하여 *1)*항에 따라 시험을 하고 규정에 적합하여야 한다. 그리고 인수 · 인도 당사자 사이의 협정에 따라 검사 항목의 일부를 생략할 수 있다.

3) 표시

제품의 납품서에는 다음 사항을 표시하여야 한다.

- 종 류 ex)고로 슬래그 굵은 골재 467 A

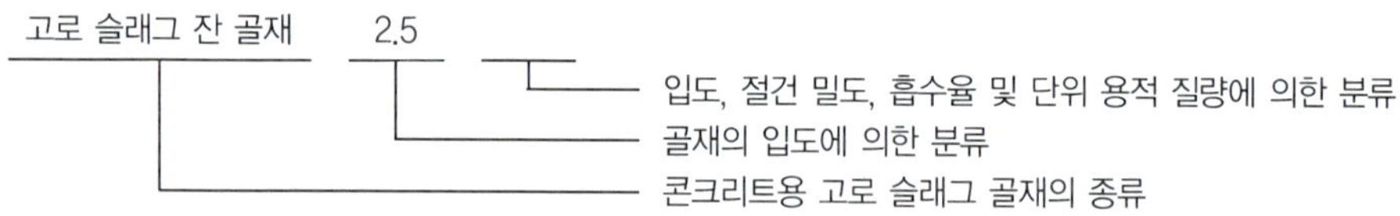

- 제조 연월일 또는 그 약호
- 제조자 명 또는 그 약호
- 기타 사용상 주의 사항

4) 보고

제조자는 구입자로부터 요구가 있는 경우에는 시험 성적서를 제출하여야 한다.

C. 시멘트

도자기질 타일 시멘트 [KS L 1592]

시험빈도 : 제조일부터 3월이 되어 재질의 변화가 있다고 인정되는 때 / 300 t마다

1) 종류

타일 시멘트의 종류는 제품 외형 및 용도에 따라 다음과 같이 구분한다.

1. 제품 외형에 따른 구분

- **타일 시멘트 1종** 시멘트, 무기 골재를 주원료로 하여 보수성 및 접착성 향상을 위해 적당한 혼화제를 혼합, 단일 포장한 것을 말한다.
- **타일 시멘트 2종** 고체 혼합물과 액체 첨가제(라텍스 등 고분자 화합물)로 구분 포장하여 별도로 작업 현장에서 직접 배합 사용하도록 동봉한 것으로 얇게(3mm) 바를 수 있는 제품을 말한다.

2. 용도에 따른 구분

- **접착용** 타일과 시공면 사이의 접착에 사용되는 것을 말한다.
- **줄눈용** 타일과 타일 사이에 채워 타일 접착 상태를 보강하고 줄눈 치장을 위해 사용하는 것을 말한다.

2) 원료 및 제조 방법

타일 시멘트는 KS L 5201, KS L 5204에 적당한 골재와 시멘트 성능 개선을 위한 첨가제를 균일하게 혼합 포장하거나 액체 첨가제와 고체 혼합물을 구분 포장한 것을 말한다. 다만 줄눈용에서 색상을 나타내기 위해 품질에 영향을 미치지 않는 범위 내에서 안료를 첨가할 수 있다.

3) 시료 채취 방법 및 시험 조건

1. 시료 채취 방법 KS L 5101에 따른다.

2. 시험 조건 특별한 시험을 위해 별도로 명시하지 않는 한 모든 시험은 온도 (23±2)℃, 상대 습도 (50±5)% 하에서 한다. 사용 전 최초 12시간 이상 물, 모르타르, 타일 등을 이 조건에서 저장하여야 한다.

4) 시험 및 검사 방법

1. **시험용 타일**
   a) A형 타일 크기 60×60mm의 자기질 시유 모자이크 타일로서 KS L 1001에 적합한 것이어야 한다.
   b) B형 타일 크기 150×150mm의 도기질 시유 내장 타일로서 KS L 1001에 적합한 것이어야 한다.
   c) C형 타일 크기 200×100mm의 석기질 무유 바닥 타일로서 KS L 1001에 적합한 것이어야 한다.
2. **시험값 기록** 시험값이 1개 이상 필요한 전단력 시험은 각 시험값을 기록하여 평균값으로 시험 요구값과 비교한다. 전단력이 정규 분포에 포함되지 않는 높거나 낮은 시험값일 경우에는 극한값에 대한 딕슨(Dixon) 시험 방법으로 처리한다.

만약 $\dfrac{X_2 - X_1}{X_4 - X_1} \geq 0.75$이면 최소값은 버린다.

만약 $\dfrac{X_4 - X_3}{X_4 - X_1} \geq 0.75$이면 최소값은 버린다.

***[참고_ X_1, X_2, X_3, X_4는 측정된 전단력의 최소값에서 최고값까지이다.]

3. **위치 교정도**
   a) 장치 및 기구
   - 저울 용량 1000g
   - 메스실린더 용량 250mL
   - 조정 기구
   - 요철 흙손 6×6mm 요철 흙손
   - 석고 보드 두께 12.7mm로서 KS L 5315의 규정에 적합한 것이어야 한다.
   - 타일 *4)-1-a)* 항의 A형 타일을 사용하여야 한다.
   - 혼합기 혼합 용기 및 패들 혼합기는 전동 혼합기로서 KS L 5109의 4.1, 4.2 및 4.3에 따른다.

   b) 온도와 습도 모르타르 혼합 및 제작 작업시 시험실 온도는 (20±5)℃, 상대 습도 45~55%에서 행하고 각각 제작된 시험편은 시험 온도 및 상대 습도하에서 지정하여야 한다.
   c) 모르타르의 배합 1000g의 타일 시멘트와 제조자의 시방에 따라 물 또는 액체 첨가제*를 다음 *d)*에 따라 균일하게 혼합하여 6×6mm 요철 흙손으로 평면에 발랐을 때 퍼짐이나 처짐이 있을 경우, 혼합수의 양을 조정하여 새로운 시료로 재배합하여야 한다.

[*] 액체 첨가제는 제조자의 시방에 물로 희석하라는 지시가 있을 경우에는 타일 시멘트를 넣기 전에 그 지시에 따라 지정량의 물을 섞는다.

d) **모르타르 혼합 반죽** 건조한 패들 및 혼합 용기를 제자리에 결합하고 1배치의 재료를 다음 순서에 따라 혼합한다.
- 혼합수 또는 액체 첨가제 전량을 혼합 용기에 붓는다.
- 혼합기를 1속으로 하여 고체 시료를 혼합 용기에 투입하면서 30초간 혼합한다.
- 혼합기를 정지시키고 패들과 용기 옆면에 부착된 모르타르를 30초 안에 전부 긁어 내린다.
- 다시 1속으로 30초간 혼합한다.
- 혼합기를 다시 정지시키고 옆면에 부착된 모르타르를 전부 배치 안으로 긁어 내린 후, 혼합 용기에 뚜껑을 덮어서 1종 및 2종을 15분간 방치한다.
- 제1속으로 15초간 혼합한다.

e) **시험편제작** 30×30cm의 석고 보드 위에 6×6mm 요철 흙손으로 모르타르를 바르고, 평균 두께가 3mm가 되도록 A형 타일을 눌러 붙여 항온 항습기에 수평으로 넣어 둔다.

f) **시험 방법** 위의 *e)* 항에서 1종은 20분, 2종은 30분 후에 항온 항습기에서 꺼내 가방 시간 조정 기구를 사용하여 A형 타일을 바탕과 타일 사이를 2mm 두께로 유지한 채 90° 비튼 다음, 다시 처음 상태로 환원시켰을 때 타일 자체 무게에 의해 떨어지지 않으면 합격으로 한다.

4. 압축 강도

a) **장치 및 기구**
- **저울** 용량 2000g
- **메스실린더** 용량 500mL
- **몰드 및 탬퍼** KS L 5101의 2.4, 2.7에 따른다.
- **혼합기** *3-a)* 항에 따른다.

b) **모르타르 배합 및 반죽** *4)-3-c)* 항 및 *4)-3-d)* 에 따른다.

c) **시험편 제작** *4)-3-b)* 에 의해 준비된 모르타를 KS L 5105의 9.에서의 그림과 같이 시험편을 성형할 때 찧는 순서의 방법에 따라 몰드에 모르타르를 채운다.

d) **시험편 저장** 시험편 성형이 모두 끝난 즉시 몰드 윗면을 비닐로 덮어 물방울이 시험편에 떨어지지 않도록 하고 24시간 동안 습기함이나 습기실에 저장한 후, 비닐을 제거하여 48시간 더 저장한다. 이 때 윗부분은 습기에 노출되게 하고 물방울이 떨어지지 않도록 주의한다. 저장 기간이 끝나면 즉시 탈형하여 시험편을 온도 (23±2)℃, 상대 습도 (50±5)%인 항온 항습기에 25일간 저장한다.

e) **시험 방법 및 측정** 시험편 면과 시험기의 접촉면은 모래 등의 이물질이 없어야 하며, 최대 하중이 20초 이상 80초 이내에 미치는 속도로 가한다. 그 결과 시험기가 표시한 최대 하중을 기록하고 압축 강도를 N/㎟ 로 계산한다.

e) 불완전 시험편 및 재시험 압축 강도 측정을 위한 시험편은 3개 이상으로 하며 딕슨(Dixon) 시험 방법에 의해 시험값을 기록하고 계산에 포함되는 시험편이 전체 시험편의 수의 절반을 넘지 않으면 그 시험은 다시 한다.

5. **흡수율**

- 장치 및 기구 *4)-4-a)* 에 따른다.
- 모르타르 배합 및 반죽 *4)-3-c)* 및 *4)-3-d)* 에 따른다.
- 시험편 제작 *4)-4-c)*에 따른다.
- 시험편 저장 *4)-4-d)*에 따른다.
- 시험 방법 및 계산 저장 기간이 끝난 즉시 무게(W_i)를 0.1g까지 단다. 500mL 비커에 물을 채워 60℃까지 데우고 여기에 시료를 넣은 후 정상 온도까지 냉각시킨다. 22시간 침수 후 시료를 꺼내어 시료 표면의 수분을 종이 수건으로 가볍게 닦은 후 무게(W_S)를 0.1g까지 단다.

$$흡수율(\%) = \frac{W_s - W_i}{W_i} \times 100$$

6. **전단 접착 강도**

가. 장치 및 기구

a) 저울 용량 : 1000g

b) 메스실린더 용량 250mL

c) 전단 접착 강도 시험편 제작 기구

d) 전단 접착 강도 시험편 지지 기구

e) 시험용 타일 *4)-1* 항의 A형 타일*, C형 타일*을 이용한다.

[*] 모르타르 접촉면에는 실밥이나 접착제 등의 이물질이 없어야 하고 사용 전 24시간 동안 온도(23±2)℃, 상대 습도 (50±5)% 조건하에 저장하여야 한다.

나. 시험편 제작

a) 타일의 붙임 방법

타일은 뒷면을 모르타르 접촉면으로 한다. 다만, 뒷면에 요철이 있으면 요철 방향이 서로 같도록 하고, 강도 측정시 요철 길이 방향이 힘의 방향에 평행하도록 측정한다.

b) 제작과정

4)-3-b) 항에 의해 준비된 모르타르를 전단 접착 강도 시험편 제작 기구를 이용하여 모르타르 층이 3mm가 되도록 타일과 타일을 눌러 붙인다. 이 때 타일의 엇갈림 길이는 6mm가 되도록 한다.

다. 시험편 저장

a) 기건 양생은 온도 (23±2)℃, 상대 습도 (50±5)%인 항온 항습기에 저장한다.

b) 동결 융해 시험은 (23±2)℃의 물에 6시간 침지 후, 시험편 표면 물기를 닦아 즉시 (−18±3)℃ 상태로 3시간 유지시키고 같은 방법으로 10회 반복한다. 최종 냉동이 끝나면 실온에서 48시간 정치, 양생시킨다.

라. 강도 측정 방법

시험편은 전단 접착 강도 시험편 지지 기구에 결합하고 9800N/min의 속도로 하중을 가하여 그 결가 시험기가 나타낸 최대 하중을 타일의 접착 면적으로 나누어 전단 접착 강도(N/mm)로 한다.

마. 불완전 시험편 및 재시험

전단 접착 강도 측정을 위한 시험편은 4개 이상으로 하며 7.2의 딕슨(Dixon) 시험 방법에 의해 시험값을 기록하고 계산에 포함되는 시험편이 전체 시험편 수의 절반을 넘지 않으면 그 시험은 다시 한다.

7. 길이 변화율

가. 장치 및 기구

a) 저울 용량 : 1000g

b) 메스실린더 용량 250mL

c) 틀 KS L 5107의 3.3의 규정에 따른다.

d) 길이 측정용 콤퍼레이터 부속으로 표준봉이 있어야 한다.

나. 모르타르 배합 및 반죽 *4)-3-c)* 항 및 *4)-3-d)* 항에 따른다.

다. 시험편 제작 *4)-7-가* 항에 의해 준비된 모르타르를 2층으로 고르게 채워 만드는데 각 층은 엄지손가락이나 집게손가락으로 끼워 표점 주위와 틀의 표면을 따라서 공간이 생기거나 공기가 유입되지 않도록 반죽을 다져 넣어 균일한 시험편이 되도록 성형한다. 주걱으로 위 표면은 틀의 높이와 수평을 유지시키고 수평에서 초과된 부분은 잘라 버린다.

라. 시험편 저장 모르타르를 틀에 넣은 채로 72시간 동안 온도 (23±2)℃, 상대 습도 95% 이상의 습기함이나 습기실에서 저장한다.

마. 시험 방법 및 계산 *4)-7-라* 항에서의 시험편 저장 기간이 끝난 후 틀을 분해하여 측정용 콤퍼레이터를 이용해서 길이(L_1)를 0.01mm까지 측정하고 온도 (23±2)℃, 상대 습도 (50±5)인 항온 항습기에 넣어 7일 경과 후 시험편의 길이(L_2)를 0.01mm까지 측정한다.

$$\text{길이 변화율(\%)} = \frac{L_1 - L_2}{L_1} \times 100$$

8. 보수율

가. 장치 및 기구

a) 유리판 200×200× 5mm의 판유리를 시험용 판으로 한다.

b) 거름종이 KS M 7602에서 규정하는 거름종이(5종 A)를 사용한다.

c) 링형 틀 안지름 50mm, 높이 10mm의 황산구리로 한다.

d) 버니어 캘리퍼스

나. 시험 방법 유리판 위에 거름종이를 올려놓고 그 가운데 링형 틀을 설치한 후, 각 제품의 기준에 의해 물을 혼합해 잘 비빈 모르타를 주걱으로 링형 틀 안에 채워 거푸집의 높이와 수평하도록 초과 부분을 제거한 뒤 즉시 그 위에 유리판을 덮어 상하로 반복하여 뒤집어 준 후 거름종이가 있는 부분이 위로 올라오도록 한다.

다. 계산 측정은 60분 후에 거름종이에 배인 수분의 가장 큰 부분을 버니어 캘리퍼스로 측정하고 이의 직각 방향 구분의 크기를 0.1mm까지 측정한다.

$$\text{보수율(\%)} = \frac{50}{\text{측정 평균값}} \times 100$$

9. 개방 시간

가. 장치 및 기구

a) 저울 용량 1000g

b) 메스실린더 용량 250mL

c) 조정 기구

d) 요철 흙손 6×6mm 요철 흙손으로 한다.

e) 석고 보드 두께 12.7mm로서 KS L 5315에 적합해야 한다.

f) 타일 *4)-1-b)*의 B형 타일을 사용한다.

g) 혼합기 진동 혼합기로서 KS L 5109에 따른다.

나. 온도와 습도 모르타르의 혼합 및 시험편 제작 작업시 실험실 온도는 20~27℃, 상대 습도는 50%이상이 되어야 한다.

제작된 시험편은 온도 (23±2)℃, 상대 습도 (50±5)%인 상태에서 보관하여야 한다.

다. 모르타르의 배합 및 반죽 *4)-3-c)* 및 *4)-3-c)*에 따른다.

라. 시험편 제작 *4)-3-e)*에 따른다.

마. 시험 방법 *4)-9-라*에서 1종은 30분, 2종은 40분 후에 항온 항습기에서 꺼내 개방 시간 조정 기구를 사용하여 B형 타일을 바탕과 타일 사이가 2mm가 되도록 눌러 붙이고 90°로 비틀었을 때 타일이 자체 무게에 의해 떨어지지 않으면 합격으로 한다.

5) 포장

타일 시멘트를 포장할 때는 KS A 1542, KS A 1543, KS A 1553 또는 타일 시멘트 포장용 포대에 넣어 실중량 5kg, 10kg, 25kg으로 한다. 다만 수출용에 대하여는 예외로 한다.
타일 시멘트 2종은 액체 첨가제를 포함하여 25kg으로 한다.

6) 중량(포장 제품 실중량)

단위 포장 중량의 허용차는 표시 중량의 3% 이내이고 포장 제품 중 랜덤 샘플링 한 50대의 평균 중량이 표시 중량 이상이어야 한다.

7) 표시

포장에는 다음 사항을 표시하여야 한다.

a) 제조자명과 주소 또는 전화 번호
b) 종류
c) 저장 조건 및 저장 기간
d) 적용 장소 및 타일 종류
e) 제품 중량
f) 제조 연월 또는 로트 번호

포틀랜드 시멘트 [KS L 5201]

시험빈도 : 제조일부터 3월이 되어 재질의 변화가 있다고 인정되는 때 / 300 t마다

1) 종류

포틀랜드 시멘트의 종류는 다음의 5종류로 한다.

a) 1 종 보통 포틀랜드 시멘트
b) 2 종 중용열 포틀랜드 시멘트
c) 3 종 조강 포틀랜드 시멘트
d) 4 종 저열 포틀랜드 시멘트
e) 5 종 내황산염 포틀랜드 시멘트

2) 원료 및 제조 방법

포틀랜드 시멘트는 주성분인 석회, 실리카, 알루미나 및 산화철을 함유하는 원료를 적당한 비율로 충분히 혼합하고, 그 일부가 용융하여 소결된 클링커(clinker)에 적당량의 석고를 가하여 분말로 한 것이다. 다만, KS L 5210에서 규정한 슬래그나 KS L 5401에서 규정한 포졸란 또는 KS L 5405에서 규정한 플라이 애시 및 기타 첨가제 등을 시멘트의 5% 이내에서 혼합 분쇄 또는 단독 분쇄 후 혼합할 수 있다.

3) 품질

포틀랜드 시멘트의 품질은 편의상 화학성분과 물리성분의 2가지 항목으로 나누어 규정한다.

4) 시험 방법

a) 시료 채취는 KS L 5101에 따른다.
b) 화학 성분 시험은 KS L 5120에 따른다.
c) 분말도 시험은 KS L 5106에 따른다.
d) 안정도 시험은 KS L 5107에 따른다.
e) 응결 시간 시험은 KS L 5103 또는 KS L 5108에 따른다. 단 KS L 5103은 2008년 12월 31일까지만 적용한다.
f) 압축 강도 시험은 KS L 5105에 따른다.
단 2009년 1월 1일부터는 KS L ISO 679에 따른다.
g) 수화열 시험은 KS L 5121에 따른다.

4) 검 사

시멘트의 검사는 구매자와 제조자 사이의 동의하에 이루어져야 하며, 시험을 완결시키는 것은 시료 채취일로부터 다음에 표시하는 기간 내에 하여야 한다.

- 1일 시험 6일 이내
- 7일 시험 12일 이내
- 3일 시험 8일 이내
- 28일 시험 33일 이내

검사 결과 다음과 같은 경우에는 불합격품으로 한다.

a) 시멘트의 품질이 화학성분과 물리성분의 규정에 적합하지 않을 때

b) 품질 시험이 끝난 후에 6개월 이상 저장한 시멘트나, 포장한 시멘트를 출하하여 제조자 측에서 3개월 이상 보관한 것은 재시험을 하였을 때 그 결과가 화학성분과 물리성분의 규정에 적합하지 않을 때

c) 단위 제품이 규격 질량의 3% 이상 미달되고 또한, 포장 제품 중 무작위로 시료 채취한 50포대의 평균 질량이 규정 질량에 미달일 때

5) 포장

포틀랜드 시멘트를 포장할 때는 KS A 1542, KS A 1543, KS A 1553 또는 시멘트 포장에 적합한 포대에 넣은 실제 질량 40kg으로 하다. 다만, 수출용에 대하여는 예외로 한다. 비포장은 방수, 방풍이 된 전용 시설에 수용한다.

6) 표시

포장 시멘트는 포대의 바깥면에, 비포장 시멘트는 납품서에 시멘트의 종류, 제조자명, 상표, 실제 질량 및 제조 연월 또는 출하 연월을 명시한다. 다만, 수출품은 예외로 한다.

7) 저장

시멘트는 검사 및 확인이 용이하도록 저장하여야 하고, 습기를 방지할 수 있도록 함은 물론 기후 조건에도 견딜 수 있도록 저장하여야 한다.

백색 포틀랜드 시멘트 [KS L 5204]

시험빈도 : 제조일부터 3월이 되어 재질의 변화가 있다고 인정되는 때 / 300 t마다

1) 품질

백시멘트의 품질은 편의상 화학 성분과 물리 성능의 두 가지 항목으로 나누어 규정한다.

a) 화학 성분 백시멘트는 [표 1]에 표시한 화학 성분의 규정에 따라야 한다.

[표_1] 화학 성분

항목	규정
산화제이철(Fe_2O_3)(%)	0.5 이하
산화마그네슘(MgO)(%)	5.0 이하
삼산화황(SO_3)(%)	
3CaO · Al_2O_3가 8% 이하일 때(%)*	3.0 이하
3CaO · Al_2O_3가 8% 초과할 때(%)*	3.5 이하
강열 감량 (%)	3.0 이하
불용해 잔분 (%)	0.75 이하

[*] 알루민산 3석회는 화학 분석 결과에서 다음 식에 따라 계산한다. 알루민산 3석회=[2.65XAl_2O_3(%)]−[1.69XFe_2O_3(%)] 이들의 계산에서는 분석 결과치를 소수점 이하 한 자리까지 계산하고, 정수로 끝맺는다.]

b) 물리 성능 백시멘트는 [표 2]에 표시한 물리 성능 규정에 따라야 한다.

[표_2] 물리 성분

항목	시험	구분	규정
분 말 도	비표면적 (Blaine 방법 cm^2/g)		3000이상
안 정 도	오토클레이브 팽창도(%)		0.80 이하
응결 시간	길모어 시험	초 결(분)	60 이상
		종 결(시간)	10 이하
	비카트 시험	초 결(분)	45~375 이하
강 도	압축 강도(N/mm^2)	3일	12.74 이상
		7일	19.60 이상
		28일	28.42 이상
백 색 도	헌 터 법		89 이상

*** [참고_1. 28일의 강도는 7일의 강도보다, 7일의 강도는 3일의 강도보다 커야 한다.
2. 28일의 강도는 수요자가 요구하지 않을 때는 생략할 수 있다.
3. 응결 시간 시험 방법은 수요자의 요구에 따라 길모아 시험과 비카트 시험 중 택일하여 실시한다.]

2) 시험 방법

a) 시료 채취는 KS L 5101에 따른다.

b) 화학 분석은 KS L 5120에 따른다.

c) 분말도는 KS L 5106에 따른다.
d) 안정도는 KS L 5107에 따른다.
e) 응결 시간은 KS L 5103 또는 KS L 5108에 따른다.
f) 압축 강도는 KS L 5105에 따른다.
g) 백색도는 KS L 5113에 따른다.

3) 검사

시멘트의 구매자가 시료 채취나 품질 검사에 대하여 요구할 때 제조자는 모든 편의를 제공하여야 한다. 시험완결은 시료 채취일부터 아래에 표시하는 기간내에 하여야 한다.

3일 시험 .... 8일 이내
7일 시험 .... 12일 이내
28일 시험 .... 33일 이내

검사 결과 아래와 같은 경우에는 불합격품으로 한다.
a) 시멘트의 품질이 *1)* 의 규정에 맞지 않을 때
b) 품질 시험이 끝난 후 6개월 이상 저장한 시멘트나 포장한 시멘트를 출하하여 제조자 쪽에서 3개월 이상 보관한 것은 재시험을 할 수 있고, 그 결과가 *1)* 의 규정에 맞지 않을 때
c) 단위 포장 제품이 규정 무게의 3% 이상 미달되거나 또한 포장 제품 중 랜덤 샘플링 한 50대의 평균 무게가 규정 무게에 미달일 때

4) 포장

백시멘트를 포장할 때는 KS A 1542, KS A 1543, KS A 1553에 넣고, 실중량은 50kg, 40kg 및 20kg으로 한다.

5) 표시

시멘트 지대 바깥면에는 백시멘트, 제조자 명, 상표, 실무게 및 제조년 월 또는 출하년월을 명기하고 수출품은 예외로 한다.

6) 저장

시멘트는 검사 및 확인이 쉽도록 저장하여야 하고, 습기를 방지할 수 있도록 함은 물론, 기후 조건에도 견딜 수 있도록 저장하여야 한다.

포틀랜드 고로 슬래그 시멘트 [KS L 5210]

시험빈도 : 제조일부터 3월이 되어 재질의 변화가 있다고 인정되는 때 / 300 t마다

1) 종류

고로 슬래그 시멘트의 종류는 고로 슬래그의 함유량에 따라 [표 1]과 같이 3종류로 한다.

[표_1] 종 류

종 류	고로 슬래그의 함유량 질량%
1 종	5 초과 30 이하
2 종	30 초과 60 이하
3 종	60 초과 70 이하

2) 시험

1. 시료 채취는 KS L 5101에 따른다.
2. 화학 분석은 KS L 5120에 따른다.
3. 분말도 시험은 KS L 5106에 따른다.
4. 안정도 시험은 KS L 5107에 따른다.
5. 응결 시간 시험은 KS L 5103 또는 KS L 5108에 따른다. 단, KS L 5103은 2008년 12월 31일까지만 적용한다.
6. 압축 강도 시험은 KS L 5105에 따른다. 단, 2009년 1월 1일부터는 KS L ISO 679에 따른다.

3) 검사

시멘트의 구매자가 시료 채취나 품질 검사를 요구할 때 제조자는 모든 편의를 제공하여야 한다. 시험을 완결시키는 것은 시료 채취일로부터 다음에 표시하는 기간 내에 하여야 한다.

3일 시험 .... 8일 이내
7일 시험 .... 12일 이내
28일 시험 .... 33일 이내

검사 결과 아래와 같은 경우에는 불합격품으로 한다.

a) 시멘트의 품질이 규정에 적합하지 않을 때
b) 품질 시험이 끝난 후 6개월 이상 저장한 시멘트나, 포장한 시멘트를 출하하여 제조자측에서 3개월 이상 보관한 것은 재시험을 할 수 있고, 그 결과가 규정에 적합하지 않을 때

c) 단위 제품이 규격 질량의 3% 이상 미달되고 또한, 포장 제품 중 무작위로 시료 채취한 50포대의 평균 질량이 규정 질량에 미달할 때
d) 오토클레이브 시험 방법의 안정도 시험에 불합격된 시멘트는 28일 이내에 새로운 시료로 재시험하여 합격된 것을 합격품으로 인정한다.

4) 포장

포틀랜드 고로 슬래그 시멘트를 포장할 때는 KS A 1542, KS A 1543 또는 KS A 1553에 규정하는 지대에 넣고 실제 질량은 40kg으로 한다.

5) 표시

포대 시멘트는 다음의 내용으로 표시한다.

a) 지대의 표면에 포틀랜드 시멘트와 구별할 수 있도록 청색띠를 중앙부의 전면 및 양 측면에 돌리는 동시에 "고로 슬래그 시멘트"라고 표시하되 다른 글씨를 넣을 수도 있다.
b) 종 류
c) 고로 슬래그 시멘트에 혼입된 고로 슬래그의 총 함유량(%)
d) 제조 회사 및 상표, 연락처(주소 및 전화번호, 홈페이지가 있는 경우 홈페이지 주소)
e) 실제 질량
f) 제조 연월 또는 출하 연월

(비포장으로 시멘트를 판매할 경우 납품서에 위의 내용이 포함되도록 표시하여야 한다.)

5) 보고

생산자는 구입자의 요구가 있을 경우 시험 성적표를 제출하여야 한다.

메이슨리 시멘트 [KS L 5219]

시험빈도 : 제조일부터 3월이 되어 재질의 변화가 있다고 인정되는 때 / 300t마다

1) 물리 성능

메이슨리 시멘트의 물리 성능은 [표 1]의 규정에 따라야 한다.

[표_1]

항목			N형	S형	M형
분말도	표준체 45 ㎛ 의 잔분 (%)		24.0 이하	24.0 이하	24.0 이하
안정도	오토클레이브 팽창도 (%)		1.0 이하	1.0 이하	1.0 이하
응결시간	길모어 시험	초결 (분)	120 이상	90 이상	90 이상
		종결 (시간)	24 이하	24 이하	24 이하
압축 강도 MPa	7일		3.4 이상	9.0 이상	12.4 이상
	28일		6.2 이상	14.5 이상	20.0 이상
모르타르 공기량 (%)			8~21	8~19	8~19
보수성 (%)			70 이상	70 이상	70 이상

2) 오염

이 요구 사항은 구매자가 석회석에 오염 등의 결점이 없는 시멘트일 것을 요구할 경우에 적용한다. 이 시멘트가 오염 등 결점이 없음을 나타내기 위해서는 *10)* 에 따라 시험했을 때 수용성 알칼리가 0.03% 이하이어야 한다.

*** [참고_1. 석회석에 결점이 있는 재료의 성질과 양은 광물에 따라 달라질 것으로 여겨지므로, 시멘트의 알칼리는 비록 겉보기로는 동일 광석원에서 나온 것 같더라도 다른 광에서는 오염이 현저히 다르게 나타날 수 있다.
2. 이 결점을 풍화와 혼동하여서는 안 된다. 무결점 시멘트도 풍화될 수 있다.]

3) 시료 채취

메이슨리 시멘트의 시료 채취 방법은 KS L 5101에 따른다.

4) 온도 및 습도

a) 시험실 온도 및 상대 습도는 KS L 5105에 따른다.
b) 습윤 용기, 습윤실은 KS F 2818에 따른다.

5) 분말도

분말도는 KS L 5112에 따른다.

6) 표준 주도

표준 주도 측정은 KS L 5102에 따른다.

7) 안 정 도

안정도는 KS L 5107에 따른다. 탈형 전에 48시간±30분간 습윤 용기 또는 습윤실에서 양생한 후, 유효 게이지 길이의 0.01%까지 시험편의 오토클레이브 전후 길이 차이로 계산한다. 이것을 메이슨리 시멘트의 오토클레이브 팽창도로 보고한다.

8) 응결 시간

응결 시간은 KS L 5103에 따른다.

9) 비 중

액체로 등유(케로젠)를 사용하여 KS L 5110에 따라 측정한다. 모르타르의 공기량 계산시 이 비중을 사용한다.

10) 오염 시험(수용성 알칼리의 측정)

a) 절 차 KS L 5120의 수용성 알칼리 측정 방법에 따른다.
b) 계 산 Na_2O로서 0.01%까지 수용성 알칼리의 백분율로 계산한다.

11) 모르타르 시험을 위한 장치

KS L 3136, KS L 5105, KS L 5109, KS L 5111에 정한 기구 및 장치를 사용한다.

12) 표준사

KS L 5100에 따른다.

13) 모르타르의 준비

a) **모르타르의 배합** 공기 연행, 압축 강도, 보수성 측정에 이용되는 모르타르의 건조 재료 배합은 모래 1620g과 [표 2]에 정한 모르타르 배합의 시멘트량(1실험 배치당)을 사용한다. 혼합 수량은 플로를 측정하여 110±5가 되는 양으로 한다.

[표_2]

종 류	시멘트 무게
N	480g
S	510g
M	540g

b) **플로의 결정** KS L 5105에 따른다.

14) 공기 연행

a) **절 차** 모르타르의 플로가 정확하다면 연행된 공기의 측정을 위하여 모르타르의 일부분을 떼어 내어 사용한다. KS F 2421에 따르되 그 양은 400cm^{3}로 한다.

b) **계 산** 모르타르의 공기량을 다음 식에 따라 1%까지 계산하여 기록한다.

$$D = \frac{W_1 + W_2 + V_W}{\frac{W_1}{S_1} + \frac{W_2}{S_2} + V_W}$$

$$A = 100 - \frac{W_m}{4D}$$

***[참고_D : 모르타르의 전체 비중(g/cm) / W_1 : 시멘트의 무게(g) / W_2 : 모래 무게 / V_W : 사용된 물의 무게(mL, g) / S_1 : 메이슨리 시멘트 비중(g/cm) / S_2 : 표준사의 비중(2.65g/cm) / A : 공기량(vol%) / W_m : 400cm 모르타르의 무게(g)]

15) 압축 강도

1. 시험체

a) **시험체의 성형** 모르타르의 플로 측정 및 400cm 모르타르 무게를 측정한 후, 즉시 이를 혼합 용기에 넣고 보통 속도로 15초 동안 재혼합한다. 압축 강도 시험체 성형은 KS L 5105의 (시험체의 성형)에 따라 실시하고, 시험체 성형틀은 (시험체 성형용 틀)에 따른다. 모르타르 혼합 시간, 플로 측정 시간 및 성형 시간은 8분 이내에 모두 완료되어야 한다.

b) **시험체의 저장** 모든 시험체는 성형 즉시 상대 습도가 90% 이상인 습기함에 넣어 48~52시간 보관한 후, 몰드를 제거하고 다시 습기함에 넣어 5일 동안 보관한다. 재령이 7일이 되면 시험체를 석회 포화 상태인 수조에 넣어 28일 강도 측정을 한다.

2. 시험 방법

a) 7일 재령의 시험체는 습기함에서 꺼내 즉시 시험하고 나머지 재령은 수조에서 꺼내 시험한다. 7일 재령은 시험용으로 시험체가 1개 이상일 때는 시험할 때까지 젖은 천으로 덮어 주어야 한다.

b) 나머지 시험 방법은 KS L 5105에 따른다.

16) 보수성

1. 장치

a) **보수성 측정 장치** 아스피레이터 또는 진공 펌프와 400mm이하 용량의 수은 마노미터가 연결된 진공 장치, 3방 콕으로 연결되는 다공 접시와 깔때기로 구성된다. 접시 모양 다공판은 메이슨리 시멘트 모르타르에 침식되지 않는 금속으로 제작되어야 한다. 다공 접시의 바닥 두께는 1.7mm~1.9mm의 규정을 만족하여야 한다. 콕의 구멍 지름은 4±0.5mm이며, 연결 유리관의 안지름은 4mm 이상이 되어야 한다. 진공 압력계는 수은 마노미터 또는 적어도 수은주 높이를 70mm까지 읽을 수 있는 1mm 단위 눈금의 진공 게이지이어야 한다. 깰때기와 다공 접시 사이는 측정 중 공기가 새지 않도록 실링을 철저히 유지하여야 한다. 깔때기 상부에 합성 고무 개스킷을 부착하고 바셀린이나 실리콘유 등을 발라 깔때기와 다공 접시 사이를 실링한다. 다공 접시의 구멍이 바셀린이나 실리콘유에 의해서 막히지 않도록 주의하며, 견고하고 매우 매끄러우며 빠르게 여과되지 않는 지름 150mm 거름종이를 사용하고 다공 접시의 바닥에 꼭 맞아야 한다.

b) **흙손** 흙손의 길이는 200mm 이상, 두께는 2mm 이상, 3mm 이하이어야 한다.

c) **다른 장치** *11)* 항에 규정한 것을 사용한다.

2. 시험 방법

a) 마노미터의 수은주 차 또는 진공 조절 장치로 51±3mm가 되게 진공도를 조절한 후, 실리콘유를 칠한 깔때기의 개스킷 위에 다공 접시를 올려 놓는다. 물에 적신 거름종이를 다공 접시 바닥에 놓는다. 콕을 열어 깔때기 내부에 진공을 유지시키며, 새는 부분이 있는지를 점검하고 필요한 진공도가 되는지 확인한 후 콕을 돌려 잠근다.

b) KS L 5109의 6.(모르타르의 혼합 방법)에 따라 플로값이 110±5%가 되도록 모르타르를 혼합한다. 플로 시험을 한 후, 즉시 플로 테이블상의 모르타르를 혼합 용기에 넣고 15초 동안 보통 속도로 혼합한다. 혼합이 끝나면 다공 접시에 모르타르를 용기보다 약간 높게 채운 후 탬퍼로 15회 다진다.

처음의 10회 다짐은 탬핑면의 긴 축이 접시의 원둘레 방향에 직각이 되도록 잡고 다공 접시의 가장자리 부분을 일정 간격을 유지하며 다짐하고, 나머지 5회의 다짐은 다공 접시의 중앙 부위에 랜덤하게 실시한다. 다짐 압력은 다공 접시를 완전히 충전하는 데 충분하게 해야 한다. 다짐이 끝난 모르타르의 상부는 다공 접시의 높이보다 약간 높아야 한다. 곧은 날의 넓은 면으로 모르타르의 상부를 살짝 골라 준다. 다공 접시 위의 여분의 모르타르는 곧은 날을 세워 톱질하듯이 밀고 당겨 모르타르의 높이를 림의 높이와 같게 잘라 맞춘다. 모르타르를 잘라 낼 때는 접시의 중앙부에서 시작하여 실시한다. 다공 접시의 가장자리 부분의 모르타르가 잘라 내는 과정에서 흙손에 묻어나올 경우에는 탬퍼를 사용하여 조심스럽게 밀어 넣어 준다.

c) 콕을 열어 깔때기 내부의 진공 상태가 되도록 한다. 시멘트와 물을 혼합한 때부터 진공이 되게 할 때까지의 시간이 8분을 초과해서는 안 된다. 60초 동안 흡입한 후 콕을 돌려 깔때기 내부가 대기압이 되도록 한다. 즉시 깔때기 상부에서 다공 접시를 젖은 헝겊 위에 놓아 물방울을 제거한 다음, 다공 접시를 책상 위에 놓고 고무 스크레이퍼를 사용하여 15초 동안 긁고 혼합한다. 혼합이 끝나면 모르타르를 플로용 몰드에 넣고 플로값을 측정한다. 이 모든 작업은 연속적으로 가능한 한 빨리 하여야 하며, 시멘트와 물을 혼합한 때부터 플로 시험까지 11분을 초과해서는 안 된다. 플로 측정은 KS L 5105의 8.(플로의 결정)에 따라 한다.

17) 계산

모르타르의 보수성은 다음 식에 따라 계산한다.

$$\text{보수성} = \frac{A}{B} \times 100$$

***[참고_*A* : 흡입 후 플로 / *B* : 흡입 전 플로(혼합 직후)]

18) 보 관

시멘트는 검사와 출하의 동일성 확인이 쉽게 될 수 있는 방법으로 보관되어야 하며, 습기를 방지할 수 있고 비바람을 막을 수 있는 적당한 저장고에 보관하여야 한다.

19) 검사

1. 시멘트 검사 및 시료 채취를 위하여 모든 편의를 제공할 수 있어야 한다.
2. 모든 시멘트의 포장은 검사하기에 좋은 상태에 있도록 포장되어야 한다.
 a) 7일 시험 12일 이내
 b) 23일 시험 33일 이내

20) 불합격

검사 결과 다음과 같은 경우에는 불합격품으로 한다.

 a) 시멘트가 이 규격의 규정에 맞지 않을 때
 b) 단위 제품이 규격 무게의 2% 이상 미달되거나, 또한 포장 제품 중 랜덤 샘플링한 50대의 평균 무게가 규정 무게에 미달일 때
 c) 품질 시험이 끝난 후 6개월 이상 저장한 시멘트나 포장한 시멘트를 출하하여 제조자쪽에서 3개월 이상 보관한 것은 구매자의 요구에 의해 재시험할 수 있고, 그 결과가 이 규격의 규정에 맞지 않을 때

21) 제조자의 인증

계약 또는 주문시 구매자의 요청으로 출하할 때, 생산이나 수송 동안 취한 재료의 시료에 대한 시험 결과를 기재한 보고서와 이 규격에 맞는 것임을 나타내는 인증을 제출하여야 한다.

22) 포장 및 포장 표시

메이슨리 시멘트의 포장용 시멘트는 포대 바깥면에, 무포장 시멘트는 납품서에 시멘트의 종류 · 제조자 명 · 상표 · 실무게(kg) 및 제조 연월 또는 출하 연월을 명시하고 수출품은 예외로 한다.

D. 물 (수질검사)

레디믹스트 콘크리트의 혼합에 사용되는 물 [KS F 4009_부속서]

시험빈도 : 음용수가 아닌 경우 / 취수원이 달라질 때마다

1) 용어

a) **상수도 이외의 물** 하천수, 호숫물, 저수지수, 지하수 등으로서 상수돗물로서의 처리가 되어 있지 않은 물 및 공업용수를 말하며 회수수는 제외한다.

b) **회수수** 레디믹스트 콘크리트 공장에서 운반차, 플랜트의 믹서, 호퍼 등에 부착된 콘크리트 및 현장에서 되돌아 오는 레디믹스트 콘크리트를 세척하여 잔골재, 굵은골재를 분리한 세척 배수(이하 콘크리트의 세척 배수라 한다.)로서 슬러지수 및 상징수의 총칭

c) **슬러지수** 콘크리트의 회수수에서 상징수를 일부 활용하고 남은 슬러지를 포함한 물

d) **상징수** 슬러지수에서 슬러지 고형분을 침강 또는 기타 방법으로 제거한 물

e) **슬러지** 슬러지수가 농축되어 유동성을 잃어버린 상태의 것.

f) **슬러지 고형분** 슬러지를 105~110℃에서 건조시켜 얻어진 것.

g) **슬러지 고형분율** 콘크리트의 배합에서 단위시멘트량에 대한 슬러지 고형분의 질량 백분율로 표시한 것.

2) 상수돗물

상수돗물은 시험을 하지 않아도 사용할 수 있다. 또한, 수도법에 따른 상수돗물의 품질을 부속서 2 [표 1]에 참고로 표시한다.

[표_1] 수돗물의 품질

시 험 항 목	허 용 량
색 도	5도 이하
탁 도 (NTU)	0.3 이하
수소이온농도 (pH)	5.8~8.5
증발잔류물 (mg/L)	500 이하
염소이온(Cl^{-1}) (mg/L)	250 이하
과망간산칼륨소비량 (mg/L)	10 이하

3) 상수돗물 이외의 물

상수돗물 이외의 물의 품질은 *6)-가*의 시험방법에 다라 시험하여 아래의 [표 2]에 표시하는 기준에 적합하여야 한다. 다만, 수도법의 기준에 따라 상수돗물의 품질을 만족시키고 있는 경우에는 상수돗물에 준하여도 좋다.

[표_2] 상수돗물 이외의 물의 품질

항 목	품 질
현탁 물질의 양	2g/L 이하
용해성 증발잔류물의 양	1g/L 이하
염소이온(Cl^-)량	250mg/L 이하
시멘트 응결시간의 차	초결은 30분 이내, 종결은 60분 이내
모르타르의 압축강도비	재령 7일 및 28일에서 90% 이상

4) 회수수

1. 품질 회수수의 품질은 *6)-나*의 시험방법에 따라 시험하여 아래의 [표 3]에 표시한 기준에 적합하여야 한다. 다만, 처음 사용한 물은 *2)* 또는 *3)*의 규정에 적합하여야 한다.

[표_3] 회수수의 품질

항 목	품 질
염소이온(Cl^-1)량	250mg/L 이하
시멘트 응결시간의 차	초결은 30분 이내, 종결은 60분 이내
모르타르의 압축강도비	재령 7일 및 28일에서 90% 이상

2. 슬러지 고형분율의 한도 슬러지수를 사용하였을 경우 슬러지 고형분율이 3%를 초과하면 안 된다.

***** [참고_레디믹스트 콘크리트를 배합할 때 슬러지수 중에 함유된 슬러지 고형분은 물의 질량에 포함되지 않는다.]**

5) 물을 혼합하여 사용하는 경우

물을 혼합하여 사용하는 경우, 2. 4.의 규정에 적합하여야 한다.

6) 물의 시험방법

가. 상수도물 이외의 물인 경우

1. 시험항목

a) 현탁 물질의 양
b) 용해성 증발잔류물의 양
c) 염소이온(Cl^-)량
d) 시멘트응결 시간의 차
e) 모르타르의 압축강도비

2. 시험용 기구

위 *1* 의 *a)* 및 *b)* 에 사용하는 시험용 기구는 다음과 같다.

a) 시료를 넣는 용기는 유리제 용기 또는 뚜껑달린 폴리에틸렌병으로서 충분히 세척한 것을 사용한다.

b) 분석에 사용하는 기구는 삼각 플라스크 2개(200mL 및 100mL 각 1개), 유리용기 1개, 증발접시 1개(지름 약 100~200mm), 시계접시 1개(지름 100mm~200mm), 비커 1개(500mL), 은박지, 데시케이터 1개, 화학천칭 1개, 정온 건조기 1개로 한다.

3. 시료

a) 시험 용수는 시료병에 가득 채워 윗면에 공기가 없는 상태로 하여 깨끗한 마개로 밀봉하여 채취 후 7일 이내에 시험한다.

b) 1회의 시험을 위해 채취하는 물의 양은 약 4L로 한다.

c) 우물물을 시험용수로 채취하는 경우에는 어느 정도 퍼올린 후의 물을 시험용수로서 채취한다. 하천, 호수, 저수지 등에서 채취하는 경우에는 하루에 여러번 채취하여 같은 양을 서로 혼합한 후 대표 시료로 한다.

4. 현탁 물질량의 시험

a) 조작

① 유리여과기 속에 거름종이를 깔고 105~110℃로 건조시켜 데시케이터 속에서 상온까지 냉각시킨후, 유리 여과기와 거름종이의 질량(W_1)을 0.01g까지 측정한다.

② 시험용수 200mL를 메스플라스크로 달고 전량을 여과시켜 잔분을 여과기와 함께 105~110℃로 건조시켜 데시케이터 내에서 상온까지 냉각시킨 후 유리 여과기와 거름종이에 잔분 및 거름종이의 질량(W_2)을 0.01g까지 측정한다. 여과액은 *6-가-2)* 에 사용한다.

b) 계산 다음 식에 의해 현탁 물질의 양(S_d)을 산출하고 KS A 3251-1에 따라 소수점 이하 첫째자리에서 끝맺음한다.

$$S_d = (W_2 - W_1) \times 5$$

***[참고_ S_d : 현탁 물질의 양(g/L) / W_1 : 유리 여과기와 거름종이의 질량(g) / W_2 : 유리 여과기와 거름종이 잔분 및 거름종이의 질량(g)]

5. **용해성 증발 잔류물량의 시험**

a) 조작

① 잘 세척한 증발접시를 105~110℃에서 건조시켜 데시케이터 내에서 상온까지 냉각시킨 후, 그 질량(W_3)을 0.01g까지 측정한다.

② *6)-가-4-a)-*② 에서 현탁 물질을 제거한 여과액 100mL를 삼각플라스크에서 채취한 후 증발접시에 옮긴다.

③ 증발접시 위에 시계접시를 조금 움직여 뚜껑을 한 뒤 물중탕에서 가열하여 증발 건조시킨 후 105~110℃에서 건조시키고 데시케이터 내에서 상온까지 냉각시킨 후 그 질량(W_4)을 0.01g까지 측정한다.

b) 계산 다음 식에 의해 용해성 증발잔류물의 양(S_S)을 산출하고 KS A 3251-1에 따라 소수점 이하 첫째자리에서 반올림한다.

$$S_s = (W_4 - W_3) \times 10$$

***[참고_ S_s : 용해성 증발잔류물의 양(g/L) / W_3 : 증발접시의 건조질량(g) / W_4 : 증발건조물과 증발접시의 질량(g)]

6. **염소 이온량의 시험** 부속서 1에 규정하는 시험방법에 따른다.

7. **시멘트 응결시간차의 시험** 시멘트 응결 시간 차의 시험은 다음에 따른다.

a) 시험 방법 시험용수 및 기준수*를 사용하여 KS L 5103에 따른다. 다만, 기준수를 사용한 경우와 상수돗물 이외의 물을 사용한 경우 서로 같은 물-시멘트비로 한다.

*** [참고_증류수, 이온 교환 수지로 정제한 물 또는 상수돗물]

b) 계산 초결시간 및 종결시간은 분 단위로 표시하고 다음 식에 따라 초결시간의 차 및 종결시간의 차를 산출한다.

$$T_i = | T_{io} - T_{is} |$$
$$T_f = | T_{fo} - T_{fs} |$$

***[참고_ T_i : 초결시간의 차(분) / T_{io} : 기준수를 사용한 경우의 초결시간(분) / T_{is} : 회수수를 사용한 경우의 초결시간(분) / T_f : 종결시간의 차(분) / T_{fo} : 기준수를 사용한 경우의 종결시간(분) / T_{fs} : 회수수를 사용한 경우의 초결시간(분)]

8. **모르타르의 압축 강도비의 시험** KS L 5105에 의한 방법(A법) 또는 지름 50mm 높이 100mm의 실린더 공시체에 의한 방법(B법) 중 어느 한 방법을 사용한다. A방법에 의한 경우는 아래의 *e)*에 따르며 B방법에 의한 시험은 다음과 같다.

a) 시험용 기구

① 저울은 용량 2000g 이상으로 0.5g까지 계량할 수 있는 것으로 한다.

② 믹서의 용량은 4.7L 이상이어야 한다. 패들이 회전하는 전동식 믹서에서 패들의 회전수는 저속인 경우 자전은 (140±5)rpm, 공전은 약 62rpm, 고속인 경우 자전은 (285±10)rpm, 공전은 약 125rpm으로 한다.

③ 실린더 몰드는 안지름 50mm 높이 100mm의 금속제 원통으로 한다.

④ 다짐봉은 지름 9mm의 둥근봉으로 한다.

b) 시험조건 공시체의 성형에서 침수까지의 시험실 온도는 10~25℃로 한다. 다만, 성형 개시부터 종료까지의 온도변화는 4℃ 이내이어야 한다.

c) 시험에 사용하는 재료

① 시멘트는 포틀랜드 시멘트를 사용한다.

② 모래는 통상 공장에서 사용하는 모래를 표면건조 포화상태로 사용한다. 모래를 표면건조 포화상태로 하는 것은 KS F 2504에 따른다.

d) 조작

① 믹서통과 패틀을 장치하고 믹서통에 시험용수 400g을 넣고 시멘트 800g을 가하여 저속으로 40초간 반죽 혼합시킨다. 그 사이에 표면건조 포화상태로 된 모래를 서서히 넣는데 이 때 투입하는 모래의 양은 미리 모르타르의 플로*가 190±5가 되는 것을 확인하여야 한다. 다음 20초간 쉬고 그 사이에 스크레이퍼로 믹서통과 패들에 부착된 모르타르를 떨어뜨린다. 그 후 다시 고속으로 2분간 모르타르를 반죽 혼합한다. 시험용수 대신에 기준수를 사용한 경우에도 같은 방법으로 하고 각각 2배치의 모르타르를 만든다.

[*] 모르타르의 플로시험은 KS L 5105에 따른다.

***** [참고_투입시킨 모래의 양은 하천모래인 경우 2000~2500g 정도이다.]**

② 이 모르타르를 2층으로 나누어 실린더 몰드에 가득 채우고 각 층을 다짐봉으로 25회 다진다. 다짐봉으로 다진 후 몰드를 가볍게 두드려 다짐구멍이 없어지도록 한다. 이렇게 하여 각 배치의 모르타르에서 각각 4개의 공시체를 만든다.

③ 몰드에 모르타르를 가득 채우고 나서 4시간 이후 캐핑하고 24시간 이후에 꺼내어 압축강도시험을 할 때까지 양생한다. 캐핑 및 양생은 KS F 2403에 따른다.

④ 공시체를 만들고 나서 7일 또는 28일 후에 각각 4개의 공시체에 대해 압축강도시험을 한다. 또한, 압축강도시험은 KS F 2405에 따른다.

e) 계산 다음 식에 따라 모르타르의 압축강도의 비(R)를 산출한다.

$$R = \frac{\sigma_{cr}}{\sigma_{co}} \times 100$$

***[참고_ R : 모르타르의 압축강도비(%) / σ_{co} : 기준수를 사용한 모르타르의 재령 7일 또는 28일에서의 압축강도(MPa)
σ_{cr} : 상수돗물 이외의 물을 사용한 모르타르의 재령 7일 또는 28일에서의 압축강도(MPa)]

9. **보고** 상수돗물 이외의 물의 시험 결과 보고에는 다음 사항을 기재한다.

a) 하천수, 호숫물, 저수지수, 지하수 등의 차이

b) 현탁 물질의 양

c) 용해성 증발잔류물의 양

d) 염소이온(Cl^-)량

e) 시멘트 응결시간의 차

① 기준수를 사용한 경우의 초결시간 또는 종결시간

② 상수돗물 이외의 물을 사용한 경우의 초결시간 또는 종결시간

③ ① 및 ② 양쪽의 초결시간 또는 종결시간

f) 모르타르의 압축강도비

① 시험방법의 차이(*8)*의 A법 또는 B법의 차이)

② 기준수를 사용한 경우의 압축강도(재령 7일 또는 28일)

③ 상수돗물 이외의 물을 사용한 경우의 압축강도(재령 7일 또는 28일)

④ 기준수를 사용한 모르타르의 압축강도에 대한 상수돗물 이외의 물을 사용한 모르타르 압축강도의 비

나. 회수수인 경우

1. 시험항목

a) 염소이온(Cl^-)량

b) 시멘트 응결시간의 차

c) 모르타르 압축강도의 비

2. 시료

a) 슬러지수는 레디믹스트 콘크리트 공장의 슬러지 침전조에서 대표적인 시료를 채취하여 신속하게 시험한다.

b) 상징수는 레디믹스트 콘크리트 공장의 상징수 침전소에서 시료병에 가득 채워 윗면에 공기가 없는 상태로 하여 깨끗한 마개로 밀봉하여 두고 채취 후 7일 이내에 시험을 한다.

3. 염소이온(Cl^-)량 시험 부속서 1에 규정하는 시험 방법에 따른다.

4. 시멘트 응결 시간차의 시험

a) **시험방법** 시험은 *6)-가-7*의 시험 방법에 따라 한다. 다만, 슬러지수는 *6)-나-6*의 시험 방법으로 구한 농도가 4.5%*인 것을 사용한다. 상징수는 그 상태로 사용한다. 즉, 기준수를 사용하는 경우와 회수수를 사용하는 경우는 동일한 물-시멘트비로 한다.

[*] 이 슬러지수 중의 고형분은 수량에 포함되지 않는다.

b) **계산** 초결 시간 및 종결 시간은 분단위로 표시하고 다음 식에 따라 초결 시간의 차 및 종결 시간의 차를 산출한다.

$$T_i' = | T_{io} - T_{is}' |$$
$$T_f' = | T_{fo} - T_{fs} |$$

***[참고_ T_i' : 초결시간의 차(분) / T_{io}: 기준수를 사용한 경우의 초결시간(분) / T_{is} : 회수수를 사용한 경우의 초결시간(분) / T_f : 종결시간의 차(분) / T_{fo} : 기준수를 사용한 경우의 종결시간(분) / T_{fs} : 회수수를 사용한 경우의 종결시간(분)]

5. 모르타르 압축강도비의 시험

a) **시험 방법** *6)-가-8*의 시험 방법에 따라 한다. 다만, A법에 의한 경우 기준수는 상수돗물로 338g, 슬러지수인 경우에는 *6)-나-6*의 시험 방법으로 구한 농도가 4.5%로 조정된 것으로 354g*, 상징수인 경우에는 338g으로 한다.
또한, B법에 의한 경우에 기준수는 상수돗물 400g, 슬러지수인 경우에는 b의 시험방법으로 구한 농도가 4.5%로 조정된 것으로 419g, 상징수인 경우에는 400g으로 한다.

b) **계산** 다음 식에 따라 모르타르 압축강도비(R')를 산출한다.

$$R' = \frac{\sigma_{cr}'}{\sigma_{co}} \times 100$$

***[참고_ R' : 모르타르의 압축 강도비(%) / σ_{co} : 기준수를 사용한 모르타르의 재령 7일 또는 28일에서의 압축강도(MPa) σ_{cr}' : 회수수를 사용한 모르타르의 재령 7일 또는 28일에서의 압축강도(MPa)]

6. 슬러지수의 농도 시험

a) 시험용 기구

① 저울은 용량 1000g 이상으로 0.1g까지 계량할 수 있는 것으로 한다.

② 건조용 용기는 약 500mL를 용해하는데 충분한 것으로 한다.

③ 삼각 플라스크 : 500mL

④ 비커 : 500mL

b) 시료 대표적 슬러지수 약 5L를 채취하여 이것을 시료로 한다.

c) 조작

① 시료를 잘 저으면 건조용 용기에 약 500mL를 분취하여 그 질량(W)을 0.1g까지 측정한다.

② 이것을 건조기에 넣어 105~110℃에서 일정 질량이 될 때까지 건조시킨다. 실온까지 냉각시킨 후 그 질량(S)을 0.1g까지 측정한다.

d) 계산 다음 식에 따라 슬러지수의 농도(C_s)를 산출하고 KS A 3251-1에 따라 소수점 이하 첫째 자리에서 반올림한다.

$$C_S = \frac{S}{W} \times 100 - 0.2$$

***[참고_ C_S : 슬러지수의 농도(%) / W : 슬러지수의 질량(g) / S : 건조 후 슬러지의 질량(g)
_ 상징수의 용해성 분량의 평균은 0.2%이다.]

7. 보고

a) 슬러지수, 상징수의 구별

b) 염소이온(Cl^-)량

c) 시멘트 응결 시간의 차

① 기준수를 사용할 경우의 초결 시간 또는 종결 시간

② 회수수를 사용한 경우의 초결 시간 또는 종결 시간

③ ① 또는 ②의 양쪽 초결 시간 또는 종결 시간의 차

d) 모르타르 압축 강도의 비

① 시험 방법의 구별(*6)-가-8*의 A법 또는 B법의 구별)

② 기준수를 사용한 경우의 압축 강도(재령 7일 및 28일)

③ 회수수를 사용한 경우의 압축 강도(재령 7일 및 28일)

④ 기준수를 사용한 모르타르 압축 강도에 대한 회수수를 사용한 모르타르 압축 강도의 비

E. 콘크리트용 화학혼화제

콘크리트용 화학 혼화제 [KS F 2560]

시험빈도 : 제조회사별 / 3월 이상 저장하여 재질의 변화가 있다고 인정되는 때마다

1) 시험 방법

가. 콘크리트 시험

1. 시험에 사용하는 재료

a) 시멘트는 임의로 선정한 3개의 서로 다른 제조 회사의 KS L 5201에 규정한 보통 포틀랜드 시멘트를 똑같은 양씩 사용한다.

b) 골재는 깨끗하고, 강하며 내구성이 있고, 먼지, 진흙, 유기 불순물, 염화물 등을 유해량 함유하지 않은 것으로, 굵은 골재는 부순 돌, 잔 골재는 모래로 한다.

c) 혼합에 이용하는 물은 상수도 물로 한다.

2. 배합 기준 콘크리트 및 시험 콘크리트에 대하여 다음의 a)~e)에 적합하도록 정한다.

a) **단위 시멘트량** 슬럼프가 8cm인 콘크리트에서는 300kg/m, 슬럼프가 18cm인 콘크리트에서는 320kg/m로 한다. 또한 *1)-6-a)* 에 따라 산출된 단위 시멘트량은 위의 값에서 5kg/m 이상의 차가 있어서는 안 된다.

b) **단위 수량** 혼합 완료시의 슬럼프가 8±1cm 또는 18±1cm가 되는 양으로 한다.

c) **1m^{3}당 화학 혼화제의 사용량** 제조자가 지정하는 양을 참고하여 정한다.

d) **공기량**

- 기준 콘크리트의 공기량은 2.0% 이하로 한다.
- 감수제를 사용한 콘크리트의 공기량은 기준 콘크리트의 공기량에 1.0%를 더한 것을 넘어서는 안 된다.
- AE제, AE 감수제 또는 고성능 AE 감수제를 사용한 콘크리트의 공기량은 기준 콘크리트의 공기량에 3.0%를 더한 것에 대하여 0.5% 이상의 차가 있어서는 안 된다.
  또한 AE 감수제 또는 고성능 AE 감수제를 사용한 콘크리트의 공기량이 위의 범위보다 작은 경우에는 그 AE 감수제 또는 고성능 AE 감수제의 제조자가 지정하는 공기량 조정제를 가하여 조정한다.

d) 잔골재율

- 기준 콘크리트의 잔골재율은 40~50% 범위에서 양호한 작업성이 얻어지는 값으로 한다.
- 감수제를 사용하는 콘크리트의 잔골재율은 기준 콘크리트의 잔골재율에서 0~1%를 뺀 값으로 한다.
- AE제 또는 AE 감수제를 사용하는 콘크리트의 잔골재율은 기준 콘크리트의 잔골재율에서 1~3% 뺀 값으로 한다.
- 고성능 AE 감수제를 사용하는 콘크리트의 잔골재율은 기준 콘크리트의 잔골재율에서 1% 증감한 범위 내의 값으로 한다.

3. 혼합

a) 믹서 혼합에 사용하는 믹서는 KS F 2455에 따라 시험하고, 강제 혼합 믹서에서는 1.5분간, 가경식 믹서에서는 3분간 혼합했을 때, 콘크리트 중의 모르타르 단위 용적 중량차가 0.8% 이하, 콘크리트 중의 단위 굵은 골재량의 차가 5% 이하가 되는 것이어야 한다.

b) 화학 혼화제의 사용 방법 화학 혼화제는 미리 혼합수에 혼입하여 믹서에 투입한다.

c) 혼합 시간 콘크리트는 모든 재료를 믹서에 투입한 후, 강제 혼합 믹서에서는 1.5분간, 가경식 믹서에서는 3분간 혼합한다.

d) 혼합량 기준 콘크리트와 시험 콘크리트의 1배치 혼합량은 동일한 양으로 한다. 다만 고성능 AE 감수제를 사용한 콘크리트의 슬럼프 및 공기량의 경시 변화량 측정에 사용하는 시험 콘크리트의 혼합량은 60L로 한다.

e) 혼합의 배치수 시험에 사용하는 1종류의 콘크리트는 2배치 혼합하는 것으로 한다. 다만 고성능 AE 감수제를 사용한 슬럼프가 18cm인 시험 콘크리트는 3배치 혼합하여 이 중 1배치는 5 i)의 슬럼프 및 공기량 경시 변화량 시험에 사용한다.

f) 혼합 후 온도 콘크리트의 혼합 후 온도는 20±3℃로 한다.

4. 콘크리트의 시료 채취 방법은 KS F 2401에 따른다.

5. 콘크리트 시험 방법

a) 슬럼프 KS F 2402에 따른다. 슬럼프 시험은 1배치 콘크리트에 대하여 1회 실시하고, 2배치 시험 결과의 평균값을 그 콘크리트의 슬럼프로 한다.

b) 공기량 KS F 2421 또는 KS F 2449에 따른다. 공기량 시험은 1배치 콘크리트에 대하여 1회 실시하고, 2배치 시험 결과의 평균값을 그 콘크리트의 공기량으로 한다.

c) **단위 용적 질량** KS F 2409에 따른다. 단위 용적 질량 시험은 1배치의 콘크리트에 대하여 1회 실시하고, 2배치 시험 결과의 평균값을 그 콘크리트의 단위 용적 질량으로 한다. 다만 KS F 2421의 공기량 시험 용기를 사용해도 된다.

d) **블리딩량 블리딩량** KS F 2414에 따른다. 블리딩량 시험은 1배치의 콘크리트에 대하여 1회 실시하고, 2배치 시험 결과의 평균값을 그 콘크리트의 블리딩량으로 한다.

e) **응결 시간** 부속서 1에 따른다. 응결 시간 시험은 1배치의 콘크리트에 대하여 1회 실시하고, 2배치 시험 결과의 평균값을 그 콘크리트의 응결 시간으로 한다.

f) **압축 강도** KS F 2405에 따라 3일, 7일 및 28일의 각 재령으로 실시한다. 공시체는 KS F 2403에 따라 제작하고, 몰드를 떼어낼 때까지는 온도 20±3℃의 실온에서 건조되지 않도록 양생하고, 몰드를 떼어낸 후에는 온도 20±2℃의 수중 또는 습윤실에서 강도 시험을 할 때까지 양생한다. 공시체의 수는 각 재령별 3개로 하고, 그 결과의 평균값을 그 콘크리트의 압축 강도로 한다.

g) **길이 변화** KS F 2424에 따른다. 공시체는 성형 후 약 24시간 경과 후 탈형한 다음, 온도 20±2℃의 수중 또는 습윤실에서 재령이 7일 될 때까지 양생한다. 길이의 측정은 재령 7일 후 실시하며, 공시체를 수중 또는 습윤실에서 꺼낸 직후에 측정한다. 길이 측정 후 온도 20±3℃, 습도(60±5)%의 실내에서 보존하고, 길이 변화를 측정한다. 공시체의 수는 1종류의 콘크리트에 대하여 3개로 하고, 보존 기간 6개월에 따른 결과의 평균값을 그 콘크리트의 길이 변화율로 한다.

h) **동결 융해에 대한 저항성** AE제 또는 AE 감수제를 사용한 콘크리트인 경우는 슬럼프 8cm인 시험 콘크리트에 대하여, 고성능 AE 감수제를 사용한 콘크리트인 경우는 슬럼프 18cm인 시험 콘크리트에 대하여 각각 KS F 2456에 따라 하고, 상대 동탄성 계수를 구한다. 공시체 수는 1종류의 콘크리트에 대하여 3개로 하고, 동결 융해 반복 200사이클에서 시험 결과의 평균값을 그 콘크리트의 상대 동탄성 계수로 한다.

i) **슬럼프 및 공기량의 경시 변화량** 고성능 AE 감수제를 사용한 슬럼프 18cm인 시험 콘크리트에 대하여 아래에 따라 한다.

- 혼합한 콘크리트를 비빔판에 배출하여 다시 비빈 후 바로 슬럼프 및 공기량 시험을 2회씩 실시한다.
- 남은 콘크리트를 공칭 용량 약 60L의 가경식 믹서*에 넣고, 축을 수평으로부터 20~30도로 기울인 상태에서 매분 2회전의 속도로 회전시키면서 계속하여 휘저어 섞는다.

[*] 믹서 내면은 1)의 슬럼프 시험에 사용한 콘크리트를 사용하여, 미리 모르타르가 엷게 부착된 상태로 해 둔다.

- 시험 콘크리트의 혼합 개시부터 60분 후에 콘크리트를 비빔판에 배출하여 다시 비빈 후, 슬럼프 및 공기량 시험을 2회씩 실시한다.

- 혼합 직후 및 혼합 60분 후의 슬럼프 및 공기량은 각각 2회 실시한 시험 결과의 평균값으로 한다.

*** [참고_압축 강도, 길이 변화 및 동결 융해에 대한 저항성 시험 공시체는 3개 중 1개를 다른 배치에서 채취한다.]

6. 계산 시험결과의 계산은 다음에 따른다.

a) 단위 시멘트량 및 단위 수량 기준 콘크리트와 시험 콘크리트의 단위 시멘트량 및 단위 수량은 *5* 항에 따라 구한 단위 용적 질량을 이용하여 다음 식에 따라 각 배치마다의 콘크리트의 단위 시멘트량 및 단위 수량의 값을 산출하며, 각각 산출한 값의 평균값을 KS A 3251-1에 따라 정수로 끝맺음한다.

$$C = m_c \times \frac{m}{m_b}$$

$$W = m_c \times \frac{m}{m_b}$$

***[참고_C : 단위 시멘트량(kg/m) / W : 단위 수량(kg/m) / m_c : 1배치당 시멘트량(kg) / m : 콘크리트의 단위 용적 질량(kg/m) / m_b : 1배치당 콘크리트 재료의 전질량(kg) / m_w : 1배치당 수량(kg)]

b) 감수율 *a)*에 따라 구한 단위 수량에서 다음 식에 따라 산출하고 산출한 값을 KS A 3251-1에 따라 정수로 끝맺음한다.

$$W_r = \frac{W_1 - W_2}{W_1} \times 100$$

***[참고_W_r : 감수율(%) / W_1 : a)에 따라 구한 기준 콘크리트의 단위 수량(kg/m^3) / W_2 : a)에 따라 구한 시험 콘크리트의 단위 수량(kg/m^3)]

c) 블리딩량의 비 *5-d)* 항에 따라 구한 블리딩량에서 다음 식에 따라 산출하고, 산출한 값을 KS A 3251-1에 따라 정수로 끝맺음 한다.

$$B = \frac{B_2}{B_1} \times 100$$

***[참고_B : 블리딩량 비(%) / D_2: 6.1.6 d)에 따라 구한 시험 콘크리트의 블리딩량(cm^3/cm^2) / B_1: *5-d)* 에 따라 기준 콘크리트의 블리딩량(cm^3/cm^2)]

d) 응결 시간의 차 콘크리트 응결 시간의 차는 *5-e)* 항에 따라 구한 초결 및 종결 시간에서 다음 식에 따라 산출하고, 산출한 값을 정수로 나타낸다.

$$T = T_2 - T_1$$

***[참고_T : 응결 시간의 차(분) / T_2: *5-e)* 항에 따라 구한 시험 콘크리트의 초결 시간 또는 종결 시간(분) / T_1: *5-d)* 에 따라 구한 기준 콘크리트의 초결 시간 또는 종결 시간(분)]

e) 압축 강도비 *5-f)* 항에 따라 구한 압축 강도에서 다음 식에 따라 산출하고, 산출한 값을 KS A 3251-1에 따라 정수로 끝맺음한다.

$$S = \frac{S_2}{S_1} \times 100$$

***[참고_S : 압축 강도비(%) / S_2: 5 에 따라 구한 시험 콘크리트의 압축 강도(MPa)(=N/mm^2) / S_1: *5-f)* 항에 따라 구한 기준 콘크리트의 압축 강도(MPa)(=N/mm^2)]

f) 길이 변화비 *5-g)* 항에 따라 구한 길이 변화율에서 다음 식에 따라 산출하고, 산출한 값을 KS A 3251-1에 따라 정수로 끝맺음한다.

$$L = \frac{L_2}{L_1} \times 100$$

***[참고_L : 길이 변화비(%) / L_2: *5-g)* 에 따라 구한 시험 콘크리트의 길이 변화율(%) / L_1: *5-g)* 항에 따라 구한 기준 콘크리트의 길이 변화율(%)]

g) 동결 융해에 대한 저항성 동결 융해에 대한 저항성은 *5-h)* 항에 따라 구한 상대 동탄성 계수로 나타낸다.

h) 슬럼프 및 공기량의 경시 변화량 슬럼프 및 공기량의 경시 변화량은 *5-i)* 항에 따라 구한 슬럼프 및 공기량에서 다음 식에 따라 산출한다.

$$S_d = S_0 - S_{60}$$

$$A_d = A_0 - A_{60}$$

***[참고_S_d : 슬럼프의 경시 변화량(cm) / A_d : 공기량의 경시 변화량(%) / S_0 : *5-i)* 에 따라 구한 혼합 직후의 슬럼프(cm) / S_{60} : *5-i)* 에 따라 구한 혼합 60분 후의 슬럼프(cm) / A_0 : *5-i)* 에 따라 구한 혼합 직후의 공기량(%) / A_{60} : *5-i)* 항에 따라 구한 혼합 60분 후의 공기량(%)]

나. 전체 알칼리량

KS M 0100에 규정된 시험 방법 또는 부속서 2에 따라 화학 혼화제 중의 알칼리량*을 구하고, 다음 식에 따라 콘크리트 중의 화학 혼화제의 전체 알칼리량을 산출하고, 산출한 값을 KS A 3251-1에 따라 소수점 이하 둘째 자리에서 끝맺음한다.

$$R_m = m_a \times \frac{R_a}{100}$$

***[참고_R_m : 콘크리트중의 화학 혼화제의 전체 알칼리량(kg/m^3) / m_a : 1m^{3}당 화학 혼화제의 사용량(kg/m) / R_a : 화학 혼화제 중의 전체 알칼리량(%)]

[*] 부속서 2의 4.5에 나타낸 Na_2Oeq로 한다.

2) 검사

화학 혼화제의 검사는 합리적인 샘플링 방식에 의해 시료를 채취하여 적합판정된 것을 합격으로 한다.

3) 표시

표시는 화학 혼화제의 용기 또는 송장에 다음 사항을 명기한다.

a) 명칭(상품명)
b) 종류[보기 AE 감수제 표준형]
c) 실제 중량 또는 용적
d) 제조 연월 또는 그 약호
e) 제조자명 또는 그 약호
f) 취급상의 주의

4) 보고

제조자는 다음 사항을 보고한다.

a) 콘크리트의 시험 결과
b) 전체 알칼리량

*** [참고_용지의 크기는 A4(210X297mm)로 한다.]

적외선 분광 분석 방법 통칙 [KS M 0024]

시험빈도 : 제조회사별 / 3월 이상 저장하여 재질의 변화가 있다고 인정되는 때마다

1) 시료 조제 방법

1. **일반적인 주의** 고체, 액체 및 기체 시료 측정에서의 시료 조제 방법의 일반적인 사항에 대하여 규정한다. 단, 개별 규격에 규정되어 있는 경우에는 그것에 따른다. 또 부속 장치 등을 사용하여 반사, 방사 등의 측정을 하는 경우의 시료 조제에 대해서는 개별 규격에 따르거나 장치의 취급 설명서에 따른다.
   정성 분석에서는 가장 강한 흡수 밴드의 투과 백분율이 10% 정도가 되도록 시료 농도를 조절하는 것과 측정하고자 하는 흡수 밴드의 흡광도와 시료 농도의 관계선이 직선이 되는 범위에 들어가도록 시료를 조제하는 것이 좋다.
2. **고체 시료** 고체 시료의 조제에는 다음 방법 등이 있다.
   a) 정제법 미세한 분말 상태로 된 시료를 브롬화칼륨 등의 분말과 혼합하여 정제 성형기에 넣고 감압하에서 가압하여 투명한 정제를 만드는 방법
   b) 용액법 시료를 사염화탄소, 이황화탄소 등 적외선 흡수가 적은 용매에 녹여 용액으로 하는 방법
   c) 필름법 시료를 박막으로 하는 방법으로 시료 용액을 적외선 투과성 재료의 판 위에 떨어뜨리고 용매를 증발시키는 방법과 2장의 가열판 사이에 시료를 끼우고 가압 성형하는 방법, 마이크로톰으로 조각을 얻는 방법 등이 있다.
   d) 페이스트법 고체 분말을 유동 파라핀과 함께 섞어서 2장의 창판 사이에 끼우고 얇게 눌러펴는 방법
   e) ATR법 ATR 프리즘에 시료를 밀착시키는 방법으로 분말로 되기 어렵고 적당한 용매가 없는 물질(보기를 들면 고무 상태 물질), 표면 처리층 등에는 ATR법이 효과가 있다.
   f) 확산 반사법 시료를 입자 지름이 수십 마이크로미터(㎛) 이하의 가는 가루 상태로 만들어 시료 접시에 평평히 펴는 방법으로 일반적으로 브롬화칼륨, 염화칼륨, 플루오르화칼슘의 분말과 혼합하여 반사광으로 인한 영향을 감소시킨다.
3. **액체 시료** 시료의 조제에는 다음 방법 등이 있다.
   a) 액막법 1~2 방울의 시료를 모아서 셀의 2장의 창판 사이에 직접 끼우고 그 안에 시료가 가득하도록 한다.
   b) 용액법 시료를 사염화탄소, 이황화탄소 등 적외선 흡수가 적은 용매에 녹여 용액으로 하는 방법
   c) ATR법 주로 수용액의 측정에 사용한다.
4. **기체 시료** 공기를 뺀 5~10cm의 광로 길이를 갖는 기체 셀에 시료 기체를 적당한 압력으로 넣는다. 1m 이상의 광로를 갖는 긴 광로 셀을 사용하는 경우도 있다.

2) 조작 방법

1. 장치의 설치 조건은 다음과 같이 한다.
  a) 부식성 가스가 없고 먼지가 적을 것.
  b) 측정 파수 범위에 흡수를 나타내는 가스가 적을 것.
  c) 상대 습도는 60% 이하이고 변화가 적을 것.
  d) 실온은 15~30℃로서 온도 변화가 적을 것.
  e) 직사 광선이 닿지 않을 것.
  f) 진동이 적을 것.
  g) 전원의 전압 및 주파수의 변동이 적을 것.
  h) 전자 유도의 영향을 주는 장치가 근처에 없을 것.
  i) 전원에 고주파나 스파이크 상태의 잡음이 적을 것.
2. **측정 조작** 장치의 취급은 취급 설명서 등에 따른다. 장치를 사용할 때는 미리 정한 일정한 기준에 따라 장치 점검을 하고 이상이 없다는 것을 확인한 후 전원을 넣고 예비 운전을 하여 장치의 안정화를 꾀한다. 또 표준 물질 등을 사용하여 측정을 하고 측정값, 반복 정밀도 등이 정해진 값 범위 내에 있다는 것을 확인한다. 장치의 조작 조건 설정은 다음에 따른다.
  a) **분산형 적외선 분광 광도계** 다음 사항 중 필요한 것에 대하여 장치의 조정, 조건 설정 등을 한다.
    ① 광원 전류의 확인 또는 조절
    ② 슬릿 프로그램의 설정
    ③ 지시, 기록계의 조정(전기적 균형, 주사속도는 자동화되어있는 경우도 있음)보기를 들면 펜 기록계에서는 보통 다음 조정을 한다.
  - 분광기의 파수와 기록지의 파수 눈금 맞춤
  - 측정 파수 범위, 확대율 등 측정 스펙트럼 시방의 결정
  - 전기적 균형, - 주사 속도, - 게인
  - 응답 속도
  - 펜 위치의 투과 백분율의 0%점 및 100%점 맞추기
    ④ 데이터 처리*
  - 스무징
  - 면적 계산
  - 베이스 라인 보정
  - 차 계 산
  - 정 량

[*] 장치에 따라 위에 나타낸 것 중 일부 기능밖에 없는 것 또는 데이터 처리 장치의 접속이 필요한 것 등이 있다.

⑤ 측정 결과의 표시, 기록

b) 푸리에 변환형 적외선 분광 광도계 다음 사항 중 필요한 것에 대하여 장치의 조정, 조건 설정 등을 한다.

① 조작 프로그램의 기동 조작 매개 변수에는 다음과 같은 것이 있고 필요에 따라 설정한다*.

- 측정 파수 범위
- 분해 능력
- 적산 횟수
- 증폭기의 게인
- 검지기
- 광로차 변화 속도
- 아포다이제이션

[*] 조작, 계산이 자동화되어 있는 장치도 있다.

② 투과율, 투과 백분율, 흡광도 등의 계산*

[*] 분광기의 형식이 단광속 방식이냐, 복광속 방식이냐에 따라 조작이 다르다.

③ 스펙트럼의 CRT 표시, 메모리에의 보관, 기록지에의 기록

④ 데이터 처리

c) 분광 광도계의 보정 및 검사 방법 다음 항목에 대하여 보정 또는 성능을 확인한다.

① 파수 장치의 파수 눈금 또는 지시값의 정확도는 파수 위치가 잘 알려진 물질[*]의 흡수대 위치와 장치의 지시값의 치우침에서 구한다.

[*] 파수의 표준이 되는 물질로는 대기중의 이산화탄소 및 수증기, 폴리스티렌, 암모니아, 인덴 등이 있다.

② 투과 0% 측정 파수 범위에서 빛을 투과하지 않는 물질을 시료로 하여 투과율을 측정하고 투과 0%로 한다*. [표 1]에 투과 0% 측정에 사용하는 물질을 나타낸다.

[*] 미광 및 시료의 2차 방사 스펙트럼으로 인한 오차의 검사

[표_1] 투과 0% 측정용 물질

물 질 명	적용 주파수 범위 (cm^{-1})	두 께 (mm)
금속판	4000~2000	-
유리판	2000~1000	2
플루오르화리튬	1000~700	5
플루오르화칼슘	700~400	5

③ 투과 100% 시료를 넣지 않고 투과율을 측정하여 투과 100%로 한다.

④ 직선성 적외선 영역에 흡수가 있는 성분의 농도가 단계적이 되도록 시료를 조제하고 흡광도와 농도의 관계선을 작성하여 그 직선성을 조사한다. 투과 백분율로서 분산형에서는 20~80%, 푸리에 변환형에서는 1~90%의 범위 내에서 흡광도의 직선으로부터의 오차를 구한다.

⑤ **분해능력** 암모니아, 대기 중의 이산화탄소 등을 사용하여 흡수 피크의 분리 정도에서 구한다.

⑥ **반복 측정 정밀도** 안정된 시료를 짧은 시간 내에 2회 이상 측정하고 파수 또는 투과율 측정값의 분산이 규정 정밀도 내에 있다는 것을 확인한다.

3) 정성 분석

적외선 분광 분석에 따른 정성 분석에서는 흡수 스펙트럼의 해석으로 하는 경우가 많고 이 통칙에서는 흡수 스펙트럼을 사용하는 방법에 대하여 규정한다.
관능기나 원자단은 특정 파수 범위에 흡수를 나타내고 흡수 스펙트럼은 그러한 흡수의 겹침으로 나타난다. 이것을 이용하여 특정 파수 영역에서의 흡수(특성 흡수 밴드)의 유무에 따라 해석 대상물 중의 관능기, 원자단의 존재를 추정한다. 이 방법으로 화학 반응에서의 생성물의 확인 또는 관능기, 원자단 등의 정보에 따라 부분 구조를 추정한다*.

[*] 다음에 따른다.

1. 대상으로 하는 관능기, 원자단 등의 적외선 흡수는 주위에 결합 또는 인접한 원자, 분자 등의 영향에 의하여 피크 위치, 세기, 모양 등이 변화한다. 따라서 스펙트럼의 해석에는 화학 구조의 지식 및 경험이 필요하다.
2. 화학적 성질, 물리 화학적 성질, 분석 화학적 식견 등의 정보를 이용하는 것도 필요하다.
3. 특성 흡수표, 데이터집 등을 사용하여 해석할 수 있다.
4. 혼합물의 정성 분석을 적외선 흡수 스펙트럼의 해석만으로 하는 것은 곤란하다. 이 경우에는 혼합물 성분의 크로마토그래프에 따른 단리, 다른 분석 화학적 방법으로 얻은 정보 등을 조합하여 해석해야 한다.
   부분 구조에서 얻은 추정 화합물의 확인은 같은 조건에서 측정한 흡수 스펙트럼과 비교하거나 순수한 화합물, 제품 등의 표준 스펙트럼 데이터와 비교하여 한다.
   부분 구조의 추정, 추정 화합물의 확인은 간단한 화합물의 경우에는 표준 스펙트럼 데이터 등과 비교하여 추정 또는 확인을 하지만, 많은 스펙트럼 데이터와 비교하여 추정 또는 확인을 하는 경우에는 이들의 조작을 컴퓨터로 하는 경우가 많다.

4) 정량 분석

흡수, ATR, 확산 반사 스펙트럼 등을 사용하여 정량 분석을 할 수 있다[*].
그러나 정량 분석에서는 흡수 스펙트럼을 사용하는 경우가 많기 때문에 그 밖의 방법에 대해서는 개별 규격에 따르거나 장치의 사용 설명서에 따르기도 하고 이 통칙에서는 흡수 스펙트럼을 사용하는 방법에 대해서만 규정한다.

[*] 경량 분석에 이용할 수 있는 적외선 스펙트럼은 흡수, ATR, Kubelka-Munk 보정을 한 확산 반사, 금속판 위에 형성된 필름 상태 시료의 정반사와 고감도 반사법으로 얻은 스펙트럼, 광음향, 방사스펙트럼 등이 있다. 정반사 스펙트럼은 정량 분석에 이용하기 어렵다.
적외선 흡수 스펙트럼을 사용하는 정량 분석은 농도를 알고 있는 시료 또는 순수한 화합물의 흡수 강도와 측정 시료의 흡수 강도를 비교하여 한다.

1. 정량 방법

a) 검량선법 농도를 알고 있는 검량선용 시료를 사용하여 어떤 일정한 파수*에서의 측정값**과 농도의 관계선을 작성하여 검량선으로 한다. 이 검량선을 사용하여 피검 시료의 분석 대상 성분의 농도를 산출한다. 부게 베어의 법칙이 성립되는 경우에는 연립 방정식을 풀어 다성분계를 분석할 수 있다.

[*] 흡수 강도가 크고 공존 물질로 인한 영향이 적으며 검량선의 휘어짐이 적은 흡수 밴드를 선택할 것.
또 기준선을 잡는 방법에 따라 검량선이 휘어질 수 있으므로 여러 가지 기준선에 대하여 검량선을 작성하여 비교한다.
[**] 면적 강도를 사용해도 된다.

b) 통계적 방법 측정 데이터의 이용 효율을 올리기 위하여 측정한 파수 영역의 일부 또는 전부의 스펙트럼 세기 테이터를 사용하여 해석을 하는 방법*

[*] 복잡하고 대량의 계산이 필요하기 때문에 보통 컴퓨터를 사용하여 해석을 한다.

① 커브 피팅법 최소자승법에 따라 피검 시료의 스펙트럼을 일련의 표준이 되는 시료의 스펙트럼을 사용하여 커브 피팅을 하고 각 성분의 농도를 산출한다.

② 인자 해석법 부분 최소자승법에 따른 인자 해석법에 따른다.
스펙트럼 데이터군에서 매트릭스 변환으로 정량에 필요한 스펙트럼 정보가 있는 소수의 인자만 추출하고, 노이즈 등으로 인한 필요없는 정보를 제거하여 농도와 인자의 관계를 다변량 직선 회귀법으로 계산하고 각 성분의 농도를 산출한다.

c) 정량값의 표시 KS M 0001에 따른다.

5) 안전, 보수

1. **안전** 안전을 확보하기 위하여 관련 법령 및 규칙에 관한 지식의 숙지, 화학 물질의 특성 파악, 작업자의 교육 훈련 등, 안전상의 대책을 충분히 실시해야 한다.
특히, 다음의 사항에 대하서는 충분히 주의해야 한다.

a) 전기 배선 절연 및 접지가 충분히 이루어져 있을 것.

b) 레이저 빛이 눈에 직접 들어가지 않도록 주의할 것.

c) 고압 가스 관련 법규에 따를 것.

d) 유해 물질 창재에 사용하는 브롬화요오드화탈륨 및 셀렌화아연, 용매에 사용하는 각종 할로겐화물, 이황화탄소, 측정 시료 등의 취급에 대해서는 충분히 주의하고 화학 약품 등의 폐기에 대해서는 무해화 등 적절히 처리할 것.

*** [참고_레이저 취급의 안전에 대해서는 KS C 6702를 참고로 한다.]

2. **보수** 장치의 보수에 관해서는 2)의 설치 조건을 만족하는 장소인 것을 확인하고 점검, 보수 항목, 기간 등에 관한 일정한 보수 기준(제조자가 제공하는 기술 문서 등)을 만들어 장치를 점검한다.

6) 측정 결과의 정리

a) 측정 연월일
b) 측정자명
c) 시료명
d) 장치의 명칭 및 형식
e) 부속 장치의 명칭 및 형식
f) 장치의 조작 조건
g) 시료의 전처리
h) 시료 조제 방법
i) 비교 표준 물질

7) 개별 규격에 기재해야할 사항

적외선 분광 분석 방법을 사용하는 개별 규격에는 적어도 다음 각 항목을 규정해야 한다.

1. 정성 분석

a) 시료 채취 방법
b) 시료 조제 방법
c) 부속 장치의 종류 d) 장치의 측정 조건
e) 데이터 처리 방법
f) 비교 표준 물질의 종류
g) 분석 결과의 표시 방법

2. 정량 분석

a) 시료 채취 방법
b) 분석 대상 성분의 농도 범위
c) 시료 조제 방법
d) 부속 장치의 종류
e) 장치의 측정 조건
f) 정량 방법의 종류
g) 검량선 작성 방법
h) 측정 횟수
i) 분석 결과의 표시 방법

F. 콘크리트 양생제

콘크리트 양생용 액상 피막 형성제 [KS F 2540]

시험빈도 : 제조회사별 / 3월 이상 저장하여 재질의 변화가 있다고 인정되는 때마다

1) 성분 및 성질

1. 액상 피막 형성제의 성분은 제한되지 않으나, 유독하거나 인화성이어서는 안 된다. 벤젠, 사염화탄소, 메틸알코올, 그 밖의 유독 재료는 허용될 수 없다.
2. 투명 또는 반투명의 1형 액상 피막 형성제는 담색(淡色)으로, 일시적 염료가 함유되어 있어도 좋으며, 콘크리트 표면에 사용 후 적어도 4시간 동안 쉽게 식별할 수 있어야 한다. 이 색은 필요하다면 사용 후 7일 이내에 눈에 띄지 않아야 한다.
3. 백색 안료를 사용한 2형 액상 피막 형성제는 미분 백색 안료와 전색제로 구성되며, 기제품을 조합하지 않고 즉시 사용할 수 있어야 한다.
   이 형성제는 소정의 적용 비율로 새로운 콘크리트에 적용할 경우에는 균등한 백색 겉모양을 나타내고, 콘크리트의 원색을 효과적으로 감출 수 있는 것이어야 한다. 콘크리트에 소정의 비율로 사용한 경우에 햇볕에 3일간 노출시킨 형성제는 그 겉보기 일광 반사 능력이 마그네시아의 반사능의 60%이어야 한다.
4. 담회색 안료를 사용한 3형 액상 피막 형성제는 미분 담회색 안료와 전색제로 구성되며, 기제품을 조합하지 않고 즉시 사용할 수 있어야 한다.
   이 형성제는 소정의 비율로 새로운 콘크리트에 사용하는 경우에 균등한 담회색 겉모양을 나타내고, 콘크리트의 원색을 효과적으로 감출 수 있는 것이어야 한다. 콘크리트에 소정의 비율로 사용한 경우 햇볕에 3일 동안 노출시킨 형성제는 그 겉보기 일광 반사 능력이 마그네시아 반사능의 50% 이상이어야 한다.
5. 흑색의 4형 액상 피막 형성제에 대해서는 특별한 규정이 정해져 있지 않다.

2) 피막의 성질

형성제는 습윤 콘크리트에 부착하고, 소정의 비율로 사용하였을 경우, 연속된 밀착을 형성해야 한다. 건조했을 때, 피막은 연속하여 유연하고, 찢어지거나 구멍이 없어야 하며 시험실 공시체에 대하여 사용 후 적어도 7일 동안 찢어지지 않는 피막으로 존속해야 한다. 액상 피막 형성제는 콘크리트에 대해 해로운 작용을 해서는 안 된다*.

[*] 액상 피막 형성제의 콘크리트 표면에 대한 영향에 대해서는 대체적인 개념을 얻기 위해서 표면에 칼 또는 드라이버로 사용 후 72시간 이상 경과 후에 흠집을 낸다. 이것을 유사한 공시체로 대략 1/2의 습윤 양생을 한 것에 대해서 같은 방법으로 표면 경도를 조사하여 비교한다. 이 비교로 형성제로 처리한 콘크리트 표면이 연화되어 있는 것이 확인되면, 이 형성제는 사용할 수 없는 것으로 본다.

3) 컨시스턴시

액상 피막 형성제의 컨시스턴시는 24℃ 이상의 온도에서 분무 노즐로 균등한 피복을 만들 수 있도록 쉽게 살포할 수 있어야 한다. 시험실에서 소정의 비율로 습윤 콘크리트 블록의 연직면에 살포했을 때, 흘러내리거나 처져서는 안 된다.

4) 저장 안정도

피막 형성제는 변질되지 않고, 3개월 이상 저장할 수 있어야 한다. 다만 유제형의 형성제는 동해(凍害)에 견딜 수 있다고는 기대할 수 없다. 형성제는 침강하여 약간의 교반으로 쉽게 균등 질성이 되어야 한다.

5) 건조 시간

습윤 콘크리트면에 소정의 비율로 사용하였을 경우, 피막 형성제는 온도 23±2℃, 상대 습도 50±10%, 최대 공기 유속 180m/분의 표준 시험실 조건에서 4시간 이내에 건조하여 붙는 일이 없어야 한다.
12시간 후 형성제는 그 위를 걸었을 때, 자국이 나거나 붙지 않아야 하며, 미끈미끈한 면이 되어서는 안된다.

6) 습기 유지

보수성 시험에서 액상 피막 형성제는 KS F 2406에 따라서 시험할 때 72시간 동안 표면에서 물이 0.55kg/m보다 더 손실되어서는 안 된다.

7) 포장 및 표시

액체 피막 형성제는 제조자가 봉인을 한 용기에 넣어야 한다.
용기에는 제조자명, 형성제명, 제조자 배치 번호를 알기 쉽게 표시해야 한다.
용기의 내용은 시험한 시료와 같은 것이어야 한다.

8) 시료 채취

1. 시료는 구입자의 선택에 따라 납입 전에 공장, 창고, 또는 납입 장소에서 채취한다. 구입자를 대표하는 검사원은 적하된 용기에 자유롭게 접근할 수 있고, 적하 작업에 방해 없이 검사하여야 하며, 시료를 채취하는 모든 편의가 제공되어야 한다.
2. 액상 피막 형성제는 채취하기 전에 용기를 흔들어 잘 교반한다. 각각의 로트, 배치, 또는 제조 단위를 대표하는 1개의 용기에서 임의로 1개의 시료를 채취한다. 다만 1개의 시료는 8000ℓ 이하를 대표해야 한다.

9) 시험 방법

보수성 시험은 KS F 2406에 따른다.

G. 콘크리트 팽창재

콘크리트용 팽창재 [KS F 2562]

시험빈도 : 제조회사별 / 3월 이상 저장하여 재질의 변화가 있다고 인정되는 때마다

1) 시료

시료의 채취는 당사자 사이의 협정에 따른다.
채취한 시료는 방습성이 있는 기밀 용기에 밀봉해서 보존한다. 시험할 때, 시료는 미리 시험실 내에 넣어 실온과 같게 되도록 한다.

2) 화학 분석 방법

1. **산화마그네슘** 산화마그네슘의 화학 분석 방법은 KS L 5120의 13.에 따른다.
2. **강열 감량** 강열 감량의 화학 분석 방법은 KS L 5120의 15.에 따른다.

3) 물리 시험 방법

1. **비표면적 시험** 비표면적 시험은 KS L 5207의 8.1(비표면적 시험)에 따른다.
2. **1.2mm체 잔유율 시험**
   a) 시험용 기구
      - 1.2mm체 KS A 5101에 규정하는 1.18mm체를 사용하고, 체의 테는 지름 200mm, 깊이 60mm로 한다.
      - 저울 원칙적으로 용량 2kg, 감량 2g인 것과 용량 100g, 감량 0.1g인 것으로 한다.

   b) 조작 시료 1000g을 용량 2kg인 저울로 달아서 체에 넣고 가만히 체를 움직이면서 평평하게 한 후, 한손으로 1분간 150회의 속도로 체를 두드려 25회 두들릴 때마다 체를 약 1/6 회전시킨다. 이와 같이 해서 1분간의 체 통과량이 0.5g 이하가 되었을 때 체질을 멈추고, 체 위에 남는 양을 용량 100g인 저울로 단다.

   c) 계산 1.2mm체 잔유율은 다음 식에 따라서 산출하고, 소수점 이하 1자리에서 끝맺음한다.

$$r = \frac{w_2}{w_1} \times 100$$

***[참고_r : 1.2mm체 잔유율(%) / w_1 : 시료의 질량(g) / w_2 : 체 위 잔유율의 질량(g)]

3. **응결 시험** KS L 5207의 9.(응결 시험)에 따른다. 다만, 표준으로 하는 시멘트 풀은 KS L 5201에 규정하는 보통 포틀랜드 시멘트 380g과 팽창재 20g을 미리 충분히 혼합*한 것으로 만든다.

[*] 약 20X40cm의 플라스틱 주머니에 시멘트, 팽창재 및 적당량의 공기를 넣어서 봉한 후, 양손으로 약 1분간 상하 좌우로 흔들어 혼합하는 것이 좋다.

4. **팽창성 시험** 부속서에 따른다.

*** [참고_콘크리트의 팽창성 시험은 참고 1에 따른다.]

5. **압축 강도 시험** KS L 5207의 12.(강도 시험)에 따른다. 다만, 시멘트의 종류, 모르타르의 배합 및 혼합 방법은 다음에 따른다.
   a) 시멘트의 종류 KS L 5201에 규정하는 보통 포틀랜드 시멘트로 한다.
   b) 모르타르의 배합 [표 1]에 따른다.

[표_1]

재 료	기 호	재료의 질량 g
시 멘 트	C	494
팽 창 재	E	26
표준 모래	S	1040
물	W	338

***[참고] $\frac{W}{C+E} = 0.65$ $\frac{E}{C+E} = 0.05$ $\frac{S}{C+E} = 2$

   c) 혼합 방법 KS L 5207의 11.4(혼합 방법)에 따른다. 다만, 시멘트와 팽창재는 미리 충분히 혼합*해 둔다.

[*] 콘크리트의 압축 강도 시험은 참고 2에 따른다.

4) 검 사

팽창재의 검사는 합리적인 샘플링 검사 방식에 따라서 *2)*항 및 *3)*항에 규정하는 시험을 한 후, 적합한 것을 합격으로 한다. 또한 수입 검사를 위한 시험은 팽창재의 인수 인도 후 풍화하지 않도록 주의해서 신속히 하는 것으로 한다.

H. 콘크리트 방청제

철근 콘크리트용 방청제 [KS F 2561]

시험빈도 : 제조회사별 / 3월 이상 저장하여 재질의 변화가 있다고 인정되는 때마다

1) 품질

1. **성능** *3)* 에 따라 시험하고, 아래의 [표 1]의 규정에 적합하여야 한다..

[표_1] 방청제의 성능

항 목	규 정			시 험 방 법
철근의 염수 침지 시험	부식이 안될 것.			*3)-1* 에 따른다.
콘크리트 중의 철근 부식 촉진 시험	방청률 95% 이상			*3)-2* 에 따른다.
콘크리트의 응결 시간 및 압축 강도 시험	응결 시간차 (min)	초 결	± 60 이내	*3)-3* 에 따른다.
		종 결		
	압축 강도비 (%)	재령 7일	90 이상	
		재령 28일		

2. **염화물 이온량** *3)-4* 에 따라 시험하고 0.02kg/m^{3}이어야 한다.
3. **전체 알칼리량** *3)-5* 에 따라 시험하고 0.02kg/m^{3}이어야 한다.

2) 시료

시료의 수량 및 샘플링 방법은 인수 인도 당사자간의 협의에 따라서 정한다.

3) 시험 방법

1. **철근의 염수 침지 시험** 부속서 1에 따른다.
2. **콘크리트 중의 철근 부식 촉진 시험** 부속서 2에 따른다.
3. **콘크리트의 응결 시간 및 압축 강도 시험**
   a) **콘크리트 시험** 콘크리트의 응결 시간 및 압축 강도 시험은 다음에 따르며 방청제를 사용한 경우(시험 콘크리트) 및 사용하지 않는 경우(기준 콘크리트)에 대하여 한다.
   - **사용 재료** KS F 2560의 6.1.1(시험에 사용 하는 재료)에 규정하는 시멘트, 골재, 물을 사용하고, 방청제는 제조자가 지정하는 표준 사용량(이하 표준 사용량이라 한다.)을 사용한다. 또한 단위 수량에는 방청제를 포함하는 것으로 한다.

- 배합 및 공시체의 제작 KS F 2560의 6.1.2(배합), 6.1.3(콘크리트의 제조법), 6.1.4(혼합) 및 6.1.5(시료)에 따른다.
- 시험 방법 KS F 2560의 6.1.6 a)(응결 시간) 및 6.1.6 f)(압축 강도)에 따른다. 다만 압축 강도 시험의 재령은 7일 및 28일로 한다.
- 콘크리트의 사용 재료, 배합, 슬럼프 및 시험 결과를 기록한다.

b) 결과의 계산

- 응결 시간의 차 콘크리트의 응결 시간의 차는 시험방법에 의하여 구한 초결 및 종결 시간에서 다음 식에 따라 산출하고, 정수로 표시한다.

$$T = T_t - T_c$$

***[참고_T : 응결 시간의 차(min) / T_t : 시험방법에 의하여 구한 시험 콘크리트의 초결 시간 또는 종결 시간(min) / T_c : 시험방법에 의하여 구한 기준 콘크리트의 초결 시간 또는 종결 시간(min)]

- 압축 강도비 압축 강도비는 시험방법에 의하여 구한 압축 강도에서 다음 식에 따라 산출하고 소수점 이하 1자리에서 끝맺음하여 정수로 표시한다.

$$S = \frac{S_t}{S_c}$$

***[참고_S : 압축 강도비(%) / S_t : 시험방법에 의하여 구한 시험 콘크리트의 압축 강도(MPa) / S_c : 시험방법에 의하여 구한 기준 콘크리트의 압축 강도(MPa)]

4. **염화물 이온량** 부속서 3에 따라서 방청제 중의 염화물 이온량을 구하고, 다음 식에 의해 콘크리트 중의 방청제의 염화물 이온량을 산출하여 소수점 이하 2자리에서 끝맺음한다.

$$Cl^-_m = m_a \times \frac{Cl^-_a}{100}$$

***[참고_Cl^-_m : 콘크리트 중의 방청제의 염화물 이온량(kg/㎥) / m_a : 1m당 방청제 사용량(kg/㎥) / Cl^-_a : 방청제 중의 염화물 이온량(%)]

5. **전체 알칼리량** KS F 2560의 부속서 2(콘크리트용 화학 혼화제 중에 함유된 알칼리량의 시험 방법)에 의하여 방청제 중의 전체 알칼리량을 구하고, 다음 식에 따라서 콘크리트 중의 방청제의 전체 알칼리량을 산출하고 소수점 이하 2자리에서 끝맺음한다.

$$R_m = m_a \times \frac{R_a}{100}$$

***[참고_R_m : 콘크리트 중의 방청제의 전체 알칼리량(kg/m³) / m_a : 1m당 방청제 사용량(kg/m³) / R_a : 방청제 중의 전체 알칼리량(%)*]

[*] KS F 2560의 부속서 2의 Na_2Oeq를 Ra로 표시한다.

4) 검 사

방청제의 검사는 합리적인 샘플링 검사 방식에 의하여 시료를 샘플링하고, *3)* 에 규정하는 시험을 하여 [표 1]에 적합한 것을 합격으로 한다.

5) 표 시

방청제의 용기 또는 송장에는 다음 사항을 표시한다.

a) 명 칭
b) 표준 사용량
c) 질량 또는 부피
d) 제조 연월 또는 그 약호
e) 제조자명 또는 그 약호
f) 취급상의 주의

6) 보 고

제조자는 다음 사항을 보고한다.

a) 철근의 염수 침지 시험 결과
b) 콘크리트 중의 철근 부식 촉진 시험 결과
c) 콘크리트의 응결 시간 및 압축 강도 시험 결과
d) 염화물 이온(Cl^-)량
e) 전체 알칼리량

I. 플라이 애시

플라이 애시 [KS L 5405]

시험빈도 : 제조회사별 / 3월 이상 저장하여 재질의 변화가 있다고 판단되는 때마다

1) 시 료

1. **채취** 시료의 수량 및 채취 방법은 인도 · 인수 당사자 사이의 협의에 따른다.
2. **제작** 채취한 시료는 KS A 5101에 규정하는 표준체 850㎛로 체를 쳐서 이물질을 제거하고 통과분을 방습성의 기밀한 용기에 밀봉하여 보존한다. 시험할 때는 미리 시험실 안에 넣어 실온과 같아지도록 한다.

2) 시험 방법

1. **이산화규소** 이산화규소의 시험은 다음과 같이 한다.
   a) **시료** 약 0.5g을 KS F 7042에 규정하는 도가니(PTCR20, PTCR25 및 PTCR30)에 0.1mg까지 정확히 질량을 측정하여 취한다(m_1).
   b) 이것에 혼합 융제[(질량비) 탄산나트륨(무수) 1 : 탄산칼륨 1] 3~5g을 가하고 시료와 균일하게 혼합한 후 다시 소량의 혼합 융제로 혼합물 위를 덮는다.
   c) 도가니에 뚜껑을 덮고 서서히 가열하여 내용물이 융해하고 나서 다시 20~30분간 강열을 계속한다.
   d) 도가니를 냉각하고 융해물을 도가니에서 떼어서 자기 증발 접시(120mm)에 옮기고 도가니 및 덮개를 소량의 염산(1:1)과 따뜻한 물로 씻어서 씻은액을 자기 증발 접시에 가한다.
   e) 자기 증발 접시를 시계 접시로 덮고 염산 15~20mL를 조금씩 가하여 융해물을 녹인 후 자기 증발 접시 안의 용액을 물중탕에서 증발 건고시킨다. 이 때 마른 내용물이 큰 덩어리가 되지 않도록 유리 막대로 부수고 가끔 섞는다. 증발 건고는 완전하게 한다.
   f) 냉각 후 염산 약 10mL를 가하여 휘저어 섞고 1~2분간 정치한 후 물을 가하여 약 100mL가 되게 하고 물중탕에서 약 5분간 가열하여 가용성 염류를 녹인다.
   g) 이것을 KS M 7602에 규정하는 거름종이(5종 B 110mm)로 거르고 씻은액에 염소 이온이 거의 인지되지 않을 때까지 따뜻한 물로 씻는다*.

[*] 10~12회 씻으면 된다.

h) 거른액 및 씻은액을 자기 증발 접시에 옮기고 다시 물중탕에서 증발 건고하고 마지막으로 공기 중탕 안에 넣어 110~115℃에서 1시간 가열한 후 전과 동일하게 조작하여 거른다.

i) *g* 및 *h* 에서 얻은 침전을 도가니에 넣고 건조하여 서서히 가열하여 불꽃이 나오지 않도록 주의하면서 거른액을 탄화한 후 1000±50℃로 조절한 전기로에서 1시간 강열하고 데시케이터 안에서 냉각한 후 질량을 측정한다(m_2)

j) 이산화규소의 함유율은 다음 식에 따라 산출하고 소수점 이하 첫째 자리로 끝맺음한다.

$$A = \frac{m_2}{m_1} \times 100$$

***[참고_*A* : 이산화규소의 함유량(%) / m_1: 시료의 질량(g) / m_2: 침전물의 질량(g)]

2. **수분** 수분의 시험은 다음과 같이 한다.

a) 시료 약 2g을 평량병(50mm)에 0.1mg까지 정확히 측정하여 취한 후(m_3) 얇게 펴고 덮개를 열고 105~110℃로 조절한 공기 중탕 안에서 2시간 건조하고 덮개를 하여 데시케이터 안에서 냉각한 다음 질량을 측정한다.

b) 1시간씩 건조를 반복하여 항량*이 되었을 때의 감량(m_4)을 구한다.

[*] 건조 전 · 후의 질량차가 0.5mg 이하가 되었을 때

c) 수분은 다음 식에 따라 산출하고 소수점 이하 첫째 자리로 끝맺음한다.

$$B = \frac{m_4}{m_3} \times 100$$

***[참고_*B* : 수분(%) / m_3: 시료의 질량(g) / m_4 : 항량이 되었을 때의 감량(g)]

3. **강열 감량** 강열 감량의 시험은 다음과 같이 한다.

a) 시료 약 1g을 KS L 1559에 규정하는 도가니(용량 15mL)에 0.1mg까지 정확히 측정하여 취하고(m_5). 975±25℃로 조절한 전기로에서 15분간 강열하고 데시케이터 안에서 냉각한 후 질량을 측정한다.

b) 15분씩 강열을 반복하여 항량*이 되었을 때의 감량(m_6)에서 다음 식에 따라 강열 감량을 산출하여 소수점 이하 첫째 자리로 끝맺음한다.

$$C = \frac{m_6}{m_5} \times 100$$

***[참고_C : 강열 감량(%) / m_5 : 시료의 질량(g) / m_6 : 항량이 되었을 때의 감량(g)]

[*] 강열 전 후의 질량차가 0.5mg 이하가 되었을 때

4. 밀도 밀도의 시험은 KS L 5110에 따른다*. 다만 시료의 질량은 70g으로 한다.

[*] 시멘트의 경우보다도 공기가 빠지기 어려우므로 공기를 충분히 빼내도록 특별히 주의하여야 한다.

5. 분말도

a) 비표면적(브레인 방법)의 시험 비표면적 시험은 KS L 5106에 준하여 실시한다. 다만 시료의 질량은 그 기공률이 시멘트의 표준 시료의 기공률에 가능한 한 가까우며 시험 압축체가 시멘트의 경우와 같은 정도의 압력으로 인정되는 정도의 양이 되도록 계량한다.

b) 45㎛체 체잔분(망체 방법) 45㎛체 체잔분의 시험은 부속서 2에 따른다.

6. 플로값비 플로값비의 시험은 부속서 1에 따른다.

7. 활성도 지수 활성도 지수의 시험은 부속서 1에 따른다

3) 검사

플라이 애시의 검사는 합리적인 샘플링 검사 방식에 따라 시료를 채취하여 시험을 하여 규정에 적합한 것을 합격으로 한다.

4) 포장

플라이 애시를 포장하는 경우는 KS A 1542에 규정하는 시멘트 크라프트 지대에 준하는 것을 사용한다.

5) 표시

플라이 애시를 포장하는 경우 지대에 포장하지 않는 경우는 납품서에 다음 사항을 표시한다. 그리고 출하일은 당사자 사이의 협의에 따라 적당한 형식의 표시를 기입할 수 있다.

a) 규격의 명칭, 규격 번호 및 종류
b) 내용물 질량
c) 제조자명
d) 원산지 원산지는 플라이 애시를 최초 발생시킨 국가 및 발전소 등 발전 회사의 명칭을 표시

6) 보고

제조자는 구입자로부터 요구가 있는 경우 시험 성적표를 제출하여야 한다.

J. 굳지않은 콘크리트 (레미콘 포함)

레디믹스트 콘크리트 [KS F 4009]

*강도 제외

시험빈도 : 배합이 다를 때마다
/콘크리트 1일 타설량 150m^3 미만인 경우(1일 타설량마다)
/콘크리트 1일 타설량 150m^3 이상인 경우(150m^3 마다)

1) 종류

레디믹스트 콘크리트의 종류는 보통 콘크리트 · 경량 콘크리트 · 포장 콘크리트 · 고강도 콘크리트로 하고, 굵은골재의 최대 치수, 호칭 강도, 슬럼프 또는 슬럼프 플로를 조합한 것으로 한다[표 1]. 또한 다음 사항은 구입자가 생산자와 협의하여 지정한다.

[표_1] 레디믹스트 콘크리트의 종류

콘크리트의종류	굵은골재의 최대치수(mm)	슬럼프 또는 슬럼프 플로(mm)	호칭 강도 MPa(=N/mm^2)[**]												
			18	21	24	27	30	35	40	45	50	55	60	휨 4.0	휨 4.5
보통콘크리트	20, 25	80, 120, 150, 180	○	○	○	○	○	○	−	−	−	−	−	−	−
		210	−	○	○	○	○	○	−	−	−	−	−	−	−
		500*, 600*	−	−	−	○	○	○	−	−	−	−	−	−	−
	40	50,80, 120, 150	○	○	○	○	○	○	−	−	−	−	−	−	−
경량콘크리트	15, 20	80, 120, 150, 180, 210	○	○	○	○	○	○	○	−	−	−	−	−	−
포장콘크리트	20, 25, 40	25, 65	−	−	−	−	−	−	−	−	−	−	−	○	○
고강도콘크리트	15, 20, 25	120, 150 180, 210	−	−	−	−	−	−	○	○	○	−	−	−	−
		500*, 600*, 700*	−	−	−	−	−	−	○	○	○	○	○	−	−

[*] 슬럼프값을 의미함
[**] 종래 단위의 시험기를 사용하여 시험할 경우 국제단위계(SI)에 따른 수치의 환산은 1 kgf=9.8N으로 환산한다.

a) 시멘트의 종류
b) 골재의 종류 및 사용량
c) 굵은골재의 최대 치수
d) 혼화 재료의 종류 및 사용량
e) 염화물 함유량의 상한값과 다른 경우는 그 상한값
f) 호칭 강도를 보증하는 재령
g) 표 3에 정한 공기량과 다른 경우는 그 값
h) 경량 콘크리트의 경우는 콘크리트의 단위 용적 질량
i) 콘크리트의 최고 또는 최저 온도
j) 물–시멘트비 또는 물–결합재비의 상한값
k) 단위 수량의 상한값
l) 단위 시멘트량 또는 단위 결합재량의 하한값 또는 상한값
m) 유동화 콘크리트인 경우 유동화 이전의 베이스 콘크리트에서 슬럼프 증대량

2) 품질

레디믹스트 콘크리트의 강도, 슬럼프, 슬럼프 플로 및 공기량은 배출 지점에서 다음 조건을 만족하여야 한다. 다만, 인수 · 인도 당사자 간의 협의에 따라 검사 지점을 조정하여 생산공장에서 시료를 채취하여 시험하여도 좋다.

1. 강도　레디믹스트 콘크리트의 강도는 시험방법에 규정하는 강도 시험*을 한 경우, 다음 규정을 만족하여야 한다.
 a) 1회의 시험 결과는 구입자가 지정한 호칭 강도값의 85% 이상이어야 한다.
 b) 3회의 시험 결과 평균값은 구입자가 지정한 호칭 강도값 이상이어야 한다.

[*] 강도 시험에서 공시체의 재령은 지정이 없는 경우 28일, 지정이 있는 경우는 구입자가 지정한 일수로 한다.

2. **슬럼프** : 슬럼프는 [표 2]에 따른다.

[표_2] 슬럼프의 허용 오차 (단위 : mm)

슬럼프	슬럼프의 허용 오차
25	±10
50 및 65	±15
80 이상	±25

3. **슬럼프플로** : 슬럼프 플로는 [표 3]에 따른다.

[표_3] 슬럼프 플로의 허용 오차 (단위 : mm)

슬럼프 플로	슬럼프 플로의 허용 오차
500	±75
600	±100
700*	±100

[*] 굵은골재의 최대 치수가 15mm인 경우에 한하여 적용한다.

4. **공기량** : 공기량은 [표 4]에 따른다.

[표_4] 공기량의 허용 오차 (단위 : %)

콘크리트의 종류	공기량	공기량의 허용 오차
보통 콘크리트	4.5	±15
경량 콘크리트	5.5	
포장 콘크리트	4.5	
고강도 콘크리트	3.5	

5. 염화물 함유량 레디믹스트 콘크리트의 염화물 함유량은 염소 이온(Cl^-)량으로서 0.30kg/m 이하로 한다. 다만, 구입자의 승인을 얻은 경우에는 0.60kg/m 이하로 할 수 있다.

3) 용적

레디믹스트 콘크리트의 용적은 배출 지점에서 납품서에 기재한 용적보다 작아서는 안 된다.

4) 배합

a) 레디믹스트 콘크리트의 배합은 *1)* 에서 지정한 사항 및 *2)* 에 정한 품질을 만족하고, 또한 *7)* 항에 규정한 검사에 합격하도록 생산자가 정한다.
b) 생산자는 레디믹스트 콘크리트 배합 보고서를 구입자의 요구가 있을 때 구입자에게 제시하여야 한다. 제시는 원칙적으로 레디믹스트 콘크리트를 납품하기 전에 실시한다. 문서에 의한 제시 외에도 인터넷 게시 등의 전자매체를 통한 방법도 활용할 수 있다.
c) 생산자는 구입자의 요구가 있으면 배합 설계, 콘크리트에 함유된 염화물 함유량 등의 계산에 기초가 되는 자료를 제시한다.

5) 제조

1. 혼합

a. 레디믹스트 콘크리트는 믹서로 공장 내에서 균일하게 혼합한다.
b. 콘크리트의 혼합량 및 혼합 시간은 KS F 2455에서 규정한 시험을 하여 결정한다.

2. 운반시간

a. 레디믹스트 콘크리트의 운반은 규정하는 운반차로 한다.
b. 트럭 애지테이터나 트럭 믹서를 사용할 경우, 콘크리트는 혼합하기 시작하고 나서 1.5시간 이내에 공사 지점에 배출할 수 있도록 운반한다. 다만, 주문자의 지시가 있을 때에는 운반 시간의 한도를 단축 또는 연장할 수 있다*.

[*] 예를 들면, 더운 여름철에는 운반 시간의 한도를 짧게 하는 것이 좋다.]

c. 덤프 트럭으로 콘크리트를 운반하는 경우, 운반 시간의 한도는 혼합하기 시작하고 나서 1시간 이내에 공사 지점에 배출할 수 있도록 운반한다.

3. 품질관리

a. 생산자는 *2)* 항에 규정하는 품질을 보증하기 위해 필요한 품질관리를 실시한다.
b. 생산자는 구입자의 요구가 있으면 품질관리의 시험 결과를 제시하여야 한다.

6) 시험 방법

1. **시료 채취 방법** KS F 2401에 따른다. 다만, 배출 지점에서 유동화 콘크리트 공법을 적용하기 위해 베이스 콘크리트의 품질 검사 시료를 트럭 애지테이터에서 채취하는 경우에는 트럭 애지테이터를 30초 고속 교반 후 최초로 배출되는 콘크리트 약 50L를 제외한 후, 콘크리트 흐름의 전횡단면에서 전 시료를 채취한다.
2. **슬럼프 시험** KS F 2402에 따른다.
3. **슬럼프 플로 시험** KS F 2549에 따른다.
4. **공기량 시험** KS F 2421, KS F 2409 또는 KS F 2449 중 하나에 따른다.
5. **강도 시험** KS F 2403 및 KS F 2405에, 휨 강도 시험은 KS F 2403 및 KS F 2408에 따른다.
6. **염화물 함유량** 콘크리트에 포함된 염화물량은 굳지 않은 콘크리트 중 물의 염소 이온 농도와 배합설계에 사용된 단위수량*을 곱하여 구한다. 굳지 않은 콘크리트 중 물의 염소 이온 농도 시험은 부속서1에 따른다. 다만, 레디믹스트 콘크리트의 공정관리 · 제품관리 · 현장관리 또는 당사자 간의 협의에 의한 시험을 위해서는 간편법으로 정밀도가 확인된 염분 함유량 측정 방법에 따를 수 있다. *7)의 4*항목의 염화물 함유량 검사를 하기 위한 염소 이온의 농도 시험은 구입자의 승인을 얻어 정밀도가 확인된 염분 함유량 측정기에 따를 수 있다.

[*] 레디믹스트 콘크리트 배합 보고서의 배합표에 나타난 값으로 한다.]

7. **단위 용적 질량 시험** KS F 2409에 따른다.
8. **용적** 콘크리트의 용적은 그 배치의 전체 질량을 단위용적 질량으로 나누어 구한다. 배치의 전체 질량은 배치에 혼합되는 전체 재료(물 포함)를 합해 계산하거나 콘크리트 배출 전 · 후의 운반차 질량의 차로부터 계산한다. 슬럼프 120mm이상의 콘크리트에 대해 운반차의 용기, 적재 호퍼 등으로 콘크리트 용적을 구할 수 있을 때는 그 방법을 콘크리트의 용적 측정에 사용할 수 있다.

7) 검사

1. 강도, 슬럼프, 슬럼프 플로, 공기량 및 염화물 함유량을 검사하고, 합격 여부를 판정한다.
2. 강도 시험 횟수는 450m^{3}를 1로트로 하여 150m^{3}당 1회의 비율로 한다. 다만, 인수 · 인도 당사자 간의 협정에 따라 검사 로트의 크기를 조정할 수 있으며 *6)의 5*항목의 시험을 하여 *2)의 1*항목의 규정에 적합하면 합격으로 한다. 1회의 시험 결과는 임의의 1개 운반차로부터 채취한 시료로 3개의 공시체를 제작하여 시험한 평균값으로 한다.

3. **슬럼프 시험, 슬럼프 플로 시험 및 공기량 시험** *1)* 항의 규정에 따라 주문자가 지정한 사항 중 슬럼프 시험 또는 슬럼프 플로 시험 및 공기량 시험은 필요에 따라 *6)-2* 항 또는 *6)-3* 항 및 *6)-4* 항에 따라 실시한다. *2)-2* 항 또는 *2)-3* 항 및 *2)-4* 항의 규정에 각각 적합하다면 합격으로 한다. 그러나 이 시험에서 슬럼프 또는 슬럼프 플로 및 공기량 중 한 가지가 허용 범위를 벗어나는 경우에는 *6)-1* 항에 따라 동일 차량에서 시료를 다시 채취하여 1회에 한하여 *6)-2* 항또는 *6)-3* 항 및 *6)-4* 항에 따라 시험을 실시하고, 그 결과가 *2)-2* 항 또는 *2)-3* 항 및 *2)-4* 항의 규정에 적합하면 합격으로 한다.
4. **염화물 함유량 시험** 콘크리트에 포함된 염화물 함유량의 검사 방법은 인수 인도 당사자 간의 협의에 따라 정하고, 결과가 *2)-5* 항의 규정에 적합하면 합격으로 한다.
5. *1)* 항에 규정한 사항 중 구입자가 지정한 사항은 인수 인도 당사자 간의 협의에 따라 검사한다.

8) 보고

생산자는 운반할 때마다 매차 단위로 납품서를 주문자에게 제출하여야 한다.

K. 철근 및 강재(압접철근 포함)

철근 콘크리트용 봉강 [KS D 3504]

시험빈도 : 제조회사별 / 제품규격별 100 t마다 / 용접이음부위는 500개소마다

1) 종류 및 기호

이형 봉강의 종류는 8종류로 하고, 그 종류 및 기호는 [표_1]에 따른다.

[표_1] 종류 및 기호

종 류	기 호	용 도
이형 봉강	SD300 SD350 SD400 SD500 SD600 SD700	일반용
	SD400W SD500W	용접용

2) 화학 성분

이형 봉강은 7)항에 의해 시험하고, 그 레이들 분석값은 [표_2]에 따른다.
탄소당량 C_{eq}는 다음 식에 따라 구한다.

$$C_{eq} = C + \frac{Mn}{6} + \frac{(Cr+V+Mo)}{5} + \frac{(Cu+Ni)}{15}$$

***[참고_C, Mn, Cr, V , Mo, Cu 및 Ni는 각 성분의 무게 백분율이다.]

[표_2] 화학 성분

종류 기호	화학성분 %						
	C[a]	Si	Mn	P	S	N[b]	C_{eq}[a]
SD300	–	–	–	0.050 이하	0.050 이하	–	–
SD350	–	–	–	0.050 이하	0.050 이하	–	–
SD400	–	–	–	0.050 이하	0.050 이하	–	–
SD500	–	–	–	0.050 이하	0.050 이하	–	–
SD600	–	–	–	0.050 이하	0.050 이하	–	0.63 이하
SD700	–	–	–	0.050 이하	0.050 이하	–	0.63 이하
SD400W SD500W	0.22 이하 (0.24 이하)[c]	0.60 이하 (0.65 이하)	1.60 이하 (1.7 이하)	0.05 이하 (0.055 이하)	0.05 이하 (0.055 이하)	0.012 이하 (0.013 이하)	0.50 이하 (0.52 이하)

- SD400W와 SD500W에서 치수가 호칭명 D32를 초과하는 것에 대해서는 탄소 함량 0.25% 이하(0.27% 이하), 탄소 당량 0.55% 이하(0.57% 이하)로 한다.
- 질소 결합 원소가 충분히 있는 경우에는 질소 함량이 높아도 좋다. - 괄호 안의 값은 제품 분석의 경우에 적용한다.

3) 기계적 성질

이형 봉강은 *7)-2*항에 의해 시험하고 항복점 또는 0.2 % 항복 강도, 인장 강도, 연신율 및 굽힘성은 [표_3]에 따른다. 또 굽힘성의 경우는 그 외측에 균열이 생겨서는 안 된다. 단, 주문자와 제조자가 합의한 경우에는 기계적 성질 값을 변경할 수도 있다.

[표_3] 기계적 성질

종류 기호	항복점 또는 항복 강도 N/mm^2	인장 강도 N/mm^2	인장 시험편	연시율[a] %	굽힘성 굽힘 각도	굽힘성 안쪽 반지름
SD300	300이상	440이상	2호에 준한 것	16이상	180°	D 16 이하 공칭 지름의 1.5배
			3호에 준한 것	18이상		D 16 초과 공칭 지름의 2배
SD350	350이상	490이상	2호에 준한 것	18이상	180°	D 16 이하 공칭 지름의 1.5배 D 16 초과 D41 이하 공칭 지름의 2배
			3호에 준한 것	20이상		D 51 공칭 지름의 2.5배
SD400	400이상	560이상	2호에 준한 것	16이상	180°	공칭 지름의 2.5배
			3호에 준한 것	18이상		
SD500	500이상	620이상	2호에 준한 것	12이상	90°	D 25 이하 공칭 지름의 2.5배
			3호에 준한 것	14이상		D 25 초과 공칭 지름의 3배
SD600	600이상	710이상	2호에 준한 것	10이상	90°	D 25 이하 공칭 지름의 2.5배
			3호에 준한 것			D 25 초과 공칭 지름의 3배
SD700	690이상	800이상	2호에 준한 것	10이상	90°	D 25 이하 공칭 지름의 2.5배
			3호에 준한 것			D 25 초과 공칭 지름의 3배
SD400W	400이상	560이상	2호에 준한 것	16이상	180°	공칭 지름의 2.5배
			3호에 준한 것	18이상		
SD500W	500이상	620이상	2호에 준한 것	12이상	90°	D 25 이하 공칭 지름의 2.5배
			3호에 준한 것	14이상		D 25 초과 공칭 지름의 3배

- 이형 봉강에서 치수가 호칭명 D32를 초과하는 것에 대해서는 호칭명 3을 증가할 때마다 표 3의 연신율 값에서 각각 2를 감한다. 다만, 감하는 한도는 4로 한다.

4) 모양 · 치수, 무게 및 그 허용차

1. 모양은 다음에 따른다.
 a) 이형 봉강은 표면에 돌기*가 있는 것으로 한다.

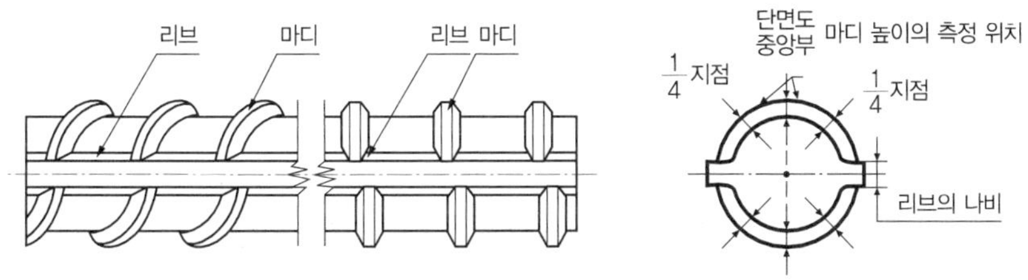

 b) 이형 봉강의 마디는 전 길이에 거쳐 거의 일정한 간격으로 분포하고, 동일 모양 · 치수를 가진 것이어야 한다. 다만, 글자 등을 부조하는 그 부분의 마디는 없어도 좋다.

[*]_축선 방향의 돌기는 러브(rib)라 하고, 축선 방향 이외의 돌기는 마디라 한다.

2. 모양 · 치수, 무게 및 그 허용차는 다음에 따른다.
 a) 이형 봉강의 치수, 무게 및 마디의 허용 한도는 표4에 따른다.
 b) 이형 봉강의 표준 길이는 표5에 따른다.
 c) 이형 봉강 길이의 허용차는 표6에 따른다.
 d) 이형 봉강 1개의 무게 허용차는 표7에 따른다.
 e) 이형 봉강 1조(組)의 무게 허용차는 표8에 따른다.

5) 겉모양

이형 봉강의 겉모양은 다음에 따른다.
 a) 사용상 해로운 결함이 없어야 한다.
 b) 이형 봉강에서 녹, 겹침, 압연 딱지 및 표면 흠은 철 솔질한 시험편의 무게, 단면적, 치수 및 기계적 성질이 이 규격의 욕에 만족하면 반품의 사유가 아니다.
 c) *b)*에 규정하지 않은 표면 결함은 이들을 포함한 시험편이 인장이나 굽힘 요구사항을 만족하지 못할 경우, 해로운 결함으로 간주하여야 한다.

6) 제조 방법

이형 봉강은 열간 압연에 의해 제조한다.

7) 시험

1. 분석 시험

- 분석 시험의 일반 사항 및 분석 시료의 채취 방법은 KS D 0001의 4.의 규정에 따른다.
- 분석 방법은 다음 규격에 따른다.(KS D 1652, KS D 1655, KS D 1658, KS D 1802, KS D 1803, KS D 1804, KS D 1805, KS D1806)

2. 기계 시험

a) **기계 시험의 일반 사항** 기계 시험의 일반 사항은 KS D 0001의 5.의 규정에 따른다. 다만, 공시재의 채취 방법은 A류에 따르고, 시험편의 수는 다음에 따른다.

- 인장 시험편 및 굽힘 시험편의 수는 동일 레이들에 속하고, 공칭 지름별로 각각 1개로 한다. 다만, 50톤을 초과할 때는 각각 2개로 한다.

b) **인장 시험편 및 굽힘 시험편** 인장 시험편 및 굽힘 시험편은 다음에 따른다. 단, 시험편은 어느 것이나 제품 그대로 하며, 기계 가공을 하지 않아야 한다.

- KS B 0801에 규정한 2호(호칭명 D25미만) 또는 3호 시험편(호칭명 D25 이상)으로 하고, 이형 봉강의 표점 거리 및 평행부의 길이의 결정은 공칭 지름에 따른다.
- 굽힘 시험편은 기계 가공하지 않은 제품으로부터 표3의 굽힘성을 확인할 수 있는 적당한 길이로 절단한 것으로 한다.

c) **인장 시험편 및 굽힘 시험편** 인장 시험 및 굽힘 시험 방법은 다음에 따른다. 다만, 이형 봉강의 항복점 또는 0.2% 항복 강도 및 인장 가도를 구하는 경우의 단면적은 표4에 표시한 공칭 단면적을 이용한다.

[표_4] 치수, 무게 및 마디의 허용차

호칭명	단위 무게 (kg/m)	공칭 지름 d (mm)	공칭 단면적 S (cm^2)	공칭 둘레 l (cm)	마디의 평균 간격 최대값 (mm)	마디 높이		마디 틈 합계의 최대값* (mm)	마디와 축선과의 각도
						최소값 (mm)	최대값 (mm)		
D4	0.110	4.23	0.140 5	1.3	3.0	0.2	0.4	3.3	45° 이상
D5	0.173	5.29	0.219 8	1.7	3.7	0.2	0.4	4.3	
D6	0.249	6.35	0.316 7	2.0	4.4	0.3	0.6	5.0	
D8	0.389	7.94	0.495 1	2.5	5.6	0.3	0.6	6.3	
D10	0.560	9.53	0.713 3	3.0	6.7	0.4	0.8	7.5	
D13	0.995	12.7	1.267	4.0	8.9	0.5	1.0	10.0	
D16	1.56	15.9	1.986	5.0	11.1	0.7	1.4	12.5	
D19	2.25	19.1	2.865	6.0	13.4	1.0	2.0	15.0	
D22	3.04	22.2	3.871	7.0	15.5	1.1	2.2	17.5	
D25	3.98	25.4	5.067	8.0	17.8	1.3	2.6	20.0	
D29	5.04	28.6	6.424	9.0	20.0	1.4	2.8	22.5	
D32	6.23	31.8	7.942	10.0	22.3	1.6	3.2	25.0	
D35	7.51	34.9	9.566	11.0	24.4	1.7	3.4	27.5	
D38	8.95	38.1	11.40	12.0	26.7	1.9	3.8	30.0	
D41	10.5	41.3	13.40	13.0	28.9	2.1	4.2	32.5	
D51	15.9	50.8	20.27	16.0	35.6	2.5	5.0	40.0	

[비고_1] 공칭 단면적, 공칭 둘레 및 단위 무게의 산출 방법은 다음에 따른다.

- 공칭 단면적(S) = $\dfrac{0.785\,4 \times d^2}{120}$: 유효 숫자 넷째 자리에서 끝맺음한다.
- 공칭 둘레(ℓ) = 0.314 2 X d : 소수점 이하 첫째 자리에서 끝맺음한다.
- 단위 무게 = 0.785 X S : 유효 숫자 셋째 자리에서 끝맺음한다.
- 1개 무게= 단위 무게 X 길이 : 유효 숫자 셋째 자리에서 끝맺음한다.

[비고_2] 마디 간격은 그 공칭 지름의 70% 이하로서, 산술값을 소수점이하 첫째 자리에서 끝맺음한다.
[비고_3] 이형 봉강의 마디 틈*의 합계는 공칭 둘레의 25% 이하로 하고, 산술값은 소수점 이하 첫째 자리에서 끝맺음한다.
[비고_4] 마디의 높이는 다음 표에 따르고, 산술값은 소수점 이하 첫째 자리에서 끝맺음한다.
*리브와 마디가 떨어져 있는 경우 및 리브가 없는 경우에는 마디의 결손부의 나비를, 또 마디와 리브가 접속하고 있는 경우에는 리브의 나비를 각각 마디의 틈으로 한다.

치 수	마 디 높 이	
	최 소	최 대
호칭명 D13 이하	공칭 지름의 4.0%	최소값의 2배
호칭명 D13 초과 D19미만	공칭 지름의 4.5%	최소값의 2배
호칭명 D19 이상	공칭 지름의 5.0%	최소값의 2배

[표_5] 표준 길이

[단위 : m]

3.5	4.0	4.5	5.0	5.5	6.0	6.5	7.0	8.0	9.0	10.0	11.0	12.0

[비고_1] 코일의 경우에는 적용하지 않는다.
[비고_2] 표준길이 이외의 치수는 주문자와 제조자 사이의 협의에 따른다.

[표_6] 길이 허용차

길 이	길이의 허용차
7m 이하	$^{+40}_{\ 0}$ mm
7m 이하	길이 1m 또는 그 끝수가 증가할 때마다 위에 적은 허용차에 5mm를 더 한다. 다만, 최대값은 120mm까지로 한다.

[비고_1] 코일의 경우에는 적용하지 않는다.
[비고_2] 주문자는 표기 이외의 허용차를 지정할 수 있다.

[표_7] 이형 봉강 1개의 무게 허용차

치 수	무게의 허용차	적 용
호칭명 D10 미만	+규정하지 않음 −8%	공시재의 채취 방법 및 허용차의 사출 방법은 9.3의 규정에 따른다.
호칭명 D10 이상 D16 미만	±6%	
호칭명 D16 이상 D29 미만	±5%	
호칭명 D29 이상	±4%	

[표_8] 이형 봉강 1조의 무게 허용차

치 수	무게의 허용차	적 용
호칭명 D10 미만	±7%	공시재의 채취 방법 및 허용차의 사출 방법은 규정에 따른다.
호칭명 D10 이상 D16 미만	±5%	
호칭명 D16 이상 D29 미만	±4%	
호칭명 D29 이상	±3.5%	

3. 모양, 치수 및 무게의 측정

가. 이형 봉강의 모양, 치수 및 무게의 측정에 있어서 공시재의 채취 방법 및 측정 방법

a) 공시재는 동일 모양 · 치수의 것을 1롤마다 길이 0.5m 이상의 것 1개를 채취한다. 다만, 코일의 경우는 상온에서 교정하여 시험에 사용한다.

b) 마디와 이형 봉강의 축선과의 각도는 이형 봉강의 표면의 전개도*로 측정한다.

c) 마디의 평균 간격은 연속하는 10개의 마디 간격을 마디의 중앙선 위에 측정한 값, 또는 그에 상당한 길이를 축선 방향의 다른 선위에서 측정한 값의 어느것이든 1/10하여 구한다.

d) 1개의 마디의 높이는 그 마디의 4등분점에서 측정한 3개 높이의 값을 평균하여 구한다.

e) 마디의 틈은 상대하는 마디의 종단선(終端線)의 틈을 캘리퍼스 등을 이용하여 종단선에 직각으로 실물을 측정하든가 이형 봉강의 표면의 전개도*로 측정하여 구한다. 다만, 그 간격이 일정하지 않은 경우는 연속하는 10개의 마디에 대하여 측정하고 평균값을 구한다.

*** [참고_전개도는 예를 들면 이형 봉강은 유점토(油粘土) 위에 굴려서 얻을 수 있다.]

나. 이형 봉강의 무게 측정에 있어서 공시재의 채취 방법과 무게 허용차의 산출 방법

a) 1개의 무게를 측정하는 경우의 공시재의 채취 방법은 위의 *a)*항에 따른다. 또한 이 경우의 무게 허용차의 산출 방법은 표4에 규정하는 단위 무게에 길이를 곱하여 구한 계산 무게와 계량(計量)에 의한 실제 무게의 차를 계산 무게로 나누어 백분율로 표시한다.

b) 1조의 무게를 측정하는 경우의 공시재는 동일 모양 · 치수의 것 1톤 이상을 채취하여 1조로 한다. 다만, 1톤에 상당하는 개수가 10개로 만족하지 않는 경우는 10개 이상 채취하여 1조로 한다. 또한 이 경우의 무게 허용차의 산출 방법은 표4에 규정하는 단위 무게에 길이 및 개수를 곱하여 구한 계산 무게와 계량에 의한 실제 무게의 차를 계산 무게로 나누어 백분율로 표시한다.

8) 검사

1. 화학 성분, 기계적 성질, 모양 · 치수 무게 및 겉모양은 *2), 3), 4)*항 및 *7)*항의 규정에 적합하여야 한다.

2. 재시험

- 인장 시험 및 굽힘 시험에서 합격되지 않은 철근 콘크리트용 봉강은 KS D 0001의 5.4의 규정에 따라 재시험하여 합부를 결정할 수 있다.
- 샘플링에 따른 이형 봉강 1개의 무게가 *4)-2-d)*의 규정에 적합하지 않은 경우에는 다시 공시재 2개를 채취하여 측정하고, 2개 모두 합격하였을 때는 그 로트를 합격으로 한다.

9) 표시

이형 봉강은 아래에서 제시하는 표시를 한다. 다만, 치수가 호칭명 D4, D5, D6, D8인 이형 봉간의 코일의 표시는 *9)-2*항에 따른다.

1. 1개마다의 표시

a) 이형 봉강은 [표 9]에 따라 종류를 구별하는 표시를 한다.

b) 이형 봉강은 압연 마크에 의해 제조자명 또는 그 약호 및 호칭명을 표시한다. 다만, 치수가 호칭명 D4, D5, D6, D8(코일은 제외한다)인 이형 봉강 및 이형 표면의 형상에 따라 제조자명이 명확한 이형 봉강에 한하여 그 표시를 생략할 수 있다.

[표_9] 종류를 구별하는 표시 방법

종류의 기호	종류를 구별하는 표시방법
	도색에 의한 색 구별 표시
SD300	녹색
SD350	적색
SD400	황색
SD500	흑색
SD600	회색
SD700	하늘색
SD400W	백색
SD500W	분홍색

*** [참고_종류의 구별을 위한 색 표시 이외의 사항은 주문자와 제조자 사이의 협의에 따라 변경할 수 있다.]

2. 1묶음마다의 표시

1묶음마다의 표시는 다음 사항을 적당한 방법으로 표시한다.

- 종류의 기호
- 레이들 번호
- 공칭 지름 또는 호칭명
- 제조자명 또는 그 약호

10) 보고

KS D 0001의 9.의 규정에 따른다.

철근 콘크리트용 재생 봉강 [KS D 3527]

시험빈도 : 제조회사별 / 제품규격별 100 t마다 / 용접이음부위는 500개소마다

1) 시험

1. 기계 시험

가. 기계 시험의 일반사항은 KS D 0001(강재의 검사 통칙)의 4.의 규정에 따른다. 이 경우, 공시재의 샘플링방법 시험편의 수는 다음과 같다.

a) 공시재 동일종류의 재료를 사용하여 동일치수로 압연된 봉강 10t 또는 그 단수마다 1개를 샘플링한다.

b) 시험편의 수는 공시재의 1개에서 인장시험편, 굽힘시험편 각각 1개를 샘플링 한다.

나. 인장시험 및 굽힘시험편 인장시험 및 굽힘시험 방법은 다음 규정에 따른다. 다만, 재생 이형봉강의 항복점 또는 내력 및 인장강도를 구할 경우의 단면적은 공칭 단면적을 사용한다.

- KS B 0801(금속 재료 인장 시험편)에 규정하는 2호로 하고 (재생 이형봉강일 경우에는 여기에 준한다), 재생 이형봉강의 표점거리 및 평행부 길이의 결정은 공칭지름(변, 대변거리)에 따른다.
- KS B 0803(금속 재료 굽힘 시험편)에 규정하는 나호 시험편

다. 인장시험 및 굽힘시험 방법 인장시험 및 굽힘시험 방법은 다음 규정에 따른다. 다만, 재생 이형봉강의 항복점 또는 내력 및 인장강도를 구할 경우의 단면적은 아래의 [표 1]에 나타내는 공칭 단면적을 사용한다.

- KS B 0802(금속 재료 인장 시험 방법)
- KS B 0804(금속 재료 굽힘 시험 방법)

[표 1]

구 분	종류의 기호
재생 원형강	SBCR 24
	SBCR 30
재생 이형 봉강	SBCR 24 D
	SBCR 30 D
	SBCR 35 D

2. 모양, 치수 및 무게 측정시험 재생 이형봉강의 모양, 치수 및 무게 측정시험에 있어서 공시재의 샘플링방법 및 측정방법은 다음과 같다. 다만, 재생 원형강은 KS D 3051(열간 압연 봉강 및 코일 봉강의 모양 치수 및 무게와 그 허용차)의 규정에 따른다.

가. 재생 이형봉강 마디의 모양 및 치수 측정방법과 공시재의 샘플링방법은 다음과 같다.

a) 공시재는 동일모양 치수인 것의 3t 또는 그 단수 마다 길이 0.5m이상인 것 1개를 샘플링 한다.

b) 마디와 재생 이형봉강 축과의 각도는, 재생 이형봉강의 표면 전개도*로 측정한다.

c) 마디의 평균간격은, 연속되는 10개의 마디간격을 마디의 중앙선상에서 측정한 값 또는 이에 상당하는 길이를 축선방향의 다른 선상에서 측정한 값의 어느 쪽이든 그 값의 1/10을 구한다.

d) 1개의 마디 높이는, 그 마디의 4등분 점에서 측정한 3개 높이의 값을 평균하여 구한다.

e) 마디의 틈새는 상대하는 마디의 종단선 간격을 캘리퍼 등을 사용하여 종단선에 직각으로 실물을 측정하든가, 재생 이형봉강의 표면 전개도*로 측정하여 구한다. 다만, 그 간격이 일정하지 않을 경우에는, 연속되는 10개의 마디에 대하여 측정해서 평균치를 구한다.

[*] 전개도는, 보기를 들면 재생 이형봉강을 유점토 위로 굴려서 얻을 수 있다.

나. 재생 이형봉강의 무게측정에 있어서 공시재의 샘플링방법과 무게허용차의 산출방법은 다음과 같다.

a) 1개의 무게를 측정할 경우의 공시재 샘플링방법은 *1)-2-가-(a)*항에 따른다. 또한, 이 경우, 무게허용차의 산출방법은 규정하는 단위무게에 길이를 곱하여 구한 계산무게와 계량에 따르는 실측무게와의 차를 계산무게로 나누어 백분율로 나타낸다.

b) 1조의 무게를 측정할 경우의 공시재는, 동일모양 치수인 것을 1조로 하여 샘플링한다. 또한, 이 경우 무게허용차의 산출방법은 규정하는 단위무게에 길이 및 개수를 곱하여 구한 계산무게와 계량에 의한 실측무게와의 차를 계산무게로 나누어 백분율로 나타낸다.

2) 검 사

1. 기계적 성질, 겉모양, 모양, 치수 및 무게는 규정에 적합하여야 한다.

2. **재검사**

a) 인장시험 및 굽힘시험에서 합격하지 못한 봉강은, KS D 0001의 4.4의 규정에 따라서 재시험을 하여 합격여부를 결정할 수 있다.

b) 샘플링에 의한 재생 이형봉강 1개의 무게가 규정에 합격하지 못한 경우에는, 다시 공시재 2개를 샘플링하여 측정하고, 2개가 같이 합격하였을 때는 그 로트를 합격으로 한다.

3) 표 시

1. 1개마다의 표시

a) 재생 원형강은 종류를 구별하는 표시를 [표 2]의 색별 도색에 따라 하여야 한다.

b) 재생 이형봉강은 종류를 구별하는 표시를 [표 2]의 압연 마크에 의한 표시에 따라서 하여야 한다. 또한, 호칭명 D10 및 D13인 재생 이형봉강에 대하여는, 제조자 명 또는 그 약호의 표시를 압연 마크에 따라서 하여야 한다.

[표 2] 종류를 구별하는 표시 방법

치수	종류의 기호	종류를 구별하는 표시	
		암연 마크에 의한 표시	색별도장에 의한 표시
재생 원형강	SBCR 24	적용하지 않는다.	빨강색(한쪽 단면)
	SBCR 30		흰색(한쪽 단면)
재생 이형봉강	SBCR 24D	마디 결합 1개(–)	적용하지 않는다.
	SBCR 30D	마디 결합 2개(– –)	
	SBCR 35D	마디 결합 2개(– – –)	

2. 한 묶음 마다의 표시 봉강은 다음 사항을 표시하여야 한다.

a) 종류의 기호

b) 지름 또는 호칭명

c) 제조자 명 또는 그 약호

4) 보 고

KS D 0001의 8.의 규정에 따른다.

철근 콘크리트용 아연 도금 봉강 [KS D 3613]

시험빈도 : 제조회사별 / 제품규격별 100 t마다 / 용접이음부위는 500개소마다

1) 모양 · 치수, 무게 아연 도금 부착량 및 그 허용차

이형 봉강은 표면에 돌기가 있는 것으로서, 표면 돌기 중 축선 방향의 돌기를 리브라 하고 기타는 마디라 부르며 [그림 1]과 같다.

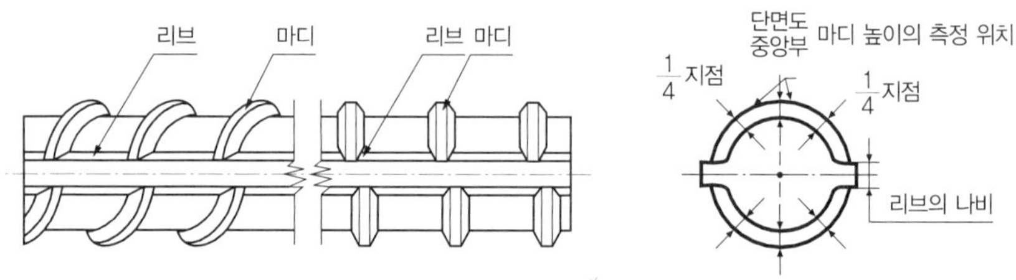

[그림_1]

2) 시험

1. 분석 시험

가. 분석 시험의 일반 사항 및 분석 시료의 채취 방법은 KS F 0001의 3.의 규정에 따른다.

나. 분석 방법은 다음 규격에 따른다.

KS D 1652, KS D 1655, KS D 1658, KS D 1802, KS D 1803, KS D 1804, KS D 1806

2. 기계 시험

가. 기계 시험의 일반 사항은 KS D 0001의 4.의 규정에 따른다. 다만 공시재의 채취 방법은 A류에 따른다.

나. 인장 시험편 및 굽힘 시험편은 다음 규정에 따른다. 다만 시험편은 어느 것도 제품 그대로 하고 기계 가공을 실시하지 않아야 하며, 시험재 1개로부터 인장 시험편, 굽힘 시험편 각 1개씩을 취한다.

a) KS B 0801에 규정한 2호(이형 철근인 경우에는 호칭명 D25 미만) 또는 3호 시험편(이형 철근인 경우는 호칭명 D25 이상)으로 하고, 이형 철근의 표점 거리 및 평행부의 길이 결정은 공칭 지름에 따른다.

b) 굽힘 시험편은 기계 가공하지 않은 제품으로터 굽힘성을 확인할 수 있는 적당한 길이로 절단한 것으로 한다.

다. 인장 시험 및 굽힘 시험의 방법은 다음 규격에 따른다. 단, 이형 철근의 항복점, 내구력 및 인장 강도를 구하는 경우의 단면적은 공칭 단면적을 이용한다. KS B 0802, KS B 0804

라. 시험편의 수는 아연도 원형 봉강 및 아연도 이형 봉강 모두 동일 용강에 속하고, 공칭 지름의 차 10mm 미만인 것을 일괄하여 각각 1개, 다만 50톤을 초과할 경우에는 각각 2개이다.

3. 모양, 치수 및 무게 시험

이형 봉강의 모양, 치수 및 무게 시험에서 공시재의 채취 방법 및 측정 방법은 다음에 따른다. 다만 이형 봉강을 제외한 원형 봉강은 KS D 3051의 규정에 따른다.

가. 이형 봉강의 마디의 모양 및 치수의 측정 방법과 공시재의 채취 방법은 다음에 따른다.

a) 공시재는 동일 모양 · 치수인 것을 1롤마다 길이 0.5m 이상의 것 1개를 채취한다.

b) 마디와 이형 봉강의 축과의 각도는 이형 봉강 표면의 전개도*에서 측정한다.

c) 마디의 평균 간격은 연속하는 10개의 마디 간격을 마디의 중앙선 위에서 측정하고 그 값의 1/10을 구한다.

d) 1개 마디의 높이는 그 마디의 4등분 점에서 측정한 3개의 높이의 값을 평균하여 구한다.

e) 마디의 틈은 상대하는 마디의 종단선의 틈을 캘리퍼스 등을 이용하여 종단선에 직각으로 실물을 측정하거나, 이형 봉강 표면의 전개도*를 측정하여 구한다.

[*] 전개도는 예를 들면 이형 봉강을 유점토 위에 굴려서 얻을 수 있다.

나. 이형 봉강의 무게 측정에서 공시재의 채취 방법과 무게 허용차의 산출 방법은 다음에 따른다.

a) 1개의 무게를 측정하는 경우의 공시재의 채취 방법은 *2)-3-가-a)* 항과 같이 한다.
또한 이 경우 무게 허용차의 산출 방법은 규정하는 단위 무게에 길이를 곱하여 구한 계산 무게와 계량에 따른 실제 무게의 차를 계산 무게로 나누어서 백분율로 표시한다.

b) 1조의 무게를 측정하는 경우의 공시재는 동일 모양 · 치수의 것 1톤 이상을 1조로 하여 채취한다. 다만 1톤에 상당하는 개수가 10개에 미달하는 경우에는 1개 이상 채취하여 1조로 한다.
또한 이 경우의 무게 허용차의 산출 방법은 규정하는 단위 무게에 길이 및 계수를 곱하여 구한 계산 무게와 계량에 따른 실제 무게의 차를 계산 무게로 나누어서 백분율로 표시한다.

4. 아연 도금 시험 아연 도금 시험 방법은 KS D 0201에 따라 실시한다.

3) 검 사

항복점 또는 0.2% 항복 강도, 인장 강도 및 연신율, 겉모양의 치수, 무게와 아연 도금 부착량은 규정에 적합하여야 한다.
특히 굽힘 시험인 경우 규정에 따라 축의 둘레에 구부렸을 때 그 표면에 균열이 생겨서는 안 된다.

4) 재 시 험

- 채취한 샘플이 검사에 불합격되었을 경우에는 KS D 0001의 재시험 규정에 따라 재시험을 실시한다.
- 샘플링에 의한 무게 검사 결과가 규정에 적합하지 않은 경우에는 다시 공시재 2개를 채취하여 측정하고, 2개 모두 합격한 경우에는 그 로트를 합격으로 한다.
- 아연 도금 시험에 불합격한 경우 해당 로트로부터 6개의 샘플을 무작위로 취하여 시험하여 이 6개의 샘플의 평균 도금 부착량이 KS D 8308의 2종 55의 규정에 적합하면 그 로트는 합격으로 한다.

5) 표 시

아연 도금 봉강에는 다음 항목을 적당한 방법으로 표시하여야 한다.
- 종류의 기호
- 지름 또는 호칭명
- 제조자명 또는 그 약호

일반 구조용 압연 강재 [KS D 3503]

시험빈도 : 제조회사별 / 제품규격별 100 t마다 / 용접이음부위는 500개소마다

1) 종류의 기호

강재의 종류는 5종류로 하고 그 기호는 아래의 [표 1]과 같다.

[표 1] 종류의 기호

종류의 기호	적 용 차
SS330	강판, 강대, 평강 및 봉강
SS400	강판, 강대, 형강, 평강 및 본강
SS490	
SS540	두께 40mm 이하의 강판, 강대, 형강, 평강 및 지름, 변 또는 맞변거리 40mm 이하의 봉강
SS590	

***[참고_ 봉강에는 코일 봉강을 포함한다.]

2) 화학성분

강재는 *6)-1* 항의 시험을 하고 그 레이들 분석 값은 아래의 [표 2]와 같다.

[표 2] 화학 성분

단위 : %

종류의 기호	C	Mn	P	S
SS330	-	-	0.050 이하	0.050 이하
SS400				
SS490				
SS540	0.30 이하	1.60 이하	0.040 이하	0.040 이하
SS590				

***[참고_ 필요에 따라 표 2 이외의 합금원소를 첨가할 수 있다.]

3) 기계적 성질

강재는 *6)-2* 항의 시험을 하고 그 항복점 또는 항복 강도, 인장 가도, 연신율 및 굽힘성은 [표 3]에 따른다.

또한 굽힘성의 경우 는 바깥쪽에 균열이 생겨서는 안 된다.

[표_3] 기계적 성질

종류의 기호	항복점 또는 항복 강도 N/mm² 강재의 두께 mm 16 이하	16초과 40이하	40초과 100이하	100초과 하는것	인장 강도 N/mm²	강재의 두께 mm	인장 시험편	연신율 %	굽힘성 굽힘 각도	안쪽 반지름
SS330	205 이상	195 이상	175 이상	165 이상	330 ~ 430	강판, 강대, 평강의 두께 5 이하	5호	26 이상	180°	두께의 0.5배
						강판, 강대, 평강의 두께 5 초과 16 이하	1A호	21 이상		
						강판, 강대, 평강의 두께 16 초과 40 이하	1A호	26 이상		
						강판, 평강의 두께 40 초과하는 것	4호	28 이상		
						봉강의 지름, 변 또는 맞변거리 25이하	2호	25 이상	180°	지름, 변 또는 맞변거리의 2.0배
						봉강의 지름, 변 또는 맞변거리 25 초과하는 것	14A호	28 이상		
SS400	245 이상	235 이상	215 이상	205 이상	400 ~ 510	강판, 강대, 평강, 형강의 두께 5 이하	5호	21 이상	180°	두께의 1.5배
						강판, 강대, 평강, 형강의 두께 16 이하	1A호	17 이상		
						강판, 강대, 평강, 형강의 두께 16 초과 40 이하	1A호	21 이상		
						강판, 평강, 형강의 두께 40 초과하는 것	4호	23 이상		
						봉강의 지름, 변 또는 맞변거리 25 이하	2호	20 이상	180°	지름, 변 또는 맞변거리의 1.5배
						봉강의 지름, 변 또는 맞변거리 25 초과하는 것	14A호	22 이상		
SS490	285 이상	255 이상	255 이상	245 이상	490 ~ 610	강판, 강대, 평강, 형가의 두께 5이하	5호	19 이상	180°	두께의 2.0배
						강판, 강대, 평강, 형강의 두께 5 초과 16 이하	1A호	15 이상		
						강판, 강대, 평강, 형강의 두께 16 초과 40 이하	1A호	19 이상		
						강판, 평강 , 형강의 두께 40 초과하는 것	4호	21 이상		
						봉강의 지름, 변 또는 맞변거리 25 이하	2호	18 이상	180°	지름, 변 또는 맞변거리의 2.0배
						봉강의 지름, 변 또는 맞변거리 25 초과하는 것	14A호	20 이상		
SS540	400 이상	390 이상	–	–	540 이상	강판, 강대, 평강, 형강의 두께 5 이하	5호	16 이상	180°	두께의 2.0배
						강판, 강대, 평강, 형강의 두께 5초과 16 이하	1A호	13 이상		
						강판, 강대, 평강, 형강의 두께 16초과 40이하	1A호	17 이상		
						봉강의 지름, 변 또는 맞변거리 25이하	2호	13 이상	180°	지름, 변 또는 맞변거리의 2.0배
						봉강의 지름, 변 또는 맞변거리 25 초과하는 것	14A호	16 이상		
SS590	450 이상	440 이상	–	–	590 이상	강판, 강대, 평강, 형강의 두께 5이하	5호	14 이상	180°	두께의 2.0배
						강판, 강대, 평강, 형강의 두께 5 초과 16 이하	1A호	11 이상		
						강판, 강대, 평강, 형강의 두께 16 초과 40 이하	1A호	15 이상		
						봉강의 지름, 변 또는 맞변 거리 25 이하	2호	10 이상	180°	지름, 변 또는 맞변거리의 2.0배
						봉강의 지름, 변 또는 맞변 거리 25 초과 40 이하	14A호	12 이상		

***참고_형강의 경우, 강재의 두께는 시험편 채취 위치의 두께로 한다.
봉강의 경우, 원형강은 지름, 각강은 변, 육각강은 맞변거리의 치수로 한다.

***참고_ 두께 90mm를 초과하는 강판의 4호 시험편의 연신율은 두께 25.0mm 또는 그 끝수를 늘릴 때마다 표 3의 연신율 값에서 1%를 감한다. 단, 감하는 한도는 3%로 한다.]

4) 모양, 치수, 무게 및 그 허용차

모양, 치수, 무게 및 그 허용차는 다음에 따른다.
KS D 3051, KS D 3052, KS D 3500, KS D 3502
이 경우, 강판 및 강대의 컷 에지인 경우의 나비 및 강판 길이의 허용차는 특별한 지정이 없는 한 KS D 3500의 허용차 A에 따른다. KS D 3500에 규정되어 있지 않은 판 두께에 대하여는 인수 · 인도 당사자 사이에 협의하여도 좋다.

5) 겉모양

강재의 겉모양은 KS D 3051의 9.(겉모양), KS D 3052의 10.(겉모양), KS D 3500의 7.(겉모양), KS D 3502의 10.(겉모양)에 따른다.

6) 시험

1. 분석 시험

가. **분석 시험의 일반 사항 및 분석 시료의 채취 방법** 강재의 화학 성분은 레이들 분석에 따라 구하고 분석 시험의 일반 사항 및 분석 시료의 채취 방법은 KS D 0001의 4.(화학성분)에 따른다.

나. **분석 방법** 분석 방법은 다음 하나에 따른다.
KS D 1652, KS D 1655, KS D 1659, KS D 1673, KS D 1802, KS D 1803, KS D 1804, KS D 1806

2. 기계 시험

가. **시험 일반** 기계 시험의 일반 사항은 KS D 0001의 5.(기계적 성질)에 따른다. 다만, 공시재의 채취 방법은 A종류로 하고, 시험편의 수 및 채취 방법은 다음에 따른다. 또한 굽힘성 시험은 특별히 주문자의 지정이 없는 한 생략하여도 좋다.

나. **인장 시험 편 및 굽힌 시험편의 수** 인장 시험편 및 굽힘 시험편의 수는 다음에 따른다.

a) 강판 및 평강 같은 레이들에 속하고 최대 두께가 최소 두께의 2배 이내인 것을 일괄하여 1조로 하고 각각 1개를 채취한다. 다만, 1조의 무게가 50t을 넘을 때는 각각 2개를 채취한다. 이 경우, 강판 1매가 50t을 넘을 때는 시험편의 수는 강판 1매에서 각각 1개로 한다.

b) 강대 및 강대에서 자른 판 같은 레이들에 속하고 같은 두께인 섯을 일괄하여 1조로 하고 각각 1개를 채취한다. 다만, 1조의 무게가 50t을 넘을 때는 각각 2개를 채취한다.

c) 형강 같은 레이들 및 같은 단면 모양에 속하며 최대 두께가 최소 두께의 2배 이내인 것을 일괄하여 1조로 하고 각각 1개를 채취한다. 다만, 1조의 무게가 50t을 넘을 때는 각각 2개를 채취한다.

d) 봉강 같은 레이들 및 같은 단면 모양에 속하고 최대 지름(변 또는 맞변거리)이 최소 지름(변 또는 맞변거리)의 2배 이내인 것을 일괄하여 1조로 하고 각각 1개를 채취한다. 다만, 1조의 무게가 50t을 넘을 때는 각각 2개를 채취한다.

e) 열처리를 한 강재의 시험편 수 열처리를 한 강재의 시험편 수는 같은 레이들 및 같은 단면 모양에 속하고, 같은 열처리 조건마다 *a), b), c)* 및 *d)* 에 따른다.

다. 인장 시험편 및 굽힘 시험편의 채취 위치

인장 시험편 및 굽힘 시험편의 채취 위치는 KS D ISO 377에 따른다. 다만, 부속서 A를 적용하여도 좋다.

강대의 시험편은 평가된 적절한 재료 부분에 인접한 위치에서 채취하여도 좋다.

재생 강재 [KS D 3511]

시험빈도 : 제조회사별 / 제품규격별 100 t마다
/ 용접이음부위는 500개소마다

1) 시험

1. 일반사항

인장 시험 및 굽힘 시험의 일반사항은 KS D 0001에 따른다.

2. 시험재 및 시험편의 수

시험재는 특별히 지정이 없는 한, 규정된 시험편을 만드는데 충분한 양을 같은 종류의 재료를 사용하여 같은 치수로 압연된 강재 3t마다 또는 그 끝수에서 1개를 채취하고 그 시험재에서 인장 시험편 및 굽힘 시험편을 각각 1개를 채취한다. 다만, 같은 종류의 스크랩으로 제조하는 것으로 주문자의 승인을 받은 경우는 시험재의 수를 적당히 줄일 수 있다.

3. 인장 시험편 및 굽힘 시험편의 채취 위치

인장 시험편 및 굽힘 시험편의 채취 위치는 부속서 A에 따른다.

4. 인장 시험

a) 시험편 KS B 0801의 1A호, 2호 또는 14A호 시험편에 따른다.

b) 시험방법 KS B 0802에 따른다.

5. 굽힘 시험

a) 시험편 시험편은 평강 · 형강은 길이 250mm 이상, 나비 및 두께는 원래의 치수로 하고 봉강의 경우는 길이 250mm 이상, 지름, 변 또는 맞변거리는 원래의 치수로 한다.

b) 시험방법 KS B 0804에 따른다.

2) 검사

a) 검사의 일반사항은 KS D 0001에 따른다.

b) 기계적 성질

c) 모양, 치수, 무게 및 그 허용차

d) 겉모양

3) 재시험

기계적 성질에서 합격되지 않은 강재는 KS D 0001에 따라 재시험하여 합부를 판정하여도 좋다.

4) 표시

검사에 합격한 강재는 이것을 묶어서 1묶음마다에 다음을 표시하여야 한다.

a) 종류의 기호

b) 제조자 또는 그 약호

c) 치수

또한 평강, 등변 ㄱ형강 및 봉강을 표시할 때의 기호는 종류의 기호 다음에 F(평강), A(등변 ㄱ형강) 또는 B(봉강)의 부호를 붙인다.

예) 재생 강재 봉강 SRB 380 : SRB 380B

5) 보고

특별히 주문자의 요구가 있는 경우는 KS D 0001에 따른다. 제조자는 주문자의 요구에 따라 검사문서 총괄표, 시험보고서 및 검사증명서를 제출하여도 좋다.

용접 구조용 압연 강재 [KS D 3515]

시험빈도 : 제조회사별 / 제품규격별 100 t마다 / 용접이음부위는 500개소마다

1) 시험

1. 분석 시험

a) **분석 시험의 일반 사항 및 분석 시료의 채취 방법** 강재의 화학 성분은 레이들 분석에 따라 구하고, 분석 시험의 일반 사항 및 분석 시료의 채취 방법은 KS D 0001의 3.(화학성분)에 따른다.

b) **분석 방법** 분석 방법은 다음에 따른다.
KS D 1652, KS D 1655, KS D 1659, KS D 1673, KS D 1802, KS D 1803, KS D 1804
KS D 1805, KS D 1806, KS D 1807, KS D 1808, KS D 1809, KS D 1810, KS D 1817, KS D 1878

2. 기계 시험

가. **시험 일반** 기계 시험의 일반 사항은 KS D 0001의 4.(기계적 성질)에 따른다. 다만 공시재의 채취법은 A류로 하고, 시험편의 수 및 채취 위치는 다음에 따른다.

a) **인장 시험편의 수** 인장 시험편의 수 인장 시험편의 수는 다음에 따른다.
- **강판 및 평강** 동일 레이들에 속하고, 최대 두께가 최소 두께의 2배 이내의 것을 일괄하여 1조로 한 인장 시험편을 1개 채취한다. 다만 1조의 무게가 50t을 초과할 때는 인장 시험편을 2개 채취한다. 이 경우 강판 1매로 50t을 초과할 때는 인장 시험편의 수는 강판 1매에서 1개로 한다.
- **강대 및 강대로부터의 절판** 동일 레이들에 속하고, 동일 두께의 것을 일괄하여 1조로 한 인장 시험편을 1개 채취한다. 1조의 무게가 50t을 초과할 때는 인장 시험편을 2개 채취한다.
- **형 강** 동일 레이들 및 동일 단면 모양에 속하고 최대 두께가 최소 두께의 2배 이내의 것을 일괄하여 1조로 한 인장 시험편을 1개 채취한다. 다만 1조의 무게가 50t을 초과할 때는 인장 시험편을 2개 채취한다.
- **열처리를 한 강재의 시험편의 수** 동일 레이들 및 동일 단면 모양에 속하고, 동일 열처리 조건마다 상기 항에 따른다.

b) **충격 시험편의 수** 열처리를 하지 않는 강재는 동일 레이들 및 동일 단면 모양에 속하는 강재에 대하여, 열처리를 한 강재는 동일 레이들, 동일 단면 모양 및 동일 열처리 조건에 속하는 강재에 대하여 그 최대 두께의 강재에서 공시재 1개를 채취하고, 이것에서 시험편을 압연 방향으로 3개 채취한다.

c) **인장 시험편의 채취 위치** 인장 시험편의 채취 위치는 다음에 따른다.
- **강판, 강대 및 평강** 시험편의 중심은 나비의 끝에서 나비의 1/4위치로 하고 또 4호 인장

시험편을 사용하는 경우는 다시 두께의 1/4위치로 한다. 다만 중심이 끝에서 나비의 1/4의 위치 또는 두께의 1/4의 위치에서 채취되지 않는 경우에는 가능한 한 이것에 가까운 위치로 한다.

- 형강 그림 1에 따른다. 다만 그림 1에 따르지 않는 경우는 가능한 한 이것에 가까운 위치로 한다. 시험편이 그림 1과 같이 채취되지 않는 H형강의 경우는 I형강에 준한다. 그 밖의 형강에 대해서는 인수 · 인도 당사자 사이의 협의에 따른다.

d) 충격 시험편의 채취 위치

- 강판, 강대 및 평강 시험편의 중심은 표면으로부터 두께의 1/4위치에서 또 나비의 끝에서 나비의 1/4위치로 한다. 단, 중심이 표면으로부터 두께의 1/4위치에서 또 나비의 끝에서 나비의 1/4위치에서 채취할 수 없는 경우에는 가능한 이것에 가까운 위치로 한다.
- 형강 시험편의 중심은 표면에서 두께의 1/4위치로 한다[그림 1]. 다만 중심이 표면에서 두께의 1/4위치 채취할 수 없는 경우에는 가능한 한 이것에 가까운 위치로 한다. 시험편이 그림 1과 같이 채취되지 않는 H형강의 경우에는 I형강에 준한다. 그 밖의 형강에 대하여는 인수 · 인도 당사자 사이의 협의에 따른다.

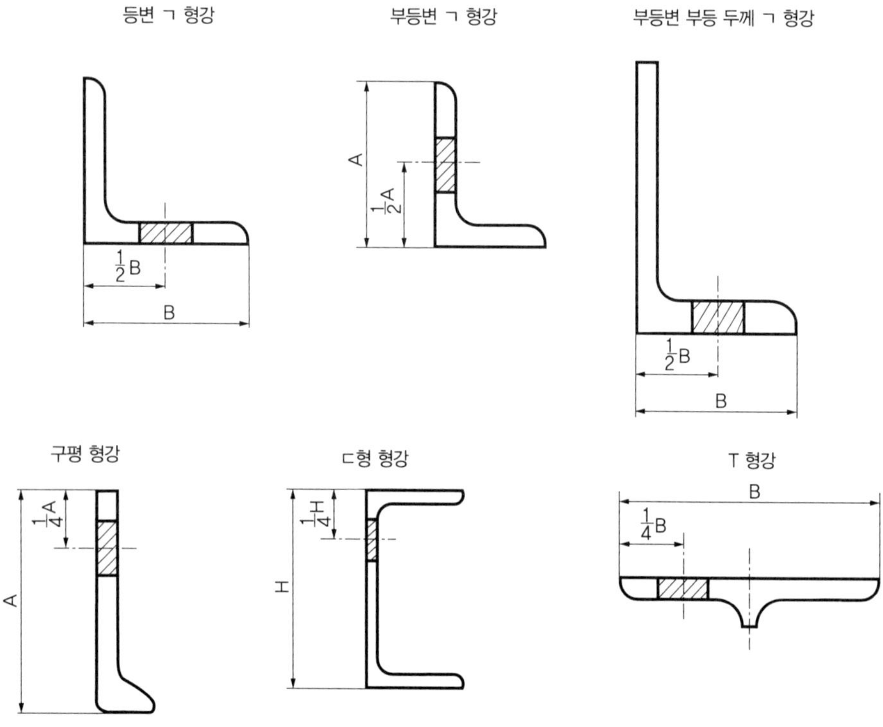

[그림_1] 형강의 시험편의 채취 위치

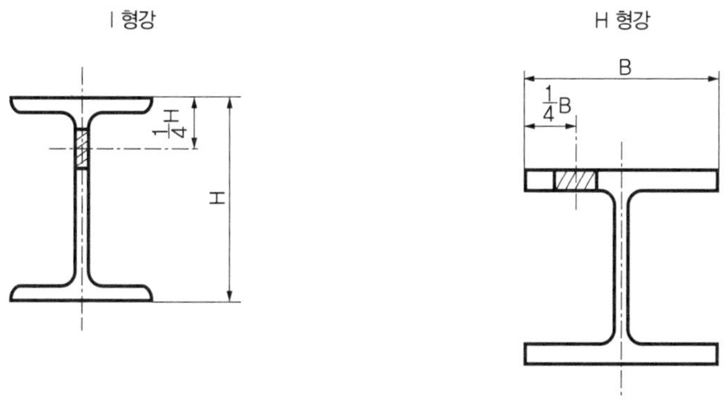

[그림_1(계속)] 형강의 시험편의 채취 위치

나. **시험편** 인장 시험편 및 충격 시험편은 다음에 따른다.

a) KS B 0801의 1A호, 4호 또는 5호 시험편

b) KS B 0809의 그림 1 V 노치 시험편, 이 경우 절단면은 두께 방향으로 넣는다.

다. **시험 방법 인장** 인장 시험 및 충격 시험의 방법은 다음에 따른다.

a) KS B 0802

b) KS B 0810의 샤르피 충격 시험 방법

라. **인장 시험편의 규정 치수 대로 채취할 수 없는 경우의 인장 시험 인장 시험편** 인장 시험편이 규정 치수 대로 채취할 수 없는 경우의 인장 시험의 실시 또는 그 값 등에 대해서는 인수 · 인도 당사자 사이의 협의에 따른다.

마. **강대의 인장 시험 및 충격 시험의 생략** 강대의 인장 시험 및 충격 시험은 주문자의 승인을 얻은 경우에는 생략할 수 있다.

2) 검사

1. 검사

a) 검사의 일반 사항은 KS D 0001에 따른다.

b) 화학 성분 적합여부

c) 탄소 당량 또는 용접 갈라짐 감수성 조성 적합여부

d) 기계적 성질 적합여부

e) 모양, 치수 및 무게 적합여부

f) 겉모양 적합여부

g) 주문자는 *a)~f)*항의 검사 외에 KS D 0233 또는 KS D 0040의 초음파 탐상 검사 등을 지정할 수 있다. 미리 시험 방법 및 합격 여부 판정 기준 등은 인수 · 인도 당사자 사이에 협의하여야 한다.

2. 재검사

a) 인장 시험에서 합격하지 못한 강재는 KS D 0001의 4.4(재시험)에 따라 재시험을 하여 합격 여부를 결정할 수 있다.

b) 충격 시험에서 재검사는 다음에 따른다.

- 충격 시험에서 3개의 평균값이 [표 1]의 규정값에 만족하지 않으나, 그 평균값이 규정값의 85% 이상인 경우에는 동일 공시재에서 최초에 시험편을 채취한 근처에서 다시 3개의 시험편을 채취하여 재시험을 하고, 6개의 평균값이 [표 1]의 규정값 이상이면 동일 레이들, 동일 단면 모양 및 동일 열처리 조건에 속하는 강재 전부를 합격으로 한다. 다만 3개의 평균값이 규정값의 85% 미만인 경우 또는 재시험의 결과 6개의 평균값이 규정값 미만인 경우에는 그 강재를 불합격으로 하고, 다시 공시재가 되지 않았던 다른 동일 두께의 강재에 대하여 1매 또는 1개마다 시험을 하고 개개로 합격을 결정할 수 있다.
- 동일 레이들 동일 단면 모양 및 동일 열처리 조건에 속하는 나머지의 강재 중 가장 두꺼운 강재의 대하여 다시 최초의 경우와 같이 시험을 하고 [표 1]의 규정 이상이면 동일 레이들, 동일 단면 모양 및 동일 열처리 조건에 속하는 나머지의 강재 전부를 합격으로 한다.

c) 기계 시험에서 합격하지 못한 강재는 열처리 또는 재열처리를 한 후, 다시 기계 시험을 하고 합격 여부를 결정할 수 있다.

[표_1] 샤르피 흡수 에너지

종류의 기호	시험 온도 (℃)	샤르피 흡수 에너지 (J)	시험편
SM400B	0	27 이상	4호 압연 방향
SM400C	0	47 이상	
SM490B	0	27 이상	
SM490C	0	47 이상	
SM490YB	0	27 이상	
SM520B	0	27 이상	
SM520C	0	47 이상	
SM570	− 5	47 이상	

3) 표 시

검사에 합격한 강재는 강재마다 또는 1묶음마다 다음 항목을 적당한 방법으로 표시한다. 단, 인수 인도 당사자 사이의 협의에 따라 항목의 일부를 생략할 수 있다.

a) 종류의 기호(열처리의 기호를 포함한다.)
b) 레이들 번호 또는 검사 번호
c) 치 수
d) 묶음마다 수량 또는 무게(강판과 강대의 경우)
e) 제조자명 또는 그 약호

4) 보 고

KS F 0001의 8.9(보고)에 따른다.

용접 구조용 내후성 열간 압연 강재 [KS D 3529]

시험빈도 : 제조회사별 / 제품규격별 100 t마다
용접이음부위는 500개소마다

1) 시험

1. 분석 시험

가. 분석 시험의 일반 사항 및 분석 시료의 샘플링 방법은 KS D 0001의 4.(화학 성분)에 따른다.

나. 분석 방법은 다음 규격에 따른다.

KS D 1652, KS D 1655, KS D 1658, KS D 1659, KS D 1802, KS D 1803,
KS D 1804, KS D 1805
KS D 1806, KS D 1807, KS D 1808, KS D 1809, KS D 1810,
KS D 1817, KS D 1825, KS D 1876

2. 기계 시험

가. 기계시험의 일반사항은 KS D 0001의 5.(기계적 성질)에 따른다. 다만 공시재의 샘플링 방법은 A류에 따르며 시험편의 수 및 샘플링 위치는 다음에 따른다.

a) 인장 시험편 및 굽힘 시험편의 수

- 강판 동일 레이들에 속하고, 최대 두께가 최소 두께의 2배 이내인 것을 일괄하여 한 조로 한 인장 시험편을 1개 샘플링한다. 다만 한 조의 질량이 50t을 초과할 때는 인장 시험편을 2개 샘플링한다. 이 경우 강판 1매로 50t을 초과할 때는 인장 시험편의 수는 강판 1매에서 1개로 한다.
- 강대 및 강대로부터의 절판 동일 레이들에 속하고, 동일 두께의 것을 일괄하여 한 조로 한 인장 시험편을 1개 샘플링한다. 다만 한 조의 무게가 50t을 초과할 때는 인장 시험편을 2개 샘플링한다.
- 형강 동일 레이들 및 동일 단면 모양에 속하고 최대 두께가 최소 두께의 2배 이내의 것을 일괄하여 한 조로 한 인장 시험편을 1개 샘플링한다. 다만 한 조의 무게가 50t을 초과할 때는 인장 시험편을 2개 샘플링한다.
- 열처리를 한 강재의 시험편의 수 열처리를 한 강재의 시험편의 수는 동일 레이들 및 동일 단면 모양에 속하고, 동일 열처리 조건마다 a), b) 및 c)에 따른다.

b) 충격 시험편의 수 열처리를 하지 않는 강재는, 동일 레이들 및 동일 단면 모양에 속하는 강재에 대하여, 열처리를 한 강재는 동일 레이들, 동일 단면 모양 및 동일 열처리 조건에 속하는 강재에 대하여, 그 최대 두께의 강재에서 공시재 1개를 샘플링하고, 이것에서 시험편을 압연 방향으로 3개 샘플링한다.

c) 인장 시험편의 샘플링 위치
- 강판, 강대 및 평강 시험편의 중심은 나비의 끝에서 나비의 1/4의 위치로 하고, 또 4호 인장 시험편을 사용하는 경우는 다시 두께의 1/4의 위치로 한다. 다만, 중심이 끝에서 나비의 1/4의 위치 또는 두께의 1/4의 위치에서 샘플링되지 않는 경우에는 가능한 한 이것에 가까운 위치로 한다.
- 형강 [그림 1]에 따른다. 다만, 그림 1에 따르지 않는 경우는 가능한 한 이것에 가까운 위치로 한다. 시험편이 그림 1과 같이 샘플링되지 않는 H 형강의 경우는 I 형강에 준한다. 그 밖의 형강에 대해서는 인수 인도 당사자간의 협정에 따른다.

d) 충격 시험편의 샘플링 위치
- 강판, 강대 및 평강 시험편의 중심은 표면으로부터 두께의 1/4 위치에서, 또 나비의 끝에서 나비의 1/4위치로 한다. 다만, 중심이 표면으로부터 두께의 1/4위치에서, 또 나비의 끝에서 나비의 1/4위치에서 샘플링할 수 없는 경우에는 가능한 한 이것에 가까운 위치로 한다.
- 형강 시험편의 중심은 표면에서 두께의 1/4위치로 한다[그림 1]. 다만, 중심이 표면에서 두께의 1/4위치에서 샘플링할 수 없는 경우에는 가능한 한 이것에 가까운 위치로 한다. 시험편이 [그림 1]과 같이 샘플링되지 않는 H형강의 경우에는 I형강에 준한다. 그 밖의 형강에 대하여는 인수 인도 당사자간의 협정에 따른다.

나. 인장 시험편, 굽힘 시험편 및 충격 시험편
a) KS B 0801에 규정하는 1A호, 4호 또는 5호 시험편
b) KS B 0804에 규정하는 시험편
c) KS B 0809에 규정하는 4호 시험편, 이 경우 노치는 두께의 방향으로 만든다.

다. 인장 시험, 굴곡 시험 및 충격 시험의 방법
a) KS B 0802
b) KS B 0804
c) KS B 0810에 규정하는 샤르피 충격 시험 방법

라. 인장 시험편의 규정 치수대로 샘플링할 수 없는 경우의 인장 시험

인장 시험편이 규정 치수대로 샘플링할 수 없는 경우의 인장 시험 실시 또는 그 값 등에 대해서는 인수 인도 당사자간의 협정에 따른다.

마. 강대의 인장 시험 및 충격 시험의 생략

강대의 인장 시험 및 충격 시험은 주문자의 승인을 얻은 경우에 생략할 수 있다.

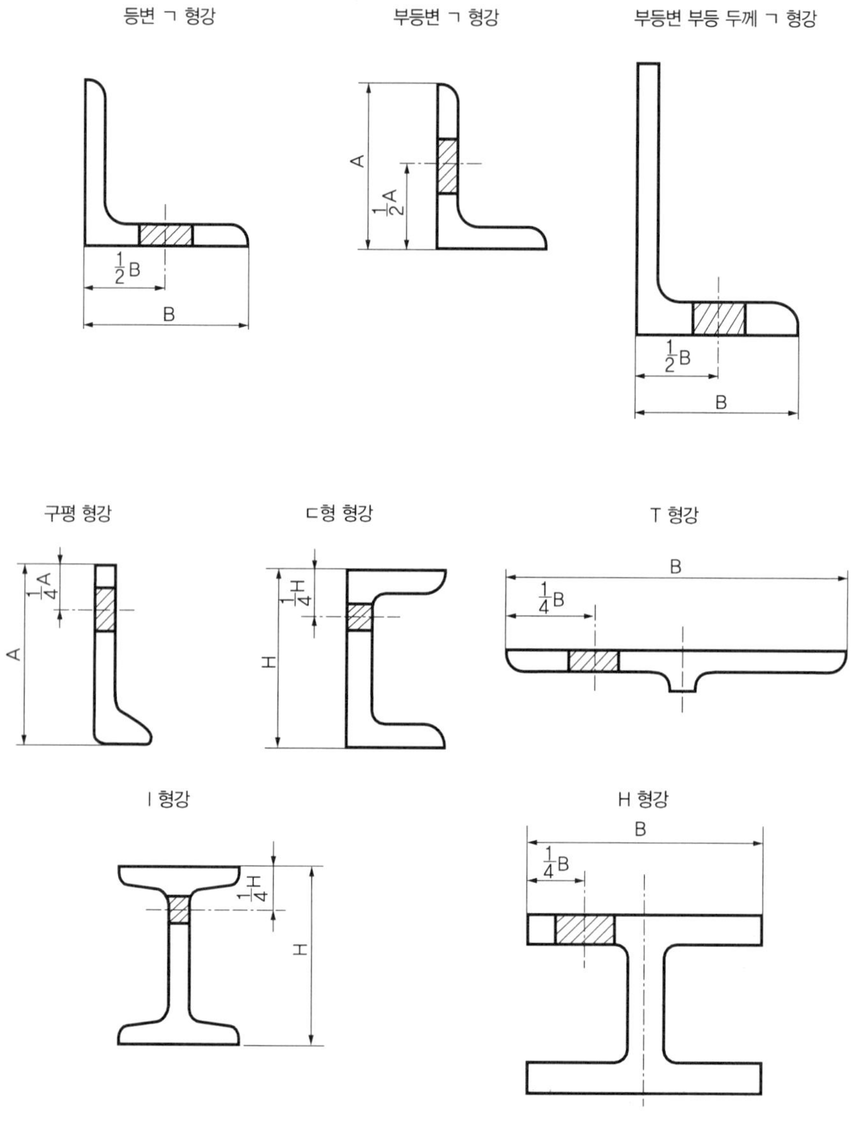

[그림 1] 형강의 시험편 샘플링 위치

2) 검사

1. 검사

a) 검사의 일반 사항은 KS D 0001에 따른다.

b) 화학 성분 적합여부

c) 탄소 당량 또는 용접 균열 감수성 조성은 적합여부
d) 기계적 성질 적합여부
e) 모양, 치수 및 무게 적합여부
f) 겉모양은 적합여부
g) 주문자는 *a)~f)* 의 검사 외에 KS B 0817 또는 KS B 0831의 초음파 탐상 검사 등을 지정할 수 있다. 미리 시험 방법 및 합격 여부 판정 기준 등은 인수 · 인도 당사자간에 협정해야 한다.

2. 재시험

a) 인장 시험에서 합격하지 못한 강재는 KS D 0001의 4.4(재시험)에 따라 재시험을 하여 합격 여부를 결정할 수 있다.
b) 충격 시험에 있어서 재시험은 다음에 따른다.

- 충격 시험에 있어서 3개의 평균값이 [표 1]의 규정값에 만족하지 않으나, 그 평균값이 규정값의 85% 이상인 경우에는 동일 공시재의 최초에 시험편을 샘플링한 근처에서 다시 3개의 시험편을 샘플링하여 재시험을 하고, 6개의 평균값이 [표 1]의 규정값 이상이면 동일 레이들, 동일 단면 모양 및 동일 열처리 조건에 속하는 강재 전부를 합격으로 한다. 다만 3개의 평균값이 규정값의 85% 미만인 경우 또는 재시험의 결과 6개의 평균값이 규정값 미만인 경우에는, 그 강재를 불합격으로 하고, 다시 공시재가 되지 않았던 다른 동일 두께의 강재에 대하여 1매 또는 1개마다 시험을 하고 개개로 합격을 결정할 수 있다.
  최대 두께에 속하는 강재가 1매 또는 1개라도 합격이 되지 않는 경우는 다시 다음에 따른다.
- 동일 레이들, 동일 단면 모양 및 동일 열처리 조건에 속하는 나머지의 강재 중 가장 두꺼운 강재에 대하여 다시 최초의 경우와 같은 시험을 하고 [표 1]의 규정 이상이면 동일 레이들, 동일 단면 모양 및 동일 열처리 조건에 속하는 나머지의 강재 전부를 합격으로 한다.
- 기계 시험에서 합격하지 못한 강재는 열처리 또는 재열처리를 한 후, 다시 기계 시험을 하고 합격 여부를 판정할 수 있다.

[표_1] 충격 시험

기　호	시험 온도 (℃)	샤르피 흡수 에너지 (J)	시　험　편
A			4호 압연 방향
B	0	27.5 이상	
C	0	47.1 이상	
A	–	–	
B	0	27.5 이상	
C	0	47.1 이상	
–	–5	47 이상	

일반 구조용 경량 형강 [KS D 3530]

시험빈도 : 제조회사별 / 제품규격별 100 t마다
용접이음부위는 500개소마다

1) 시험

1. 분석 시험

강재의 화학 성분은 레이들 분석에 의해 구하고, 분석 시험의 일반사항 및 분석 시료의 채취방법은 KS D 0001의 4.에 따른다. 또한 분석의 방법은 다음의 어느 것에 따른다.

KS D 1655, KS D 1659, KS D 1802, KS D 1803, KS D 1804

2. 인장 시험

a) 시험일반 인장 시험의 일반사항은 KS D 0001의 5.에 따른다. 이 경우 시험재의 채취 방법은 A류에 따른다.

b) 시험편의 수 및 채취 위치 인장 시험편의 수는 동일 용강에 속하고, 성형 전의 두께가 같은 강판 또는 강대를 일괄하여 나비 방향 1/4 나비의 위치에서 1개 채취한다. 다만, 50t를 넘을 때는 2개 채취한다.

c) 시험편 인장 인장 시험편은 KS B 0801의 5호 시험편 또는 1A호 시험편으로 한다.

d) 시험방법 인장 시험방법은 KS B 0802에 따른다.

2) 검사

검사는 다음에 따른다.

a) 검사의 일반사항은 KS D 0001에 따른다.
b) 화학 성분의 적합여부
c) 기계적 성질의 적합여부
d) 모양, 치수 및 무게와 그 허용차의 적합여부
e) 겉모양의 적합여부

3) 재시험

인장 시험에서 합격하지 못한 강판은 KS D 0001의 5.4에 따라 재시험을 실시하여 합격 여부를 판정하여도 좋다.

4) 제품의 호칭방법

경량 형강의 제품의 호칭방법은 종류의 기호, 단면 모양에 따른 명칭 및 호칭명에 따른다.

5) 표시

검사에 합격한 경량 형강에는 1묶음마다 다음 항목을 적절한 방법으로 표시하여야 한다.

a) 종류의 기호

b) 치수

c) 묶음마다의 수량 또는 무게

d) 제조자명 또는 그 약호

6) 보고

주문자의 요구가 있는 경우는 KS D 0001의 9.에 따른다.
또한 다른 합금 원소를 첨가한 경우에는 성적표에 첨가 원소의 함유량을 표기한다.

고 내후성 압연 강재 [KS D 3542]

시험빈도 : 제조회사별 / 제품규격별 100 t마다
용접이음부위는 500개소마다

1) 시험

1. 분석 시험

가. 분석 시험의 일반 사항 및 분석 시료의 채취 방법은 KS D 0001의 4.에 따른다.

나. 분석 방법은 다음 규격에 따른다.

KS D 1652, KS D 1655, KS D 1658, KS D 1659, KS D 1802, KS D 1803
KS D 1804, KS D 1805, KS D 1806, KS D 1807, KS D 1808, KS D 1810

2. 기계 시험

가. 기계 시험의 일반 사항은 KS D 0001의 5.에 따른다. 다만, 공시재 채취 방법은 A류에 따르고, 시험편의 수 및 채취 위치는 다음에 따른다.

a) 인장 시험편 및 굽힘 시험편의 수

- 열간 압연 강판 동일 용강에 속하고 최대 두께가 최소 두께의 2배 이내인 것을 일괄하여 각각 1개로 한다. 다만, 50t을 초과할 때는 각각 2개로 한다.
- 열간 압연 강대 및 강대에서의 절판 동일 용강에 속하고 동일 두께인 것을 일괄하여 각각 1개로 한다. 다만, 50t을 초과할 때는 각각 2개로 한다.
- 형 강 동일 용강 및 동일 단면 모양에 속하고 최대 두께가 최소 두께의 2배 이내인 것을 일괄하여 각각 1개로 한다. 다만, 50t을 초과할 때에는 각각 2개로 한다.
- 냉간 압연 강판 및 강대 동일 용강, 동일 두께, 동일 압연 조건 및 동일 열처리 조건인 것을 일괄하여 각각 1개로 한다. 다만, 50t을 초과할 때에는 각각 2개로 한다.

b) 인장 시험편 및 굽힘 시험편의 채취 위치

- 강판 및 강대 시험편의 중심은 나비의 가장자리로부터 1/4인 위치로 한다. 단, 중심을 나비의 가장자리로부터 1/4인 위치로 잡을 수 없을 때는 될 수 있는 한 여기에 가까운 위치로 한다.
- 형강 [그림 1]에 따른다. 다만, [그림 1]에 따르지 않을 경우에는 될 수 있는 한 여기에 가까운 위치로 한다.
  시험편을 [그림 1]과 같이 채취할 수 없는 H형강인 경우에는 I형강에 준한다. 기타 형강에는 대하여는 인수 · 인도 당사자 사이의 협정에 따른다.

나. 인장 시험편 및 굽힘 시험편은 다음에 따른다.

a) KS B 0801에 규정하는 1A호 또는 5호 시험편

b) KS B 0804의 5. 시험편

다. 인장 시험 및 굽힘 시험의 방법은 다음에 따른다.

a) KS B 0802

b) KS B 0804

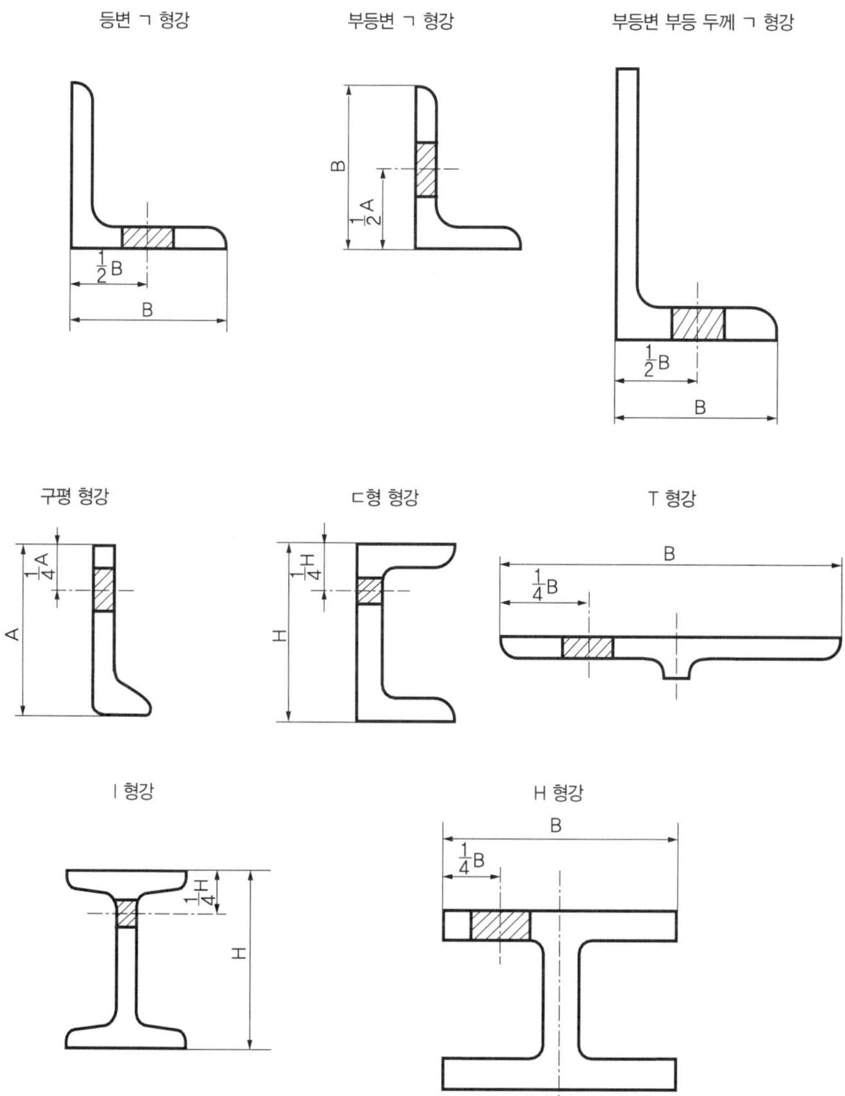

[그림_1] 시험편의 채취 위치

2) 검사

a) 화학 성분, 기계적 성질, 겉모양, 모양, 치수 및 무게는 규정에 적합하여야 한다.

b) 인장 시험편을 규정 치수대로 채취할 수 없을 때의 인장 시험의 실시 또는 그 값 등에 대하여는 인수 · 인도 당사자 사이의 협정에 따른다.

c) 인장 시험 및 굽힘 시험에서 규정에 적합하지 않은 강재는 KS D 0001의 5.4에 따라 재시험을 하여 합부를 결정할 수 있다.

3) 표시

검사에 합격한 강재에는 강재마다 또는 1묶음마다 다음 사항을 적당한 방법으로 표시하여야 한다. 다만, 주문자의 승인을 얻은 때에는 아래 항목 중 일부를 생략할 수 있다.

a) 종류의 기호

b) 용강 번호 또는 검사 번호

c) 치 수

d) 제조자 명 또는 그 약호

e) 묶음마다의 수량 또는 무게 (강판 및 강대)

4) 보 고

KS D 0001의 9.에 따른다.

일반 구조용 용접 경량 H형강 [KS D 3558]

시험빈도 : 제조회사별 / 제품규격별 100 t마다
용접이음부위는 500개소마다

1) 시험

1. 분석 시험

a) **분석 시험의 일반사항 및 분석 시료의 채취 방법** 강재의 화학 성분은 레이들 분석에 따라 구하고 분석 시험의 일반사항 및 분석 시료의 채취 방법은 KS D 0001의 3. 또는 4.에 따른다.

b) **분석 방법** 분석 방법은 다음 중 어느 것에 따른다.
KS D 1652, KS D 1655, KS D 1658, KS D 1659,
KS D 1673, KS D 1802, KS D 1803, KS D 1804

2. 인장 시험

a) 시험편은 KS B 0801의 5호 또는 1 A호로 하고, 원칙적으로 형강에 사용하는 강대에서 압연방향으로 잘라낸다.

b) 시험편의 수는 동일 레이들에 속하며 동일 두께인 강대를 일괄하여 1개로 한다. 다만, 50t을 초과할 때는 2개로 한다.

c) 형강으로부터의 시험편 채취는 주문자와 제조자 사이의 협의에 따른다.

d) 시험 방법은 KS B 0802에 따른다.

3. 용접부 인장 시험

a) **시험편** 시험편은 [그림 1]에 따른다. 시험편의 수는 동일 단면치수의 경량 H형강 2500m를 일괄하여 각각 1개로 한다.

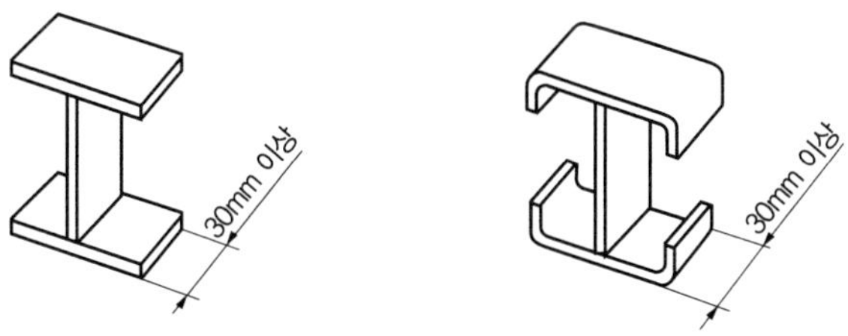

경량 H형강　　　　경량 립 H형강

[그림_1] 용접부 인장 시험편

b) 시험 방법 시험 방법은 [그림 2]와 같이 지지쇠를 사용하여 시험편을 잡아당기고, 웨브 또는 용접부의 어느 것으로 파단되는지를 조사한다.

또한 지지쇠 B의 모떼기의 플랜지와 이루는 각도는 45° 이상이며, 지지거리(l)는 플랜지 두께(t_2)의 1.5배 이상으로 하고 지지쇠 B를 부착할 때 용접부의 부풀어 오른 부분이 닿지 않도록 부착한다.

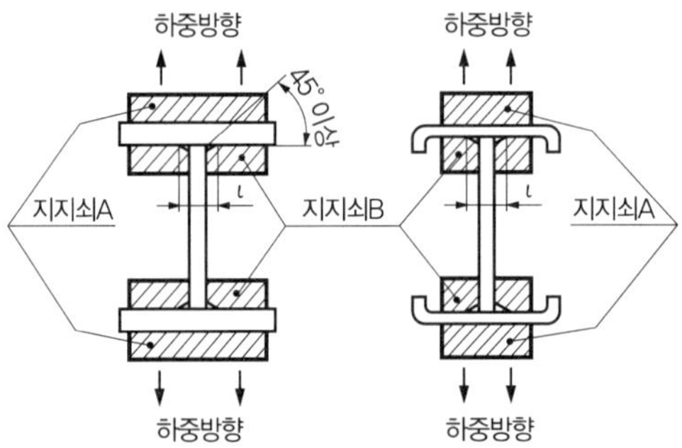

[그림 2] 용접부 인장 시험 방법

2) 검사

1. 검사

a) 검사의 일반사항은 KS D 0001에 따른다.

b) 화학 성분 적합여부

c) 기계적 성질 적합여부

d) 모양, 치수 및 무게 적합여부

e) 겉모양은 적합여부

2. 재검사 기계 시험에서 합격되지 않은 형강은 KS D 0001의 5.4에 따라 재시험을 하여 합격 여부를 결정할 수 있다.

3) 표시

검사에 합격한 형강은 1개마다 또는 1묶음마다 다음 항목을 적당한 방법으로 명시한다.

a) 종류의 기호*

b) 치수**

c) 제조자명 또는 그 약호

[*] 종류의 기호는 다음과 같이 표시한다. – 경량 H형강 : SWH 400 / 경량 립 H형강 : SWH 400L
[**] 치수는 다음과 같이 표시한다.
경량 H형강 : 높이(mm)×나비(mm)×웨브 두께(mm)×플랜지 두께(mm)×길이(m)
(예) 150X150X3.2X4.5X9.0
경량 립 H형강 : 높이(mm)×나비(mm)×립 길이(mm)×웨브 두께(mm)×플랜지 두께(mm)×길이(m)
(예) 150X150X25X3.2X3.2X11.0

4) 보고

제조자는 주문자의 요구가 있을 때는 시험 성적표를 제출한다.

조립용 형강 [KS D 3593]

시험빈도 : 제조회사별 / 제품규격별 100 t마다
용접이음부위는 500개소마다

1) 시험

강의 경우는 매 15톤마다 1개의 인장 시험편과 1개의 굽힘 시험편을 취하여 시험하여야 한다. 이 시험은 펀칭과 성형을 하기 전 소재를 공급하는 압연 공장에서 대강 상태를 할 수도 있고, 또는 앵글의 제조자가 할 수도 있다. 또한 재료에 대한 최소 항복 강도는 평균 항복 강도로부터 1.64의 표준편차(m=1.64σ)를 뺀 것으로서 정의한다.

1. 일반사항

가. 재료의 시험은 일반적으로 KS 규정에 의해서 실시하고, 제조자측이 하여야 한다. 이러한 시험은 별도의 지정기관에 의해 인정되어야 한다.

나. 시험치는 같은 시험편 3개 이상으로부터 얻은 평균치로 하고, 이때 각각의 시험편의 편차가 평균치의 10%를 넘지 않아야 한다. 이때 결정된 파단 하중은 다음 식으로 산출하여 결정하여야 한다.

$$\frac{\text{재료의 최저 항복 강도}}{\text{시험편의 항복 강도}}$$

다. 시험편의 0.2% 항복 강도를 결정하기 위해서 시험편은 같은 앵글에서 취하고, 시험은 KS B 0802에 따라야 한다.

라. 조립하는 부분에 있어서의 끼우는 볼트 구멍의 모양과 피치는 제조자가 규정해야 하고, 정상적인 구조물 설치 작업에서 이것이 확인되어야 한다.

2. 압축 시험 지주는 두 가지 방법으로 시험할 수 있다.

가. 동심원적 하중

지주는 계산된 최소 진단 면적 지역의 중심을 통해 양단에 볼로 하중을 건다. 볼의 놓임은 개체의 끝머리에 비틀림 저항이나 회전 저항이 주어지지 않도록 주의해야 한다. 개체의 길이는 볼의 중심에 놓아야 한다.

나. 편심적 하중

하중의 선은 그림 1과 같이 구멍의 특정 선의 중심선에 일치하여야 하고, 개체의 끝머리는 1축의 주위를 자유롭게 회전할 수 있어야 하며, 바른 각도로 걸어야 한다.

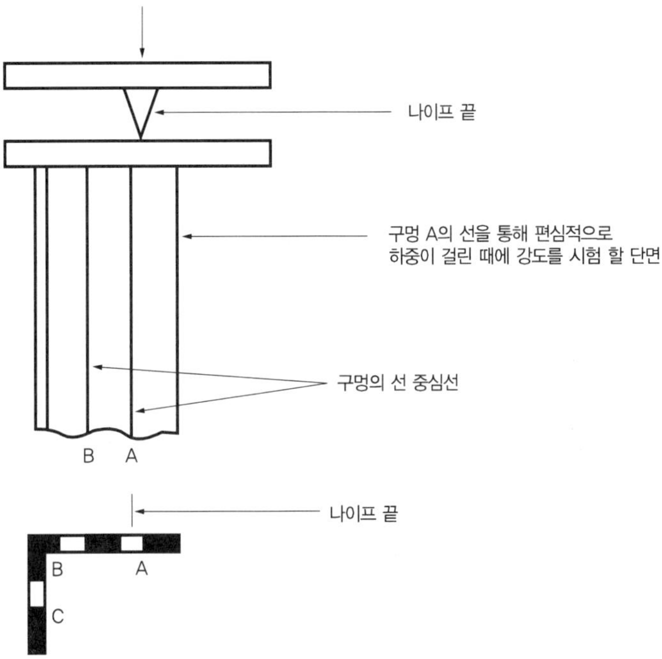

[그림 1] 편심 지지 실험에 있어서의 끝머리 상태 (다른 끝도 같다.)

3. 인장 시험

개체의 인장 강도를 측정할 때 하중을 동심원적으로 건 경우와 편심원적으로 건 경우 양자의 조건하에서 결정하여야 한다. 편심 지주의 경우 1플랜지만을 통해 하중을 걸어야 하기 때문에 하중의 선은 구멍의 특정 선상에 일치하여야 한다.

4. 지지력 시험

각각 다른 크기의 볼트 구멍에 지지력을 결정하여야 한다.

5. 굽힘 시험

빔은 제조자가 정한 볼트 모양에 의해서 그 양단이 지지되어 있어야 한다(볼트는 전단을 받지 않기 위해서 높은 인장력을 가져야 한다). 빔의 유효 간격은 볼트 사이의 중심을 택하여야 한다. 하중은 유효 간격의 중심이나 또는 1/4의 지점에 점하중을 걸도록 한다. 하중은 그림2와 같이 플랜지의 전단면에 걸쳐 볼의 중심을 통해 걸어야 하며, 비틀림에 방해가 되거나 측면부의 비틀림 또는 단면의 기타 변형이 생기지 않도록 하여야 한다.

빔의 중심에 있는 휨을 측정하여야 한다. 하중은 파괴가 될 때까지 건다. 또 하중에 따른 휨의 그래프를 기록하고, 유효 간격을 기초로 하여 단면의 만곡강도를 계산한다.

하중에 따른 휨이 직선이 아닌 경우, 일반적 설계에 있어서 한계라고 생각되는 휨값에 대하여 만곡강성에 대한 할선을 취할 수 있다. 그리고 정하중 시험에 있어서의 측정된 저항 모멘트와 굴곡강성에 기초하여 기타 다른 계에서의 하중에 대한 하중과 휨을 계산할 수도 있다.

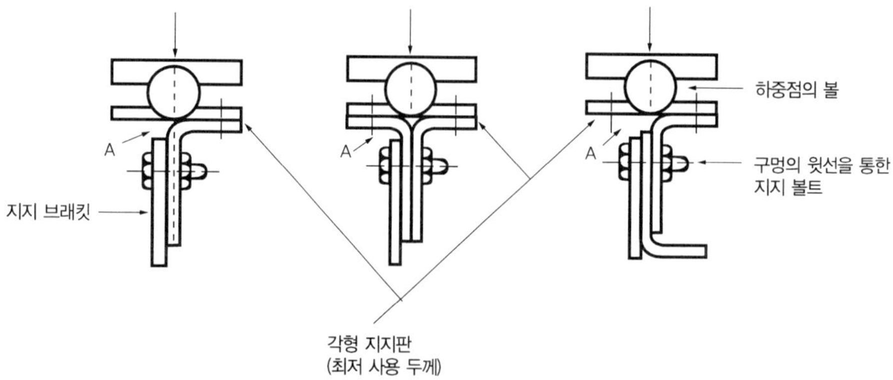

[그림 2] 굽힘 시험 지지 방법 및 하중 걸기

2) 검사

a) 검사는 원칙적으로 제조소에서 실시한다.
b) 모양 · 치수 · 화학 성분 · 인장 시험 및 굽힘 시험은 *1)* 항에 따라 시험하고, 각각의 규정에 합격하여야 한다.
c) 기타 일반사항은 KS B 0001과 KS D 0002에 따른다.

3) 표시

검사에 합격한 앵글에 대해서는 1개 또는 묶음마다 다음의 사항을 적당한 방법으로 표시하여야 한다.

a) 종류의 기호
b) 치수
c) 제조자명 또는 그 약호

L. 철근가스 압접이음

초음파 탐사법 및 판정기준 [KS D 0273]

시험빈도 : 1검사로트에 20개소 이상
검사로트는 1조의 작업반이 하루에 시공하는 압접개소의 수량

1) 탐상 시험의 준비

1. **확인 사항** 탐상 시험을 시작하기 전에 철근의 종류, 호칭 및 리브 간 거리를 확인한다.

2. **탐상 시기** 탐상 시험은 압접부의 온도가 상온으로 되었을 때부터 한다.

3. **탐상면의 손질** 탐촉자를 접촉시킨 리브 위의 탐상면에 초음파의 전달을 방해하는 물질, 즉 스케일, 콘크리트, 시멘트 페이스트, 심한 녹, 도료 등이 존재하는 경우에는 이들을 제거한다.

2) 탐상 장치의 조정

1. **측정 범위의 조정** 측정 범위의 조정은 다음에 따른다.
 a) 범용 탐상기 범용 탐상기의 경우에는 탐상하는 철근을 사용하고, 투과 주사에 의해 얻어진 투과 펄스를 표시기 시간 축의 거의 중앙에 설정한다.
 b) 전용 탐상기 전용 탐상기의 경우에는 측정 범위 노브를 탐상하는 철근 호칭에 맞춘다.

2. **기준 레벨의 설정** 기준 레벨은 탐상하는 철근의 제조회사, 종류 및 호칭이 다른 것마다 다음과 같이 설정한다.
 a) 범용 탐상기인 경우에는 투과 주사에 의해서 얻어진 투과 펄스가 최대가 되도록 탐촉자의 위치를 조정한다[그림 1 참조]. 이 투과 펄스의 높이가 표시기 눈금의 50%가 되도록 탐상기의 게인 조정기를 조정하고, 이 조도를 기준 레벨로 한다.

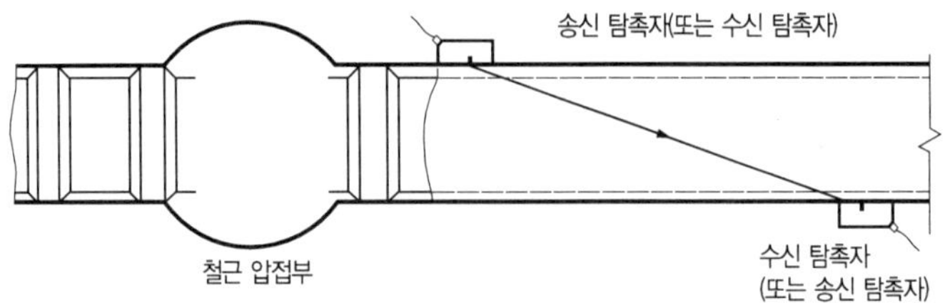

[그림 1] 기준 레벨을 얻기 위한 투과 주사

b) 전용 탐상기인 경우에는 탐상기의 감도를 최대로 하여 추과 주사에 의해 투과 펄스를 구하고 가장 높은 투과 펄스가 얻어지도록 탐촉자의 위치를 조정한다[그림 1]. 이 투과 펄스의 레벨로 탐상기의 경보 램프가 꺼지고 다음에 1dB 감도를 높였을 때, 경보 램프가 점등하도록 탐상기의 게인 조정기를 조정하고 이 조도를 기준 레벨로 한다.

3. **합격 여부 판정 레벨의 설정** 합격 여부 판정 레벨은 기준 레벨보다 24dB 감도를 높게 한 레벨로 한다.

3) 탐상 시험

1. **탐상 방법** 철근 가스 압접부의 초음파 탐상은 철근 리브 위에서 경사각 2탐촉자법에 의해 한다[그림 2].

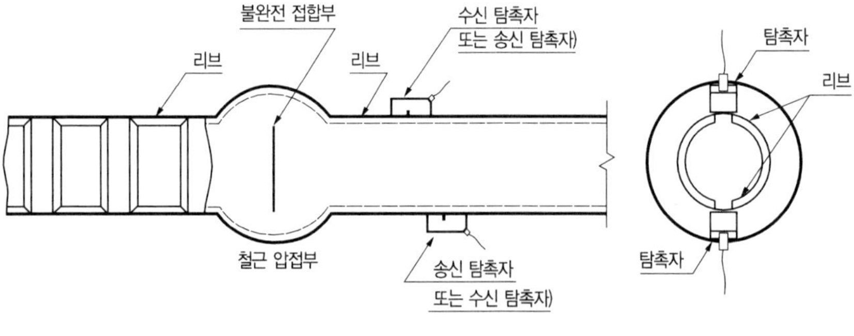

[그림 2] 경사각 2탐 촉자법

2. 주사 방법 및 주사 범위 주사 방법은 압접부의 부푼 곳을 사이에 둔 양쪽에 탐촉자를 설치하고, 다음에 따라서 한다[그림 3].

a) 먼저, 한쪽의 탐촉자를 압접부의 부푼 곳에 접근한 위치 ①에 놓고, 다른 쪽을 압접부의 부푼 곳에 접근하는 위치 ④와 압접면으로부터 약 2D인 위치 ⑤의 범위에서 전후 주사한다.

b) 다음에 한쪽의 탐촉자를 압접면으로부터 약 1.4D인 위치 ②에 놓고, 다른 쪽을 압접부의 부푼 곳에 접근하는 위치 ④와 압접면으로부터 약 2D인 위치 ⑤의 범위에서 전후 주사한다.

c) 마지막으로 한쪽의 탐촉자를 압접면으로부터 약 2D인 위치 ③에 놓고, 다른 쪽을 압접부의 부푼 곳에 접근하는 위치 ④와 압접면으로부터 약 2D인 위치 ⑤의 범위에서 전후 주사한다.

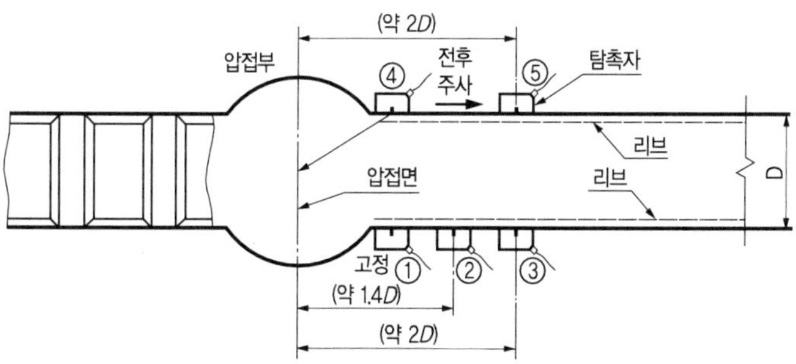

[그림 3] 주사 방법

3. 주사 속도 60mm/s 이하로 한다.

4) 합격 여부 판정

실험 결과의 판정은 다음에 따른다.

a) **범용 탐상기** 압접부의 부풀은 곳의 양측에 대한 탐상 시험에서 표시기 눈금의 50% 이상의 에코가 어느 쪽에서도 검출되지 않는 경우는 합격으로 한다.

b) **전용 탐상기** 압접부의 부풀은 곳의 양측에 대한 탐상 시험에서 경보 램프가 어느 쪽에서도 점등하지 않는 경우는 합격으로 한다.

5) 기록

탐상을 한 후 다음 사항을 기록한다.

a) 공사명
b) 압접 공사 시공자 명 (회사명)
c) 압연 공법
d) 시험 연월일
e) 시험을 한 시험 종사자의 이름
f) 시험 부위
g) 합격 여부 판정 결과
h) 철근의 제조자 명, 종류 및 명칭
i) 탐상기의 형식과 제조 번호
j) 탐촉자의 제조자 명 및 제조 번호
k) 기타 참고 사항 (지정 사항, 협의 사항, 구체적 탐상 방법을 포함한 취급 방법 등)

철근 콘크리트용 봉강의 가스 압접 이음의 검사방법 [KS D 0244]

시험빈도 : 1 검사포트에 시험편 3개

1) 시험의 종류

시험의 종류는 겉모양 시험과 인장 시험으로 한다. 단, 불가피 할 경우에는 인장 시험을 굽힘 시험으로 대치해도 좋다.

2) 시험편

1. 이 시험에 사용하는 시험편은 가스 압접한 그대로로 한다. 단, 굽힘 시험에 대해서는 시험편을 바르게 굽히기 위해 압접부의압접 덧살에 공구가 닿는 쪽을 모재 외접선까지 깎아도 좋다.
2. 시험편의 모양 및 치수는 [그림 1] 및 [표 1]에 따른다.

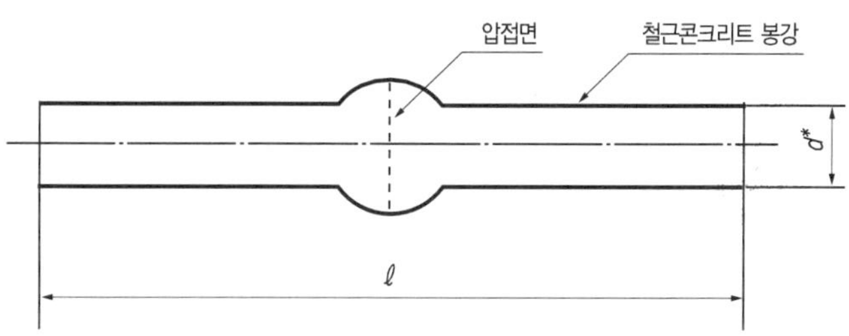

[그림 1] 가스 압접 이음 시험편의 모양

[*] *d* 는 봉강의 경우에는 표시의 지름, 이형 봉강의 경우에는 공칭 지름으로 한다.

[표_1] 시험편의 치수

시험편	길이ℓ (mm)
인장 시험편	(10*d** + 물리부분) 이상
굽힘 시험편	(10*d* + 100) 이상. 단, 최소 300mm로 한다.

[*] 이형 봉강은 공칭지름이 25.4mm이상, 봉강은 KS D 3051의 [표 1]에 표시한 표준 지름이 25mm를 초과하는 경우 5*d* 어도 된다.

3. 시험편의 개수는 당사자 사이의 협정에 따른다.

3) 시험 방법

1. **겉모양 시험** 압접부의 겉모양 시험은 철근 중심축의 편심량, 굽음, 압접 덧살 모양, 치수 기타 해롭다고 인정되는 결함의 유무 등에 대하여 육안 검사 또는 필요에 따라 버니어 캘리퍼스, 자 등의 기구를 사용한다.
2. **인장 시험 방법** 인장 시험 방법은 KS B 0802에 따른다. 단, 이음의 인장 강도를 구하는 경우의 단면적은 이형 봉강에 대해서는 KS D 3504에 규정한 공칭 단면적으로 하고, 봉강에 대해서는 KS D 3051에 표시한 표준지름에 의하여 구한 단면적으로 한다.
3. **굽힘 시험 방법** 굽힘 시험 방법은 KS B 0804에 규정한 눌러 굽히는 방법에 따른다. 단, 굽힘 각도는 90° 이상으로 하고, 안쪽 반지름은 KS D 3504에 규정한 지름의 1/2로 한다.

4) 판정 기준

1. 겉모양 시험의 결과는 모든 시험편이 다음 각 항목을 만족시켜야 한다.
 a) 압접부에 있어서 서로의 철근 중심축의 편심량은 철근의 지름 또는 공칭지름의 1/5 이하
 b) 압접부의 압접 덧살의 지름은 원칙적으로 철근의 지름 또는 공칭지름의 1.4배 이상
 c) 압접부는 심한 테 모양, 처짐이나 굽음 등이 없을 것
2. 인장 시험의 결과는 모든 시험편의 인장 강도가 KS D 3504의 규정에 합격해야 한다.
3. 굽힘 시험의 결과는 어느 시험편도 압접면에 파단 또는 균열이 없어야 한다.

5) 재시험

1. 재시험은 다음의 경우, 1회에 한하여 할 수 있다.
 a) 인장 시험 또는 굽힘 시험의 불합격의 원인이 모재의 잠재결함 또는 시험편 작성시의 외적 손상에 있다고 인정되는 경우.
 b) 인장 시험의 시험 결과가 KS D 3504에 규정한 인장 강도의 90% 이상인 경우.
2. 재시험을 할 경우에는, 불합격된 시험편 1개에 대하여, 다시 2개의 시험편을 동일 조건으로 작성한 다른 이음에서 채취하여, 모든 시험편이 6.의 규정에 합격하여야 한다.
3. 시험전에 압접부 이외에 결함이 인정되었을 때, 겉모양 검사에서 불합격되었을 때, 때 또는 시험 조작에 착오가 있었을 때에는, 시험편 때 또는 시험을 무효로 하고, 동일 조건으로 작성한 다른 이음에서 시험편을 다시 채취할 수 있다.

M. PC 강선 및 PC 강연선

PC 강선 및 PC 강연선 [KS D 7002]

시험빈도 : 제조회사별

1) 시험

1. 시험편의 채취 방법

a) 인장 하중 및 연신율 시험편은 5줄 또는 그 끝수를 1조로 하여 그 조에서 임의로 1줄을 선택하여 그 한쪽 끝에서 채취한다.

b) 0.2% 영구 연신율에 대한 하중 시험편은 30줄 또는 그 끝 수를 1조로 하여 그 조에서 임의의 1줄을 선택하여 그 한쪽 끝에서 채취한다.

c) 릴랙세이션 시험의 시험편은 원재료 또는 제조 공정을 변경한 경우 임의의 1줄을 선택하여 그 한쪽 끝에서 채취한다.

d) 동일한 바탕선을 사용하여 동일 기계로 연속 제조한 선 및 연선을 짧게 절단한 제품에 대해서는 a) 및 b)의 규정은 절단 전의 1줄을 1줄로 간주한다.

e) 인장 하중, 0.2% 영구 연신율에 대한 하중 및 연신율 시험에 사용하는 시험편은, 손잡이의 간격을 선은 100mm 이상, 2연선 및 이형 3연선은 200mm 이상, 7연선 및 19연선은 600mm 이상 얻을 수 있는 것으로 한다.

2. 인장 시험

a) 인장 시험은 KS B 0802에 따라 하며 물림부의 간격은 선은 100mm 이상, 2연선 및 이형 3연선은 200mm 이상, 7연선 및 19연선은 600mm 이상으로 한다.
또한, 시험편이 물림부에서 끊어져서 규정에 적합하지 않은 경우에는 그 시험을 무효로 하고 다시 같은 1조에서 시험편을 채취하여 시험을 다시 한다.

b) 인장 하중은 시험 중의 최대 하중으로 하고 0.2% 영구 연신율에 대한 하중은 하중-연신율 곡선의 직선 부분에 대하여 연신율 0.2%의 간격을 가진 평행선을 긋고 원곡선과의 교점을 잡아 정한다.

c) 선의 연신율은 100mm의 표점 거리에 대한 맞대기 연신율로 한다. 연선의 연신율은 물림부의 간격을 a)에 규정하는 값으로 하고 표 3에 규정된 인장 하중 최소값의 10%의 초기 하중을 걸어 그 때의 전 연신율을 0.1%로 하고, 이후의 시험기 헤드의 움직임을 측정하여 파단시 연신율을 산출한다. 파단시 연신율을 측정할 때 파단하기 전에 규정된 연신율 수치에 적합할 때에는 파단시 연신율을 측정하지 않아도 좋다.

3. 릴랙세이션 시험 릴랙세이션 시험은 상온에서 시험편을 적당한 간격으로 붙잡고 재하 속도를 1분에 200±50N/mm의 비율로 인장 하중의 최소값의 70%에 상당하는 하중(재하 하중)을

가하여 그 하중을 120±2초 유지한 후, 1000시간 물림부 간격을 그대로 유지하여 하중의 감소를 측정한다. 그리고 원래의 재하 하중에 대하여 감소한 하중의 백분율을 릴랙세이션값으로 한다.

4. **치수의 측정** 선의 치수 측정은 임의 위치의 최대 지름과 최소 지름을 측정하여 구하며, 연선의 치수 측정은 임의 위치의 외접원의 최대 지름과 최소 지름을 측정하여 구한다. 다만, 이형선 및 이형 3연선에 대해서는 측정하지 않아도 좋다.

2) 검 사

a) **기계적 성질** 기계적 성질의 검사는 규정에 적합하여야 한다.
또한, 릴랙세이션 시험은 주문자와 제조자의 협정에 따라 생략할 수 있다.

b) **모양, 치수 및 겉모양** 모양, 치수 및 겉모양의 검사는 1줄마다 하여 치수에 대해서는 모양 및 겉모양에 대해서는 적당한 방법으로 한다.

c) **재검사** 인장 시험 또는 릴랙세이션 시험의 결과, 적합하지 않은 경우 최초의 시험편을 채취한 줄에서 다시 1개의 시험편을 채취하고, 또 따로 같은 조의 다른 2줄의 한쪽 끝에서 각각 시험편을 채취하여 재시험할 수 있다. 재시험 결과 3개의 시험편이 모두 규정에 적합하면 그 조는 합격으로 한다.

3) 표 시

검사에 합격한 선 및 연선에는 1줄마다 다음 항목에 대하여 적당한 방법으로 표시하여야 한다.

a) 종류의 기호
b) 호 칭
c) 무 게
d) 제품의 제조 공정을 추적할 수 있는 식별 번호
e) 제조자 명 또는 그 약호

4) 보 고

제조자는 종류의 기호, 호칭, 수량, 무게, 제품의 제조 공정을 추적할 수 있는 식별 번호 및 기계적 성질을 기재한 명세서를 주문자에게 제출하여야 한다.

N. PC 강봉

PC 강봉 [KS D 3505] 시험빈도 : 제조회사별

1) 종류, 기호 및 호칭명

a) 종류 및 기호 강봉의 종류는 7종류로 하고 그 기호는 [표 1]에 따른다.

[표 1] 종류의 기호

종 류			기 호
원형 봉강	A종	2호	SBPR 785/1 030
	B종	1호	SBPR 930/1 080
		2호	SBPR 930/1 180
	C종	1호	SBPD 1 080/1 230
이형 봉강	B종	1호	SBPD 930/1 080
	C종	1호	SBPR 1 080/1 230
	D종	1호	SBPD 1 275/1 420

b) 호칭명 강봉의 호칭명은 [표 2]에 따른다.

[표 2] 호칭명

종 류	호 칭 명						
원형 봉강	9.2mm	11mm	13mm	(15mm)	17mm	(19mm)	(21mm)
	23mm	26mm	(29mm)	32mm	36mm	40mm	
이형 봉강	7.4mm	9.2mm	11mm	13mm			

2) 화학 성분

강봉의 화학 성분 중 불순물로서의 P, S 및 Cu는 7) 항의 시험을 하고, 그 용강 분석값은 [표 3]에 따른다.

[표 3] 화학 성분

P	S	Cu
0.030 이하	0.035 이하	0.30 이하

3) 기계적 성질

강봉의 기계적 성질은 7)항의 시험을 하고, 그 값을 [표 4]에 따른다.

[표 4] 기계적 성질

기 호	0.2% 항복 강도 (N/mm²)	인장 강도 (N/mm²)	연신율 (%)	릴랙세이션 값 (%)
SBPR 785/1 030	785 이상	1 030 이상	5 이상	4.0 이하
SBPR 930/1 080	930 이상	1 080 이상	5 이상	4.0 이하
SBPR 930/1 180	930 이상	1 180 이상	5 이상	4.0 이하
SBPD 1 080/1 230	1 080 이상	1 230 이상	5 이상	4.0 이하
SBPD 930/1 080	930 이상	1 080 이상	5 이상	1.5 이하
SBPR 1 080/1 230	1 080 이상	1 230 이상	5 이상	1.5 이하
SBPD 1 275/1 420	1 275 이상	1 420 이상	5 이상	1.5 이하

4) 모양 및 치수

a) **모양** 강봉은 봉 모양 또는 코일 모양인 것으로 한다. 원형 봉강은 평활한 표면을 가진 것으로 하고, 이형 봉강은 거의 둥근 단면을 가지며, 또 일정한 돌기 혹은 오목함을 연속 또는 일정 간격으로 붙인 것으로 한다.

b) **치수 및 그 허용차** 치수 및 그 허용차는 7)항에 따라 시험을 하고, 표준 지름의 허용차는 [표 5]에 따른다. 또 이형 봉강의 공칭 지름은 [표 6]에 따른다. 다만 이형 봉강의 지름 허용차는 규정하지 않는다.

c) **공칭 단면적** 강봉의 공칭 단면적은 원형 봉강은 [표 5], 이형 봉강은 [표 6]에 따른다.

[표 5] 원형 봉강의 표준지름, 허용차 및 공칭 단면적

호 칭 명	표준지름 (mm)	허용차 (mm)	공칭 단면적 (mm²)
9.2mm	9.2	- 0.2 플러스쪽(+)은 규정하지 않는다.	66.48
11mm	11.0		95.03
13mm	13.0		132.7
(15mm)	15.0		176.7
17mm	17.0		227.0
(19mm)	19.0		283.5
(21mm)	21.0	- 0.6 플러스쪽(-)은 규정하지 않는다.	346.4
23mm	23.0		415.5
26mm	26.0		530.9
(29mm)	29.0		660.5
32mm	32.0		804.2
36mm	36.0		1 018.0
40mm	40.0		1 257.0

[표 6] 이형 봉강의 공칭 지름 및 공칭 단면적

호칭명	공칭 지름(mm)	공칭 단면적(mm²)
7.4 mm	7.4	40.0
9.2 mm	9.2	64.0
11 mm	11	90.0
13 mm	13	12.5

5) 겉모양

강봉에는 해로운 흠, 그 밖의 결점이 없어야 한다.

6) 제조 방법

강봉은 킬드강을 열간 압연하고, 그 후 스트레칭, 드로잉, 열처리 중 하나의 방법 또는 이들의 조합에 의해 제조한다.

7) 시 험

1. 분석 시험

a) 분석 시험의 일반 사항 및 분석 시료의 채취법 강재의 화학 성분은 용강 분석에 따라 구하고, 분석 시험이 일반 사항 및 분석 시료의 채취 방법은 KS D 0001의 3.(화학 성분)에 따른다.

b) 분석 방법 분석 방법은 다음 중 하나에 따른다.
KS D 1652, KS D 1655, KS D 1658, KS D 1659, KS D1802, KS D 1803, KS D 1810

2. 기계 시험

가. 시험편의 채취법

a) 인장 시험은 동일 용강, 동일 열처리 및 동일 호칭명마다 로트를 나누고, 각 로트에서 [표 7]에 따라 시험편을 채취한다.

[표_7] 시험편의 채취법

모 양	호칭명	인장 강도, 연신율	내 력
봉 모양	15mm 미만	1000개 또는 그 끝 수를 1조로 하고, 그 조의 임의의 1개의 한 끝에서 1개	6000개 또는 그 끝 수를 1조로 하고, 그 조의 임의의 1개의 한 끝에서 1개
	15mm 이상 26mm 미만	200개 또는 그 끝 수를 1조로 하고, 그 조의 임의의 1개의 한 끝에서 1개	1200개 또는 그 끝 수를 1조로 하고, 그 조의 임의의 1개의 한 끝에서 1개
	26mm 이상	100개 또는 그 끝 수를 1조로 하고, 그 조의 임의의 1개의 한 끝에서 1개	600개 또는 그 끝 수를 1조로 하고, 그 조의 임의의 1개의 한 끝에서 1개
코일 모양	전 호칭명	5가닥 또는 그 끝 수를 1조로 하고, 그 조의 임의의 1가닥의 한 끝에서 1개	30가닥 또는 그 끝 수를 1조로 하고, 그 조의 임의의 1가닥의 한 끝에서 1개

***[비고_ 코일 모양의 제품을 다시 절단한 강봉에 대하여는 절단 전의 가닥을 대상으로 하고, 코일 모양의 시험편 채취법을 적용한다.]

b) 인장 강도, 0.2% 항복 강도 및 연신율의 시험에 사용하는 시험편은 치수에 관계없이 KS B 0801의 2호 시험편에 따른다.

c) 릴랙세이션 시험의 시험편은 원재료 또는 제조 공정을 변경한 경우의 임의의 1개 또는 1가닥을 선택하고, 그 한 끝에서 채취한다. 또한, 릴랙세이션 시험에 사용하는 시험편은 *7)* 항의 시험을 할 수 있는 적당한 길이의 것으로 한다.

나. 인장 시험

a) 인장 시험은 KS B 0802에 따른다.

b) 인장 강도는 시험중의 최대 하중을 시험 전의 실제 단면적 또는 공칭 단면적(표 5, 표 6) 중 큰 쪽에서 나누어서 구한다. 단, 이형봉강의 실제 단면적은 단위 길이의 무게를 측정하여 이것으로부터 계산하여 구한다. 이 계산에 사용하는 밀도는 7.86 g/cm^3 로 한다.

c) 0.2% 항복 강도는 0.2% 영구 연신율에 대한 하중을 시험 전의 실제 단면적 또는 공칭 단면적(표 5, 표 6) 중 큰 쪽에서 나누어 구한다. 단, 이형 봉강의 실제 단면적을 구하는 방법은 *b)* 에 따른다.

다. 릴랙세이션 시험 릴랙세이션 시험은 상온에서 시험편을 적당한 간격으로 잡고, 재하 속도를 1분간에 200±50 N/mm^{2}의 비율로 표 4의 인장 강도의 70%에 상당하는 값에 공칭 단면적을 곱한 하중(재하 하중)을 곱해 그 하중을 120±2초 유지한 후 1000시간 동안 잡고, 간격을 그대로 유지하여 하중의 감소를 측정한다. 그리고 원래의 재하 하중에 대하여 그 감소한 하중의 백분율을 릴랙세이션값으로 한다. 다만 이형 봉강일 경우는 10시간 동안 잡고 간격을 그대로 유지하여 하중의 감소를 측정한다.

3. **치수의 측정** 치수의 측정은 임의의 곳의 동일 단면에서 최대 지름과 최소 지름을 측정하여 구한다. 다만 이형 봉강에 대하여는 측정하지 않아도 좋다.

8) 검사

1. 검사

a) 검사의 일반 사항은 KS D 0001에 따른다.
b) 화학 성분의 적합여부
c) 기계적 성질의 적합여부
d) 모양 및 치수의 적합여부
e) 겉모양의 적합여부

2. 재검사

최초의 시험편에 대하여 검사한 시험 성적이 *3)* 에 적합하지 않은 경우에는 최초의 시험편을 채취한 봉 또는 코일에서 다시 1개 시험편을 채취하고, 또 별도로 같은 조의 다른 2개의 봉또는 2가닥의 코일의 한 끝에서 각각 1개의 시험편을 채취하여 재시험을 할 수 있다. 재시험 결과 3개 시험편의 값이 모두 규정에 적합하면 그 조는 합격으로 하고, 1개라도 적합하지 않을 때는 그 조는 불합격으로 한다.

9) 표 시

검사에 합격한 강봉은 묶음마다 다음 항목을 적당한 방법으로 표시한다.

a) 종류의 기호
b) 호칭명
c) 수량 또는 무게
d) 제품의 제조 공정을 추적할 수 있는 식별 번호
e) 제조자 명 또는 그 약호

10) 보 고

제조자는 종류의 기호, 호칭명, 무게, 제품의 제조 공정을 추적할 수 있는 식별 번호, 기계적 성질(0.2% 항복 강도, 인장 강도, 연신율) 및 화학 성분(P, S 및 Cu에 대하여)을 기재한 명세서를 주문자에게 제출하여야 한다.

O. 용접 철망

용접 철망 [KS D 7017]

시험빈도 : 제조회사별

1) 시험

1. 시험편의 채취방법

a) 인장시험의 시험편은 적어도 1개소 이상의 용접점을 포함시켜 세로선 및 가로선에서 로트마다 [표 1]에 나타내는 시험수를 각각 채취한다. 또한 제품과 동일로트의 예비재에서 시험편을 채취할 수 있다.

***[비고_ 로트는 사용재료, 제품의 모양 · 치수, 제조조건(전류, 통전시간, 가압력)의 모두가 동일조건의 것으로 한다.]

[표_1] 기계적 성질의 시험수

	세로선*	가로선*
용접부를 포함하는 인장시험	3개/로트	3개/로트

* 세로선 및 가로선 사이에서 지름이 다른 경우에는 각각의 지름에서 3개/로트를 채취한다.

b) 굽힘시험의 시험편은 세로선 및 가로선에서 각각 가장 큰 선지름, 공칭선지름, 표준지름 또는 공칭지름의 것을 로트마다 1개 채취한다.

c) 용접점 전단강도 시험의 시험편은 양 바깥쪽 선을 제외한 가로선에서 가장 큰 선지름, 공칭선지름, 표준지름 또는 공칭지름의 것을 로트마다 1개 채취한다. 그 1개에서 임의의 4점을 골라서 시험편으로 한다. 또한 제품과 동일로트의 예비재에서 시험편을 채취할 수 있다.

2. 시험방법

a) 인장시험은 KS B 0802에 따른다. 시험편은 교차하는 선이 용접상태의 +자 시험편으로 하고 교차하는 선이 거의 중앙이 되도록 시험기에 세트한다. 이 경우, 물림간격은 용접 철망에 있어서는 150mm 이상, 철근 격자에 있어서는 지름 또는 공칭지름의 10배 이상으로 한다. 또한 용접부에서 파단된 것에 대해서는 무효로 하고, 다시 시험을 1회 할 수 있다.

b) 연신율 측정의 표점거리는 용접 철망에서는 선지름 또는 공칭선지름의 5배로 하고 철근 격자에서는 지름 또는 공칭지름의 8배로 한다.

c) 굽힘시험은 적절한 방법은 160~180의 범위 내의 각도로 접어 굽힌다. 굽힘의 안쪽 반지름은 선지름, 공칭선지름, 표준선지름 또는 공칭지름의 1.5배로 한다.

d) 용접점 전단강도 시험은 인장시험기를 사용하여 시험용 지그를 사용하여 실시하고 전단될 때까지 견딘 최대 하중을 선의 원단면적으로 나눈 값을 용접점 전단강도로 한다. 다만, 시험편의 세로선과 가로선의 선지름이 다른 경우에는 큰 선지름, 공칭선지름, 표준지름 또는 공칭지름의 것을 인장방향으로 한다. 또한 세로선 또는 가로선 양쪽의 원단면적의 평균값을 원단면적으로 한다.

***[비고_ 이형 철선 및 이형 봉강의 인장시험 및 용접점 전단강도의 단면적 계산은 공칭단면적으로 한다.]

2) 검 사

검사는 다음에 따른다.

a) 기계적 성질 적합여부
b) 치수 · 무게 및 그 허용차 적합여부
c) 용접점의 박리 적합여부
d) 겉모양 적합여부

3) 결 속

용접 철망 및 철근 격자의 결속은 다음에 따른다.

a) 시트 모양 용접 철망 및 시트 모양 철근 격자는 매수를 모아서 운반에 지장이 없도록 2개소 이상을 묶는다.
b) 롤 모양 용접 철망 및 롤 모양 철근 격자는 1롤마다 운반에 지정이 없도록 묶는다.

4) 제품의 호칭방법

제품의 호칭방법은 종류의 기호, 선지름 또는 공칭선지름(철근 격자는 지름 또는 호칭명), 망눈 치수 및 나비 · 길이에 따른다. 다만, 디자인 용접 철망에 대해서는 종류의 기호 및 주문자와 제조자 사이의 협에 따라 정해진 약호에 따라도 좋다.

예 1) WFP, 6.00, 100×100, 1000×2000
(원형 철선을 사용한 레귤러 용접 철망으로 선지름 6.00mm, 가로망눈 치수 100mm, 세로망눈 치수 100mm, 나비 1m, 길이 2m인 경우)

예 2) WFP, CD10, 100×150, 2000×4000
(이형 철선(리브)을 사용한 레귤러 용접 철망으로 공칭 선지름 10mm, 가로망눈 치수 100mm, 세로망눈 지수 150mm, 나비 2m, 길이 4m인 경우)

5) 표 시

용접 철망 및 철근 격자에는 1묶음마다 다음 사항을 표시한다. 다만, 디자인 용접 철망 및 디자인 철근 격자에 대해서는 *b)*, *c)* 및 *d)*를 *4)*의 약호에 따를 수 있다.

a) 종류의 기호
b) 선지름, 공칭선지름, 지름, 공칭지름 또는 호칭명 (나비방향 × 길이방향)
c) 망눈 치수 (가로망눈 치수× 세로망눈 치수)
d) 나비 및 길이
e) 매수 (시트 모양 용접 철망 및 시트 모양 철근 격자의 경우)
f) 제조 연월 또는 그 약호
g) 제조자명 또는 그 약호

6) 보 고

보고는 KS D 0001의 9.(보고)에 따른다. 주문자의 요구가 있는 경우는 제조자는 지정된 항목의 성적서를 주문자에게 제출하여야 한다.

P. 플랜트

믹서 성능 시험 [KS F 2455]

시험빈도 : 필요시마다

1) 시 료

콘크리트의 시료는 비빈 직후의 배치에서 다음에 따라 채취한다.

a) 시료는 믹서에서 배출되는 콘크리트 흐름의 처음 및 마지막* 부분에서 채취한다. 다만, 비비는 것이 끝나고 믹서의 운전을 멈추었을 때의 콘크리트가 믹서에서 배출된 콘크리트와 동등한 품질을 갖는다고 간주되는 경우에는 믹서 안의 콘크리트의 앞부분 및 뒷부분** 또는 기타 상이한 2개소***에서 채취할 수 있다. 이 경우, 각 부분의 콘크리트를 대표하도록 채취하여야 한다.

b) 각 부분의 콘크리트에서 채취하는 실의 양은 굵은 골재의 최대 치수를 밀리미터(mm)로 나타낸 수를 리터(L)로 나타낸 양으로 한다. 굵은 골재의 최대 치수가 20mm 이하일 때는 시료의 양은 20L로 한다.

[*] 믹서에서 배출되는 콘크리트 흐름을 처음 · 중간 · 마지막의 3부분으로 나누어 생각한 경우의 처음 및 마지막 부분이다.
[**] 믹서 안의 콘크리트를 앞 · 중간 · 뒤의 3부분으로 나누어 생각한 경우의 앞부분 및 뒷부분이다.
[***] 믹서 안의 콘크리트가 원모양으로 분포되어 있는 경우의 반지름이 다른 두 개의 동심원 위, 또는 사각형이나 직사각형으로 분포되어 있는 경우의 중앙부와 끝부분 또는 오른쪽 반과 외쪽 반의 부분이다.

2) 시험 방법

각 부분에서 채취한 콘크리트의 시료에 대하여 각각 다음 조작을 실시한다. 조작을 하는 시간은 각 시료가 대체로 같아야 한다.

a) 시료의 공기량을 KS F 2421 또는 KS F 2449에 따라 시험한다[*][**]. 이 경우, 용기에 채운 콘크리트의 질량을 측정해 두어야 한다.

b) *a)*의 시험에 사용한 시료를 체 위에 놓고 물로 씻으면서 4.75mm 미만의 알갱이를 제거한다.

c) 체에 남은 골채의 표면 건조 포화 상태에서의 질량을 측정한다.***
그리고 KS F 2503 또는 KS F 2533에 따라 그 표건 밀도를 시험한다.

[*] 경량 골재 콘크리트의 경우에는 용적 방법에 따라 시험한다.
[**] 각 부분에서 채취한 시료의 공기량은 동일한 방법으로 시험한다.
[***] 체에 걸린 골재의 물 속에서의 시료의 겉보기 질량을 측정하여도 좋다.

3) 결과의 계산

콘크리트의 시료는 비빈 직후의 배치에서 다음에 따라 채취한다.

a) 모르타르의 단위 용적 질량의 차 콘크리트 중의 모르타르의 단위 용적 질량의 차(%)는 다음 식에 따라 계산한다.

$$M = \frac{m - m_s}{V - \left(V_A + \frac{m_s}{B}\right)} \times 100$$

***[참고_ M : 공기를 포함하지 않은 모르타르의 단위 용적 질량(kg/m³)
m : 계산된 콘크리트의 질량(kg) / m_S : 체에 걸린 골재의 표면 건조 포화 상태에서의 질량(kg)* /
V : 공기량 시험에 사용한 콘크리트의 용적(L) / V_A : 콘크리트의 용적 V와 공기량(%)과의 곱을 100으로 나누어 계산한 공기의 용적(L) / B : 굵은 골재의 표건 밀도(kg/L)

$$m_s = m_w \times \left(\frac{D_s}{D_s - 1}\right)$$

***[참고_ m_W: 골재의 물 속 질량(kg) / D_S: 골재의 표건 밀도(kg/L)

$$\text{콘크리트 중의 모르타르의 단위 용적 질량의 차(\%)} = \frac{M_1 - M_2}{M_1 + M_2} \times 100^{**}$$

***[참고_ M_1 : 각 부분의 콘크리트에 대하여 구한 M 중 큰 쪽의 값
M_2: 각 부분의 콘크리트에 대하여 구한 M 중 작은 쪽의 값

[*] 체에 걸린 골재의 물 속에서의 시료의 겉보기 질량을 측정한 경우는 다음 식에 따라 계산한다.
[**] 이 식은 단위 용적 질량의 평균값에 대한 각 부분의 단위 용적 질량의 차이를 나타내는 것이다.

$$\text{즉, } \frac{M_1 - M_2}{M_1 + M_2} = \frac{\frac{M_1 + M_2}{2} - M_2}{\frac{M_1 + M_2}{2}}$$

b) 단위 굵은 골재량의 차 콘크리트 중의 단위 굵은 골재량의 차(%)는 다음과 같이 계산한다.

$$G = \frac{m_2}{V} \times 1000$$

***[참고_ G : 콘크리트 중의 단위 굵은 골재량(kg/m³)

$$\text{콘크리트 중의 단위 굵은 골재량의 차(\%)} = \frac{G_1 - G_2}{G_1 + G_2} \times 100$$

***[참고_ G_1 : 각 부분의 콘크리트에 대하여 구한 G 중 큰 쪽의 값
G_2: 각 부분의 콘크리트에 대하여 구한 G 중 작은 쪽의 값

4) 보 고

보고는 다음 사항을 기재한다.

a) 믹서의 형식 및 용량
b) 배치의 크기
c) 굵은 골재의 최대 치수(mm), 골재의 종류 및 압도
d) 배 합
e) 믹서의 비빈 시간
f) 시료의 채취 방법과 채취량
g) 공기량의 시험 방법, 공기량(%)
h) 슬럼프(cm)
i) 콘크리트 중의 모르타르의 단위 용적 질량의 차(%)
j) 콘크리트 중의 단위 굵은 골재량의 차(%)

Q. 그라우팅

주입 모르타르의 컨시스턴시 시험 방법 [KS F 2432]

시험빈도 : 작업개시전 1회

1) 시험 기구

a) 깔때기 깔때기는 윗면의 안지름 70mm, 아랫면의 안지름 10mm, 높이 420mm이고, 여기에 안지름 10mm, 길이 30mm의 유출관이 붙은 황동제이어야 한다.
b) 부속 기구 깔때기 받침대, 모르타르 윗면을 고르는 곧은 날, 스톱워치 등이 있어야 한다.

2) 시험

깔때기 받침대에 연직으로 받치고 물로 축인다. 시료의 모르타르를 깔때기 안에 부어 유출관으로 소량의 모르타르를 유출시킨 후 손끝으로 유출구를 막고, 모르타르를 깔때기의 윗면까지 채운 다음 고른다.

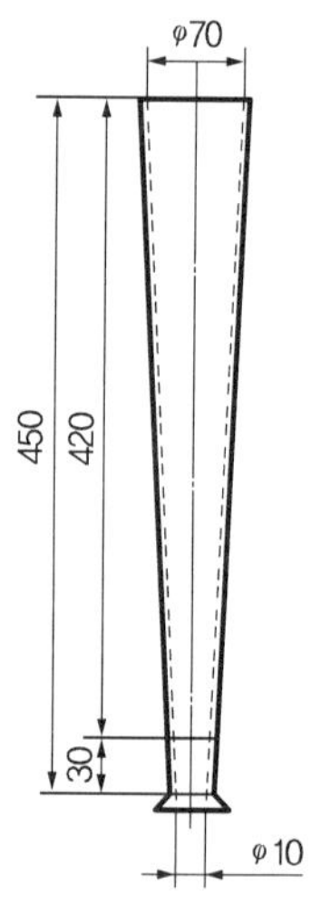

[그림_1] (단위: mm)

3) 보 고

a) 모르타르 배합비
b) 컨시스턴시(초)
c) 시험 일자

콘크리트의 블리딩 시험 방법 [KS F 2414]

시험빈도 : 작업개시전 1회

1) 시험용 기구

a) 용기는 안쪽면을 기계 마무리한 금속제의 원통 모양의 것으로 하며, 수밀하고 견고한 것이어야 한다. 용기의 치수는 안지름 25cm, 안높이 28.5cm로 한다.*
취급할 때 편리하기 때문에 손잡이를 부착해 놓는 것이 좋다.

[*] KS F 2505 및 KS F 2409의 용기(안지름 24cm, 안높이 22cm)를 사용하여도 된다.

b) 저울은 감도 10g의 것으로 한다

c) 메스 실린더는 10mL, 50mL, 또는 100mL의 것으로 한다. 블리딩으로 콘크리트 표면에 생긴 물을 뽑아낼 때는 피펫 도는 스포이트를 사용한다.*

[*] 블리딩의 많고 적음에 따라서 적당한 것을 선택하여 사용한다.

d) 다짐봉은 그 끝을 반구 모양으로 한 지름 16mm, 길이 50~60cm의 강도는 금속제 원형봉으로 한다.

2) 시 료

콘크리트는 KS F 2425에 따라서 만든다. 다만, 콘크리트의 온도는 20±2℃로 한다.

3) 시험 방법

a) 시험 중에는 실온 20±3℃로 한다.

b) 콘크리트는 KS F 2409의 5.1(다짐봉으로 다지는 경우)에 따라 채워 넣고, 콘크리트의 표면이 용기의 가장자리에서 3±0.3cm 낮아지도록 고른다 콘크리트의 표면은 최소 작업에서 평활한 면이 되도록 흙손으로 고른다.*

[*] 이 때, 흙손으로 너무 고르면 물이 스며나와 시험 결과의 편차가 커진다.

c) 시료의 표면을 흙손으로 고른 후 즉시 시각을 기록한다. 그리고 시료와 용기를 진동하지 않은 수평대 또는 바닥 위에 놓고 적당한 뚜껑을 덮는다.*

[*] 뚜껑은 용기의 지름보다 조금 크며, 용기의 윗가장자리에 틈새가 없는 것으로 한다.

d) 기록한 처음 시각에서 60분 동안 10분마다, 콘크리트 표면에 스며나와 물을 빨아낸다. 그 후는 블리딩이 정지할 때까지 30분마다 물을 빨아낸다. 물을 빨아내는 것을 쉽게 하기 위하여 2분 전에 두께 약 5cm의 블록을 용기의 한쪽 밑에 주의 깊게 괴어 용기를 기울이고, 물을 빨아낸 후 수평 위치로 되돌린다. 빨아낸 물은 메스 실린더에 옮긴 후 그 때까지 고인 물의 누계를 1m까지 기록한다.

e) 블리딩이 정지하면 즉시 용기와 시료의 질량을 잰다.*

[*] 시료의 질량으로는 빨아낸 블리딩에 따른 수량을 가산하여야 한다.
해로운 진동을 줄 우려가 없으면 시료의 표면을 흙손으로 고른 직후에 용기와 시료의 질량을 재어도 된다.

4) 계 산

a) 블리딩량은 다음 식에 따라서 산출하고, 그 수치는 KS A 0021에 따라서 소수점 이하 둘째자리에서 끝 맺음한다.

$$B_q = \frac{V}{A}$$

***[참고_ 여기에서 B_q: 블리딩량 (cm³/cm²) / V: 마지막까지 누계한 블리딩에 따른 물의 용적(cm³)
A: 콘크리트 윗면의 면적(cm²)

$$B_r = \frac{B}{W_S}$$

$$\text{다만, } W_S = \frac{W}{C} \times S$$

***[참고_ 여기에서 B_r: 블리딩률(%) / B : 최종까지 누계한 블리딩에 따른 물의 질량 / W_S: 시료 중의 물의 질량(kg)
C : 콘크리트의 단위 용적 질량(kg/m³) / W : 콘크리트의 단위 수량(kg/m³) / S : 시료의 질량(kg)

5) 보 고

보고에는 다음 사항 중 필요한 것을 기재한다.

a) 사용 재료의 종류 및 품질

b) 배합

c) 블리딩량 및 블리딩률

***[비고_ 필요한 경우는 시간과 그 때까지 누계한 블리딩에 따른 수량과의 사이의 관계의 도시한다.

d) 시료의 온도 및 시험 중의 실온

e) *1)−a)*의 [*]에 따른 경우는 사용한 용기의 치수

주입 모르타르의 블리딩률 및 팽창률 시험 방법 [KS F 2433] 시험빈도 : 작업개시전 1회

1) 시험용 기구

a) 메스 실린더 용량 1000mL 및 20mL*의 유리제 메스 실린더이어야 한다.

b) 폴리에틸렌 실린더 모르타르를 넣을 때 지름이 약 5cm, 길이 50cm 이상이 되는 폴리에틸렌 실린**이어야 한다.

[*] 블리딩률의 측정 정밀도를 요구하지 않을 때는 20mL의 메스 실린더와 피펫은 불필요하다. 이때에는 *2)-b), 2)-c)* 와 같은 방법으로 블리딩에 의한 수면과 모르타르면의 눈금을 읽고 이 차로써 블리딩에 의한 수량 B 또는 B′를 구한다.
[**] 폴리에틸렌의 두께는 0.005mm 정도인 것이 좋다. 바닥은 모가 나도록 한다. 바닥에서 20cm의 곳에 표시를 해 둔 것을 사용하면 편리하다.

2) 시 험

a) 폴리에틸렌 실린더 안에 모르타르를 약 20cm 높이까지 공기가 들어가지 않도록 채운다.[***]

b) 물이 약 400mL 들어 있는 메스 실린더 안에 가만히 공기가 들어가지 않도록 폴리에틸렌 실린더를 넣는다.

c) 메스 실린더 안의 수면과 모르타르면이 일치되도록 폴리에틸렌 실린더를 내려서 이때, 수면의 눈금에서 400mL를 빼서 모르타르의 체적을 구한다.

d) 폴리에틸렌 실린더의 위 끝을 매달아[**] 정지해 둔다.

e) 측정 개시 후 3시간이 경과하면 피펫으로 모르타르면의 블리딩으로 인한 물을 뽑아서 [***] 20mL의 메스 실린더에 넣어 측정하고[****] 이것을 B로 한다.

f) 시험은 3개 이상의 공시체[*****]에 대하여 실시한다.

[*] 깔때기 등을 사용하여 바닥에서부터 모르타르를 흘려 넣으면 좋다. 공기가 들어가면 없애도록 해야 한다.
[**] 모르타르의 윗면은 가급적 아래 부분과 같은 단면의 원형에 가까운 모양으로 하는 것이 좋다. 모르타르가 놓여지는 장소는 가급적 시공된 모르타르와 동일한 상태로 해야 한다.
[***] 시멘트의 입자 등은 가급적 뽑아지지 않도록 주의해서 뽑아야 한다.
[****] 모르타르 윗면을 흐트러 놓으면 좋지 않으므로 일단 물을 피펫으로 뽑은 뒤 피펫의 끝을 모르타르 윗면에 가까운 폴리에틸렌 실린더의 안면에 붙이면서 붓는 것이 좋다.
[*****] 강도 시험기 등의 설비가 있을 때는 팽창률의 측정이 끝난 공시체를 그대로 소정의 재령까지 양생하여 강도 시험을 하면 좋다. 관리용 참고 자료를 얻을 수 있다, 중앙점 하중법으로 휨 강도 시험을 할 경우 공시체의 지름 dcm, 스팬 Lcm, 파괴 하중을 Pkg이라고 하면 휨 강도는 σ_b는 다음 식으로 계산할 수 있다.

$$\sigma_b = \frac{8PL}{3.14d^3} \ (\mathrm{kg/cm^2})$$

또 압축 강도 시험을 할 경우는 중앙에서 위 아래 5cm씩 떨어진 점에서 공시체를 절단하고 지름 약 5cm, 길이 약 10cm의 원주형으로 하고 위 아래 양끝은 캐핑을 하여 공시체의 축에 수직한 면으로 마무리하여 재하하는 것이 좋다. 시험 방법은 KS F 2405에 따른다.

3) 계 산

블리딩률 및 팽창률은 다음 식에 따라 계산한다.

$$3\text{시간이 경과한 때의 블리딩률}(\%) = \frac{B}{V} \times 100$$

$$\text{최종 블리딩률}(\%) = \frac{B}{V} \times 100$$

$$\text{팽창률}(\%) = \frac{(V'+B')-V}{V} \times 100$$

***[참고_ 여기에서 V : 시료의 용량(mL) / B : 3시간 경과 후의 블리딩량(mL)
V' : 20시간 경과 후의 시료의 용적(mL) / B' : 20시간 경과 후의 블리딩량(mL)

R. 콘크리트 조립식 부재

조립용 콘크리트 벽판 [KS F 4722]

시험빈도 : 제조 회사별 / 제품 규격별

1) 재 료

1. **시멘트** KS L 5201, KS L 5210, KS L 5211, KS L 5401에 각각 규정하는 것으로 한다.
2. **골재** 조세립이 적당히 혼합되고, 그 입자 지름은 25mm체를 통과하는 것 이하로 하며, 철근 간격의 $\frac{4}{5}$ 이하 또는 피복 두께 이하로 하고, 다음 각 항에 적합한 것으로 한다.
   a) 경량 콘크리트 골재는 KS F 2534에 규정된 것.
   b) 부순 골재는 KS F 2527에 규정된 것.
   c) 상기 이외의 골재는 청결, 강경, 내구적이고, 먼지, 진흙, 유기물 등을 유해량 함유하지 않고, 또 평평하고 길며 얇은 입자를 포함하지 않은 것.
   d) 잔골재의 염분 함유량은 원칙적으로, 전체 잔골재 무게에 대하여 염화나트륨으로 0.04% 이하로 한다.
3. **물** 깨끗하고, 기름, 산, 유기물, 그 밖의 해로운 물질을 유해량 이상 함유하지 않아야 한다.
4. **혼화 재료** 콘크리트 및 강재에 해로운 영향을 미치지 않아야 한다. 화학 혼화제는 KS F 2560의 규정을 따르며, 플라이 애시는 KS L 5405의 규정에 따른다.
5. **철 근** 철근은 다음에 나타낸 것으로 한다.
   a) KS D 3503 및 KS D 3515에 규정된 품질인 것.
   b) KS D 3504 및 KS D 3527에 규정된 봉강 또는 이와 동등 이상의 품질인 것.
   c) KS D 3552에 규정된 보통 철선
   d) KS D 7017에 규정된 용접 철망

2) 제 조

판의 제조 방법은 다음과 같다.

a) 미리 준비된 거푸집 내에 박리제를 바르고, 철근 · 접합 철물 등을 정위치에 배치하고, 거푸집 내에 콘크리트를 주입시킨 후 진동 다짐을 하며, 표면을 적당한 방법으로 마무리한다.
b) 양생은 콘크리트의 품질에 해가 없도록 적당한 방법으로 증기 양생을 한다.
c) 콘크리트가 경화하고, 적당한 강도를 가진 후에 탈형한다.

***[참고_ 콘크리트의 탈형시 강도는 980N/mm²이상으로 한다. 다만, 수직 탈형인 경우 탈형 부재가 휨 응력을 받을 염려가 없을 때에는 785N/cm²이상으로 한다.]

3) 시험

1. **시험체** 성능 시험에 사용하는 시험체는 단열성, 차음성 시험에서는 판에 마감이 되어 있는 경우는 표준 마감*을 한 것으로 하고, 면내 전단 강도, 내화성 시험에서는 마감을 하지 않은 것**으로 한다.

[*] 표준 마감이란 그 판을 사용한 벽 공법 중 보통으로 하는 마감을 말한다.
[**] 표면재 또는 마감재를 현장에서 붙이는 판으로, 이것이 일체가 되어 성능을 발휘할 경우에는 그것을 설치하여도 좋다.

2. **시험 방법**

a) 단열성 시험 방법은 KS F 2273의 7.5(열 관류 시험)에 따른다. 다만, 시험체는 수평으로 지지하고, 뒷면 쪽*을 고온, 표면 쪽*을 저온으로 하여 측정한다.

[*] 표면 쪽이란 그 판을 통상 사용하는 방법으로 방의 바깥쪽에 면하는 면을 말하며, 뒷면 쪽이란 방의 안쪽에 면하는 면을 말한다.

b) 차음성 시험 방법은 KS F 2808의 규정에 따른다.

c) 방수성 시험 방법은 KS F 2273의 7.4(수밀 시험)에 따른다. 다만, 설비용 개구부 등의 부분은 적당히 덮어도 좋다. 창, 출입구 등의 개구부가 있는 판의 개구부에 대한 방수성 판정은 KS F 3117의 수밀성의 규정에 따른다.

d) 면내 진단 강도 시험 방법은 KS F 2273의 7.13.2 [면내 전단 시험(B)(타이로드를 사용하지 않는 경우)]에 따른다. 단, 참고값으로 단체로서의 면내 전단 강도를 구하기 위해서 7.13.1 [면내 전단 시험(B)(타이로드를 사용하는 경우)]에 준한 방법으로 판 단체의 시험을 하는 것이 좋다.

e) 내화성 시험 방법은 KS F 2257-1, KS F 2257-4에 규정하는 30분 가열을 하여야 한다.

4) 검 사

검사는 겉모양, 치수, 성능 및 콘크리트의 강도에 대하여 한다.

1. **겉모양, 치수 검사** 겉모양 및 치수 검사는 합리적인 샘플링 방법에 따라 한다.
2. **성능 검사** 성능 검사는 적어도 3년에 1회 이상 또는 판의 시방 및 설계가 대폭 변경될 경우 성능에 대하여 *3)*의 시험을 한다.
3. **콘크리트의 강도** 콘크리트의 강도 검사 로트의 크기는 KS A 3101에 따라 150m^{2}이하의 범위로 결정하고, 3개의 시험체를 샘플링하여 KS F 2405에 규정된 시험을 하고, 각각의 28일 압축 강도가 설계 기준 강도 이상인 경우는 그 로트를 합격으로 한다.

5) 호칭 방법 및 표시

판에는 종류, 치수, 제조자 명, 공장명 및 제조 번호 또는 그 약호를 적당한 곳에 표시한다. 판의 모양, 치수의 호칭 방법은 PC 부재 제작 방법, 시공 등에 따라 특수한 경우를 제외하고는 다음 순에 따른다.

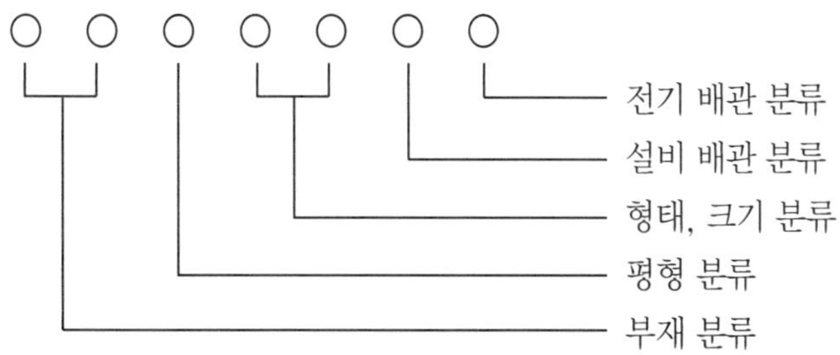

***[비고_ 부재 분류 번호는 다음 구분을 기준으로 한다.

- 01 : 슬래브
- 02 : 발코니와 복도 슬래브
- 03 : 지붕 슬래브
- 04 : 계단과 계단 슬래브
- 05 : 샌드위치 벽판
- 06 : 내력벽
- 07 : 비내력벽
- 08 : 논플랫(non-flat) 벽판
- 09 : 패러핏

조립용 콘크리트 바닥판 [KS F 4726]

시험빈도 : 제조 회사별 / 제품 규격별

1) 겉모양

판은 구조상 도는 마감상 해로운 흠 등이 없어야 한다.

2) 재 료

1. **시멘트** KS L 5201, KS L 5210, KS L 5211, KS L 5401에 각각 규정하는 것으로 한다.
2. **골재** 조세립이 적당히 혼합되고, 그 입자 지름은 25mm체를 통과하는 것 이하로 하며, 철근 간격의 $\frac{4}{5}$ 이하 또는 피복 두께 이하로 하고, 다음 각 항에 적합한 것으로 한다.
   a) 경량 콘크리트 골재는 KS F 2534에 규정된 것.
   b) 부순 골재는 KS F 2527에 규정된 것.
   c) 상기 이외의 골재는 청결, 강경, 내구적이고, 먼지, 진흙, 유기물 등을 유해량 함유하지 않고, 또 평평하고 길며 얇은 입자를 포함하지 않은 것.
   d) 잔골재의 염분 함유량은 원칙적으로, 전체 잔골재 무게에 대하여 염화나트륨으로 0.04% 이하로 한다.
3. **물** 깨끗하고, 기름, 산, 유기물, 그 밖의 해로운 물질을 유해량 이상 함유하지 않아야 한다.
4. **혼화 재료** 콘크리트 및 강재에 해로운 영향을 미치지 않아야 한다. 화학 혼화제는 KS F 2560의 규정을 따르며, 플라이 애시는 KS L 5405의 규정에 따른다.
5. **철 근** 철근은 다음에 나타낸 것으로 한다.
   a) KS D 3503 및 KS D 3515에 규정된 품질인 것.
   b) KS D 3504 및 KS D 3527에 규정된 봉강 또는 이와 동등 이상의 품질인 것.
   c) KS D 3552에 규정된 보통 철선
   d) KS D 7017에 규정된 용접 철망

3) 제 조

a) 미리 준비된 거푸집 내에 박리제를 바르고, 철근 · 접합 철물 등을 정위치에 배치하고, 거푸집 내에 콘크리트를 주입시킨 후 진동 다짐을 하며, 표면을 적당한 방법으로 마무리한다.
b) 양생은 콘크리트의 품질에 해를 주지 않는 적당한 방법으로 증기 양생을 실시한다.
c) 콘크리트가 경화하고, 적당한 강도를 가진 후에 탈형한다.

***[참고_ 콘크리트의 탈형시 강도는 1000N/mm² 이상으로 한다. 다만, 수직 탈형인 경우 탈형 부재가 휨 응력을 받을 염려가 없을 때에는 800N/cm² 이상으로 한다.]

d) 콘크리트의 품질은 28일 압축 강도가 설계 기준 강도 이상으로 하며, 강도의 범위는 1800N/mm²이상으로 한다.

4) 시험

1. **시험체** 성능 시험에 사용하는 시험체는 단열성, 차음성 시험에서는 판에 마무리를 한 경우에는 표준 마무리*를 한 것으로 하고, 내분포압성, 내국압성 시험에서는 마무리를 하지 않은 것**으로 한다. 단열성 시험의 경우, 천장이 지붕과 일체가 되어 성능을 발휘하고 있는 경우에는 천장을 포함한 것으로 한다.

[*] 표준 마무리란 그 판을 사용한 지붕 공법 중 가장 보통으로 하는 마무리를 말한다.
[**] 표면재 또는 마무리재를 현장에서 설치하는 판으로서, 그것이 일체가 되어 성능에 기여하는 경우에는 이것을 설치하여도 좋다.

2. 시험 방법
   a) 단열성 시험 방법은 KS F 2273의 7.5에 따른다. 다만, 시험체는 수평으로 지지하고, 뒷면쪽*을 저온. 표면 쪽*을 고온으로 하여 측정한다.

[*] 표면쪽이란 그 판의 통상 사용 방법에서 위쪽면을 말하고, 뒷면쪽이란 아래쪽면을 말한다.

   b) 차음성 시험 방법은 KS F 2808의 규정에 따른다.
   c) 방수성 시험 방법은 KS F 2273의 7.4에 따르고, 시험 장치는 [그림 1]과 같은 것으로 한다. 다만, 압력 상자 안의 압력은 마이너스로 한다.
   d) 내분포압성 시험 방법은 KS F 2273의 7.9에 따른다.
   e) 내국압성 시험 방법은 KS F 2273의 7.8에 따른다.

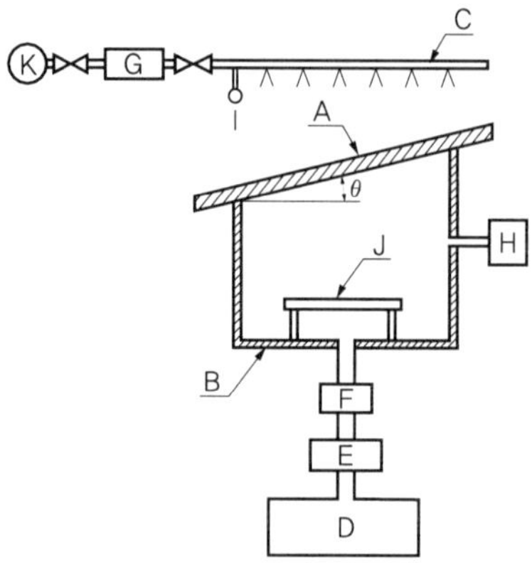

[그림_1]

A : 시험체
B : 압력 상자
C : 물 분무 노즐
D : 송풍기
E : 압력 조절기
F : 맥동 발생 장치
G : 수량계
H : 압력 측정기
I : 수압계
J : 차폐관
K : 물 펌프
θ : 지붕 기울기(표준 설계 기울기)

3. 시험 결과 시험 결과에는 시험체의 단면도 및 재료 구성의 상세를 부기한다.

5) 검 사

검사는 겉모양, 치수, 성능 및 콘크리트 강도에 대하여 한다.

a) **겉모양 및 치수 검사** 겉모양, 치수 검사는 합리적인 샘플링 방법에 따라 한다.

b) **성능 검사** 성능 검사는 적어도 3년에 1회 이상 또는 판의 시방 및 설계가 대폭 변경된 경우 성능에 대하여 *4)* 에 따라 시험한다.

c) **콘크리트의 강도** 검사 로트의 크기는 KS A 3101에 따라 150m^{3}이하의 범위로 결정하고, 3개의 시험체를 샘플링하여 KS F 2405에 규정하는 시험을 하여 각각의 28일 압축 강도가 설계 기준 강도 이상인 경우는 그 로트를 합격으로 한다.

6) 표 시

판에는 종류, 치수, 제조자 명, 공장 명 및 제조 번호 또는 약호를 적당한 곳에 표시하며, 표기 방법은 KS F 4722의 10.(호칭 방법 및 표시)에 준한다.

조립용 콘크리트 지붕판 [KS F 4729]

시험빈도 : · 제조 회사별 · 제품 규격별

1) 재 료

1. **시멘트** KS L 5201, KS L 5210, KS L 5211, KS L 5401에 각각 규정하는 것으로 한다.
2. **골재** 조세립이 적당히 혼합되고, 그 입자 지름은 25mm체를 통과하는 것 이하로 하며, 철근 간격의 $\frac{4}{5}$ 이하 또는 피복 두께 이하로 하고, 다음 각 항에 적합한 것으로 한다.
   a) 경량 콘크리트 골재는 KS F 2534에 규정된 것.
   b) 부순 골재는 KS F 2527에 규정된 것.
   c) 상기 이외의 골재는 청결, 강경, 내구적이고, 먼지, 진흙, 유기물 등을 유해량 함유하지 않고, 또 평평하고 길며 얇은 입자를 포함하지 않은 것.
   d) 잔골재의 염분 함유량은 원칙적으로, 전체 잔골재 무게에 대하여 염화나트륨으로 0.04% 이하로 한다.
3. **물** 깨끗하고, 기름, 산, 유기물, 그 밖의 해로운 물질을 유해량 이상 함유하지 않아야 한다.
4. **혼화 재료** 콘크리트 및 강재에 해로운 영향을 미치지 않아야 한다. 화학 혼화제는 KS F 2560의 규정을 따르며, 플라이 애시는 KS L 5405의 규정에 따른다.
5. **철 근** 철근은 다음에 나타낸 것으로 한다.
   a) KS D 3503 및 KS D 3515에 규정된 품질인 것.
   b) KS D 3504 및 KS D 3527에 규정된 봉강 또는 이와 동등 이상의 품질인 것.
   c) KS D 3552에 규정된 보통 철선
   d) KS D 7017에 규정된 용접 철망

2) 제 조

a) 미리 준비된 거푸집 내에 박리제를 바르고, 철근 · 접합 철물 등을 정위치에 배치하고, 거푸집 내에 콘크리트를 주입시킨 후 진동 다짐을 하며, 표면을 적당한 방법으로 마무리한다.

b) 양생은 콘크리트의 품질에 해를 주지 않는 적당한 방법으로 증기 양생을 실시한다.

c) 콘크리트가 경화하고, 적당한 강도를 가진 후에 탈형한다.

> ***[참고_ 콘크리트의 탈형시 강도는 1000N/mm² 이상으로 한다. 다만, 수직 탈형인 경우 탈형 부재가 휨 응력을 받을 염려가 없을 때에는 800N/cm² 이상으로 한다.]

d) 콘크리트의 품질은 28일 압축 강도가 설계 기준 강도 이상으로 하며, 강도의 범위는 1800N/mm²이상으로 한다.

4) 시험

1. **시험체** 성능 시험에 사용하는 시험체는 단열성, 차음성 시험에서는 판에 마무리를 한 경우에는 표준 마무리*를 한 것으로 하고, 내분포압성, 내국압성 시험에서는 마무리를 하지 않은 것**으로 한다. 단열성 시험의 경우, 천장이 지붕과 일체가 되어 성능을 발휘하고 있는 경우에는 천장을 포함한 것으로 한다.

[*] 표준 마무리란 그 판을 사용한 지붕 공법 중 가장 보통으로 하는 마무리를 말한다.
[**] 표면재 또는 마무리재를 현장에서 설치하는 판으로서, 그것이 일체가 되어 성능에 기여하는 경우에는 이것을 설치하여도 좋다.

2. 시험 방법

a) 단열성 시험 방법은 KS F 2273의 7.5에 따른다. 다만, 시험체는 수평으로 지지하고, 뒷면쪽*을 저온. 표면 쪽*을 고온으로 하여 측정한다.

[*] 표면쪽이란 그 판의 통상 사용 방법에서 위쪽면을 말하고, 뒷면쪽이란 아래쪽면을 말한다.

b) 차음성 시험 방법은 KS F 2808의 규정에 따른다.
c) 방수성 시험 방법은 KS F 2273의 7.4에 따르고, 시험 장치는 [그림 1]과 같은 것으로 한다. 다만, 압력 상자 안의 압력은 마이너스로 한다.
d) 내분포압성 시험 방법은 KS F 2273의 7.9에 따른다.
e) 내국압성 시험 방법은 KS F 2273의 7.8에 따른다.

3. **시험 결과** 시험 결과에는 시험체의 단면도 및 재료 구성의 상세를 부기한다.

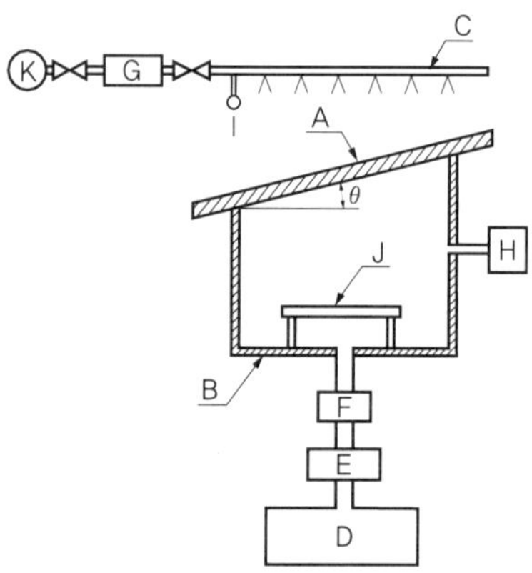

[그림_1]

A : 시험체
B : 압력 상자
C : 물 분무 노즐
D : 송풍기
E : 압력 조절기
F : 맥동 발생 장치
G : 수량계
H : 압력 측정기
I : 수압계
J : 차폐관
K : 물 펌프
θ : 지붕 기울기(표준 설계 기울기)

5) 검 사

검사는 겉모양, 치수, 성능 및 콘크리트 강도에 대하여 한다.

a) **겉모양 및 치수 검사** 겉모양, 치수 검사는 합리적인 샘플링 방법에 따라 한다.

b) **성능 검사** 성능 검사는 적어도 3년에 1회 이상 또는 판의 시방 및 설계가 대폭 변경된 경우 성능에 대하여 *4)* 에 따라 시험한다.

c) **콘크리트의 강도** 검사 로트의 크기는 KS A 3101에 따라 150m^{3}이하의 범위로 결정하고, 3개의 시험체를 샘플링하여 KS F 2405에 규정하는 시험을 하여 각각의 28일 압축강도가 설계 기준 강도 이상인 경우는 그 로트를 합격으로 한다.

6) 표 시

판에는 종류, 치수, 제조자 명, 공장 명 및 제조 번호 또는 약호를 적당한 곳에 표시하며, 표기 방법은 KS F 4722의 10.(호칭 방법 및 표시)에 준한다.

S. 경량기포 콘크리트 조립식 부재

경량기포 콘크리트 패널(ALC 패널) [KS F 4914]

시험빈도 : · 제조 회사별 · 제품 규격별

1) 재 료

1. **석회질 원료** 석회질 원료는 다음에 나타내는 석회 또는 시멘트로 한다.
   a) 석회는 KS L 9501에 규정한 석회로 한다.
   b) 시멘트는 KS L 5201, KS L 5210, KS L 5211에 규정한 것 또는 이와 동등 이상인 것을 사용한다.
2. **규산질 원료** 규산질 원료는 규석, 규사, 고로 슬래그, 플라이 애시 등으로 진흙, 먼지, 유기물 등의 해로운 성분을 함유하지 않는 것이어야 한다.
3 **기포제** 기포제는 금속 분말, 표면 활성제 등으로서 균등한 기포가 얻어지는 것이어야 한다.
4. **혼화 재료** 기포의 안정, 경화 시간의 조정 등을 위하여 혼화 재료를 사용할 경우에는 패널의 품질 및 사용에 해로운 영향을 미치지 않는 것으로 한다.
5. **철근** 철근은 다음 중 호칭 지름 5mm 이상의 봉강 또는 철선을 사용한다.
   a) KS D 3503에 규정한 봉강
   b) KS D 3504에 규정한 봉강
   c) KS D 3552에 규정한 보통 철선
6. **방청제** 방청제는 수지, 역청, 시멘트 등을 주원료로 한 것으로 유효한 방청 성능을 가지고, 또한 패널의 품질에 해로운 영향을 끼치지 않는 것으로 한다. 방청제의 방청 성능은 *2)*에 규정하는 시험을 하여 철근 표면에 생긴 녹의 면적이 철근 표면적의 5% 이하이어야 한다.

2) 시 험

1. **공 시 체**
   a) 공시체의 크기는 [표 1]과 같다.

[표 1]

(단위 : mm)

시험항목	공시체의 크기(두께×나비×길이)	공시체의 제작
ALC 압축 강도 및 절건 비중 시험	100×100×100[*]	*2)-b)*에 따른다.
ALC 길이 변화율 시험	40×40×160[*]	*2)-b)*에 따른다.
방청제의 방청 성능 시험	40×40×160[*]	*2)-b)*에 따른다.
패널의 굽힘 강도 시험	제작 치수	–
패널의 단열성 시험	제작치수의 두께×900(450×2)×900 이상	*2)-b)*에 따른다.

[*] 각 변의 치수 허용차는 ±1mm로 한다.

b) ALC의 압축 강도 및 절건 비중 공시체는 패널과 동등한 조건에서 제조한 ALC의 발포 방향 높이의 중앙부에서 채취한다. 공시체는 75℃ 이하의 온도로 조정한 교반기가 붙은 공기 건조기 안에서 함수율이 (10±2)%로 될 때까지 건조하고, 상온까지 냉각한 후 *2)-2* 에 나타낸 방법에 따라 압축 강도 및 절건 비중 시험을 한다.

c) ACL의 길이 변화율 공시체는 패널과 동일한 조건으로 제조한 ALC의 발포 방향 높이의 중앙부로부터 공시체의 길이 방향이 발포 방향에 대하여 직각이 되도록 채취한다. 또한 이 시험에서 길이 변화율 공시체의 함수율 변화를 구하기 위하여 같은 모양의 질량 계량용 공시체를 접근하는 위치로부터 채취한다.

d) 방청제의 방청 성능 공시체는 그림 1과 같이 단면의 거의 중심에 패널의 길이 방향의 철근이 1가닥 들어가도록 잘라 내고, 양 단면을 에폭시 수지 도료, 아스팔트 등을 사용하여 피복한다.

e) 패널의 단열성 공시체는 패널에서 900×450mm 이상의 크기인 시험편 2매를 잘라 내어 통풍이 잘 되는 실내에 방치하여 절건 비중으로부터 산정한 함수율이 2~6%가 될 때까지 건조한 후, 이음매 부분을 서러 맞물리게 하고 틈새가 없도록 밀어붙인 다음, 표면의 이음매 부분을 접착 테이프로 고정시킨다.

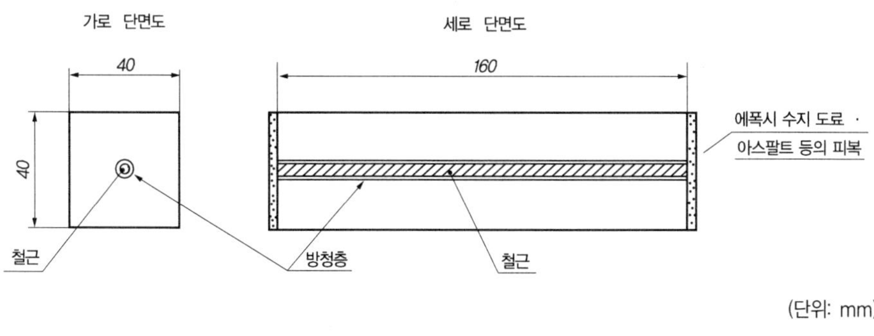

[그림 1]

2. ALC의 압축강도 및 절건 비중 시험

a) 공시체의 서로 반대되는 변의 중앙부 사이의 치수를 두께, 나비 및 길이 방향에 대하여 각각 4곳을 측정하고, 그 측정값의 평균을 구하여 두께, 나비 및 길이로 한다. 또한 이 공시체의 시험시 공시체 질량(W_1)을 1g까지 계량할 수 있는 저울을 사용하여 구한다.

b) 압축 강도 시험을 위한 하중은 공시체의 발포 방향에 대하여 직각인 방향으로부터 98N까지 측정할 수 있는 시험기를 사용하여 가하는 것으로 하고, 공시체가 파괴되었을 때 시험기가 나타내는 최대하중(P)을 구한다.

이 시험에서 하중은 충격을 주지않는 매초 0.1~0.2N/mm^{2}의 속도로 가한다. 시험기가 하중의 최대 값을 나타내면 즉시 하중을 제거한다.

압축 강도 시험 종료 후 공시체를 절건 상태[*]로 건조하고 절건 질량(W_0)을 단다.

[*] 공시체를 105±5℃에서 일정한 질량이 될 때까지 건조한 상태를 말한다.

압축 강도 시험시 공시체의 함수율은 다음 식에 따라 산출한다.

$$\text{함수율 (\%)} = \frac{W_1 - W_0}{W_0} \times 100$$

*****[참고_ W_1 : 시험체의 공시체 질량(g) / W_0 : 공시체의 절건 질량(g)]**

c) 압축 강도는 다음 식에 따라 산출한다.

$$\text{압축 강도 (N/cm}^2\text{)} = \frac{P}{A}$$

*****[참고_ P : 최대 하중(N) / A : 나비 길이(mm^2)]**

d) 절건 비중은 다음 식에 따라 산출한다.

$$\text{절건 비중} = \frac{W_0}{V}$$

*****[참고_ V : 공시체의 부피(×두께×나비×길이)(cm^3)]**

3. ALC의 길이 변화율 시험

a) 길이 변화율 공시체와 질량 계량용 공시체를 동시에 온도 20±2℃의 물 속에 수면 아래 약 3cm가 되도록 하여 3일 동안 흡수시킨 후 즉시 길이를 측정*하고 질량을 단다. 이 경우 질량은 1g까지 계량할 수 있는 저울을 사용하여 단다.
길이 측정이 완료 된 공시체와 질량을 단 공시체는 온도 20±2℃, 습도 (60±5)%의 실내 또는 용기속에 정치한 후, 함수율이 40% 이하로 될 때까지 적어도 1일 1회 이상 길이 변화와 질량 측정을 동시에 한다.

[*] 길이 변화의 측정은 KS F 2424에 규정하는 다이얼 게이지법, 콤퍼레이터법 또는 콘택트게이지법의 어느 것이든 좋다. 단, 길이의 측정은 최소 눈금이 0.005mm 이하인 측정기를 사용하여야 한다.

b) 길이 변화의 측정은 길이 변화가 평형 상태[*]가 될 때까지 3일 이내마다 한다.

[*] 3일 동안의 길이 변화율이 0.003% 이하가 된 상태를 말한다.

c) 무게 계량용 공시체는 *a)*의 측정이 종료된 후 절건 상태*로 건조하여 절건 질량(W_0)을 달고 다음 식에 따라 각 단계에서의 공시체의 함수율울 산출한다.

$$\text{함수율 (\%)} = \frac{W - W_0}{W_0} \times 100$$

***[참고_ W : 길이 변화 측정시의 공시체 질량(g) / W_0 : 공시체의 절건 질량(g)]

d)길이 변화율은 다음 식에 따라 산출하고, 소수점 이하 둘째 자리까지 구한다.

$$\text{길이 변화율 (\%)} = \frac{\ell_1 - \ell_2}{\ell_1} \times 100$$

***[참고_ ℓ_1 : 함수율 40%일 때의 길이*(mm) / ℓ_2 : 길이 변화가 평형 상태로 된 때의 길이*(mm)]

[*] *a)* 및 *c)*의 측정값의 관련 그래프로부터 구한다.

4. 방청제의 방청 성능 시험

방청제의 방청 성능 시험은 공시체를 포화 습도 안에 놓고, 온도 25±5℃ 와 55±5℃ 사이의 온도 변화를 1일 4싸이클의 비율로 반복하여 4주 동안 계속한다. 그 후 공시체의 바청층을 제거하고 양 끝으로부터 1cm씩을 제외한 안쪽 부분에 대하여 철근 표면의 녹의 유무를 세밀히 조사한다. 녹의 발생이 보인 경우에는 철근 표면에 투명한 시트를 대어 녹 부분을 찍어 낸다. 그 면적(mm^2)을 적당한 방법으로 구하여 철근 표면적에 대한 백분율을 산출한다.

5. 패널의 굽힘 강도 시험

a) 하중을 가하는 방법은 [그림 2]와 같이 2선 하중 시험장치를 이용하고, 하중은 스팬 중앙부의 처짐 속도가 매초 0.05mm 정도가 되도록 가한다.

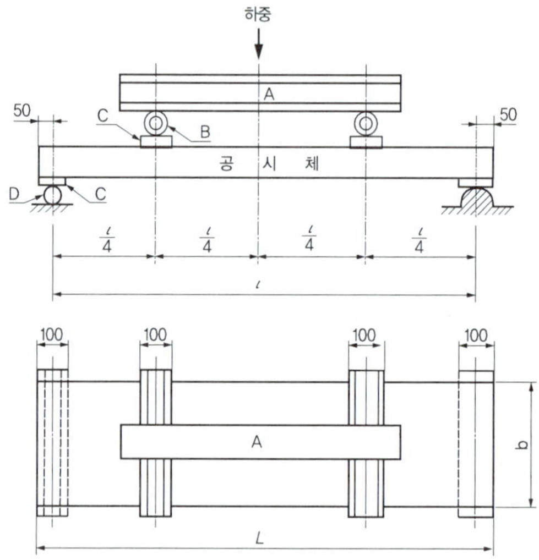

[그림 2]

*** [참고_A : 재하용 보 / B : 재하점 롤러(길이는 공시체 나비 이상, 하중에 의한 변형이 무시될 수 있는 정도의 굽힘 강성을 가진 강제 원기둥 또는 파이프) / C : 가압판(나비 100mm, 길이는 공시체 나비 이상, 두께는 6~15mm인 강판) / D : 지점 롤러(길이는 공시체 나비 이상) /ℓ : 지점간 거리(스팬) / L : 공시체의 길이 / b : 공시체의 나비]

b) 재하는 시험기가 최대 하중을 나타낼 때까지 하고 하중과 스팬 중앙부의 처짐에 대해서 하중-처짐 곡선을 작성한다*. 하중의 측정에는 98N까지 측정할 수 있는 시험기를 사용한다. 처짐 측정에는 0.05mm까지 측정할 수 있는 변위 측정기를 사용한다.

[*] 처짐의 측정은 굽힘 균열 하중을 확인한 후에는 생략하여도 좋다.

c) 굽힘 균열 하중의 하한값을 가했을 때의 처짐은 하중-처짐 곡선에 따라 구한다.

6. 패널의 단열성 시험 패널의 단열성 시험은 KS F 2277에 따라 평균 온도 30±3℃, 열류 방향을 위쪽으로 하고 표면 온도를 측정하여 그 때의 열저항값을 구한다.

2) 검 사

검사는 KS A 3101에 따라 로트의 크기를 결정하고 다음에 따라 한다.

a) ALC의 압축 강도 및 절건 비중의 검사는 1로트로부터 3개의 공시체를 샘플링하여 *2)-2* 에 규정한 시험을 하고, 각각 표 1을 만족하는 경우 그 로트를 합격으로 한다.

b) 패널의 치수 및 겉모양의 검사는 1로트로부터 3개의 시험체를 샘플링하여 3개 모두 치수 및 허용차와 패널품질의 규정에 적합한 경우 그 로트를 합격으로 한다.

c) 패널의 굽힘 강도의 검사는 1로트로부터 3개의 공시체를 샘플링하여 *2)* 에 규정한 시험을 하고 3개 모두 굽힘강도의 규정에 적합한 경우 그 로트를 합격으로 한다. 다만 공장에서의 과거의 데이터 및 ALC의 압축 강도에 의하여 측정할 수 있는 경우는 검사를 생략하여도 좋다.

c) ALC의 길이 변화율, 방청제의 방청 성능 및 패널의 단열성 검사는 패널의 시방 또는 생산 조건이 변경되었을 때에 하며, 다음에 따른다.

- ALC의 길이 변화율 및 방청제의 방청 성능 검사는 각각 랜덤하게 샘플링한 3개의 공시체에 대하여 8.에 규정한 시험을 하고 3개 모두 각각 길이 변화율(0.05%) 및 방청제(5%)의 규정에 합격한 경우, 그 제품을 합격으로 한다.
- 패널의 단열성의 검사는 랜덤하게 샘플링한 패널을 사용하여 만든 공시체 1개에 대하여 *2)* 에 규정하는 시험을 한다. 단열성(표 3)의 규정에 적합한 경우, 그 제품을 합격으로 한다.

[표 2]

구 분	절건 비중	압축 강도 (N/cm^2)
0.5 품	0.45 이상 0.55 미만	290 이상
0.6 품	0.55 이상 0.65 미만	490 이상
0.7 품	0.65 이상 0.75 미만	690 이상

[표 3]

항 목	규 정 값	
열 저항값 (m^{2}K/W)	0.5 품	0.005 3 d 이상
	0.6 품	0.004 2 d 이상
	0.7 품	0.003 6 d 이상

*** [참고_d : 패널의 제작 치수 두께(mm)]

6) 표 시

제품에는 다음 사항을 표시한다.

a) 제조자 명 또는 그 약호

b) 종류

c) 제조 연월일 또는 그 약호

d) 단위 하중

e) 길 이(제작 치수)

***[비고_ 센티미터 단위로 표시하여도 좋다.]

f) 면의 위, 아래 또는 안쪽, 바깥쪽의 구분을 나타내는 표시

Ⅲ. 철강구조물 공사

A. 강재 (용접부 반입검사)

강 용접부의 초음파 탐상 시험 방법 [KS B 0896]

시험빈도 : 완전 용입부위의 20개소에 대하여 1개소

1) 탐상 시험

1. 경사각 탐상

a) **평가의 대상으로 하는 흠** 평가의 대상으로 하는 흠은 각 부속서에 규정하는 탐상 감도로 조정하여, M검출 레벨의 경우에는 최대 에코 높이가 M선을 넘는 흠으로 하고, L검출 레벨의 경우에는 최대 에코 높이가 L을 넘는 흠으로 한다.

b) **탐상 감도** 탐상 감도는 흠을 빠뜨리는 것을 막기 위하여 각 부속서에 규정되는 탐상 감도보다 높게 할 수 있다. 다만, 에코 높이의 측정 및 흠의 지시 길이를 측정할 때는 규정의 탐상 감도로 한다.

c) **에코 높이의 영역** 최대 에코 높이를 나타내는 위치 및 방향으로 탐촉자를 놓고, 그 최대 에코의 피크가 어느 영역에 있는지를 읽는다.

d) **흠의 지시 길이** 흠의 지시 길이는 최대 에코 높이를 나타내는 탐촉자 용접부 거리에서 좌우 주사하여 에코 높이가 L선을 넘는 탐촉자의 이동 거리로 한다. 이 경우, 약간의 전후 주사를 하지만 목회전 주사는 하지 않는다. 다만, 탐촉자를 접촉시키는 부분의 판 두께가 75mm 이상으로 주파수 2MHz, 진동자 치수 20×20mm의 탐촉자를 사용하는 경우에는 최대 에코 높이의 1/2(−6dB)을 넘는 탐촉자의 이동 거리로 한다. 이 길이는 1mm의 단위로 측정한다.

e) **흠 위치의 표시** [표 1]과 같이 흠의 횡단면 위치[깊이(d), 용접선에 직각 방향의 위치(k)]는 최대 에코가 얻어지는 탐촉자의 위치(X_P)에서, 또한 평면 위치는 흠의 지시 길이(ℓ)의 시단(X_S) 및 종단(X_E)으로 표시한다.

[표 1] 탐상 감도의 조정 및 에코 높이 구분선 작성을 위한 시험편의 선정 기준

사용하는 최대 빔 노정 (mm)	적용하는 시험편
50 이하	RB − 4의 No.3*
50 초과 100 이하	RB − 4의 No.3* 또는 4
100 초과 150 이하	RB − 4의 No.4 또는 5
150 초과 200 이하	RB − 4의 No.5 또는 6
200 초과 250 이하	RB − 4의 No.6 또는 7
250을 넘는 것.	RB − 4의 No.7

[*] RB − 4의 No.3은 두 께 75mm인 것을 사용할 것.

2. 수직 탐상

a) **평가의 대상으로 하는 흠** 평가의 대상으로 하는 흠은 규정 탐상 감도로 조정하여 M검출 레벨의 경우는 최대 에코 높이가 M선을 넘는 흠으로 하고, L검출 레벨의 경우에는 최대 에코 높이가 L선을 넘는 흠으로 한다.

b) **탐상 감도** 탐상 감도는 흠을 빠뜨리는 것을 막기 위하여 규정의 탐상 감도보다 높게 할 수 있다. 단, 에코 높이의 특정 및 흠의 지시 길이를 특정할 때는 규정의 탐상 감도로 한다.

c) **에코 높이의 영역** 최대 에코 높이를 나타내는 위치 및 방향으로 탐촉자를 놓고, 그 최대 에코의 피크가 어느 영역에 있는지를 읽는다.

d) **흠의 지시 길이** 흠의 지시 길이는 최대 에코 높이를 나타내는 위치를 중심으로 하여, 그 주위를 주사하여 에코 높이가 L선을 넘는 탐촉자의 이동 거리(긴 지름)로 한다.
이 길이는 1mm의 단위로 측정한다. 다만, 탐촉자를 접촉시키는 부분의 판두께가 75mm 이상이며, 주파수 2MHz의 탐촉자를 사용하는 경우의 흠의 지시 길이는 최대 에코 높이의 1/2(−6dB)을 넘는 탐촉자의 이동 거리로 한다.

e) **흠 위치의 표시** 흠의 횡단면 위치(깊이)는 최대 에코 높이가 얻어지는 탐촉자의 위치에서, 또한 평면 위치는 흠의 지시 길이의 시단 및 종단에서 표시한다.

3. 탠덤 탐상

가. **탠덤 탐상의 적용 범위** 탠덤 탐상의 적용 판두께 범위는 20mm 이상으로 한다.

나. **탐상의 방법**

a) **참조선의 표시** 탠덤 탐상을 실시하는 용접선 위에는 용접에 앞서, 그루브면에서 일정한 거리에 참조선을 마크한다.

b) **탠덤 기준선의 결정** 시험체의 탐상면이 되는 쪽의 판두께(t) 및 송수 2탐촉자의 각각의 STB 굴절각 θ_T, θ_R에서 다음 식에 따라 ℓ 을 구하고, [그림 1]과 같이 참조선에서 $(\ell'-\ell)$의 위치에 탠덤 기준선을 표시한다.

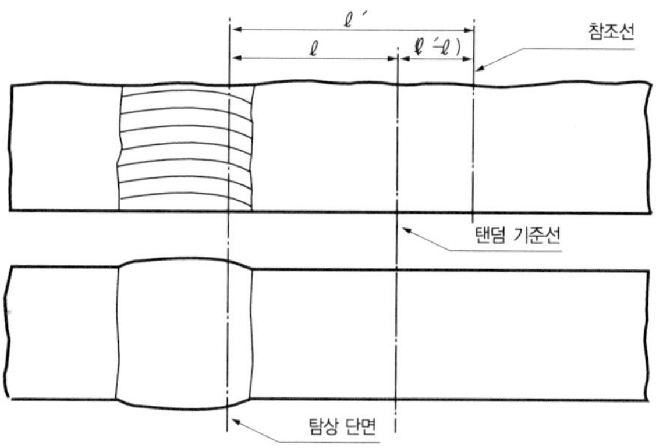

[그림 1] 탠덤 기준선의 결정

$$\ell = t \cdot \tan\left(\frac{\theta_T + \theta_R}{2}\right)$$

c) **탐상 지그의 설치** 탐상 지그는 탠덤 기준선에 대하여 정확히 설치한다.

d) **탐상을 하는 면과 방향** 탐상을 하는 면과 방향은 맞대기 이음의 경우는 한면 양쪽으로 하고, T이음 및 각이음의 경우에는 한면 한쪽으로 한다.

e) **주사 방법** 탐촉자의 주사는 탠덤 기준선에 대하여 탐상 지그를 정확히 설치하고, 1탐상 단면마다 실시하는 횡방형 주사 또는 종방형 주사로 한다.

f) **탐상 불능 영역 및 용접 금속 내의 탐상 방법** 탐상 불능 영역이 되는 탐상 단면의 시험체 뒷면 부근 및 용접 금속 내는 *1)-1* 의 경사각 탐상 시험을 실시한다.

다. **평가의 대상으로 하는 흠** 평가의 대상으로 하는 흠은 규정하는 탐상 감도로 조정하고, M검출 레벨의 경우에는 최대 에코 높이가 M선을 넘는 흠으로 하고, L검출 레벨의 경우에는 최대 에코 높이가 L선을 넘는 흠으로 한다.

라. **탐상 감도** 탐상 감도는 흠을 빠뜨리는 것을 막기 위하여 규정의 탐상 감도보다 높게 할 수 있다. 다만, 에코 높이의 측정 및 흠의 지시 길이를 측정할 때는 규정의 탐상 감도로 한다.

마. **에코 높이의 영역** 최대 에코 높이를 나타내는 위치 및 방향으로 탐촉자를 놓고, 그 최대 에코의 피크가 어느 영역에 있는지를 읽는다.

바. **흠의 지시** 길이 흠의 지시 길이는 최대 에코 높이를 나타내는 위치를 중심으로 하여, 좌우 주사(약간의 전후 주사를 한다.)를 하며, M검출 레벨의 경우에는 에코 높이가 M선을, L검출 레벨의 경우에는 에코 높이가 L선을 넘는 범위의 탐촉자의 이동 거리로 한다. 이 길이는 1mm 단위로 측정한다.

사. **흠 위치의 표시** 흠의 횡단면 위치(깊이, 용접선에 직각 방향의 위치)는 최대 에코 높이가 얻어지는 탐촉자의 위치에서, 또한 평면 위치는 흠의 지시 길이의 시단 및 종단에서 표시한다.

2) 기록

탐상을 한 후의 기록은 다음에 따른다.

a) 시험 연월일
b) 시공 업자 또는 제조자 명
c) 공사 또는 제품명
d) 시험 번호 또는 기호

e) 시험 기술자의 서명 및 자격
f) 재질 및 치수
g) 용접 방법 및 그루브 모양
h) 사용한 탐상기 명, 성능 및 점검 일시
i) 사용한 탐촉자, 성능 및 점검 일시
j) 사용한 표준 시험편 또는 대비 시험편
k) 탐상 부분의 상태 및 손질 방법
l) 탐상 범위
m) 접촉 매질
n) 감도 보정량
o) 검출 레벨
p) 탐상 데이터[용접선 방향의 탐촉자 위치, 탐촉자 용접부 거리, 빔 노정, 최대 에코 높이(영역), 흠의 지시 길이]
q) 흠의 횡단면 위치(깊이, 용접선에 직각 방향의 위치) 및 평면 위치(흠의 지시 길이의 시단 또는 종단)
r) 합격 여부와 그 기준
s) DAC 회로를 사용하였을 때는 다음 기록을 한다.
- 탐상기 명 및 DAC 사용시의 성능
- 탐촉자의 제조 번호 및 DAC의 사용시의 성능
- DAC의 기점 조정 거리
- DAC의 경사값
- DAC 사용시의 에코 높이 구분선
t) 검정의 결과, 음향 이방성을 가진다고 검정된 경우, 다음 기록을 한다.
- 공칭 굴절각
- STB 굴절각
- L,C,(Q)방향 및 흠을 검출한 방향의 참상 굴절각
- 굴절 각도차($\Delta\theta$)
- 횡파 음속비 및 그 측정 방법
u) 탠덤 탐상법을 적용한 경우는 다음 기록을 한다.
- 탐상 불능 영역
- 탐상 지그의 시방
- 탠덤 기준선의 위치
- 흠의 판두께 방향의 위치(깊이)
v) 기타 사항(지정 사항, 협의 사항, 입회, 샘플링 방법 등)

B. 강교용접

강 용접 이음부의 방사선 투과 시험 방법 [KS B 0845]

시험빈도 : I형보 · 상자형보 · 트러스 · 아치 등의 이음부재 총연장의 5/10 또는 5이음에 대하여 1장

1) 방사선 투과 장치 및 부속 기기

1. **방사선 투과 장치** 방사선 투과 장치는 KS A 4606에 규정하는 X선 장치, 전자 가속기에 따른 X선 발생 장치 및 KS A 4921에 규정하는 γ선 장치 및 이들과 동등 이상의 성능을 가진 장치로 한다.
2. **감광 재료** 공업용 방사선 필름(이하 필름이라 한다.)은 저감도 · 극초미립자, 저감도 · 초미립자, 중감도 · 미립자 또는 고감도 · 미립자로 한다. 증감지를 사용하는 경우는 납박 증감지, 형광 증감지 또는 금속형광 증감지로 한다.
3. **투과도계** 투과도계 투과도계는 KS A 4054에 규정하는 일반형의 F형(강재) 혹은 S형(스테인리스)의 투과도계, 또는 이와 동등 이상의 성능을 가진 것으로 한다. 또한 원둘레 용접 이음부의 촬영에 대해서는 원칙적으로 띠형 투과도계의 F형 또는 S형을 사용하는 것으로 하지만, 일반형의 F형 또는 S형의 투과도계 및 이들과 동등 이상의 성능을 가진 것을 사용할 수 있다.
4. **계조계(階調計)** 계조계의 종류, 구조, 치수 및 재질은 다음에 따른다.
   - 계조계의 종류, 구조, 치수는 그림 1에 따른다. 또한 계조계의 치수허용차는 두께에 대해서는 ±5%로 하고, 한 변의 길이에 대해서는 ±0.5mm로 한다.
   - 계조계의 재질은 KS D 3503에 규정의 강재, KS D 3705에 규정의 STS 304로 한다.

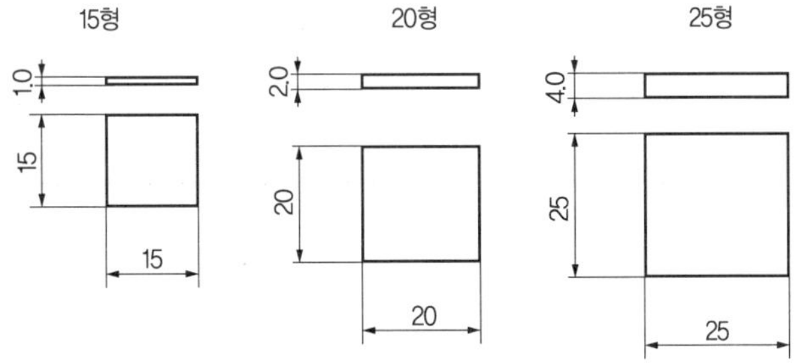

[그림_1] 계조계의 종류 · 구조 및 치수

5. **관찰기** KS A 4918에 규정하는 것, 또는 이와 동등 이상의 성능을 가진 것으로 한다.

2) 투과 사진의 촬영 방법

1. **선원과 감광 재료의 조합** 선원과 감광 재료는 투과도계의 식별 최소 선지름을 식별할 수 있도록 조합한다.
2. **기호** 촬영시에는 투과 사진이 기록과 조합되도록 기호를 사용한다.
3. **조사범위** 촬영시에는 조리개 또는 조사통을 사용하여 조사 범위(영역)를 필요 이상으로 크게하지 않는 것이 바람직하다.
4. **촬영 방법** 투과 사진의 촬영 방법은 용접 이음부의 모양에 따라서 [표 1]에 표시하는 부속서에 따른다.

[표_1] 촬영 방법을 규정하는 부속서

용접 이음부의 모양	부 속 서
강판의 맞대기 용접 이음부 및 촬영시의 기하학적 조건이 이와 동등하다고 보는 용접 이음부	부속서 1
강관의 원둘레 용접 이음부	부속서 2
강판의 T용접 이음부	부속서 3

3) 투과 사진의 필요 조건

촬영된 투과 사진의 필요 조건은 용접 이음부의 모양에 따라서 표 2에 표시하는 부속서에 따른다. 또한 투과 사진에는 상질의 평가 및 결함의 분류에 방해가 되는 현상, 즉 얼룩, 필름 결함 등이 없어야 한다.

[표_2] 투과 사진의 필요 조건을 규정하는 부속서

용접 이음부의 모양	부 속 서
강판의 맞대기 용접 이음부 및 촬영시의 기하학적 조건이 이와 동등하다고 보는 용접 이음부	부속서 1
강관의 원둘레 용접 이음부	부속서 2
강판의 T용접 이음부	부속서 3

4) 투과 사진의 관찰

1. **관찰기** 투과 사진의 관찰기는 투과 사진의 농도에 따라 *1)-5* 항에서 규정하는 휘도를 갖는 것을 사용한다.

[표_3] 관찰기의 사용 구분

관찰기의 휘도 요건(cd/㎡)	투과 사진의 최고 농도*
300 이상 3000 미만	1.5 이하
3000 이상 10000 미만	2.5 이하
10000 이상 30000미만	3.5 이하
30000 이상	4.0 이하

[*] 개개의 투과 사진에서 시험부가 표시하는 농도의 최대값

2. **관찰 방법** 투과 사진의 관찰은 어두운 방에서 투과 사진의 치수에 적합한 고정 마스크를 사용하여야 한다.

5) 결함의 분류 방법

투과 사진에 따른 결함의 분류는 부속서 4에 따른다.

6) 기록

시험 성적서는 다음에 표시하는 사항을 기재하고, 그 기록과 시험부를 조합할 수 있도록 한다.

a) 시험부 관련
- 시공 업자 또는 제조 업자
- 공사명 또는 제품명
- 시험 부위의 기호 또는 번호
- 재 질
- 모재의 두께(관의 두께 및 바깥지름)
- 용접 이음부의 모양(덧살의 유무 등)

b) 촬영 연월일

c) 시험 기술자의 소속 및 성명

d) 시험 조건
- 사용 장치 및 재료
  · 방사선 투과 장치명 및 실효 초점 치수
  · 필름 및 증감지의 종류
  · 투과도계의 종류
  · 계조계의 종류
- 촬영 조건
  · 사용 관전압 또는 방사성 동위 원소의 종류

· 사용 관전류 또는 방사능의 강도
· 노출 시간
- 촬영 배치
· 선원과 필름 간의 거리($L_1 + L_2$)
· 시험부의 선원측 표면과 필름 간의 거리(L_2)
· 시험부의 유효 길이 L_3(2중벽 양면 : $L_3 = L_3' + L_3''$)
- 현상 조건
· 현상액, 현상 온도 및 현상 시간(수동 현상)
· 자동 현상기명 및 현상액(자동 현상)

e) 투과 사진의 필요 조건 확인
- 관찰기의 종류 및 관찰 조건
- 상질의 종류(A급, B급, P1급, P2급 또는 F급)
- 투과도계의 식별 최소 선지름
- 시험부의 농도
- 계조계의 값(농도차/농도)
- 투과 사진의 여부

f) 결함의 분류 실시 연월일

g) 결함의 분류 결과
- 결함의 상의 결함 점수에 관한 분류 결과
· 제1종 결함의 분류
· 제4종 결함의 분류
· 제1종 결함과 제4종 결함의 공존 유무
· 공존 결함의 분류
- 제2종 결함의 분류
- 제3종 결함의 분류
- 시험 시야의 제2종 결함의 혼재 유무
- 총합 분류

h) 기타 필요한 사항

i) 비 고

C. 마찰접합용 고장력 볼트와 너트

마찰 접합용 고장력 6각 볼트 | 6각 너트 평와셔의 세트 [KS B 1010]

시험빈도 : 제조회사별 / 제품규격마다

1) 시험 및 측정 방법

1. 기계적 성질 시험

가. 볼트의 기계적 성질 시험 볼트의 기계적 성질 시험은 인장 시험 및 경도 시험으로서 다음에 따른다.

a) 볼트의 인장 시험은 시험편과 제품에 대하여 한다.

① 시험편의 인장 시험은 다음의 각 항에 따른다.

- 시험편은 다음에 따른다.

• 시험편은 볼트로부터 [그림 1]의 a) 또는 b)와 같이 채취한 KS B 0801에 규정하는 4호 시험편으로 한다.

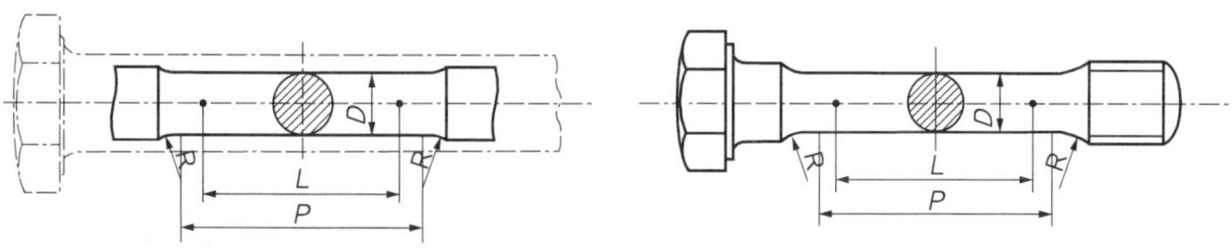

[그림 1]

표점 거리 L = 50mm
지 름 D = 14mm
평행부 길이 P = 약 60mm
어깨 부분의 반지름 R = 15mm 이상

단, M12 ~ M24에 대해서는 위의 방법에 따른 치수를 취할 수 없을 경우에는 L = 3.54D로 하여 L과 D를 정하고 P = L + 약 10mm로 하여 P를 정한다. 이 경우 D는 아래의 [표 1]에 표시하는 값 이상으로 한다.

[표 1]

나사의 호칭	D(mm)
M12	6
M16	8
M20	8
M22	10
M24	12

- 볼트 제품의 길이ℓ 이 짧기 때문에 시험편을 채취할 수 없을 경우에는 그 볼트의 재료와 동일 로트*의 재료에서 채취한 시험봉을 볼트와 동일한 열처리 로트에 혼입시켜서 열처리 가공을 한 다음 그 시험봉에서 KS B 0801에 규정하는 4호 시험편을 채취한다. 이때 시험편의 D 치수는 [표 1]에 표시한 D의 값으로 한다.

[*] 여기에서 말하는 동일 로트란 재료(강재)의 용해 번호, 지름이 동일한 로트를 말한다.

– 시험 방법은 KS B 0802에 규정하는 시험 방법에 따른다.

② 제품의 인장 시험은 적당한 구조 모양 치수에 충분한 강성을 가지는 지그를 사용하여 볼트의 자리면에 경도가 HRC 45 이상의 쐐기를 넣어 이 쐐기의 경사면과 6각 머리의 변이 접촉하도록 하고 다른 쪽의 나사부는 완전 나사산이 볼트의 머리부쪽에 6산 정도 남아 있도록 지그 또는 너트를 끼워 맞춤 축 방향으로 인장 하중을 가하여 표 3에 표시하는 인장 하중(최소)에서 파단 유무, 또 볼트가 파단될 때까지 인장 하중을 계속 증가하여 볼트 머리의 이상 유무를 조사한다. 또한 이 경우 나사산이 망가져 빠졌을 때에는 지그 또는 너트의 나사 정밀도를 높이든지 끼워 맞춤 길이를 길게 하여 재시험한다.

b) 볼트의 경도 시험은 KS B 0806에 규정하는 시험 방법에 따라 한다. 이때 측정하는 곳은 머리부 옆면으로 하고 1개의 시료에 대하여 3곳을 측정하여 그 평균값을 KS A 3251-1에 규정하는 방법에 따라 정수로 끝맺음하여 그 시료의 경도로 한다.

나. 너트의 기계적 성질 시험 너트의 기계적 성질 시험은 경도 시험 및 보증하중 시험으로 하고 다음에 따른다.

a) 너트의 경도 시험은 KS B 0806에 규정하는 시험 방법에 따라 한다. 이 때 측정하는 곳은 너트의 자리면으로 하고 1개의 시료에 대하여 3곳을 측정하여 그 평균값을 KS A 3251-1에 규정하는 방법에 따라 정수로 끝맺음하여 그 시료의 경도로 한다.

b) 너트의 보증 하중 시험은 *a)* 에 규정하는 볼트 제품의 인장 시험과 같은 방법에 따라 암나사 지그 대신에 너트의 시료를 끼워 맞추고 보증 하중을 가하여 시료의 이상 유무를 조사한다. 이때에 쐐기는 사용하지 않는다.
또한 볼트 대신에 시험용 수나사 지그를 사용해도 좋다.

다. 와셔의 경도 시험 와셔의 경도 시험은 KS B 0806에 규정하는 시험 방법에 따라 한다. 다만 측정하는 곳은 와셔의 자리면으로 하고 1개의 시료에 대하여 3곳을 측정하여 그 평균값을 KS A 3251-1에 규정하는 방법에 따라 정수로 끝맺음하여 그 시료의 경도로 한다.

2. 세트의 토크 계수값 시험 시험 세트의 토크 계수값 시험은 다음에 따른다.

a) 세트의 토크 계수값 시험은 사용 상태에서 하며 동일한 시료에 대하여 반복해서 시험을 하여서는 안 된다.

b) 시험은 토크 시험기 또는 축력계를 사용하여 한다. 토크 시험기에 의한 경우에는 시험기에 접속된 측정 장치에 기록된 토크-축력 선도에 따라 토크 및 축력을 각 눈금량의 1/2의 수치까지 읽는다. 토크 시험기 이외로 할 경우는 축력계에 시료를 부착하고 오차가 생기지 않도록 서서히 너트에 토크를 가하고 토크를 토크미터(KS B 3027 참조)에 의해, 또 볼트 축력을 축력계에 의해 각각 계측기 눈금량의 1/2 수치까지 측정한다.
또한 이때 와셔가 회전해서는 안 된다. 또 볼트 자리면이 접촉하는 지그의 경도가 와셔와 동등 이상인 경우에는 볼트 자리면의 와셔를 생략하여도 좋다.

c) 너트에 가해진 토크 및 토크에 의해서 발생한 볼트 축력의 측정은 볼트 축력의 값이 [표 2]에 나타낸 값의 범위 내에서 3곳에 대하여 한다. 다만 토크 시험기로 측정하는 경우는 [표 2]에 나타낸 값의 중앙값 부근의 1곳에 대하여 하여도 좋다.

[표 2]

볼트 등급	볼트의 축력 kN						
	나사의 호칭						
	M12	M16	M20	M22	M24	M27	M30
F8T	37.8~51.3	70.2~95.3	109.7~148.8	135.9~184.5	157.9~214.3	205.5~279.0	251.5~241.3
F10T	53.1~72.1	98.7~134.0	154.2~209.3	191.4~259.4	222.1~301.4	289.0~392.3	353.6~479.9
F11T	58.4~79.3	108.6~147.4	169.7~230.2	210.3~285.3	244.1~331.2	317.9~431.5	389.0~527.9
F13T	69.0~93.7	128.3~174.2	200.5~272.1	248.5~337.2	288.7~391.8	375.8~510.0	459.7~623.9

d) *c)* 에 규정하는 방법에 따라 측정된 토크 및 볼트 축력과 볼트의 나사 바깥지름의 기준치수를 계산식에 대입하여 구해진 3개 계산값의 평균값(토크 시험기를 사용하여 1점만 측정한 경우에는 그 계산값)을 KS A 3251-1에 규정하는 방법에 따라 소수점 이하 3자리로 끝맺음하여 그 시료의 토크 계수값으로 한다.

e) 토크 시험기에 의하여 구해진 토크-축력 선도의 눈금량은 토크에 대해서는 10N · m이하, 축력에 대해서는 측정하려고 하는 축력의 1% 이하로 한다.

f) 토크미터의 눈금량은 10N · m 이하이며 그 기차는 측정하려고 하는 토크값의 범위에서 각 누금이 나타내는 값의 1% 이하로 한다.

g) 축력계의 눈금량은 측정하려고 하는 축력 1% 이하이며 그 기차는 측정하려고 하는 축력의 값의 범위 내에서 각 눈금이 표시하는 값이 2% 이하로 한다.

3. **볼트의 표면 결함 시험** 볼트 표면의 퍼짐, 흠 등은 KS B 0816의 5.(시험방법)에 규정하는 침투 탐상 시험 방법 또는 KS D 0213에 규정하는 자분 탐상 시험 방법으로 조사한다.

2) 검사

1. **모양 · 치수 검사** 모양 치수 검사는 구성 부품의 볼트, 너트 및 와셔에 대해여 직접 측정, 한계 게이지 또는 기타의 방법으로 하였을 때 규정에 적합하여야 한다.

2. **나사 검사** 볼트 및 너트의 나사 검사는 KS B 5221 규정의 미터 보통 나사용 한계 게이지(6H용 6g용)또는 이에 대신하는 나사 검사 기구를 사용하여 하고 규정에 적합해야 한다.

3. **겉모양 검사** 겉모양 검사는 구성 부품의 볼트, 너트 및 와셔에 대하여 *1)-3* 및 KS B 0507의 규정에 적합한 표면 거칠기 표준편 또는 KS B 0501의 규정에 적합한 표면 거칠기 측정기 및 육안에 따라 검사하였을 때 각각 규정에 적합하여야 한다.

4. 기계적 성질 검사

a) 볼트 시험편의 기계적 성질 검사

볼트 시험편의 기계적 성질 검사는 *1)-1-가-a)* 항의 규정에 따라 항복 강도, 인장 강도, 연신율 및 단면 수축률에 대하여 검사하였을 때 규정에 적합하여야 한다.

또는 이 검사에서 검사 로트*의 보증 품질 수준은 $P_0 \leqq 0.125\%$**($\alpha \doteqdot 0.05$), $P_1 \leqq 12.5\%$***($\beta \doteqdot 0.10$)로 한다. 또한 샘플링 검사 방식은 KS A 3103에 규정하는 계량 샘플링 검사 방식에 따르는 것이 좋다.

[*] 여기에서 말하는 1검사 로트란 1제조 로트를 말한다.
[**] P_0값의 0.125%는 대표값이며 P_0이 0.113~0.140% 범위의 값을 대표하고 있다.
[***] P_1값의 12.5%는 대표값이며 P_1이 11.3~14.0% 범위의 값을 대표하고 있다.
*** [참고_P_0, P_1, α, β 기호의 의미는 KS A 3101의 규정에 따른다.]

b) 볼트 제품의 기계적 성질 검사

볼트 제품의 기계적 성질 검사는 *1)-1-가-a)* 항 및 *1)-1-가-b)* 항의 규정에 따라 인장 하중 및 경도에 대하여 검사하였을 때 규정에 적합하여야 한다.

또 이 검사에서 로트*의 보증 품질 수준은 $P_0 \leqq 0.125\%$**($\alpha \doteqdot 0.05$), $P_1 \leqq 8\%$***($\beta \doteqdot 0.10$)로 한다. 또한 샘플링 검사 방식은 KS A 3103에 규정하는 계량 샘플링 검사 방식에 따르는 것이 좋다.

[*] 여기에서 말하는 1검사 로트란 1제조 로트를 말한다.
[**] P_0값의 0.125%는 대표값이며 P_0이 0.113~0.140% 범위의 값을 대표하고 있다.
[***] P_1값의 8%는 대표값이며 P_1이 7.11~9.00% 범위의 값을 대표하고 있다.

c) 너트의 기계적 성질 검사

너트의 기계적 성질 검사는 *1)-1-나* 항의 규정에 따라 경도 및 보증 하중에 대하여 검사하였을 때 규정에 적합하여야 한다.

또는 이 검사에서 검사 로트*의 보증 품질 수준은 다음에 따른다.

- 너트의 경도 검사에서 검사 로트*의 품질 보증 수준은 P_0≦0.125%(α≒0.05), P_1≦8%(β≒0.10)로 한다. 또한 샘플링 검사 방식은 KS A 3103에 규정하는 계량 샘플링 검사 방식에 따르는 것이 좋다.
- 너트의 보증 하중 검사는 1검사 로트*에 대하여 샘플의 크기 2개 이상에 대하여 체크 검사를 하여 그 샘플 모두가 규정에 적합하여야 한다.

[*] 여기에서 말하는 1검사 로트란 1제조 로트를 말한다.

d) 와셔의 경도 검사

와셔의 검사는 *1)-1-다* 항의 규정에 따라 하였을 때 기계적 성질의 규정에 적합하여야 한다.

또 이 검사에서 검사 로트의 보증 품질 수준은 P_0≦0.125%(α≒0.05), P_1≦8%(β≒0.10)로 한다. 또한 샘플링 검사 방식은 KS A 3103에 규정하는 계량 샘플링 검사 방식에 따르는 것이 좋다.

5. 세트의 토크 계수값 검사

세트의 토크 계수값 검사는 *1)-2* 항의 규정에 따라 하였을 때 규정에 적합하여야 한다. 또한 이 검사에서 검사 로트의 보증 품질 수준은 다음에 따른다.

a) 검사 로트의 토크 계수값 표준 편차의 보증 품질 수준은 위험률 5% 이하, 표준 상대 오차 8% 이하로 한다.

b) 검사 로트의 토크 계수값의 평균값의 보증 품질 수준은 [표 3]에 표시하는 값 이상으로 한다.

[표 3]

토크 계수값에 따른 종류	하한에 대한 값		하한에 대한 값	
	m_0'' (α≒0.05)	m_0'' (β≒0.10)	m_1' (α≒0.05)	m_1' (β≒0.10)
A	0.110	0.100	0.150	0.160
B	0.150	0.140	0.190	0.200

*** [참고_1. m_0', m_1', m_0'', m_1''의 의미는 KS A 3103의 규정에 따른다.
2. 표준 편차는 *2)-5-a)* 항의 규정에 따라 구해진 값을 사용한다.]

3) 표시

1. 제품의 표시

세트의 구성 부품에 대한 표시는 다음에 따른다.

a) 볼트 머리부의 윗면에 다음 사항을 부각하거나 각인으로 표시하여야 한다.

- 볼트의 기계적 성질에 따른 등급을 나타내는 표시 기호(F8T · F10T · F13T)
- 제조자의 등록 상표 또는 기호

b) 너트 윗면에 너트의 기계적 성질에 따른 등급을 나타내는 표시 기호를 [표 4]의 표시 기호를 사용하여 부각하거나 각인으로 표시하여야 한다.

또한 인수 · 인도 당사자 사이의 협의에 따라 제조자의 등록 상표 또는 기호를 표시하여도 지장이 없다.

[표 4]

너트의 기계적 성질에 따른 등급	표시 기호
F 8	
F 10	
F 13	

c) 와셔에는 기계적 성질의 등급을 나타내는 기호는 표시하지 않는다.

또한 인수 인도 당사자 사이의 협의에 따라 제조자의 등록 상표 또는 기호를 표시하여도 무방하다.

4) 포장의 표시

포장에는 다음 사항을 명확하게 표시하여야 한다.

a) 규격 명칭
b) 세트의 기계적 성질에 따른 종류
c) 세트의 토크 계수값에 따른 종류
d) 나사의 호칭×볼트의 길이(ℓ)
e) 수량
f) 지정 사항
g) 제조자 명 또는 등록 상표
h) 세트의 제조 로트 번호
i) 세트의 검사 연월

Ⅳ. 기타

A. 석 재

석재의 흡수율 및 비중 시험 방법 [KS F 2518]

시험빈도 : 골재원마다,
재질의 변화시마다

1) 흡수율 시험

1. 시료 채취

시료는 대표적인 것을 채취해야 하며, 2개 이상의 공시체를 만들 수 있을 정도의 크기로 채취하여야 한다. 석재의 성질상 변화가 있다고 인정될 경우에는 그 한계를 가릴 수 있을 정도의 시료를 채취해야 한다.

2. 공시체

공시체는 치수 5~8cm의 육면체, 프리즘, 원기둥 또는 다른 규칙적인 형태의 것이어야 하며, 표면적에 대한 부피의 비율이 0.8~1.4인 것이어야 한다. 모든 표면은 톱질한 표면이나 코어로 채취한 표면 정도로 편편해야 하며, 이보다 거친 표면은 연마분으로 손질해야 한다. 끝이나 이와 유사한 기구로 손질해서는 안 된다. 시료마다 3개 이상의 공시체를 만들어야 한다.

3. 시험 방법

a) 공시체를 통기 장치가 된 건조기 속에서 (105±2)℃의 온도로 24시간 동안 건조시켜야 한다.

b) 건조 후 공시체를 실내에서 30분 동안 식힌 후 질량을 단다. 공시체를 식힌 후 즉시 달 수 없을 때는 데시케이터 속에 보관해야 한다. 무게는 0.1g의 정밀도로 달아야 한다.

c) 공시체를 온도 (20±5)℃의 증류수나 여과수 속에 48시간 동안 침수시킨다. 이 시간이 지난 후 공시체를 수조에서 동시에 꺼내어 표면을 젖은 헝겊으로 닦아 내고 0.1g의 정밀도로 단다.

4. 계산 및 기록

a) 각 공시체의 흡수율은 다음 식에 따라 계산한다.

$$\text{흡수율}(\%) = \frac{B-A}{A} \times 100$$

***[참고_A : 건조 공시체의 질량(g) / B : 침수 후 공시체의 질량(g)]

b) 시료의 흡수율은 한 벌의 공시체 평균값으로 기록한다. 이 때 최고 및 최저값도 기록해 두어야 한다.

2) 비중 시험

1. 공시체

공시체*는 *1)-1항* 및 *1)-2항*에 따라 만들어야 한다.

[*] 흡수율 시험에 사용했던 공시체를 사용하여도 좋다.

2. 시험 방법

a) 흡수율 시험에 사용하였던 공시체를 비중 시험에 사용할 경우에는 흡수율 시험을 끝낸 직후, 포화된 공시체를 온도 (20±5)℃의 여과수나 증류수 속에 매달고 0.1g의 정밀도로 달아야 한다. 바스켓의 질량은 공시체의 질량을 측정하였을 때의 깊이로 넣어 달아야 한다. 이 때 공시체나 바스켓에 붙은 기포는 달기 전에 제거해야 한다. 공시체의 물 속 질량은 공시체와 바스켓이 합쳐진 질량에서 바스켓의 질량을 빼서 구한다.

b) 비중 시험에 흡수율 시험에서 사용한 공시체가 아닌 다른 공시체를 사용할 경우, 건조 질량은 시험방법에 따라 달아야 한다. 공시체를 온도 (20±5)℃로 유지된 여과수나 증류수 속에 기포가 생기지 않을 때까지 1시간 이상 침수시킨다. 공시체를 시험방법에 따라 단 후 수조에 넣는다. 공시체의 물 속 질량은 물 속에서 5분 이내에 달아야 한다.

3. 계산

a) 표면 건조 포화 상태의 비중은 다음 식에 따라 계산한다.

$$\text{표면 건조 포화 상태의 비중} = \frac{A}{B-C}$$

*****[참고_*A* : 공시체의 건조 질량(g) / *B* : 공시체의 침수 후 표면 건조 포화 상태의 공시체의 질량(g) / *C* : 공시체의 물 속 질량(g)]**

b) 계산 결과는 공시체의 평균값으로 하며, 결과는 0.01의 정밀도로 구해야 한다. 이 때 최고 및 최저값도 기록해 두어야 한다.

석재의 압축 강도 시험 방법 [KS F 2519]

시험빈도 : 골재원마다,
재질의 변화시마다

1) 시료 채취

시료는 석재의 종류에 따라서 대표적인 것을 채취하여야 하며, 시험에 필요한 공시체를 충분히 만들 수 있을 정도의 크기로 채취하여야 한다. 또한 시료에 알아차릴 수 있을 정도의 변화가 있는 경우에는 그 변화를 검토할 수 있을 정도의 충분한 시료를 채취하여야 한다.

2) 시험 기구

시험기는 KS F 2405에서 규정한 것이어야 한다.

3) 공시체

1. 공시체는 톱이나 코어 드릴을 사용하여 직육면체, 사각기둥형 또는 원주형으로 만들어야 하며, 공시체의 지름 또는 가로 방향 치수(서로 맞대는 수직면 사이의 거리)는 5.0cm* 이상이 되어야 하며, 높이**가 지름 또는 가로 방향 치수보다 작아서는 안 된다. 공시체는 각 시험 조건마다 5개 이상이어야 한다.
   만일, 시료를 습윤 및 건조 상태에서 결(bed 또는 rift)에 대하여 수직 방향으로만 시험할 경우에는 10개 이상의 공시체가 필요하며, 수직 및 평행의 두 방향으로 시험할 경우에는 20개 이상이 필요하다.

[*] 화강암과 같이 입자가 굵은 재료에 대해서는 6.5cm 이상이어야 한다.
[**] 공시체의 높이는 하중 지지면 사이의 거리를 말한다.

2. 공시체의 하중 지지면은 잘 갈아서 평형하게 되도록 해야 하며, 지지면을 잘 간 후에는 그 공시체에 하중 지지면과 결의 방향을 표시해야 한다.
3. 공시체의 하중 지지 면적은 하중 지지 표면의 중앙부로 하며 공시체의 치수는 0.5mm, 하중 지지 면적은 0.25cm의 정밀도로 측정하고 계산하여야 한다.

4) 시험 조건

1. 건조 상태에서 시험할 공시체는 60±2℃의 온도에서 48시간 동안 건조시켜야 한다.

46시간, 47시간 및 48시간째에서 공시체의 무게는 동일한 무게를 유지해야 한다. 만약 무게가 변한다면 계속해서 3시간 동안 동일한 무게를 유지할 때까지 공시체를 건조시켜야 한다. 오븐에서 공시체를 꺼내어 시험 전까지 데시케이터 안에서 실내 온도로 식혀야 한다.

2. 습윤 상태에서 시험할 공시체는 22±2℃의 수중에 48시간 담가 놓았다가 수조에서 꺼낸 즉시 표면수를 닦고 시험해야 한다.

5) 시험 방법

시료를 시험기의 중앙에 넣고 시료 위에 접촉판을 손으로 조정할 수 있을 정도의 비율로 초기 하중을 가한다. 구형의 블록을 적절하게 앉힌 작은 하중하에서 접촉판을 30° 각도로 앞뒤로 회전시킨다. 다만, 시료가 중앙의 위치에서 벗어나지 않도록 주의해야 한다. 하중의 재하는 매분의 약 1mm의 속도로 매초 약 1MPa(=N/mm)의 하중을 일정하게 가한다.

6) 계산

1. 공시체의 압축 강도는 다음 식에 따라 계산한다.

$$C = \frac{W}{A}$$

***[참고_C : 공시체의 압축 강도 MPa(=N/mm^2) / W : 공시체의 파괴 하중(N) / A : 공시체의 하중 지지면(mm^2) / 시험값은 1MPa(=N/mm^2)의 정밀도로 구해야 한다.]

2. 지름(또는 가로 방향 치수)에 대한 높이의 비율이 25% 이상 차이가 날 경우에는, 그 시험값을 다음 식에 따라 환산한다.

$$C_C = \frac{C_P}{0.778 + 0.222(b \div h)}$$

***[참고_C_C : 등가 입방 공시체의 압축 강도 MPa(=N/mm^2) / C_P : 지름 또는 가로 방향 치수보다 큰 높이를 가지는 공시체의 압축 강도 MPa(=N/mm^2) / b : 지름 또는 가로 방향 치수(mm) / h : 높이(mm)]

B. 지반보강섬유

지오텍스타일의 두께 측정 방법 [K ISO 9863]

시험빈도 : 20,000m²마다 / 재조회사별 / 제품규격마다

1) 시험편

1. 특별히 규정하지 않는 한, 시험편은 최소 크기를 프레서 풋 표면 지름의 1.75배 이상의 크기로 하여 10개 이상 준비한다. 새로운 시험편이 각각의 압력 조건에서 시험되는 경우에는 30개 이상의 시험편의 필요하다.
2. 시험편은 KS K ISO 9862에 따라 선택하고 제작한다.
3. 컨디셔닝 과정을 생략함으로써 결과에 영향을 미치는 경우, KS K 0901에 따라 시험편을 24시간의 주기로 컨디셔닝한다.

2) 시험 방법

1. 지오그리드 등과 같이 두께가 균일하지 않은 재료의 두께를 측정할 때, 시험되는 재료의 부위는 관련 당사자 사이에 협의가 되어야 한다. 시험된 부위는 시험 결과 보고서에 기술되어야 한다. 두께는 적용 압력 2kPa, 20kPa, 200 kPa 및 정확도 0.5%로 하여 *2)-2* 항 또는 *2)-3* 항에 교정된 시험 방법에 의하여 측정한다.
   관련 당사자 사이에 협의된다면 이 외의 압력이 선택될 수 있다. 200kPa 이상의 압력이 적용된다면, 각각의 시험에 대하여 새롭게 컨디셔닝된 시험편이 사용되어야 한다.

2. **시험 방법 A(시험편 각 세트의 하중)** 시험 방법 압력을 변경할 때 많은 시간과 노동력을 요구하는 장치를 사용할 때 선택될 수 있다.

a) 시험편을 기준판과 프레서 풋 사이에 위치시킨다. 시험편에 (2±0.01)kPa의 압력이 가해지도록 천천히 프레서 풋을 내리고, 특별히 규정된 시간이 없는 경우 30초 후 눈금을 읽어 기록하고, 압력을 제거하고 시험편을 꺼낸다.

[*] 규정된 시간 이외의 시간을 선택하는 경우, 그 시간의 20%를 더 주는 동안 시험편의 두께를 나타내는 계기의 값이 큰 변화가 없는 시간을 선택해야 한다.

b) 위의 *2)-2-a)* 항의 과정을 최소한 10개의 시험편이 시험될 때가지 반복한다.

c) *2)-2-a)* 항과 *2)-2-b)* 항의 과정을 동일한 시험편 또는 동일한 수의 새로운 시험편에 대하여 반복하고 (20±0.1)kPa의 압력을 가한다.

d) *2)-2-a)* 항과 *2)-2-b)* 항의 과정을 동일한 시험편 또는 동일한 수의 새로운 시험편에 대하여 반복하고(200±1)kpa의 압력을 가한다.

3. 시험 방법 B(각 시험편의 증가 하중)

[*] 이 시험 방법은 관련 당사자 사이에 협의된다면 적용될 수 있다.

a) *2)-2-a)* 항의 과정을 수행하고 이 때 시험편을 제거하지 않는다.
b) 동일한 시험편에 (20±0.1)kPa의 압력을 가해지도록 천천히 프레서 풋을 내리고, 30초 또는 그 외에 *2)-2-a)* 항에서 규정된 시간이 경과된 후 시험편을 제거하지 않고 게이지를 읽어 기록한다.
c) 압력(200±1)kPa을 가하고 *2)-2-b)* 항의 과정을 반복한다. 시험편을 제거한다.
d) *2)-3-a)* 항~*2)-3-c)* 항의 과정을 최소한 10개의 시험편이 시험될 때까지 반복한다.

3) 결과의 표시

2) 항에 규정한 각각의 압력에 대해서 규정 정확도로 시험편의 평균 두께와 변동 계수를 측정한다.

[*] 1. 필요시 각각의 개별 시험에 대한 결과를 나타낼 수 있다.
2. 필요시 두께의 평균값과 적용 압력에 대한 그래프를 작성할 수 있다. X축(적용 압력)은 로그스케일로 나타내야 하고 Y축(두께)은 선형 스케일로 나타내야 한다.

4) 결과의 보고

결과 보고는 다음의 부분을 포함하여야 한다.

a) 시험이 이 규격에 부합되게 수행되었다는 언급
b) *2)* 항에 규정된 각각의 압력에서 시험된 시험편의 수
c) 사용된 컨디셔닝 조건과 압력이 적용된 시간(*2)-2-a)* 항 참조)
e) 적용된 시험 방법(A 또는 B)
f) 시험 결과(*3)* 항 참조)
g) 규정된 시험 방법에서 벗어난 점에 대한 설명
h) 시험 일자

지오텍스타일의 단위 면적당 무게 시험 방법 [K ISO 9864]

시험빈도 : 20,000m²마다 / 재조회사별 / 제품규격마다

1) 시험편

시험편은 시험하는 물질을 대표할 수 있는 방법으로 절단해야 한다. 만약 100cm² 크기가 이지오텍스타일 구조를 대표하지 않는다면 더 큰 크기의 시험편을 사용해야 한다. 그렇지 않다면 KS S ISO 9862에 의거해서 100m² 크기로 10개 이상의 시험편을 자른다. 이 시험편을 ISO 554에 의거하여 24시간동안 처리한다. 만약 이 처리가 시험 결과에 아무런 영향을 미치지 않으면 이 처리를 생략 할 수 있다.

2) 절차

각 시험편의 면적을 정확도 0.5%로 측정하고 무게는 정확도 0.1%로 측정한다.

3) 결과의 표시

다음 식을 이용하여 각 시험편의 단위 면적당 무게 p_A(g/m²)를 계산한다.

$$\rho_A = \frac{m \times 10^4}{A}$$

***[참고_*m* : 시험편의 중량(g) / *A* : 시험편의 면적(cm²) / 단위 면적당 평균 무게 (g/cm²)와 변동 계수를 계산한다.]

4) 시험 보고서

시험 보고서에는 다음과 같은 사항을 포함시켜야 한다.

a) 시험이 이 규격에 의거해서 수행되었다는 내용
b) 시험한 시험편의 개수
c) 컨디셔닝 공조 조건
d) 시험편의 크기가 100cm²보다 큰 경우 시험편의 크기, 그리고 시험편에 대한 기술
e) 시험의 결과(3)항 참조) : 수요자의 요구에 의해 각 시험편에 대한 시험 결과를 제공할 수 있다.
f) 지정된 시험 과정에서 벗어난 부분의 상세한 내용
g) 시험 날짜

지오텍스타일의 인장 강도 시험방법 [K ISO 10319]

시험빈도 : 20,000m^2마다 / 재조회사별 / 제품규격마다

1) 시험장치

1. 인장 시험기(일정한 인장 속도)
2. 신장률 측정기
3. 증류수
4. 비이온계 습윤제

2) 시험편

1. 개수 기계 방향 및 수직 방향으로 각각 최소한 5개의 시험편을 절단한다.

2. 선택 KS K ISO 9862에 따라 시험편을 선택한다.

3. 방법

a) 지오텍스타일 시험편은 공칭 폭(200±1) mm(적용 가능시 가장자리는 제외, 아래의 *2)-3-b)*항 참조), 조 사이의 길이 100mm를 확보할 수 있는 충분한 길이로 준비하고, 하중이 가해지는 방향에 평행하게 길이 방향을 표시한다. 적절한 곳에 미끄러짐의 발생을 관찰하기 위하여, 시험편의 전체 폭에 길이 방향과 수직으로 100mm 거리를 두어 선을 두 개 긋는다(캡스탄 그립은 제외).

b) 직물 지오텍스타일의 경우에는 각 시험편을 약 220mm 폭으로 절단한 뒤 시험편의 각 면으로부터 같은 수의 실을 제거하여 공칭 폭(200±1)mm를 만든다. 이는 시험 중 시험편의 보존에 도움이 된다.

*** [참고_시험편이 보존에 따른 영향을 받지 않을 때에는 처음부터 시험편을 최종 폭으로 절단하여도 된다.]

c) 지오그리드의 경우, 각 시험편의 폭은 최소한 200mm, 길이는 최소한 100mm로 하여 충분한 길이를 확보할 수 있도록 제작하여야 한다. 시험편은 최소한 한 줄 이상의 접점 또는 크로스 멤버를 포함하여야 하며, 이때 조 내에 물리는 접점 또는 크로스 멤버는 제외한다. 가로 피치가 75mm 이하인 제품은 폭 방향으로 최소한 5개의 완전한 인장 요소를, 75mm 이상인 제품은 폭 방향으로 최소한 2개의 완전한 인장 요소를 포함하여야 한다.

봉합/접합 강도 시험(KS K ISO 10321)을 위한 기준 시험으로 이 시험을 행할 경우, 시험편 폭은 최소 200mm로 해야 하고 적어도 5개의 완전한 인장 요소를 포함해야 한다. 신장률 측정기의 기준점은 시험되는 인장 요소의 중앙 줄에 표시되어야 하고, 최소한 60mm 떨어져 있어야 한다. 기준점은 리브의 중앙점에 표시되어야 하고, 최소한 한 개의 접점 또는 크로스 멤버만큼 떨어져 있어야 한다. 필요시 두 개의 기준점은 60mm의 최소 거리를 유지하기 위하여 한 개 이상의 접점 또는 크로스 멤버와 떨어져 있을 수 있다. 이 경우, 중앙 리브에 기준점을 표시하는 요건은 해당되고, 게이지 길이는 격자 피치의 정수가 되어야 한다. 공칭 게이지 길이의 정확도는 ±3mm로 측정한다.

d) 편성포, 지오콤포지트 또는 그 밖의 경우에는 칼 또는 가위로 절단하여 시험편을 제작하는 경우, 섬유의 조직을 손상시킬 수 있다. 이러한 경우 절단시 열적 방법을 사용할 수 있으며, 시험 보고서에 기재하여야 한다.

e) 건 · 습식 상태의 시험편에 대한 최대 하중값이 모두 필요한 경우, 일반적으로 시험편의 길이를 최소한 2배로 해서 절단한다. 각 시험편에 번호를 표시하고 나서 각 시험편을 가로로 1/2로 절단하여, 하나는 건식 최대 하중 시험용으로, 다른 하나는 습식 최대 하중 시험용으로 사용한다. 각각에 시험편 번호를 표시하여야 한다. 이로써 동일한 가닥을 포함하는 시험편에 대해서 각 상태의 시험이 수행된다.
습윤시 과도한 수축이 발생하는 지오텍스타일에 대하여는, 습윤 상태에서 최대 하중으로 시험하여야 하고, 컨디셔닝 한 후 습윤 전 초기 폭을 ±1mm의 정확도로 측정해서 적용해야 한다(*3)*항 참조).

3) 컨디셔닝 환경

1. 시험편은 컨디셔닝 하여야 하고, ISO 554에 규정하고 있는 조건 중 하나에 따라 시험하여야 한다. 시험편을 컨디셔닝 하면서 2시간 이상의 간격으로 무게를 측정하고, 연속적인 무게 측정으로부터 시험편의 무게 변화가 0.25%를 초과하지 않을 때 컨디셔닝 된 것으로 한다.

***** [참고_컨디셔닝 및 또는 규정된 상대 습도에서의 시험을 생략하여도 결과에 지장이 없는 경우에는 생략할 수 있다.]**

2. 습윤 상태에서 시험하는 시험편은 (20±2)℃ [또는 (23±2)℃ 또는 (27±2)℃]의 온도로 유지되는 물 속에 침수시켜야 한다. 침수 시간은 24시간 이상으로 하여 시험편이 완전히 젖기에 충분하여야 하며, 지나친 침수 시간의 증가에 따른 최대 하중 및 변형의 현저한 변화가 생기지 않도록 한다. 시험편을 완전히 적시기 위하여 비이온계 습윤제를 최대 0.05%까지 물에 첨가할 수도 있다.

4) 시험방법

1. 기계 설정

시험 시작시 캡스탄 그립에 지오그리드 및 지오텍스타일을 장착하는 경우를 제외하고, 시험편의 길이를 (100±3)mm로 하기 위하여 조 사이의 거리를 조정한다. 전체 스케일 하중의 (30~90)% 사이에서 파단이 발생하도록 시험 기계의 하중의 범위를 선택한다. 게이지 길이에서 분당(20±5)%의 변형 속도를 부여할 수 있도록 기계를 설정한다. *2)*항에서 명시되어 있는 것 같이 대기 조건에서 컨디셔닝 된 시험편을 시험한다. 습윤 시험편에 대하여는 물에서 꺼내어 3분 이내에 시험을 한다.

캡스탄 그립이 사용되는 경우에는, 각각의 시험을 시작할 때 캡스탄 중앙 간의 분리는 최소한으로 유지되어야 한다. 캡스탄 그립의 사용은 시험 결과 보고에 기록하여야 한다.

2. 조 내의 시험편 삽입

조 내의 중심에 시험편을 장착한다. 기계 방향 및 수직 방향의 두 시험에서, 시험편의 길이가 작용되는 힘의 방향과 평행이 되도록 주의한다. 시험편의 폭 방향의 두 선을 100mm 간격으로 미리 긋고(*2)-3-a)*항 참조), 가능한 한 조의 안쪽 면에 근접, 위치시킨다.

3. 신장률 측정기의 설치

기준점을 시험편 위에 60mm(시험편 대칭 중앙의 각 방향으로 30mm)간격으로 고정시키고, 시험편에 손상을 가하지 않도록 신장률 측정기를 설치한다. 시험하는 동안 기준점이 미끄러지지 않도록 확실하게 한다.

4. 인장 특성 측정

인장 시험기를 동작시키고 시험편이 파단될 때까지 계속 작동시킨다. 시험기를 멈추고, 전체 스케일 판독의 0.2% 정확도로 최대 하중을 기록 및 보고하고 신장 변형률은 소수점 이하 첫째 자리까지 기록, 보고한다. 초기 게이지 위치로 초기화한다.
파단 시험의 결과를 무효화하는 결정은 시험하는 동안 시험편에 대해서 지오텍스타일 고유의 다양성 및 규정 측면에서 관찰해서 정해야 한다. 조에서의 파단을 무표화하는 다른 기준이 없는 경우, 조의 5mm 이내에서 파단이 발생하는 경우와 이로 인한 결과가 다른 파단 시험 평균값의 50% 이하인 경우에는 무효화하여야 한다. 시험에 잘못이 없는 한, 그 밖의 파단 결과는 무효화되어서는 안 된다.

5. 신장 변형률의 측정

규정된 하중하에서 시험편의 실제 게이지 길이의 증가를 적절한 기록 장치로 기록한다.

5) 계산

1. 인장 강도

식 (1)을 사용하여 인장 시험기로부터 얻은 데이터로 인장 강도(kN/m) α_f를 직접 계산한다.

$$\alpha_f = F_f c \quad \text{(1)}$$

***[참고_F_f : 기록된 최대 하중(kN) / c : 식 (2) 또는 식 (3) 중 적절한 것으로부터 얻어진 것.]

부직포, 조밀하게 직조된 직포 또는 유사 재료에 대하여는,

$$c = 1 / B \quad \text{(2)}$$

***[참고_B : 시험편의 공칭 폭(m)]

성기게 직조된 직물 지오텍스타일, 지오메시, 지오그리드 또는 유사한 개방 구조 재료에 대해서는,

$$c = N_m / N_s \quad \text{(3)}$$

*** [참고_N_m : 시험 제품의 폭 1m 내의 인장 요소의 최소 개수 / N_s : 시험편 내에서 인장 요소의 개수]

2. 최대 하중에서의 신장 변형률 백분율로 기록한다.

3. 시컨트 탄성 계수 규정된 신장 변형률에서 시컨트 탄성 계수 J_{sec}(kN/m)를 계산하기 위하여 규정된 신장 변형률에서의 하중을 결정하고 식에 적용시킨다.

$$J_{sec} = \frac{F_c \times 100}{\varepsilon} \quad \text{(4)}$$

*** [참고_F : 신장 변형률 ε 에서의 하중(k/N) / ε : 규정된 신장 변형률(%)
c : 식 (2) 또는 식 (3)으로부터 적절히 얻어진다.]

6) 결과의 표시

시험 결과에는 다음 사항을 표시하여야 한다.

a) 인용규격
b) 시험에 사용된 시험편의 완전한 확인을 위한 모든 관련 데이터
c) *5)* 항에 나타낸 기계 방향 및 수직 방향 양쪽의 인장 강도 평균값과 필요시 각각의 값
d) 적용 가능하다면 *5)* 항에 나타낸 기계 방향 및 수직 방향 양쪽의 최대 하중에서의 평균 신장 변형률과 필요시 각각의 값
e) 최소한 2%, 5%, 그리고 10%의 신장 변형률에 부합되는 평균 시컨트 탄성 계수와 필요시 각각의 값
f) 시험 결과의 표준 편차 또는 변동 계수
g) 시험편의 상태, 즉 습윤 또는 건조
h) 각 방향에서 시험된 시험편의 개수
i) 인장 강도 시험기의 제조자명 및 모델
j) 조의 형태, 즉 치수와 사용된 조의 면의 형태, 변형 측정 시스템과 초기 조 간격
k) 필요시, 항복점이 표시된 전형적인 하중-신장 곡선
l) 규정된 방법으로부터 벗어난 부분의 상세한 내용
m) 근접 백분율로 보고되는 변형 속도(%/min)
n) 사용된 표준 상태

직물의 봉합 강도 시험 방법 [KS K 0530]

시험빈도 : 20,000제곱미터마다 / 제조회사별 / 제품규격마다

1) 시험편

1. 미리 봉제된 직물의 경우

a) 시험편은 100mm×150mm 크기의 직사각형으로 봉합선을 시험편의 중앙으로 하여 봉합선과 평행한 쪽으로 100mm, 수직 방향으로 150mm 되게 채취한다.

b) 봉합선에 수직되게 시험편의 변으로부터 37mm 점에서 시험편 길이 방향으로 기준선을 그린다.

2. 봉제되지 않은 직물의 경우

a) 규정된 대로 경사, 위사에 평행하게 2개의 시험편을 채취하여 같은 상대적 위치에 있도록 한 시험편을 다른 시험편 위에 놓고 규정된 봉제 조건으로 두 시험편을 봉합한다.

b) 규정된 봉제 조건에 맞추어 재봉사의 장력을 조절한다. 재봉침의 온도를 일정하게 유지하기 위하여 미리 같은 종류의 리더 클로스(leader cloth)로 사용해야 하고, 회전 속도계로 재봉기의 속도를 일정하게 하여야 한다.

c) 1) 2와 같은 방법으로 시험편을 만든다.

2) 시험 장치

a) 인장 강도 시험기 KS K 0520에 규정된 것.

b) 재봉기

c) 재봉사

d) 회전 속도계

3) 절차

1. 시험하기 전에 시험편은 KS K 0901의 표준 상태에서 수분 평형에 도달한 것이어야 한다.
2. 봉합선이 클램프 간의 중심에 오도록 하고 1) 1. b)의 선에 맞춘다.
3. KS K 0520에 규정된 방법에 따라 시험한다.

4) 결과 표시

1. 별도로 규정되어 있지 않는 한, 각 제품 단위로부터 경 위 방향으로 각각 5개의 시험편을 채취하여 시험한다.
2. 제품 단위의 봉합 강도는 경 위 방향으로 측정한 결과의 평균값으로 하며, 소수점 이하 첫째 자리까지 표시한다.
3. 심 종류(seam type), 스티치 종류(stitch type), 시접(seam allowance) 및 단위 길이당 땀수를 기록한다.
   봉제되지 않은 직물의 경우는 재봉사 종류, 그리고 리더 클로스를 사용했는지를 추가로 기록한다.

지오텍스타일 및 관련 제품–수직 투수성 시험방법 [K ISO 11058]

시험빈도 : 20,000제곱미터마다 / 재조회사별 / 제품규격마다

1) 시험편

1. 시험편의 취급

시료는 접지 말고, 가능한 작은 구조 변화도 피해야 한다. 시료는 하중이 가해지지 않는 편평한 상태를 유지해야 한다.

2. 시험편의 채취

KS K ISO 9862에 따라 시험편을 채취한다.

3. 시험편의 개수와 크기

투수 시험 장치에 알맞은 크기로 시료에서 5개의 시험편을 채취한다.

*** [참고_평균의 주어진 신뢰 구간 이내에서 결과를 결정해야 할 경우, 시험편의 수는 ISO 2854에 따라 결정한다.]

4. 시험편의 상태

시험편은 표면에 부착물, 눈에 띄는 손상, 접힌 자국 등이 없이 깨끗해야 한다.

2) 정수두 시험법

1. 원리

정수두 하에서 한 방향으로 흐르는 물이 하중이 가해지지 않은 한 층의 지오텍스타일이나 지오텍스타일 관련 제품의 면에 대해 수직 방향으로 투과하게 한다.

2. 시험 장치

가. 최소 50mm 지름을 갖는 투명한 투수 시험 장치는 다음 사항을 만족해야 한다.

a) 시험 장치는 최소한 70mm의 최대 손실 수두를 설정할 수 있어야 하고, 시험이 지속되는 동안에도 시험편 양쪽에서 일정한 수위를 유지할 수 있어야 한다. 투수 시험 장비는 250mm까지 정수두를 유지할 수 있어야 한다.

b) 장비의 평균 안지름은 최소한 0.1mm의 정확도를 가져야 한다. 시험편의 노출된 지름은 장비의 안지름과 같아야 한다. 장비의 지름은 시험편을 기준으로 양쪽으로 동일해야 히며, 안지름의 2배 이상의 기리 내에서는 지름 변화가 없이야 힌다. 지름의 급격한 변화는 피한다. 다른 방법으로, 이 장치는 물이 투과하는 시험편 지름의 최소 4배 이상인 저수조가 있다.

이 경우 지오텍스타일(시험편)에서 저수조의 저면 사이의 거리는 시험편의 지름의 최소한 1.5배 이상이어야 한다. 만일 지오텍스타일 제품이 반복 구조를 갖는다면, 시험되는 부분 내에 반복 단위가 3개 이상 포함되어야 한다.

c) 필요하면, 육안으로 보이는 변형을 피하기 위해 1mm 지름의 철망(10mm±1mm 격자)을 시험이 진행되는 동안 시험편을 지지하기 위해 시험편의 하부에 장치한다.

d) 시험편이 없이 지지철망을 정착한 상태에서 모든 유속에서 측정되는 손실 수두는 1mm 이하이어야 한다.

나. 시험 용수의 급수, 품질과 조건

a) 시험 용수는 18℃와 22℃ 사이 온도의 물을 사용해야 한다.

***** [참고_온도 보정(부속서 A 참조)은 단지 층류와 관계가 있기 때문에, 수류가 층류가 아닌 경우, 부적절한 보정 계수에 의해 발생하는 부정확도를 최소화하기 위해서 가능한 한 수온을 20℃에 가깝게하여 시험해야 한다.]**

b) 시험 용수가 공급 장치로부터 직접 공급되면 공기 방울이 시험편의 내부 구조에 생성되는 문제가 발생되기 때문에 증류 탱크로부터 기포가 제거된 상태에서 공급되어야 한다. 물은 연속적으로 재순환시켜서 사용해서는 안 된다.

c) 산소의 양(용존 산소량)은 10mg/kg 이하로 유지해야 한다. 산소의 양(용존 산소량)은 물이 장비에 유입되는 순간 측정해야 한다.

d) 만일 육안으로 보이는 고체(이물질)가 떠있거나 시험편 위에 고체(이물질)가 쌓여서 시간에 따라 유량이 감소하면 물을 여과시켜야 한다.

다. KS M ISO 5813에 따른 용존 산소계 등의 측정 장비

라. 0.1s 정확도의 초시계

마. 0.2℃ 정확도의 온도계

바. 10cm^3 정확도로 물의 양을 측정할 수 있는 용기, 또는 유속을 직접 측정할 수 있는 5% 정확도로 교정된 게이지

사. 0.2m 정확도의 수두 측정 장비

3. 시험 절차

가. 습윤제를 포함하고 있는 실온의 물에 시험편을 침지하고 기포가 제거되도록 물을 천천히 저어주어 최소한 12시간 동안 적셔준다. 습윤제는 0.1%V/V 농도의 아릴 알킬 소디움 술포네이트(aryl alkyl sodium sulfonate)이다.

나. 시험편을 장비에 장착하고 모든 연결 부분으로 물이 새지 않도록 한다.

다. 시험편을 통과한 물의 수두차가 50mm가 될 때까지 장비에 물을 급수한다. 급수를 중지한 후 5분 이내에 양쪽의 수위가 일치하지 않으면 장비 내에 잔존해 있는 공기가 있는지 살펴보고 이 과정을 반복한다. 만일 5분 이내에 수두가 일치하지 않으면 이 사항을 시험 보고서에 기록한다.

라. 70mm±5mm의 손실 수두가 되도록 유량을 조절하고, 이 값을 1mm까지 기록한다. 최소한 30s 정도 수두가 안정되었을 때 일정 시간 장비를 통과한 물을 측정 용기에 모아서 측정된 투과량은 10cm^3 단위로, 시간은 초 단위로 기록한다. 투과량은 최소한 1000cm^3 이어야 하고 측정 시간은 최소한 30s 정도 측정한다.
유속 게이지를 사용하는 경우, 손실 수두가 70mm정도 되도록 최대 속도를 설정해야 한다. 실제 유속은 15s 간격으로 측정한 3개의 연속적인 측정값의 평균으로 얻을 수 있다.

마. 최대 손실 수두의 0.8, 0.6, 0.4, 0.2배인 각 4지점에서 *2)-3-라* 항의 과정을 반복하며, 최고 유속에서 시작하여 최저 유속에서 시험을 종료한다.

바. 0.2℃ 단위로 수온을 기록한다.

사. 나머지 시험편에 대해서 *2)-3-나* 항~*2)-3-바* 항의 과정을 반복한다.

4. 결과의 계산 및 표시

가. 다음 식에 따라 20℃에서 유속 v_{20}(m s^{-1})을 계산한다.

$$v_{20} = \frac{VR_T}{At}$$

*** [참고_V : 투과량(m^3) / R_T : 온도 20℃에 대한 보정 계수(부속서 A 참조) / T : 수온(℃) / A : 시험편의 단면적(m^2) / t : 투과량이 V가 될 때까지 측정 시간(s)]

다음의 식에 따라 직접 측정된 유속 v_T의 온도 보정이 필요하다.

$$v_{20} = v_T R_T$$

*** [참고_mm s^{-1}로 표시된 유속 v_{20}과 L(m^{2}s)$^{-1}$로 표시된 유량 q는 같다.]

나. 5개 시험편에 대해서, 각 손실 수두 H에 대하여 유속 v_{20}을 계산한다.
유속 v_{20}을 X축, 손실 수두 H를 Y축에 표시하고 수학적 또는 그래픽 방법을 이용하여 부속서 B에 따라 최적의 회귀선을 선택한다. 5개 시험편의 결과를 1개의 그래프에 표시한다.

다. 계산 또는 그래픽 해석에 의해 구한 50mm 손실 수두에서의 유속값을 표시한다.

3) 변수두법

1. **원리** 변수두 하에서 한 방향으로 흐르는 물이 하중이 가해지지 않은 한 층의 지오텍스타일이나 지오텍스타일 관련 제품의 면에 대해 수직 방향으로 투과하게 한다.

2. **시험 장치**

가. 2개의 수직 실린더로 연결되어 있고 최소 50mm 지름을 갖는 투명한 투수 시험 장치는 다음사항을 만족해야 한다.

a) 시험 장치는 적절한 계산을 위해 최소한 250mm까지 수두를 유지할 수 있어야 한다.
b) 장치의 평균 안지름은 최소한 0.1mm의 정확도를 가져야 한다. 시험편의 노출된 지름은 장비의 안지름과 같아야 한다. 장비의 지름은 시험편을 기준으로 양쪽으로 동일해야 하며, 안지름의 2배 이상의 거리 내에서는 지름 변화가 없어야 한다. 수위가 변하는 부분에서는 장치의 지름이 일정해야 한다. 지름의 급격한 변화는 피한다. 만일 지오텍스타일 제품이 반복 구조를 갖는다면, 시험되는 부분 내에 반복 단위가 3개 이상 포함되어야 한다.
c) 필요하면, 육안으로 보이는 변형을 피하기 위해 1mm 지름의 철망(10mm ± 1mm 격자)을 시험이 진행되는 동안 시험편을 지지하기 위해 시험편의 하부에 장착한다.
d) 시험편이 없이 지지철망을 장착한 상태에서 모든 유속에서 측정되는 손실 수두는 1mm 이하이어야 한다.
e) 2개의 실린더 사이에 연결된 튜브의 지름은 실린더 지름의 최소 40%가 되어야 한다. 만일 평량 셀법을 사용하면 튜브가 유연해야 한다.

나. 시험 용수의 급수, 품질과 조건

a) 시험 용수는 18℃와 22℃ 사이 온도의 물을 사용해야 한다.
b) 시험 용수가 공급 장치로부터 직접 공급되면 공기 방울이 시험편의 내부 구조에 생성되는 문제가 발생되기 때문에 증류 탱크로부터 기포가 제거된 상태에서 공급되어야 한다. 장치 내의 물은 매일 교환해 주어야 한다.

c) 산소의 양(용존 산소량)은 10mg/kg 이하로 유지해야 한다. 산소의 양(용존 산소량)은 물이 장비에 유입되는 순간 측정해야 한다.
d) 만일 육안으로 보이는 고체(이물질)가 떠있거나 시험편에 위에 고체(이물질)가 쌓여서 시간에 따라 유량이 감소하면 물을 여과시켜야 한다.

다. KS M ISO 5813에 따른 용존 산소계 등의 측정 장비

라. 0.2mm 정확도의 수두 측정 장비의 측정 방법은 다음과 같다.
a) 칼럼의 중량 변화 측정(±1g까지)
b) 수압의 변화 측정(±1Pa까지)
c) 광학적 방법(디지털 비디오 장비를 이용한 수위 측정) 또는 초음파에 의한 수위 변화 측정 방법

마. 0.2℃ 정확도의 온도계

3. 시험 절차

가. 습윤제를 포함하고 있는 시험실 상온의 물에 시험편을 침지하고 기포가 제거되도록 물을 천천히 저어주어 최소한 12시간 동안 적셔준다. 습윤제는 0.1% *V/V* 함량의 아릴 알킬 소디움 술포네이트(aryl alkyl sodium sulfonate)이다.

나. 시험편을 장비에 장착하고 모든 연결 부분으로 물이 새지 않도록 한다.

다. 시험편을 통과한 물의 수두차가 50mm가 될 때까지 장비에 물을 공급한다. 급수를 중지한 후 5분 이내에 양쪽의 수위가 일치하지 않으면 장비 내에 잔존해 있는 공기가 있는지 살펴보고 이 과정을 반복한다. 만일 5분 이내에 수두가 일치하지 않으면 이 사항을 시험 보고서에 기록한다.

라. 밸브를 잠근다. 장치의 시험편 실린더에 물을 공급하는데, 밸브를 완전히 열었을 때 유용한 수두차가 최소한 250mm 이상되도록 공급한다.

마. 0.2℃ 단위로 수온을 기록한다.

바. 측정 방법에 따라 필요한 모든 스위치를 켜고, 밸브를 연다.

사. 손실 수두와 유속이 0이 될 때 시험을 종료한다.

*** [참고_매우 투수성이 좋은 시험편은 v = 0 m s^{-1} 에서의 수위가 관성의 영향 때문에 동일하게 되지 않을 수도 있다. 이런 경우 처음의 v = 0 m s^{-1} 에 대응하는 수위를 기준 수위로 하여 손실 수두를 계산한다.]

아. 나머지 시험편에 대하여 각각 *3)-3-나* 항 ~ *3)-3-사* 항의 과정을 반복한다.

4. 결과의 계산 및 표시

가. 아날로그 기록 또는 컴퓨터 처리된 데이터의 그래프에서 수위 간격을 선택하여 다음의 식을 사용하여 20℃에서의 유속 v_{20}(m s^{-1})을 계산한다.

$$v_{20} = \frac{\Delta h}{t} R_T$$

*** [참고_Δh : 시간 간격(t)에서 상부 수위(h_u)와 하부 수위(h_l)의 차(m) / t : h_u와 h_l 사이의 시간 간격(s)
R_T : 온도 20℃에 대한 보정 계수(부속서 A 참조)]

그리고 손실 수두 H (m)는 다음 식으로 나타낸다.

$$H = h_u + h_l - 2h_0$$

*** [참고_h_0 : v = 0 m s^{-1}일 때의 수위 (*3)-3* 사항의 비고 참조)
h_u, h_l : 계산하기 위한 수위 범위에서의 상부와 하부의 수위

mm s^{-1}로 표시된 유속 v와 L(m^2s)$^{-1}$로 표시된 유량 q는 같다.]

나. 5개의 시험편에 대해 각 곡선에서 최소한 5지점을 선택하여 손실 수두 H에 대응하는 속도 v를 계산한다.

*** [참고_변수두 곡선을 계산하기 위한 시간의 간격은 총 시험 시간의 1/5에서 1/10이 되도록 권장한다.

속도 v를 X축에, 손실 수두 H를 Y축에 설정하고 수학적 또는 그래픽 방법을 이용하여 부속서 B에 따라 최적의 회기 곡선을 선택한다. 5개의 시험편의 결과를 1개의 그래프에 표시한다.]

다. 계산 또는 그래픽 해석에 의해 구한 50mm 손실 수두에서의 유속값을 표시한다.

4) 시험 보고서

시험 보고서에는 다음과 같은 사항들을 포함해야 한다.

a) 시험 적용 규격 번호와 제(개)정 연도
b) 시험실과 필요시 시험자 이름
c) KS K ISO 10320에 따라 시험한 제품에 대한 기술
d) 시험편의 노출 면적
e) 전체 투수 특성을 측정할 경우, 모든 시험편에 대한 속도 v와 손실 수두 H의 플롯
f) 손실 수두 50mm에서의 유속 지수(VI_{H50}), 필요한 경우 측정값, 평균값, 최대값, 최소값(부속서C 참조)
g) 수온의 범위
h) 시험수의 종류(증류수, 탈기수, 이온 교환수, 여과수)와 용존 산소값
i) 사용된 유속 게이지 유형
j) 규격 외의 특이 사항
k) 제품의 수리적 거동 이외의 현상

추가로 필요한 경우,

l) 도면을 포함한 사용된 장비의 설명
m) 각 시험편에 대한 실험적 자료와 계산을 표로 나타낼 수 있으며, 그것의 예가 부속서의 표 D.1(정수두법)과 표 D.2(변수두법)에 나타나 있다.

지오텍스타일 및 관련 제품-유효 구멍 크기 측정 방법 - 습식법 [K ISO 12956]

시험빈도 : 20,000m^2마다 / 재조회사별 / 제품규격마다

1) 기호

이 규격에는 아래의 기호를 적용한다.

1. d_n 이 크기의 입자보다 작은 입자가 무게 기준으로 n%인 입자 크기
2. O_{90} d_{90} 크기의 입자를 통과시킬 수 있는 지오텍스타일이나 관련 제품의 유효 구멍 크기
3. C_u d_{60}/d_{10}으로 정의되는 균일 계수

2) 시험 장치 및 재료

1. 시험 장치

시험 장치는 체질 장치로 구성되며, 시험편을 시험하는 부분인 체 부분의 최소 지름은 130mm가 되어야 하고 아래의 요구 조건을 만족하여야 한다.

a) 체 진동수는 (50~60)Hz 범위이어야 한다.
b) 시험 동안 1.5mm 진폭(전체 진동폭은 3mm)의 수직의 체질 동작이 가능하여야 한다.
c) 물 공급 시스템
d) 시료의 균일한 습윤을 위한 물 분사 노즐. 이것은 토양/과립형 시험 재료의 손실을 피하기 위해 투명한 실린더나 캡으로 보호해야 한다.

***** [참고_노즐을 약 300kPa의 압력에서 0.5 L/min 정도의 물 분사가 가능한 것을 사용한다.]**

e) 시험편 장착 장치
f) 팬. 체질 장치에 고정되어 있고 통과한 물과 과립형 시험 재료를 모으는 장치와 튜브로 연결되어 있어야 한다.
g) 1mm 지름의 철사로 만들어져 있으며 메시 크기가 (10±1)mm인 그리드. 시험 중 시험편을 지지하고 과립형 시험 재료의 무게에 의한 변형을 막아준다.

2. 과립형 시험 재료

과립형 시험 재료는 아래의 요구사항을 만족하여야 한다.

a) 서로 응집되지 않아야 한다($d_0 \geq 0.010$mm). 즉 입자들이 물에서 집합체를 형성하면 안 된다.

b) 내용물 중 빠진 등급이 없어야 하고 모든 입자는 둥글어야 하며, 날카로운 끝 부분을 가진 얇은 입자들을 제외해야 한다.

c) 균일 계수는 다음의 범위에 있어야 한다 : $3 \leq C_u \leq 20$

d) 유효 구멍 크기 측정의 정확도를 높이기 위해서, 과립형 시험 재료는 $d_{20} \leq O_{90} \leq d_{80}$의 조건을 만족하도록 해야 한다.

3. 여과지

통과한 과립형 시험 재료를 수집한다.

*** [참고_등급별 과립형 시험 재료는 미사(silt)가 포함되어 있는 경우, 여과지의 최대 구멍 크기는 10㎛이어야 한다.]

4. 건조 오븐

(50~110) ℃ 사이의 온도를 유지할 수 있어야 한다.

5. 체 세트

ISO 565에 따른다(부속서 A 참조).

6. 저울

±0.01g의 정밀도로 과립형 시험 재료의 무게를 측정할 수 있어야 한다.

7. 초시계

±1초의 정밀도로 시간을 측정할 수 있어야 한다.

3) 시험편

1. 취급

시료 구조의 변화가 없도록 하기 위해, 가능한 한 시료 취급 횟수를 최소화하고 접혀지지 않아야 한다.

2. 시험편 제취

KS K ISO 9862에 따라서 시료에서 시험편을 채취한다.

3. 시험편 수와 크기

각 시험편의 크기는 체 장치에 적당한 치수로 하여 각 시료당 5개의 시험편을 자른다.

4. 시험편의 조건

시험편은 깨끗하고 표면에 잡물이 오염되지 않아야 하며 손상이나 접힌 자리가 없어야 한다.

4) 시험 순서

1. 건조한 시험편의 무게를 0.1g 단위로 측정한다. 시험편의 무게를 10분 간격으로 연속적으로 측정하여 그 무게 감속 폭이 0.1% 이내로 될 경우, 그 시험편이 건조되었다고 간주한다. 만약 온도가 시험편에 직접적인 영향을 미친다면 거조는 70℃ 이하에서 행해져야 한다.

2. 시험실 온도에서 습유제를 함유한 물에 시험편을 넣어 물에 포화되도록 최소 12시간 방치한다. 습윤제는 0.1%(V/V) 농도의 아릴알킬 술폰산염을 사용하여야 한다.

3. 물에서 시험편을 꺼내서 시험편 장착 장치에 무장력으로 평평하게 위치시킨다. 시험편 장착 장치를 체질 장치 위에 놓는다. 시험편 위에 과립형 시험 재료가 국부적으로 축적되는 것을 막기 위해 시험편은 수평상태를 유지해야 한다.

4. 건조 과립형 시험 재료의 무게를 0.1g 단위로 측정하다. 체 면적에 대해서 (7.0±0.1) kg/m^2이 되도록 충분한 양의 과립형 시험 재료를 사용한다. 그러나 만약 시험시 통과된 양이 충분하지 못하면 입도 부석에 필요한 만큼 충분한 통과 물질을 업을 수 있도록 전체 양을 조절한다.

5. 시험편 위에 과립형 시험 재료를 균일하게 편다.

6. 물 공급장치를 열어서 시험편 전체에 균일하게 물을 살포한다. 모든 과립형 시험 재료가 완전히 젖을 수 있도록 조절 밸브를 사용하여 물의 양을 조절한다. 그러나 수위가 과립형 시험 재료 높이를 넘지 않도록 한다. 시험편에 정체된 물은 없어야 한다. 전 체질 과정 동안 물을 계속 공급되어야 한다.

7. 체질 장치의 스위치를 켜고 천천히 진폭을 1.5mm로 맞춘다.

8. 시험편을 통과한 과립형 시험 재료를 모은다.

9. 체질 시간이 600초가 되면 체질기의 스위치를 끄고 물 공급을 중단한다.

10. 시험편 내부에 남아 있는 과립형 시험 재료와 함께 시험편을 회수한다.

11. 수집된 과립형 시험 재료와 내부에 잔여 과립형 시험 재료가 있는 시험편을 분리하여 건조한다.

12. 내부에 잔여 과립형 시험 재료가 있는 시험편의 건조 중량에서 시험편의 건조 중량을 감하여 잔여 과립형 시험 재료의 무게를 계산한다. 잔여 과립형 시험 재료의 건조 중량을 0.1g까지의 정도로 측정한다. 또 통과한 과립형 시험 재료의 양을 측정한다. 만약 잔여물과 통과한 과립형 시험 재료의 중량의 합이 초기 중량에 비해 1% 이상 차이가 나면 이 시험은 유효하지 않으며 재시험해야 한다.

13. *4)-1* 항에서 *4)-12* 항을 5개의 시험편 중에 세 개가 시험될 때까지 반복한다.

14. 만약 어느 한 경우라도 시험편을 통과한 과립형 시험 재료의 양이 평균치보다 25% 이상 차이가 나면 나머지 두 시험편을 시험하여야 한다.

15. 초기 과립형 시험 재료의 양, 통과된 양과 잔여 양들을 표로 만들고 통과 물질과 유실 물질의 %를 계산한다. 각 시험편을 통과한 과립형 시험 재료를 합하여 입도 분포로 측정한다.

16. 만약 세 시험편을 통과한 과립형 시험 재료의 양이 ISO 2591-1에 따른 체질에 요구되는 양보다 적다면 나머지 두 시험편도 시험하여야 한다. 만약 추가 시험에서도 필요한 과립형 시험 재료를 얻지 못한다면 단위 면적당의 과립형 시험 재료의 양을 증가시켜야 한다. 또한, 더 많은 과립형 시험 재료가 선택된다면 체질 시간은 과립형 시험 재료 증가에 비례하여 더 걸린다.

5) 결과의 계산 및 표현

1. 통과된 과립형 시험 재료의 누적 %와 대응한 체 크기와의 관계를 세미로그 그래프로 나타낸다. 그래픽 법이나 수학적 방법을 사용하여 O_{90}을 구한다.

2. 시험하는 지오텍스타일이나 관련 제품의 구멍의 특성 크기인 O_{90}은 입자 크기 분포 곡선의 d_{90}과 동일하다. 즉 $O_{90} = d_{90}$이다.

6) 시험 보고서

시험 보고서는 다음 사항들을 포함하고 있어야 한다.

a) 이 규격의 번호
b) 시험한 실험실, 그리고 필요한 경우 시험자
c) KS K ISO 10320에 따라 시험한 지오텍스타일 및 관련 제품의 기술
d) 사용한 장치의 세부 사항, 필요한 경우 그림을 포함
e) 노출 시료 면적
f) 사용한 과립형 시험 재료의 입자 크기 분포
g) 각 시료에 대하여, 만약 요구된다면, 초기 과립형 시험 재료, 통과된 것과 잔여된 것의 건조 무게 그리고 손실된 것과 통과된 것의 백분율
h) 부속서 B의 예를 따라 시험편을 통과한 과립형 시험 재료의 입도 분포 곡선과 특별히 요구되는 경우에는 총 통과 물질에서의 각 크기 입자들의 백분율
i) 시료의 유효 구멍 크기, O_{90}
j) 이 규격에서 규정된 시험 방법과 다른 점
k) 시험편의 이상 거동

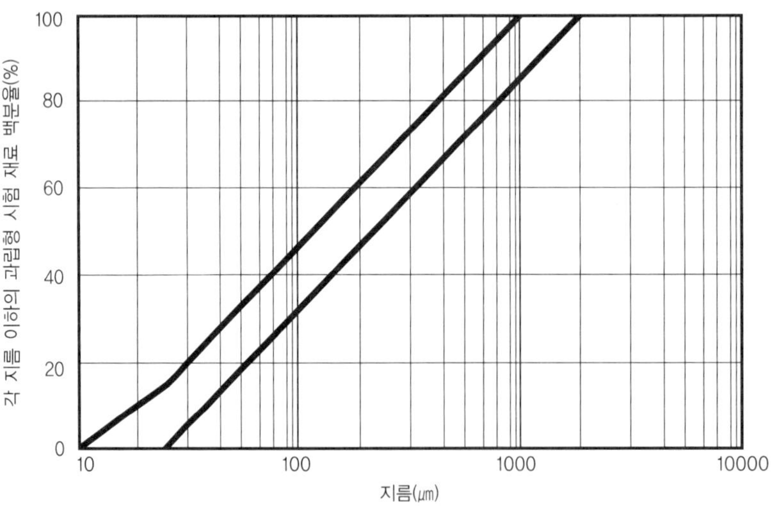

[그림 1] 과립형 시험 재료의 누적 입도 분포에서의 필수 영역

지오텍스타일의 파열 강도 시험방법 [KSK 0768]

시험빈도 : 필요시마다

1) 시험 장치

1. 시험기는 KS K 0520에 규정된 볼 버스팅 장치를 갖춘 것이어야 한다.

2. 볼 버스팅 장치는 (44.450±0.025)mm의 링 클램프와 지름 (25.400±0.005)mm의 강구를 가지고 있는 부분으로 되어야 한다.
시험 중 이 강구는 링 클램프 평면에 수직으로 링의 중심을 통과하여야 한다.

2) 조작

시험편은 링 클램프에 장력 없이 놓고, 나사 또는 레버 장치로 고정시켜야 한다.
다음에 기계를 시동시켜, 강구가 시험편을 통과할 때의 최대 저항을 기록하여야 한다. 이때, 링 클램프의 하강 속도는 매분(305±13)mm이어야 한다.

3) 결과의 표시

1. 별도로 규정되어 있지 않는 한, 각 제품 단위에서 10개의 시험편을 채취하여 시험한다.

2. 제품 단위의 파열 강도는 측정한 결과의 평균값으로 하며 1N까지 표시한다.

지오텍스타일의 인열 강도 시험방법 [KS D 0769]

시험빈도 : 필요시마다

1) 시험편

1. 시험편의 준비는 KS K 1SO 9862에 따른다.

2. 시험편은 KS K 0901의 표준 상태에서 최소한 24시간 방치해야 한다.

3. 시험편의 개수는 제조 방향과 가로 방향에 대하여 각각 6개 이상이어야 한다. 다만, 새로운 제품에 대해서는 적어도 10개씩 증가시켜야 한다.

4. 시험편의 모양과 치수는 [그림 1]에 표시한 것과 같고, 짧은 변 중앙에서 변과 직각으로 길이가 25mm 되도록 베어 놓는다.

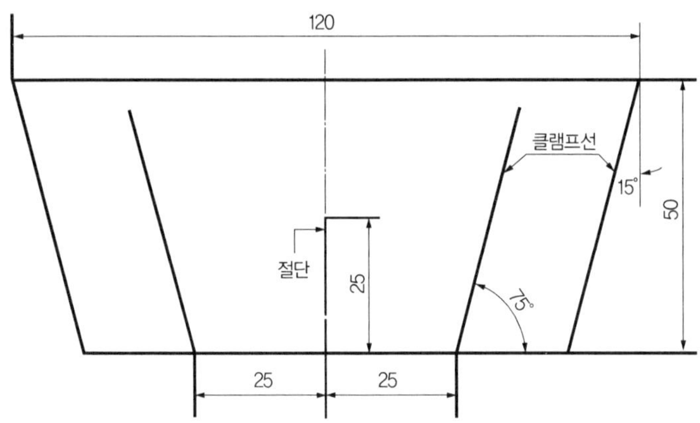

[그림_1] 시험편의 모양과 치수

2) 시험 장치 (인장 시험기)

a) 시험 장치는 클램프를 일정한 속도로 움직여야 하고, 클램프 양쪽에서 미끄러짐이나 절단이 일어나지 않아야 한다.

b) 클램프의 유효 폭은 50mm 이상이어야 한다.

c) 클램프의 가동 속도는 (100±10) mm/min 이상이어야 한다.

d) 시험 장치의 계기는 변형과 하중을 연속적으로 나타내야 한다.

3) 시험방법

a) 시험 시작시 클램프 사이의 거리는 50mm이어야 한다.

b) 사다리꼴의 한쪽 빗변을 양 클램프에 각각 맞추어 물린 다음, 클램프의 가동 속도를 (100 ±10)mm/min로 하여 인열이 완전히 끝날 때까지 하중을 가한다.

c) 시험 장치의 기록 계기는 [그림 2]와 같은 곡선을 나타낸다.

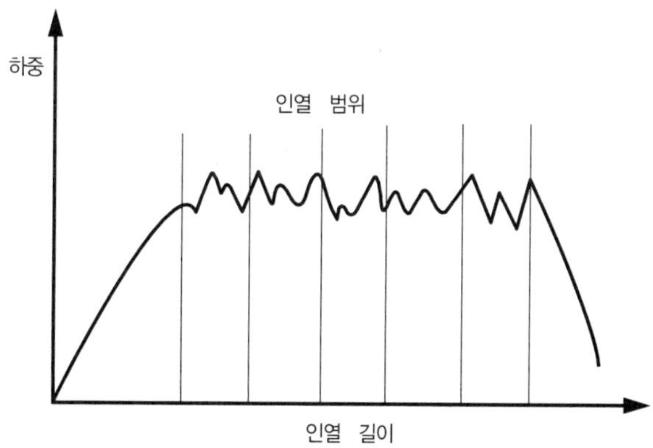

[그림_2] 인열 곡선

4) 계산 및 결과의 표시

a) 인열 범위에 해당되는 부분을 5등분 하여, 각각의 부분에서 최고점에 대응되는 하중값을 기록한다.

b) 각각의 시험에서 인열 강도는 인열 곡선의 하중/길이에서 기록된 5개의 최고점에 대응되는 하중값을 평균해서 구한다.

c) 제조 방향 및 가로 방향에 대한 인열 강도는 각각의 시험에서 얻어진 인열 강도의 산술 평균으로 주어진다.

d) 만약 인열이 사다리꼴의 길이에 평행한 방향으로 전파되지 않는다면 그 결과를 무시하여야 한다. 그러나 시험 성적서에 기록은 하여야 한다.

C. 드레인보드

지오텍스타일 및 관련 제품-액체 저항성 평가를 위한 스크리닝 시험법 [KS K ISO TR 12960]

시험빈도 : 20,000m²마다 / 재조회사별 / 제품규격마다

1) 시험 조건 및 절차

1. **시험 장치** 압축 용기와 같은 컨테이너가 사용되며, 장치의 구성은 다음과 같다.
   a) 밀봉 뚜껑 또는 이와 동등한 장치, 그리고 필요하다면 휘발 성분의 증발을 막는 환류 콘덴서나 이와 동등한 장치
   b) 액체와 시험편의 물질 교환과 액체의 균질성을 유지할 수 있는 교반 장치 또는 이와 동등한 장치
   c) 시험편 사이의 거리(*1)-6-b)* 항 참조)를 최소한 10mm 이상으로 하여 시료를 정위치에 잡아 줄 수 있는 시료 홀더
   d) 액체의 조성을 제어할 수 있도록 하는 뚜껑에 최소한 하나의 개폐 장치
   컨테이너는 시험 용액(*1)-6-b)* 항 참조)을 저장할 수 있는 정도로 충분히 커야 하고, 일정 온도를 유지할 수 있어야 한다(*1)-3* 항 참조). 컨테이너의 장치와 장비는 내화학성이 있어야 한다. 이러한 재료로 스테인리스 스털이나 봉규산염 유리가 일반적으로 사용된다.

2. **시험 용액** 두 가지 형태의 시험 용액이 사용된다.
   a) A 방법(무기산) 0.025M 황산
   b) B 방법(무기염기) 산화칼슘[$Ca(OH)_2$], 리터당 2.5g 정도의 포화된 현탁액
   시약은 분석 등급이 사용된다. 물은 KS M ISO 3696의 3등급에 따른다.

*** [참고_시험 용액은 시험 진행 동안에도 조성이 일정하게 유지되어야 한다. 이는 만약 반응성이 있는 성분의 농도가 낮거나 액체가 안정한 단일 산이 아니라면 복잡해진다. 이러한 경우, 농도를 모니터링해야 하고, 가능한 한 규칙적으로 조정하거나 교체해야만 한다. 가능한 상승 효과나 촉매 효과에 대해서 주의가 필요하며, 여기에 화학적이면서 기계적인 응력의 영향(예를 들어 폴리올레핀에 대한 환경적인 응력에 의한 균열)도 포함된다. 반응성이 있는 시약의 농도 선택은 시험 중에 농도의 변화를 피하기 위해서 그리고 너무 고농도로 하여 발생하는 활성메커니즘의 변화를 피하면서 반응을 가속시킬 목적을 결정된다.]

3. 시험온도 시험온도는 (60±1)℃로 한다.

4. 시험시간 시험은 3일 동안 지속된다.

5. 시험편 ENV 12226에 의해 준비한다. 5개의 시험편과 기준 시험편이 각각 사용된다.

*** [참고_1. 추가로 더 많은 시험편을 액체에 노출시키기를 추천한다. 만일 기계적인 시험이 유의성 있는 결과를 주지 못한다면, 다른 또 하나의 시험편을 시험해야 하기 때문이다.
2. 만일 제품이 코팅 처리에 의해 표면이 피복되어 있으며 이 표면이 시공 과정 중에 투과될 수 있으면, 이 제품은 코팅된 것과 코팅되지 않은 것을 모두 시험해야 한다. 만약 둘 다 시험을 못할 경우는 피복의 손상이나 파괴시 화학적 저항성 변화의 가능성을 보고서에 기록하여야 한다.]

6. 조작

a) 시험 용액의 양 시험 용액의 양은 시험편을 완전히 덮을 수 있고 시험편 무게의 30배보다 더 많아야 한다.

b) 시험편의 위치 시험편은 어떤 인지될 만한 기계적인 응력이 없이, 용기 안에 자유롭게 위치시킨다. 시험편 사이, 시험편과 용기의 벽 사이, 시험편과 시험용액 표면 사이의 평균 간격은 최소한 1cm이다. 시험편 표면 중 인지될 만한 어떠한 부분도 시험 용액 외에는 어떠한 물질과도 접촉되어서는 안 된다. 서로 다른 소재로 된 시험편을 같은 용기에서 시험해서는 안 된다. 시험하는 동안 시험 용액의 대류가 부족하여 시험 용액과 지오텍스타일 사이의 물질 교환이 방해받아서는 안 된다. 수산화칼슘은 계속적으로 교반하고, 황산은 최소한 하루 한 번 교반한다. 시험 용액의 pH를 측정하고 기록한다. 필요하다면 시험 용액이 원래의 pH를 유지하기 위해서 최소한 매 7일마다 다시 채우거나 교체한다. 시험 용액과 시험편은 빛으로부터 보호될 것이다.

c) 기준 시험편 기준 시료는 시험용 시료와 같은 온도 용액에서 한 시간 침지시킨다.

d) 헹굼, 세척 건조 헹굼은 (*1)–2* 항 참조)의 물로 실시한다. 그 다음에 0.01M의 탄산나트륨 용액에서 헹구고, 마지막으로 물에 다시 헹군다. 그 액체의 양은 완전히 씻을 수 있을 만큼 충분하여야 한다. 폴리에스테르 지오텍스타일을 수산화칼슘에 노출시켰을 때는 부착된 칼슘테레프탈레이트 결정으로 제거하는 것이 필요하다. 이것은 교반기에서 무게로 10% 농도의NTA(trisodiumnitrilotriacetate) 용액에서 5분 동안 헹구고, 무게로 3% 농도 초산용액으로 헹군 후 마지막에 물로 헹군다. 시험편은 상온에서 건조하거나 60℃보다 낮은 온도에서 건조시킨다. 시험편 건조시 과도한 응력을 받아서는 안 된다.

e) 특성 변화 결정 특성 변화는 ENV 12226에 의해 평가한다.

2) 시험 보고서

시험 보고서에는 다음과 같은 사항이 포함되어야 한다.

a) 이 규격을 참고한 사항
b) 재료 설명
c) ENV 12226에 의한 결과 표시
d) 시험 날짜
e) 이 규격을 벗어난 점이나 시험 결과에 영향을 미칠 수 있는 인자들

D. 상수도용 관

상수도용 도복장 강관 [KS D 3565] 시험빈도 : 제조회사별 / 제품규격마다

1) 시험

1. 분석 시험

a) 분석 시험의 일반 사항 및 분석 시료의 채취 방법은 KS D 0001에 따른다.

b) 분석 방법은 다음 어느 것에 따른다.

KS D 1650, KS D 1654, KS D 1659, KS D 1802, KS D 1803 및 KS D 1804

2. 인장 시험

a) 시험편

- 단접 또는 전기 저항 용접으로 제조하는 원관에 대하여는 KS B 0801의 11호 또는 접합부를 포함하지 않는 부분을 절취해서 12B호, 12C호 또는 5호 시험편 중의 하나를 사용한다.
- 아크 용접으로 제조하는 원관에 대하여는 확관 성형하는 것은 원관으로부터, 확관 성형 이외의 것은 원관으로부터 또는 사용하는 강대 혹은 강판으로부터 절취하여 KS B 0801의 5호 또는 1A호 시험편을 사용한다.
  또한 원관으로부터 채취하는 시험편은 원관의 가로 방향으로부터 용접부를 포함하지 않도록 절취해서 편평하게 한다.
- 아크 용접으로 제조하는 원관에서의 용접부 인장 시험편은 원관으로부터 또는 관체와 동일 조건으로 용접된 관 끝의 공시재로부터 절취하여 평편하게 하고 KS B 0833의 1호 시험편을 사용한다.

b) 시험 방법 KS B 0802에 따른다. 용접부 인장 시험의 경우는 인장 강도만을 조사한다.

3. 편평 시험

a) 원관의 끝으로부터 길이 50mm 이상 절취하여 시험편으로 한다.

b) 시험 방법 시험편을 상온의 상태로 2매의 평판 사이에 끼워 접합부를 압축 방향에 직각으로 놓고, 평판의 사이가 바깥지름의 2/3가 될 때까지 압축하여 편평하게 하였을 때 원관 벽에 흠, 균열의 발생 여부를 조사한다.

4. 비파괴 검사 또는 수압 시험
 a) 비파괴 검사의 시험 방법 KS B 0845, KS D 0250, KS D 0251 및 KS D 0252에 따른다.
 b) 원관에 수압을 가하여 규정된 압력으로 유지하였을 때, 이에 견디고 누수가 발생하는지의 여부를 조사한다.

2) 도복장 및 그 방법

도복장 및 그 방법은 다음 어느 것에 따른다. 다만 이 이외의 도복장을 필요로 할 때는 인수인도 당사자간의 협정에 따른다.
KS D 3589, KS D 3607, KS D 8306, KS D 8307, KS D 8500, KS D 8501 및 KS D 8502

3) 검사

1. 검사는 다음에 따른다.
 a) 검사의 일반 사항 KS D 0001에 따른다.
 b) 화학 성분, 기계적 성질, 비파괴 검사 특성 또는 수압 시험 특성, 치수 및 겉모양은 규정에 적합해야 하며, 도복장 방법은 *2)*에 적합하여야 한다. 확관 성형하는 관은 용접부 인장 시험의 생략에 대하여는 인수 인도 당사자간의 협의에 따를 수 있다.
 c) 초음파 탐상 검사, 와류 탐상 검사 또는 수압 시험은 어느 것에 대하여 원관 1개마다 한다. 방사선 투과 검사에 대해서는 인수 인도 당사자간의 협정에 따른다.
 d) 단접 또는 전기 저항 용접으로 제조하는 원관의 인장 시험 및 편평 시험의 공시재 채취 방법은 [표 1]에 따르고, 이것으로부터 각각의 시험편 1개를 취한다.

[표 1] 공시재 채취 방법

구 분	공시재 채취 방법
호칭 지름 80A 이상 125A 이하	동일 치수*의 원판 1000개 또는 그 끝수마다 1개
호칭 지름 150A 이상 300A 이하	동일 치수의 원판 500개 또는 그 끝수마다 1개
호칭 지름 350A 이상	동일 치수의 원판 300개 또는 그 끝수마다 1개

*** [참고_동일 치수란 동일 바깥지름, 동일 두께를 말한다.]

 e) 아크 용접으로 제조하는 원관의 인장 시험 및 용접부 인장 시험의 공시재의 채취 방법 및 시험편의 수는 [표 1] 및 [표 2]에 따른다.

[표 2] 공시재의 채취 방법 및 시험편의 수(인장 시험인 경우)

관에 의한 경우	강대에 의한 경우	강판에 의한 경우
동일 치수의 관 1200m 또는 그 끝수마다 1개의 공시재의 채취하여, 이것으로부터 시험편 1개를 취한다.	동일 레이들에 속하고 동일 두께인 것을 일괄하여 1개, 다만 50톤을 초과할 때는 2개를 취한다.	동일 레이들에 속하고 최대 두께가 최소 두께의 2배 이내인 것을 일괄하여 1개. 다만 50톤을 초과할 때는 2개를 취한다.

[표 3] 공시재의 채취 방법 및 시험편의 수 (용접부 인장 시험인 경우)

관에 의한 경우	관체와 동일 조건으로 용접된 관 끝의 공시재로부터 채취하는 경우
동일 치수의 원관 1200m 또는 그 끝수마다 1개의 공시재를 채취하여 이것으로부터 용접부 인장 시험편 1개를 취한다.	동일 치수의 원관 1200m 상당량 또는 그 끝수마다 1개의 공시재를 채취하여, 이것으로부터 용접부 인장 시험편 1개를 취한다.

2. **재검사** 원관은 KS D 0001의 4.4(재시험)에 따라 재시험하여 합격 여부를 결정할 수 있다.

4) 표시

검사에 합격한 관은 관 1개마다 다음 항목을 표시하여야 한다. 다만 주문자의 승인을 얻었을 때는 아래 항목 중 일부를 생략할 수 있다.

a) 종류의 기호
b) 도복장 방법*
c) 치수*
d) 관 번호
e) 제조자명 또는 그 약호
f) 제조 연월

[*] 도복장 방법 및 치수의 표시는 다음과 같이 표시한다.
외면(아스팔트) 내면(액상 에폭시) 도복장, 호칭 지름X두께 (예) A, L, 400A X 6.0

5) 도복장 제품의 보호

a) 검사에 합격한 도복장 제품의 내면을 보호하기 위하여 관 양 끝에 캡 등으로 덮개를 씌워야 한다. 다만 호칭 지름 500A 이상은 생략할 수 있다.
b) 야적할 때는 직사 광선을 피할 수 있는 차광막을 설치해야 한다.

수도용 플라스틱 배관계-폴리에틸렌(PE)-제2부 : 관 [KS F 3408]

시험빈도 : 제조회사별 / 제품규격마다

1) 기하학적 특성

1. **치수 측정** 관의 치수는 제조 후 24시간 이상이 경과되고 (23±2)℃의 항온에서 적어도 4시간 이상 상태 조절한 후에 KS M ISO 3126에 따라 측정한다.
2. **평균 바깥지름 및 정원도**
   a) A 등급 $0.009d_n$, 0.1mm까지 반올림하며 최소값은 0.3mm와 최대값은 10.0mm를 가진다.
   b) B 등급 $0.006d_n$, 0.1mm까지 반올림하여 최소값은 0.3mm와 최대값은 4.0mm를 가진다.
   c) N 등급
   - 바깥지름 ≤ 75mm, $[0.008d_n+1]$mm
   - 90mm ≤ 바깥지름 ≤ 250mm, $[0.02d_n]$mm
   - 바깥지름 > 250mm, $[0.035d_n]$mm
3. **코일관** 어떠한 경우에라도 관의 얽힘은 방지되어야 하며, 관을 감기 위한 드럼의 최소 지름은 $18\times d_n$이어야 한다.
4. **길이** 코일관 및 직관의 길이는 제조자와 구매자 사이에 합의된 길이보다 짧지 않아야 한다

2) 기계적 특성

1. **상태조절** 관은 시험하기 전에 시험편을 (23±2)℃의 항온에서 상태 조절한다.
2. **80℃에서 파괴의 경우 재시험** 165시간보다 작은 시간에서의 취성 파괴는 파괴로 구성될 수 있다. 165시간 시험에서, 만약 시험편이 165시간보다 작은 시간에 연성 파괴 형태를 가진다면 재시험은 표 1에 주어진 응력/시간 지점을 통과하는 선으로부터 얻어진 선택된 응력에 대한 최소 요구 시간을 얻기 위하여 선택된 더 낮은 응력에서 실시하여야 한다.

[표_1] 80℃에서의 내압 시험 재시험 조건

PE 80		PE 100	
응력(MPa)	시험 시간(h)	응력(MPa)	시험 시간(h)
4.5	165	5.4	165
4.4	233	5.3	256
4.3	331	5.2	399
4.2	474	5.1	629
4.1	685	5.0	1000
4.0	1000		

3) 용출 특성

1. 용출 시험은 음용수용으로 사용하는 경우에 적용하여, 표 2의 기준을 만족하여야 한다.
2. 관의 용출 시험은 상온의 시험용 물에 대하여 부속서 C에 따라 각각 실시한다.
3. 시험용 관의 길이는 표 3에 따른다.

[표_2] 관의 용출 특성

시험 항목	성능	시험방법
탁도	0.5도 이하	부속서 C
색도	1도 이하	
과망간산칼륨 소비량	2.0mg/L 이하	
잔류 염소의 감량	0.7mg/L 이하	
냄새 및 맛	이상이 없을 것.	

[표_3] 용출 시험용 시료관의 길이

공칭 바깥지름	길이(m)
25 이하	4
32~50	2
63~90	1
110이상	0.5

4) 관이 화학적 물질에 접촉시의 화학적 특성

특수한 설비의 경우 내화학성에 대한 평가가 필요하다면 관은 ISO 4433-1과 ISO 4433-2에 따라 분류하여야 한다.

5) 요구 성능

ISO 4427-5의 요구사항에 만족하도록 연결되거나 다른 재료가 섞인 제품이 조립되어도 이 규격을 만족해야 한다.

*** [참고_ISO/TR 10358은 폴리에틸렌 관의 내화학성에 관한 지침서이다.]

6) 표시

1. 일반 사항

a) 표시는 관 위에 직접 인쇄 또는 성형되며, 이러한 방법에 의한 표시는 균열 또는 다른 종류의 이상을 발생시키지 않아야 한다. 또한 일반적인 보관, 기후, 가공, 허용 가능한 매설과 용도하에서 관의 수명동안 유지되어야 한다.

b) 인쇄에 의한 표시에 있어서, 표시의 색상은 관과 다른 색상을 가져야 한다.

c) 표시의 품질과 크기는 확대하지 않고서 쉽게 판독할 수 있어야 한다.

2. **관의 최소 표시 사항** 모든 관은 최소한 표 4에 명시된 사항을 선명하면서도 쉽게 지워지지 않도록 1m 간격으로 표시해야 한다.

[표_4] 최소 표시 사항

항목 표시	또는 기호
규격 번호	KS M 3408-2
제조 업체명 및 상표명	이름 또는 기호
관의 구조	(예) SP1
치수(d_n X e_n)	(예) 110X10
SDR	(예) SDR 11
재료 및 등급	(예) PE 80
공칭 압력(bar)	(예) PN 12.5
제조 일자(일자, 코드)	년 월 일

수도용 경질 염화비닐관 [KS M 3401]

시험빈도 : 제조회사별 / 제품규격마다

1) 재료 및 제조 방법

1. 관의 재료는 염화비닐 중합체를 주체로 하고, VP는 염화비닐 중합체에 안정제, 안료 등을 첨가한 것이고, HIVP는 염화비닐 중합체에 안정제, 안료, 개질제* 등을 첨가한 것으로, 성형 후의 품질이 균일하고 물에 침해되지 않고, 수질에 나쁜 영향을 주지 않으며, 또한 가소제를 첨가해서는 안 된다.

[*] 내후성에 나쁜 영향을 끼치는 것을 사용해서는 안 된다.

2. 관의 제조는 *2)-1*항에 규정한 재료를 사용하여 압출 성형으로 한다.
3. TS관 및 편수 칼라관의 소켓은 직관의 끝 부분을 슬리브 가공 성형한다.
4. 편수 칼라관의 소켓에 장착하는 고무링의 품질은 KS M 6613의 1종 1호에 따른다.

2) 시험 방법

1. **시험편** 관으로부터 [표 1]에 따라 시험편을 만든다.
인장 시험 및 편평 시험에 사용하는 시험편은 그 시험 시작 전에 23±2℃의 온도에서 1시간 이상 방치한 후 시험한다.

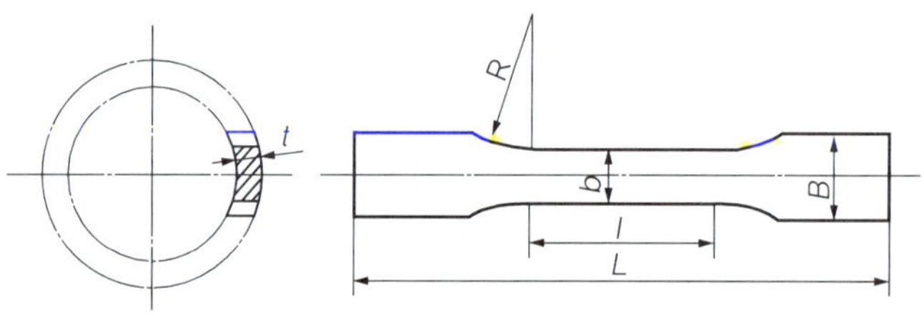

[그림_1]

[표_1] (단위: mm)

호칭 지름	L	ℓ	B	b	R
25 이하	90	25	8	5	6
30 이상	100	35	15	10	25

2. **겉모양 및 모양** 관의 겉모양, 모양 및 색은 육안으로 검사한다.

3. **치수** KS B 5202 및 KS B 5203 또는 그 이상의 정밀도를 가진 것으로 측정한다.

[표_1]

시험 항목	시험편의 모양	시험편 만드는 방법		시험편의 수		시험 결과
				직 관	TS관, 편수칼라관	
겉모양 및 모양	관상	규정된 길이의 관		–	–	–
치수	관상	규정된 길이의 관				
인장 시험	아령형	관으로부터 [그림 1] 및 [표 1]에 따라 만든다.		3	6	평균값에 의한다.
수압 시험	관상	관으로부터 길이 1000mm 이상을 취한다.		1	1	–
편평 시험	관상	관으로부터 길이 50mm 관상편을 취한다.		1	1	–
비카트 연화 온도 시험	호상	관의 길이 10mm, 나비 10mm이상의 시험편을 절취한다. 두께가 6mm를 초과 할 경우에는 바깥면을 절삭하여 약 3mm로 한다.		3	6	평균값에 의한다.
낙추 충격 시험	관상	호칭 지름	길이(mm)	5	5	–
		13 ~ 65	150			
		75 ~ 300	200			
용출 시험	관상	호칭 지름	길이(m)	시험 용액마다 1	시험 용액마다 1	–
		13 ~ 20	4			
		25 ~ 30	2			
		40 ~ 50	1			
		65 ~ 300	0.5			

4. 인장 시험

a) 직관 [그림 1]에 따라 시험편 3개를 잘라 상온*에서 KS M 3006에 준하여 10±2mm/min의 속도에서 인장 시험한 것을 평균하고, 다음 식에 따라 15℃에서의 인장 강도를 구한다.

$$f = f_t + 0.652(t - 15) \{ f = f_t + 6.65 (t - 15) \}$$

*** [참고_f : 15℃에서의 인장 강도(N/mm^2) {kgf/cm^2} / f_t : t℃에서의 인장 강도(N/mm^2) {kgf/cm^2} / t : 시험시의 온도(℃) (적용 온도 범위 5~30℃)]

[*] 상온이란 20±15℃(KS A 0006의 온도 15급)를 말한다.

b) TS관 및 편수 칼라관 시험편을 슬리브 가공 부분에서 [그림 1]에 적합하게 3개를 채취하고, 직관 부분에서는 *2)-4-a)* 항에 따라 시험편 3개를 취하여 *2)-4-a)* 항에 따라 시험한다.

5. 수압 시험

a) **직관** 시험편에 상온의 물로 수압 4.0MPa(40.8kgf/cm^2)의 압력에 도달하게 하여 1분간 유지하였을 때, 새거나 그 밖의 결점이 생겼는지의 여부를 육안으로 검사한다.

b) **TS관 및 편수 칼라관** 시험편에서 슬리브 가공 반대쪽(직관)을 700mm 절단하여 가공부에 연결 접착시킨 후, 슬리브 가공 끝 부분에서 500mm 이상을 절단하여 위의 *a)* 항에 따라 시험한다.

6. 편평 시험

a) **직관** 시험편을 두 장의 평판 사이에 끼우고 관축에 직각 방향으로 10±2mm/min의 속도에서 시험편 바깥지름의 1/2이 될 때까지 하중을 가하여 균열, 파열 및 기공 등의 유무를 육안으로 검사한다.

b) **TS관 및 편수 칼라관** 시험용 관의 직관 부분에서 위의 *a)* 항에 따라 시험편을 채취하여 시험한다.

7. 비카트 연화 온도 시험

a) **직관** 시험에 사용하는 시험편은 23±2℃ 온도에서 1시간 이상 방치한 후 KS M 3076에 따른다. 이 경우 시험편에 가하는 시험 하중은 50.0 ± 1N{ 5.1 ± 0.1kgf }로 하고, 전열 매체의 승온 속도는 매시 50 ± 5℃로 한다.

b) **TS관 및 편수 칼라관** 시험편의 슬리브 가공 부분 중앙에서 시험편 3개, 직관 부분에서 시험편 3개를 위의 *a)* 항에 따라 채취하여 시험한다.

8. 낙추 충격 시험 HIVP의 낙추 충격 시험은 부속서1에 따른다.

9. 용출 시험

a) **직관** 관의 용출 시험 방법 및 시험 용수의 조제 방법은 부속서2에 따른다. 이 경우 시료수 및 바탕 시험 용수의 조제 방법은 다음과 같다.

- 시험용 관은 규정된 길이로 절단하여 취하고, 상온의 청정수(수돗물 등)를 사용하여 매분 5m 이하의 유속으로 1시간 동안 세척한다.
- 시료수는 시험용 관의 한쪽 끝을 세척한 폴리에틸렌 필름으로 싸서 마개를 막은 후, 이것을 적당량의 시험 용수로 1회 헹구고 시험 용수를 가득 채운 후에 다른 끝도 같은 방법으로 마개를 단단히 막고 상온에서 24시간 방치하여 조제한다.
- 바탕 시험 용수는 시험 용수를 경질 유리제 마개 있는 병(500ml)*에 가득 채운 후 밀폐하여 빛을 차단시켜 시료수와 같은 장소에 24시간 방치하여 조제한다.

b) **TS관 및 편수 칼라관** 시험용 관의 슬리브 부분에서 시험편을 채취하여 *2)-9-a)* 항에 따라 시험한다.

[*] 사용하는 마개 있는 병은 미리 질산(1:15)으로 세척하고 다시 부속서2에 규정하는 물로 잘 세척하여 둔다.

*** [참고_ 질산(1:15)은 KS M 0001의 7.2의 규정에 의한 농도 표시 방법의 하나로 KS M 8104에 규정한 질산(농도가 60.0~62.0%인 것)과 물을 1:15의 부피 비율로 혼합한 것이다.]

3) 시험 결과 수치의 표시 방법

시험 결과는 규정 수치보다 한 자리 아래까지 구하고 KS A 0021에 따라 끝맺음한다.

4) 검사

1. 검사 방법 관의 겉모양, 모양, 치수, 인장 시험, 수압 시험, 편평 시험, 비카트 연화 온도 시험, 낙추 충격 시험 및 용출 시험에 대하여 *2)* 항에 따라 시험하고, 모든 시료는 규정에 합격하여야 한다.
2. 시료 채취 방법 당사자 사이의 협정에 따른다.

5) 표시

관에는 쉽게 지워지지 않는 방법으로 다음 사항을 한 곳 이상 표시하여야 한다.

a) 관의 용도, 종류 및 호칭 지름(보기-수도용 VP50 직관, 수도용 50A형, 내충격용 수도용 HIVP 50직관, 내충격용 수도용 HIVP 50A형)
b) 제조 년월 또는 그 약호
c) 제조자명 또는 그 약호

6) 취급시의 주의 사항

다음에 기술하는 내용에 대한 취급시 주의 사항을 카탈로그 등에 기입하는 것이 바람직하다.

a) 관을 옥외에 보관할 경우에는 직사 광선을 피하고, 열기의 잠복을 방지하는 방법으로 천막을 덮는 등의 대책을 한다.
b) 관에는 직접 나사 가공을 하지 않는다.
c) 관에는 어떤 종류의 유기 화합물, 보기를 들어 아세톤, 시너, 크레오소트, 살충제, 흰개미 제거제 등 관의 재질에 나쁜 영향을 끼치는 물질을 뿌리거나 칠하지 말아야 한다. 또한 위의 물질이 직접 관에 접촉하지 않는 경우라도 보기를 들어 관이 얕게 묻혀 있는 경우, 위의 물질을 지면에 엎지르거나 땅 속에 스며들어, 관이 침해되는 경우가 있다는데 주의한다.
d) 호칭 지름 75 이상인 관 섭합에서는 부등 침하나 온도 변화 등에 의한 신축에 대응하기 위해 적절한 장소에 가요성이 있는 이음관을 사용해야 한다.

E. 하수도용 관

일반용 경질 염화비닐관 [KS M 3404]

시험빈도 : 제조회사별 / 제품규격마다

1) 재료 및 제조 방법

1. 관의 재료는 염화비닐 중합체를 주체로 하고 양질의 안정제를 사용하여야 한다. 또한 가소제는 첨가하지 않는다.

2. 관의 제조는 위의 *1)-1* 항에 규정하는 재료를 사용하여 압출 성형으로 한다.

3. 소켓 부분은 위의 *1)-2* 항에서 제조한 관의 끝부분을 슬리브 가공하여 성형한다.

4. 편수 칼라관에 사용하는 고무링의 품질은 KS M 6613의 1종 1호에 따른다. 단, 인수 인도 당사자 사이의 협의에 의하여 다른 품질의 고무링을 사용할 수 있다.

2) 시험 방법

1. **시험편** 시험편은 [표 1]에 의한다. 인장 시험 및 편평 시험에 사용하는 시험편은 20±2℃의 온도에서 1시간 이상 방치한 후 시험한다.

[표_1]

시험 항목		시험편의 모양	시험편 만드는 방식	시험편의 개수	시험 결과
겉모양 및 모양		관 모양	규정된 길이의 관	–	–
치 수		관 모양	규정된 길이의 관		
인장 시험		아령 모양	관에서 그림 1에 따라 만든다	3개	평균값에 의한다
수압 시험		관 모양	관에서 길이 1000mm 이상을 취한다	1개	–
편평 시험		관 모양	관에서 길이 약 50mm를 취한다	1개	–
침지 시험	호칭 지름 25 이하인 관	관 모양	관에서 길이 약 30mm를 취한다	각 시험액마다	평균값에 의한다
	호칭 지름 30 이상인 관	관 모양	관에서 길이 약 50mm를 취하여 이것에서 현의 길이(나비)가 약 25mm되도록 한다	각 시험액마다	평균값에 의한다
접합부 수압 시험		관 모양	관에 접합부를 접합하여 전 길이를 1000mm 이상으로 한다	1개	평균값에 의한다
비커 연화 온도		호 모양	관의 길이 10mm 이상, 나비 10mm 이상인 시험편을 절취한다. 두께가 6mm를 초과한 경우에는 바깥면을 절삭하여 약 3mm로 한다	2개	평균값에 의한다

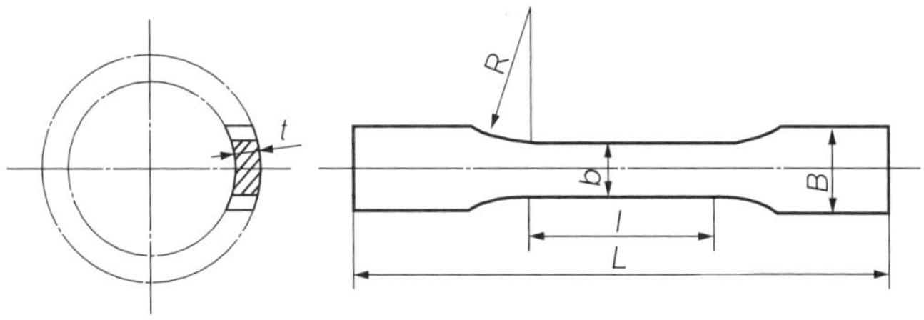

[그림_1 아령모양 시험편]

2. 겉모양 및 모양 관의 겉모양, 모양 및 색은 육안으로 검사한다.

3. 치수 KS B 5202에 규정하는 마이크로미터 및 KS B 5203에 규정하는 버니어 캘리퍼스 등을 사용하여 측정한다.

4. 인장 시험 시험편의 단면적 S(mm²)는 다음 식에 따라 계산한다.

$$S = t \times b$$

*** [참고_ t : 두께의 최소값(mm) / b : 현 길이의 최소값(mm)]

시험편을 KS M 3006에 준하여 매분 10±2mm의 속도로 인장하여, 그때의 최대 하중을 앞의 식에 의해 계산한 단면적으로 나누어 인장 강도를 구한다.

다음 식에 따라 20℃에서의 인장 강도를 구한다.

$$\sigma = \sigma_t + 0.652(t - 20)$$

*** [참고_ 여기에서 σ : 20℃에서의 인장 강도(N/mm²) t / σ_t : t℃에서의 안장 강도(N/mm²) / t : 시험시의 온도(℃)]

5. 수압 시험 시험편의 상온의 물로 표 2의 수압을 가하여 그대로 1분 동안 방치한 후, 누수나 그 밖의 결점 유무를 육안으로 검사한다.

[표_2]

관의 종류	수 압 값
VG_1	2.5 MPa
VG_2	1.5 MPa

[표_3]

시험액의 종류	시험액의 순도 및 농도
물	증 류 수
염화나트륨 용액	KS M 8115의 염화나트륨 $10^{W}/_{W}$% 수용액
황산 용액	KS M 8103의 황산 $30^{W}/_{W}$% 수용액
질산 용액	KS M 8104의 질산 $40^{W}/_{W}$% 수용액
수산화나트륨 용액	KS M 8116의 수산화나트륨 $40^{W}/_{W}$% 수용액

6. **편평 시험** 시험편을 2장의 평판 사이에 끼우고 관축에 직각 방향으로 시험편의 바깥지름이 1/2로 될 때까지 압축시킨다. 압축 속도는 10±2mm/min으로 하고, 균열, 파열 및 기공 등의 유무를 육안으로 검사한다.

7. **침지 시험** 시험편을 [표 3]의 각 시험액에 60±2℃로 5시간 담근 후 흐르는 물 속에서 5초 동안 씻고(물에 침지한 경우는 하지 않는다.), 마른 헝겊으로 표면의 수분을 닦은 다음 무게 다는 병에 넣어 무게를 단다. 다음 식에 따라 무게 변화량을 구한다.

$$r = \frac{W_a - W_b}{S}$$

*** [참고_ r : 무게 변화량(mg/cm^2) / W_a : 시험편의 침지 후 무게(mg) / W_b : 시험편의 침지 전 무게(mg) / S : 시험편의 표면적(cm^2)]

8. 접합부 수압 시험 시험편에 상온수로 [표 2]에 나타낸 수압을 가하여 1분 동안 방치한 후, 누수, 그 밖의 결점의 유무를 육안으로 검사한다.

9. 비카 연화 온도 시험 KS M 3401의 9.7에 따른다. 이 경우 시험편에 가하는 시험 하중은 50.0±1N으로 한다.

3) 시험 결과의 수치 표시 방법

시험 결과는 규정의 수치보다 1자리 아래까지 구하고, KS A 0021에 따라 끝맺음 한다.

4) 검사

1. 검사 방법 관의 검사는 형식 검사*와 인수 인도 검사**로 구분하며, *2)* 항에 따라 시험하여 다음 a) 및 b)에 대하여 규정에 적합하여야 한다.

[*] 형식 검사는 제품의 품질이 설계상 표시된 모든 특성을 만족하는지를 판정하기 위한 검사를 말한다.
[**] 인수 · 인도 검사는 이미 형식 검사에 합격한 것과 동일한 설계 및 제조로 된 제품의 인수 인도시 필요하다고 인정되는 특성을 만족하는지를 판정하기 위한 검사를 말한다.

a) 형식 검사
① 겉모양
② 모양
③ 치수
④ 인장 시험
⑤ 수압 시험 또는 접합부 수압 시험
⑥ 편평 시험
⑦ 침지 시험
⑧ 비카 연화 온도 시험

b) 인수 인도 검사
① 겉모양
② 모양
③ 치수
④ 인장 시험
⑤ 수압 시험 또는 접합부 수압 시험
⑥ 편평 시험

2. 시료 채취 방법 인수 인도 당사자 사이의 협의에 따른다.

5) 표시

관에는 쉽게 지워지지 않는 방법으로 다음 사항을 1곳 이상 표시하여야 한다.

a) 관의 종류 및 호칭 지름 (예 : $VG_1 50$, $VG_2 50$)
b) 제조 연월 또는 그 약호
c) 제조자 명 또는 그 약호

일반용 폴리에틸렌 관 [KS M 3407]

시험빈도 : 제조회사별 / 제품규격마다

1) 시험편

[표_1]

시험의 종류	시험편			
	모 양	채 취 방 법		개 수
인장 시험	아령형	1종	호칭 지름≤25, 호칭 지름≥200 : 3호 아령형 30≤ 호칭 지름≤150 : 2호 아령형 관의 길이 방향으로 잘라 시험편으로 한다.	3
		2종	호칭 지름≤25, 호칭 지름≥200 : 3호 아령형 30≤ 호칭 지름≤75 : 2호 아령형 관의 길이 방향으로 잘라 시험편으로 한다.	
수압 시험	관상	관으로부터 길이 1m를 자른다.		1
침지 시험	관상 때는 호상	시험편의 무게를 약 10g 취한다.		각 시험액마다 3
회분 시험	절단편	절단편의 무게를 약 10g 취한다.		3

2) 시험 방법

1. 인장 시험 *1)*항에 의해서 얻은 아령형의 시험편* 중앙에 정확하게 20mm를 잡아 눈금선을 긋는다. 표 점내의 여러 곳의 두께를 측정한다. 시험편을 인장 시험기**에 걸어 인장 속도는 200±20 mm/min로 인장하고, 시험편이 절단될 때의 최대 하중을 측정하며, 다음 식에 따라 인장 강도를 계산하고, 각각 3개의 평균값으로 시험 결과를 표시한다. 눈금간 거리 이외에서 절단되었을 때는 그 수만큼 재시험한다. 시험 온도는 23±2℃로 이 온도 이외에서 측정하였을 때는 그 값을 23℃의 값으로 환산한다.

$$T = \frac{P}{t \times W}$$

*** [참고_T : 인장 강도(N/cm^2) / P : 시험편이 절단할 때의 최대 하중(N) / t : 시험편 두께의 최소값(cm) / W : 시험편의 나비(cm)]

[*] 나비는 시험편이 절단된 나비를 사용한다. 규정된 나비와 다를 때는 보정해야 한다.
[**] 인장 시험기의 정밀도는 ±2%이며, 절단 하중은 용량의 15~85%의 것으로 한다.

2. 수압 시험 관을 수압 시험기에 걸고 상온에서 규정된 각각의 압력을 가하여 그대로 2분간 방치한 후 물이 샌다든가, 기타 결점이 생겼는가의 여부를 검사한다.

3. 침지 시험 *1)* 항에 의해서 얻어진 시험편을 시험액*에 60±2℃에서 5시간 침지한 후 흐르는 물 중에서 5초 동안 씻은 다음 마른 헝겊으로 표면의 수분을 닦아내고, 무게다는 병에 넣어 즉시 무게를 측정한다. 다음 식에 따라 무게 변화를 산출한다.
각 시험액마다 시험편 3개의 평균값으로 표시한다.

$$W = \frac{W_2 - W_1}{A}$$

*** [참고_W : 무게의 변화(g/m^2) / W_1: 시험편의 처음 무게(g) / W_2 : 시험편의 시험 후 무게(g) / A : 시험편의 표면적(m^2)]

4. 회분 시험 시료 약 10g을 자제 도가니에 넣고 무게를 정확하게 측정하여, 가열 탄화시킨 후 전기로에서 강열한다. 항량이 되었을 때 그 무게를 측정하고, 다음 식에 따라 회분을 산출한다.

$$A = \frac{W_3 - W_1}{W_2 - W_1} \times 100$$

*** [참고_A : 회 분(%) / W_1: 도가니의 무게(g) / W_2 : 시료를 넣은 후의 도가니의 무게(g) / W_3 : 시료를 강열하여 항량이 된 후의 도가니의 무게(g)]

3) 시험 결과 수치의 표시법

시험 결과는 규정된 수치보다 한 자리 아래까지 구하고, KS A ISO 3251-1에 따라 끝맺음한다.

4) 표시

관에는 쉽게 지워지지 않는 방법으로 1개에 대해 1곳 이상 표시하여야 한다.

a) 종류 호칭
b) 제조 연월일 또는 로트 번호
c) 제조자 명 또는 그 약호

진동 및 전압 철근 콘크리트관 [KS F 4402]

시험빈도 : 제조회사별 / 제품규격마다

1) 재료

1. 시멘트 다음 규격에 적합한 것 또는 이와 동등 이상의 것이어야 한다.
KS L 5201, KS L 5210, KS L 5211, KS L 5401

2. 골재 깨끗하고, 강하고, 단단하고, 내구적이며 적당한 입도를 가지고 가늘고 긴 돌조각 등 해로운 양을 포함해서는 안 된다.

3. 물 기름, 산, 염분, 유기물, 그 밖의 유해물 등 해로운 양을 포함해서는 안 된다.

4. 착색용 재료 유색관을 만들기 위한 콘크리트 착색용 재료는 정상적인 화학 공정을 거친 콘크리트용 재료이어야 하고, 내후성이 우수하며 관의 품질 및 환경 등에 해로운 영향을 주지 않는 것이어야 한다.

5. 혼화 재료 제품에 해로운 영향을 주지 않는 것이어야 한다. 다만 플라이 애시, 팽창제, 화학 혼합제, 방청제 및 고로슬래그 미분말을 사용할 경우에는 다음 규격에 적합하여야 한다.
KS F 2560, KS F 2561, KS F 2562, KS F 2563, KS L 5405

6. 철근 다음 규격에 적합한 것 또는 이와 동등한 것을 사용하여야 하며, 보조적 용도의 철선은 어닐링한 것을 사용하여도 좋다.
KS D 3504, KS D 3510, KS D 3552, KS D 7017

7. 실링재 관의 이음에 사용하는 실링재는 수밀성을 확보할 수 있는 것으로서 내구성이 있는 것이어야 한다.

8. 활제 실링재의 손상 없이 관을 쉽게 접합하기 위하여 활제를 사용하는 경우에는 실링재의 물성과 제품 및 환경에 영향을 주지 않는 것이어야 한다.

9. 양생 제품 출하시에 소요 강도를 얻을 수 있도록 한다. 단, 1차 실내 양생은 500℃를 표준으로 한다.

2) 시험 방법

1. **외압 강도 방법** 외압 강도 시험은 양생이 끝난 후 시료의 직선부를 견고한 대 위에 수평으로 놓고, 아래위에 두께 20mm의 양질 고무판과 두께 150mm의 각목을 놓고, 하중이 관 위의 직선부에 균등하게 분포되도록 수직으로 가한다.

2. **내압 시험** 내압 시험은 양생이 끝난 후, 공시관의 콘크리트를 포화수 상태로 한 후 시험 수압을 가하고 3분 동안 압력을 유지하여 누수 유무를 조사한다. 다만, 관 표면에 스며나온 물이 반점이 된 것 또는 물방울이 된 정도는 누수로 보지 않는다.

3. **수밀성 시험** 수밀성 시험은 양생이 끝난 후, 시료의 직선부를 견고한 대 위에 수평으로 놓고 관과 동일한 모양의 소켓과 스피컷이 달린 수압 시험기로 접합하고, 관 내부에 물을 가득 채워서 24시간 이상 놓아 두었다가 시험을 할 때 관 내부에 기포가 차지 않도록 서서히 물을 채워 30분 이상 방치한다. 관에서 가장 높이 물에 젖은 점을 기준으로 하여 수직 시험관의 수두가 1.0m를 유지하도록 물을 채운 후, 5분 간격으로 2회에 걸쳐 수직 시험관의 수두를 유지하는 데 필요한 물의 양을 측정하되, 물의 누수량은 지름 1m의 관인 경우 1m당 1L/hr가 넘어서는 안 된다. 다만 하수관을 부설한 경우와 같이 관을 2개 이상 접합하여 수밀성 시험을 하여도 각각의 관의 수밀성 측정에 지장을 주지 않는 경우에는 2개 이상의 관을 접합하여 시험하여도 좋다.

*** [참고_1.이 수압 시험기에는 밸브가 부착되어있는 급수관 및 통기관이 있어야 한다. 또한 통기관 또는 별도의 관을 사용하여 수압 측정 기구를 연결할 수 있어야 한다. 다만, 배관용 관의 규격은 호칭 지름 25mm 이상이어야 한다.
2. 수압 측정 기구로는 적정 눈금을 가진 수직 시험관 또는 수압계를 사용할 수 있다.]

3) 검사

1. **검사 항목** 검사는 겉모양, 모양, 치수, 외압 강도 및 수밀성에 대하여 한다.

2. **겉모양 및 모양** 겉모양 및 모양의 검사는 전수에 대하여 하고, 규정에 적합한 것은 합격으로 한다.

3. **치수** 치수 검사는 종류 및 호칭을 달리할 때마다 200개 또는 그 나머지를 1로트로 하고, 1로트에서 무작위로 2개의 시료를 채취하여 모양 및 치수에 적합하면, 그 시료가 대표하는 로트 전부를 합격으로 한다.

4. 외압 강도 외압 강도 검사는 종류 및 호칭을 달리할 때마다 200개 또는 그 나머지를 1로트로 하고, 1로트에서 무작위로 1개의 시료를 채취하여 *2)*의 시험을 하고, 외압 강도의 규정에 적합하면 그 시료가 대표하는 로트 전부를 합격으로 한다.

5. 내압 강도 내압 강도 검사는 종류 및 호칭을 달리할 때마다 200개 또는 그 나머지를 1로트로 하여 1로트의 관으로부터 2개의 시료를 채취하고 내압시험을 하여 규정에 적합하면 그 시료가 대표하는 로트를 합격으로 한다.

6. 수밀성 수밀성 검사는 종류 및 호칭을 달리할 때마다 200개 또는 그 나머지를 1로트로 하고, 1로트에서 무작위로 1개의 시료를 채취한 다음 수밀성 시험을 하여 규정에 적합하면, 그 시료가 대표하는 로트 전부를 합격으로 한다.

4) 호칭 방법

관의 호칭 방법은 다음의 보기에 따르고, 종류 모양 호칭 및 유효 길이를 명기하여야 한다.

(예) A – 6000 X 2500 (보통관 A형 호칭 600 유효 길이 2500mm)
A4K – 600 X 2500 (압력관 A형 4K 호칭 600 유효 길이 2500mm)
C – 700 X 2000 (보통관 C형 호칭 700 유효 길이 2000mm)

5) 표시

관에는 다음 사항을 표시하여야 한다.

1. 제품의 표시
   a) 제품의 호칭
   b) 제조 공장명 또는 그 약호
   c) 제조 연월일

2. 납품서의 표시
   a) 제조 연월일 또는 로트 번호
   b) 제품의 호칭
   c) 제조 공장명 또는 그 약호

원심력 철근 콘크리트관 [KS F 4403]

시험빈도 : 제조회사별 / 제품규격마다

1) 재료

1. **시멘트** 다음 어느 규격에 적합한 것, 또는 품질이 이들과 동등 이상인 것이어야 한다.
 a) KS L 5201
 b) KS L 5210
 c) KS L 5211
 d) KS L 5401

2. **골재** 골재는 깨끗하고, 강하고, 단단하며, 내구적으로 적당한 입도를 가지고 먼지, 점토 덩어리, 얇은 돌 조각, 가늘고 긴 돌 조각, 유기 불순물, 염화물 등을 유해량 함유해서는 안 된다.

3. **물** 물은 기름, 산, 염류, 유기 불순물, 현탁물 등 관의 품질에 영향을 미치는 물질을 유해량 함유해서는 안 된다.

4. **철근** 철근은 다음 어느 규격에 적합한 것, 또는 기계적 성질이 이들과 동등 이상인 것이어야 한다.
 a) KS D 3504
 b) KS D 3510
 c) KS D 3552
 d) KS D 7009
 e) KS D 7017

5. **혼화 재료** 혼화 재료를 사용할 경우에는 관의 품질에 해로운 영향을 미치지 않는 것이어야 한다. 또한 플라이 애시, 팽창재, 화학 혼화제 및 녹 방지제를 사용할 경우에는 다음 규격에 적합한 것을 사용한다.
 a) KS F 2560
 b) KS F 2561
 c) KS F 2562
 d) KS F 2563
 e) KS L 5405

6. **라이닝재** 곡관 U형에 라이닝재를 사용할 경우에 그 재질은 내구성이 있어야 한다.

7. **접착제** 곡관 V형에 접착제를 사용할 경우에는 견고한 접착을 얻는 것이어야 한다.

8. **실링재** 관의 이음에 사용하는 실링재는 수밀성을 확보할 수 있는 것으로서 내구성이 있는 것이어야 한다. 수도용 고무를 사용할 경우에는 관의 종류에 따라 [표 1]에 나타내는 것을 사용한다.

[표_1 고무의 품질]

관의 종류	KS M 6613에 규정하는 종류
보 통 관	4종
압 력 관	1종 1호 50

9. **방균제** 방균관에 사용하는 방균제의 유황산화 세균에 대한 최소 생육 억제 농도(MIC)는 부속서2에 의한 측정법에 따라 최소 농도가 50ppm 이하이어야 한다.

2) 시험 방법

1. **외압 시험** 외압 시험은 다음에 따라 한다.
 a) 공시관을 대 위에 수평으로 놓고 꼭대기부 및 밑부에 두께 약 20mm인 고무판과 약 150X150mm인 각재를 대어서 한다. 다만 밑부의 각재는 생략할 수 있다.
 b) I빔에 자체 무게가 관체에 작용하지 않는 구조의 시험기를 사용한다. 하중은 관체에 거의 균등하게 분포하도록 연직으로 가한다.
 c) 균열 강도 시험은 보통관과 압력관을 규정된 균열 하중에 유효 길이 L을 곱한 값까지 관체에 하중을 가하고 관체에 나비 0.05mm를 초과하는 균열의 유무를 조사한다.
 d) 파괴 강도 시험은 관체에 하중을 가해 나가서 관체에 나비 0.05mm를 초과하는 균열이 발생했을 때의 하중과 시험기가 표시하는 최대 하중을 구하고 각각의 값을 유효 길이 L로 나누어 균열 하중 및 파괴 하중을 산출한다.

2. **내압 시험** 공시관의 콘크리트를 포화수 상태로 한 후 시험 수압을 가하고 3분 동안 압력을 유지하여 누수 유무를 조사한다. 다만 관 표면에 스며나온 물이 반점이 된 것 또는 물방울이 된 정도는 누수로 보지 않는다.

3. **방균 시험** 공시관의 몸체에서 코어를 채취하고 부속서 3에 따라 시험하여 변색 여부를 확인한다.

3) 검사 방법

1. **검사 항목** 검사는 겉모양, 모양 및 치수에 대하여 하고 보통관에 대하여는 외압 강도, 압력관에 대하여는 외압 강도 및 내압 강도 검사를 한다. 방균관에 대하여는 방균 성능 검사를 추가한다.

2. **겉모양 및 모양** 겉모양 및 모양의 검사는 전수에 대하여 하고, 관에는 해로운 흠이 없고, 내면은 사용상 지장이 없을 정도로 매끄러워야 한다.

3. **치수** 치수 검사는 1조의 관에서 1개의 공시관을 샘플링하여 하고 규정에 적합하면 그 공시관이 대표하는 조를 합격으로 한다. 이 검사에 합격하지 않을 때 그 조는 전수에 대하여 검사하고 규정에 적합한 것을 합격으로 한다.

4. **외압 강도** 외압 강도 검사는 균열 강도 및 파괴 강도에 대하여 한다.
   균열 강도 검사는 1조의 관에서 1개의 공시관을 샘플링하여 *2)-1*항에 따라 시험하여 관체에 나비 0.05mm를 초과하는 균열이 없으면 그 공시관이 대표하는 조를 합격으로 한다. 이 검사에 합격하지 않을 때는 그 조에서 다시 2개의 공시관을 샘플링하여 검사하고 2개 모두 합격하면 불합격 관을 제외한 그 조를 합격으로 하고 1개라도 합격하지 않으면 그 조를 불합격으로 한다.
   또한 파괴 강도 검사는 정기적인 샘플링 방식으로 *2)-1*항에 따라 시험하여 균열 하중 및 파괴 하중의 규정에 적합하면 합격으로 한다.

5. **내압 강도** 내압 강도 검사는 1조의 관에서 1개의 공시관을 샘플링하여 *2)-2*항에 따라 시험하여 규정에 적합하면 그 공시관이 대표하는 조를 합격으로 한다. 이 검사에 합격하지 않을 때는 그 조에서 다시 2개의 공시관을 샘플링하여 검사하고 2개 모두 합격하면 불합격 관을 제외한 그 조를 합격으로 하고 1개라도 합격하지 않으면 그 조를 불합격으로 한다.

6. **방균 성능** 방균 성능 검사는 1조의 관에서 1개의 공시관을 샘플링하여 *2)-3*항에 따라 시험하여 방균 효과가 확인되면 합격으로 한다. 이 검사에 합격하지 않을 때는 그 조에서 다시 2개의 공시관을 샘플링하여 검사하고 2개 모두 합격하면 불합격 관을 제외한 그 조를 합격으로 하고 1개라도 합격하지 않으면 그 조를 불합격으로 한다.

5) 표시

관에는 다음 사항을 표시하여야 한다.

a) 제품의 호칭명
b) 제조자명 또는 그 약호
c) 제조 연월일 또는 그 약호

코어식 프리스트레스트 콘크리트 관 [KS F 4405]

시험빈도 : 제조회사별 / 제품규격마다

1) 재료

1. **시멘트** 다음 어느 규격에 적합한 것, 또는 품질이 이들과 동등 이상인 것이어야 한다.
 a) KS L 5201
 b) KS L 5210
 c) KS L 5211

2. **골재** 깨끗하고 강하며 내구적이고 적당한 입도를 가지며, 먼지, 점토 덩어리, 연한 석편, 가늘고 긴 석편, 유기 불순물, 염화물 등을 해로운 양 함유하여서는 안 된다. 골재의 최대 치수는 25mm 이하이며, 또한 코어 두께의 2/5 이하이어야 한다.

3. **물** 기름, 산, 염류, 유기 불순물, 현탁물 등 제품의 품질에 영향을 주는 물질을 해로운 양 함유하여서는 안 된다.

4. **PC 강재** 다음 어느 규격에 적합한 것, 또는 기계적 성질이 이와 동등 이상인 것을 사용한다.
 a) KS D 3505
 b) KS D 7009
 c) KS D 7002

5. **철근** 철근을 사용할 때는 다음 어느 규격에 적합한 것, 또는 기계적 성질이 이와 동등 이상인 것이어야 한다. 다만 어닐링 철선은 결속용에 한한다.
 a) KS D 3504
 b) KS D 3510
 c) KS D 3552에 규정한 보통 철선

6. **혼화 재료** 혼화 재료를 사용하는 경우에는 관의 품질에 해로운 영향을 주지 않는 것이어야 한다. 플라이 애시, 팽창재, 화학 혼화재, 방청제 및 고로 슬래그 미분말을 사용하는 경우는 다음 규격에 적합한 것이어야 한다.
 a) KS F 2560
 b) KS F 2561

c) KS F 2562

d) KS F 2563

e) KS L 5405

7. **고무링** 관의 이음에 사용되는 고무링은 수밀성 확보가 가능한 것으로 내구성이 있는 것이어야 한다.

[표_1 고무의 품질]

관의 종류	KS M 6613에 규정하는 종류
보 통 관	4종
압 력 관	1종 1호 50

2) 시험 방법

1. **내압 시험** 관을 [그림 1]과 같이 관과 동일한 모양의 소켓과 스피것이 달린 수압 시험기로 접합하고, 관 내부에 물을 가득 채워서 충분히 공기를 빼고 서서히 수압을 증가시켜 시험 내압에 도달한 다음 5분 동안 그 압력을 유지한다.

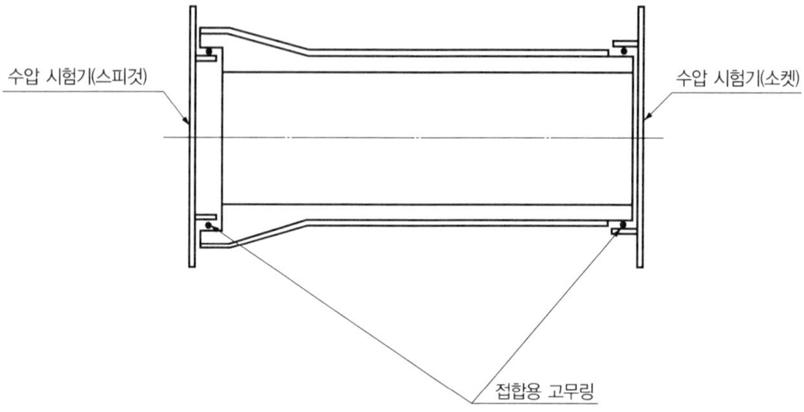

[그림_1]

2. **외압 시험** 관을 견고한 대 위에 놓고 꼭대기 부분 및 밑부분에 두께 약 20mm의 고무관과 약 150×150mm의 각재를 댄다. 다만 밑부분의 각재는 작아도 좋다.
또한 하중은 관에 되도록 균등하게 분포하도록 시험 하중P*에 도달할 때까지 연직 방향으로 가한다.

[*] 시험 하중 P는 표 3의 시험 외압에 유효 길이 L을 곱한 값이다.

3) 검사 방법

1. 검사 항목 검사는 겉모양, 모양 및 치수에 대하여 하고, 다시 압력관에 대하여는 내압 강도 및 외압 강도, 보통관에 대하여는 외압 강도 검사를 한다.

2. 겉모양 및 모양 검사는 전수 검사를 하고 아래에 적합하면 합격으로 한다.

a) 관은 동심원이어야 하며, 그 끝면은 관 축에 대하여 직각이어야 한다.
b) 관은 해로운 흠이나 균열 등의 결점이 없고, 내면은 매끈하여야 한다.
c) 소켓의 내면 및 스피것의 바깥은 특히 매끈하여야 한다.
d) 커버 코트의 표면은 가능한 한 요철이 적은 것이어야 한다.

3. 치수 치수의 검사는 종류 및 호칭 지름을 달리할 때마다 50개 또는 그 나머지를 1로트로 하여 그 로트로부터 1개의 공시관을 샘플링하여 하고, 규정에 적합하면 그 로트 전부를 합격으로 한다. 다만, 1로트의 개수는 인수 인도 당사자 사이의 협의에 따라 변경할 수 있다.

4. 내압 강도 압력관의 내압 강도 검사는 종류 및 호칭 지름을 달리할 때마다 50개 또는 그 나머지를 1로트로 하여, 그 로트로부터 1개의 공시관을 샘플링하여 내압 시험을 하고, 규정에 적합하면 그 로트 전부를 합격으로 한다. 다만 1로트의 개수는 인수 · 인도 당사자 사이의 협의에 따라 변경할 수 있다.

[표_2]

단위 (MPa)

종 류		시험 내압	호칭 지름 (mm)
압력관	1 종	1.8	500 ~ 1 650
	2 종	1.4	500 ~ 2 000
	3 종	1.0	
	4 종	0.6	
	5 종	0.4	

5. 외압 강도 보통관 및 압력관의 외압 강도 검사는 종류 및 호칭 지름을 달리할 때마다 50개 또는 그 나머지를 1로트로 하여, 그 로트로부터 1개의 공시관을 샘플링하여 외압 시험을 하고, 규정에 적합하면 그 로트 전부를 합격으로 한다. 다만 1로트의 개수는 인수 · 인도 당사자 사이의 협의에 따라 변경 할 수 있다.

6. **재 검사** *3)-3, 3)-4* 및 *3)-5* 항의 검사에서 불합격되었을 경우 재검사를 할 수 있다. 재검사는 불합격된 검사 항목에 대하여 불합격품을 제외한 그 로트에서 2개의 공시관을 샘플링해서 검사하여 2개 모두 합격하면 그 로트 전부를 합격으로 하고 1개라도 합격하지 않으면 그 로트 전부를 불합격으로 한다.

4) 표시

관에는 다음 사항을 표시하여야 한다.

a) 호칭명
b) 코어의 제조 연월일
c) 뽑어 붙이기 연월일
d) 제조자명 또는 그 약호
e) 제조 공장명 또는 그 약호

프리스트레스트 콘크리트 실린더관 [KS F 4406]

시험빈도 : 제조회사별 / 제품규격마다

1) 재료

1. **강재** 일정한 두께로 다음 어느 규격에 적합한 것 또는 이와 동등 이상의 품질을 만족하여야 한다.
   a) KS D 3501
   b) KS D 3503
   c) KS D 3512
   d) KS D 3526
   e) KS D 3560
   f) KS D 4101

2. **용접봉** KS D 7004에 따른다.

3. **시멘트** KS L 5201에 따른다.

4. **골재** KS F 2526에 적합한 것으로서 깨끗하고 강하며 내구적으로 적당한 입도를 가지고 먼지, 점토 덩어리, 염류, 가늘고 긴 돌조각, 유기물 등의 유해 물질을 함유해서는 안 된다. 또한 굵은 골재의 최대 치수는 25mm 이하이어야 한다.

5. **물** 기름, 산, 염, 유기물 등 제품에 좋지 않은 영향을 미치는 물질을 함유해서는 안 된다.

6. **혼화제** 제품의 강도와 작업성, 품질 향상 등을 목적으로 혼화제를 사용할 수 있으며, KS F 2560에 적합한 제품을 사용하며 해로운 염화물을 함유한 혼화제를 사용해서는 안 된다.

7. **PC 강선** 다음 규격에 따르되 이 규격 이외의 호칭 지름을 사용할 경우, 그 품질은 다음 규격과 동등하거나 또는 그 이상이어야 한다.
   a) KS D 3505
   b) KS D 3510
   c) KS D 7002

8. 철근 및 와이어 메시 철근 및 보강근은 다음 규격에 따른다.

a) KS D 3504

b) KS D 7017

9. 고무링

a) 관의 이음에 사용하는 고무링은 KS M 6613에 규정하는 1종 1호 50에 적합한 것을 사용한다.

b) 시험 방법 및 특성은 KS M 6518에 따른다.

2) 이형관 및 특수관

1. 이형관

가. 일반 사항 클로저, 어댑터, 벤드 및 엘보, 벌크헤드, 티, 와이, 크로스, 리듀서 등으로 구분되는 이형관은 철판을 절단, 용접하여 제작하며 모르타르, 그 밖의 적합한 자재로 안팎부를 보강하여야 한다.

나. 제작

a) 절단, 가공된 철판의 용접은 관과 동일한 방법으로 시행하며, 용접 부분의 검사는 액체 침투법이나 그 밖의 방법으로 시행하되 이미 수압 시험을 한 부분은 제외한다.

b) 필요시 와이어 메시를 사용하여야 하며 규격은 50~200mm이어야 한다.

c) 모르타르에 의한 안팎부 보강시 두께는 최소 9.5mm, 외부는 최소 19mm이상이어야 한다.

d) 이 때 모르타르는 충분한 양생이 이루어져야 한다.

e) 와이어 메시와 철판의 간격은 약 10mm 정도가 되어야 하며, 모르타르의 두께가 19mm 이하인 경우 두께의 중앙에 배열한다. 그러나 원심력에 의한 경우는 제외한다.

2. 특수관

가. 일반 사항 기존의 관을 이용하거나 철판을 이용하여 제작한 것으로 아우트렛관, 바벨관, 단관 등이 있다.

나. 제작 제작 방법은 관 또는 이형관과 동일하다.

3) 수압 시험

수압 시험은 표 1의 시험 수압을 공시관에 가해서 5분 동안 압력을 유지하여 누수 여부를 조사한다.

[표_1]

종 류	시험 수압 (MPa)	관의 호칭 지름 (mm)
1 종	2.5	500 ~ 4 000
2 종	2.1	
3 종	1.75	
4 종	1.4	
5 종	1.1	

4) 검사 방법

1. 검사는 모양 치수 및 겉모양과 강도에 대하여 한다.

2. 모양 · 치수 및 겉모양의 검사는 전수 검사로 하며 규정에 맞으면 합격으로 한다.

3. 강도 검사는 호칭 지름 및 종류를 달리할 때마다 1로트에 대하여 1개의 공시관을 랜덤하게 샘플링하고, 수압 시험을 하여 [표 1]의 규정에 맞으면 그 로트 전부를 합격으로 한다. 1로트의 크기는 주문자와 합의하여 결정한다.

5) 호칭

관은 프리스트레스트 콘크리트 실린더관을 표시하는 기호인 PCCP, 종류, 관의 안지름, 내압 및 길이로 호칭하며, 지름은 관의 내부 지름으로 표시한다.

예) PCCP – I – 2800 – 1 – 4 (PCCP – 철판 실린더 매립형 – 안지름 2800mm – 1종 – 길이 4)

6) 표시

관에는 제조자명 또는 그 약호, 호칭 기호와 아울러 코어 및 피복의 양생 완료 연월일이 내부에 명기되어야 한다.

건설공사 품질시험 기준

핵 | 심 | 정 | 리

토 목

ENGINEERING

CONSTRUCTON
STANDARDS
FOCUS

Ⅰ. 도로공사 (흙 및 혼합골재)

동상방지층 및 보조기층

다져진 아스팔트 포장용 혼합물 시료의 두께 (또는 높이) 측정 방법 [KS F 2367]

시험빈도 : 1일 1회 이상

1) 시험 기구

1. 측정용 기구는 금속 테이프, 자, 캘리퍼스 등 이 규격에 규정된 두께 측정 방법에 적합하도록 제작된 측정 기구를 사용하여야 한다.

*** [참고_직접 측정 방법 외에도 시험 방법에 규정한 방법에 의하여 두께를 결정할 수도 있다.]

2. 측정용 기구는 1.0mm까지 측정할 수 있어야 한다.

2) 공시체

1. 공시체는 시험실에서 또는 현장에서 다져진 아스팔트 포장 혼합물을 사용하여야 한다.
2. 공시체는 코어 채취기, 다이아몬드 또는 캐보랜덤(carborandum) 톱날, 기타 적절한 방법으로 채취하여야 한다.
   a) 포장 현장에서 공시체를 채취하여 도중 또는 시험실 다짐 몰드로부터 채취하는 도중 또는 측정하기 전에 공시체를 보관하는 도중에 변형되었거나, 균열이 발생한 공시체는 사용하여서는 안 된다.
   b) 공시체는 실 코트, 노반 재료, 흙, 종이, 기타 이물질이 붙어 있어서는 안 된다.
   c) 시공면을 깨끗하게 얻을 수 있는 경우에는, 전단에 의하거나 기타 적절한 방법으로 다른 충돌과 분리시켜도 좋다.

3) 시험 방법

1. 표면이 비교적 수평면을 이루고 있거나 또는 각 층을 표시하는 경계선이 뚜렷한 공시체는 다음과 같은 방법으로 테이프, 자 또는 캘리퍼스로 측정할 수 있다.
   a) 시험 기구에 규정된 측정 기구를 사용하여 1.0mm의 수치까지 공시체의 두께 또는 층의 두께를 측정한다. 공시체의 윗면에 대략 수직이 되도록 하여 두께를 측정한다. 공시체의 윗면과 아랫면 사이의 높이, 윗면 또는 아랫면 층의 경계면 사이의 높이 또는 층의 경계면과 경계면 사이의 높이를 측정한다.

b) 원주 공시체는 개략적으로 4등분하여 4개 지점을 측정하며, 잘라낸 사각형 공시체는 4면의 중앙 점에서 측정한다. 4개 지점의 측정 결과를 평균하여 공시체의 두께로 한다.

2. 공시체의 양면이 비교적 수평면인 경우, 공시체의 평균 두께는 측정 기구를 사용하여 측정할 수 있으며, 측정 기구의 정밀도는 *3) 1.*에 규정한 방법에 의한 측정값과 ±1.3mm의 범위 내에 드는 것을 사용해야 한다.

3. KS F 2364에 규정한 밀입도 아스팔트 혼합물 공시체의 옆면(수직면)이 일정할 때에는 다음과 같은 방법으로 공시체의 부피를 단면적으로 나누어 두께를 결정할 수 있다.

*** [참고1_예를 들면 마살 시험용으로 시험실에서 제작한 공시체, 코어 채취기에 의하여 채취한 코어 등이 있다.
*** [참고2_인력이나 동력을 사용하여 정으로 잘라낸 공시체는 불규칙한 부분을 제거하기 위하여 측정하기 전에 연마기로 갈거나 다이아몬드 톱으로 잘라내어야 한다.]

a) 상하 양면으로부터 대략 중간 정도 되는 지점에서 공시체의 측면에 대략 직교하는 부분을 택하여 공시체의 단면적(cm^2)을 측정한다.

b) KS F 2353에 따라 공시체의 부피를 측정한다.

부피 = $\dfrac{D-E-(D-A)/F}{1}$ 로 되어 있으며, 분모 1은 물의 밀도를 g/cm^3로 표시한 것

c) 공시체의 평균 두께는 다음식에 따라 구한다.

$$\text{두께}(cm) = \frac{\text{부피}(cm^2)}{\text{단면적}(cm^2)}$$

4) 보고

a) 공시체의 평균 두께

b) 측정 방법

사질토의 모래 당량 시험 방법 [KS F 2340]

시험빈도 : 골재원마다 / 재질변화시마다

1) 시험 기구

a) 플라스틱 메스 실린더, 고무 집게, 관주관, 중량판 및 사이펀 기구 등
b) 측정 용기 : 지름 57mm, 용량 85±5mL
c) 4.75mm 체
d) 깔때기 : 시료를 실린더에 넣기 위한 것.
e) 병 : 용액 저장용으로 용량 4L짜리 2개
f) 팬 : 시료 혼합용
g) 스톱워치
h) 기계 모래 당량 교반기 : 175±2mm, 203±1mm 이동하는 것
i) 수동 모래 당량 교반기 : 127±5mm의 길이를 수동 조작할 수 있는 1/2스트로크로 45±5초 동안 100사이클의 비율로 진동할 수 있는 것.

2) 시약과 재료

1. **저장 용액** : a)~c)에 나열된 재료
a) 무수 염화칼슘 : 454g
b) UPS 글리세린 : 2050g(1640mL)
c) 포름알데히드 : (용적률 40% 용액) 47g(45mL)
d) 454g의 염산칼슘을 1.89L의 증류수에 용해시키고 급속히 여과하여 냉각한다. 여과된 용액에 2050g의 글리세린과 47g의 포름알데히드를 잘 섞어 3.78L로 희석한다.
2. **시험용 염화칼슘 용액** 물 3.8L에 염화칼슘 1 측정용 통만큼을 희석하여 시험용 염화칼슘을 준비한다. 시험용 용액의 정상적인 준비를 위해서는 증류수 또는 비광물성 물을 준비한다.

3) 시험기구의 준비

a) 사이펀을 3.8L 용량의 염화칼슘 용액병에 설치한다. 병은 작업대에서 약 1m 위에 설치한다.
b) 사이펀은 집게를 열고 용액병 마개에 달린 적은 관을 붙여서 작용시킨다.
c) 모래 당량 진탕기는 수평으로 단단하게 고정시킨다.

4) 시험 방법

1. 메스 실린더에 눈금 102±3mm가 되도록 염화칼슘 용액을 사이펀으로 놓는다.
2. 실린더에 시험 시료를 깔때기를 사용하여 넘치지 않도록 부어 넣는다.
3. 실린더의 밑을 손등으로 몇 번 두들겨서 시료 속의 공기를 제거하고 침적을 촉진시킨다.
4. 이 실린더를 10±1분간 정지하여 둔다.
5. 10분 후 마개로 막고 시료가 바닥으로부터 느슨해지도록 실린더를 거꾸로 하여 흔든다.
6. 실린더를 흔들어 시료가 바닥으로부터 느슨해진 후, 다음 3가지 중 1가지 방법으로 실린더와 내용물을 계속 흔든다.
   a) **기계 진동 방법** 모래 당량 진탕기에 마개로 막은 실린더를 설치하고 45±1초간 진동한다.
   b) **수동 진동 방법**
   - 3개의 스프링 집게가 달린 수동 모래 당량 진탕기에 실린더를 설치하고, 행정 계수계를 0으로 맞춘다.
   - 진탕기 정면에 서서 오른쪽 스프링 철띠 윗부분을 수평으로 밀어서, 뒤판에 페인트로 표시된 제한 행정 표시에 맞춘다. 손을 철띠로부터 떼어 실린더와 캐리지가 반대 방향으로 도움이나 방해를 받지 않고 띠의 스프링 작용에 의해 움직일 수 있도록 한다.
   - 오른쪽 스프링 철띠를 부드러운 진동이 되게 손가락 끝으로 제한 행정 표시까지 각 행정마다 움직일 수 있도록 충분한 힘을 가한다. 제한 행정 표시의 중심은 적당한 행정 길이와 진동의 최대 허용 한계 폭이 되도록 위치를 잡는다. 진동은 제한 행정 표시 내에서 이루어지도록 한다. 적당한 진동을 위해서는 상박과 손목을 이용하여야 한다.
   - 진동은 100행정이 될 때까지 계속한다.

   b) **수동 방법**
   - 실린더를 수평으로 잡고 수평으로 힘껏 흔든다.
   - 실린더를 30초에 90행정이 되도록 230±25mm 간격으로 흔든다. 1행정은 앞에서 뒤로 완전히 한 번 흔든 것으로 한다.
7. **진동 작업 후 실린더를 작업대 위에 놓고 마개를 제거한다.**
8. **관주 방법**
   a) 관주를 하는 동안 실린더를 수직으로 세우고 작업대 위에 확실히 놓는다. 실린더 위로부터 관주관을 넣고 호스에서 스프링 집게를 제거하고, 관주가 낮아짐에 따라 실린더 벽의 물질을 세척한다. 실린더 밑바닥의 흙 입자 속에 관주를 넣는데, 관주 끝에서 용액을 주입하면서 돌리면서 삽입한다. 이것은 가는 입자를 굵은 모래 입자 위에 부유하게 하는 것이다(그림 8 참조).
   b) 이것을 실린더이 높이 380mm 눈금이 될 때까지 계속한다. 380mm 높이가 되면 관주를 서서히 올려 제거하고 380mm가 되게 조정한다.

9. 관주를 제거한 후 20분간 가만히 정치시킨다.
10. 20분 후 12에서 기술한 점토 침전물의 상부 높이를 읽고 기록한다. 이것을 점토 높이값으로 나타낸다. 만일 20분 후에 점토선이 분명하지 않을 때는 읽을 수 있을 때까지 정치하여 둔다. 그리고 총 정치 시간을 기록한다. 만일 30분이 초과하면 같은 재료인 3개의 시료로 다시 시험하여 그 중 가장 짧은 침전 시간을 점토 높이값으로 기록한다.
11. 모래 높이값 결정
    a) 점토 높이를 읽은 후 실린더에 추를 모래 위에 닿게 가만히 놓는다. 이 때 지시계가 실린더 상부 끝에 닿지 않게 한다.
    b) 추 밑이 모래 위에 놓이면 실린더의 안쪽에 지시계가 닿을 때까지 실린더 눈금쪽으로 기구의 끝을 둔다. 지시계의 상부 끝에서 254mm 빼고, 이 값을 모래 높이값으로 기록한다.
    c) 부주의하여 추를 눌러서 읽은 것은 틀린 것으로 한다.
12. 만일 점토나 모래의 높이값이 2.5mm 사이인 때는 높은 값으로 기록한다.

5) 계산

a) 모래 당량 계산은 적어도 0.1%까지 계산한다.

$$SE = (\text{모래 높이값}/\text{점토 높이값}) \times 100$$

***[참고_SE : 모래 당량]

b) 모래 당량 계산값이 정수가 아닐 때는 높은 값의 정수로 한다.

$(3.3/8.0) \times 100 = 41.2$ 이것은 42로 보고한다

c) 평균값이 정수가 아닌 때는 높은 쪽의 정수로 계산하고, 이것들의 평균값도 또한 같다.

6) 정밀도

시험 결과는 3개의 시험 시료에서 평균값의 차이가 ±4 이내이어야 한다.

E. 시멘트 안정 처리기층

긁기 경도에 의한 굵은 골재의 연석량 시험 방법 [KS F 2516]

시험빈도 : 골재원마다 / 재질변화시마다

1) 시 료

시료는 대표적인 것을 이하의 순서에 따라 채취한다.

a) 시료는 충분히 물로 씻어 표면에 붙어 있는 이물질 등을 제거한다.
b) 호칭 치수 9.5mm의 체를 통과하는 입자를 제거한다.
c) 4분법 또는 시료 분취기에 의해 건조 후에 표 1의 질량이 될 때까지 축분한다.

[표_1] 채취 시료의 질량

굵은 골재의 최대 치수(mm)	채취하는 시료의 질량 (kg)
15 정도인 것.	2.5
20 정도인 것.	5
25 정도인 것.	10
40 정도인 것.	15
60 정도인 것.	30

2) 시험방법

1. 시험하는 각 군의 질량 시료를 KS F 2502에 따라 체가름 시험을 하여 표 2에 나타내는 입자 지름에 따른 군으로 나누고, 각 군의 백분율을 구하여 10% 이상이 된 군에 대해서만 긁기 경도 시험을 실시한다.
   시험하는 각 군의 질량은 표 2에 따른다.

[표_2] 군별 시료의 질량

군	시료의 질량
16mm를 통과하고 9.5mm에 남는다.	200g 이상
19mm를 통과하고 16mm에 남는다.	700g 이상
26.5mm를 통과하고 19mm에 남는다.	1.5kg 이상
37.5mm를 통과하고 26.5mm에 남는다.	3kg 이상
63mm를 통과하고 37.5mm에 남는다.	6kg 이상

2. 긁기 방법과 판정 각 군의 시료를 1개씩 황동 막대로 약 10N의 힘*을 가하면서 선 모양으로 긁는다. 시험은 긁기 가능한 면에 대하여 여러 방향으로 몇 회 실시하고, 이 때 황동의 색이 묻지 않고 긁기 흔적이 생긴 입자**나 일부가 부서진 입자***를 연석으로 하고 각 군에 대하여 그것들의 전 질량과 개수를 구한다.

[*] 약 10N의 힘의 정도는 저울에 황동 막대를 누르는 것에 의해 확인해 둔다.
[**] 하나의 골재 입자에서 시험 부분에 따라 판정 결과가 다른 경우는 많은 시험 부분의 판정 결과를 그 입자의 판정으로 한다.
[***] 사암질 골재에서는 일부의 모래 입자가 벗겨지지만 나머지 부분에 항동색이 묻는 수가 있다. 이러한 입자는 연석으로 한다.

3) 계산

a) 계산 결과는 다음 식에 따라 산출하고, 반올림하여 소수점 이하 1자리로 끝맺음 한다.

$$P_W = \frac{m_2}{m_1} \times 100$$

$$P_N = \frac{N_2}{N_1} \times 100$$

$$P_2 = \sum \frac{P_1 - P_1}{100}$$

***[참고_P_W : 각 군의 연석 질량 백분율(%) / m_1: 시험한 각 군의 질량(%) / m_2: 각 군의 연석 질량(g) / P_N : 각 군의 연석 개수 백분율(%) / N_1: 시험한 각 군의 개수 / N_2: 각 군의 연석 개수 / P_1: 시료 중의 각 군의 질량(g) / P_2: 굵은 골재의 연석 질량 백분율(%)]

b) 전 질량의 10%에 미치지 않는 군의 것에 대해서는 2)의 시험은 하지 않지만 그 군의 앞뒤에서의 값의 평균값을 가지고 그 군의 값으로 한다. 앞뒤의 군 중 어느 쪽이 빠져 있을 때는 존재하는 쪽의 값을 가지고 그 군의 값으로 한다.

4) 보고

보고는 다음 사항에 대하여 한다.

a) 굵은 골재의 종류, 겉모양 및 산지 또는 명칭
b) 시료 채취일
c) 시험한 각 군의 질량 백분율(%)
d) 시험한 각 군의 질량과 개수
e) 각 군의 연석 질량 백분율 및 개수 백분율(%)
f) 굵은 골재의 연석 질량 백분율(%)

점토덩어리 함유량 [KS F 2512]

시험빈도 : 골재원마다 / 재질변화시마다

1) 시료

1. **시료의 채취** 시험하려고 하는 로트를 대표하도록 골재를 채취하여 3에 나타내는 질량 이상이 되도록 사분법 또는 시료 분취기로 분취한다. 그 때 포함되어 있는 점토 덩어리를 부수지 않도록 주의하여야 한다.
2. **시료의 건조** 분취한 골재를 상온에서 서서히 건조하여 기건 상태로 한다.
3. **시료의 질량** 잔골재는 시험용 망체 1.2mm에 남는 것, 굵은 골재는 시험용 망체 5mm에 남는 것을 시료로 한다. 잔골재의 시료는 1kg 이상으로 하고 굵은 골재의 시료는 최대 치수에 따라 각각 표 1에 나타내는 양 이상으로 한다.

[표_1] 시료의 질량

잔골재의 최대 치수mm	시료의 질량 kg
10 또는 15	2
20 또는 25	6
30 또는 40	10
40을 넘는 경우	20

4. **1회의 시험의 시료** 3의 시료를 이분하여 각각 1회 시험의 시료로 한다.

2) 시험 방법

시험 방법은 다음과 같이 한다.

a) 4.4의 시료를 용기에 넣고 (105±5)℃에서 일정 질량이 될 때까지 건조한 후 질량 (m_{D1})*을 0.1%까지 정확히 측정한다.

[*] 건조에 의해 점토 덩어리가 부서져 가는 입자 또는 분말이 된 것도 포함시켜 질량을 측정한다.

b) 시료를 용기 바닥에 얇게 펴고 이것을 덮을 때까지 물을 가한다.

c) 24시간 흡수시킨 후 여분의 물을 제거하고 골재 알갱이를 손가락으로 누르면서 점토 덩어리를 조사한다*. 손가락으로 눌러서 잘게 부술 수 있는 것을 점토 덩어리로 한다.

d) 모든 점토 덩어리를 부수고 나서 잔골재는 시험용 망체 0.6mm, 굵은 골재는 시험용 망체 2.5mm 위에서 물로 씻는다.

[*] 굵은 골재 중의 점토 덩어리를 부수는 것은 굵은 골재의 최대 치수에 따라 몇 개의 입자군으로 체가름하면 작업하기 쉬워진다.

e) 체에 남은 알갱이를 (105±5)℃에서 일정량이 될 때까지 건조하고 그 질량(m_{D2})을 0.1%까지 정확히 측정한다.

3) 계산

1. **점토 덩어리 양** 점토 덩어리 양은 다음 식에 따라 산출하여 KS A 3251-1에 따라 소수점 이하 1자리로 끝맺음한다.

$$C = \frac{m_{D1} - m_{D2}}{m_{D1}} \times 100$$

***[참고_C : 점토 덩어리 양(%) / m_{D1} : 시험 전의 시료 건조 질량(g) / m_{D2} : 시험 후의 시료의 건조 질량(g)]

2. **시험 횟수** 시험은 2회 실시하여 그 평균값을 구한다.

4) 정밀도

평균값과의 차는 0.2% 이하이어야 한다.

5) 보고

보고는 다음 사항 중 필요한 것을 기재한다.

a) 골재의 종류, 크기, 겉모양 및 산지, 다만 인공 경량 골재의 경우는 명칭*

[*] 명칭은 상품명이어도 좋다.

b) 시험 연월일

c) 점토 덩어리 양(%)

d) 골재의 상태에 대하여 시험에 관계가 있는 사항*

[*] 예를 들면 잔골재 중에 점토 덩어리가 산재해 있더라도 반드시 채취한 시료에 포함되지 않는 경우가 있다. 또한 굵은 골재의 표면에 점토분 등이 부착되어 있는 경우는 그것이 시험값에 영향을 준다. 이러한 상태를 기재한다.

흙 시멘트 혼합물의 시멘트 함유량 시험 방법 [KS F 2327]

시험빈도 : 재질변화시마다

1) 시료

1. 다음과 같은 시료를 선정하여야 한다.
   a) 흙 시멘트 혼합물에 사용할 대표적인 흙
   b) 흙 시멘트 혼합물에 사용할 시멘트
   c) 분석하려는 흙 시멘트 혼합물
2. 각 성분에 대한 시험용 시료의 총 질량은 200g 정도이어야 한다. 현장 시료의 부피를 감소시켜 채취하고, 필요하면 건조하여 홈대를 통하거나 분쇄 작업으로 입자의 크기를 감소시켜 얻을 수 있다.

2) 시험 방법

a) 각 시료를 25g씩 취하여 자유수를 제거하기 위해 110℃로 유지된 건조기 속에서 항량이 될 때까지 건조시켜 No.40 체로 체가름하여 시료를 얻는다.

b) 분석용 저울로 시멘트가 섞이지 않은 흙 5g, 흙 시멘트 혼합물 5g 및 시멘트 1g을 단다. 질량을 단 각 시료를 비커(250mL)에 넣는다. 각 시료에 50mL의 HCl(1:1)을 가하고, 뚜껑을 덮은 후, 가열판 위에서 5분 동안 서서히 끓인다.

c) 뜨거운 물 25mL를 각 비커 속에 가하여 교반하고, 잠시 동안 침전하도록 두었다가 지름이 150mm인 와트만 No.1 거름종이 위에 이 시료를 기울여 따른다. 거른 액은 부피 측정용 플라스크(250mL) 속에 받아야 한다. 액체가 거름종이를 통과할 동안에 뜨거운 물로 기울여 부어 잔여물을 1번 씻은 후 뜨거운 물줄기로 이것을 거름종이에 옮긴다.

비커를 빨리 닦아 흩어진 재료를 거름종이에 옮긴다. 거름종이 위에 남은 재료를 4번 더 씻어야 하며, 1번 씻는 양은 씻는 병을 사용하여 뜨거운 물 10~15mL를 직접 부어야 한다. 극소량의 잔여물이 가끔 거름종이를 통과하는 수가 있다. 이것은 보통 무시해도 좋다.

d) 씻는 것이 완전히 끝났을 때에는 거름종이를 버리고, 부피 플라스크(250mL) 속의 거른 액을 찬물로 희석한다.

용액의 온도는 플라스크의 검정시 온도에 가까워야 한다.

이 시료를 충분히 혼합시키기 위하여 플라스크를 흔들고 나서, 피펫(50mL)을 사용하여 50mL를 분리하고, 먼저 비커(250mL)에 옮겨 100mL까지 희석시킨다.

이 용액을 약한 암모니아성으로 만들어서 1~2분 끓인 후, 수산화물을 침전시킨다.

e) 지름 11mm의 와트만 No.1 또는 No.41 거름종이를 사용하여, 수산화물을 거르고, 거른 액을 비커(600mL) 속에 받아야 한다. 먼저 비커(250mL)를 뜨거운 질산암모늄(20 g/L)으로 거름종이를 통과시켜 1~2번 씻어야 한다. 거른 액을 옆에 정치해 두고, 원 비커를 깔때기 아래에 둔다. 유리 막대로 거름종이에 구멍을 뚫고 수산화물을 원 비커 속에 씻되, 거름종이에 있는 침전물을 제거하기 위하여 뜨거운 질산암모늄(20g/L)으로 씻어야 한다.

   거름종이를 뜨거운 HCI(1:3)20mL로 처리하여야 하고, 유리막대를 사용하여 거름종이 바로 위에 떨어지게 하여야 한다. 거름종이는 뜨거운 물로 몇 번 씻은 후 버린다.

   용액을 75mL가 되도록 희석시킨다.

f) 용액을 약한 암모니아성으로 만들어서 1~2분 끓인다. 침전물이 침전되도록 두었다가 전처럼 와트만 No.1 거름종이를 통하여 기울여 따르고, 옆에 정치한 비커(600mL) 위 *e)* 속에 거른 액을 모은다.

   비커에 붙어 있는 침전물을 씻고, 소제한 후, 마지막으로 거름종이에 있는 침전물을 질산암모늄(20 g/L)으로 3~4번 씻는다. 침전된 수산화물은 버린다.

   거른 액에 수산화암모늄(비중 0.90)2mL를 가하고, 용적이 250~350mL가 되게 한다. 용액을 끓을 때까지 가열하고, 뜨거운 포화 수산화암모늄 용액 10mL를 가한다.

   침전물이 입자모양으로 될 때까지 혼합물을 비등점 가까이 유지하였다가 30분이나 그 이상으로 따뜻한 가열판 위 옆쪽에 정치한다. 수산화칼슘을 거르기 전에 침전이 완료됨을 확인하고, 조금이라도 과잉의 수산화암모늄이 있는지를 알아야 한다.

   혼합물을 지름 110mm 또는 150mm 와트만 No.2 거름종이를 사용하여 거르거나, 만일, 와트만 No.42 거름종이가 있다면 우선적으로 이를 사용하여 모든 침전물이 남아있는지를 확인한다. 침전물이 붙어있는 비커를 고무가 붙은 유리막대로 깨끗이 소제하고, 이것을 뜨거운 물로 기름종이에 옮긴다. 거름종이를 씻은 병에 든 뜨거운 물줄기로 8~10번(75mL 이하) 씻어야 한다.

g) 거름종이를 조심하여 열고, 붙어 있는 침전물을 비커 속으로 씻는다. 200mL까지 희석시키고, 황산(1:1) 10mL를 가한다. 용액을 비등점으로 잠깐 동안 가열한 후, 과망간산칼륨 표준용액으로 분홍색이 10초 동안 남을 때까지 적정을 서서히 계속한다.

h) 블랭크 시험은 동일한 방법과 동일한 양의 시약을 사용하여 블랭크 시험을 하여야 한다.

i) 대용 적정 방법은 과망간산칼륨 표준용액(0.1N)으로 할 필요가 없을 때를 제외하고는 *g)* 의 방법에 따라 적정한다. 그러나 동일한 용액으로 모든 성분을 적정하는데 사용하여야 한다. *h)*의 블랭크 측정을 생략한다.

3) 계산

흙 시멘트 혼합물의 시멘트 함유량은 다음에 따라 계산한다.

a) *2)-a)* 에 따라 시험을 완료하였을 때는 다음과 같이 계산한다.

- 흙, 시멘트, 흙 시멘트 중의 산화칼슘의 백분율은 다음에 따라 계산한다.

$$산화칼슘(\%) = \frac{(A-B)C \times 0.028}{D} \times 100$$

***[참고_*A* : 시료의 적정에 소요된 과망간산칼륨 용액의 양(mL) / *B* : 블랭크 시험 적정에 소요된 과망간산칼륨의 양(mL) / *C* : 과망간산칼륨 용액의 농도(N) / *D* : 적정법에 사용한 시료량(g) / 0.028 : 1.0N 과망간산칼륨 1mL의 산화칼슘 당량]

- 흙 시멘트 혼합물 중의 시멘트 질량 백분율은 다음에 따라 계산한다.

$$시멘트(\%) = \frac{G-F}{E-G} \times 100$$

***[참고_*E* : 시멘트 중의 산화칼슘 백분율 / *F* : 시멘트가 섞이지 않은 흙 중의 산화칼슘 백분율 / *G* : 흙 시멘트 혼합물 중의 산화칼슘 백분율]

b) *2)-i)*에 따라 측정을 완료하였을 때에는 다음에 따라 흙 시멘트 혼합물 중의 시멘트 질량 백분율을 계산한다.

$$시멘트(\%) = \frac{J-I}{5H-J} \times 100$$

***[참고_*H* ; 시멘트 시료의 적정에 소요된 과망간산칼륨 용액의 양(mL) / *I* : 시멘트가 섞이지 않은 흙 시료의 적정에 소요된 과망간산칼륨 용액의 양(mL) / *J* : 흙 시멘트 혼합물 시료의 적정에 소요된 과망간산칼륨 용액의 양(mL)]

흙 시멘트의 압축 강도 시험 방법 [KS F 2328]

시험빈도 : 1일 1회 이상

1) 시험용 기구

압축 강도 시험기는 *2) b)*에 규정한 대로 충분한 용량과 재하 속도를 조절할 수 있는 기계이어야 한다. 시험 기계는 소요 경도*를 가진 두 강제 지압 블록이 있어야 하며, 그 중 하나는 공시체 상단면을 수직으로 지압할 수 있는 구면좌가 달린 블록이고, 다른 하나는 공시체를 얹어 놓기 위한 평면을 가진 고정 블록이다. 이 지압면은 하중을 작용시키기 위해 공시체의 면보다 약간 커야 한다. 지압면의 요철은 완전한 평면에서 0.1mm의 허용 한계 내에 들어야 한다. 구면좌에 달린 블록에서 구의 지름은 공시체의 지름보다 커서는 안 되며, 구의 중심은 지압면의 중심과 일치해야 한다. 이 블록의 가동부는 구면좌에 밀접하게 연결되어야 하나 지압면은 자유로이 회전이 되어야 하며, 어떤 방법으로나 작은 각도로 기울어질 수 있도록 설계된 것이어야 한다.

[*] 흙 시멘트의 압축 강도 시험에 사용되는 지압면은 로크웰 경도 HRC 60은 되어야 한다.

2) 시험용 공시체

a) 시험용 공시체는 지름 7cm, 높이 14cm가 되어야 한다. 또한 같은 시험 방법으로 다른 크기의 공시체도 사용할 수 있으나 높이가 지름의 2배이어야 한다.

b) 습윤 양생을 한 공시체의 압축 강도 시험은 습윤 양생실에서 공시체를 꺼낸 즉시 하여야 하며, 그렇지 않을 때에는 시험할 때까지 공시체를 젖은 헝겊으로 싸 두어야 한다*.

[*] 물을 흡수시켰거나 공기 중 또는 건조기에서 건조하였거나 또는 축임과 말림을 반복하였거나 동결, 융해를 반복한 것과 같은 상태에서는 초기 양생 기간에 대하여 규정하여야 한다. 양생과 시험 방법은 보고서에 상세히 기록해야 한다.

c) 단면의 평탄성은 곧은 날로 검사해야 한다. 필요하면 KS F 2329의 7.4에 따라 캐핑을 하여야 한다.

d) 공시체의 지름은 공시체 길이의 중앙에서 서로 직각으로 되는 두 지름을 측정해서 평균값을 취하여 0.2mm 정밀도로 측정한다. 그 평균 지름으로 공시체의 단면적을 계산한다. 공시체의 길이는 캡까지 합해서 2mm 정도의 정밀도로 측정한다.

3) 시험 방법

a) 아랫부분 지압 블록을 시험기의 구면좌가 달린 윗부분 블록 바로 아래의 받침대에 놓는다. 이 아랫부분 지압 블록 위에 공시체를 놓고, 공시체의 연직축이 구체 블록의 중심과 일직선이 되도록 한다.
이 블록을 공시체가 눌리도록 가동 부분을 손으로 돌려 균일하게 한다.
b) 하중은 계속적으로 충격 없이 가한다. 나사형 압축 시험기일 경우에는 매분 약 1mm의 속도로 움직이게 한다. 유압식 압축 시험기일 경우에는 공시체의 강도에 따라 매초 0.15±0.05MPa(=N/cm^2) 범위 내에 일정한 속도로 재하를 한다. 공시체의 파괴 하중은 50N까지 정확히 측정 기록해야 한다.

4) 계산

공시체의 압축 강도는 최대 하중을 *2) d)*에서 측정한 단면적으로 나누어서 계산한다.

5) 시험

기록 보고서에는 다음 사항을 기재하여야 한다.

a) 공시체의 번호
b) 지름 및 길이
c) 단 면 적
d) 50N의 정밀도로 측정한 최대 하중
e) 0.035MPa(=N/cm)의 정밀도로 계산된 압축 강도

골재 (부순 골재 포함)

역청골재 혼합물의 피막박리 시험 방법 [KS F 2355]

시험빈도 : 골재원마다 / 재질이 변할때마다 / 공사개시전 1회

1) 시험용 기구

1. **용기** 혼합용 용기는 모서리가 둥글고, 이은 자리가 없는 얇은 것으로서, 용량이 500mL 이어야 한다.
2. **저 울** 용량 200g, 감도 0.1g인 저울이어야 한다.
3. **스패출러** 폭 2.5cm, 길이 10cm의 강제 스패출러이어야 한다.
4. **항온 건조기** 60~149℃의 범위에서 ±1℃로, 어느 온도를 유지할 수 있는 것이어야 한다.
5. **체** KS A 5101(표준체)에 규정된 6.35mm 및 9.5mm의 망체이어야 한다.

2) 재료

1. **골재** 시험용 골재는 9.5mm체를 100% 통과하고, 6.35mm체에 100% 남는 크기이어야 한다. 건조골재 및 시험용 골재는 미립자를 제거하기 위하여 증류수로 씻고, 135~149℃에서 항량이 될 때까지 건조시키고, 사용할 때까지 기밀한 용기에 보관하여야 한다. 6)3.에 규정한 습윤 피막에 사용되는 골재는 증류수를 사용하여, KS F 2503(굵은 골재의 비중 및 흡수율 시험 방법)에서 규정한 표면 건조 포화 상태이어야 한다.
2. **증류수** 실험실 용수를 필요에 따라 다시 끓이거나, 재증류한 것으로서, pH가 6.0~7.0이어야 한다.
   소요 pH를 얻기 위하여 어떠한 종류의 전해액이든 사용해서는 안 된다.

3) 비교 표준

1. **표준 골재*** 역청의 피막 박리 정도를 평가하기 위하여, 특성을 알고 있는 골재를 표준 골재로 사용한다.

[*] 현장에서 공사에 사용할 역청과 골재에 대해서는, 표준 골재를 사용하지 않고 시험해도 좋다. 골재는 2)1에 규정된 입도와 조제 방법으로 조제하여야 한다.

2. **표준 역청** 역청의 피막 박리 저항 정도를 평가하기 위하여, 특성을 알고 있는 역청을 표준 역청으로 사용한다.

4) 시험 방법

1. 컷백 아스팔트에 대한 건조 골재 시험

a) 피복 실온에서 건조 골재 100g을 칭량하여 혼합 용기에 넣는다. 표1에 규정한 온도가 되도록 예열한 역청을 5.5±0.2g가한다. 역청 재료와 골재를 2분 동안 스패출러로 세게 혼합한다*.

[표_1]_열청 혼합온도

재		료		온도 ℃
컷백 아스팔트	RC-0,	RC-1,	RC-2급	실온
	MC-1,	MC-1,	MC-2급	실온
		RC-3,	RC-4급	52±2
		MC-3,	MC-4급	52±2
			RC-5급	66±2
유제 아스팔트				135±2

[*] 컷백 아스팔트 RC-3, RC-4, RC-5, MC-3, MC-4, MC-5급에서는 용기 중의 아스팔트를 충분히 혼합하기 위하여 가열판에서 데워도 좋으나 표1의 한계 온도를 넘어서는 안 된다.

b) 양생 피복된 골재는 혼합 용기에 넣은 채로 2시간 동안 60℃의 건조기에서 양생하여야 한다. 이 양생 기간 중에는 건조로의 환기통을 열어 두어야 한다. 양생 후에 혼합물은 실온이 될 때까지, 또는 역청 피복 이 골재에서 흘러 내리지 않을 때까지 스패출러로 혼합하여야 한다.

아스팔트피복은 재혼합 후에 완전해야 하며, 피복되지 않은 점이 있어서는 안 된다.

c) 침수 피복된 골재를 600mL의 유리용기 속에 넣는다. 즉시, 실온(약25℃)에서 400mL의 증류수를 붓는다.

피복된 골재를 16~18시간 동안 이 물 속에 담그어 둔다.

d) 박리 시험에서 피복 면적의 육안 평가 피복된 골재를 교란함이 없이 수면에 뜬 피막을 제거한다. 수면에서 오는 섬광을 소거할 수 있는 위치에서 75W 전구를 끼운 어두운 램프로 공시체를 조명한다. 수면 위에서 수중을 통하여 관찰하여, 피복이 남아 있는 골재의 면적이 95% 이상인지 이하인지를 판정하여야 한다. 얇고 갈색인 반투명 면적은 완전히 피복된 것으로 생각해야 한다.

2. 유제 아스팔트(RS, MS 및 SS)에 대한 건조 골재 시험

a) 피복 건조골재 100±1g을 혼합 용기 속에 칭량하여 넣는다. 실온에서 교반한 유제 아스팔트 8.0±0.2 g을 가한다. 135℃의 건조로에 5분간 넣어 둔 다음, 건조로에서 꺼내어 골재가 충분히 피복될 때까지 스패출러로 교반한다.

b) 양생 건조기의 온도를 135℃로 하는 것 이외에는, 상기 *b)*의 방법으로 건조로 속에서 양생한다.

3. 컷백 아스팔트에 대한 습윤 골재 시험

a) 피복 실온에서 건조골재 100±1g을 혼합 용기 속에 칭량하여 넣은 다음 증류수 2ml를 가한다. 골재알이 균등하게 젖을 때까지 스패출러로 세게 혼합한다. 역청 등급에 따라 표 1의 규정 온도로 미리 가열한 역청을 5.5±0.2g가한다.

골재가 피복될 때까지 스패출러로 세게 혼합하되, 5분을 초과해서는 안 된다.

b) 습윤 골재 피복 시험에서 피복된 면적의 육안 평가 육안 검사로 피복된 면적이 95% 이상인지 이하인지를 판정하여야 한다. 얇고 갈색인 반투명의 면적은 완전히 피복된 것으로 생각하여야 한다*.

[*] 골재 면적의 95%이상이 피복되었다면 4).1의 b), c) 및 d)의 양생 침수 및 평가 단계는 시험결과로 하여도 좋다.

4. 반 고체 아스팔트에 대한 건조 골재 시험

a) 피복 건조 골재 100±1g을 혼합 용기 속에 칭량하여 넣는다. 아스팔트를 시험할 때에는 골재가 든 용기를 135~149℃로 유지된 항온 건조로에 1시간 동안 넣어 둔다.

식는 것을 방지하도록 석면지나 절연지를 저울 위에 깔고, 가열된 역청 5.5±0.2g을 칭량하여 가열골재에 가한다.

칼날을 미리 가열한 스패출러로 2~3분 동안 혼합하든지, 혹은 골재가 완전히 피복될 때까지 용기 중의 혼합물의 온도가 자연적으로 내려가게 혼합하여야 한다.

피복 후에는 혼합물을 실온으로 냉각시켜야 한다*/**/***.

[*] 골재 위의 역청 피복이 완전하게 되도록 하고, 피복되지 않은 점이 없도록 하여야 한다. 규정된 방법으로 완전한 피복을 얻을 수 없을 때에는 혼합 용기를 가열판 위에서 서서히 가열하여 완전한 피복을 얻을 때까지 혼합을 계속하여야 한다.
[**] 역청이 너무 묽어서 골재 위에 박막을 남기고 흘러 내린 때에는, 혼합제가 끈끈해 질 때까지 냉각하여 혼합한다.
[***] 반고체 아스팔트로 시험할 때에는, 건조 골재만으로 시험하여 양생이 필요 없다.

b) 침수 피복된 골재를 600mL 유리 용기에 넣어야 한다. 실온(약 25℃)에서 400mL의 증류수를 붓는다. 피복된 골재를 이 물 속에 16~18시간 침수하여 둔다.

c) 육안평가 피복된 골재를 4).1.d)의 규정에 따라 평가한다.

5) 시험 기록

시험 기록에는 피복 면적이 "95% 이상, 95% 이하"라고 기입한다.

채움재

역청 포장용 채움재 [KS F 3501]

시험빈도 : 제조회사마다 / 반입시마다

1) 시 험

1. **수치 맺음법** 수치의 맺음은 KS A 3251-1에 따른다.
2. **시료** 시료는 재료의 평균 품질을 나타낼 수 있도록 취하여 잘 혼합하고, 4분법 또는 분취기에 의하여 석회석분, 시멘트, 소석회인 경우는 약 500g을, 그 밖의 재료인 경우는 4500g을 채취한다. 다만 2종류 이상의 채움재를 혼합하여 사용하는 경우에는 0.08mm 체 통과분의 혼합 비율에 따라 혼합한 것을 채취한다.
   시료는 외기의 영향을 받지 않도록 기밀 용기에 보존한다.
3. **시험 방법**
   a) **수분 함량** 시료 약 100g을 0.1g의 정밀도로 달고(W_1), 균등한 두께로 펴서 항온 건조기에 넣고 105±5℃로 항량이 될 때까지 건조시킨 후, 데시케이터 안에서 실온으로 냉각시켜 질량을 단다(W_2).
   수분 함량은 다음 식에 따라 계산하고, 소수점 이하 1자리까지 계산한다.

$$A = (1 - W_2/W_1) \times 100$$

***[참고_A : 수분(%) / W_2: 건조 후의 질량(g) / W_1: 시료의 질량(g)]

   b) **입도** KS A 5101의 600㎛, 300㎛, 150㎛및 75㎛체를 사용한다.
   시료를 105±5℃의 건조기에서 항량이 될 때까지 건조시킨 후, 데시케이터 안에서 실온으로 식혀 약 50g을 0.1g의 정밀도로 단다(W_1).
   다음에 체를 옆으로 가만히 돌리면서 미분말을 통과시킨 후, 한 손으로 10초 동안 약 25회의 속도로 체를 두들긴다. 25회 두들길 때마다 체를 약 1/6 회전시킨다.
   이와 같이 하여 1분간의 각 체 통과량이 0.1g 이하가 될 때, 각 체에 남은 시료의 질량을 단다(W_2). 각 체의 통과 질량 백분율은 다음 식에 따라 계산하고 정수로 끝맺음한다.

$$P = (1 - W_2/W_1) \times 100$$

***[참고_A : 수분(%) / W_2: 건조 후의 질량(g) / W_1: 시료의 질량(g)]

   또한 기계에 의한 방법이나 물로 씻는 방법*으로 손에 의한 방법을 대신하여도 좋으나, 기계에 의한 방법의 경우에도 끝내기는 손에 의한 방법에 따라야 한다.

[*] 시료 50g을 0.1g의 정밀도로 달아 체에 넣고 깨끗한 물로 씻으며 흘려 내린다. 흘러 나가는 물이 투명하게 된 후, 105±5℃의 건조기에서 항량이 될 때까지 건조시키고 체에 남은 양을 단다. 각 체의 통과 질량 백분율을 계산한다.

c) 소성 지수 채움재의 소성 지수는 KS F 2303에 따라 시험하여 구분한다.

d) 흐름 시험 KS L 5111에 규정한 플로 테이블과 플로 콘을 사용하여 다음 순서로 시험한다.

① 대표적인 시료를 105±5℃의 건조기에서 항량이 될 때까지 건조시켜 실온으로 식힌 후, 약 1500g의 시료를 1g의 정밀도로 달아 둔다.

② 계량한 시료를 혼합용 볼에 옮기고, 여기에 물을 적당량* 가하고 3분간 잘 혼합하여 필러 페이스트 반죽을 만든다.

[*] 가하는 물의 양은 플로 나비가 약 16~24cm 범위에 들어가도록 한다. 이 양은 보통의 석회석 분의 경우에는 약 350~450mL이다.

③ 미리 건조시킨 플로 테이블 위의 중앙에 바르게 플로 콘을 놓고, 그 안에 ①의 반죽을 2층으로 나누어 채운다. 각 층은 다짐봉의 끝이 그 층의 1/2 깊이까지 들어가도록 전면에 걸쳐 각각 15회씩 다지고, 맨 나중에 부족분이 있으면 다시 보충한다. 플로 콘 표면의 여분의 채움재는 곧은 날을 사용하여 깎아 낸다.

④ 플로 콘을 똑바로 위쪽으로 들어올린 다음, 플로 테이블을 1초에 1회의 비율로 15회 낙하시켜 필러 페이스트 반죽이 넓혀진 지름을 최대라고 인정되는 방향과 여기에 직각 방향의 2곳을 측정하고, 그 평균값을 0.1cm까지 구한다.

⑤ 혼합용 볼 안에 남아 있는 필러 페이스트 반죽에서 대표적인 시료를 100g 이상 취하여 함수비를 0.1%까지 구한다.

⑥ 계속하여 나머지 시료로 ③와 ④의 조작을 신속하게 반복한다.

⑦ 앞의 ④와 ⑥에서 얻은 측정값의 평균값을 구하고, 이것을 e)에서 구한 함수비에서의 플로 나비로 한다.

⑧ 다시, 가하는 물의 양을 변화시켜 ②~⑦의 조작을 반복한다. 이 때 플로 나비가 20cm를 중심으로 약 ±4cm 범위에서 각각 두 점이 얻어지도록 한다.

⑨ 세로축에 함수비(%), 가로축에 플로 나비(cm)를 잡아 보통 모눈종이에 ⑤와 ⑦에서 얻은 값을 각각 플롯하고, 이들 점에 가장 적합한 직선을 긋는다.

⑩ 앞의 ⑨에서 얻은 직선에서 플로 나비가 20cm가 되는 함수비를 구하여 이를 플로 시험값으로 취하고, 0.1%까지 기록 보고한다.

e) 침수 팽창 KS F 2337에 규정하는 다짐용 해머 및 몰드를 사용하여 다음 방법으로 시험한다. 다만 밑판에는 지름 2~3mm의 구멍이 9개 뚫어 있는 것이어야 한다.

① 시료는 105±5℃의 건조기 안에서 24시간 건조시킨 후, 1회 시험에 대하여 약 2000g을 준비한다.

② 유공 밑판 위에 거름종이를 깔고, 몰드를 그 위에 놓고 그 질량을 단다(M_3)

③ 칼라, 몰드, 거름종이 및 밑판을 조립하여 준비한 시료를 3층으로 나누어 넣고, 각 층을 25회씩 해머로 다진다.

④ 칼라를 떼어 내고 몰드 표면의 여분의 시료를 곧은 날로 깎아 낸 후 밑판, 몰드와 함께 질량을 단다(M_2).

⑤ 유공 밑판을 물에 담근 상태로 48시간 놓아 둔다.

⑥ 침수에 의해 몰드 윗면으로 팽창한 시료를 곧은 날로 깎아 내어 105±5℃의 건조기에서 24시간 건조시킨다. 그 후 실온으로 식혀 그 질량을 단다(M_2).

⑦ 다음 식에 따라 침수 팽창률을 계산한다.

$$B = \{M_2/(M_1 - M_3)\} \times 100$$

***[참고_B : 침수 팽창률(%) / M_1: 시료, 밑판, 몰드의 질량(g) / M_2: 팽창한 시료의 건조 후 질량(g) / M_3: 밑판, 몰드의 질량(g)]

f) 박리 저항성 1회의 시험에 약 200g의 시료를 준비한다.

표준 모래 1kg에 [3500/플로 시험값*]g의 시료와 아스팔트 50g을 가하여 잘 혼합한다. 이 때 혼합 온도는 아스팔트의 동점도로 180±20 cSt(세이볼트 퓨롤초로 85±10초)를 나타내는 온도로 한다.

[*] 플로 시험값은 f)에서 얻은 시험값으로 한다.
혼합 후, 혼합물을 1cm 정도의 두께로 펴서 4시간 실온에서 식힌다.
비커에 증류수 또는 수돗물을 약 300mL 넣고 끓여서, 여기에 혼합물에 20g 넣고 60초 동안 가열한다.
비커를 밑에서 관찰하여 표준 모래로부터 아스팔트의 박리 상태를 평가한다.
박리가 전체의 1/4정도 이하이면 합격으로 판정한다.

g) 비중 시험은 부속서(참고) 역청 포장용 채움재 비중 시험 방법에 따라 시험한다.

2) 검사

검사는 1)에 따라 시험하여 품질의 규정에 적합하면 합격으로 한다.

3) 보고

생산자는 운반할 때마다 매차 단위로 납품서를 주문자에게 제출하여야 한다.

아스팔트 콘크리트

포장용 가열 아스팔트 혼합물 [KS F 2349]

시험빈도 : 1일 1회이상

1) 재 료

1. **골재** 다음 규격에 맞는 부순 돌, 부순 슬래그, 부순 자갈 또는 모래이어야 한다.

a) 굵은 골재 및 잔 골재*는 KS F 2357에 따른다.

[*] 부서지지 않은 자갈 및 부서진 조개 껍질과 같은 광물성 골재는 아스팔트 포장 혼합물로서 만족할 만한 시험 결과를 얻었거나 현지 경험이 있는 경우에는 사용해도 좋다.

b) 굵은 골재 및 잔 골재의 입도는 KS F 2357의 표 2, 표 3과 같다. 또한 굵은 골재, 잔 골재 및 채움재로서 혼합한 골재가 표 1 또는 표 2의 표준 배합에 맞는 경우에는 그것을 사용해도 좋다.

2. **채움재** KS F 3501에 따른다.
3. **아스팔트 재료**

a) 아스팔트*는 KS M 2201 및 KS M 2208에 따른다.

[*] 침입도 및 점도는 시공 방법, 기상 조건, 교통량 등에 따라 다르며 소요 침입도 또는 점도를 명시해야 한다.

b) 유화 아스팔트는 KS M 2203 중 MS(C)-2나 MS(A)-2(3)를 사용한다.

[*] 사용하여 만족할 만한 결과를 얻은 경험이 있는 경우에는 다른 종류의 유화 아스팔트를 사용해도 좋다.

2) 혼합 플랜트

혼합 플랜트는 KS F 2356에 따른다. 유희 아스팔트를 사용할 경우에는 혼합기에 적절한 통풍 장치를 하여 수증기가 배출되도록 하여야 한다.

3) 혼합 플랜트의 가동

1. **골재의 저장** 크기가 다르거나 골재원이 다른 골재는 분리 저장해야 하며, 골재가 혼합되거나 오염되지 않도록 적당한 저장소를 만들어야 한다.
2. **아스팔트의 준비** 아스팔트는 펌핑 시스템에 의한 취급이 편리하고 혼합 과정에서 균일하게 살포되도록 적당한 온도를 유지해야 한다.

아스팔트는 저장시부터 믹서에 들어갈 때까지 표 1에 규정한 온도 이상이 되지 않도록 한다.

[표_1]

[단위 : ℃]

아스팔트	온도
아스팔트	175
유화 아스팔트	80

3. **골재의 준비와 취급** 각각 크기가 다른 골재는 크기별로 구분하여 적당한 양을 피더로 콜드 엘리베이터에 공급하여 골재의 가열과 건조 작업이 정확하고, 일정한 온도로 유지될 수 있도록 하여야 한다.

골재는 사용하는 아스팔트에 따라 생산되는 혼합물이 표 2에 규정한 온도 범위 내에 들도록 적당한 온도로 건조시키고 가열하고 믹서로 운반되어야 한다.

[표_2]

[단위 : ℃]

아스팔트	골재 가열 온도 범위
아스팔트	120~180
유화 아스팔트	100~125

혼합물의 온도는 위의 온도 범위 내에서 아스팔트의 침입도 및 점성, 대기의 온도, 혼합물의 작업성에 따라 조절해야 한다.

가열 골재 저장조 속에 있는 골재의 경우 혼합물에 거품 또는 운반 및 포설 아스팔트 피막 분리가 일어날 정도의 수분을 함유해서는 안 된다.

4. **혼합물의 생산** 골재 및 아스팔트의 배합비는 규정 한계 이내에서 만족할 만한 혼합물이 되도록 조정해야 한다. 각 골재의 계량 및 운반 과정은 조건에 따라 달라진다.

배치식 플랜트는 믹서의 길이 방향으로 균등하게 아스팔트를 살포하고, 연속식 플랜트는 믹서의 나비 방향으로 균등하게 살포해야 한다.

a) **혼합** 가능한 한 가장 빠른 시간 내에 만족할 만한 혼합물이 될 수 있도록 완료해야 한다.

혼합 시간은 다음과 같이 최소 시간을 설정한 경우를 제외하고는 다음 한계이어야 한다.

- 배치식 플랜트 0~10초 마른 비빔을 하고 아스팔트를 투입 후 25~50초 혼합한다.
- 연속식 플랜트 나음 공식에 의해 25~60초 혼합한다.

혼합 시간(초) = 혼합기 용량도(kg)/혼합기 생산량(kg/s)

b) 최소 혼합 시간은 KS F 2360에서 측정한 피막 입자의 백분율로 설정해도 좋다.
최소 혼합 설정을 위한 피막 입자의 백분율의 최소값은 책임 기술자가 정해야 하며 이 최소값은 골재의 입도, 입자의 모양 및 표면 조직, 아스팔트량 및 사용 목적에 따라 달라진다.

5. **혼합 플랜트의** 검사 책임 기술자는 이 규격에 따라 혼합물이 제조되는가를 확인하기 위하여 어느 때든지 혼합 플랜트의 모든 부분에 접근할 수 있어야 한다.
혼합 플랜트에서 정확하고 충분한 시료를 얻기 위하여 쉽고 안전하게 시료를 얻을 수 있는 접근로를 만들어 두어야 한다.

6. **혼합물** 저장조에 저장한 아스팔트 혼합물에 대한 특별 조건
a) 혼합물 저장조에 저장한 아스팔트 혼합물로부터 추출한 아스팔트는 표 3 및 표 4에 규정하는 조건을 만족시켜야 한다.

[표_3] 침입도에 의하여 분류한 아스팔트(KS M 2201)

등급 추출	추출아스팔트의 침입도
200~300	74 이상
120~150	50 이상
80~100	40 이상
60~80	31 이상
40~50	22 이상

[표_4] 점도에 의하여 분류한 아스팔트(KS M 2208)

등급 추출	아스팔트의 점도(60℃)P
AC-2.5 및 AR-1000	1250 이하
AC-5 및 AR-2000	2500 이하
AC-10 및 AR-4000	5000 이하
AC-20 및 AR-8000	10000 이하
AC-40 및 AR-16000	20000 이하

시험용 시료는 혼합물 저장조로부터 트럭에 적재한 혼합물에서 채취해야 한다. KS F 2354에 의한 용제 첨가는 시료 채취 후 4시간 이내에 실시하든가 또는 0℃ 이하로 유지되는 냉각 저장 시설에 저장해 두었다가 실시해야 한다.
냉각 저장 시설까지 운반하는 데 4시간 이상 소요될 경우에는 다음 방법 중 한 가지를 택해야 한다.

- 플라스틱 냉각기에 드라이아이스를 넣어 시료를 냉각시킨다. 시험실까지 운반하는 도중 드라이아이스가 부족하지 않도록 주의해야 한다.
- 1갤런들이 통에 드라이아이스와 함께 시료를 넣은 후 뚜껑에 구멍을 뚫어 즉시 뚜껑을 덮는다. 드라이아이스에 의한 압력 발생이 그치면 구멍을 땜질한다. 시험실까지 운반하는 도중 밀폐 상태를 유지해야 한다.

b) 시험용 시료를 냉각 저장 시설에 보관할 수 있는 시간 한도는 표 5와 같으며 이 시간은 시험 결과에 따라 증감할 수 있다.

[표_5]

아스팔트 구분	밀입도 혼합물*	조립도 혼합물**
처리하지 않은 아스팔트 (혼합물 저장조에 공기를 넣은 경우)	12시간 이내	6시간 이내
처리하지 않은 아스팔트 (혼합물 저장조에 비활성 가스를 넣은 경우)	36시간 이내	18시간 이내

[*] 아스팔트 혼합물 중 골재의 최대 치수 20mm, 13mm, 10mm, 5mm, 1.2mm의 조성
[**] 아스팔트 혼합물 중 골재의 최대 치수 50mm, 40mm, 25mm의 조성

*** [참고_위 표 5의 밀입도 혼합물과 조립도 혼합물 구분은, 시험실에서 다져진 혼합물 시료의 공극률에 따라 구분된다. 즉 공극률 10% 이하인 경우, 밀입도 혼합물 10% 이상인 경우에는 조립도 혼합물에 해당한다고 보아도 좋다.

4) 시료 채취 및 시험 방법

1. **아스팔트 혼합물의 시료 채취** 혼합물의 시료 채취는 KS F 2350에 따른다.
2. **아스팔트 혼합물의 안정도, 흐름값** 혼합물의 안정도, 흐름값은 KS F 2337에 따른다.
3. **아스팔트 혼합물의 공극률** 혼합물의 공극률은 KS F 2364에 따른다.
4. **아스팔트 혼합물의 포화도**
5. **아스팔트 함유량** 아스팔트 함유량은 KS F 2354에 따른다.

5) 검 사

1. 품질 확인 주문자는 아스팔트 혼합물의 품질을 확인하기 위한 검사를 하며, 지정된 품질 조건에 맞으면 합격으로 한다.
2. 시험 횟수 주문자가 아스팔트 혼합물의 품질을 검사하기 위한 시험 횟수는 1일 생산량별 1회를 원칙으로 한다.

도로포장용 아스팔트

스트레이트 아스팔트 [KS M 2201]

시험빈도 : 2,000톤마다 / 장기적으로 재질의 변화가 있다고 판단되는 때 / 제조회사별

1) 시험방법

1. **시료의 채취 방법** 아스팔트의 시료는 KS M 2001에 규정하는 아스팔트의 시료 채취 방법에 따라 채취한다.
2. **시험 기기 일반** 시험기의 절연 성능은 전기 회로가 닫힌 상태에서 전원 단자와 외함의 절연 저항을 측정하였을 때 5MΩ 이상이어야 한다. 다만, 전열 회로를 포함하는 경우는 0.55MΩ 이상이면 좋다.
3. **연화점** KS M 2250에 따른다.
4. **침입도** KS M 2252에 따른다.
5. **인화점** KS M 2010에 따른다.
6. **신도** KS M 2254에 따른다.
7. **박막 가열** KS M 2258에 따른다.
8. **톨루엔 가용분**
   - a) **시험방법의 개요** 시료를 톨루엔에 녹여 유리 섬유 거름종이(이하 필터라 한다.)로 거른다. 불용분을 톨루엔으로 세척한 후 건조하고 무게를 단다.
   - b) **장치 및 시약**
     - ① **필터** 지름 47mm, 최소 보유 입자 지름 0.6㎛인 것.
     - ② **여과 장치** 상부 깔때기, 필터 지지대가 붙은 하부 깔때기 및 흡인병으로 구성된다. 필터는 상부 깔때기와 필터 지지대가 붙은 하부 깔때기 사이에 넣어서 금속제 클램프로 고정시킨다.
     - ③ **시약** KS M ISO 6354-2(R39)에서 규정하는 톨루엔 시약 특급 또는 이에 준하는 것. 톨루엔은 그 증기를 장시간 흡입하면 인체에 유해(허용 농도 100 ppm)하므로 증기가 발산하는 장소는 충분히 환기를 하여야 한다.
       또한 잘못하여 피부에 묻은 경우는 신속히 물로 씻는다.
   - c) **시료 및 필터의 준비**
     - ① 시료는 부분적인 과열을 피하고 연화점보다 90℃ 이상 높지 않도록 가능한 한 저온에서 시료 중에 기포가 혼입되지 않도록 천천히 저으면서 용융한다. 시료는 30분 이상 가열하지 않을 것.

② 깨끗한 페트리 접시에 필터를 넣고 뚜껑을 조금 열고 105~110℃의 건조기 안에서 30분간 건조한다. 페트리 접시를 건조기에서 꺼내고 화학 저울 근처에서 페트리 접시의 뚜껑을 조금 열고 데시케이터 안에서 약 30분간 방랭시킨 후 무게를 단다. 항량(±0.3mg)이 될 때까지 건조, 방랭, 칭량을 반복하고 항량이 되면 여과 장치에 부착시킨다.

d) 조작

① 시료 약 2g을 200mL 삼각 플라스크에 취하고 0.001g까지 측정한다. 삼각 플라스크를 계속 흔들면서 실온에서 톨루엔 100mL를 조금씩 가하여 시료를 용해시킨다. 시료가 용해된 후 뚜껑을 닫고 15분 이상 방치한다.

② 여과 장치에 부착된 필터를 소량의 톨루엔으로 적신다. 톨루엔 용액을 경사법에 의해서 여과 장치의 상부 깔때기 속으로 주의하면서 주입하고 용액이 필터를 통해 주입이 끝날 때까지 흡인 강도를 조절하면서 서서히 흡인한다. 이어서 소량의 톨루엔으로 200mL 삼각 플라스크를 씻으면서 불용분을 상부 깔때기 속으로 옮긴다.
이때 필요에 따라 불용분을 완전히 옮기는데 유리제 교반봉 등을 이용한다.

③ 상부 깔때기 내벽 및 필터를 톨루엔을 소량씩 사용하여 여액이 무색이 될 때까지 세척한다. 이어서 흡인을 계속하면서 상부 깔때기를 제거하고 필터의 가장자리 부분에 착색된 톨루엔 용액의 얼룩이 확인될 때는 필터의 가장자리에서 중심을 향하여 소량의 톨루엔으로 씻어낸다. 이때 불용분이 필터 표면에서 바깥쪽으로 흐르지 않도록 주의한다.

④ 충분히 흡인하여 톨루엔을 제거한 후 필터를 꺼내어 페트리 접시로 옮기고 c)에 따라서 불용분을 함유하는 필터의 항량을 구한다.

⑤ 톨루엔 가용분은 다음 식에 따라 계산하고 가용분이 99.00% 이상인 경우는 0.01%까지, 99.0%미만인 경우는 0.1%까지 구한다.

$$A = 100 - \left(\frac{B}{C} \times 100 \right)$$

***[참고_A : 톨루엔 가용분(%) / B : 불용분의 무게(g) / C : 시료의 무게(g)]

d) 정밀도 톨루엔 가용분이 99.0% 미만인 시료에 대해서는 규정하지 않는다.

① **반복성** 같은 시험실에서 같은 사람이 같은 시험기로 날짜 또는 시간을 바꾸어 동일 시료를 2회 시험했을 때 시험 결과의 차는 0.10%를 넘어서는 안 된다.

② **재현성** 서로 다른 시험실에서 사람, 시험기가 다를 때 동일 시료를 각각 1회씩 시험하여 구한 시험 결과의 차는 0.50%를 넘어서는 안 된다.

9. 증발 시험방법

a) 시료를 163℃의 항온 공기조 안에서 5시간 동안 넣었다 꺼내어, 시료의 질량 변화량을 측정하고 가열 전 시료의 질량에 대한 백분율을 증발 질량 변화율로 산출한다.

b) 증발 시험기는 다음의 ①~④로 구성한다.

① 시험 용기　높이 약 35mm, 안지름 약 55mm와 높이 약 50mm, 안지름 약 70mm의 금속제 또는 내열 유리제로 바닥이 넓적한 원통으로 한다.

② **항온 공기** 중탕 7에서 규정하는 것을 사용한다. 다만, 회전반은 다음의 c)에 규정하는 것을 사용한다.

③ **회전반**　알루미늄 합금제로 시험 용기 9개를 원형상으로 고정할 수 있는 것으로 그 안쪽과 바깥쪽에는 각각 9개의 구멍을 갖고 각 용기의 정위치 사이에 보강관을 배치하여 원판의 중앙은 회전축에 고정할 수 있는 구조로 한다.

④ 온도계

· **시험용 온도계**　KS B 5314의 온도계 번호 27(AEL)의 것으로 미리 KS B 5314의 부속서에 따라 각 시험 온도에서의 눈금 오차를 구하여 보정하여 둔다.

· **항온 공기 중탕용 온도계**　최고 눈금 200℃, 세부 눈금 1℃ 이하의 것으로 한다.

c) **시료준비**　시료는 부분적인 과열을 하지 말고 예상되는 연화점보다 90℃ 이하로 가능한 한 저온에서 시료 중에 기포가 일어나지 않도록 천천히 섞으면서 용융한다. 시료는 30분 이상 가열하지 않는다.

d) 증발 시험의 순서

① 시험용 온도계를 가로대에 걸쳐 회전반의 가장자리로부터 약 20mm 안쪽으로 하고 수은구 하단이 회전반 윗면으로부터 6mm 위가 되도록 수직으로 설치한 후, 항온 공기조 안의 온도는 163℃로 유지한다.

② 청정 · 건조한 시험 용기 2개를 0.01g까지 단다. 이 시험 용기에 용융 시료 (50±0.5) g을 채취하여 실온까지 방랭한 후 0.01g까지 단다.

③ 무게를 달아 채취한 시험 용기를 항온 공기조 안의 회전반 위에 고정한 후, 문을 닫고 회전반을 매분 5~6회의 속도로 회전시켜 항온 공기조 안의 온도가 다시 162℃에 도달하고 나서 5시간, (163±1)℃로 유지한다. 다만, 어떠한 경우라도 시료를 항온 공기조 안에 두는 전체 시간은 5시간 15분을 넘어서는 안 된다.

종류가 다른 시료에 대하여 동일 항온 공기조 안에서 동시에 시험을 해서는 안 된다.

④ 가열이 끝났다면 시험 용기를 꺼내어 실온까지 방랭한 후 이것을 0.01g까지 달고 거품을 일으킨 흔적을 확인한 경우에 시료를 적절한 방법으로 탈수 처리하고 시험을 다시 한다.

⑤ 증발 질량 변화율은 다음에 의하여 산출하고 2개의 시험 용기 결과의 차가 e)의 허용차를 넘지 않는 경우는 평균하여 KS A 3251-1에 따라 소수점 이하 둘째 자리에서 끝맺음하고 증발 후의 질량이 증가한 경우는 수치 앞에 (+), 감소한 경우는 (-)부호를 부기한다.

$$V = \frac{W - W_s}{W_s} \times 100$$

***[참고_V : 증발 질량 변화율(무게%) / W_s : 시료 채취량(g) / W : 증발 후 시료의 무게(g)]

e) 정밀도 증발 시험의 정밀도는 다음에 따른다.

① **반복 정밀도** 동일 시험실에서 동일인이 동일 시료를 동일한 항온 공기조 안에서 동시에 2회 시험하였을 때, 시험 결과의 차는 표 1의 허용차를 초과해서는 안 된다.

[표_1] 반복 정밀도

증발 질량 변화율 (무게 %)	허용차
0.50 이하	0.10 무게 %
0.50 초과 1.0 이하	0.30 무게 %
1.0을 초과하는 것.	0.20 무게 % 또는 평균값의 10% (큰 쪽을 취한다.)

② 재현 정밀도 다른 2개의 시험실에서 다른 사람이 다른 시험기로 동일 시료를 각각 1회씩 시험하여 구한 2개 시험 결과의 차는 표 2의 허용차를 초과해서는 안 된다.

[표_2] 재현 정밀도

증발 질량 변화율(무게 %)	허용차
0.50 이하	0.20 무게 %
0.50 초과 1.0 이하	0.40 무게 %
1.0을 초과하는 것.	0.60 무게 % 또는 평균값의 20% (큰 쪽을 취한다.)

10. 증발 후의 침입도 비교 시험방법 9에 의한 증발 후, 즉시 2개의 용기 중 1개의 용기 안의 시료를 거품이 일지 않도록 주의하여 잘 섞어 균질하게 한다. 이것을 15~30℃의 실온에 1~1.5시간 방치한다. 다른 1개의 용기 안의 시료는 섞지 않은 상태로 실온에 방치한다. 다음에 이것을 (25±0.1)℃로 보존한 항온 물 중탕 안에 1~1.5시간 방치한 후 KS M 2252에 따라 침입도를 측정하고 다음 식에 따라 증발 후의 침입도비를 산출하여 KS A 3251-1에 따라 정수로 끝맺음한다.

$$P_r = \frac{P_b}{P_a} \times 100$$

***[참고_P_r : 증발 후의 침입도비(%) / P_a : 혼합한 시료의 침입도 / P_b : 혼합하지 않은 시료의 침입도]

11. 밀도 시험방법(하바드 비중병법)

a) **시험 방법의 개요** 가열 용융한 시료를 하바드 비중병에 약 반 정도까지 넣고 데시케이터 안에서 실온이 될 때까지 방랭한 후 마개와 함께 무게를 달아 시료의 겉보기 질량을 구한다. 다음 비중병에 반 정도까지 물을 채워 (15±0.05)℃로 유지한 항온 물 중탕에 넣고 20분간 유지한 후 비중병에 마개를 덮고 비중병안의 물의 메니스커스를 마개의 눈금에 일치시킨다.

비중병을 항온 물 중탕에서 꺼내어 그 바깥쪽을 건조하여 무게를 재고 시료와 물의 겉보기 질량의 합계값을 구한다. 시료의 밀도(15℃)는 미리 측정한 비중병의 물당량으로부터 (15±0.05)℃에서 비중병의 절반을 채운 물의 겉보기 질량을 뺀 값(시료와 등체적인 물의 겉보기 질량)에서 시료의 겉보기 질량을 나누어 구한다.

또한 시료의 시험 온도와 다른 온도에서 교정(물당량의 측정)한 비중병을 사용한 경우는 다시 비중병(유리)의 열 팽창에 대한 보정을 한다.

b) **하바드 비중병법 밀도 시험기** 밀도 시험기는 다음의 ①~③으로 구성된다.

① **하바드 비중병** KS L 2303에서 규정하는 것으로서 그 재질은 소다석회 유리 또는 붕규산 유리로 한다.

붕규산 유리제의 하바드 비중병은 생유리의 체팽창 계수를 알고 있는 것이어야 한다.

시험 온도가 실온보다도 낮은 경우는 머리부를 절구 모양의 넘침액 저유부로한 마개를 사용하면 비중병의 칭량 조작시 팽창에 의하여 넘쳐 나오는 비중병 안의 물의 손실을 방지할 수 있다.

· 시험 온도가 실온보다도 낮은 경우는 머리부를 절구 모양의 넘침액 저유부로한 마개를 사용하면 비중병의 칭량 조작시 팽창에 의하여 넘쳐 나오는 비중병 안의 물의 손실을 방지할 수 있다.

② **항온 물 중탕** 물 중탕 온도를 15℃ 및 임의의 시험 온도 ±0.05℃로 조절할 수 있는 것으로 하바드 비중병의 전체 길이 이상의 길이를 가진 것.

③ **온도계** KS B 5314에서 규정하는 온도계 번호 44(SG)의 것으로 미리 KS B 5314의 부속에 따라 각 시험 온도에서의 눈금 오차를 구하여 보정해 둔다.

c) **하바드 비중병의 세척** 비중병 및 마개를 석유 에테르, 톨루엔 등의 적절한 용제로 세척한 후 청정한 건조 공기를 불어 넣거나 또는 감압 건조기를 사용하여 용제를 완전히 제거한다. 다만, 새로운 비중병을 사용할 때, 비중병을 교정할 때 및 비중병의 내벽과 마개의 모세관에서 물이 말끔히 제거되지 않는 경우는 다음의 방법으로 세척하여야 한다.

비중병 및 마개를 크롬산 혼액 또는 이것과 동등한 세척력을 가진 합성 세제(중성)로 충분히 세척한 후 물로 헹군다. 다음에 아세톤과 같은 수용성으로 휘발성 용제를 사용하여 헹구고 건조한다. 이때 수분 및 용제를 완전하게 제거하기 위하여 청정한 건조 공기를 통과하면서 건조하면 좋다.

d) 하바드 비중병의 교정(물당량의 측정)

① c)에 따라 세척 건조한 비중병 및 마개를 화학 저울 가까이에 두고 실온으로 될 때까지 방치한 후 그 겉보기 질량을 0.1mg까지 잰다.

② 새로 끓여서 교정 온도보다도 약간 낮은 온도까지 냉각한 물(증류수가 바람직하다.)을 비중병에 채운다. 다음에 마개를 기포가 일어나지 않도록 주의하면서 비중병에 단단히 꽂는다.

③ 비중병을 교정 온도 ±0.05℃로 유지한 항온 수조 안에 그 머리 부분까지 담그고 비중병 안의 물의 온도와 항온 물 중탕의 온도를 평형시키기 위하여 1시간 이상 유지한다.

④ 비중병 안의 물의 온도가 항온 물 중탕의 온도와 평형이 되었다면 마개 눈금 위의 여분의 물을 빨아들여 수면을 눈금에 맞춘다. 항온 물 중탕에서 비중병을 꺼내어 그 바깥쪽을 물, 아세톤, 톨루엔 순으로 헹구고 약간 습기가 있는 청정한 보풀이 없는 헝겊으로 닦아 말린다.

*** [참고_저습도(60% 이하)의 대기 중에서 비중병을 마른 헝겊으로 문질러 말리면 정전기가 일어나서 비중병이 1mg 이상이나 가볍게 되는 경우가 있다. 이 정전기는 30분 이내로는 완전히 제거되지 않는다.
비중병에 정전기가 일어났는지에 대한 확인은 알루미늄박 검전기 등을 사용한다.
또 비중병에 발생한 정전기의 제거에는 비중병의 바깥 면을 아세톤, 이소펜탄(또는 에틸에테르)의 순서로 충분히 닦거나 또는 아세톤욕 및 이소펜탄욕(또는 에틸에테르욕)에 각각 10초 이상 담근 후 자연 건조하면 좋다.]

⑤ ④의 비중병의 겉보기 질량을 0.1mg까지 잰다.

⑥ 교정 온도에서의 비중병의 물당량을 다음 식에 의하여 산출한다. 비중병의 물당량은 그때그때 새로 측정하여야 한다.

$$M_W = M_C - M_O$$

***[참고_M_W : 교정 온도에서의 비중병의 물당량(g) / M_C : 교정온도에서 물을 채운 비중병 및 마개의 겉보기 질량(g){⑤ 참조} / M_O : 빈 비중병 및 마개의 겉보기 질량(g){① 참조}]

- 비중병 안의 물을 배출하여 비중병 및 마개를 아세톤 등의 수용성 휘발성 용제로 닦은 후, c)에 따라 세척하여 건조한다.

e) 밀도 시험의 순서는 다음에 따른다.

① c)에 따라 세척하여 건조한 교정한 비중병 및 마개의 겉보기 질량을 0.1mg까지 잰다.

② 시료를 증발 손실이 없도록 될 수 있는 대로 낮은 온도에서 가열 용융하여 데운 비중병의 거의 중간까지 넣는다. 이때 기포가 일어나지 않도록 주의하고, 또 시료의 표면으로부터 용기 벽의 위쪽에 되도록 시료가 부착하지 않도록 한다.

③ 시료를 넣은 비중병을 데시케이터 안에서 실온으로 될 때까지 방랭한 후 마개와 함께 겉보기 질량을 0.1mg까지 잰다.

④ 새로 끓여 시험 온도 이하로 냉각한 물을 기포가 일어나지 않도록 주의하면서 ③의 비중병에 채운다.
다음에 시험 온도 ±0.05℃로 유지한 항온 수조 안에 비중병을 머리 부분까지 담가 20분간 유지하고 내용물의 온도를 안정시키는 동시에 기포를 비중병 안의 수면까지 상승시켜 제거한다.

⑤ 비중병 안의 내용물의 온도가 안정되면 내용물 안에 기포가 없는 것을 확인 후 미리 시험 온도로 한 마개를 비중병에 견고하고 끼워 넣는다. 이때 비중병 안의 물에 기포를 일으키지 않도록 주의한다.
비중병 안의 시료 표면에 기포가 부착되어 있는 경우는 마개를 끼우기 전에 청정한 철사를 사용하여 제거한다.

⑥ 마개에 부착한 여분의 물을 닦아 없애고 마개의 모세관 안의 물의 메니스커스를 마개의 눈금에 일치시킨다.

⑦ 마개를 끼운 비중병을 항온 수조에서 꺼내 그 바깥 면을 물, 아세톤, 톨루엔의 순서로 헹구어 약간 습기가 있는 깨끗하고 보풀이 없는 헝겊으로 닦아 말린다.

⑧ ⑦의 비중병의 겉보기 질량을 0.1mg까지 잰다.

f) **계산 및 결과** 시료의 밀도(15℃)는 다음에 따라 산출하고 KS A 3251-1에 따라 소수점 이하 셋째 자리에서 끝맺음한다.

① 하바드 비중병의 교정 온도 및 시료의 시험 온도가 (15±0.05)℃인 경우

$$d_{15} = \frac{999.10(m_m - m_o)}{M_W - m_F + M_M}$$

***[참고_d_{15} : 시료의 밀도(15℃)(kg/m) / m_m : 시료를 넣은 비중병 및 마개의 겉보기 질량(kg) 참조} / m_O : 빈 비중병 및 마개의 겉보기 질량(kg) / 999.10 : 15℃에서 물의 밀도(kg/m) / M_W : (15±0.05)℃에서 비중병의 물당량(kg)/ m_F : 시료와 물이 들어 잇는 비중병 및 마개의 겉보기 질량(kg)]

② 시료의 시험 온도가 (15±0.05)℃이며 하바드 비중병의 교정 온도가 (15±0.05)℃ 이외의 온도인 경우 KS M 2002에 규정하는 하바드 비중병을 참조한다. 다만, 공기의 부력에 대한 보정은 적용하지 않는다.

g) 정밀도

① **반복 정밀도** 동일 시험실에서 동일인이 동일 시험기로 날짜 또는 시간을 변경하여 동일 시료를 2회 시험하였을 때, 시험 결과의 차이는 3kg/m를 넘어서는 안 된다.

② **재현 정밀도** 다른 2개의 시험실에서 다른 사람이 다른 시험기로 동일 시료를 각각 1회씩 시험하여 구한 2개의 시험 결과의 차이는 7kg/m를 넘어서는 안 된다.

· 아스팔트의 용도에 따라 밀도(15℃) 외에 비중 25/25℃를 필요로 하는 경우가 있다. 이 비중 25/25℃는 25℃에서 어떤 체적의 아스팔트의 질량과 이것과 같은 체적인 25℃에서의 물의 질량과 비를 말하며, 이것은 또 25℃에서 아스팔트의 밀도와 25℃에서의 물의 밀도와의 비라고도 할 수 있다. 또 아스팔트의 밀도(15℃)는 다음 식에 의하여 비중 25/25℃의 근사값으로 환산할 수 있다.

비중 25/25℃ = 밀도(15℃) × 996

2) 취급상의 주의사항

도로 포장용 아스팔트는 다음 사항에 주의하여 취급하여야 한다.

a) 도로 포장용 아스팔트는 인화점 이상 가열하지 말 것

b) 용융 아스팔트가 피부에 닿으면 화상을 입을 염려가 있으므로 작업 중에는 장갑이나 기타 보호 장구를 착용할 것

c) 용융 아스팔트는 물과 접촉되면 튀기 때문에 수분이 혼입되지 않도록 주의할 것

d) 옥내에서 아스팔트를 용융할 경우는 충분히 환기시킬 것. 또한 화기에 주의할 것

3) 표시

포장 용기의 보기 쉬운 곳에 품명, 종류, 실무게, 제조자명 또는 그 약호 및 제조 연월 또는 로트 번호를 표시하여야 한다.

컷백 아스팔트

컷백 아스팔트 [KS M 2202]

시험빈도 : 제조회사별 / 제품규격마다 / 반입시마다

1) 품질

컷백 아스팔트는 원료 석유 아스팔트를 적당한 용매에 녹여 만든 것으로 거의 수분을 포함하지 않고, 급속 경화형은 표 1에, 중속 경화형은 표 2에 표시한 규정에 합격하여야 한다.

[표_1] 화학 성분

종류 / 항목	RC-0 (1)	RC-1 (1, 2, 4)	RC-2 (1, 2, 3)	RC-3 (1, 2, 4)	RC-4 (1, 4)	RC-5 (1, 4, 5)
인화점(TOC,℃)			270이상	270이상	270이상	270이상
점도 (SFS)(11)						
25℃	75~150					
50℃		75~150				
60℃			100~200	250~500		
82.2℃					125~250	300~600
증류시험 증류량(360℃까지의 유출량에 대한 부피, %)						
190℃까지	15이상	10이상				
225℃까지	55이상	50이상	40이상	25이상	8이상	
260℃까지	75이상	70이상	65이상	55이상	40이상	25이상
316℃까지	90이상	88이상	80이상	80이상	80이상	70이상
증류 찌끼 (360℃까지 증류한 찌끼의 전 부피에 대한 부피, %)	50이상	60이상	67이상	73이상	78이상	82이상
증류 찌끼 시험						
침입도 (25℃, 100g, 5초)	80~120	80~120	80~120	80~120	80~120	80~120
신도(25℃, cm)	100이상	100이상	100이상	100이상	100이상	100이상
톨루엔 가용분(%)	99.0이상	99.0이상	99.0이상	99.0이상	99.0이상	99.0이상

참고 :

(1) 표면 처리용 결합체
(2) 개립도(開粒度) 골재로서 노상 혼합 공사용 결합체
(3) 개립도 골재로서 상온 보수 공사 혼합물용 결합재
(4) 개립도 골재로서 상온 포설 공사 기계 혼합용 결합재
(5) 찬 기후 조건하에서 침투식 머캐덤(macadam) 공사용 결합재
(6) 프라임용(priming)
(7) 밀입도(密粒度) 골재로서 노상 혼합 공사용 결합재
(8) 밀입도 골재로서 상온 보수 공사 혼합물용 경합재
(9) 밀입도 골재로서 상온 포설 공사 기계 혼합용 결합재

[표_2] 중속 경화형 컷백 아스팔트

항목 \ 종류	MC (6)	MC (6)	MC (1, 6, 8, 9)	MC (1, 2, 3, 7, 9)	MC (1, 2, 3, 9)	RC-5 (1, 9)
인화점(TOC,℃)	38이상	38이상	38이상	38이상	38이상	38이상
점도 (SFS)(11)						
25℃	75~150					
50℃		75~150				
60℃			100~200	250~500		
82.2℃					125~250	300~600
증류시험 증류량(360℃까지의 유출량에 대한 부피, %)						
225℃ 까지	25이하	20이하	10이하	5이하	0	0
260℃까지	40~70	25~65	15~55	5~40	30이하	20이하
316℃까지	75~93	70~90	60~87	55~85	40~80	25~75
증류 찌끼 (360℃까지 증류한 찌끼의 전 부피에 대한 부피, %)	50이상	60이상	67이상	73이상	78이상	82이상
증류 찌끼 시험						
침입도 (25℃, 100g, 5초)	120~300	120~300	120~300	120~300	120~300	120~300
신도(25℃, cm)	100이상	100이상	100이상	100이상	100이상	100이상
톨루엔 가용분(%)	99.00이상	99.00이상	99.00이상	99.00이상	99.00이상	99.00이상

*** [참고_중속 경화형 컷백 아스팔트(MC) 찌끼의 침입도가 200이상이고, 25℃에서 신도가 100이하이거나 15.6℃에서의 신도가 100 이상이 되면 합격으로 본다.]

2) 시료 채취 및 시험 방법

1. 시료 채취 KS M 2001에 따른다.
2. 인화점 KS M 2010에 태그 개방식에 따른다.
3. 점도 KS M 2013에 따른다.
4. 증류 시험 KS M 2257에 따른다.
5. 침입도 KS M 2252에 따른다.
6. 신도 KS M 2254에 따른다.
7. 톨루엔 가용분 KS M 2201의 7.8(톨루엔 가용분)에 따른다.

3) 표시

용기의 보기 쉬운 곳에 종류, 호칭, 무게 및 제조 연월일 또는 로트 번호 및 제조자명 또는 상호를 표시하여야 한다.

유화 아스팔트

유화 아스팔트 [KS M 2203]

시험빈도 : 제조회사별 / 제품규격마다 / 반입시마다

1) 시험 방법

1. **시험기 일반** 시험기는 보통 상태에서 위험이 발생할 염려가 없고 충분한 내구성을 가지며 모양이 바르고 조립이 양호하여 기계적 · 전기적인 고장이 발생하지 않을 것, 또 가열기의 절연 저항은 500 V 절연 저항계를 사용하여 충전부와 받침대 사이를 측정하였을 때 5MΩ 이상이어야 한다. 다만 전열 회로를 포함하는 경우에는 0.5MΩ 이상이면 된다.
2. **시료의 채취 방법** 유화 아스팔트의 시료는 KS M 2001의 11.5에 따라 채취한다.
3. **엥글러도(점도) 시험 방법**

a) 시험 방법의 개요 유화 아스팔트의 점성을 나타내는 것으로 시료 50mL가 엥글러계에서 유출하는 시간과 같은 양의 증류수가 엥글러계에서 유출하는 시간을 측정하여 그 비를 엥글러도로 나타낸다.

b) 시험기 다음의 ①~③과 같이 구성된다.

① 엥글러계 시료 용기는 그림 2에 나타내는 모양 치수의 황동제로 시료의 온도를 25±0.1℃로 유지할 수 있는 것. 받이 그릇은 KS M 2670의 그림 3에 규정하는 것.
또한 온도계는 그림 3 및 표 3에 규정하는 것.

② 초시계 정확도가 15분당 ±0.05%이며, 최소 눈금이 0.1초인 스톱 워치 또는 전기식 타이머 등

③ 거르개 거르개 망은 KS A 5101에 규정하는 망 체눈 850 인 것.

c) 시료의 준비

① 시료는 이음매가 없는 깊은 모양의 용기에 500mL 이상 채취하고 거품이 생기지 않도록 충분히 섞는다.

② 이 용기를 25±0.1℃의 물 중탕에 30분 이상 침지한다.

③ 거르개로 여과한다.

d)시험 순서

① 시료 용기는 사용하기 전에 KS M 6353-3(R95)에 규정하는 자이렌으로 세척한 다음 증류수로 씻는다

② 엥글러도는 증류수에 의한 시험*을 3회 하고 그 평균을 그 엥글러계의 표준 시간(초)으로 한다.

[*] 엥글러계의 유출구를 단단한 나무 뚜껑으로 덮고 증류수를 용기 내 표침 앞끝에 일치시켜 그 온도가 25±0.1℃인 것을 확인한 후, 받이 그릇을 정해진 위치에 놓고 유출하는 증류수를 받이 그릇 벽에 약간 접촉하도록 하여 거품을 방지하면서 떨어뜨려 50mL에 도달할 때의 시간(초)을 잰다.

③ 시료의 유출 시간은 주(1)의 방법으로 1회 잰다.

④ 시료의 유출 시간과 증류수의 유출 시간에서 다음 식에 의해 엥글러도를 산출하고 KS A 3251-1에 따라 정수 자리로 끝맺음한다.

$$E = \frac{T_S}{T_W}$$

***[참고1_E : 엥글러도 / T_S : 시료의 유출 시간(초) / T_W : 증류수의 유출 시간(초)]

***[참고2_엥글러도가 15를 넘는 경우는 4의 세이볼트 퓨롤 초 시험 방법에 의해 시험하고 그 결과를 엥글러도로 환산한다.

4. 세이볼트 퓨롤 초 시험 방법

a) **시험방법의 개요** 유화 아스팔트의 점성을 측정하는 것으로, 엥글러도가 15를 넘는 경우의 점도 측정에 사용하며 E=0.280T's*의 환산식을 사용하여 엥글러도로 나타낸다.

[*] T's = 세이볼트 퓨롤계에 의한 시료의 유출 시간(초)

b) 시험 순서

① 시료관은 사용하기 전에 크실렌으로 씻고 다음에 증류수로 씻는다.

② 시료관의 관 바닥부의 공기 고임부 아래끝에 코르크 마개를 6.5~9.5mm 깊이로 꽂는다.

③ 시료의 오버풀로 받이부에 치환 링을 꽂고 그 높이까지 시료를 주입한다.

④ 관의 위끝에 뚜껑을 하고 중앙 구멍에 세이볼트 퓨롤계용 온도계를 꽂고, 시료관을 두드리지 않도록 주의하면서 온도계를 회전하여 시료 온도가 25±0.1℃가 될 때까지 저어 그 온도에서 1분간 유지한다.

⑤ 즉시 온도계를 제거하고 관의 뚜껑을 제거한다. 오버풀로 받이부에서 치환 링을 재빨리 꺼내고 다시 시료관에 뚜껑을 덮는다.

⑥ 받이 그릇을 정해진 위치에 놓고 코르크 마개를 재빨리 빼고 받이 그릇 벽에 약간 접촉하도록 하여, 기포를 방지하면서 흘려서 시료 60mL가 유출하는데 걸리는 시간을 잰다.

⑦ 다음 식에 따라 엥글러도로 환산한다.

$$E = 0.280T's$$

***[참고_E : 엥글러도 / $T's$: 세이볼트 퓨롤계에 의한 시료의 유출 시간(초)]

5. 체 잔류분 시험 방법

a) 시험방법의 개요 시료를 정해진 체로 거르고 체에 남은 아스팔트의 거친 입자나 덩어리의 양을 잰다.

b) 시료의 준비 *1). 3. c)*에 따른다.

c) 시험 순서는 다음에 따른다.

① 체 및 접시의 질량을 0.5g까지 정확히 단 후 체를 증류수로 잘 습윤한다.

② 시료 500±5g을 비커에 달아 체에 붓는다.

③ 시료가 부착한 비커 및 체 위의 잔류물의 유체색이 없어질 때까지 증류수로 충분히 씻고, 다시 비커를 세척한 증류수로 체에 통과시킨다.

④ c)의 체를 접시 위에 놓고 105~110℃의 항온 공기 중탕 안에서 2시간 건조하고 30분 이상 방랭한 후 전체 질량(잔류물, 체 및 접시를 포함)을 잰다.

⑤ 체, 접시 및 잔류물의 전체 질량에서 체 및 접시의 질량을 뺀 것을 체 잔류분으로 하고, 시료에 대한 질량 백분율을 구하여 KS A 3251-1에 따라 소수점 이하 1자리로 끝맺음한다.

6. 부착도 시험 방법

a) 시험방법의 개요 카오틴 유체와 부순돌의 부착성 양부를 확인하기 위해 하는 것으로, 유제가 부착한 부순돌을 수세하여 아스팔트 피막의 잔존 상태를 조사한다.

b) 시험기는 다음 ① 및 ②로 구성된다.

① 비 커: 호칭용량 500mL인 것

② 항온 공기 중탕: 체 및 접시가 들어가는 것으로 105~110℃로 유지할 수 있는 것

c) 시료의 준비 *1).3.c) ①*에 따른다.

d) 시험 순서는 다음에 따른다.

① 시료 약 300mL를 비커에 따른다.

② KS F 2525에 규정하는 S-30(4호 부순돌)을 수세하여 105~110℃의 항온 공기 중탕에서 3시간 건조한 후 1개를 꺼내어 실온에 1시간 방랭한다.

③ d)의 부순돌을 실에 매달아 물 속에 1시간 침지한 후 이것을 꺼내어 그 상태로 시료 중에 1시간 담근다.

④ 그 부순돌을 꺼내어 실온에 20분간 방치한 후 물 속에서 1분에 30회의 비율로 3분간 약 50mm 상하로 이동시켜 수세하고, 부착 피막의 잔존 상태를 육안으로 관찰하고 전체 면적에 대한 부착 면적을 비율로 나타낸다.

7. 골재 피막도 시험 방법

a) 시험방법의 개요 유제가 부착한 골재를 24시간 후에 수세하여 피막의 잔존 상태를 조사한다.

b) 시료의 준비 *1).3.c) ①*에 따른다.

c) 시험 순서는 다음에 따른다.

① 시료 약 300mL를 비커에 취한다.

② KS F 2525에 규정하는 S-30(5호 부순돌)을 수세하여 105~110℃의 항온 공기 중탕 안에서 3시간 건조한 후 약 50g을 꺼내어, 부순돌 간격을 30mm 이상으로 하여 실온에서 1시간 방랭한다.

③ b)의 부순돌을 지름 75mm의 체 위에 얹어 시료 중에 1분간 침지한 후 끌어올려, 다시 별도의 지름 100mm의 체 위에 서로 겹치지 않도록 하여 24시간 실온에 방치하다.

④ 물 약 1000mL를 결정 접시에 넣고 온도를 40±1℃로 유지하도록 가온하면서, c)에서 방치한 부순돌을 체와 함께 5분간 담가 부착 피막의 잔존 상태를 육안으로 관찰하여 전체 면적에서 부착 면적을 비율로 나타낸다.

8. 조립도 골재 혼합성 시험 방법

a) 시험방법의 개요 규정량의 골재와 유제의 혼합성의 양부를 조사한다.

b) 시료의 준비 *1) 3. c) ①*에 따른다.

c) 시험 순서는 다음에 따른다.

① KS F 2525에 규정하는 S-5(7호 부순돌) 및 KS A 5101에 규정하는 망 체눈 2.36mm를 통과하고, 600 에 걸리는 굵은 모래를 수세하여 105~110℃의 항온 공기 중탕 안에서 3시간 건조한 후 펼쳐서 실온에서 1시간 방랭한다.

② 시료 혼합 용기 안에 a) S-5를 335±1g, 굵은 모래 130±1g을 취하여 물 10±0.5g을 가하여 균등하게 젓는다.

③ 즉시 실온의 시료 35±0.5g을 가하여 매분 60호의 비율로 주걱으로 2분간 젓는다. 그 사이에 유제 중의 아스팔트가 덩어리, 거친 입자가 되지 않도록 유제가 골재를 균등하게 피복하고 있는가를 육안으로 관찰한다.

9. 밀립도 골재 혼합성 시험 방법

a) 시험방법의 개요 규정량의 골재와 유제의 혼합성의 양부를 조사한다.

b) 시험 순서는 다음에 따른다.

① KS F 2525에 규정하는 S-5(7호 부순돌) 및 KS A 5101에 규정하는 망 체눈 600 를 통과하고, 150 에 걸리는 가는 모래를 수세하여 105~110℃의 항온 공기 중탕 중에서 3시간 건조한 후 펼쳐서 실온에 1시간 방랭한다.

② 시료 혼합 용기 안에 a)의 S-5를 250±1g, 가는 모래 180±1g 및 석회 석분 15±0.5g을 취하여 물 20±0.5g을 가하여 균등하게 젓는다.

③ 즉시 실온의 시료 55±0.5g을 가하여 매분 60회의 비율로 주걱으로 2분간 젓는다. 그 사이에 유제 중의 아스팔트가 덩어리, 거친 입자가 되지 않고 유제가 골재를 균등하게 피복하고 있는가를 육안으로 관찰한다.

10. 흙이 섞인 골재 혼합성 시험 방법

a) 시험방법의 개요 KS L 5201에 규정하는 보통 포틀랜드 시멘트(이하 시멘트라 한다.)와 유제를 1대 2의 비율로 혼합하여 그 혼합물을 체 위에 붓고 체 위에 남은 덩어리나 거친 입자 물질의 양에 의해 혼합 균일성의 양부를 조사한다.

b) 시료의 준비는 다음에 따른다.

① 시료의 증발 잔류분이 55±0.5 질량 %가 되도록 증류수로 묽힌다.

② 시멘트를 망체 180 로 거르고 이것을 통과하는 것을 준비한다.

c) 시험 순서는 다음에 따른다.

① 시료 혼합 용기 중에 시멘트를 50±0.5g 달아 취하고 시료를 100±0.1g까지 정확히 단 것을 가하여 혼합봉으로 매분 60회의 비율로 1분간 혼합한다.

② 즉시 150mL의 증류수를 가하여 다시 3분간 저은 후 망체 1.18mm로 거른다.

③ 시료 혼합 용기 및 혼합봉에 부착한 것을 증류수로 충분히 씻고 그 씻은 액도 ②의 체를 통과시킨다.

④ 체에 남은 것을 약 150mm 높이에서 증류수를 부어 유제색이 없어질 때까지 충분히 씻는다.

⑤ 체를 접시 위에 놓고 105~110℃의 항온 공기 중탕 안에서 2시간 건조 후 실온까지 방랭한다.

⑥ 체 위의 잔류물을 0.1g까지 달아 다음 식에 의해 시멘트 혼합 잔류분을 산출하고 KS A 3251-1에 따라 정수 자리로 끝맺음하여 흙이 섞인 골재 혼합성으로 한다.

$$D = \frac{C}{A + B} \times 100$$

***[참고_D : 시멘트 혼합 잔류분(질량 %) / C : 체 위의 잔류물(g) / A : 시멘트 채취량(g) / B : 희석 시료 100g 중의 증발 잔류물(g)]

11. 시멘트 혼합성 시험 방법

a) 시험방법의 개요 시멘트와 유제는 1:1의 비율로 혼합하여 그 혼합물에 체 위에 붓고 체 위에 남은 덩어리나 거친 물질의 양에 의해 혼합의 균일성 양부를 조사한다.

b) 시험 순서

① 시료 혼합 용기 안에 시멘트를 50±0.5g을 달아 시료를 50±0.1g 까지 정확하게 단 것을 가하여, 혼합 주걱으로 매분 120회의 비율로 2분간 섞는다.

② 즉시 150mL의 증류수를 가하고 다시 매분 60회의 비율로 3분간 섞은 후 망체 1.18mm로 거른다.

③ 시료 혼합 용기 및 혼합 주걱에 부착된 것을 증류수로 충분히 씻고, 그 씻은 액도 ②의 체를 통과시킨다.

④ 체에 남은 것을 약 150mm 높이에서 증류수를 부어 유제색이 없어질 때까지 충분히 씻는다.

⑤ 체를 접시 위에 놓고 105~110℃의 항온 공기 중탕 안에서 2시간 건조하고 실온까지 방랭한다.

⑥ 체 위에 잔류물을 0.1g까지 달아 다음 식에 의해 시멘트 혼합 잔류물을 산출하고, KS A 3251-1에 의해 소수점 이하 1자리로 끝맺음하여 시멘트 혼합성으로 한다.

$$D' = \frac{C}{A + B} \times 100$$

***[참고_D' : 시멘트 혼합 잔류분(질량 %) / C : 체 위의 잔류물(g) / A : 시멘트 채취량(g) / B : 시료 50g 중의 증발 잔류물(g)]

12. 입자의 전하 시험 방법

a) 시험방법의 개요 유제 중에 직류 전기를 흘려 시료 중에 함유된 아스팔트 입자의 (−)·(+)를 조사한다.

13. 증발 잔류물의 침입도 시험 방법

a) 시험방법의 개요 유제 중에 함유된 아스팔트 함유량을 확인하기 위해 하는 것으로, 규정량의 유제 중에 함유되는 아스팔트 잔류분(질량 %)을 조사한다.

b) 시험기는 다음 ①~④로 구성된다.

① 시료 용기 용량 약 1500mL, 지름 약 180mm, 높이 약 60mm, 벽 두께 0.5~1mm의 금속제인 것.

② 온 도 계 KS B 5302에 규정하는 온도계 기호 200M인 것.

③ 전열기 또는 가스 버너 가열기의 저연 저항은 6.1에 따른다.

④ 혼합 주걱은 길이 약 200mL의 금속제인 것으로 한다.

c) 시료의 준비 *1).3.c) ①* 에 따른다.

d) 시험 순서는 다음에 따른다.

① 시료 300±1g을 시료 용기에 정확히 단다.

② 시료를 전열기 또는 가스 버너를 이용하여 혼합 주걱으로 저으면서 20~30분간 가열한다. 시료의 기포가 가라앉아 수분이 된 것을 확인하고 나서, 다시 160℃로 1분간 가열한 후 실온까지 방랭한다.

③ 증발 잔류물(g)의 질량을 달아 시료(g)에 대한 질량 백분율을 구하고, KS A 3251-1에 의해 정수 자리로 끝맺음한다.

14. 증발 잔류물의 침입도 시험 방법

a) 시료의 준비 *1) 3, c) ①*에 따른다.

① 시료는 부분적인 과열을 피하여 시료 중에 기포가 들어가지 않도록 천천히 저으면서 160℃까지 가열한다.

② 시료가 균질하게 되면 시료 용기에 채취한다. 시료의 양은 침의 예정 진입 길이보다 10mm 이상 깊게 되는 양으로 한다.

③ 시료 용기에 먼지가 들어가지 않도록 뚜껑을 덮고 이것을 15~30℃의 실온에 1~1.5시간 방치한다. 다음에 이것을 삼각대를 넣은 유리 용기와 나란히 하여 25±0.1℃로 유지한 항온 물 중탕 중의 구멍 있는 가대에 놓고 1~1.5시간 방치한다.

b) 시험 순서는 다음에 따른다.

① 침 유지구, 추, 멈춤쇠 등에 물방울이나 이물질이 부착되지 않은 것을 확인한다. 시험할 때마다 침을 톨루엔 등의 적당한 용제로 적신 거즈를 사용하여 깨끗하게 하고, 이어서 건조한 거즈로 침을 앞끝 방향을 닦고 침 유지구에 부착한다.

② 항온 물 중탕에서 유리 용기의 삼각대 위에 시료 용기를 옮기고, 항온 물 중탕의 물을 채운 채 유리 용기를 침입도계의 시험대 위에 얹는다. 광원을 적당히 조절하여 시료 표면에 침 앞끝의 그림자를 비춰 침의 앞끝과 침의 그림자 앞끝이 접촉하도록 시험대의 높이를 조절하고 침의 앞끝을 시료 표면에 접촉시킨다.

③ 다이얼 게이지의 파니언과 맞물려 있는 랙을 침 유지구 위쪽 끝에 가만히 눌러 대고, 다이얼 게이지 지침을 0눈금에 맞추고 나서 멈춤쇠를 눌러 자중에 의해 침을 5초간* 시료 중에 진입시킨다. 랙을 다시 가만히 침 유지구 위쪽 끝에 눌러 대고 다이얼 게이지의 눈금을 0.5까지 읽는다. 측정 중에 시료 용기가 움직인 경우에는 측정을 다시 한다.

[*] 진입 시간을 정확히 하기 위해 시험 개시 전에 초시계를 시동시켜 초시계가 임의의 눈금을 지시했을 때 멈춤쇠를 눌러 침을 하강시키고, 정확하게 규정 시간 후 멈춤쇠를 풀면 좋다.

④ 측정은 동일 용기의 시료에 대하여 3회 하고, 각 측정적음 시료 용기 둘레 벽에서 항상 10mm 이상 또 2회 이후는 전회 측정의 각 진입 위치에서 10mm 이상 떨어진 점을 선택한다*. 매회 측정 후 시료 및 유리 용기를 항온 물 중탕에 되돌려 유리 용기의 물을 바꾼다.

[*] 침입도가 200 이상인 시료를 시험하는 경우에는 3개의 침을 준비하고, 측정이 끝날 때까지 시료에서 침을 떼어서는 안 된다.

⑤ 측정값의 최대값과 최소값의 차 및 측정값의 평균값을 구하여 최대값과 최소값의 차가 표1에서 규정하는 허용차 이내이면 평균값을 KS A 3251-1에 따라 정수로 끝맺음하여 침입도로 한다.

[표_1] 허용차

침입도 측정값의 평균값	침입도 측정값의 허용차
0이상 50.0 미만	2.0
50 이상 150.0 미만	4.0
150.0 이상 250.0 미만	6.0
250.0 이상	8.0

- 측정값의 최대값과 최소값의 차 및 측정값의 평균값을 구하여 최대값과 최소값의 차가 표1에 규정하는 허용차 이내이면 평균값을 KS A 3251-1에 따라 정수로 끝맺음하여 침입도로 한다.

15. 증발 잔류물의 신도 시험 방법

a) **시험방법의 개요** 시료를 거푸집에 흘려 넣어 규정된 모양으로 한 후 항온 물 중탕에서 일정 온도로 유지하고, 이어서 그 시료를 규정된 속도로 당겼을 때 시료가 끊어질 때까지의 거리를 측정한다.

b) 시험 순서는 다음에 따른다.

① 신도 시험기 안에 물을 채워* 신도 측정 중 수온을 시험 온도 ±0.5℃로 유지한다.

[*] 신도 시험기에 시료를 부착하였을 때 시료의 상하에 물의 층이 25mm 이상이어야 한다.

② 거푸집과 함께 시료를 항온 물 중탕에서 꺼내어 거푸집을 측벽쇠를 떼어 내고, 시료 유지쇠의 구멍을 신도 시험기의 지주에 걸어 지침을 0에 맞추고 전동기에 의해 매분 5±0.5cm의 속도로 시료를 당겨 펴서* 시료가 끊어졌을 때의 지침을 0.5cm 단위로 읽고 기록한다.

[*] 시험 중 시료가 물의 표면에 배어나오고 시험기 바닥부에 접촉하거나 하는 경우에는, 신도 시험기의 물에 메탄올 또는 염화나트륨 용액을 첨가하여 물의 비중을 조절한다.

③ 3회의 측정값의 평균값을 1cm 단위로 끝맺음하고 이것을 신도로 한다.

16. 증발 잔류물 톨루엔 가용분 시험 방법

a) **시험방법의 개요** 시료를 톨루엔에 녹여 유리 섬유제 필터(이하 필터라 한다.)로 거른다. 불용분을 톨루엔으로 씻은 후 건조하여 계량한다.

b) 시험 순서는 다음에 따른다.

① 시료 약 2g을 삼각 플라스크(200mL)에 취해 0.001g까지 단다. 삼각 플라스크를 끊임없이 흔들면서 실온에서 톨루엔 100mL를 소량씩 가하여 시료를 녹인다. 시료가 녹은 후 마개를 하여 15분 이상 방치한다.

② 여과 장치에 부착한 필터를 소량의 톨루엔으로 적신다. 톨루엔 용액을 경사법에 의해 여과 장치의 상부 깔대기 안에 주의하면서 흘려 넣고, 용액이 필터를 통하여 적하가 끝날 때까지 흡인 강도를 가감하면서 서서히 흡인한다. 다음에 소량의 톨루엔으로 적신다. 톨루엔으로 삼각 플라스크(200mL)를 씻으면서 불용분을 상부 깔때기 중에 옮긴다.

이 때 필요에 따라 불용분에 완전히 옮기는데 유리제 혼합봉 등을 이용한다.

③ 상부 깔때기 내벽 및 필터를 톨루엔을 소량씩 사용하여 거른 액이 무색이 될 까지 세척한다. 다음에 흡인을 계속한 채로 상부 깔때기를 떼어 내고 필터 테두리부에 착색한 톨루엔 용액의 스며나옴이 인정되는 경우에는, 필터 테두리에서 중심을 향하여 소량의 톨루엔으로 적신다. 이 때 불용분이 필터 표면에서 바깥쪽으로 씻겨 떨어지지 않도록 주의한다.

④ 충분히 흡인하여 톨루엔을 제거한 후 필터를 제거하여 페트리 접시에 옮기고 불용분을 함유하는 필터의 항량을 구한다.

⑤ 톨루엔 가용분은 다음 식에 의해 산출하고 가용분이 99.00 질량 % 이상인 경우에는 0.01 질량 %까지, 99.00 질량 % 미만인 경우에는 0.1 질량 %까지 구한다.

$$A = 100 - \left(\frac{B}{C} \right) \times 100$$

***[참고_*A* : 톨루엔 가용분(질량 %) / *B* : 불용분의 질량(g) / *C* : 시료의 질량(g)]

17. 저장 안정도 시험 방법

a) 시험방법의 개요 동일 용기의 상부와 하부의 증발 잔류분의 차를 조사한다.

b) 시험 순서는 다음에 따른다.

① 실린더 중에 시료 250mL를 달아 취하여 고무 마개 또는 코르크 마개를 하고 24시간 실온에서 정치한다.

② 실린더 움직이지 않도록 취출구 A에서 시료 약 50g을 증발 잔류분 시험 용기에 취하고 0.2g까지 정확히 단다.

③ 취출구 B에서 AB 사이의 유제를 유출시킨 후 하부에 남은 시료를 잘 혼합한 후, 실린더를 기울여 취출구 B에서 시료 약 50g을 별도의 증발 잔류분 시험 용기에 취하여 0.2g까지 정확히 단다.

④ 각각의 증발 잔류분(질량 %)을 구하고, 각 시료의 증발 잔류분(질량 %)의 차를 정수 자리로 끝맺음하여 저장 안정도(질량 %)로 하여 절대값으로 나타낸다.

18. 동결 안정도 시험 방법

a) 시료의 준비

b) 시험 순서

① 시료 약 100g을 용기에 달아 밀폐한다.

② ①를 −5±0.5℃의 항온 공기 중탕에 넣고 30분간 냉각 후 꺼내어 즉시 약 25℃의 물 속에 10분간 담근다. 이 조작을 2회 반복한다.

③ 꺼낸 시료를 혼합하여 조립자 또는 덩어리 등이 없는가를 조사한다.

2) 표시

유제의 용기에는 보기 쉬운 곳에 쉽게 지워지지 않는 방법으로 다음 사항을 표시하여야 한다.

다만 탱크로리, 그 밖에 표시하기 곤란한 경우에는 송장에 표시하여도 좋다.

a) 명칭(8) 및 종류 또는 그 기호

b) 용 량(L)

c) 제조자명 또는 그 약호

d) 제조 연월 또는 그 약호

플랜트 혼합물

역청 포장용 혼합물의 역청 함유량 시험 방법 [KS F 2354]

시험빈도 : 1일 1회당

1) 시험 방법

포장용 혼합물은 특수한 방법을 적용한 추출 기구를 사용해서 삼염화에틸렌으로 추출한다. 역청 함유량은 추출된 골재의 질량, 함수비 및 추출물의 액체 부분에서 얻어지는 회분의 차이로부터 계산되며, 다음 방법에 따라 구한다.

2) 시험용 기구

a) 건조기 110±5℃의 온도를 유지할 수 있어야 한다.
b) 팬 길이 300mm, 나비 200mm, 깊이 25mm이며, 평평하여야 한다.
c) 저울 용량 5000g, 감도 0.2g인 것과 용량 15000g, 감도 10g인 것이어야 한다.
d) 전기 가열판 700W이어야 하며, 저중고의 3단계로 조절할 수 있어야 한다.
e) 메스 실린더 1000mL 또는 2000mL 용량인 것이어야 한다.
f) 가열 접시 125mL 용량인 것이어야 한다.
g) 데시케이터
h) 분석용 저울

3) 시약

a) 탄산암모늄 용액 시약용 포화탄산암모늄 용액이어야 한다.
b) 염화메틸렌 공업용
c) 삼염화에탄 공업용
d) 삼염화에틸렌 공업용

4) 시료의 준비

혼합물을 스패튤러나 흙손으로 쉽게 뗄 수 없을 때는 크고 평평한 용기 내에 2000~5000g을 넣고 쉽게 다룰 수 있을 때까지 건조기에서 110±5℃로 가열한다. 골재 입자가 부서지지 않도록 시료와 입자를 될 수 있는 한 균일하게 분리시킨다.

추출에는 보통 1000g의 시료가 사용되며, 일반적인 시험에서는 최대 입자 지름이 13mm 이하가 되는 작은 입자가 사용된다. 여기에서는 입자 지름이 커질수록 시험의 정확도는 낮아진다. 이와 같은 과정은 시료 질량 최소 3000g을 사용하여 25mm보다 큰 골재를 함유한 혼합물에 대하여 사용할 수 있다. 1회 시험에 필요한 시료량이 얻어질 때까지 4분법으로 시료를 분취한다.

[표_1] 시료의 최대 골재 크기에 따른 최소 시료

최대 골재 크기 mm	최소 시료량 g
5	500
10	1000
13	1500
20	2000
25	3000
40	4000

5) 함수비 결정

시료 500g을 금속제 증류기에 넣고 질량을 달아 함수비를 결정한다.

6) A 방법

1. 시험 순서

a) 5)에서와 같이 시료의 함수비를 결정한다.

b) 약 1000g의 시료를 볼에 넣고 질량을 단다. 골재의 최대 치수가 25mm 이상인 경우 3000g 이상의 시료를 달아 한번에 1000g씩 나누어 추출 시험을 한다.

c) 삼염화에틸렌이나 삼염화에탄으로 볼 내에 있는 시료가 잠기도록 부어서 시험하기 전에 시료가 붕괴되도록 1시간 범위 내에서 충분한 시간을 갖는다.

시료와 솔벤트가 담겨진 볼을 추출기에 장착한다. 그리고 필터링을 건조시켜 그 질량을 달고, 볼의 가장 자리에 끼운다. 다음에 볼의 뚜껑을 단단히 조이고, 추출물을 받기 위해서 배수구 밑에 비커를 놓는다.

d) 원심 분리기를 천천히 회전시켜 최대 속도 3600rpm까지 또는 배수구로부터 솔벤트가 흐르지 않게 될 때까지 점차적으로 속도를 증가시킨다.

그리고, 기계를 정지시킨 후 삼염화에틸렌이나 삼염화에탄을 200mL 더 첨가시켜 같은 과정을 반복한다. 이 때, 추출액이 맑고 연한 색깔이 될 때까지(적어도 200mL씩 3회 이상) 추가로 솔벤트를 첨가한다. 그리고 알맞은 용기 속에 추출액과 세척액을 한데 모은다.

e) 볼에서 필터링을 꺼내 공기 중에서 건조시킨 다음, 필터링에 달라붙은 광물질을 떼어 내어 볼 속에 있는 골재에 집어 넣는다. 다음에 건조로에서 110±5℃ 온도로 필터링을 건조시킨다. 그리고 증기조 위에서 볼의 내용물을 건조시킨 후, 건조기에서 110±5℃ 온도로 일정한 질량이 될 때까지 건조시킨다.

태웠을 경우 재가 거의 생기지 않는 필터링을 사용했을 경우는 깨끗한 시료팬에 골재와 필터링을 올려 놓고 위와 같이 건조시킨 후 필터링을 주의해서 접은 후에 분젠 버너나 성냥으로 태운다. 팬에 있는 추출 골재의 질량을 측정한다*.

[*] 가열된 골재는 대기 중에서 식힐 경우 대기중의 수분을 흡착하기 때문에 알맞은 온도로 식었을 경우 즉시 추출된 골재의 질량을 측정하여야 한다.

f) 용기 속에 있는 총 추출액의 부피를 기록한다. 이 때, 추출액을 완전히 흔들고, 미리 질량을 달아 놓은 가열 접시에 약 100mL를 담는다.

증기조에서 증발시켜 말리고, 500~600℃에서 태워 식히고 포화된 탄산암모늄 용액을 회분 1g 당 5mL를 첨가한다.

그리고, 1시간 동안 실내 온도로 방치한 후, 110±5℃의 건조기에서 일정한 질량이 될 때까지 건조시켜 데시케이터에서 식히고 그 질량을 단다.

2. 계산

a) 추출액 중에 있는 회분 전체의 질량을 다음과 같이 계산한다.

$$W_4 = G\left(\frac{V_1}{V_1 - V_2}\right)$$

***[참고_W_4 : 회분 총량 / G : f)에서 시험한 액체중 회분의 질량(g) / V_1: 총 부피(mL) / V_2: f)에서 시험한 액체를 뺀 부피(mL)]

b) 시료 중의 역청 백분율을 다음 식으로 계산한다.

$$\text{역청 함유율 (\%)} = \frac{(W_1 - W_2) - (W_3 + W_4 + W_5)}{W_1 - W_2} \times 100$$

***[참고_ W_1: 시료의 질량 / W_2: 시료 중 수분의 질량 / W_3: 추출된 골재의 질량 / W_4 : 추출액 중 세립 골재분의 질량 / W_5 : 필터링의 질량 증가분*]

[*] 재가 발생하지 않는 필터링을 사용하여 소각한 경우는 고려하지 않아도 된다.

7) B 방법

1. 시험 순서

a) 5)에서와 같이 시료의 함수비를 결정한다.

b) 2장의 필터를 건조시켜 그 질량을 단다. 이 2장의 필터를 각각 2번 접는다. 다시 펴서 금속제 콘 안쪽에 맞도록 적당한 크기로 접는다.

c) 콘 안에 있는 필터와 함께 각각의 프레임의 질량을 0.5g까지 달고, 각각의 프레임에 숫자를 붙여 분류하고 이 질량을 기록한다.

d) 약 500g의 시료를 필터가 들어 있는 콘에 넣고 가해진 프레임의 질량을 0.5g까지 단다. 만약 2개의 프레임을 사용한다면 각각의 프레임에 거의 동일하게 시료를 넣는다.

*** [참고_공업용 에틸알코올을 시료에 부어 필터를 충분히 적셔준다.]

e) 삼염화에틸렌이나 삼염화에탄 500mL를 유리로 된 용기에 부어 프레임을 지지다리와 함께 용기 안에 넣어 둔다. 이 때, 용매의 윗면은 이 프레임 콘의 아래 끝에 위치해야 한다. 위 프레임을 아래 프레임 위에 놓아 연결대가 아래 프레임의 꼭대기 가장자리에 있는 둥근 구멍 안에 꼭 맞게 해야 한다.

f) 전기 가열판 위에 절연 패드를 올려 놓고 그 위에 시험용 기구를 얹은 다음 콘덴서로 덮는다. 그리고 콘덴서에 냉각수를 순환시킨다. 솔벤트가 서서히 끓어 금속 깔때기 속으로 응축된 솔벤트의 흐름이 일정해지도록 온도를 조절하여 한다. 만약 응축된 솔벤트로 금속 깔때기 속의 시료를 완전히 덮을 필요가 있다면 솔벤트의 흐름을 유지하기 위해 전기 가열판의 온도를 조절하여야 한다. 여과용 깔때기가 넘치지 않도록 주의하여야 한다. 아래쪽 깔때기의 솔벤트가 밝은 색(흰 바탕에 밝은 담황색)이 될 때까지 계속 환류시켜야 한다. 솔벤트의 색이 밝은 색을 띠면 전기 가열판을 끈다. 냉각수는 계속 순환시켜 시험 기구를 식힌다. 솔벤트의 끓음이 멈추고 시험용 기구가 조작하기 쉽게 충분히 식었다면 콘덴서를 끄고 시험용 기구로부터 콘덴서를 제거한다.

g) 용기에서 추출된 골재와 필터를 포함한 프레임을 제거한다. 공기 중(후드 내)에서 솔벤트를 휘발시킨 후 110±5℃의 건조기에서 일정한 질량이 될 때까지 건조시킨다.

h) 추출액을 1000mL 용기에 옮겨 담는다. 그리고 *6)1.f)*의 방법을 거친 후 *6)2.a)*의 방법으로 추출액 속의 미립분의 양을 계산한다.

2. 계산

a) 회분의 총 질량을 계산한다.

b) 에서와 같이 역청의 백분율을 계산한다.

8) C 방법

1. 3)의 시험용 기구 외에 다음과 같은 기구가 필요하다.
   a) **추출기** 금속 콘덴서 뚜껑과 추출기 등의 장치를 갖춘 것이어야 한다. 그러나 모양이 다른 추출기라도 사용할 수 있다. 추출기에 있어서 가장 중요한 점은 추출기에 꼭맞는 뚜껑이어야 하며 시료를 충분히 넣을 수 있는 용량이어야 하고 효과적으로 환류시키기 위해 냉각핀이 잘 배열되어 있어야 한다.
   b) **상자** 시료를 담을 수 있는 상자이어야 하며, 시료를 떠 받치기 위해서 상자 안에 No.4체 또는 더 두꺼운 스크린이 장치되어 있어야 한다.
   c) **여과천** 약 185개의 그물눈이 있는 것이어야 하며, No4체 스크린 위에 놓이게 되며 상자의 안쪽을 완전히 덮을 수 있는 형태이어야 한다.

2. 시험 순서

a) 시료의 함수비를 결정한다.

b) 3500~11000g의 시료를 상자에 넣어 1g까지 측정하여 추출기에 넣는다.
삼염화에틸렌이나 삼염화에탄 1150~1250mL를 시료에 넣는다. 추출기 뚜껑을 꽉 고정시키고, 냉각수가 뚜껑에서 잘 순환하도록 한 후 가스 버너 또는 전기 가열판으로 열을 가한다.

c) 모든 역청이 골재에서 추출될 때까지 1.5~3시간 동안 시료를 환류시킨다. 약 1.5시간 후에 추출기를 끄고 시료를 조사한 다음 흙손으로 시료를 혼합한 후 추출을 계속한다.

[*] 시료를 조사했을 때 골재나 시료를 혼합한 흙손에 얼룩이 없다면 추출을 종료해도 된다.

d) 시료 상자를 제거하고 공기 중에서 건조시킨 후, 110±5℃ 온도로 가열판이나 건조기에서 건조시킨다. 추출기로부터 추출액을 배수시키고, 솔벤트로 깨끗이 씻는다. 그리고, 추출액과 세척액을 메스실린더에 부어 7.2.6의 방법으로 회분의 질량을 계산한다.

2. 계산

a) 회분의 총 질량을 계산한다.

b) 역청의 백분율을 계산한다.

9) D 방법

1. 시험용 기구 D 방법에는 3)의 시험용 기구 외에 다음과 같은 기구가 필요하다.

a) **추출기** 금속제 주전자 또는 유리로서 구멍 뚫린 상자와 콘덴서 뚜껑으로 채워져 있다. 콘덴서의 아랫부분은 수많은 둥근 혹이 있어 시료 표면상의 솔벤트를 분산시킬 수 있는 것이어야 한다. 상자는 주전자 바닥 위 약 12.7mm 높이에 걸치게 한다. 이것은 솔벤트 내 시료의 잠입과 주전자 바닥 위 102mm에서 역류시키기 위한 것이다.

b) **여과용 자루** 시료 용기에 걸치기 위한 신축성 있는 주둥이를 가지고 있어야 한다.

2. 시험 순서

a) 시료의 함수비를 결정한다.

b) 추출 상자 내에 여과용 자루를 넣은 후, 용기의 총 질량을 구하기 위하여 팬과 함께 이것의 질량을 단다.

만약, 최대 골재 입자 지름이 12.7mm보다 작을 때에는 포장 혼합물의 비가 약 500g 되게 여과용 자루에 넣고 그 질량을 단다. 그러나 이보다 더 큰 골재인 경우에는 약 1000g을 사용하여야 한다.

c) 시료를 넣은 상자를 지지대에 부착시킨 후 추출 주전자 안에 장치한다. 그리고 삼염화에틸렌이나 삼염화에탄 약 600mL를 시료 위에 붓고 콘덴서 뚜껑을 장치한 후 콘덴서 뚜껑에 냉각수를 순환시킨다. 예를 들면, 지지 막대의 위 구멍을 통과하는 지지핀을 삽입하여 주전자의 바닥 위로 13mm 들어 올린 후 추출기를 가열판 위에 올려 놓은 뒤, 솔벤트가 서서히 끓어 용기로부터 추출된 미립분이 끓어 넘치지 않도록 주의해야 한다.

d) 15~30분간 침수된 시료를 그대로 계속해서 가열한 후, 환류 수위까지 상자를 들어 올린다. 상자에서 떨어지는 솔벤트가 흰판에 밝은 빛깔을 나타낼 때까지 계속 가열하여야 한다.

스테인리스 주전자를 사용할 때는 상자와 콘덴서 뚜껑을 들어올리고 용매의 상태를 관찰한다.

e) 가열판에서 추출기를 제거하고, 몇 분간 식힌 후에 상자와 콘덴서 부속을 들어올린다. 주전자 뚜껑을 닫고 여과 주머니를 제거하여 본래 시료의 질량이 측정된 팬 위에 내용물을 분산시킨다. 그리고 여과용 자루를 재차 덮은 골재의 꼭대기에 놓는다. 증기 수조를 건조시키고, 110±5℃의 건조기에서 질량이 일정해질 때까지 건조시킨 후 추출액과 세척액을 메스실린더에 부어 7.2.6의 방법으로 회분의 질량을 계산한다.

3. 계산

a) 회분의 총 질량을 계산한다.

b) 역청의 백분율을 계산한다.

10) 시 약

1. 규조토 실리카 여과 보조 장치(Diatomaceous Silica Filtering Aid)
2. 에틸알코올 공업용
3. 염화메틸렌

11) 시험 순서

a) 시료의 함수비를 결정한다.

b) 스테인리스 스틸 비커에 시료를 넣고 질량을 측정한다. 시료의 온도가 54℃ 이상이면 54℃ 이하로 식힌다. 충분히 냉각되면 시료 위에 공업용 알코올을 200mL 붓는다. 그리고 700mL의 염화메틸렌을 붓고 아스팔트가 용액에 추출되어 나올 때까지 교반한다.

12) 시험 방법 E-I

1. 건조 질량을 단 여과지를 진공 추출기의 중앙에 끼우고 조임 나사를 조인다.
2. 진공 펌프를 작동시키고 추출기 안으로 비커의 솔벤트를 붓는다. 비커에서 추출 골재가 쏟아지지 않도록 주의한다. 용제를 모두 붓고나서 진공 펌프를 멈춘다.
3. 시료 용기 안에 염화메틸렌 700mL를 붓고 교반한다.
4. 골재가 육안으로 보았을 때 깨끗해지고 배출되는 용액이 맑아질 때까지 2와 3을 반복한다.
5. 시료의 건조를 원활히 하기 위해 마지막 세척 후에 몇 분 동안 진공 펌프를 작동시킨다. 링을 제거한 후에 질량 손실을 피하기 위해 필터의 중앙으로 깔때기 링의 주위에 흩어진 골재를 긁어 넣는다. 링을 제거하고 건조 팬 안으로 추출된 골재를 솔로 긁어낸다. 또한 필터에 묻어 있는 골재를 건조팬에 솔로 긁어낸다.
6. 110±5℃의 건조기에서 필터와 추출 골재가 항량이 될 때까지 건조시킨다.
7. 추출 골재와 필터의 질량을 측정한다. 추출 골재의 질량을 계산하기 위해 필터와 팬의 질량을 뺀다.
8. 메스실린더로 추출액의 부피를 측정하고 추출액 중의 회분의 양을 계산하기 위해 *6) 1. f)*의 방법에 따른다.

13) 시험 방법 E-II

1. 포장 혼합물을 저속 여과 방법으로 효과적인 추출을 위해 11)의 방법으로 시료를 준비한다.
2. 여과지를 건조시킨 후 질량을 측정하고 추출기의 중심부에 부착시킨 후 조임 나사를 조인다.
3. 건조 규조토 실리카 50g을 1000mL 삼각 플라스크에 넣고 염화메틸렌 500mL를 부은 후 규조토 실리카가 현탁액이 될 때까지 잘 흔들어 준다.
4. 필터 위로 염화메틸렌에 규조토 실리카를 녹인 현탁액을 즉시 붓는다. 진공 펌프를 작동시키고 여과지 위의 규조토 실리카에 실금이 생기고 표면이 건조되어 패드가 생길 때까지 계속 작동시킨다.
5. 추출기에 시계 접시를 놓고 시료 위에서 용제를 붓는다. 집게로 시계 접시를 꺼내고 세척병으로 닦아준다. 시료의 잔량을 더하고 14.2부터 14.7의 과정을 따른다. 골재의 질량을 계산하기 위해 건조 팬, 여과지 그리고 규조토 실리카의 질량을 뺀다.
6. 14.8의 방법으로 추출액 속의 회분의 질량을 계산한다.
7. **계 산**

   a) 회분의 총 질량을 계산한다.

   b) 역청의 백분율을 계산한다.

마샬 시험기를 사용한 역청 혼합물의 소성 흐름에 대한 저항력 시험 방법 [KS F 2337]

시험빈도 : 1일 1회 이상

1) 공시체

1. **공시체의 수** 조정된 골재와 역청을 혼합한 매 배합마다 3개 이상의 공시체를 준비한다.
2. **골재의 준비** 골재를 110±5℃에서 항량이 될 때까지 건조시켜서, 필요한 크기별로 체가름하여 분리한다.

26.5mm~19mm
19mm~9.5mm
9.5mm~4.75mm
4.75mm~2.36mm
2.36mm 통과 부분

3. **혼합 및 다짐 온도의 결정** 아스팔트는 점성이 170±20 cSt 및 280±30 cSt가 되도록 각각 혼합 온도 및 다짐 온도를 규정하여야 한다. 타르에 있어서는 엥글러 점성이 25±3 및 40±5가 되도록 혼합 온도 및 다짐 온도를 각각 규정한다.
4. **혼합물의 준비** 각 공시체용으로 각각의 팬 속에 다져진 공시체의 높이가 63.5mm±1.27mm가 될 수 있는 각 크기별의 소요량을 단다(약 1200g). 이 팬을 가열판이나 건조기에 넣고 아스팔트 또는 타르인 경우에는 3에서 규정한 혼합 온도보다 약 28℃ 높은 온도까지 가열하고, 액상 아스팔트인 경우는 규정한 혼합 온도보다 14℃ 높은 온도까지 가열한다. 가열된 골재를 혼합 용기 속에 넣고 충분한 마른 비빔을 한다.

혼합된 건조 골재 속에 분화구를 만들고, 역청 재료의 온도는 3에서 규정한 혼합 온도의 한계 내에 있어야 한다. 골재와 역청 재료를 충분히 피복될 때까지 혼합한다.

5. **공시체의 다짐**
   a) 조립된 공시체 몰드와 다짐용 해머 표면을 깨끗이 한 후, 이들을 끓는 물 속이나 가열판 위에서 90~150℃의 온도로 가열한다. 몰드 밑면에 혼합물을 넣기 전에 크기가 맞도록 거름종이를 잘라 넣는다. 몰드 속에 전 배치를 넣고 가열한 스패튤러나 흙손으로 혼합물의 표면을 밋밋하게 고른다. 다지기 직전의 혼합물의 온도는 3에서 규정한 다짐 온도의 한계 내에 들어야 한다
   b) 칼라를 다시 붙이고, 몰드 홀더 안에서 다짐 기초대 위에 조립된 몰드를 올려 놓는다. 별도의 규정이 없는 한 다짐 해머를 45cm 높이에서 자유 낙하시켜 50 또는 75회 타격

한다. 다짐기는 분당 60~70회 타격이 이루어져야 한다.

다짐용 해머의 축은 다짐 기간 중 조립된 몰드의 밑판에 수직이 되도록 유지시킨다. 밑판과 칼라를 제거하고 뒤집어서 몰드를 재조립한다. 뒤집어진 공시체의 표면에 동일한 수로 타격을 하여 다진다. 다짐을 끝낸 후 밑판을 제거하고, 시료 추출기를 공시체의 끝부위에 올려놓는다. 조립된 몰드에 연장용 칼라 속으로 공시체를 밋밋하고 편편한 면에 주의하여 놓고 실온에서 12시간 둔다*. 공시체를 달아, 계측하고 시험한다.

[*] 일반적으로 공시체는 5.b)에서 규정한 대로 식혀야 한다. 더 빨리 식히고자 할 때는 탁상 선풍기를 사용해도 좋다. 다짐 완료 직후에 몰드로부터 공시체를 들어낼 때 원주형을 유지하기 위한 충분한 부착력이 부족한 혼합물에 대해서는 원주형을 유지하기에 충분한 부착력이 생길 때까지 공기중에서 모들에 넣어둔 채로 식혀도 좋다.

2) 시험 방법

1. 공시체를 30~40분 동안 수조 속에 침수시켜 필요한 온도로 만든다. 수조 온도를 가열 아스팔트 공시체에 대해서는 60±1℃, 타르 공시체에 대해서는 38±1℃로 유지한다. 재하 헤드는 20~40℃를 유지해야 한다.

   시험하기 전에 가이드 로드와 테스트 헤드의 내면을 충분히 깨끗이 하고, 가이드 로드에 기름칠을 하여 상부 재하 헤드가 이 위에서 자유롭게 미끄러질 수 있도록 하여야 한다.

   수조에서 공시체를 꺼내어 재하 헤드의 하부 궁형 안에 놓는다. 공시체 위에 재하 헤드의 상부 궁형을 놓는다. 이 일조를 시험기 위의 제자리에 넣는다. 흐름미터를 한쪽 가이드 로드 위의 제 위치에 놓고, 슬리브가 재하 헤드의 상부 궁형에 대하여 단단히 접촉되었을 때, 눈금을 0에 조절한다. 흐름미터 슬리브는 시험 하중을 가하는 동안 재하 헤드의 상부 궁형에 단단히 붙여둔다.

2. 재하 잭 혹은 분당 50.8mm의 비율로 움직이는 시험기 두부를 가진 시험기로써, 공시체에 일정한 비율로 하중을 가하되, 최대 하중에 도달되어 다이얼에서 하중이 감소될 때까지 한다. 시험기에 나타난 최대 하중이나 마이크로미터 다이얼 게이지 의 최대값에서 환산한 최대 하중을 기록한다.

   표시된 흐름값을 기록하거나 흐름값을 측정하기 위하여 마이크로미터 다이얼 게이지를 사용하였을 때에는 0.01mm 단위로 측정한 결과를 기록한다. 수조에서 공시체를 꺼내어 최대 하중을 측정할 때까지의 시험에 소요된 시간은 30초 이내이어야 한다.

혼합물의 포설

다져진 역청 혼합물의 겉보기 비중 및 밀도 시험 방법((파라핀으로 피복한 공시체) [KS F 2353]

시험빈도 : 필요시마다

1) 시험 기구

1. **저울** 용량 5kg 이상, 감도 0.5g의 저울이어야 한다.
2. **철제 바구니** 지름 20cm, 높이 20cm인 5mm 체눈의 바구니이어야 한다.
3. **수조** 수조는 일정한 수위를 유지할 수 있는 오버플로 배출구가 있어야 하고, 저울에 매달려 있는 동안 시료를 물 속에 담가 둘 수 있는 것이어야 한다.
4. **현조 장치** 저울 접시 중앙에 철제 바구니를 매달 수 있는 장치이어야 한다.

2) 시 료

1. 시료는 시험실에서 제작하거나 현장에서 채취한 것으로 질량은 250g 이상 5kg 이하로 하며, KS F 2350에 따라 채취한다.
2. 공시체의 크기 원통형 시료의 지름 또는 시료의 측면 길이는 골재 최대 크기의 4배 이상이어야 하고, 그 두께는 골재 크기의 1.5배 이상이어야 한다.
3. 포장 시료는 코어 채취기, 다이아몬드 톱이나 금강사 톱 또는 기타 적당한 것으로 채취하여야 한다.
4. 몰드나 포장으로부터 시료를 옮기거나 옮긴 후에 비틀림, 휨 및 균열이 일어나지 않도록 주의하여야 한다.
5. 공시체에는 택 코트, 실 코트 입상 재료, 흙, 종이 등의 이물질이 부착되지 않아야 하며, 가능하면 시료는 만족할 만한 방법에 따라 다른 포장층과 분리되어야 한다.

3) 시험 방법

1. 파라핀에 의한 피복 여부 결정

a) 대상 공시체를 KS F 2446에 따라 겉보기 비중을 측정하고, 공시체 내에 흡수된 체적당 함수량을 다음 계산식에 따라 구한다.

$$\text{체적당 함수량(\%)} = \frac{B-A}{B-C} \times 100$$

***[참고_A : 공기 중에서 건조된 시료의 질량(g) / B : 공기 중에서 표면 건조된 포화 시료의 질량(g) / C : 수중에서의 시료 질량(g)]

b) 만약 단위 체적당 함수량이 2%를 초과하면 5.2에 따라 시험하고, 2%를 초과하지 않으면 KS F 2446에 따라 구한 겉보기 비중값을 보고한다.

2. **파라핀의 피복에 의한 공시체의 겉보기 비중 측정**

a) **피복하지 않은 공시체의 질량** 25±3℃의 실내 온도에서 질량의 변화가 발생하지 않을 때까지 건조한 후 질량 A를 측정한다.

b) **피복한 공시체의 질량** a)에서 시험한 공시체의 표면을 파라핀으로 완전히 피복하여 공극을 없앤다. 피복한 파라핀 표면의 작은 구멍은 뜨거운 파라핀을 더 발라서 없애는 것이 좋다. 피복한 공시체는 25±3℃의 공기 중에서 30분간 냉각시킨 다음 건조 질량 D를 측정한다.

c) **피복한 공시체의 수중 질량** 파라핀으로 피복한 공시체를 25℃의 수조에서 30분간 침수시킨 다음 수중 질량 E를 측정한다.

d) **파라핀의 겉보기 비중** 파라핀의 겉보기 비중을 모를 때는 아래 식에 따라 파라핀의 겉보기 비중 F를 구한다.

e) **수분 보정** 포장에서 취한 공시체가 수분을 함유한 경우에는 수분의 질량에 대하여 질량 A, D 및 E를 수정할 필요가 있다.

4) 계산

1. 공시체의 겉보기 비중은 다음 식에 따라 계산한다.

$$\text{겉보기 비중} = \frac{A}{D-E-\dfrac{D-A}{F}}$$

***[참고_A : 건조 공시체의 공기 중 질량(g) / D : 피복한 건조 공시체의 공기 중 질량(g) / E : 피복한 건조 공시체의 수중 질량(g) / F : 파라핀의 겉보기 비중*]

[*] 파라핀의 겉보기 비중은 납과 같은 무거운 재료의 추를 파라핀에 붙여, 역청 혼합물 공시체와 동일한 방법으로 시험하여, 다음 식에 따라 겉보기 비중을 계산한다.

$$F = \frac{M_B}{M_A + M_B - M_C}$$

***[참고_F : 파라핀의 겉보기 비중 / M_a : 파라핀의 공기 중 질량(g) / M_b : 추의 수중 질량 (g) / M_c : (추+파라핀)의 수중 질량(g)]

2. 공시체의 밀도는 다음 식에 따라 계산한다.

$$밀도(g/cm^3) = 겉보기\ 비중 \times 0.997$$

***[참고_0.997 : 25℃에서의 물 밀도(g/cm³)]

3. **재현성** 동일 시험자에 의해 시험한 2회의 겉보기 비중 측정 결과는 0.02 이내이어야 한다.

5) 보고

1. 혼합물의 종류
2. 겉보기 비중 및 밀도
3. 시료의 크기

7.6m 프로파일미터에 의한 포장의 평탄성(시험방법) [KS F 2373]

시험빈도 : 차로마다 전구간

1) 시험 장비

7.6m 프로파일미터 7.6m 프로파일미터는 전장이 7.6m인 뼈대로 이루어져 있으며, 양 끝에 부착된 바퀴에 의해 지탱된다. 중앙부의 측정용 바퀴의 회전과 운동에 의해 요철 파형이 기록 장치에 의해 기록되며, 요철 파형은 지지용 바퀴와 노면 접촉면의 평균 고저차와 관련이 있다. 주지지대의 연결 부위 및 프레임에는 변형이 없어야 한다.

a) **측정용 바퀴(measuring wheel)** 측정용 바퀴가 회전함으로써 원주에 의한 회전수가 연결된 기록계의 이동 거리로 표시되며, 양측 지지용 바퀴(supporting wheel)를 기준으로 상대적인 높이 변형이 감지되어 기록계에 수직 거리로 옮겨질 수 있는 구조이어야 하며, 측정용 바퀴의 지름은 508mm, 둘레는 1596mm, 폭은 51mm이어야 한다.

b) **총 중량** 측정 장비의 총중량은 200kg 이내이어야 한다.

c) **축척** 주행 방향 축척은 1 : 300, 연직 방향은 1 : 1로 하여야 한다.

d) **지지용 바퀴(supporting wheel)** 바퀴 간격이 최소 30cm 이상 이격되어 있으며, 한 정점 부위보다는 평면을 기준으로 요철량이 표시되도록 여러 바퀴를 이용한 지지대가 설치되어 있어야 하며, 또한, 이러한 지지대는 고정된 것이 아니라 상하로 움직일 수 있어야 한다.

e) **기록계(recorder)** 기록계는 측정용 바퀴에 의한 이동 거리가 기어의 축척에 의해 1/300로 기록되며, 수직 변형을 원상태로 기록하는 장치이어야 한다.

f) **불량 부위 감응 장치** 측정용 바퀴 지지대의 감음 장치로서 기준 이상의 요철 부위 통과시에 경고음이 우리도록 하는 장치이다.

2) 시험 방법

a) 시험에 앞선 시험 장비의 보정

b) 7.6m 프로파일미터의 주행시 측정 구간 도로 위의 방해물을 제거한다.

c) 측정 위치는 각 차선 우측 끝부에서 안쪽으로 80~100cm 간격을 유지하며 중심선에 평행하세 측징하고, 측정 속도는 보행 속도 이하(4km/h 정도)로 한다.

d) 한 구간의 측정 연장은 50m 이상이 되어야 하며, 50m 미만일 때는 전 · 후 PrI 측정 연장에 포함시켜 측정하며, 전구간을 1회에 측정하여야 하지만, 그렇지 못할 경우에는 몇 회로 나누어 측정할 수 있으며, 이 때에는 반드시 전회의 측정 체인을 포함시켜 측정하여야 한다.

3) 계산

a) 기록지상의 요철 파형이 폭 5mm의 상 · 하부에 고르게 분포될 수 있도록 상 · 하연선을 적색으로 그린다. 이 때 [그림 1 (a)]에서와 같이 5mm 상 · 하연선 위치는 일직선이어야 하며, 상 · 하연선 작도시에 단차가 있어서는 안 된다.
단, [그림 1(b)]와 같이 편구배 구간은 예외로 하는데, 이 때에도 중앙선을 상하로 평행 이동할 수 없으며. 구간별 사선 밴드(band)로 조정한다.

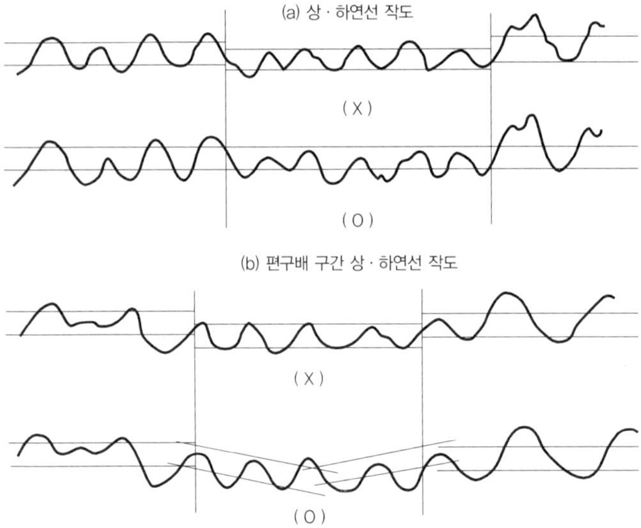

[그림_1] 기록된 요철 파형에 대한 상 · 하연선 작도 방법

b) 종단 구배가 있는 곳에서는 상 · 하연선의 조정을 할 수 없다.
c) 상 · 하연선(blanking band)을 벗어난 요철 파형의 높이 1mm, 폭 2mm 이상인 경우만 합산하고, 1mm 단위로 계산한다.
d) 요철 파형 중 여러 개의 산이 형성되었을 경우에는 가장 높은 요철 파형 하나만 계산한다.
e) 기록지에서의 구분은 실거리 150m 간격으로 5mm 상 · 하연선을 벗어난 요철 파형의 절대값의 합을 cm/km로 환산하여 그 구간의 평탄성 지수(PrI)로 한다.
f) 측정 구간 150m의 평탄성 지수(PrI)값은 [그림 2]와 같이 다음 식으로 산출한다.

a) 같은 구간을 2회 이상 측정한 경우에 측정 길이가 동일하다면 평탄성 지수(PrI)를 평균할 수 있다.

b) 측정 길이가 150m 이하일 겨우에도 km당으로 환산하여 평탄성 지수(PrI)를 평균할 수 있다.

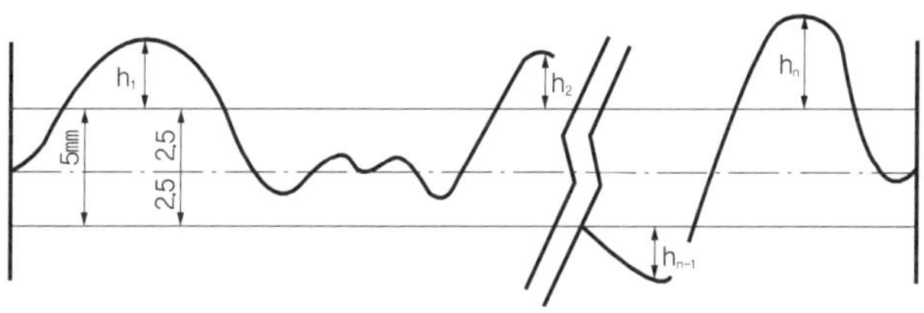

[그림_1] 기록된 요철 파형에 대한 상 · 하연선 작도 방법

$$\mathrm{PrI} \quad \frac{\Sigma h}{L}$$

***[참고_PrI : 평탄성의 지수(cm/km) / Σh : 0.15km에 대해 상 · 하연선을 벗어난 요철 파형의 합(cm)
($h_1 + h_2 + \cdots \cdots + h_n-_1 + h_n$ / L : 측정 길이(0.15km)]

4) 보고

보고서에는 다음 사항을 기록해야 한다.

a) 도로 포장 현장. 포장층의 종류(표층, 기층)

b) 평탄성 측정 거리

c) 평탄성 지수(PrI)(cm/km)

I 기타

포장용 콘크리트 평판 [KS F 4001]

시험빈도 : 2,000매당

1) 재료

a) 시멘트 시멘트는 KS L 5201, KS L 5204, KS L 5210, KS L 5211 또는 KS L 5401에 규정하는 것으로 한다. 다만, 플라이 애시 시멘트는 A종 및 B종으로 한다.

b) 골재 골재는 보통 골재, 경량 골재, 재생 골재, 인조석, 기타 이와 유사한 불연성인 것으로 유해량의 진흙, 유해 물질, 유기 불순물 등을 포함하지 않고 내구성이 있는 것으로 한다. 다만, 굵은 골재의 최대 치수는 15mm 이하로 한다.

*** [비고_각종 골재의 일반적 성질, 물리적 성질, 유해 물질, 입도, 시료 채취 및 시험 방법, 검사 등에 관하여는 KS F 2526, KS F 2527, KS F 2534, KS F 2544 및 KS F 2573에 따른다.]

c) 물 물은 기름, 산, 염류, 유기물 등의 유해 물질을 해로운 양으로 포함해서는 안 된다.

d) 혼화 재료 혼화 재료는 제품의 품질에 해로운 영향을 주어서는 안 된다.

e) 착색 재료 콘크리트용 착색 재료[*]는 내후성이 우수하고[**] 제품의 품질 및 환경에 해로운 영향을 주어서는 안 된다.

[*] 착색 재료에는 정상적인 화학 공정을 거치지 않은 철 부산물은 제외한다.
[**] '내후성이 우수하고'라 함은 콘크리트용 안료로서 국내외적으로 검정된 무기질 재료(무기안료, 골재, 유리, 세라믹 등)를 가급적 사용하여 옥외에서 햇빛, 비바람, 한란 등 자연의 작용에 저항해서 변하지 않는 안료의 성질이 우수하여야 한다는 것이다.

f) 철 선 보강용 철선을 사용할 경우에는 KS D 3552의 규격에 적합한 것 또는 품질이 이와 동등 이상인 것이어야 한다.

g) 박리제 박리제를 사용할 경우에는 제품의 품질에 해로운 영향을 주어서는 안 된다.

2) 시험 방법

a) 수치의 환산 종래 단위의 시험기 또는 계측기를 사용하여 시험하는 경우 국제 단위계(SI)로의 환산은 다음과 같다.

1 kgf = 9.80N

b) 휨 강도 시험 휨 강도 시험은 시료를 24시간 물 속에 침수시킨 후 꺼낸 즉시 한다. 시료를 그림 1과 같이 표면을 아래로 놓고 지점간 거리(지간 : 스팬)는 부속서 1 표 2 및 부속

서 2 표 2의 값으로 하고 지간 중앙에 하중을 가하여 부속서 1 표 2 및 부속서 2 표 2에 규정하는 휨 강도 하중에서 평판의 끝면에 나비 0.05mm 이상의 갈라짐이 없어야 한다. 이때 가압 속도는 파괴 하중의 약 50%까지는 빠른 속도로 작용시킨 다음, 최대 휨 압축 응력의 증가가 매분 9.8MPa(=N/mm²)를 초과하지 않을 정도로 하중을 가하여 시험기에 나타난 최대 하중 P를 측정하여 다음 식에 따라 휨 강도를 계산하고, 수치는 유효 숫자 3자리까지 구하여 반올림한다.

$$\text{휨 강도(N/mm}^2\text{)} = \frac{3PL}{2bd^2}$$

***[참고_ 여기에서 P : 시험기가 나타낸 최대 파괴 하중(N) / L : 지점 간 거리(mm)
b : 지점 간에 직각 방향의 평균 나비(mm) / d : 평판의 평균 두께(mm) / b 및 d는 1/20mm까지 측정한다.

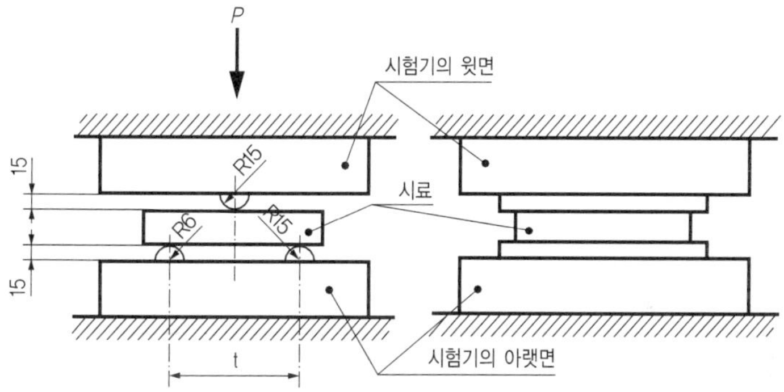

[그림_1] 휨 강도 시험 방법

*** [비고_ 1. 시료의 가압면 및 지지면에는 고무판, 기타 이와 유사한 것을 끼워 넣어 하중이 균등하게 분포되도록 한다.
2. 시료는 제품 모양 그대로 시험하되 제품의 양끝단의 중앙점을 연결한 중심선에 직각 방향으로 가압하여야 한다.
3. 휨 강도 시험 전 가압 단면의 치수 측정은 세로 방향의 가압선 상하 2곳에서 나비(세로)를 측정하고, 두께는 세로 방향 양끝에서 1/4 안쪽 2곳을 측정한다. 또한, 나비 및 두께의 정밀도는 0.1mm까지 측정하여 그 평균값을 유효 숫자 3자리까지 구하여 반올림한다.
4. 휨 시험은 KS B 5533에 규정하는 1등급 이상의 시험기 또는 이와 동등 이상의 허용값을 가진 시험기를 사용한다.]

c) 흡수율 시험 시료는 휨 강도 시험이 끝난 후 1매의 시료에서 2개의 시험편을 취하여 시험편의 절건 질량과 표건 질량을 구한다. 흡수율[*]은 다음 식에 따라 계산한다.

$$\text{흡수율(\%)} = \frac{m_0 - m_1}{m_1} \times 100$$

***[참고_ 여기에서 m_0 : 시험체의 표건 질량(g) / m_1: 시험체의 절건 질량(g)

[*] 흡수율은 2개 시험편 각각의 값을 평균한 값으로 나타낸다.

d) **표면층의 두께** 시료는 휨 강도 시험에 규정한 휨 강도 시험이 끝난 후 1매의 시료에서 2개의 시험편을 취하여 표면층의 최소 두께[*]를 측정한다.

[*] 표면층의 두께는 2개의 시험편 각각의 값을 평균한 값으로 나타낸다.

3) 검사 방법

검사는 겉모양, 모양, 치수, 휨 강도 하중, 휨 강도, 흡수율 및 표면층의 두께에 대하여 한다.

a) **겉모양** 검사는 전수에 대하여 하고 모양은 균일하고, 사용상 해로운 균열 또는 파손, 휨, 뒤틀림 등이 없으면 합격으로 한다.

b) **모양, 치수, 휨 강도 하중, 휨 강도, 흡수율 및 표면층의 두께** 검사는 종류 및 호칭을 달리할 때마다 1000개 또는 그 나머지를 1로트로 하고, 1로트에서 무작위로 2개의 시료를 채취하여 시험을 실시하여 규정에 적합하면 그 시료가 대표하는 로트 전부를 합격으로 한다.

4) 제품의 호칭 방법

제품의 호칭 방법은 표 1에 따른다. 다만, 호칭 방법은 필요없는 부분을 제외해도 된다.

[표_1] 제품의 호칭 방법

종 류	적 용
모르타르층 평판	부속서 1의 9.에 따른다.
인조석층 평판	부속서 2의 9.에 따른다.

5) 표 시

■ **제품의 표시** 제품에는 다음 사항을 표시하여야 한다.

a) 제조 연월일 또는 로트 번호

b) 종류 및 그 약호

c) 제조 공장명 또는 그 약호

■ **납품서의 표시** 납품서에는 다음 사항을 표시하여야 한다.

a) 제조 연월일 또는 로트 번호

b) 종류 및 그 약호

c) 제조 공장명 또는 그 약호

d) 규격 번호 또는 규격명

e) 제품의 종류 및 치수

콘크리트 경계 블록 [KS F 4006]

시험빈도 : 매 1,000매마다 / 호칭 및 길이를 달리할 때마다

1) 재료

a) **시멘트** KS L 5201, KS L 5204, KS L 5210, KS L 5211 또는 KS L 5401에 규정하는 것으로 한다. 다만, 플라이 애시 시멘트는 A종 및 B종으로 한다.

b) **골재** 깨끗하고 강하며, 단단하고 내구적이며, 알맞은 입도를 가지고, 가늘고 긴 돌 조각, 유기 불순물, 염화물 등의 해로운 양을 포함해서는 안 된다.

c) **물** 물은 기름, 산, 염류, 유기물 등의 해로운 양을 함유해서는 안 된다.

d) **혼화 재료** 혼화 재료를 사용할 경우에는 제품의 질을 나쁘게 하지 않는 범위에서 적당한 혼화 재료를 첨가하여도 좋다.

e) **착색 재료** 유색 블록을 생산할 경우 콘크리트 착색용 재료는 정상적인 화학 공정을 거친 콘크리트용 재료이어야 하고, 내후성이 우수하며 블록의 품질 및 환경 등에 해로운 영향을 주지 않는 재료이어야 한다.

2) 시험 방법

a) **수치의 환산** 종래 단위의 시험기 또는 계측기를 사용하여 시험하는 경우 국제 단위계(SI)로의 환산은 다음과 같다.

1 kgf = 9.80N

b) **휨 강도 시험** 휨 강도 시험은 제품 그대로를 그림 1과 같이 놓고, 지간(ℓ 을 520mm(ℓ '는 900mm)로 취하고, 지간의 중앙에 하중을 가하여, 시험기가 나타낸 최대 하중을 파괴 하중으로 한다.

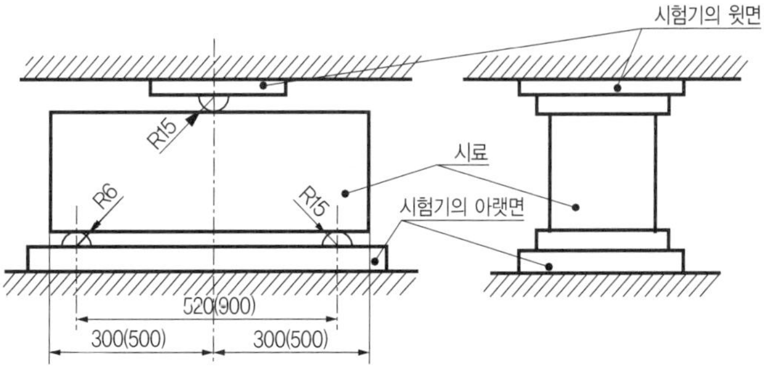

[그림_1]

c) **표면층의 두께** 시료는 휨 강도 시험이 끝난 후 1매의 시료에서 2개의 시험편을 취하여 표면층의 최소 두께[*]를 측정한다.

[*] 표면층의 두께는 2개 시험편 각각의 값을 평균한 값으로 나타낸다.

d) **흡수율 시험** 흡수율 시험 재료는 휨 강도 시험이 끝난 후 1매의 시료에서 2개의 시험편을 취하여 시험편의 절건 질량과 표건 질량을 구한다. 흡수율[*]은 다음 식에 따라 산출한다.

$$흡수율(\%) = \frac{m_0 - m_1}{m_1}$$

***[참고_ 여기에서 m_0 : 시험체의 표건 질량(g) / m_1: 시험체의 절건 질량(g)

[*] 흡수율은 2개 시험편 각각의 값을 평균한 값으로 나타낸다.

3) 검사 방법

검사는 겉모양, 모양, 치수, 휨 강도 하중, 휨 강도, 흡수율 및 표면층의 두께에 대하여 한다.
a) **겉모양, 치수 및 치수의 허용차** 검사는 호칭 및 길이를 달리할 때마다 1000개 또는 그 나머지를 1로트로 하여, 1로트에 대해 랜덤하게 2개의 시료를 채취하여 균일하고 비틀림, 해로운 균열 등 흠이 없으면 그 시료가 대표하는 로트 전부를 합격으로 한다.
b) **휨 강도, 표면층의 두께 및 흡수율** 검사는 호칭 및 길이를 달리할 때마다 1000개 또는 그 나머지를 1로트로 하여, 1로트에 대해 랜덤하게 2개의 시료를 채취하여 시험을 하여, 표면층이 있는 경우 표면층의 두께는 위쪽 표면에서 12mm 이상으로 하며, 휨 강도 시험 후 표면층의 분리가 없으면 그 시료가 대표하는 로트 전부를 합격으로 한다.

4) 표 시

■ **제품의 표시** 블록에는 다음 사항을 표시하여야 한다.
a) 제조 연월일 또는 로트 번호
b) 제조 공장명 또는 그 약호
■ **납품서의 표시** 납품서에는 다음 사항을 표시하여야 한다.
a) 제조 연월일 또는 로트 번호
b) 종류 또는 호칭
c) 제조 공장명 또는 그 약호

보차도용 콘크리트 인터로킹 블록 [KS L 4419]

· 10,000개 미만 : 5개
· 10,000개 이상 100,000개 미만 : 10개
· 100,000개 초과 : 100,000개마다 5개씩 추가

1) 재료

a) 시멘트　시멘트는 KS L 5201, KS L 5210, KS L 5211 또는 KS L 5401에 규정하는 것으로 한다. 다만, 플라이 애시 시멘트는 A종 및 B종으로 한다.

b) 골재　골재는 깨끗하고, 강하고 단단하고, 내구적이며 적당한 입도를 가지고, 점토 덩어리 등 유기물, 가늘고 긴 돌조각 등의 유해량을 함유해서는 안 된다. 다만, 굵은 골재의 최대 치수는 13mm 이하로 한다.

c) 물　물은 기름, 산, 염류, 유기물 등 제품에 영향을 미치는 물질의 유해량을 포함해서는 안 된다.

d) 혼화 재료　혼화 재료는 제품에 해로운 영향을 주어서는 안 된다.

e) 착색 재료　유색 블록을 만들기 위한 콘크리트 착색용 재료는 정상적인 화학 공정을 거친 것으로서 내후성이 우수하며 블록의 품질 및 환경 등에 해로운 영향을 주지 않는 재료여야 한다.

2) 시험 방법

a) 수치의 환산　종래 단위의 시험기 또는 계측기를 사용하여 시험하는 경우 국제 단위계(SI)로의 환산은 다음과 같다.

1 kgf = 9.80N

■ **휨 시험**　휨 시험은 시료를 24시간 물 속에 침수시킨 후 꺼낸 즉시 시험한다. 시료를 그림 1과 같이 놓고 지점간 거리를 140mm로 취하여 지점간 중앙에 하중을 가한다.
이 때 가압 속도는 파괴 하중의 약 50%까지는 빠른 속도로 작용시킨 다음, 최대 휨 압축 응력의 증가가 매분 9.8MPa(=N/mm^2)을 초과하지 않을 정도로 하중을 가하여 시험기에 타나난 최대 하중 P를 측정하여 다음 식에 따라 휨 강도를 계산한다.

$$휨\ 강도[MPa(=N/mm^2)] = \frac{3P\ell}{2bd^2}$$

***[참고_ 여기에서 P : 시험기가 나타낸 최대 파괴 하중(N) / ℓ : 지점 간 거리(mm)
b : 지점 간에 직각 방향의 평균 나비(mm) / d : 블록의 평균 두께(mm)

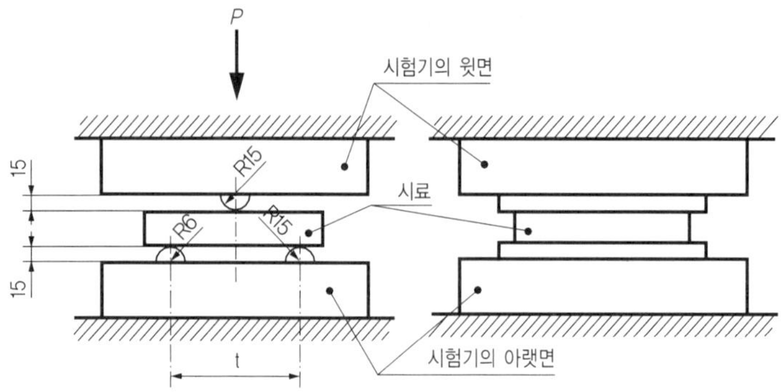

[그림_1] 휨 강도 시험 방법

*** [비고_ 1. 시료의 가압면 및 지지면에는 고무판, 그 밖의 이와 유사한 것을 끼워 넣어 하중이 균등하게 분포되도록 해도 된다.
2. 시료는 블록 모양 그대로 시험하되 블록의 양 끝단의 중앙점을 연결한 중심선에 직각 방향으로 가압하여야 한다.
3. 블록 모양 그대로 휨 강도 시험이 불가능할 경우에는 시료를 200X60X60mm로 절단하여 시료의 치수를 측정한 후 휨 시험을 계산한다.
4. 시료를 200X60X60mm의 치수로 절단할 수 없을 때에는 더 작은 치수로 절단하여 시험할 수 있다. 이때의 지간은 변동하여도 좋으나 시료 높이의 2배 이상으로 하여야 하며, 시료의 길이는 지간에 시료 높이를 합한 치수 이상으로 한다.
5. 휨 시험 전 가압 단면의 치수 측정은 세로 방향의 가압선 상하 2곳에서 나비를 측정하고, 두께는 세로 방향 양끝에서 1/4 안쪽 2곳을 측정한다. 또한, 나비 및 두께의 정밀도는 0.1mm까지 측정하여 그 평균값을 유효 숫자 4자리까지 구한다.

b) 흡수율 시험 시료는 2)에 규정한 휨 강도 시험이 끝난 후 1매의 시료에서 2개의 시험편을 취하여 시험편의 절건 무게와 표건 무게를 구한다. 흡수율[*]은 다음 식에 따라 계산한다.

$$\text{흡수율}(\%) = \frac{m_0 - m_1}{m_1} \times 100$$

***[참고_ 여기에서 m_0 : 시험체의 표건 무게(g) / m_1: 시험체의 절건 무게(g)

[*] 흡수율은 2개 시험편 각각의 값을 평균한 값으로 나타낸다.

c) 유색층의 두께 시료는 2)에 규정한 휨 강도 시험이 끝난 후 1매의 시료에서 2개의 시험편을 취하여 유색층의 최소 두께[*]를 측정한다.

[*] 유색층의 두께는 2개의 시험편 각각의 값을 평균한 값으로 나타낸다.

3) 검사

검사는 겉모양, 모양, 치수, 휨 강도, 흡수율 및 유색층의 두께에 대하여 한다.

1. **겉모양** 검사는 전수에 대하여 하고 해로운 균열 또는 흠 등의 결함이 없으면 합격으로 한다.
2. **치수, 휨 강도, 흡수율 및 유색층의 두께** 치수, 휨 강도, 흡수율 및 유색층의 두께 검사는 10000개 미만은 5개, 10000개부터 100000개 미만은 10개, 100000개 초과시에는 50000개마다 5개를 추가한 시료를 무작위로 채취하여 시험을 실시하여 성능에 적합하거나 모양 및 치수에 적합하면 그 시료가 대표하는 로트 전부를 합격으로 한다.

3) 제품의 호칭 방법

블록의 호칭 방법은 다음 보기에 따른다. 호칭 방법은 필요 없는 부분을 제외해도 된다.

보기 보도용 I형
　　 차도용 U형

3) 표 시

1. **제품의 표시** 블록에는 다음 사항을 표시해야 한다.
   a) 제조 연월일 또는 로트 번호
   b) 종류 및 그 약호
   c) 제조 공장명 또는 그 약호
2. **납품서의 표시** 납품서에는 다음 사항을 표시해야 한다.
   a) 제조 연월일 또는 로트 번호
   b) 종류 및 그 약호
   c) 제조 공장명 또는 그 약호

도로용 표지 도료 [KS M 6080]

시험빈도 : 제조회사별 / 제품규격마다

1) 시험 방법

1. 1, 2, 3종 시험방법

a) **시료채취 방법** KS M ISO 1513에 따른다.

b) **용기 내에서의 상태** KS M 5000의 시험방법 2011에 따른다.

c) **불점착 건조성** 시료를 KS M ISO 1514에 따라 유리판(약 200mm×150mm×5mm)에 필름 애플리케이터로 건조된 도막의 두께가 최대 0.1mm가 되도록 칠하고(그림 1 참조), KS M 5000의 시험방법 2511에 따라 1종과 2종은 20분 후, 3종은 10분 후에 불점착 건조성 시험기 (그림 2 참조)를 도장된 유리판의 한쪽에서 다른 쪽을 향하여 1초 동안 힘을 가하지 않고 굴린 다음, 롤러의 타이어에 도료가 붙어 있는지를 조사한다.

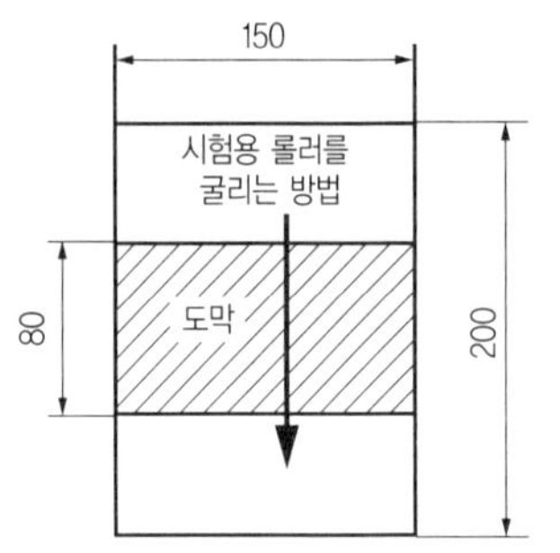

[그림_1] 시험용 룰러를 굴리는 방향 (단위: mm)

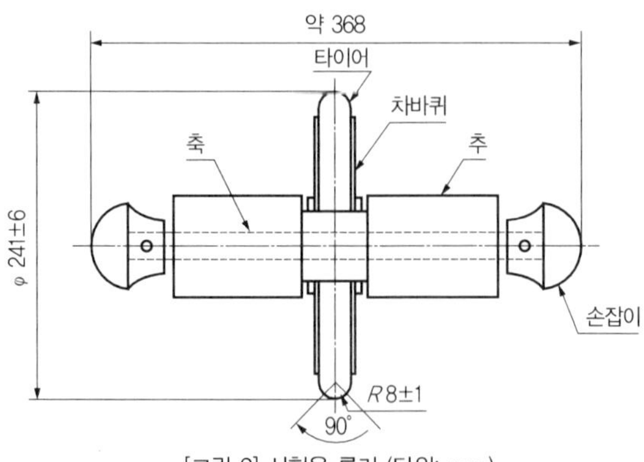

[그림_2] 시험용 룰러 (단위: mm)

d) **열안정성** KS M 5000의 시험방법 2122에 따라 주도 시험을 한 시료를 온도 (60±1)℃의 항온기에 넣어 2종은 168시간, 3종은 3시간 유지시킨 다음 꺼내어 실온까지 방랭한 후 *b)*에 따라 용기 내의 상태를 시험하고 주도를 KS M 5000의 시험방법 2122에 따라 측정한다. 2종은 시험 후 *p)*에 따라 내세척성 시험을 실시한다.

e) **도막의 겉모양** 시료를 아스팔트 (약 170mm×150mm×10mm)의 한쪽 면에 필름 애플리케이터로 건조 전 도막의 두께가 최대 0.1mm가 되도록 칠하고 24시간 건조시킨 다음, 시험편의 도면을 밝은 곳에서 눈으로 보아 주름, 얼룩, 부풂, 갈라짐 등을 조사하고, 손 끝으로 점착성을 검사한다.

f) **45° 0° 확산 반사율** 은폐율 시험지에 필름 애플리케이터를 사용하여 젖은 도막의 두께가 최대 0.1mm 되도록 칠하고, 48시간 동안 건조시킨 다음 KS M 5000의 시험방법 3121에 따른다.

g) **은폐율** KS M ISO 2814에 따르되, 은폐율 시험지에 필름 애플리케이터를 사용하여 젖은 도막의 두께가 최대 0.1mm 되도록 칠하고 48시간 건조시킨 후, 흰색 및 검은색 면의 도막을 *f)*에 따라 45°, 0° 확산 반사율을 측정하여, 다음 식에 따라 은폐율을 계산한다.

$$C = \frac{W}{B}$$

***[참고_ C: 은폐율 / B: 검은색 면상의 도막의 45°, 0° 확산 반사율 / W: 흰색 면상의 도막의 45°, 0° 확산 반사율]

h) **블리딩성** 젖은 도막의 두께가 최대 0.1mm가 되도록 아스팔트판과 유리판 위에 각각 필름 애플리케이터로 칠하여 25℃에서 48시간 건조시킨 후 2개의 판을 비교한다.

i) **내마모성** 테버형 마모 시험기와 연마지 180번 또는 이와 동등한 품질로 한다. 시험편 3개에 대하여 각각 다음의 시험방법에 따라 (20±1)℃에서 시험하여 마모 감량을 구하고, 그 평균값을 취한다.

–시험편의 제작

중심에 지름 약 6.5mm의 구멍을 뚫어 시험편(KS D 3512의 냉간 압연 강판으로 약 100mm×100mm×1mm)으로 한다.

시험편에 도막 두께가 (200±40) 가 되도록 시료를 도포하고 1시간 방치한 후, 온도를 (40±1)℃로 유지한 항온기에 24시간 넣은 후 꺼내어 실온으로 될 때까지 냉각시킨다.

- 조작
- · 시험편의 윗면을 위로 하여 테버형 마모 시험기의 지지대에 수평으로 고정시킨다.
- · 검정에 합격한 연마지(길이 159mm, 나비 12.7mm) 180번을 고무제 원판의 원둘레를 따라 균등하게 붙인다.
- · 이를 마모 시험기의 축에 박아 나사못으로 고정시키고 2개의 암에 500g의 하중이 걸리도록 각각 250g의 추를 단다.
- · 마모 시험기와 전동식 제진 장치를 호스로 연결한다.
- · 시험편 위에 연마지를 감은 고무제 원판을 가만히 내려 놓는다.
- · 시험편 위에 전동식 제진 장치의 흡인구를 가만히 내려 놓고 시험편과의 거리를 1~2mm로 조절한다.
- · 마모 시험기와 전동식 제진 장치를 시동하여 회전반을 200회전한 후 정지시켜 시험편을 빼낸다.
- · 시험편을 깨끗한 헝겊으로 닦은 후, 그 무게를 화학 천칭으로 1mg까지 단다.

- 계산

다음 식에 따라 마모 감량을 구한다.

$$A = \frac{B}{200} \times 100$$

***[참고_ *A*: 100회전으로 환산하였을 때의 마모 감량(mg) / *B*: 200회전으로 시험하였을 때의 마모 감량(mg)

j) **촉진 내후성** KS M 5000의 시험방법 3231의 4.에 따라 시험하되, 시험판은 건조 전 도막의 두께가 최대 0.1mm가 되도록 필름 애플리케이터로 칠하여 상온에서 48시간 건조시킨 것을 사용하며, 조사 시간이 160시간이 되면 꺼내어 1시간 동안 상온에서 방치시킨 후 육안으로 도면을 검사한다.

k) **내수성** KS M ISO 1514에 따라 유리판(약 100mm×100mm×2mm)의 한쪽 면에 젖은 도막의 두께가 최대 100 가 되도록 필름 애플리케이터로 칠하여 72시간 건조시킨 다음, 물에 60mm 성노를 침지시켜 24시간 동안 방치한 후 꺼내어 상온에서 2시간 건조시켜 검사한다.

l) **내알칼리성** 시험편은 k)과 같이 만들고, 수산화칼슘 포화 용액 중에 60mm 정도를 18시간 침지시킨 다음 꺼내어 2시간 건조시켜 검사하되, 도막의 주변 나비 약 10mm의 부분은 검사 대상으로 하지 않는다.

m) **냉동 안정성** 약 500mL의 밀폐할 수 있는 유리 용기에 시료를 거의 채우고, 주도를 측정한 다음 밀봉하고 거꾸로 하여 (−10±1)℃의 냉동기에 넣고 16시간 냉동시킨 후 꺼내

어 실온에서 8시간 방치한다. 이 조작을 4회 이상 되풀이한 후 시료를 유리판에 칠하여 냉동 시험 전의 도료 도막과 비교하여 변질 여부를 관찰하고, 주도를 측정하여 냉동 전의 주도와 비교한다.

n) **비휘발분** KS M ISO 3251에 따른다.

o) **안료분** KS M 5000의 시험방법 2111에 따른다.

p) **내세척성** KS M 5000의 시험방법 3351에 따르되 24시간 자연 건조시킨 후 시험한다. (도료를 희석하지 않고 그대로 사용한다.)

q) **색상** KS M 5000의 시험방법 3011에 따른다.

r) **납**

– 시료 준비

적당한 필름 애플리케이터를 사용하여 깨끗하게 닦은 유리판에 젖은 도막의 두께가 약 50㎛가 되도록 도막을 형성시켜 105℃의 건조기에서 1시간 건조시킨 후, 이 건조 도막을 면도날로 긁어모아 시료로 한다.

– 시약 제조

· **아세트산암모늄 용액(50%)** KS M ISO 6353-2(R4)의 아세트산암모늄(CH_3COONH_4) 500g을 물로 1L 되게 녹인다.

· **아세트산암모늄 묽힌 용액** 아세트산암모늄 용액(50%) 150mL와 질산(비중 1.42) 50mL에 물을 넣고 1L가 되게 묽힌다.

· **납 표준 용액(1mg/mL)** 물 10mL에 질산납[$Pb(NO_3)_2$] 1.5980g을 녹이고, 질산 10mL를 넣어 1L가 되게 묽힌다.

· **질산(비중1.42)** KS M ISO 6353-2(R19)의 질산(HNO_3)

· **질산(1:1)** 질산 1부피에 물 1부피비로 섞는다.

– 시험

· 시료 약 2g을 자제도가니에 넣어 0.1mg까지 정확히 무게를 달고 열판 위에서 온도를 서서히 올려 탄화가 되게 한 후, 전기로에서 475~500℃(회화 온도 500℃를 초과하면 약간의 납이 손실되는 경우가 있다.)로 2시간 이상이 초과되지 않도록 회화시킨 후 실온까지 냉각한다.

· 질산 용액(1:1) 10mL를 회화된 가루가 튀지 않도록 서서히 가하고 열판 위에서 용액이 2~3mL가 될 때까지 가열하고 다시 질산 용액 10mL를 가열하고 5mL이하가 되도록 한다.

· 메스플라스크(50mL)에 정량용 거름종이를 사용하여 거른다. 뜨거운 아세트산 암모늄 용액 2.5mL로 3회 씻은 후, 물로 다시 여러 번 씻고 물을 채워 50mL가 되도록 한다.

· 이 액을 KS M 0016 또는 KS M 0032에 따라 측정하고, 다음 식에 따라 시료 중 납

의 양(%)을 계산한다.

시료 중 납(%) = $$\frac{C \times A \times 50}{S \times 10000}$$

***[참고_ C: 흡인된 시험 용액 속의 카드뮴의 농도(㎛/mL) / A: 시료의 묽힘 배수 / S: 시료의 무게(g)

s) **카드뮴**

– 시료 준비

적당한 필름 애플리케이터를 사용하여 깨끗하게 닦은 유리판에 젖은 도막의 두께가 약 50 가 되도록 도막을 형성하고 105℃의 건조기에서 1시간 이상 건조시킨 후, 이 건조 도막을 면도날로 긁어 모아 시료로 한다.

– 시약 제조

· **아세트산암모늄 용액(50%)** KS M ISO 6353-2(R4)의 아세트산암모늄(CH_3COONH_4) 500g을 물로 1L가 되게 녹인다.

· **아세트산암모늄 묽힌 용액** 아세트산암모늄 용액(50%) 150mL와 질산(비중 1.42) 50mL에 물을 넣고 1L가 되게 묽힌다.

· **카드뮴 표준 용액(1mg/mL)** 물 10mL에 질산카드뮴($Cd(NO_3)_2$) 2.1032g을 녹이고 질산 10mL를 넣고 물로 1L가 되게 묽힌다.

· **질산(비중1.42)** KS M ISO 6353-2(R19)의 질산(NHO_3)

· **질산(1:1)** 질산 1부피에 물 1부피비로 섞는다.

– 시험

· 시료 약 2g을 자제도가니에 넣어 0.1mg까지 정확히 무게를 달고, 열판 위에서 온도를 서서히 올려 탄화가 되게 한 다음, 전기로에서 475~500℃로 2시간 이상 초과되지 않도록 회화시킨 후 실온에서 냉각한다.

· 질산 용액(1:1) 10mL를 회화된 가루가 튀지 않도록 서서히 가하고 열판 위에서 가열하여 용액이 2~3mL가 될 때까지 가열하고 다시 질산 용액 10mL를 가하여 5mL이하가 되도록 가열한다.

· 메스플라스크(50mL)에 정량용 거름종이를 사용하여 거른다. 뜨거운 아세트산암모늄 용액 2.5mL로 3회 씻은 후 물로 다시 여러 번 씻고 물로 채워 50mL가 되도록 한다.

· 이 액을 KS M 0016 또는 KS M 0032에 따라 측정하고 다음 식에 따라 시료 중 카드뮴의 양(%)을 계산한다.

$$\text{시료 중 카드뮴(\%)} = \frac{C \times A \times 50}{S \times 10000}$$

***[참고_ *C*: 흡인된 시험 용액 속의 카드뮴의 농도(㎛/mL) / *A*: 시료의 묽힘 배수 / *S*: 시료의 무게(g)

t) **유리알 살포시험** 시료를 KS M ISO 1514에 따라 표면이 균일하고 평평한 유리판(약 165mm×120mm)에 건조된 도막의 두께가 최대 0.1mm가 되도록 필름 애플리케이터로 칠하여 곧 수평으로 놓고 규정된 유리알 약 30g을 높이 약 10cm 위에서 골고루 살포한 다음, 1시간 동안 건조시켜 붓으로 도막에 부착되어 있지 않은 유리알을 털어낸다. 이때 도막에 유리알이 고르게 부착되어 있는지를 조사한다.

u) **유리알 고착률** KS M 5000의 시험방법 3351의 4.에 따라 다음과 같이 시험한다. 시료를 KS M ISO 1514에 따라 표면이 균일하고 평평한 유리판(약 430mm×170mm×3~4mm) 위에 길이 약 400mm, 나비 약 80mm 정도의 넓이로 젖은 도막의 두께가 최대 0.1mm가 되도록 필름 애플리케이터로 유리판 중앙에 칠하고, 곧 살포용 유리알 약 100g을 정확하게 취하여 도면의 높이 약 10cm 위에서 골고루 살포하여 1시간 동안 건조시킨다. 건조 후 붓으로 도막에 부착되어 있지 않은 유리알을 떨어내어, 그 무게를 달아 부착된 유리알의 무게를 알아둔다. 이렇게 하여 만든 시험판을 7일간 건조시켜 세척 시험기에 올려 놓고, 건조 상태에서 솔로 도면을 100회 왕복하게 한 다음 시험판을 꺼내고, 도막에서 떨어진 유리알을 모아 수세, 건조시켜 무게를 달아, 다음 식에 따라 고착률을 계산한다.

$$F = \frac{W_1 \times W_2}{W_1} = 100$$

***[참고 *F*: 유리알 고착률(%) / W_1 세척 시험기로 도면을 문지르기 전의 표면에 부착된 유리알의 무게(g) / W_2: 세척 시험기로 도면을 문지른 다음, 떨어져 나간 유리알의 무게(g)

2. 시험방법

a) **시료채취** KS M ISO 1513에 따른다. 시료채취량은 1.5~2.0kg으로 하되, KS E 3605의 6.5.2의 규정에 의해 축분한다. 또한 사용시에 1포를 단위로 하여 용융 혼합하여 사용하는 제품에 대해서는 1포의 제품을 20~40분간에 150~170℃가 되도록 가열하여 균일하게 용해 혼합한 것의 중앙 부분에서 채취한다.

b) **시험의 일반 조건** 시료를 내열 용기 속에 조금씩 넣고(시료를 용융 혼합한 후 채취한 것에 대해서는 냉각 후 고형 상태가 된 것을 분쇄하여 내열 용기 속에 조금씩 첨가하여 사

용한다.) 국부 가열을 일으키지 않도록 잘 저으면서 10~20분간 온도가 (180±20)℃가 되도록 가열한다. 내용물이 균일한 상태가 되면 즉시 그림 3, 4처럼 거푸집에 기포가 생기지 않도록 조용히 붓는다. 또는 미리 (180±20)℃에 가열한 용착식 도로 표지용 도료 애플리케이터에 기포가 생기지 않도록 조용히 부어 시험편을 만든다.

c) **비중** 시료를 용해하여 그림 4와 같은 틀에 부어 실온까지 냉각시키고 틀에서 빼내어, 이를 시험편(약 20mm×20mm×20mm)으로 한다. 시험편의 무게는 1mg까지 단다. 미리 끓여 공기를 빼낸 물을 비커에 넣어 (20±1)℃로 유지하고, 비커가 화학 천칭의 접시에 낳지 않도록 하기 위하여 놓아둔 비커대 위에 놓는다. 시험편을 실로 매어 화학 천칭의 걸이에 매달아 시험편을 물속에 담그고, 무게를 1mg까지 정확하게 단다. 실의 무게도 같은 방법을 달아, 다음 식에 따라 비중을 구한다.

$$S = \frac{W}{W - W_1 + W_2}$$

***[참고 S: 비중(g/cm^2) / W: 시험편의 무게(g) / W_1: 시험편을 매달아 물속에 담갔을 때의 무게(g) / W_2: 실의 무게(g)

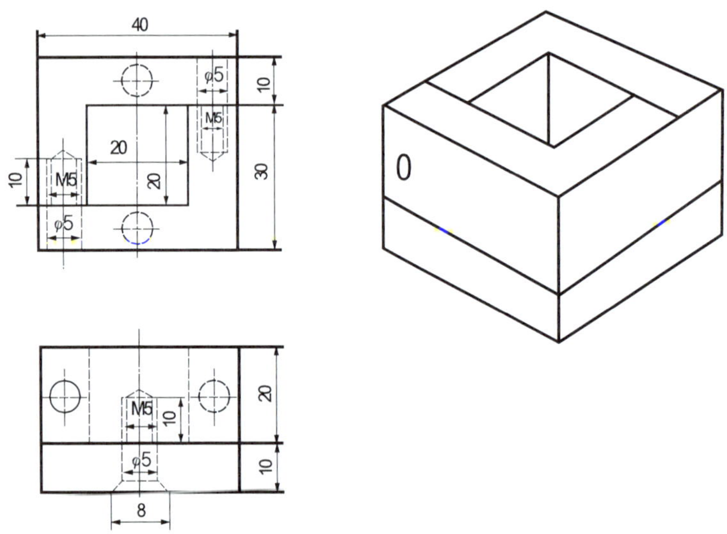

[그림_3] 틀의 보기 (단위: mm)

d) **연화점** 융해된 시료를 평평한 금속판 위에 놓은 충전 고리(고리는 황동재로서 치수는 표 1과 같다.)안에 거품이 일지 않도록 주의하여 가득 채운다. 냉각 후 약간 가열한 작은 칼로 고리의 상단면으로부터 부풀어 오른 부분을 잘라낸다. 다음에 유리 용기(지름 85mm 이상, 높이 127mm 이상)안에 지지기(지지기는 고리를 수평으로 유지하여 고리의 윗부분이 용기의 윗부분에서 아래로 80mm 이상 떨어져 있도록 하고, 고리의 아랫면

은 밑판에서 (25.4±0.2)mm 위에 있도록 하며, 고리의 중심과 온도계의 거리는 17mm 이하가 되도록 한 것이다.)를 넣고, 정제 글리세린(KS M 2707의 1종)을 깊이 90mm 이상이 되도록 부어, 강구(지름 9.5mm, 무게 3.5g)와 시료를 가득 채운 고리가 서로 닿지 않도록 하여 글리세린 안에 넣는다. 정제 글리세린의 온도를 15~35℃로 15분간 유지하고 고리 안의 시료 표면의 중앙에 강구를 올려 놓고 이를 지지기 위의 정위치에 놓는다. 다음, 고리의 상단으로부터 정제 글리세린의 윗면까지의 거리를 50mm로 유지하고 온도계(온도계는 보정된 표준 온도계를 사용한다.)를 넣어 온도계 수은구의 중심 위치를 고리의 중심과 같은 높이로 하고, 용기를 균일하게 가열한다. 가열을 시작하여 50℃에 달한 후 정제 글리세린의 온도 상승 비율은 매분 (5±0.5)℃로 하여야 한다. 시료가 서서히 연화하여 시료 또는 강구가 시료 충전 고리로부터 떨어져 밑판에 접촉하였을 때의 온도를 읽어 이를 연화점으로 한다. 연화점의 측정은 동시에 2회 이상 하고, 그 평균값을 취한다.

[표_1] 고리의 치수 (단위 : mm)

바깥지름(a)		20.5±0.5
안지름	윗부분(b)	17.5±0.1
	아랫부분(c)	15.9±0.1
높이(d)		6.4±0.1
고리턱의 높이(e)		2.0±0.1

e) **불점착 건조성** 융해한 시료를 KS D 3512에 규정한 연강판(약 300mm×150mm×1.6mm)의 한쪽 면에 짧은 쪽과 평행으로 긴 쪽의 중앙부에 나비 약 150mm가 되도록 애플리케이터로 칠한다. 도장 후 3분이 경과하면 즉시 [그림 2]의 시험용 롤러를 판의 짧은 쪽 중앙부의 한쪽 끝에 올려 놓고, 다른 쪽으로 향하여 1초 안에 굴린다. 시험용 롤러를 굴릴 때에는 핸들을 양손에 헐겁게 붙들고, 롤러의 무게 이외의 힘이 표면에 가해지지 않도록 하면서 일정한 속도로 굴린다. 굴린 후 즉시 시험용 롤러의 타이어를 육안으로 조사한다. 이때, 타이어에 도료가 붙어 있지 않으면 합격으로 한다.

f) **도막의 겉모양** 융해한 시료를 KS D 6701에 규정한 알루미늄판(약 150mm×70mm×1.5mm)의 한쪽 면에 긴쪽과 평행으로 나비가 약 60mm가 되도록 애플리케이터로 칠하고, 1시간 방치한 후 시험편으로 한다. 시험편의 도면을 확산 주광 아래에서 주름, 얼룩, 부풂, 갈라짐, 벗겨짐 등을 육안으로 조사한다.

g) **황색도** f)와 같은 방법으로 시험편을 만들어 KS M 5000의 시험방법 3211에 따라 시험한다.

h) **45°, 0° 확산 반사율** f)와 같은 방법으로 시험편을 만들어 KS M 5000의 시험방법

3121에 따라 시험한다.

i) **내마모성** 융해한 시료를 그림 4와 같은 틀에 부어 넣고 실온까지 냉각한 후 틀에서 떼어 중심에 지름 약 7mm의 구멍을 뚫어 이를 시험편(지름 약 100mm, 두께 약 5mm)으로 한다. 시험편 3개에 대하여 각각 다음의 시험방법에 따라 (20±1)℃에서 시험하여 마모 감량을 구하고 그 평균값을 취한다.

① 성형시의 윗면을 위로 하여 테버형 마모 시험기의 지지대에 수평으로 고정시킨다.

② 검정에 합격한 연마지(KS L 6003) 180번(연마지의 치수는 길이 159mm, 나비 12.7mm의 것으로 한다.)을 고무제 마모 바퀴(마모 바퀴는 그림 5에 나타낸 나비 12.7mm, 지름 50.6mm의 고무제 바퀴로 외륜 부분 6mm는 KS M 6518에 따른 스프링 경도 50~60의 고무, 내륜 부분은 비커스 경도 약 40kg/mm 의 경질 고무 또는 이에 상당하는 축 구멍지름 (15.9±0.04)mm의 것으로 한다.)의 원 둘레에 따라 균등하게 붙인다.

③ 이를 마모 시험기의 축에 막아 나사못으로 고정시켜 2개의 암에 500g의 하중이 걸리도록 각각 250g의 추를 단다.

④ 마모 시험기와 전동식 제진 장치를 호스로 연결한다.

⑤ 시험편 위에 연마지를 감은 고무제 마모 바퀴를 가만히 내려 놓는다.

⑥ 시험편 위에 전동식 제진 장치의 흡인구를 가만히 내려 놓고 시험편과의 거리를 1~2mm로 조절한다.

⑦ 마모 시험기와 전동식 제진 장치를 시동하여 500회전한 후 정지시킨다.

⑧ 도막이 표면에 얼룩이 없이 연마가 되었을 때는 새로운 연마지와 바꾸어 ⑨ 이하의 조작으로 옮긴다. 얼룩이 있을 때에는 거듭 연마를 계속하여 얼룩 없이 연마되었을 때 ⑨ 이하의 조작으로 옮긴다.

⑨ 시험편을 깨끗한 헝겊으로 닦은 후 그 무게를 화학 천칭으로 1mg까지 단다.

⑩ 시험편을 다시 지지대에 달고 앞에서와 같이 한 후 200회전 후에 정지시키고 시험편을 빼내어 i)와 같은 방법으로 시험편의 무게를 단다.

⑪ 다음 식에 따라서 마모 감량을 구한다.

$$A = \frac{B}{100} \times 100$$

***[참고 *A*: 100회전으로 환산하였을 때의 마모 감량(mg) / *B* : 100회전으로 시험하였을 때의 마모 감량(mg)

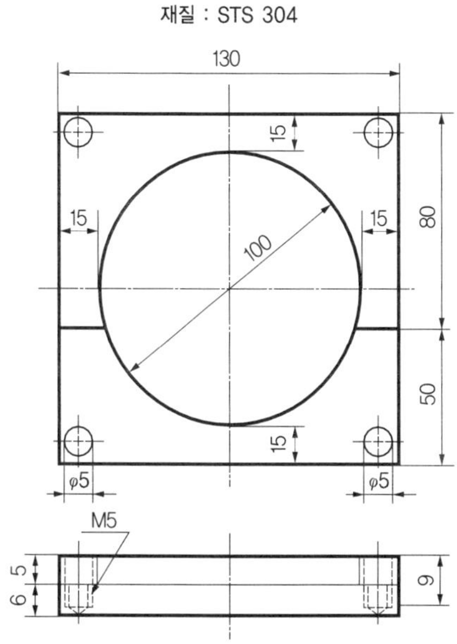

[그림_4] 틀의 모양 (단위: mm)

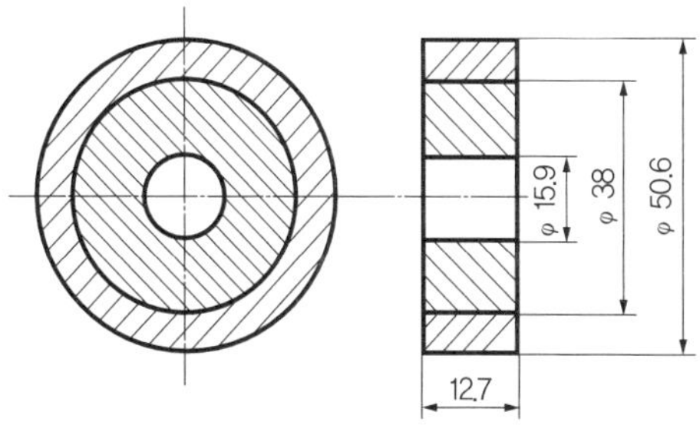

[그림_5] 고무계 마모 바퀴 (단위: mm)

j) **압축 강도** 융해한 시료를 그림 3과 같은 틀에 부어 넣어(20±1)℃에서 18시간 이상 방치한다. 다음에 약간 가열한 작은 칼로 틀의 상단면으로부터 부풀어 오른 부분을 잘라낸 후 틀에서 빼내어 KS L 6003에 규정한 100번을 사용하여 각 면을 평평하게 다듬어 이를 시험편(약 20mm×20mm×20mm)으로 한다. 시험편(시험편의 상하 단면은 서로 평행하여야 한다.)의 길이, 나비, 높이를 마이크로미터로 0.02mm까지 잰다. 시험편을 재료 시험기(크로스헤드 속도를 일정하게 유지할 수 있는 재료 시험기로 표준 하중에 대하여 허용 오차가 ±1%, 파괴 하중이 최대 눈금의 20% 이상에서 지지될 수 있는 것이어야 한다. 또한 하중의 자기 기록 장치가 붙어 있으면 편리하다.)의 압축 시험 장치 밑판 위에 놓고, 시험편과 가압면의 중심선이 동일 수직선 상에 있고, 또한 시험편의 상하 단면이 압축 시험 장치의 가압면과 평행이 되도록 한다. 시험편의 성형 가압면에 수직으로 하중이 걸리도록 크로스헤드 중앙에 붙인 압축 시험 장치의 가압면에 1분간 30mm의 속도로 하중을 가한다. 시험편이 파괴점에 달했을 때의 하중을 계량하여, 다음 식에 따라서 압축 강도를 계산한다. 시험은 (20±1)℃에서 3개의 시험편으로 시험하고 그 평균값을 구한다. 다만, 이상한 파괴 현상이 보일 때는 재시험을 한다.

$$\sigma = \frac{P}{A}$$

***[참고 σ : 압축 강도(kN/cm²) / P: 파괴하중(KN) / A: 가압 전의 단면적(cm²)

k) **내알칼리성** 용해한 시료를 틀에 부어 넣어 실온까지 냉각한 후, 틀에서 빼내 이를 시험편(약 60mm×60mm×5mm)으로 한다. 수산화칼슘 포화 용액을 톨비커(500mL)에 깊이 약 90mm까지 넣어 (20±1)℃로 유지한다. 그 안에 시험편이 전부 잠기도록 매어달고, 비커에 뚜껑을 덮어 18시간 놓아둔 다음, 시험편을 꺼내 즉시 물에 씻어 물기를 털어내고 실내에서 1시간 건조시킨 후, 육안으로 갈라짐 및 변색을 검사한다.

l) **비휘발분** 유리알이 함유된 분체상 도료를 막자사발로 균일하게 분쇄한 것을 시료로 하여 KS M ISO 3251에 따른다.

m) **촉진 내후성** KS M 5000의 시험방법 3231의 4.에 따라 시험하되 다음과 같은 조성과 성상의 아스팔트 블록(아스팔트 블록의 조성과 성상)으로 된 시험판에 도막이 약 1.5mm 두께가 되도록 균일하게 칠한다. 다음에 상온에서 48시간 건조시킨 것을 사용하여 조사 시간이 160시간이 되면 꺼내어 1시간 동안 상온에서 방치시킨 후 눈으로 도막면을 검사한다.

n) **납**

- 시약 제조
- 시험: 비휘발분 시험에서 얻어진 시료 약 2g을 시험하고 계산한다.

m) **카드뮴**

- 시약 제조
- 시험: 비휘발분 시험에서 얻어진 시료 약 2g을 5.1.19.3의 a), b), c), d)에 따라 시험하고 계산한다.

p) **비휘발 전색제분** 상기에서 준비한 시료로 KS M 5000의 시험방법 2112에 따라 시험하되 다음과 같이 계산한다.

$$NV = A - B$$

***[참고 *NV* : 비휘발 전색제분(%) / *A* : 시료 중의 비휘발분(%) / *B* : 시료 중의 안료분(우리알분 포함)(%)

q) **열안성성 시험방법** 열안정성 시험은 도막의 겉모양 시험방법에 따라 시험편을 만든 후 160℃로 유지한 건조기에 1시간 동안 넣은 후 꺼내어 시험 전의 시험편과 색상 및 겉모양을 비교하여 KS M 5000의 시험방법 3031에 따라 명도 지수차를 측정한다.

r) **유리알 함유량 시험방법**

- 시료 약 30g을 코니컬 비커(500mL)(이하 비커라 한다.)에 취하여 0.01g까지 무게를 단다.
- 공업용 톨루엔 약 150mL를 가해 수시로 흔들어 주면서 수지분을 용해한다.

- 유리알을 비커의 바닥에 침전시킨 후 현탁액을 버리고, 다시 용제 150mL를 가해 용해하여 버리는 조작을 3~5회 반복해서 한다.
- 비커에 남은 유리알을 시약용 아세톤에 씻고 씻은액을 버린다.
- 비커를 끓는 물에 넣고 용제 냄새가 없어질 때까지 가열하고 실온까지 냉각한다.
- 비커에 KS M ISO 6353-2(R13)의 염산(1:1) 약 100mL를 가해 시계접시로 덮고 약 30분간 가열한 후 냉각시키고 지시약으로 KS M 8225의 메틸오렌지 용액(0.1%) 2~3 방울을 가한 다음 암모니아수(1:1)로 중화시킨다. 유리알이 부유되어 있는 경우에는 소량의 시약용 에틸알코올을 가하여 침전시킨 후 현탁액을 버린다.
- 비커에 물 약 300mL를 가하여 흔들고 유리알이 비커 바닥에 침전되게 한 후 물을 버린다. 이 조작을 5~6회 반복한다.
- 비커 속의 유리알을 에틸알코올 50mL로 씻고 씻은액은 버린다.
- 비커를 끓는 물에 넣어 에틸알코올 냄새가 없어질 때까지 가열한다.
- 미리 무게를 단 칭량병에 유리알을 옮겨 105~110℃로 맞춘 건조기 중에 1시간 건조한다.
- 건조 후 칭량병을 데시케이터 안에서 실온까지 냉각하여 0.01g까지 무게를 단다.
- 다음 식에 따라 유리알 함유량을 계산한다.

$$A = \frac{W_2 - W_1}{W_0} \times 100$$

***[참고 A: 유리알 함유량(%) / W_1: 칭량병의 무게(g) / W_2: 유리알이 들어있는 칭량병의 무게(g) / W_0 : 시료의 무게(g)

s) 유리알의 겉모양

시료는 5.2.18에서 얻어진 유리알을 사용하되 시험방법은 KS L 2521의 6.4에 따른다.

2) 포장 및 표시

1. 포장

포장 단위의 1종, 2종, 3종은 실부피로 다음과 같이 구분하며, 4종은 실무게 25kg으로 한다.

a) 4L

b) 18L

c) 180L

2. 표시

포장 용기에는 다음 사항을 표시한다.

a) 품명

b) 종류 4종은 유리알의 함유량(무게 %)에 따른 호를 같이 표시한다.

c) 색상

d) 용도

e) 실부피(1종, 2종, 3종)

f) 실무게(4종)

g) 제조 연월일 및 로트 번호

h) 제조자명 또는 그 약호

교량 지지용 탄성 받침 [KS F 4420]
시험빈도 : 제조회사별 / 제품규격마다

1) 시험 방법

1 물리 성능

a) 경도 시험은 KS M 6518의 6.에 따른다.
b) 인장 강도 시험은 KS M 6518의 6.에 따른다.
c) 파단점에서의 신장률 시험은 KS M 6518의 6.에 따른다.
d) 인열 저항 시험은 KS M 6783의 트라우저형에 따른다.
e) 압축 영구 줄음률 시험은 KS M 6518의 10.에 따른다.
f) 촉진 노화 시험은 KS M 6518의 7.에 따른다.
g) 오존 저항 시험은 KS M 6518의 15.에 따른다.

2 기계적 성능

a) 1 전단 계수(G) 시험

① 일반 사항

전단 응력(σ_S) : 전단력과 탄성 받침 평면적의 비
전단 변형률 : 전단 변형과 위 아래 덮개를 포함한 고무 총 두께의 비
전단 계수 : 전단 응력의 차이와 대응 전단 변형 차이의 비
비 고 전단 계수(G)는 변위에 대응하는 상대 전단 변형에 대한 교차 계수로서 상응적으로 정의된다.

$$V_{x1}=0.27\,T_0 \text{ et } V_{x2}=0.58\,T_0$$

***[참고 T_0 : 위, 아래 덮개를 포함한 고무의 전체 평균 초기 두께

② 장 치(그림 1 계통도 참조)

1) 시험기는 가동판에 따라 각각 분리된 한 쌍의 탄성 받침에 압축 하중을 재하할 수 있고, 제어 조건하에서 전단 변형을 일으킬 수 있어야 한다.
2) 최대값의 2% 이하의 정확도로서 압축 하중, 전단력 및 전단 변형을 측정할 수 있어야 한다.
3) 가압판은 최대 하중과 시험시 시료의 평면보다 큰 면적하에서 심한 찌그러짐(측정된

탄성 받침 변형의 1% 미만)을 충분히 방지할 수 있어야 한다.

4) 전단 변형 동안 미끄러짐 시험편 수를 줄이기 위해 고마찰판을 가동판과 시험기의 가동판에 고정시켜야 한다.

③ 시험편은 이 규격의 추천 설계 요건을 만족하여야 한다.

1) 변형되지 않은 시험편의 측정

1.1) 시험편의 평균 초기 두께는 탄성 받침 중심으로부터 같은 간격인 곳에서 최소 2개의 게이지로 측정하여야 한다.

1.2) 탄성 받침을 가로지르는 두께의 변화를 측정하기 위해 또다른 2개의 게이지가 사용될 수 있고 그 경우 게이지들은 구석이나 측면 중앙점에 대칭으로 배열되어야 하며 평면 규격은 모서리를 따라 측정한다.

④ 조 작 시험편은 전단 방향이 탄성 받침 나비를 가로지르도록 가동판의 각 면에 대칭으로 놓고 61.2kgf/cm² {6MPa}의 압축 하중을 적용한다.

1) 시험편은 전단 방향이 탄성 받침 나비를 가로 지르도록 가동판의 각 면에 대칭으로 놓고 61.2kgf/cm² {6MPa}의 압축 하중을 적용한다.

2) 최대 속도 150mm/min에서 최대 시험 변형($0.7\ T_o \leq V_{xm} \leq 0.9\ T_o$)까지 전단을 받게 한 다음에 영점 변형으로 돌아오면 압축 하중을 제거하고 시험편을 5분 동안 방치한다.

3) 탄성 받침은 다시 같은 속도로 $V_m=0.7\ T_o$와 동등한 변형까지 전단을 받게 한 후에 영점 변형으로 되돌아오게 하고 재하시 10개 이상의 동등한 간격으로 수평 변형과 힘을 기록한다.

⑤ 계 산

1) 전단 응력(τ) = F_x/ A kgf/mm² {MPa}

F_x: 전단력(N), ΣA : 압축 하중이 작용하는 면적

2) 전단 변형률(q) = Vx/tq

3) 전단 계수(G)=(σ_{s2} − σ_{s1})/(V^{x2}−V^{x1}) kgf/cm² {MPa}

σ_{s2} : $V_{x2}=0.58\ T_o$의 변형률에서의 전단 응력

σ_{s1} : $V_{x2}=0.27\ T_o$의 변형률에서의 전단 응력

b) 전단 부착 시험 방법

① 일반 사항

전단 응력(σ_S) : 전단력과 탄성 받침 평면적의 비

전단 변형률 : 전단 변형과 위, 아래 덮개를 포함한 고무 총두께의 비

전단 부착 강도 : 부착 파괴 순간의 탄성 받침 전단 응력 비

② 장 치(그림 1 계통도 포함)

1) 시험기는 가동판에 따라 각각 분리된 한 쌍의 탄성 받침에 압축 하중을 재하할 수 있고, 제어 조건하에서 전단 변형을 일으킬 수 있어야 한다.

2) 최대값의 2% 이하의 정확도로서 압축 하중, 전단력 및 전단 변형을 측정할 수 있어야 한다.

3) 가압판은 최대 하중과 시험시 시료의 평면보다 큰 면적하에서 심한 찌그러짐(측정된 탄성 받침 변형의 1% 미만)을 충분히 방지할 수 있어야 한다.

4) 전단 변형 동안 미끄러짐 시험편 수를 줄이기 위해 고마찰판을 가동판과 시험기의 가동판에 고정시켜야 한다.

③ **시험편** 안정성 기준의 버클링 방지 요건을 만족하여야 하고 한 쌍의 탄성 받침이 작용 하중하에서 불안정하면 다른 한 쌍의 탄성 받침을 안정하게 만들어 사용한다. 또한 변형되지 않은 평면 규격 시험편은 모서리를 따라 측정한다.

④ **조 작** 시험편은 전단 방향이 탄성 받침 나비를 가로지르도록 가동판의 각 면에 대칭으로 놓고 122.4kgf/cm^2(12MPa)의 압축 하중을 적용한다.

[참고] 필요한 경우 미끄럼 방지를 위해 압축 하중을 증가할 수 있으나 시험편은 설계 규정 허용값을 초과할 수 없다.

1) 탄성 받침은 최대 속도 100mm/min로 일정한 전단을 받으며 재하시 10개 이상의 같은 간격으로 수평 변형과 힘이 기록된다.

2) 최대 변형(전단 변형률=2)에 도달하면 흠집이 나거나 흠집 진행이 계속되도록 변형이 5분간 유지되어야 한다.

3) 전단력 제거 후 탄성 받침은 압축 하중하에서 육안 검사가 행해지며 부착 파괴를 뜻하는 어떠한 부풀어 오름 현상도 기록한다. 부착 파괴로 인한 흠집 확인을 위해 모서리 덮개를 잘라낼 수도 있다.

⑤ 계 산 시험 결과는 파괴점을 나타내는 전단력 대비 전단 변형의 그래프 형태로 나타나고 육안 검사시 어떠한 흠집도 위치와 함께 기록한다.

c) 압축 강도 시험 방법

① 일반 사항

- 압축 응력(σ_c) : 압축력과 재한판 면적(A′)의 비
- 교차 압축 계수(G) : 응력 차이와 그에 대응하는 변형률 차이의 비
- 압축 변형 : 고무 총두께 변화와 두께가 2.5mm 이하일 때 위아래 덮개를 무시하고 변형되지 않은 고무 두께의 비

② 징 치(그림 1 계동도 삼조)

1) 제어된 조건에서 탄성 받침에 대하여 압축이 가능하여야 한다.

2) 최대값의 2% 이하의 정확도를 가지고 압축력과 압축 변형을 측정할 수 있어야 한다.

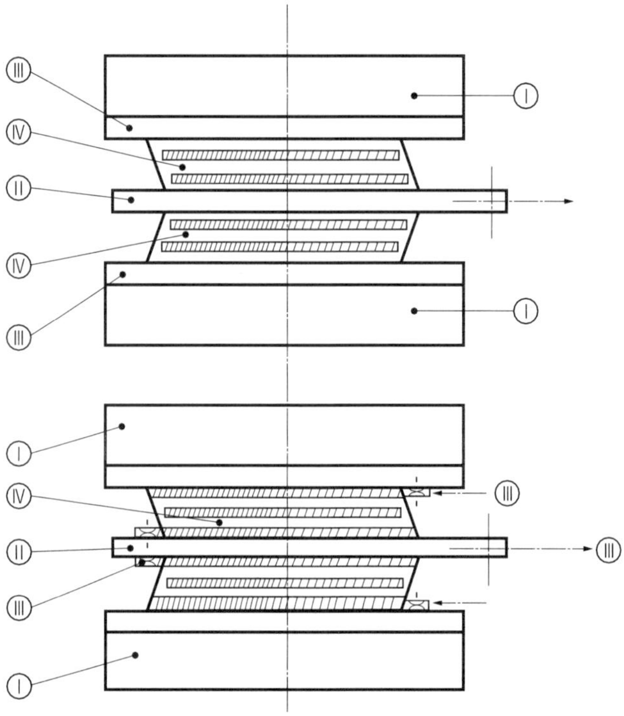

Ⅰ : 압축 가압판

Ⅱ : 가동판

Ⅲ : 미끄럼방지 홈을 가진 라이닝 판

Ⅳ : 시험편

[그림_1] 전단 계수 및 전단 부착 강도 시험 장치 계통도

3) 가압판 최대 하중과 시험시 시료의 평면보다 큰 면적하에서 심한 찌그러짐(측정된 탄성 받침 변형의 1% 미만)을 충분히 방지할 수 있어야 한다.

③ 시험편은 안정성 기준의 버클링 방지 구비 요건을 만족하여야 한다.

1) 변형되지 않은 시험편의 측정

1.1) 시험편의 평균 초기 두께는 탄성 받침의 중심을 지나는 선 위의 같은 거리에 설치된 최소 2개의 게이지로 측정하여야 한다.

1.2) 탄성 받침을 가로지르는 두께의 변화를 측정하기 위해 또 다른 2개의 게이지가 사용될 수 있으며 그 경우 게이지들은 구석이나 측면 중앙점에 대칭으로 배열되어야 한다. 평면 규격은 모서리를 따라 측정하지만 적층 탄성 받침의 유효 면적은 탄성 받침의 면적이 아닌 판 면적에 따라 구한다.

④ 조 작: 시험편은 경화 후 최소 7일이 지난 다음 사용하며 시험편 짧은 변 치수의 1/50보다 더 정확하게 시험기 가압판의 중심에 설치하여야 한다.

1) 수 준

1.1) 최대 하중을 탄성 받침에 1분간 재하한 후 하중을 제거하고, 2개의 완전한 부하 및 무부하 주기가 반복되도록 한다.

1.2) 영점 부하로 10분 후에 51kgf/cm² {5MPa}에 대응하는 하중에 변위 게이지를 영점에 맞추고 하중을 최소 5증분으로 점진적으로 재하한다.

1.3) 각 측정점에서는 점탄성 효과를 극소화시키기 위해 최소 2분간 일정한 값으로 하중이 유지되어야 하며 최대 하중이 재하되었을 때 노출 표면의 육안 검사가 이루어져야 한다.

[*] . 1. 초기 처짐은 쌓아 올림의 결과로서 균형이 맞지 않게 크게 될 수도 있다.
2. 하중을 유지하고 30분 주기마다 최종 크립의 관찰로 최대 하중에서 점탄성 거동이 요구된다면 또 다른 정보를 구할 수도 있다.

2) 2수준 최대 압축 하중은 51±5.1kgf/cm²{5+0.5MPa/min}의 비율로 초시 5증분으로 점진적으로 재하하고, 그 변형은 최대 하중의 1/3과 최대 하중에서 노출 표면의 육안 검사를 한다.

3) 3수준 규정된 최대 압축 하중이 적용되고 탄성 받침 노출 표면의 육안 검사를 실시한다.

⑤ 계 산

1) 육안 검사 배열이 잘못된 판을 가리키는 어떤 표면 흠집이나 불규칙 표면의 물결 주름을 확인 기록한다.

2) 압축 변형률(*e*)(1수준과 2수준)

$$e = \frac{\sigma_e}{T_o}$$

***[참고 σ_e : 평균 변형 / T_0 : 상 하 두께를 무시한 고무의 평균 총 초기 처짐]
[비고] 영점 하중과 처음 기록값 사이의 처짐값은 선형 보강으로 구한다.

3) 정적 압축 탄성 계수(Ecs)(1수준)

$$Ecs = \frac{\sigma_{c2} - \sigma_{c1}}{\sigma_2 - \varepsilon_1}$$

***[참고 σ_{c2}: 최대 하중하에서의 응력 / σ_{c1} : 최대 하중 1/3에서의 응력 / ε_2 : 최대 하중하에서의 변형률 / ε_1 : 최대 하중 1/3에서의 변형률
[비고] 압축 하중(*Fz*)이 kg{Newton}으로, 길이는 cm로 측정되면 정적 압축 탄성 계수의 단위는 kgf/cm² {MPa}로 주어진다.

d) 반복 압축 재하 시험 방법

① **일반 사항** 교차 압축 계수(G)의 변화 결정을 위한 규정값과 표면 결함값 사이의 반복적인 저주파 압력에 관련된 탄성 받침의 성능을 결정하기 위한 방법이다.

② **장 치** 시험기는 탄성 받침을 주기 조건에서 225kgf/cm² {25MPa}까지 압축할 수 있고 최고값의 2% 정확도로 압축 하중과 압축 변형을 측정할 수 있어야 한다.

1) 가압판은 최대 하중하에서 심한 찌그러짐(측정된 탄성 받침 변형의 1% 미만)을 방지할 수 있도록 충분히 두꺼워야 하고 탄성 받침 규격은 시험시 시료보다 커야 한다.

2) 가압판의 회전량은 0.005(rad)보다 작아야 하고 시험기는 한 주파수에서 3Hz까지 주기적이어야 하며 가능한 한 많은 주기를 기록할 계산기가 있어야 한다.

3) 압축 변형동안 가압판의 미끄러짐을 방지하기 위해 가압판과 시험기의 가동판에 고마찰판을 사용하는 것이 필요하다.

③ **시험편** 탄성 받침 추천 설계 요건을 만족하여야 하고 표준 규격은 표 3의 I 형식에 우선적으로 부합되어야 한다.

1) 변형되지 않은 시험편의 측정

2) 각 시험편의 평균 초기 두께는 탄성 받침의 중심을 지나는 선 위의 같은 거리에 설치된 최소 2개의 게이지로 측정하여야 한다.

2.1) 탄성 받침을 가로지르는 두께의 변화를 측정하기 위해 또 다른 2개의 게이지가 사용될 수 있고 그 경우 게이지들은 구석이나 측면 중앙점에 대칭으로 배열되어야 한다. 평면 규격은 모서리를 따라 측정하지만 적층 탄성 받침의 유효 면적은 탄성 받침의 면적이 아닌 판 면적에 따라 구한다.

3) 온도 제어 시험편의 온도 측정값이 40℃에 이르면 표면 온도를 40℃ 이하로 내리기 위해 압축 주파수를 줄일 수 있다.

④ **조 작** 시험편은 경화 후 최소 7일이 지난 다음에 사용하며 시험편 짧은변 치수의 1/50 보다 더 정확하게 시험기 가압판의 중심에 설치하여야 한다. 압축 재하 시험은 3Hz 보다 낮은 주파수로 76.5kgf/cm² {7.5MPa}와 255kgf/cm² {25MPa} 사이에서 실시한다. 필요한 경우 표면 온도가 40℃를 초과하지 못하도록 주파수를 줄일 수 있다. 시험의 반복 압축을 중단하고 순환 반복 압축 횟수가 2000000회에 도달하면 하중을 제거한다. 24시산 회복 후의 정적 압축 시험은 이전과 같이 실시한다.

⑤ **계 산** 반복 재하 시험 전후의 교차 압축 계수값은 압축 시험 방법에서와 같이 계산될 수 있다. 반복 재하 후 교차 압축 계수값은 원래값보다 12%이상 초과할 수 없다. 표면을 검사하고 어떠한 흠집이나 결함이라도 기록한다.

e) 편심 재하 시험 방법

① **일반 사항** 편심 재하나 규정된 접촉 면적에서 최대 편심하의 탄성 받침과 가압판 사

이의 접촉 면적을 결정하는 방법이다.

회 전 각 : 탄성 받침의 위, 아래 표면 사이의 각

편　　심 : 압축력이 작용하는 선과 평면 대각선들의 교차점을 지나고 탄성 받침 평면에 수직인 선과의 거리

접촉 표면 : 압축력이 작용하는 표면과 접촉하는 탄성 받침 표면적

들어 올림 : 압축력이 작용하는 표면과 접촉하지 않는 탄성 받침 표면적

② 장 치(그림 1 계통도 참조)

1) 시험기는 그림 2 a)와 같이 탄성 받침에 필요한 압축 편심 하중을 가할 수 있어야 하고 그림 2 b)와 같이 가동판으로 각각 분리된 한 쌍의 탄성 받침에 대하여 필요한 압축 응력을 가할 수 있어야 한다.

2) 최대값의 2% 이하의 정확도로서 압축 하중과 회전 측정 방법을 측정할 수 있어야 한다.

3) 최소 변형 게이지는 가동판의 같은 간격에 설치하는 4개이고 탄성 받침에서 일어날 수 있는 비대칭 변형에 대한 정보를 필요로 할 때는 4개의 게이지를 각 구석에 사용할 수 있다.

4) 가압판은 최대 하중하에서 심한 변형(측정된 탄성 받침 변형의 1%)을 방지하도록 충분히 두꺼워야 하고 그 규격은 시험시 시료의 규격보다 커야 한다. 그리고 고정 가압판의 회전은 0.001(rad)보다 작아야 하며 전단 변형 동안 미끄럼 시험편의 수를 줄이기 위해 가압판과 시험기의 가동판에 고마찰판을 사용하는 것이 필요하다.

③ **시험편**　안정성 기준의 버클링 방지 구비 요건을 만족시켜야 한다.

1) 변경되지 않은 시험편의 측정

1.1) 각 시험편의 평균 초기 두께는 탄성 받침의 중심을 지나는 선 위의 같은 거리에 설치된 최소 2개의 게이지로 측정하여야 한다.

1.2) 탄성 받침을 가로 지르는 두께의 변화를 측정하기 위해 또 다른 2개의 게이지가 사용될 수 있고 그 경우 게이지들은 구석이나 측면 중앙점에 대칭으로 배열되어야 한다. 평면 규격은 모서리를 따라 측정한다.

④ 조 작

1) 주어진 편심 재하에서의 접촉 면적: 시험편은 경화 후 24시간 이상 지난 다음 사용하며 시험편은 하중이 규정된 정도로 편심 재하할 수 있도록 짧은변 치수의 1/50보다 더 정확하게 시험기 가압판의 중심에 설치하여야 한다.

1.1) 규정 하중을 탄성 받침에 1분간 재하한 후 하중을 제거하고, 탄성 받침을 재하하지 않은 상태로 10분간 방치한다.

1.2) 규정된 하중을 다시 재하하고 5분 후에 변화 게이지를 읽는다. 들어올림 면적은

0.1mm 틈새 게이지로 탄성 받침과 가압판 표면 사이의 틈을 정밀하게 측정하여 결정한다.

2) 전체 접촉 면적의 편심 정도

2.1) 시험편을 편심이 탄성 받침 규격의 1/3이 되게 압착기에 놓고, 규정 하중을 탄성 받침에 재하한 후 틈새 게이지로 들어올림을 조사한다. 이 동작은 편심의 점진적 증감으로 들어올림이 없어질 때까지 반복하고 편심의 근사값이 결정되면 모든 하중을 제거하고 탄성 받침을 10분간 방치한다.

2.2) 다시 5분간 재하하고 접촉 면적을 측정한다. 탄성 받침 하중을 제거하고 60분간 방치한다.

2.3) 편심 정도가 10% 정도 증가하여 규정 하중을 다시 재하하면 이전과 같이 접촉 면적이 측정되고 보간법에 따라 편심값이 결정된다.

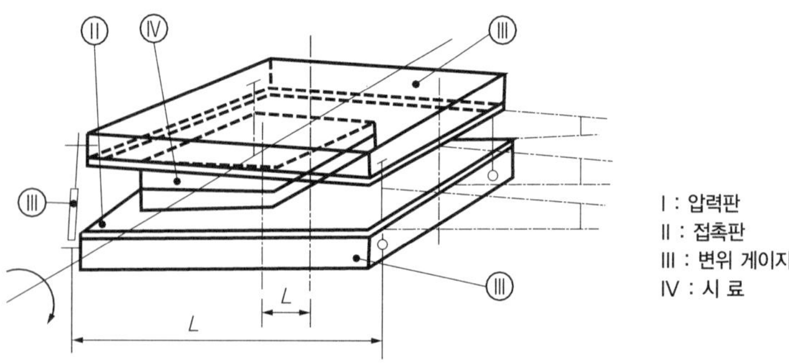

[그림_2 a] 회전량 측정 배치도(시험편 1개용 편심롤법)

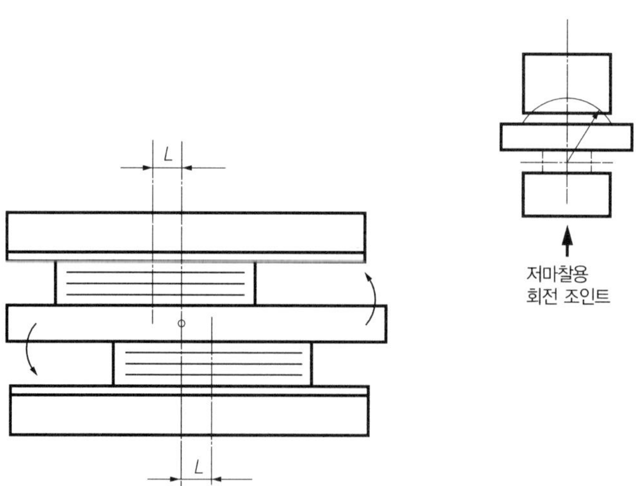

[그림_2 b] 회전량 측정 배치도(시험편 2개용 편심롤법)

f) 복원 모멘트 시험 방법

① **일반 사항** 복원 모멘트는 ±0.003(rad) 회전하는 데 필요한 모멘트를 말한다.

② **장 치(그림 3 계통도 참조)**

1) 시험기는 시험편에 71.4kgf/cm² {7MPa}의 압축 하중을 적당히 가할 수 있는 압착기로 구성하고 0.03Hz 이하의 주파수에서 주기 회전 운동을 할 수 있어야 한다.

2) 마찰 특성을 미리 알고 있는 회전 시험 장치를 이용하여 1개의 탄성 받침에 대해 시험하는 방법은 그림 3 a)와 같으며 모멘트는 레버암으로 가하고 2개의 탄성 받침을 사용하는 방법은 그림 3 b)와 같다.

③ **시험편** 탄성 받침으로 실시하며 시험할 2개의 탄성 받침은 같은 규격으로 생산된 동일한 제품으로서 경화 후 7일 이상 지난 다음 시험에 사용하여야 한다.

④ **조 작** 탄성 받침은 10 주기의 규정된 압축 하중과 주파수에서 회전시키며 레버암에서 힘이 기록되어야 한다.

⑤ **계 산**

1) 1개의 탄성 받침 시험시 복원 모멘트(*Me*) 시험값은 다음과 같다.

$$Me = \{(F_{z1}-F_{z2})\ L/2\}-f$$

***[참고 F_{z1} : 10번째 주기에서 탄성 받침의 중심으로부터 길이 L인 곳에 레버암으로 가해진 양하중의 값 / F_{z2} : 10번째 주기에서 탄성받침의 중심으로부터 길이 L인 곳에 레버암으로 가해진 음하중의 값 / f : 시험 장치의 마찰 모멘트값

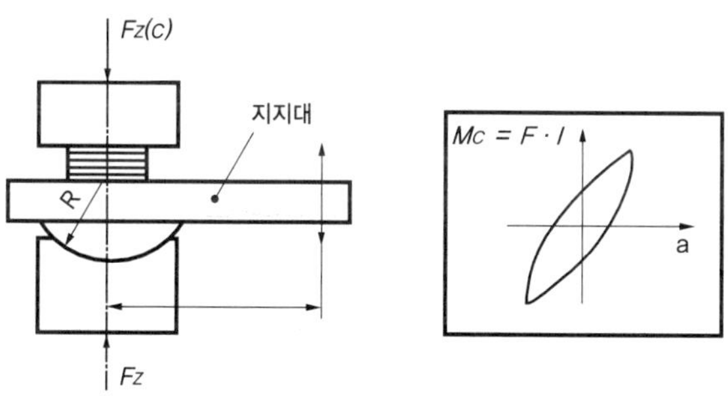

[그림_3] a) 탄성 받침(1개용)의 복원 모멘트 시험 장치 계통도

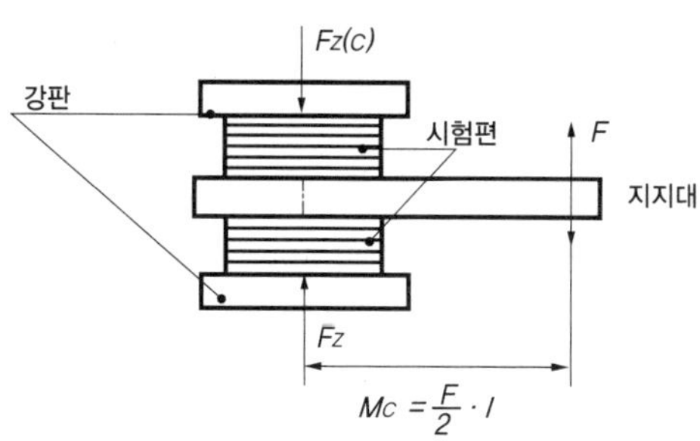

[그림_3] b) 탄성 받침(2개용)의 복원 모멘트 시험 장치 계통도

g) 오존 저항 시험 방법

① 탄성 받침의 오존 저항 시험은 1.3G · SF의 수직 압축 응력을 가한 상태에서 탄성 받침 유효 고무 두께의 70% 변위 때까지 수평 하중을 가하여 온도 40±2℃에서 규정된 오존 농도의 오존 시험기에 72시간 보관 후 탄성 받침 외관상의 이상 유무를 육안으로 확인한다.

② 장 치

1) 시험실은 열 조절이 가능하고 시험 장비를 포함할 수 있도록 충분히 크며 실내를 오존에 반응하지 않는 스테인리스강, 알루미늄 등의 재료로 보강하여야 한다.

2) 오존화한 공기 공기를 오존화하기 위해 자외선 램프나 발사관 중 하나를 사용한다.

2.1) 오존화하는 공기는 오존을 필요한 농도로 만들기 위해 묽게 할 수도 있으며 오존 형성과 희석에 사용하는 공기는 먼지 활성 탄소를 통과시켜 불순물을 제거하여야 한다. 또한 오존 농도나 이의 측정, 균열 효과에 영향을 미치는 공기 오염이 예방되어야 한다.

2.2) 오존 농도의 검사 방법 자외선을 사용할 때 램프에 가해지는 포텐셜을 수정하거나 공기 발사 또는 램프 부분 차단 등으로 제어할 수 있다. 발사관이 사용될 경우 생산된 오존량은 발전기에 적용된 포텐셜을 수정하거나 전극의 크기, 산소 발사, 희석에 사용된 공기량으로 제어할 수 있다. 또한 공기의 희석은 2단계로 할 수 있으며 허용값 이내로 농도 유지를 제어할 수 있어야 한다.

2) 적합성 평가

1 일반 사항 지정 조건과 탄성 받침 표준에서 정의된 성능 수행이 가능하여야 한다. 여기에서 시험과 검사는 생산 제품의 표준 적합성 여부를 판단하는 것이다.

2 시 험

a) 형식 시험은 승인된 시험실에서 하여야 한다. 구비 요건은 완제품의 성능기준에 따르고 형식 시험의 빈도와 시료 크기는 표 2~3에 따른다.

[참고] 1. 제품 생산의 중요 변화가 이 규격의 적합성에 영향을 미칠 때 형식 시험은 반복되어야 한다.
2. 설비가 표준에 따라 교정되고 시험이 승인된 시험실에서 직접 실시된다면 시험은 제조자의 전체 사항으로 실시될 수 있다.
3. 필요한 경우 탄성 받침 복합체의 표본에 대한 해석이 수행되어야 한다.

b) 정기 시험은 제조자에 의해 지속적으로 실시되어야 한다. 탄성 받침 완제품의 요구 조건은 완제품의 성능기준에 따른다. 정기 시험 빈도는 부피에 따라 규정되며 생산과 시험 형식의 두께 범위 2개 변수를 통해 결정된다. 탄성 받침의 완제품 두께 범위는 다음 4가지로 분류한다.

T_b≤50mm	50mm≤T_b≤100mm	100mm≤T_b≤150mm	150mm〈T_b

각 범위에서 처음 생산된 탄성 받침이 시험에 제공되어야 하며 제조자가 표 1에 나타낸 적합량을 생산하면 시험을 새로 하여야 한다. 가공하지 않은 구성 재료와 요수는 표 2에 따라 시험 및 검사를 한다. 또한, 가공하지 않은 구성 재료와 요소가 긴급한 생산을 위해 사용될 경우에는 즉시 회수 및 보수될 수 있도록 분류 및 기록하여야 한다.

[표_1] 화학 성분

시험의 두께 형태	T_b ≤50	50〈T_b ≤100	100〈T_b ≤100	150〈T_b
압축 강도*	150 dm^3	250 dm^3	300 dm^3	350 dm^3
전단 강도	1500 dm^3	2500 dm^3	3000 dm^3	3500 dm^3
전단 부착	3000 dm^3 3시료 형태 1에서 정기 시험 참조			

*단기 압축 시험
비고 위에 지시된 부피는 탄성 받침의 고무 부피를 말한다.

[표_2] 완제품의 시료 형식과 시험 빈도

KS		시험 형식	시 료	시험 빈도수	관 측
규격 번호	시험 항목				
KS M 6518	인장 강도	형식 시험	성형 시료	1	
		정기 시험	성형 시료	각 배치별 컴파운드	
KS M 6518	파장 신장률	형식 시험	제품 시료	1	시료 형식 II
KS M 6783	인열 저항	형식 시험	성형 시료	1	
		정기 시험	성형 시료	4/연	
KS M 6518	영구 압축 줄음	형식 시험	성형 시료	1	
		정기 시험	성형 시료	4/연	
KS M 6518	촉진 노화	형식 시험	성형 시료	1	
		정기 시험	성형 시료	4/연	
KS M 6518	오존 저항	형식 시험	성형 시료	1	
		정기 시험	성형 시료	4/연	

3. 우선 시험용 탄성 받침 적합성 평가 시험은 [표_3]에 따른다.

[표_3] 시험용 탄성 받침 규격의 정의

시료 형식	a	b	고무층 수	(고무층과 보강 강판의 두께)
I	200	300	3	(8+3)
II	400	500	5	(12+4)
III	600	700	7	(16+5)

4 기술 규정과 서로 다른 사항

제품 시험이나 검사 결과가 만족스럽지 못하면 즉시 단점을 보완하기 위한 필요 조치를 하여야 하고 그 요건에 부적합한 제품은 구분하여 표기하여야 한다. 기술적으로 가능하고 결점이 틀림없이 개선되었다는 것이 확인되면 이에 대한 시험이나 검사가 지체없이 반복되어야 한다.

5 표시 및 라벨링

각 고무 탄성 받침은 외부면에 고유 번호가 일일이 매겨져야 한다.
탄성 받침 측면에 최소한 아래 내용을 가황 처리한 라벨이어야 한다.

- 제작자 성명
- 제작 번호

그리고 한쪽 모서리에 제작의 성명이나 심벌 표기는 방수가 되어야 하고 헤짐과 찢어짐이 없어야 한다. C형 탄성 받침을 포함하는 라벨에서 언급한 것과 같은 내용이 적힌 지워지지 않는 라벨로서 저온 강화 성능 탄성 받침은 "저온"이라고 분명히 명기하여야 하며 다만 제작 번호는 지워지지 않는 방법으로 표시하여도 좋다.

교량 지지용 포트 받침 [KS F 4424]

시험빈도 : 제조회사별 / 제품규격마다

1) 포트 받침의 성능 시험

1 일반 사항

a) 받침의 시험을 위한 요구 사항이나 시험 범위는 기존 시험 자료와 받침 및 부품의 품질 관리 수준에 따라 정해야 하지만 일반적으로 다음과 같은 시험을 한다.

① 실물 시험 설계의 요구 조건에 부합하는지를 검사하는 시험으로, 제조자가 한다.

② 생산 시험 제조 과정 중 정확한 재료의 사용과 제조 과정을 확인하는 시험으로, 제조자가 정한 규정에 따라 한다.

③ 검사 시험 완성된 받침이 설계 요구 조건에 부합하는지를 시험하는 것으로, 규정된 조항 또는 검사자의 요구 사항대로 하여야 한다. 이 시험을 할 때는 실물 시험 및 생산 시험의 결과를 검사 시험에 고려하여야 한다.

b) 검사 시험을 할 경우에는 다음과 같은 사항을 고려하여야 한다.

① 시험할 받침의 상세한 기록, 재료 특성 및 그 밖의 받침 성능에 영향을 줄 수 있는 자료

② 받침의 사용 조건은 받침에 불리한 영향을 주거나 효율을 감소시킬 수 있는 조건, 즉 큰 온도 변화, 시험 재하 속도의 변동, 사용 고무 재료의 햇빛 노출, 마찰 계수를 감소시키는 데 사용되는 윤활유의 열화를 고려하여야 한다.

③ 구조와 관련된 받침의 중요도

④ 받침 설계의 복잡성

⑤ 시험 범위, 재료 검사, 제조 과정 중의 생산 기술 능력

⑥ 사전 시험이 제조 과정 및 품질 관리를 대표할 수 있는지의 여부

⑦ 설치 후의 검사 접근 및 교체의 용이성

⑧ 시험의 선택이나 조합은 목적에 따라 결정하고, 제조 전에 성능을 확인할 수 없는 받침의 경우에는 설계 조건에 부합하는지를 기존 시험 자료에 의하여 확인하여야 한다.

⑨ 시험할 받침의 수는 극한 상태에서 어떠한 시험이 요구되는 곳에 대하여는 부가적인 받침이 고려되어야 한다. 시험을 위한 받침 선정은 가능한 한 대표적인 것으로 한다.

⑩ 시험 설비는 검사에 적합한 성능과 용량을 갖춘 설비를 사용하여야 한다.

2 재하 시험

a) 이 시험은 포트 받침의 극한 설계 하중 및 영구 설계 하중에 대한 내하력을 평가하기 위한 시험으로 강재 설계의 적정성과 비정상적인 장기적 하중과 회전에 대한 봉함 장치의 안정성을 평가한다.

b) 고무판은 72시간 동안 70℃의 오븐 안에 두었다가 조립한다.

c) 극한 하중에 대한 시험 절차는 다음과 같다.

① 회전이 없는 상태에서 시험기에 받침을 설치한다.

② 받침의 지름 변화와 처짐을 측정하기 위한 처짐계를 설치한다.

③ 약 30분에 걸쳐 일정한 비율로 하중이 극한 하중에 도달할 때까지 증가시킨 후 같은 속도로 하중을 제거한다. 다른 방법으로 하중을 단계적으로 재하하고 제거할 수 있다. 다만 이 경우 처짐이 더 이상 진행되지 않는 상태에서 처짐을 측정한다. 처짐이 계속되면 극한 한계상태에 도달한 것이다.

④ 처짐과 하중을 연속적으로 기록한다.

⑤ 위와 같은 시험을 설계 회전각의 1.2배를 갖도록 받침과 시험기 사이에 변단면판을 설치하여 반복 시험한다.

d) 극한 하중 시험에 합격한 받침에 대하여 다음 절차에 따라 영구 설계 하중 시험을 실내 온도에서 한다.

① 변단면판과 같이 시험 대상 받침을 시험기에 설치한다.

② 응력을 측정하기 위한 장치를 설치한다.

③ 받침의 지름 변화와 처짐을 측정하기 위한 처짐계를 설치한다.

④ 하중이 영구 설계 하중의 2배에 도달하도록 0.05N/mm /s의 비율로 증가시킨다.

⑤ 이 하중을 168시간 동안 유지한다.

⑥ 같은 비율로 하중을 제거한다. 다른 방법으로 하중을 단계적으로 재하하고 제거할 수 있다.

⑦ 변형, 처짐 및 하중을 연속적으로 기록한다.

e) 시험 후 받침을 분해하여 봉함 장치와 고무판의 상태를 기록한다. 모든 부품의 치수를 측정하여 기록한다.

f) 시험 성석서에는 다음 사항을 포함한디.

① 포트 받침의 조립에 대한 사항

② 시험 대상 포트 받침의 제원

③ 재료에 대한 사항

④ 시험 일시와 기간

⑤ 시험 중 비정상적인 현상 및 이것의 시험 결과에 대한 영향

⑥ 시험 후 포트 받침 상태에 대한 사항

⑦ 시험 중 촬영한 사진
⑧ 변형, 처짐, 하중의 기록
⑨ 각 시험 후의 부품 치수 기록
⑩ 4의 규정에 대한 적합 여부

3 내구성 시험

a) 이 시험은 피스톤 회전으로 인한 포트 받침 내부의 봉합 장치 내구성을 평가하기 위한 것으로, 받침과 봉합 장치 설계의 적정성을 판단하기 위해 시험 후에 봉합 장치, 포트 및 피스톤의 내부 표면을 검사한다.

b) 고무판은 72시간 동안 70℃의 오븐 안에 두었다가 조립한다.

c) 시험 절차는 다음과 같다.

① 시험기에 받침을 설치한다.
② 약 $0.5N/mm^2$ /s의 재하 속도로 고무판의 접촉 응력이 설계 응력의 1.2배가 되도록 수직 하중을 재하한다.
③ 0.5Hz 이하의 주파수로 ±0.0035 라디안의 왕복 회전을 가한다.
④ 회전 이동량이 요구되는 총이동량(200m)에 도달할 때까지 반복 재하한다.

$$\text{총반복 횟수} = \frac{\text{총 이동량}}{\theta \times d \times 2}$$

***[참고 θ : 회전각(0.0035라디안) / d: 포트 받침의 중심에서 왕복 회전을 가하는 하중 장치까지의 거리

⑤ 시험 중 복원 모멘트, 회전각, 봉합 장치 주위의 포트 내부 온도를 지속적으로 기록한다.
⑥ 시험 후 시험기에서 받침을 제거하고 고무판이 포트로부터 돌출되었는지를 검사한 후 분해하여 봉합장치, 포트와 피스톤의 치수 등을 기록하고 그 밖의 손상을 육안으로 검사한다.

d) 시험 성적서에는 다음 사항을 포함한다.

① 포트 받침의 조립에 대한 사항
② 시험 대상 포트 받침의 제원
③ 재료에 대한 사항
④ 시험 일시와 기간
⑤ 시험 중 비정상적인 현상 및 이것의 시험 결과에 대한 영향

⑥ 시험 후 포트 받침 상태에 대한 사항
⑦ 시험 중 촬영한 사진
⑧ 모멘트, 회전각, 온도의 기록
⑨ 내구성 및 복원 모멘트의 증가에 대한 평가
⑩ 봉함 장치의 단면 변화
⑪ 고무판이 포트로부터 돌출되었는지의 여부
⑫ 4의 규정에 대한 적합 여부

4 시험 결과 평가 기준

재하 시험과 내구성 시험은 다음과 같은 기준을 만족시켜야 한다.

a) 일련의 하중에 대하여 지름 변화 및 수직 처짐이 각 길이의 3% 이상 기록되지 않아야 한다.
b) 육안 검사하여 피스톤, 포트, PTFE판, 고무판 및 봉함 장치 등에 어떠한 손상이나 영구 변형이 없어야 한다.
c) 봉함 장치나 피스톤이 피스톤과 포트의 벽 사이로 돌출되지 않아야 한다.

2) 검 사

품질 검사를 하기 위한 시험은 제조자가 하는 것을 원칙으로 하며, 주문자의 요구가 있을 때는 그 시험에 주문자를 입회시켜야 한다.

1 검사 항목

검사는 치수, 품질 및 성능 시험에 대하여 한다(다만 주문자의 요구가 있을 때 인수 인도 당사자 사이의 협의에 의하여 실제 요구 사항을 검사할 수 있다.).

2 로트의 크기

검사하기 위한 시료의 로트 크기는 인수 인도 당사자 사이의 협의에 따라 종류별, 용량별로 수량을 정한다.

3 설계 요구 사항의 검사

설계에서 요구되는 사항의 검사는 동일 로트에서 시험편을 무작위로 채취하여 검사하며, 시험편 모두가 요구 사항에 적합하면 그 시험편이 대표하는 로트 전부를 합격으로 하고, 1개라도 불합격이면 그 로트를 전수 검사한다.

4 치수

검사는 동일 로트에서 시험편을 무작위로 채취하여 검사하며, 시험편 모두가 규정에 적합하면 그 시험편이 대표하는 로트 전부를 합격으로 하고, 1개라도 불합격이면 그 로트를 전수 검사한다.

5 품질

품질 검사 중 재료의 품질은 제조자가 미리 시험한 품질 검사표를 주문자에게 인도하여 주문자는 이를 검토하여 채택 여부를 판정한다. 포트 받침의 품질에 대한 검사는 동일 로트에서 시험편을 무작위로 채취하며, 시험편 모두가 규정에 적합하면 그 시험편이 대표하는 로트 전부를 합격으로 하고, 1개라도 불합격이면 그 로트 전부를 불합격으로 한다.

6 성능 시험

포트 받침의 성능 시험 검사는 동일 로트에서 시험편을 무작위로 채취하며, 시험편 모두가 규정에 적합하면 그 시험편이 대표하는 로트 전부를 합격으로 하고, 1개라도 불합격이면 그 로트 전부를 불합격으로 한다.

3) 표 시

이 규격에 적합한 포트 받침에는 명판, 각인 또는 지워지지 않는 잉크나 페인트로 제조 회사명, 제품명, 용량, 제조일 등을 교량이 가설된 후 보이도록 표시하여야 한다.

폴리염화비닐 지수판 [KS M 3805]

시험빈도 : 제조회사별 / 제품규격마다

1) 시험 방법

1 시험 조건

비중, 경도, 인장 강도 및 인장 변형의 시험 온도는 KS M ISO 291에서 규정한 표준 온도 상태 2급(23±2℃)으로 하고, 시험편을 1시간 이상 시험 장소에 보관한 후 시험을 한다.

2 시험 결과를 표시하는 방법

시험 결과는 규격값의 1자리 아래까지 구해서 KS A 3251-1에 따라서 끝맺음한다.

3 비 중

시험편은 제품의 임의의 부위로부터 채취하여 3개 제작한다. 시험편의 무게는 약 2g으로 하고 KS M ISO 1183의 6.1 A법에 따라서 측정한다. 다만 시험편 1개에 대해서 1회 시험하고 3개의 결과의 평균값을 구해서 표시한다.

4 경 도

a) **시험편** 시험편은 제품에서 평활한 임의의 부위에서 채취한다. KS M ISO 868의 5.에 준해서 시험편의 두께는 6mm 이상으로 하며, 1장의 두께가 2mm 이상인 경우는 3장 이내로 적층해도 좋다. 너비는 25mm 이상으로 하고, 측정 부위는 서로 파낸 곳의 중심 거리가 10mm 이상 떨어진 5개소를 측정한다.

b) **시험 장치** KS M ISO 868의 4.에서 규정한 A형 듀로미터를 사용한다.

c) **조 작** KS M ISO 868의 6.에 준해서 5개소의 값을 측정하여 그 평균값으로 표시한다.

5 인장 강도 및 인장 변형

a) **시험편** 시험편은 KS M ISO 527-1의 6.에 순해서 제품을 사르고 그라인더 버핑 등에 의해서 표면을 평활한 판모양으로 가공하고, KS M ISO 527-2의 6.1[모양 치수(부속서 A 소형 시험편)]에서 규정한 5A형을 5개 제작한다. 다만 시험편은 제품의 세로 방향으로부터 채취한다.

b) 시험 장치는 다음에 따른다.

① **버니어 캘리퍼스** 시험편을 찍어내는 칼날의 너비를 측정하는 것으로 KS B 5203-1에서 규정한 것.

② **다이얼 게이지** KS B 5206의 5.3.2에 규정한 것.

③ **금속제 곧은 자** 시험편 파단시의 표선 사이의 거리 측정에 사용하는 것으로 KS B 5246에서 측정한 눈금의 길이 300mm로 2급인 것, 또는 이것과 동등 이상의 정확성을 가진 것.

④ **시험기** KS M ISO 527-1의 5.1.3, 5.1.4, 5.1.5에 규정된 것.

c) **시험 속도** KS M ISO 527-1의 5.1.2에서 규정한 속도(매분 200mm±10%)로 한다.

d) **조 작** KS M ISO 527-1의 9.1~9.5에 따라서 인장하고 파단시의 하중 및 표선 사이 거리를 측정한다. 시험편이 표선 바깥에서 파단된 경우는 그 수만큼 재시험한다. 인장 강도 및 인장 변형은 다음 식에 따라서 산출한다.

$$\sigma = \frac{F}{A}$$

***[참고_σ : 인장 강도((MPa) / F : 측정 하중(N) / A : 시험편의 초기 단면적(mm²)]

$$\varepsilon = \frac{\Delta L_0}{L_0} \times 100$$

***[참고_ε : 인장 변형(%) / L_0 : 시험편의 표선 사이 거리(mm) / ΔL_0: 시험편의 표선 사이 거리의 증가(mm)]

시험 결과는 어느 것이나 5개 결과의 산술 평균값으로 표시한다.

6. 노화성

a) 시험편은 제품을 자르고, 프레스 성형에 의해서 표면을 평활한 판 모양으로 가공하여 지름 50±1mm, 두께 1±0.1mm의 원판 모양으로 3개 제작한다.

b) 시험 장치는 다음에 따른다.

① 화학 저울 1mg까지 측정할 수 있는 것.

② 순환식 오븐 온도를 100±1℃로 유지할 수 있는 것.

③ 용 기 안지름 약 100mm, 깊이 약 120mm의 원통형 금속제 용기로 뚜껑에는 지름 약 3mm의 작은 구멍을 가진 것.

④ 철망제 상자(이하 상자로 한다.) 상자는 KS A 5101의 부표 3 호칭 치수 355의 균등하게 뚫린 그물코를 가진 황동 또는 스텐인리스 강제로 안지름 60mm, 깊이 6mm의 원반 모양의 뚜껑이 부착된 상자인 것.

⑤ 활성탄은 KS M 1802에 따라서 시험을 하여 표 5의 성능을 가진 것으로, 입자의 지름이 약 4~6mm의 것으로 하고 반복해서 사용하면 안 된다.

[표_1] 활성탄의 성능

항 목	성 능
메틸렌블루 흡착 성능 mL/g	100 이상
건조 감량 %	10 이하
pH 값	6~10

c) 조 작 각각의 시험편의 무게를 1mg까지 측정한다.

3개의 시험편 각각을 상자에 넣고 뚜껑을 한다. 용기의 바닥부에 약 120mL의 활성탄을 깔고 그 위에 제1의 상자를 놓고서 약 120mL의 활성탄으로 덮고 용기의 뚜껑을 덮는다. 이 용기를 순환식 오븐 속에 넣고 100±1℃, 24시간 가열한다. 가열 후 오븐에서 꺼내어 실온이 될 때까지 대기 중에 그대로 방치하고, 시험편을 꺼내서 시험편에 부착한 활성탄을 붓으로 제거한 다음 시험편의 무게를 측정한다.

$$M_a = 20 \times \frac{m_1 - m_0}{m_0} \times 100$$

***[참고_M_a : 무게 변화율(%) / m_0: 시험 전 시험편의 무게(g) / m_1: 시험 후 시험편의 무게(g)]

7 내약품성

a) 시험편 시험편에서 규정한 모양 및 치수를 가진 것으로 한다.

b) 침적액 침적액은 다음에 따른다.

① 알칼리액 KS M ISO 6353-2에서 규정한 수산화칼륨 5g과 KS M ISO 6353-2에 규정한 수산화나트륨 5g을 1L의 물에 용해한 혼합액

② 식염수 KS M ISO 6353-2에서 규정한 염화나트륨 35g을 1L의 물에 용해한 액

c) 시험 장치 시험 장치는 다음에 따른다.

① 용 기 뚜껑이 부착된 유리제로 용량 600mL의 것.

② 항온조 70±2℃로 온도를 유지할 수 있는 것.

③ 화학 저울 1mg까지 측정할 수 있는 것

④ 버니어 캘리퍼스, 다이얼 게이지 및 금속제 곧은 자

⑤ 시험기

d) 침적액의 온도 및 침적 시간은 다음에 따른다.

① 알칼리액 70±2℃에서 14일간 침적

② 식염수 시험 조건에서 규정한 시험 온도에서 14일간 침적

e) 조 작 각각의 시험편의 무게를 측정한다.

각 용기에 알칼리 및 식염수 침적액을 각각 500~600mL 넣고, 각 침적액에 각각 3개의 시험편을 완전히 담근다. 그 때 시험편은 서로 접촉하지 않고, 용기에도 접촉하지 않도록 한다. 온도 및 침적 시간으로 침적된 후 시험편을 꺼내어 표면을 물로 세척하고 물기를 닦아낸 후 즉시 무게를 측정한다. 다음에 인장 강도 및 인장 변형을 측정한다. 무게 변화율, 인장 강도 변화율 및 인장 변형 변화율은 다음 식에 따라서 산출한다.

$$M_c = 20 \times \frac{m_1 - m_0}{m_0}$$

***[참고_M_C : 무게 변화율(%) / m_0: 침적 전 시험편의 무게(g) / m_1: 침적 후 시험편의 무게(g)]

$$\sigma' = \frac{\sigma_0 - \sigma}{\sigma} \times 100$$

***[참고_σ' : 인장 강도 변화율(%) / σ_0: 침적 전 인장 강도(MPa) / σ_1: 침적 후의 인장 강도(MPa)]

$$\varepsilon' = \frac{\varepsilon_1 - \varepsilon}{\varepsilon} \times 100$$

***[참고_참고 ε' : 인장 변형 변화율(%) / ε_0: 침적 전의 신장율(%) / ε_1: 침적 후의 신장율(%)] 다만 σ' 및 ε'의 산출에 필요한 두께, 너비 및 표선 사이 거리는 침적 전의 측정값으로 한다. 시험 결과는 어느 것이나 3개의 산술 평균값으로 표시한다.

8 유연 온도

a) 시험편은 인수 인도 당사자 간의 협정에 따른 조건으로 제품을 압축하거나 또는 잘라서 그라인더 버핑에 의해서 제작한다. 시험편은 두께 약 1mm로 그림 1에서 표시한 모양의 것으로 한다.

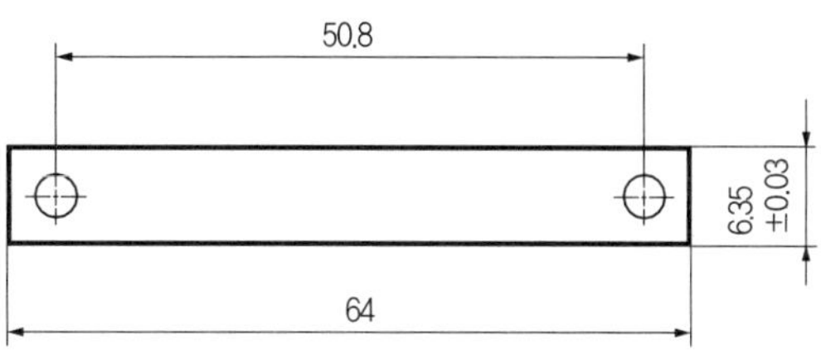

[그림_1] 유연 온도 시험편

b) 시험 장치는 다음에 따른다.

① 시험기 클래시 베르그 유연 온도 측정기

② 온도계 1℃의 눈금을 가진 -60℃에서 0℃까지 측정할 수 있는 것.

③ 타이머 0.1초의 정밀도를 가진 것.

④ 버니어 캘리퍼스 스팬을 측정하기 위한 것으로 9.5.2의 a)에서 규정한 것.

⑤ 다이얼 게이지

c) 조 작 시험편의 두께를 측정한다.

시험편을 클래시 베르그 유연 온도 측정기에 부착하고, 스팬 길이를 약 40mm로 한다. 보온 플라스크에 에탄올을 채우고 드라이아이스로 온도를 -55℃ 이하로 낮춘다. -55℃가 되었을 때 정지핀을 올려 5초간 토크를 걸고 토크 풀리의 눈금판에서 비틀림 각을 읽는다. 풀리를 제로 위치로 되돌리고 1분에 2℃의 비율로 액온을 상승시켜 5℃마다 3분간 방치하고 앞에서와 같이 비틀림 각을 읽는다. 각 측정 온도에서의 강성률은 다음 식에 따라 산출한다.

$$T = \frac{270\ LM}{d^3(10-d)\theta}$$

***[참고_T: 강성률(MPa) / L: 시험편의 길이(mm) / M: 토크(N mm) / d: 시험편의 두께(mm) / θ : 비틀림 각 (°)]

다음에 온도-강성률 곡선을 작성하고 온도-강성률 곡선으로부터 T=310MPa일 때의 온도를 측정하여 이것을 유연 온도로 한다.

2) 표 시

1. 제품의 표시 지수판에는 1제품마다 다음의 사항을 표시한다.

a) 종류 또는 그 기호

b) 제조자명 또는 그 약호

2. 포장의 표시 지수판에는 1포장 또는 1권마다에 다음의 사항을 표시한다.

a) 종류 또는 기호 및 치수

b) 제조 연월 또는 그 약호

c) 제조자명 또는 그 약호

대구경 2중벽 구조 고밀도 폴리에틸렌관 [KS M 3500]

시험빈도 : 제조회사별 / 제품규격마다

1) 재료 및 제조 방법

관의 재료는 고밀도 폴리에틸렌(HDPE)을 주체로 하며, 제조 방법은 적절한 압출 성형에 의한다. 이 외의 재료가 보기를 들면, 제조 공정 가운데 2중벽 모양을 유지하여 주는 코어 튜브와 같이 고밀도 폴레에틸렌 주 재료와 양립할 수 있고, 최종 제품에서는 완전히 둘러 싸이며, 제품과 용도의 기능을 손상시키지 않는다면 2중벽 성형 부분으로 사용될 수 있다. 또한, 제조자 자체의 관 생산 과정에서 발생된 깨끗한 재생 고밀도 폴리에틸렌 재료는 사용된 제품관이 이 규격의 모든 규정을 만족한다면 동일 제조자가 사용할 수 있다.

2) 시험 방법

1. 전처리

a) **판정 시험** 판정 시험을 위한 전처리가 요구될 때에는 시험편은 온도 23±2℃, 상대 습도(50±5)%에서 40시간 이상 방치하고, 달리 규정하지 않는 한 동일 온도 및 습도에서 시험한다.

b) **품질 관리 시험** 일상적인 품질 관리 시험에서는 달리 규정하지 않는 한, 시험편은 온도 23±2℃에서 1시간 또는 동일 조건의 공기 중에서 4시간 이상 방치한 후, 상대 습도와는 상관없이 23±2℃에서 시험한다.

2. 겉 모 양 육안 또는 불빛을 사용하여 검사한다.

3. 치 수

a) **평균 안지름** 강제 줄자를 사용하여 관축에 직각이고 표면에 밀착되도록 하여 관 내부 벽에 둘러서 측정한 값을 원주율로 나누어 평균 안지름을 구한다.

b) **두께** 튜브 마이크로미터 또는 초음파 두께 측정기를 사용하여 원둘레를 따라 돌출부 사이를 8곳이상 측정하여 최소 두께를 결정한다. 다만, 일상적인 품질 관리용으로, 0.01mm 이상의 정밀도를 가진 마이크로미터로 측정할 수 있다.

4. 원 강성 계수

a) 검정 시험

① **시험편의 준비** 관 1개에서 직각 또는 외면의 요철 모양에 따라 3개를 자른다. 평균

안지름 1200mm 이하인 관에서는, 시험편 길이는 평균 안지름의 2배나 1200mm 가운데에서 작은 값으로 하며, 평균 안지름이 1200mm를 초과하는 관에서는 평균 안지름이나 1800mm 가운데에서 작은 값으로 한다. 각 시험편에 대하여 원둘레 주위의 같은 간격으로 길이를 4회 이상 1mm 또는 그 이상의 정밀도로 측정하고 평균하여 시험편의 길이로 한다(그림 1 참조). 또한, 관의 최대 및 최소 안지름을 1회 측정하고 평균하여 각 시험편에 대한 변형 산출시의 원래 안지름으로 한다.

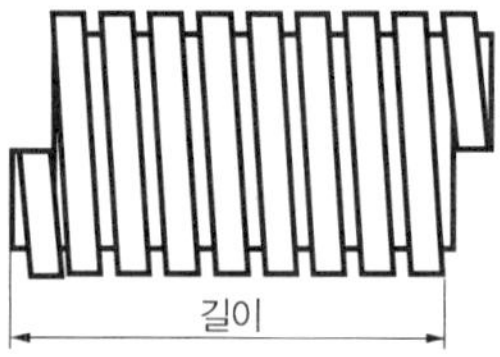

[그림_1] 외면의 요철 모양에 따라 채취한 경우 시험편의 길이

② **시험기** 시험기는 크로스헤드의 이동 속도가 일정하게 유지될 수 있고, 시험편에 걸리는 압축 하중 표시 기구가 있어야 하며, 압축은 수직 하중에 직각인 면 위에서 서로 평행한 면에 가해지는 것이어야 한다.

③ **하중판** 시험은 2매의 서로 평행한 강판제 하중판 사이의 시험편에 압축 하중을 가하므로, 하중판은 평평하고 굴곡이 없어야 하며, 두께는 시험중 하중판에 굽힘이나 변형이 없을 정도의 것이어야 한다. 하중판의 길이는 시험편의 길이 이상이어야 하고, 나비는 최대로 변형되었을 때 시험편과 접촉되는 나비보다 150mm 더 커야 한다.

④ **변형 측정 기구** 하중이 가해짐에 따라 안지름의 변화를 하중 방향과 평행하고 0.25mm 이상의 정밀도로 측정할 수 있어야 하며, 시험 하중에 영향을 주지 않아야 한다.

⑤ **시 험** 시험편의 길이 방향 축이 하중판과 평행하도록 하며, 중심을 맞추고 크로스헤드 이동 속도를 50±5mm/min으로 하여 압축 하중을 가한다. 원래 안지름에서 변화된 길이 감소의 원래 안지름에 대한 비율을 %로 나타낸 것을 변형(%)으로 하고, 3% 변형시의 하중을 구하여 다음 식으로 원 강성 계수를 구하고, 시료 3개 각각이 표 1의 규정을 만족하여야 한다.

[표_1]

종 류	관의 최소 원 강성 계수(N/mm)
RSC 160	2.18
RSC 100	1.31
RSC 63	0.81
RSC 40	0.53

$$RSC \quad \frac{F}{L}$$

***[참고_ RSC : 원 강성 계수(N/mm) / *F* : 3% 변형시의 압축 하중(N) / *L* : 시험편의 길이(mm)]

b) **품질 관리 시험** 품질 관리용으로는 관의 전체 길이에 대한 RSC 시험이 허용될 수 있다. 이 때에는 시험과 관 전체 길이에 대한 시험 사이에 통계적인 상관 관계가 성립되어야 한다. 전처리와 시험 온도는 평행판 하중은 평균 안지름이 1200mm 이하인 관에서는 관 양끝에서 1.5m, 평균 안지름 1200mm를 초과하는 관에서는 관 양끝에서 2.13m 이상 떨어진 임의의 곳에 가하여야 한다. 이렇게 하여 구한 RSC 값들은 시험편으로 얻어진 표 1의 값에 대응하는 상관값들을 만족하거나 그 이상이어야 한다. 의견이 일치하지 않을 때의 판정 시험은 판정 시험과 검정 시험에 따라 시험한다.

*** [참고_이 시험으로 얻어진 변형에 대한 평행판 하중 비율의 값은 검정 시험 따라 얻어진 RSC 값보다 상당히 높다. 평행판에 인접한 부분은 시험하는 부분을 보강하는 경향이 있다. 그러나 위의 2종류 시험으로 얻어지는 값들은 상관관계가 있으며, 이 비파괴적인 시험은 RSC에 대한 품질 관리 시험을 더 편리하고, 빈번하게 또는 경제적으로 할 수 있도록 한다.]

5. 편평 시험

검정 시험에 따라 준비한 시험편 3개를 적절한 프레스를 사용하여 안지름이 원래 안지름의 40%로 감소될 때까지 편평하게 한다. 하중 속도는 균일하여야 하며, 50±5mm/min으로 한다. 보통 조명하에서 육안으로 검사하였을 때 갈라짐, 균열, 파손 또는 관벽의 분리 또는 2중벽의 분리가 없어야 한다.

6. 연결부 수밀 시험

a) 관을 그림 2와 같이 하나의 이음관 또는 벨에 조립한다.

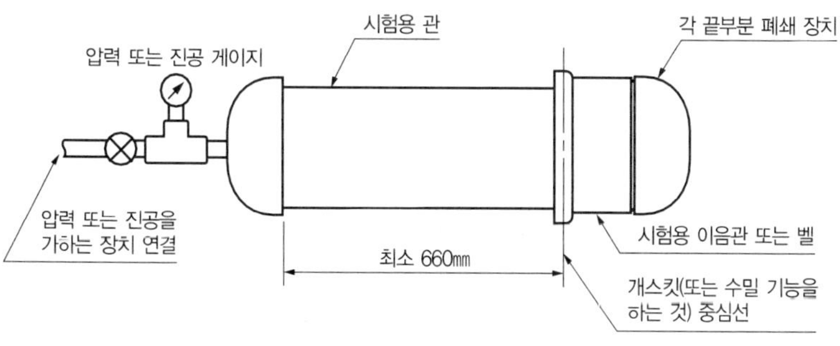

[그림_2] 시험편

양끝을 그림 2와 같이 솔벤트 시멘트 캡(solvent cement cap)이나 기계적 장치로 막는다. 연결에 개스킷이 사용되는 경우에는 제조자가 추천하는 대로 윤활하고, 달리 윤활제가 없을 때에는 물을 사용한다.

b) 직선 배열된 2관에 대하여 e)에 따라 압력 및 진공 시험을 한다.

c) 제조자가 추천하는 최대 축어긋남 각도로 이음을 편향시킨다. 편향된 이음으로 e)에 따라 압력 및 진공 시험을 한다.

d) 그림 3의 시험 장치를 사용하여 하중이 관의 상부에 접촉할 때 변형을 측정하기 시작하고, 하중 작용점이 아래쪽으로 관 바깥지름의 5%만큼 이동될 때까지 하중을 더 가하여 이 위치를 유지하며, e)에 따라 압력 및 진공 시험을 한다.

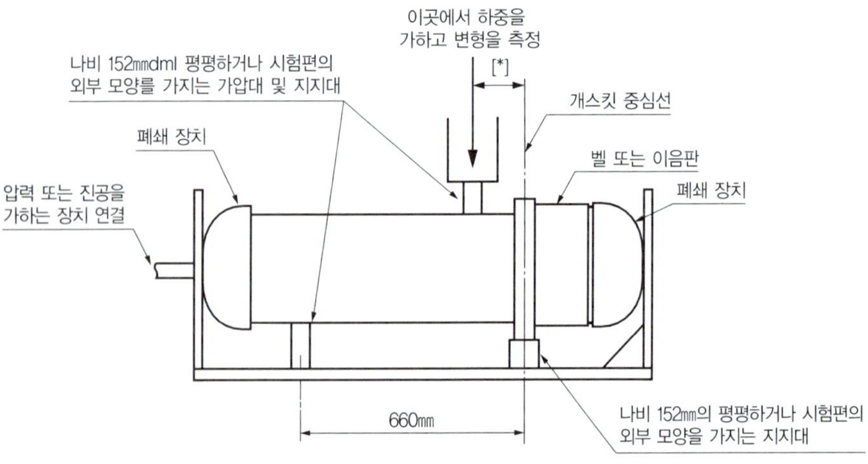

주: 개스킷 중심선으로부터 실측 바깥지름 1/2 이나 벨의 끝 가운데 큰 곳에 하중을 가한다.

[그림_3] 전단 변형 시험

e) **시험 방법** 압력 시험을 한 후 진공 시험을 하는 것이 교대로 하는 것보다 편리하다.

① **압력 시험** 조립체를 물로 채운다. 시험 설비에 외부 억제 장치를 설치하여 압력하에서 이음 분리를 방치한다. 73.6kPa(게이지 압력)의 압력을 10분간 가하고 연결 이음부에서 누수 여부를 확인한다.

② **진공 시험**(압력 시험 후 한다.) 조립체를 공기로만 채운 후 73.6kPa의 진공을 가한다. 밸브를 잠그고 진공 라인을 제거한다. 시험 전 누설을 체크하기 위하여 조립체를 10분간 유지시킨다. 내부 압력은 2.94kPa 이상 변화하지 않아야 한다. 다시 73.6kPa의 진공을 가하고 10분 후까지의 내부 압력을 체크한다. 이 때의 내부 압력은 16.7kPa이상 변화하지 않아야 한다.

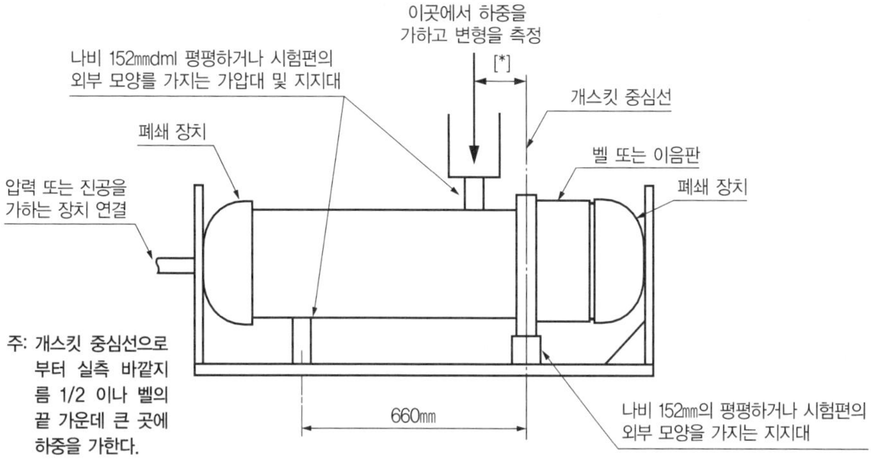

[그림_4] 전단 변형 시험

7. KS M 3408의 8.7에 따른다.

3) 검 사

1. 검사 방법

관의 겉모양, 치수, 원 강성 계수, 편평 시험에 대하여 9.의 시험 방법에 따라 하고, 모든 시료는 규정에 적합하여야 한다. 다만, 연결부 수밀 시험은 참고값으로 한다.

2. 시료 채취 방법 인수 · 인도 당사자 사이의 협정에 따른다.

4) 표 시

관에는 쉽게 지워지지 않는 방법으로 다음 사항을 표시하여야 한다.

a) 품명 및 그 약호
b) 종 류
ex) RSC 160
c) 관의 크기(안지름)
d) 제조 날싸
e) **제조자 명 또는 그 약호**

합성 고분자계 방수 시트 [KS F 4911]

시험빈도 : 제조회사별 / 제품규격마다 7,000m² 마다 / 재질 변화시마다

1) 시험

1. 시험의 일반 조건

시험의 일반 조건은 다음에 따른다.

a) 시험편의 제작 및 시험을 하는 환경 조건 특별히 규정이 없는 한 KS A 0006에 규정하는 온도 20℃ 2급, 습도 65% 20급[(20±2)℃, (65±20)%]의 표준 상태로 한다.

b) 수치의 맺음법 측정값, 계산값을 끝맺는 경우 수치의 맺음법은 KS A 3251-1에 따른다.

2. 겉모양

겉모양은 평면으로 펼쳐 눈으로 관찰하여 조사한다.

3. 치수의 측정

치수의 측정은 다음에 따른다.

a) 두께 두께는 KS M 6518의 5.2.5 a)에 규정하는 두께 측정기로 측정한다. 두께 측정 위치는 그림 1과 같이 끝부분에서 300mm를 잘라내고 다시 그 끝부분에서 20mm 안쪽에서 측정하고 또 나비 방향의 양끝에서 각각 나비의 10% 안쪽으로 들어간 2곳(a,

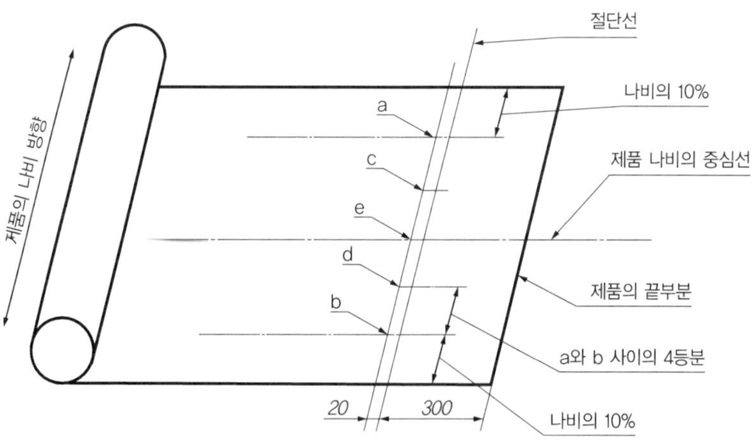

[그림_1] 두께의 측정

b)과 그 사이를 4등분한 위치(c, d 및 e)의 합계 5곳으로 한다. 두께는 0.01mm까지 측정하고, 그 측정값의 평균값으로 나타낸다. 다만, 나비가 500mm 미만의 것은 c 및 d 위치의 측정은 생략할 수 있다.

b) 나비 나비는 길이 방향의 양 끝 부근 및 중앙 부근의 3곳에서 1mm까지 측정하고 그 측정값의 평균값으로 나타낸다.

c) 길이 길이는 평면으로 펼친 전체 길이의 최단부를 10mm까지 측정한다.

d) 시험편 제작 시험편 제작은 다음에 따른다.

① 시험편의 채취 치수를 측정한 제품으로부터 시험에 필요한 길이를 잘라내고 평면으로 펼쳐서 표준 상태에 24시간 이상 놓아둔 후 시험편을 채취한다. 또 제품의 나비가 350mm 미만인 것에 대해서는 같은 조건으로 제조한 나비 350mm 이상인 것에서 시험편을 채취한다. 제품에 점착성이 있어 시험에 지장이 있는 항목에 대해서는 점착부에 KS M 6555에 규정하는 1종(경질 탄산칼슘)을 문질러 발라 점착성을 제거한 후 시험한다.

② 시험편의 두께 및 나비의 측정 아령형 또는 흠집을 내지 않는 앵글형 시험편의 두께는 두께 측정기를 사용하여 아령형의 평행 부분을 몇 곳, 앵글형은 당겨 잘려지는 부근의 3곳 이상을 측정하여 각 중앙값을 시험편의 두께로 한다. 아령형의 폭은 시험편 채취형의 폭을 사용한다. 시험편을 처리하는 경우에는 처리 전에 두께를 측정하여 눈금을 그린다.

4. 제품의 단위 면적 질량

제품의 단위 면적 질량은 시험편의 질량을 1g까지 달고 이것을 시험편의 면적으로 나누어 제품의 단위 면적 질량을 산출하여 g/m 의 단위로 나타낸다. 시험편의 면적은 시험편의 나비 및 길이를 각각 3곳에서 1mm까지 측정하여 이들의 평균값으로부터 산출한다. 또 제품의 단위 면적 질량은 시험편 3개의 평균값으로 나타낸다.

*** [참고_시험편에 박리지 등이 붙어 있을 경우에는 그 상태로 질량을 달고 그 후에 박리지 등의 질량을 뺀다.]

5 인장 성능

a) 인장 시험기 인장 시험기는 크로스 헤드 이동 속도가 일정하고 하중 및 변위의 자동 기록 장치 및 일정 온도[(−20±2)℃, (20±2)℃ 및 (60±2)℃]로 조절할 수 있는 항온조를 준비하고, 인장 속도를 일정 속도(500mm/min, 300mm/min 또는 200mm/min)로 조절할 수 있고 시험편의 눈금 간 거리의 8배 이상으로 인장되는 것으로 한다.

b) 시험 방법 시험편을 표준 상태에 1시간 이상 정치한 후, 표 1에 나타내는 인장 속도 및 시험편의 물림 간 거리에서 시험편이 파단될 때까지 인장한다.

[표_1] 인장 속도 및 시험편 물림 간 거리

종 류			인장 속도(mm/mm)	물림 간 거리(mm)
균질 시트		(1) 가황 고무계 (2) 비가황 고무계 (3) 염화비닐 수지계 (4) 에틸렌아세트산비닐 수지계	500 500 200 200	60
복합 시트	(1) 일반 복합형	(1) 가황 고무계 (2) 비가황 고무계 (3) 염화비닐 수지계	500 500 200	60
	(2) 보강 복합형	-	300	75 (그림 참조)

또한 보강 복합형은 시험편을 그림 2와 같이 물림 간 거리 75mm, 물림 크기는 상하 모두 바깥쪽은 25mm × 25mm, 안쪽은 50mm × 25mm 이상으로 한다. 인장 강도 및 파단시 신장률의 측정과 산출은 표 7에 따른다. 또 인장 강도 및 파단시의 신장률은 길이 방향 및 나비 방향에 대해 각각 시험편 3개의 평균값으로 나타낸다.

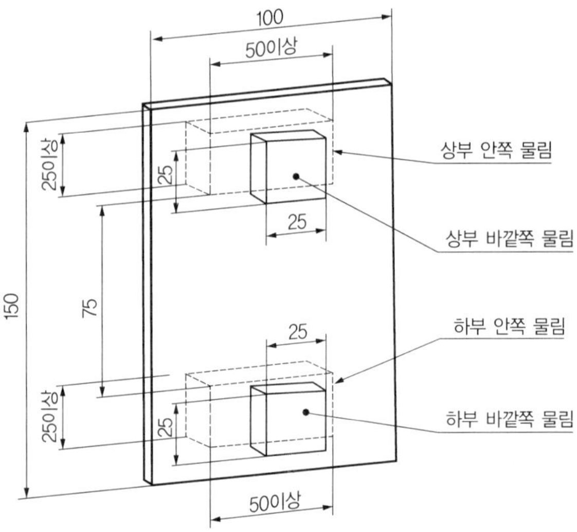

[그림_2] 보강 복합형의 인장 시험편

6. 인열 성능

a) **인장 시험기** 인장 시험기는 규정하는 인장 시험기로 한다.

b) **시험 방법** 시험편을 표준 상태에 1시간 이상 정치한 후 인장 시험기에 시험편을 물림 간 거리 60mm로 하여 부착하고, 시험편이 파단될 때까지 인장한다. 또한 인열 강도는 길이 방향 및 나비 방향에 대하여 각각 시험편 3개의 평균값으로 나타낸다.

7. 온도 의존성

a) **인장 시험기** 인장 시험기는 규정하는 인장 시험기로 한다.

b) **시험 방법** 시험편을 60℃ 및 −20℃의 시험 온도에서 1시간 이상 정치한 후, 표 1에 나타낸 인장 속도 및 시험편 물림 간 거리에서 각 온도에서 시험편이 파단될 때까지 인장한다. 또한 60℃에서의 인장 강도, −20℃에서 신장률은 길이 방향 및 나비 방향에 대하여 각각 시험편 3개의 평균값으로 나타낸다.

8. 가열 신축 성상

a) **시험 기기** 시험 기기는 다음에 따른다.

① 길이 측정기는 정밀도 0.1mm 이상인 것으로 한다.

② 가열 항온기는 KS M 6518의 8.3.1(시험 장치)에 규정하는 시험기로 한다.

b) **시험 방법** 시험편을 표준 상태에서 24시간 이상 정치하고 시험편의 길이를 중앙부에서 길이 측정기로 측정한 후 (80±2)℃로 조절한 가열 항온기에 168시간 수평으로 놓아 둔다. 다음에 시험편을 꺼내어 표준 상태에 4시간 이상 정치한 후 다시 시험편의 길이를 같은 위치에서 측정하여 최초의 길이에 대한 신축량(mm)을 계산한다. 신축량은 길이 방향 및 나비 방향에 대하여 각각 시험편 3개의 평균값으로 나타낸다. 또한 시험편이 휘었을 때는 길이 측정기로 눌러서 측정한다.

9. 열화 처리 후의 인장 성능

a) **시험 기기** 시험 기기는 다음에 따른다.

① 인장 시험기는 5 a)에 따른다.

② 가열 항온기는 8 a) 2)에 따른다.

③ 촉진 폭로 시험 장치는 KS F 2274의 4.(시험 방법의 종류)에 규정하는 WS형 촉진 폭로 시험 장치로 한다.

b) 시험편의 처리

① 가열 처리는 KS M 6518의 8.3(공기 가열 노화 시험)에 따른다. 다만, 시험편이 변형하는 것에 대해서는 시험편을 박리지 등의 위에 수평으로 놓고 가열한다. 가열 온도는 (80±2)℃, 가열 시간은 168시간으로 한다. 가열 후의 시험편은 표준 상태에 4시간 이상 정치한다.

② 촉진 폭로 처리는 KS F 2274의 (시험 방법)에 따른다. 다만, 블랙 패널 온도계의 지시 온도는 (63±3)℃, 스프레이 사이클은 120분 중 18분, 시험 시간은 250시간으로 한다. 시험편에 영향을 주지 않는 비점착 처리된 길이 약 150mm, 나비 70mm, 두께 약 1mm의 알루미늄 합금제의 지지판에 시험편의 상 하단을 끈 등으로 묶어 고정시킨다. 시험편의 중앙이 될 수 있는 한 지지판 중앙부에 위치하도록 한다. 시험편을 부착

한 지지판을 시료 홀더에 고정하고 촉진 폭로 처리를 한다. 폭로 후의 시험편은 표준 상태에 4시간 이상 정치한다.

③ 알칼리 처리는 (20±2)℃의 수산화칼슘의 포화 수용액에 시험편을 168시간 침지한다. 침지 후의 시험편은 충분히 세척하고 마른 헝겊으로 닦은 후 표준 상태에 24시간 매달아 건조시킨다. 건조 후의 시험편은 표준 상태에 4시간 이상 정치한다.

c) 시험 방법은 5b)에 따른다.

① 인장 강도비는 각각 처리 후의 인장 강도를 계산하여 무처리시의 인장강도에 대한 비(백분율)로 나타낸다.

② 신장률비는 각 처리 후의 신장률을 계산하여 무처리시의 신장률에 대한 비(백분율)로 나타낸다.

10. 신장시의 열화 성상

a) **시험 기기** 시험 기기는 다음에 따른다.

① 가열 항온기는 8 a) ②에 따른다.

② 촉진 폭로 시험 장치는 9 a) ③에 따른다.

③ 오존 열화 시험기는 오존 농도(75±7.5)X10 −8, 온도(40±2)℃로 조절할 수 있는 것으로 한다.

④ 유지구는 시험편의 눈금 간의 신장률을 100%까지 유지할 수 있는 물림구를 가지며 또 시험시에 부식되지 않는 기구로 한다.

b) **시험 방법** 시험 방법은 다음에 따른다.

① 가열 처리는 시험편 유지구로 시험편의 눈금 간 거리를 표 2와 같이 신장하여 유지하고 24시간 표준 상태에 놓아 둔다. 다음에 시험편을 붙인 유지구를 가열 항온기 내에 연직으로 하여 (80±2)℃에서 168시간 가열한다. 이어서 시험편을 붙인 유지구를 꺼내어 표준 상태에 4시간 이상 정치한 후 시험편을 유지구에 부착한 채로 8배의 확대경으로 잔금의 유무를 관찰한다.

[표_2] 가열 처리의 신장 조건

종　　류	신장 조건
균질 시트	눈금 간 거리 20mm를 40mm로 신장
복합 시트(일반 복합형)	눈금 간 거리 20mm를 28mm로 신장
복합 시트(보강 복합형)	눈금 간 거리 40mm를 44mm로 신장

2) **촉진 폭로 처리** 촉진 폭로 처리는 유지구를 사용하여 시험편의 눈금 거리를 표 3과 같이 신장하여 유지하고 24시간 표준 상태에 놓아 둔다. 다음에 시험편을 붙인 유지구

를 촉진 폭로 시험 장치에 넣고 KS F 2274의 6.에 의하여 촉진 폭로 처리한다. 다만, 블랙 패널 온도계의 지시 온도는 (63±3)℃, 스프레이 사이클은 120분 중 18분, 시험 시간은 250시간으로 한다. 이어서 시험편붙이 유지구를 꺼내어 표준 상태에 4시간 이상 정치한 후, 시험편을 유지구에 부착한 채로 8배의 확대경으로 잔금의 유무를 관찰한다.

[표_3] 촉진 폭로 처리의 신장 조건

종 류	신장 조건
균질 시트	눈금 간 거리 40mm를 80mm로 신장
복합 시트(일반 복합형)	눈금 간 거리 40mm를 56mm로 신장
복합 시트(보강 복합형)	눈금 간 거리 40mm를 44mm로 신장

3) **오존 처리** 유지구를 사용하여 시험편의 눈금 간 거리를 표 4와 같이 신장하여 유지하고 24시간 표준 상태에 놓아 둔다. 다음에 시험편을 붙인 유지구를 오존 농도 (75±7.5)X10-8, 온도 (40±2)℃로 조절한 오존 열화 시험기 내에 각각 상하 좌우 50mm 이상, 떨어지게 하여 168시간 놓아 둔다. 이어서 시험편 붙이 유지구를 꺼내어 표준 상태에 4시간 이상 정치한 후, 시험편을 유지구에 부착한 채로 8배의 확대경으로 전금의 유무를 관찰한다.

[표_4] 오존 처리의 신장 조건

종 류	신장 조건
균질 시트	눈금 간 거리 40mm를 56mm로 신장
복합 시트(일반 복합형)	눈금 간 거리 40mm를 56mm로 신장
복합 시트(보강 복합형)	눈금 간 거리 40mm를 44mm로 신장

11. 접합 성상

a) 시험 기기

① 길이 측정기는 8 a) ①에 따른다.

② 가열 항온기는 8 a) ②에 따른다.

③ 시험체 유지구는 시험체의 눈금 간을 140mm까지 또는 70mm까지 신장하여 유지할 수 있는 물림구를 가진 기구로 한다.

b) **시험체** 시험체의 제작은 접합부를 접착제로 접합할 경우, 그림 3과 같이 2개의 시험편을 길이 방향으로 100mm 겹쳐서 표준 상태에 168시간 놓아 둔다. 접합부를 열 융착 또는 용제 용착으로 접합하는 경우에는 그림 4와 같이 2개의 시험편을 40mm 겹

쳐서 표준 상태에 24시간 놓아 둔다. 다음에 그림 3 또는 그림 4와 같이 기준선 및 눈금을 표시하고, 양 끝 15mm를 제외한 중앙부로부터 나비 25mm의 시험체를 3개씩 절단하여 6개를 취한다. 또한 시험체를 각 시험체 별로 접합하여 제작하여도 된다. 시험체는 무처리, 가열 처리 및 알칼리 처리용으로 각각 제작한다. 접합 방법 및 접합 끝 부분 등의 처리는 제조자가 지정하는 방법으로 한다.

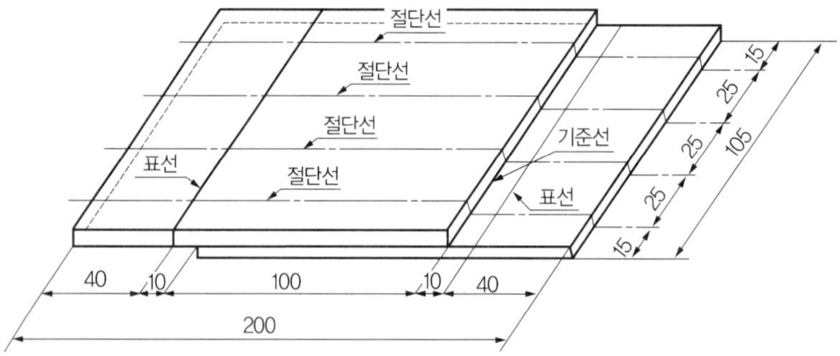

[그림_3] 균질 시트 및 복합 시트(일반 복합형)의 접착제를 사용하는 시험체(단위 : mm)

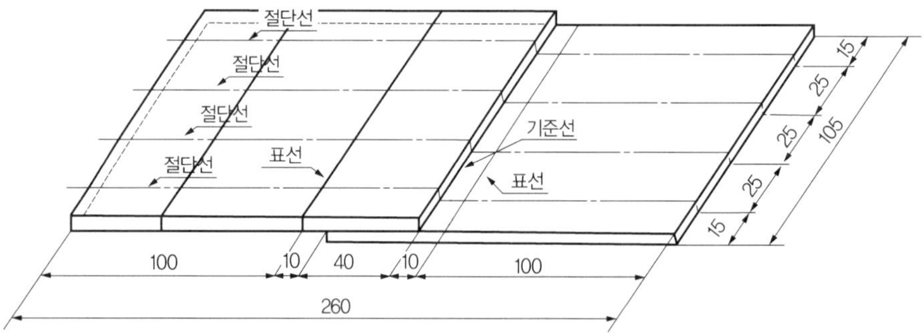

[그림_4] 균질 시트 및 복합 시트(일반 복합형)의 열 융착 또는 용제 용착에 사용하는 시험체(단위 : mm)

c) 시험체 시험체의 처리는 다음에 따른다.

① 가열 처리는 9 b) 1)에 따른다.

② 알칼리 처리는 9 b) 3)에 따른다.

d) **시험 방법** 시험체 유지구에 눈금 간이 물림 간격으로 되도록 시험체를 부착하고 겹침 길이 100mm인 시험체에 대하여는 눈금 간 140mm가 될 때까지, 겹침 길이 40mm인 시험체에 대하여는 눈금 간 70mm가 될 때까지 신장하여 24시간 표준 상태에 놓아 둔다. 다음에 시험편을 떼어내고 표준 상태에 4시간 정치한 후 기준선으로부터의 어긋남 및 박리된 길이를 측정하고 해로운 어긋남, 박리 등 이상한 위치의 유무를 조사한다.

12. 접합 인장 성능

a) **시험 기기** 시험 기기는 다음에 따른다.

① 인장 시험기는 5 a)에 따른다.

② 가열 항온기는 8 a) 2)에 따른다.

b) **시험체** 시험체의 제작 접합부를 접착제로 접합하는 시험체는 그림 5와 같이 2개의 시험편을 100mm 겹쳐서 붙이고 표준 상태에 168시간 놓아 둔다. 접합부를 열 융착 또는 융제로 용착하는 시험체는 그림 6과 같이 2개의 시험편을 40mm 겹쳐서 붙이고 표준 상태에 24시간 놓아 둔다. 다음에 양끝 25mm를 제외하고 폭 100mm의 시험체를 3개 절단하여 취한다. 또한 시험체는 무처리, 가열처리 및 알칼리 처리용으로 각각 3개씩 모두 9개를 제작한다. 접합 방법 및 접합 끝부분 등의 처리는 제조자가 지정하는 방법으로 한다.

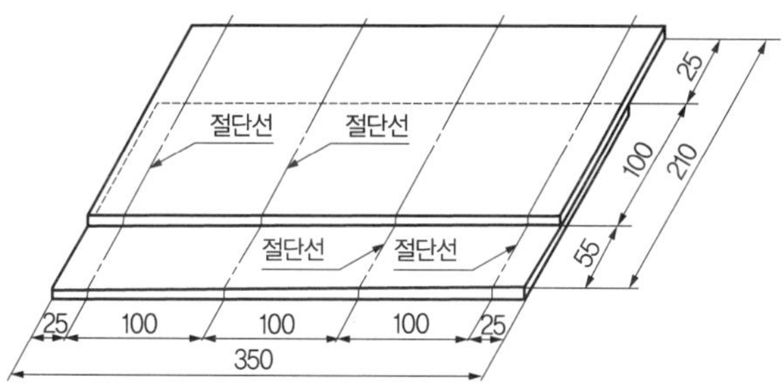

[그림_4] 접착제로 접합하는 보강 복합형의 시험체(단위 : mm)

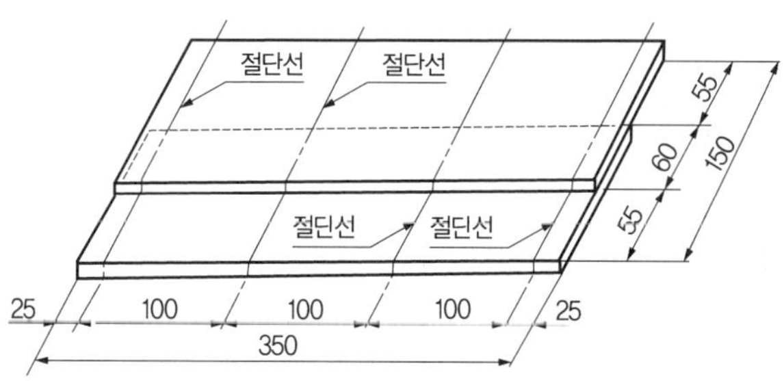

[그림_5] 열 융착 또는 용제 용착으로 접합하는 보강 복합형의 시험체(단위 : mm)

c) 시험체 시험체의 처리는 다음에 따른다.

① 가열 처리는 9 b) 1)에 따른다.

② 알칼리 처리는 9 b) 3)에 따른다.

d) 시험 방법 시험체 겹침부가 거의 중앙이 되도록 인장 시험기에 부착한다. 물림 간격은 접합 나비가 100mm의 시험체는 135mm, 접합 나비가 40mm의 시험체는 75mm로 한다. 또한 물림구의 크기는 상하 모두 바깥쪽은 25mm × 25mm, 안쪽은 50mm × 25mm 이상으로 한다. 인장 속도 300mm/min에서 시험체가 파단될 때까지 인장한다. 접합 인장 강도는 최대 하중(N)을 읽고 다음의 식으로 계산하며, 시험체 3개의 평균값으로 나타낸다.

$$T_B = \frac{P_B}{W}$$

***[참고_T_B : 접합 인장 강도(N/mm²) / P_B : 최대 하중(N) / W : 바깥쪽 물림 나비(25mm)]

2) 검사

검사는 합리적인 샘플링 검사 방식에 따라 채취한 샘플은 규정에 적합하여야 한다.

3) 표시

제품에는 1두리마리마다 포장의 보기 쉬운 곳에 다음 사항을 표시한다.

a) 규격 명칭

b) 종류 또는 약칭

c) 치수(두께, 나비 및 길이)

d) 질량 및 단위 면적 질량

e) 시트 상호의 접합 방법

f) 제조 연월 또는 그 약호

g) 제조자명 또는 그 약호

h) 촉진 폭로 처리 및 오존 처리 시험 실시의 유무

개량 아스팔트 방수 시트 [KS F 4917]

시험빈도 : 제조회사별 / 제품규격마다 7,000m² 마다 / 재질 변화시마다

1) 시험

1. 시험의 일반 조건

a) 시험 장소의 온습도 조건과 시험체 및 시험편의 양생 조건

① 치수의 측정 및 단위 면적 무게의 측정 온습도 조건은 KS A 0006에 규정하는 20℃ 15급, 65%20급[20±15℃, (65±20)%]으로 한다.

② 겉모양 시험의 온도 조건은 KS A 0006에 규정하는 20℃ 15급(20±15℃)으로 한다.

③ ① 및 ② 이외의 시험은 특별한 지정이 없는 한, KS A 0006에 규정하는 20℃ 2급, 65% 20급[20±2℃, (65±20)%]으로 한다.

④ 시험체 및 시험편의 양생 시간은 특별한 지정이 없는 한 시험 전 1시간 이상으로 한다.

b) 시험편의 제작 치수 및 단위 면적 질량을 측정한 방수 시트를 평면에 펼쳐서 24시간 이상 표준 상태에서 방치한 후, 두께 측정용 시료로부터 가까운 부분에서 시험편을 채취한다. 다만 롤의 바깥쪽 끝에서 100cm는 시험편의 채취부에서 제외한다. 또한 제품의 나비가 350mm 이상인 것에서 시험편을 채취한다. 또, 시험편을 형편상 추가할 경우에는 가까운 부분 및 두께 측정용 시료에서 채취한다. 또한 방수 시트에 점착성이 있어 시험에 지장이 있는 항목에 대해서는 접착부에 KS M 6555에 규정하는 1종(경질 탄산칼슘)을 바르거나, 시험 결과에 영향이 없도록 접착부에 별도의 조치를 하여 시험한다.

2. 겉모양 겉모양은 제품을 평면에 펼쳐서 육안으로 조사한다.

3. 치수의 측정

a) 길이 길이는 평면에 펼쳐서 전체 길이의 최단부를 1cm까지 측정한다. 1롤 중에 절단된 곳이 있는 경우에는 각 최단 부분의 길이를 같은 방법으로 측정하여, 그 합에서 15cm 뺀 길이를 1롤의 길이로 한다.

b) 나비 나비는 길이 방향의 양끝 부근 및 중앙 부근의 3곳에서 1mm까지 측정하며, 측정값의 나비는 평균값으로 나타낸다.

c) 두께 두께는 KS M 6518의 5.2.5 a)에 규정하는 측정 기구를 사용하여 측정한다. 두께 측정용 시료는 길이, 나비를 측정한 방수 시트의 중앙 부근에서 길이 100cm를 길이 방향에 대해 직각으로 절단하여 채취한다. 두께 측정 위치는 절단부의 한쪽 끝으로

부터 2cm 안쪽에서 또한, 나비 방향의 양 끝에서 각 나비의 20% 안쪽으로 들어간 2곳(a, b)과 a, b 사이를 4등분한 곳(c, d 및 e)의 합계 5곳으로 한다. 두께는 0.01mm까지 측정하여 측정값의 평균값은 소수점 이하 첫째 자리까지 나타낸다. 다만 나비가 50cm 미만인 것은 c, e의 위치에서의 측정은 생략할 수 있다. 또 시료에 박리지가 붙어 있는 것은 이를 제거하고 두께를 측정한다.

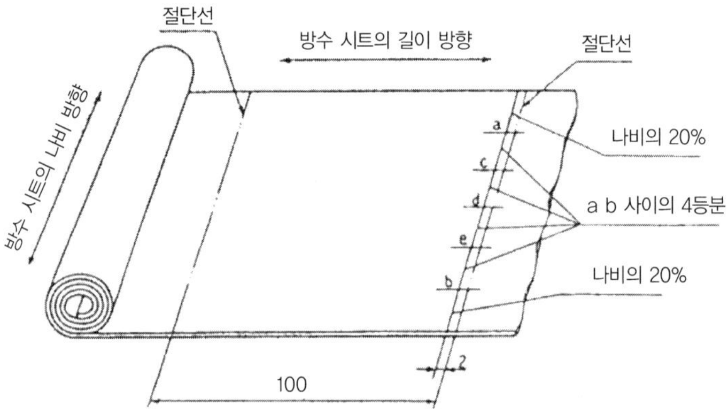

[그림_1] 두께의 측정 장소

4. 단위 면적 질량

단위 면적 질량은 3 c)에서 두께를 측정한 시료를 사용하여 나비 및 길이의 3곳을 각각 1mm까지 측정하고 이들의 평균값으로부터 면적을 구한 다음 질량을 10g까지 측정하고, 다음 식에 따라 계산한다. 다만 시료에 박리지가 붙어 있는 것은 나비 및 길이를 측정한 후, 이를 제거하여 질량을 측정한다.

$$M = \frac{m}{A}$$

***[참고_M : 단위 면적 질량(g/m^2)/ m : 질량(g) / A : 면적(m^2)]

5. 인장 성능

a) 시험기

① 인장시험기는 크로스헤드의 이동 속도가 일정하고 하중 및 변위가 자동으로 기록되는 장치를 갖춘 것으로 한다.

② 가열 항온기는 KS M 6518의 8.3.1(시험 장치)에 규정하는 시험장치로 한다.

b) 시험편

① 가열처리는 80±3℃로 조절한 가열 항온기에서 168시간 처리한다. 시험편은 수평으로 놓은 평판위에 박리지를 깔고 그 위에 놓는다. 노출용 방수 시트에서는 표면측을 아래로 하여 놓으며, 가열 후의 시험편은 표준 상태에서 약 4시간 방치한다.

② 알칼리 처리는 20±2℃의 수산화칼슘(KS M 8070에 규정하는 1급) 포화 수용액에 시험편을 168시간 침지시킨다. 침지 후의 시험편은 물로 충분히 씻고 마른 헝겊으로 닦아 표준 상태에서 약 4시간 동안 정치한다.

c) 시험 방법 시험편의 나비는 0.1mm 정도로 3곳을 측정하여 그 평균값으로 한다. 처리하는 시험편은 처리전에 나비를 측정한다. 물림 간격이 100mm가 되도록 인장 시험기에 걸고, 인장 속도 100mm/min으로 시험편이 끊어질 때까지 인장하고, 최대 하중[*] 및 파단시[**]의 변위량을 읽는다. 다만, B종인 경우에는 시험편 물림 간격을 20mm로 하고 인장 속도를 20mm/min으로 한다. 인장 강도는 다음식으로 산출하고 시험편 5개의 평균값으로 나타낸다.

$$T = \frac{P}{W} \times 10$$

***[참고_T : 인장 강도(N/cm) / P : 최대 하중 (N) / W : 시험편의 나비(mm)]

[*] 덧붙임 재료 등 방수 시트의 본질에 관계없는 적층 재료의 영향으로 인장 시험 초기에 하중의 피크가 나타나는 경우에는 이를 무시한다.

[**] 최대 하중을 초과해도 시료가 절단되지 않는 경우에는 최대 하중의 50%까지 하중이 저하된 시점을 파단시로 본다.

신장률은 시험편의 물림 간격을 기준 길이로 하고, 변위량으로부터 다음 식에 따라 산출하고, 시험편 5개의 평균값으로 나타낸다. 다만 시험편 물림 기구에서 미끄러짐이 생겼을 경우, 그 미끄러짐량을 측정하여 변위량에서 뺀다.

$$E = \frac{L}{L_0} \times 100$$

***[참고_E : 신장률(%) / L : 파단시의 변위량(mm) / L_0 : 물림 간격(mm)]

항장적은 인장 강도와 신장률의 평균값으로부터 다음 식에 의하여 산출한다.

$$T_E = T \times E$$

***[참고_여기에서 T_E : 항장적(N · %/cm)]

6. 인열 성능

a) 시험기기 시험기기는 5 a) ①의 인장 시험기에 따른다.

b) 시험 방법 시험편의 짧은 변 중앙에 긴 변과 평행으로 75mm를 잘라 2장으로 만들어 각각의 끝부분으로부터 45mm를 물림 여유로 한다. 물림 간격이 50mm가 되도록 인장 시험기에 걸고 인장 속도 100mm/min로 시험편이 파단될 때까지 인장하여 최대 하중을 구한다. 인열 강도는 시험편 5개의 평균값으로 나타낸다.

7. 내열 성능

a) 시험 기기는 다음과 같다.

① 길이 측정 기기는 정밀도 1mm 이상인 것으로 한다.

② 가열 항온기는 5 a) 2)에 따른다.

b) 시험 방법 시험편의 상단을 시험편에 미끄러짐이 생기지 않는 방법으로 고정하고, 온도 80±2℃의 가열 항온기 안에 6시간 동안 수직으로 늘어뜨린 후, 꺼내어 피복층의 늘어진 길이의 최대 치수를 측정하고, 시험편의 흘러 내림이나 발포 상태를 조사한다. 수직으로 늘어진 길이는 3개의 시험편 중 최대값으로 나타낸다.

8. 내피로 성능

a) 시험 기기

① 피로 시험기는 바닥의 평면을 유지하면서, 바닥판의 균열을 소정의 크기로 확대 축소하며 또한 그 횟수를 제어할 수 있는 장치(반복이 가능한 인장 시험기를 이용할 경우에는 시험체 바닥의 평면을 유지하는 가이드를 설치하고, 로드셀 쪽의 물림 기구를 고정하는 등의 조치가 필요하다.)로서 소정의 온도에 대해 ±2℃로 조절할 수 있는 공기 항온조에 넣어져 있는 것으로 한다.

b) 시험체의 제작 방법

① 바탕판은 KS L 5114에 규정하는 두께 6mm의 플렉시블판을 나비 120mm, 길이 400mm로 절단하고 그 뒷면 중앙부에서 나비 방향으로 깊이 약 4mm로 절단한 것으로 한다.

② 제작 방법 시험편을 바탕판 표면 중앙에 제조자가 지정하는 방법에 따라 붙여서 시험체를 제작하고, 표준 상태로 24시간 수평으로 정치하여 양생한다. 다만 접착제로 붙이는 것은 양생 시간을 168시간으로 한다.

c) **시험 방법** 양생이 끝난 후, 시험편을 손상하지 않도록 주의하면서 시험편을 안쪽으로 하여 바탕판을 서서히 꺾고, 바탕판의 흠을 쪼갠 시험체를 양생조의 온도가 20±2℃인 피로 시험기에 고정시켜 이 온도에서 1시간 이상 방치한다. 바탕판의 균열부에 0.5~2.5mm의 확대 축소를 2분에 1회의 비율로 200회 반복시킨 후, 바탕판의 균열 나비가 0.5mm가 되도록 한다. 다음에 시험체를 양생조의 온도가 0±2℃인 피로 시험기에 시험편을 고정하여 3시간 이상 방치한 후, 위와 같은 방법으로 확대 축소를 400회 반복한다. 반복이 끝난 다음에 바탕판의 균열 나비를 2.5mm로 확대한 상태에서 시험편의 표면을 육안으로 관찰하여 잔금, 찢김, 파단의 유무를 조사한다.

9. 치수 안정성

a) 시험 기기

① 길이 측정 기기는 정밀도 0.1mm 인상인 것으로 한다.

② 가열 항온기는 5.5 a) 2)에 따른다.

③ 항온 수조는 60±1℃로 조절할 수 있는 것으로 한다.

④ 공기 저온 항온조는 -10±2℃로 조절할 수 있는 것으로 한다.

b) **시험 방법** 시험은 시험편을 60±2℃로 조절한 가열 항온기 내에 23시간 수평으로 정치한 후, 표준 상태에서 1시간 정치하고, 중앙부의 길이를 0.1mm까지 측정한 다음 이것을 기준 길이로 하여 다음과 같이 한다.

순서 1. 시험편을 온도 60±1℃로 조절한 항온 수조에 19시간 침지 후, 꺼내어 표면에 묻어 있는 수분을 닦아낸다. 이 조작을 습윤이라 한다.

순서 2. 다음에 시험편을 온도 -10±2℃의 공기 저온 항온조 내에 5시간 정치한다. 이 조작을 냉각이라 한다.

순서 3. 이를 다시 온도 60±2℃의 가열 항온조 내에 수평으로 24시간 정치한다. 이 조작을 건조라 한다.

순서 4. 위의 습윤, 냉각 및 건조의 조작을 2회 반복한다.

순서 5. 동일한 방법으로 3회째 습윤, 냉각 및 건조의 조작을 하되 각각의 조작 종료 전에 시험편을 표준 상태에서 1시간 정치하고 길이를 측정하여 각 시험편의 변화율을 다음 식에 따라 산출한다.

치수 변화율은 습윤, 냉각 및 건조시의 시험편 3개의 평균값으로 절대값이 가장 큰 것으로 나타낸다. 겉모양은 반복이 끝난 후의 시험편에 대해서 주름, 접힘, 층 사이의 박리 현상 유무를 조사한다.

또한 도중에 시험을 중단할 경우에는 건조의 조작 후에 그만 둔다.

$$l_h = \frac{l_1 - l_0}{l_0} \times 100$$

***[참고_l_h : 변 화 율(%) / l_1: 측정 길이(mm) / l : 기준 길이(mm)]

10. 접합 성능

a) 시험 기기 시험 기기는 5a)①의 인장 시험기에 따른다.

b) 시험체의 제작 방법 시험편(E-1) 위에 시험편(E-2)을 놓고, 방수 시트의 각 모서리를 나비 방향으로 A종은 50mm, B종은 10mm로 포개어 접합시켜, 표준 상태에서 24시간 정치하여 양생한다. 다만 접합부를 접착제로 접합시키는 것은 168시간으로 한다. 이 경우 접합 방법 및 시험편(E-2)의 모서리 처리는 제조자가 지정한 방법으로 한다. 양생이 끝난 후 길이 방향과 직각으로 절단하여 양 끝 25mm를 제외하고, A종은 나비 50mm, B종은 나비 10mm의 시험체를 5개 취한다.

c) 시험 방법 시험체의 나비는 0.1mm의 정밀도로 접합부의 3곳에서 측정하여 그 평균값을 구한다. 시험체를 물림 간격 100mm가 되도록 인장 시험기에 걸어 인장 속도 100mm/min으로 시험체가 파단될 때까지 인장하여 최대 하중을 구한다. 다만 B종인 경우는 물림 간격을 20mm, 인장 속도를 20mm/min으로 한다. 접합 강도는 다음 식에 따라 산출하고, 시험체 5개의 평균값으로 나타낸다.

$$T_s = \frac{P_s}{W_s} \times 100$$

***[참고_T_s : 접합 강도(N/cm) / P_h : 최대 하중(N) / W_h : 시험체의 나비(cm)]

11. 내움푹패임 성능

a) 시험 기기

① 내움푹패임 시험 기구는 지름 200mm의 강제 원판에 지름 11.3mm의 강제 원기둥을 3개 설치한 것으로 하고, 그 질량은 9.0kg으로 한다.

② 콘크리트 평판은 KS F 4001에 규정하는 포장용 콘크리트 보통 평판 A형 300으로 한다.

b) **시험 방법** 시험편을 콘크리트 평판의 평활면 위에 바깥쪽을 위로 하여 놓고 그 중심에 내움푹패임 시험기를 그림 2와 같이 24시간 정치한다. 24시간 경과 후, 내움푹패임 시험 기구를 제거하고 관통한 구멍의 유무를 조사한다.

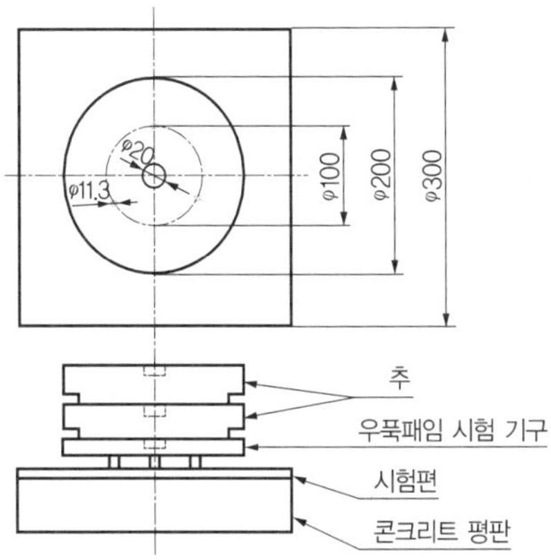

[그림_2] 내움푹패임 성능 시험 방법

12. 굴곡 성능

a) 시험 기기

① 굴국 장치는 맨드릴, 1쌍의 지지 롤러, 지지 롤러 설치대 및 맨드릴 이동 장치와 항온조로 구성된 것으로 다음과 같다.

1.1) 맨 드 릴 지름 20.0mm이고 길이 50mm 이상인 원기둥으로서 아래 위로 이동시킬 수 있는 것으로 한다.

1.2) 지지 롤러는 지름 19.5, 20.5, 21.5, 22.5, 23.5, 24.5 및 25.5mm이고 길이 50mm이상인 것으로 한다.

1.3) 지지 롤러 설치대는 1쌍의 지지 롤러를 맨드릴과 평행으로 중심간 거리를 51.5mm로 설치할 수 있는 것으로 한다.

1.4) 맨드릴 이동 장치는 맨드릴을 300mm/min으로 이동시킬 수 있는 장치로 한다.

1.5) 항온조는 굴곡 장치의 맨드릴 및 지지 롤러를 액체(액체는 알코올류 또는 물로 한다.) 속에 담글 수 있는 것으로서 조 내의 액체 온도를 소정의 온도에 대하여 ±1℃로 조절할 수 있는 것으로 한다.

② 가열 항온기는 5 a) ②에 따른다.

b) **시험편** 시험편의 가열 처리는 5 b) ①에 따른다.

c) **시험 방법** 두께의 표시값에 따라 지지 롤러의 지름을 표 1에 선택하여 설치한 굴곡 장치와 시험편을 (온도 특성에 의한 구분: 1류, 2류) 온도로 조절한 항온조 내에 30분 이상 둔다. 시험편을 수평 롤러 위에 얹고, 즉시 맨드릴을 300mm/min의 속도로 움직

여 시험편은 180로 구부려 바깥면의 잔금 발생 유무를 조사하고(덧붙임 재료(PE 필름, 이형지, AL 포일) 등 방수 시트의 본질에 관계없는 적층 재료는 대상에서 제외한다.), 보강형 방수 시트의 경우에 내부 보강재와 개량 아스팔트층과 박리 현상이 없어야 한다.

[표_1] 두께의 표시값에 대한 지지 롤러의 지름

[단위 : mm]

두께의 표시값	지지 롤러의 지름
2.0 이상 2.5 미만	25.5
2.5 이상 3.0 미만	24.5
3.0 이상 3.5 미만	23.5
3.5 이상 4.0 미만	22.5
4.0 이상 4.5 미만	21.5
4.5 이상 5.0 미만	20.5
5.0 이상 5.5 미만	19.5

2) 검사

검사는 합리적인 샘플링 검사 방식에 따라 채취한 샘플을 사용하여 1)에 따라 시험하고 규정에 따라서 합격, 불합격을 결정한다. 다만 내피로성 및 치수 안정성의 검사는 생산 조건을 변경하였을 때 한다.

3) 제품의 호칭 방법

제품의 호칭 방법은 제품의 명칭과 용도, 재료 구성 및 온도 특성에 대한 구분으로 한다.

보기 개량 아스팔트 방수 시트, 노출 단층 방수용, A종, 1류

4) 표 시

제품에는 1롤마다 포장의 잘 보이는 곳에 다음 사항을 표시하여야 한다.

a) 제품의 명칭

b) 종류 또는 그 기호

c) 두께, 나비, 길이, 단위 면적 질량 및 1롤 중의 절단의 유무(1롤 중에 절단된 곳이 있을 경우)

d) 중심 보강재의 종류

e) 방수 시트 상호간의 접합 방법
f) 바탕 면에 대한 접착 방법
g) 제조 연월일 또는 그 약호
h) 제조자명 또는 그 약호
i) 제조 공장 또는 그 약호

5) 취급상의 주의

사항 제품의 카탈로그, 취급 설명서 등에는 적어도 다음 항목에 대한 주의 사항을 기재한다.

a) 운반 및 보관상의 주의
b) 시공상의 주의
① 바탕의 상태
② 방수 시트 상호의 접합
③ 바탕과의 접착

콘크리트의 압축 강도 시험 방법 [KS F 2405]

시험빈도 : 5,000매마다

1) 공시체의 검사

a) 공시체는 KS F 2403에 따라 제작한다.
b) 지름을 0.1mm, 높이를 1mm까지 측정한다. 지름은 공시체 높이의 중앙에서 서로 직교하는 2방향에 대하여 측정한다.
c) 손상 또는 결함이 있고, 시험 결과에 영향을 준다고 생각될 때는 시험을 하지 않거나 또는 그 내용을 기록한다.
d) 질량을 질량의 0.25% 이하의 눈금을 가진 저울로 측정한다. 질량은 공시체 표면의 물을 모두 닦아 낼후에 측정한다.
e) 공시체는 소정의 양생이 끝난 직후의 상태에서 시험을 할 수 있도록 한다[*]

[*] 시험을 하는 공시체의 재령은 1주, 4주, 및 13주 또는 그 중 하나로 한다. 또한 콘크리트의 강도는 공시체의 건조 상태나 온도에 따라 상당히 변화하는 경우도 있으므로, 양생을 끝낸 직후 상태에서 시험을 하여야 한다.]

2) 시험 장치

a) **압축 시험기** 압축 시험기는 KS B 5533의 표 1(시험기의 등급)에 규정하는 1등급 이상의 것으로 한다. 또한 시험 시의 최대 하중의 칭량의 1/5에서 칭량까지의 범위에서 사용한다. 동일 시험기에서 칭량을 가할 수 있는 경우는 각각의 칭량으로 간주한다.
b) **상하의 가압판** 상하의 가압판의 크기는 공시체의 지름 이상으로 하고 두께는 25mm 이상으로 한다. 가압판의 압축면은 연마 가공으로 하고 그 평편도(가에서 말하는 평편도는 평편한 부분의 가장 높은 곳과 가장 낮은 곳을 지나는 두 개의 평면을 고려하여 이 평면 사이의 거리로 나타낸다.)는 100mm당 0.02mm 이내이며 그 쇼어 경도는 70HS 이상으로 한다.
c) **구면 시트** 위 가압판은 구면 시트를 가진 것으로 한다. 구면 시트는 가압판 표면 위에 그 중심을 가지며 가압판의 회전각을 3° 이상 얻을 수 있는 것으로 한다.

3) 시험 방법

시험 방법은 다음과 같다.

a) 공시체의 상하 끝면 및 상하의 가압판의 압축면을 청소한다.
b) 공시체를 공시체 지름의 1% 이내의 오차에서 그 중심축이 가압판의 중심과 일치하도

록 놓는다.

c) 시험기의 가압판과 공시체의 끝면은 직접 밀착시키고 그 사이에 쿠션재를 넣어서는 안 된다. 다만, 언본드 캐핑에 의한 경우는 제외한다.

d) 공시체에 충격을 주지 않도록 똑같은 속도로 하중을 가한다. 하중을 가하는 속도는 압축 응력도의 증가율이 매초(0.6±0.4)MPa이 되도록 한다.

e) 공시체가 급격한 변형을 시작한 후에는 하중을 가하는 속도의 조정을 중지하고 하중을 계속 가한다.

f) 공시체가 파괴될 때까지 시험기가 나타내는 최대 하중을 유효 숫자 3자리까지 읽는다.

4) 계 산

계산은 다음과 같이 한다.

a) 공시체의 지름은 0.1mm까지 측정하여 다음 식에 따라 산출하여 KS A 3251-1에 따라 끝맺음한다.

$$d = \frac{d_1 + d_2}{2}$$

***[참고_d: 공시체의 지름(mm) / d_1, d_2: 3)b)에서 구한 2방향의 지름(mm)]

b) 압축 강도는 다음 식에 따라 산출하여 유효 숫자 3자리로 끝맺는다.

$$f_c = \frac{P}{\pi(d/2)^2}$$

***[참고_f_c: 압축 강도(MPa) / P: 4)f)에서 구한 최대 하중(N)]

c) 겉보기 밀도는 다음 식에 따라 산출하여 유효 숫자 3자리로 끝맺는다.

$$p = \frac{m}{h \times \pi(d/2)^2}$$

***[참고_*p*: 겉보기 밀도(kg/m³) / *m*: 공시체의 질량(kg) / *h*: 공시체의 높이(m) / *d*: 공시체의 지름(m)]

6) 보 고

보고에는 다음 사항 중 필요한 것을 기재한다.

a) 시험 연월일
b) 공시체의 번호
c) 재 령
d) 양생 방법 및 양생 온도
e) 공시체의 지름(mm)
f) 최대 하중(N)
g) 압축 강도(MPa)
h) 결함의 유무 및 그 내용
I) 공시체의 파괴 상황
j) 겉보기 밀도(kg/m3)

돌망태 [KS F 4601]

시험빈도 : 제조회사별 / 제품규격별 10t마다

1) 재료

1. **아연 도금 철선** 돌망태에 사용하는 재료는 KS D 7011의 SWMGS-3, SWMGS-4, SWMGS-5, SWMGS-6, SWMGS-7, SWMGH-3 및 SWMGH-4로 한다. 다만, SWMGS-3, SWMGS-4, SWMGS-5, SWMGS-6 및 SWMGS-7의 감기 시험에 사용하는 원통의 지름은 선지름의 2배로 하고, SWMGH-3, SWMGH-4의 감기 시험에 사용하는 원통의 지름은 선지름의 3배로 한다.

2 **염화비닐 피복 철선** 돌망태에 사용하는 재료는 KS D 7036에 규정한 것 중 염화비닐 피복 철선이어야 하며 피복선의 호칭은 32-26, 40-32, 50-40의 것이어야 한다. 다만, 내후성 시험은 인수 인도 당사자간의 협의에 따른다.

3. **알루미늄 도금 철선** 돌망태에 사용하는 재료는 KS D 7037에 규정한 것 중 SWMA-C(알루미늄 피복철선)로 한다.

2) 아연 부착량

아연 도금 철선의 아연 부착량은 표 1에 따른다.

[표_1] 아연 부착량

선지름 (mm)	아연 부착량 g /m²				
	SWMGS-3, SWMGH-3	SWMGS-4, SWMGH-4	SWMGS-5	SWMGS-6	SWMGS-7
3.20	122 이상	207 이상	243 이상	270 이상	360 이상
4.00	140 이상	220 이상	261 이상		
4.50	140 이상	220 이상	261 이상		
5.00	140 이상	220 이상	261 이상		
6.00	140 이상	220 이상	261 이상		

3) 알루미늄 피복 두께

알루미늄 도금 철선의 알루미늄 피복 두께는 표 2에 따른다.

[표_2] 알루미늄 피복 두께

표준 선지름 *d* (mm)	알루미늄 피복 두께 SWMA-C (mm)
3.20	0.16
4.00	0.20
4.50	0.23
5.00	0.25
6.00	0.30

4) 겉모양

겉모양은 다음에 따른다.

a) 돌망태 열선의 모양은 바르고, 표면에는 균열(제망 가공시에 생기는 잔금, 갈라짐, 도금층이 파괴된 상태), 박리(도금층이 철선에서 떨어지거나 벗겨진 상태) 그 밖의 사용상 해로운 결점이 없어야 한다.

b) 몸통망은 인접하는 열선이 도중에서 서로 물리지 않고 이탈되어서는 안 된다.

c) 뚜껑망과 뚜껑틀의 조립은 2중 감기로 한다.

5) 시 험

1. 아연 부착량 시험

다음에 따르며 아연 도금 철선제 돌망태에 한한다.

a) 시험편의 채취 방법 시험편은 열선에서 채취한다.

b) 아연 부착량 시험 방법 아연 부착량 시험은 KS D 0201의 3.2(염화 안티몬법)의 규정에 따른다.

2. 알루미늄 피복 두께 시험

다음에 따르며 알루미늄 도금 철선제 돌망태에 한한다.

a) 시험편의 채취 방법 시험편은 열선에서 채취한다.

b) 알루미늄 피복 두께 시험 방법 알루미늄 피복 두께 시험은 KS D 0229의 6.1(현미경 측정법)의 규정에 따른다.

건설공사 품질시험 기준

핵 | 심 | 정 | 리

건 축

ARCHITECTURE

CONSTRUCTON
STANDARDS
FOCUS

Ⅰ. 조적공사

A. 콘크리트 벽돌

콘크리트 벽돌 [KS F 4004]

시험빈도 : 제품 30,000매당

1) 재료

a) 시멘트 KS L 5201, KS L 5204, KS L 5210, KS L 5211 또는 KS L 5401에 규정하는 것으로 한다. 다만 플라이 애시 시멘트는 A종 및 B종으로 한다.

b) 골재 골재는 깨끗하고 강하며, 내구적이고 적당한 입도를 가지며, 먼지 · 점토 덩어리 · 얇은 돌조각 · 가늘고 긴 돌조각 · 유기 불순물 · 염화물 등의 유해 물질을 함유해서는 안 되며, KS F 2526, KS F 2527, KS F 2534, KS F 2543, KS F 2544, KS F 2573에 따른다.

c) 물 물은 기름, 산, 염류, 유기물 등 제품에 영향을 미치는 유해 물질을 유해량 함유하여서는 안 된다.

d) 혼화재료 혼화 재료는 콘크리트 및 강재에 유해한 영향을 미치는 것이어서는 안 되며, KS F 2560, KS F 2562, KS F 2563, KS L 5405에 따른다.

2) 시험 방법

a) 시험체

① 시험체는 1차 초기의 실내 양생이 끝난 후 7일간 보존한 전체 모양 그대로, 또는 벽돌이 길이를 잘라낸 것으로 한다.

② 또한 이형 벽돌 중 구멍 및 속 빈 부분이 있는 벽돌의 경우, 절단한 시험체에 의한 시험 결과와의 상관 관계가 명확한 경우에는 벽돌 전체 모양 또는 벽돌의 길이를 절단한 것을 사용해도 된다.

b) 기건 비중 시험 기건 비중 시험에 사용하는 시험체는 벽돌 전체 모양 그대로를 사용하며, 시험제의 실량을 측정하여 기건 비중을 다음 식(1)에 따라 계산한다.

$$기건비중 = \frac{M}{V} \quad \cdots\cdots\cdots\cdots (1)$$

***[참고_ 여기에서 M : 시험체의 질량(g) / V : 시험체의 순 체적(mL)]

c) **압축 강도 시험** 시험체는 가압 양면을 시험체 벽돌의 세로축에 직각이 되도록 평활하게 마무리한다[*]. 그 후 시험체를 2시간 이상 맑은 물 속에 담가 흡수시켜 시험한다. 압축 강도 시험은 중앙에 구접면을 갖는 전압 장치를 사용하여 시험하고, 가압 속도는 가압면의 단면적에 대하여 매초 약 0.1~0.3 N/mm 가 되도록 한다. 이 경우 얻을 수 있는 최대 하중으로부터 벽돌의 압축 강도를 식[**]에 따라 계산한다.

$$\text{압축 강도}(N/mm^2) = \frac{P}{A_1} \quad \cdots\cdots (2)$$

***[참고_ 여기에서 P : 최대 하중(N) / A_1: 시험체 가압면의 단면적(**)(mm)]

[*] 가압면을 평활하게 마무리하는 방법은 원칙적으로는 연마로 하지만, 연마 대신에 석고 등으로 캐핑해도 좋다
[**] 벽돌 전체 모양 그대로를 압축 강도 시험체로 사용한 경우는 "벽돌의 길이×벽돌의 두께"를 말하고, 벽돌의 길이를 절단해서 압축 강도 시험체로 사용한 경우는 "시험체의 길이×벽돌의 두께"를 말한다.

d) **흡수율 시험** 흡수율 시험에 사용하는 시험체는 벽돌 전체 모양 그대로를 사용하여 실온 15~25℃의 맑은 물 속에 24시간 침지시킨 후, 즉시 물 속에서 꺼내어 철망 위에 놓고 1분간 물기를 뺀 후, 젖은 헝겊으로 표면을 닦아 내고 시험체의 표건 질량(m_0)을 측정한다. 다음에 100~110℃의 공기 건조기 안에서 24시간 건조시켜서 시험체의 절건 질량(m_1)을 측정한 후, 흡수율을 다음 식(3)에 따라 계산한다.

$$\text{흡수율}(\%) = \frac{m_0 - m_1}{m_1} \times 100 \quad \cdots\cdots (3)$$

***[참고_ 여기에서 m_0 : 시험체의 표건 질량(g) / m_1: 시험체의 절건 질량(g)]

3) 검사 방법

검사는 겉모양, 치수 및 치수 허용차, 압축 강도, 흡수율 및 기건 비중에 대하여 한다.

a) 겉모양, 치수 및 치수 허용차 검사는 30000개를 1로트로 하고, 1로트에서 무작위로 10개의 시료를 채취하여 규정에 적합하면 로트 전부를 합격으로 한다.

b) 압축 강도, 흡수율 및 기건 비중 검사는 30000개를 1로트로 하고, 1로트에서 무작위로 각각 3개의 시료를 채취하여 시험을 하여 품질의 규정에 합격하면 그 로트를 합격으로 한다.

4) 제품의 호칭

호칭 방법은 다음 보기에 따른다. 다만 필요 없는 부분을 제외하여도 좋다.

■ **보기** 기본 A종
기본 C종 1급
이형 C종 2급

5) 표시

■ **제품의 표시** 벽돌에는 다음 사항을 표시하여야 한다.

a) A종 벽돌에는 2줄, B종 벽돌에는 1줄의 선을 표시
b) C종 1급 벽돌에는 1급인 것을 표시
c) 제조자명 또는 그 약호
d) 이형 벽돌의 경우 길이×높이×두께

■ **납품서의 표시** 납품서에는 다음 사항을 표시한다.

a) 제조 연월일 또는 로트 번호
b) 종 류
c) 제조자명 또는 그 약호
d) 제조명 또는 그 약호

B. 속 빈 콘크리트 블럭

속 빈 콘크리트 블록 [KS F 4002]

시험빈도 : 제품 3,000매당

1) 재료

a) **시멘트** 시멘트는 KS L 5201, KS L 5204, KS L 5210, KS L 5211 또는 KS L 5401에 규정하는 것으로 한다. 다만 플라이 애시 시멘트는 A종 및 B종으로 한다.

b) **골재** 골재는 보통 골재, 경량 골재, 그 밖에 이와 유사한 불연성인 것으로 하며, KS F 2526, KS F 2527, KS F 2534, KS F 2543, KS F 2544, KS F 2573에 따른다.

c) **물** 기름, 산, 염류, 유기물 등 제품에 영향을 미치는 유해 물질을 유해량 함유해서는 안 된다.

d) **혼화재료** 혼화 재료는 콘크리트 및 강재에 유해한 영향을 미치는 것이어서는 안 되며, KS F 2560, KS F 2562, KS F 2563, KS L 5405에 따른다.

2) 시험 방법

a) **시험체** 압축 강도 시험에 사용하는 시험체는 1차 초기의 실내 양생이 끝난 후 7일간 보존한 전체 모양 그대로 한다.

b) **기건 비중 시험** 기건 비중 시험에 사용하는 시험체는 블록 전체 모양 그대로를 사용하며, 시험체의 질량을 측정하여 기건 비중을 다음 식에 따라 계산한다.

$$기건비중 = \frac{M}{V}$$

***[참고_ 여기에서 M : 시험체의 질량(g) / V : 시험체의 순 체적(mL)]

c) **전 단면적에 대한 압축 강도 시험** 시험체는 가압 양면을 시험체 블록의 세로축에 직각이 되도록 평활하게 마무리한다[*]. 그 후 2시간 이상 맑은 물 속에 담가 흡수시켜서 시험한다. 이 경우 압축 방향은 실제로 하중을 받는 방향[**]으로 하고 전체면에 고르게 가압한다. 가압은 원칙적으로 중앙에 구접면을 갖는 전압 장치를 사용하여 가압 전 단면적당 매초 약 0.2~0.3N/mm^{2}의 속도로 한다. 압축 강도는 다음 식에 따라 산출한다.

$$전\ 단면적에\ 대한\ 압축\ 강도(N/mm^2) = \frac{최대하중}{가압\ 전\ 단면석}$$

[*] 가압면을 평활하게 마무리하는 방법은 원칙적으로 연마로 하지만, 연마 대신에 석고 등으로 캐핑해도 좋다.
[**] 시험체의 두께×길이 방향이 가압면과 접촉하도록 한다.

d) **흡수율 시험** 흡수율 시험에 사용하는 시험체는 블록 전체 모양 그대로를 사용하여 실온 15~25℃의 맑은 물 속에 24시간 침지시킨 후, 즉시 물 속에서 꺼내어 철망 위에 놓고 1분간 물기를 뺀 후 젖은 헝겊으로 표면을 닦아 내고 시험체의 표건 질량(m_0)을 측정한다. 다음에 100~110℃의 공기 건조기 안에서 24시간 건조시켜서 시험체의 절건 질량(m_1)을 측정한 후, 흡수율을 다음 식에 따라 계산한다.

$$흡수율(\%) = \frac{m_0 - m_1}{m_1} \times 100$$

***[참고_ 여기에서 m_0 : 시험체의 표건 질량(g) / m_1: 시험체의 절건 질량(g)]

3) 검사 방법

검사는 겉모양, 치수 및 치수 허용차, 압축 강도, 흡수율 및 기건 비중에 대하여 한다.

a) 겉모양, 치수 및 치수 허용차 검사는 3000개를 1로트로 하고, 1로트에서 무작위로 10개의 시료를 채취하여 겉모양이 균일하고 비틀림, 균열 또는 흠이 없어야 하고, 치수는 허용차 ±2에 적합하면 로트 전부를 합격으로 한다.

b) 압축 강도, 흡수율 및 기건 비중 검사는 3000개를 1로트로 하고, 1로트에서 무작위로 각각 3개의 시료를 채취하여 2)의 시험을 하여 품질 규정에 합격하면 그 로트를 합격으로 한다.

4) 제품의 호칭 방법

블록의 호칭 방법은 다음 보기에 따른다. 다만 호칭 방법은 필요 없는 부분을 제외하여도 좋다.

■ **보기** 기본 A종 100 기본 C종 190 가로근용 C종 150

5) 제품의 표시

■ **제품의 표시** 블록에는 다음 사항을 표시하여야 한다.

a) A종 블록에는 2줄, B종 블록에는 1줄의 선을 표시

b) 제조자명 또는 그 약호

c) 이형 블록의 경우 길이×높이×두께

■ **납품서의 표시** 납품서에는 다음 사항을 표시한다.

a) 제조 연월일 또는 로트 번호

b) 종 류

c) 제조자명 또는 그 약호

C. 경량기포 콘크리트 블럭

경량 기포 콘크리트 블록(ALC 블록) [KS F 2701]

시험빈도 : 제품 1,000매당

1) 시험

가. ALC 블록의 절건 비중 및 압축 강도 시험

1. 공시체의 제작

a) 절건 비중 및 압축 강도의 공시체는 1변이 10cm인 육면체로 한다. 다만 부재의 두께가 10cm 미만인 경우는 부재의 두께를 1변으로 하는 육면체로 한다.
또한 각 변의 치수차는 어느 경우에도 1mm 이하로 한다.

b) 공시체의 채취 위치는 원칙적으로 발포 방향에서 높이의 중앙 부분으로 한다.

2. 시험 방법 및 시험 결과의 계산

a) **치수 및 질량의 측정** 압축 강도 시험 전에 표준 건조 상태*의 공시체 치수를 측정하고 가압 면적(A) 및 부피(V)를 구하며, 다시 공시체의 표준 건조 질량(W_1)을 측정한다. 압축 강도 시험 종료 후 공시체를 절건 상태**로 건조하여 절건 질량(W_0)을 측정한다. 이 경우 치수 측정은 1mm까지 측정할 수 있는 측정기, 질량 측정은 1g까지 계량할 수 있는 저울을 사용한다.

b) **압축 강도** 압축 강도는 표준 건조 상태*의 공시체를 사용한다. 시험은 발포 방향에 대하여 직각 방향으로부터 가압되는 위치에서 하고, 공시체가 파괴되었을 때의 하중을 공시체의 가압 면적으로 나눈다. 또한 하중은 충격을 주지 않도록 등분포되어야 한다. 하중을 가하는 속도는 매초 9.8N/cm^{2}를 표준으로 하고, 하중 측정은 98N까지 측정할 수 있는 계기를 사용한다.
압축 강도는 다음 식에 따라 구한다.

$$\text{압축 강도(N/cm}^2\text{)} = \frac{P}{A}$$

***[참고_ 여기에서 P : 파괴 하중(N) / A : 가압 면적(cm^2)]

시험시의 공시체 함수율은 다음 식에 따라 구한다.

$$\text{공시체 함수율(\%)} = \frac{W_1 - W_0}{W_0} \times 100$$

***[참고_ 여기에서 W_1: 표준 건조 질량(g) / W_0 : 절건 질량(g)]

c) 절건 비중 절건 비중은 a)에 따라 측정한 공시체의 부피(V) 및 절건 질량(W_0)에서 다음 식에 따라 구한다.

$$절건\ 비중 = \frac{W_0}{V}$$

***[참고_ W_0 : 절건 질량(g) / V : 부피(cm^3)]

[*] 표준 건조 상태란 공시체를 (70±5)℃로 건조한 후 실내에서 실온으로 식혀서, 그 함수율이 (10±2)%가 되는 상태를 말한다.
[**] 절건 상태란 공시체를 (105±5)℃에서 일정한 질량이 될 때까지 건조한 후 데시케이터 안에서 실온까지 식힌 상태를 말한다.

나. ALC 블록의 단열성 시험

a) 공시체

공시체는 900mm×450mm 이상의 크기인 시험편 2배를 잘라 내어 통풍이 잘 되는 실내에 방치하여 절건 비중으로부터 산정한 함수율이 2~6%로 될 때까지 건조한 후, 이음매 부분을 서로 맞물리게하고 틈새가 없도록 밀어 붙인 다음, 표면의 이음 부분을 접착 테이프로 고정한다.

b) 시험 방법

시험은 KS F 2277에 따라 평균 온도(30±3)℃, 열류 방향을 위쪽으로 향하게 하여 표면 온도를 측정하는 경우의 열저항을 구한다.

2) 검사

치수, 겉모양 및 품질에 대한 검사를 하여 합부를 결정한다.

또한 로트의 크기는 KS A ISO 2859-0에 따라 한다.

a) 겉모양 및 치수의 검사는 1로트로부터 3개의 시험체를 샘플링하여 실시하고, 3개 모두 휨, 균열, 패인 곳, 기포, 얼룩 등이 없고 제작 치수(높이: 200, .00, 400, 뚜께: 100, 125, 150, 200, 250, 길이: 600)에 적합하면 그 로트를 합격으로 한다.

b) 절건 비중 및 압축 강도 검사는 1로트로부터 3개의 공시체를 샘플링하여 시험을 실시하고 각각 표 1의 값을 만족하는 경우 그 로트를 합격으로 한다.

c) 단열성 검사는 새롭게 설계, 개조 또는 생산 조건이 변경된 때의 제품에 대하여 형식 검사를 한다.

*** [비고_공장에서의 품질 보증을 위한 샘플링 검사는 앞에서 기술한 것 외에 한국산업규격에 규정한 샘플링 검사 방식을 이용해도 좋다.]

[표_1]

구 분	절건 비중	압축 강도(N/cm²)
0.5품	0.45 초과 0.55 미만	290 이상
0.6품	0.55 초과 0.65 미만	490 이상
0.7품	0.65 초과 0.75 미만	690 이상

3) 표시

제품 또는 포장에 다음 사항을 표시한다.

a) 제조자명 또는 그 약호

b) 종 류

c) 제조 연월일 또는 그 약호

D. 속 빈 유리 블럭

속 빈 유리 블록 [KS F 4903] 시험빈도 : 제조회사별 / 제품규격마다

1) 시험 방법

1. 알칼리 용출 시험

유리블록의 알칼리 용출시험은 KS L 2301에 따른다.

2. 비틀림 측정

유리블록을 정반 위에 놓고 그림 1과 같이 KS B 5224에 규정하는 틈새 게이지를 사용하여 제품과 정반 사이의 틈새를 4변에 대하여 각각 측정하고 그 최대값을 비틀림으로 한다.

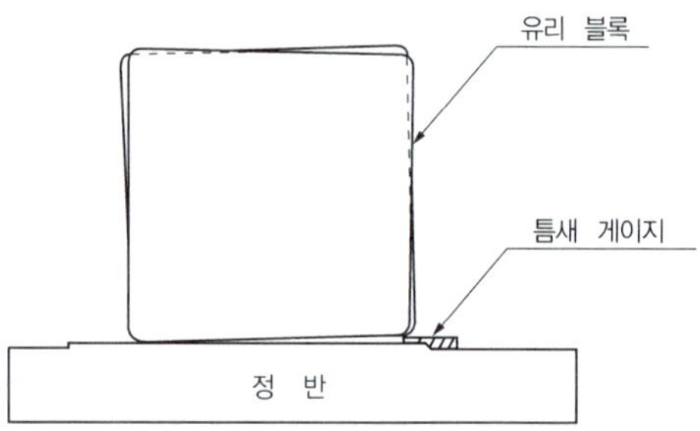

[그림_1] 비틀림 측정

3. 압축 강도 시험

압축 강도 시험은 그림 2와 같이 가압면이 표면(유리 블록 사용 상태에서 외부에 노출되어

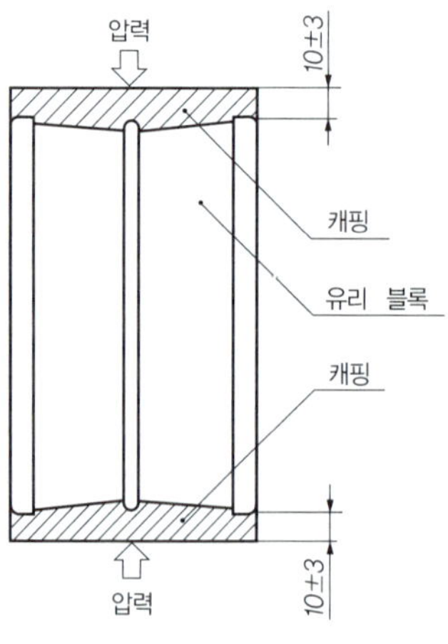

[그림_2] 압축 강도 시험

있는 면)에 직각이 되도록 캐핑(석고 또는 시멘트 페이스트에 의해 그림 2처럼)을 하여 가압한다. 가압은 중앙에 구자리면을 가진 압력 전덜 장치를 이용하여 원칙적으로 $1cm^2$ 당 매초 10~20N의 속도로 한다. 얻어진 최대 하중에서 다음 식으로 압축 강도를 구한다.

$$\text{압축 강도} := \frac{\text{최대 하중(N)}}{\text{가압면적*(㎟)}}$$

[*] 가압 면적이란 표면의 1변의 길이(또는 높이)X두께를 말한다.

4. **열 충격 시험** 온도차를 40+3 -0℃로 조정한 2개의 수조를 준비한다 다음에 시험체 유리 블록을 전형 그대로 고온 쪽 수조에 담그고 일분 이상 방치한다 이것을 재빨리 꺼내어 파손 및 그 밖의 이상 유무를 관찰한다.
5. **열관류 시험** 열관류 시험에 사용하는 시험체는 유리 블록을 그림 3에 준하여 패널 모양으로 조립하고 치수가 세로×가로= 900×900mm 이상으로 하고 기건 상태*로 한다. 시험은 KS F 2279에 따라 평균 온도 30±3℃ 열류 방향이 상향일 때의 열관류 저항을 구한다.

[*] 시험체를 통풍이 좋은 실내에 일일 이상 방치한 상태를 말한다.

2) 검사

검사는 합리적인 샘플링 검사 방식을 이용하여 치수 겉모양 알칼리 용출량 비틀림 압축 강도 열 충격성 및 열관류 저항에 대하여 하고 겉모양과 치수 및 허용차에 적합하여야 한다 다만 알칼리 용출량 검사는 재료 변경을 할 때마다 하고 열관류 저항의 검사는 인수 인도 당사자 사이의 협정에 따른다.

3) 표 시

유리 블록의 포장에는 다음 사항을 표시하여야 한다.

a) 치 수 모듈 호칭 치수 및 두께 또는 제품 치수
b) 제조자명 또는 그 약호

E. 연소재 벽돌

연소재 벽돌 [KS L 8520] 시험빈도 : 제품 30,000매당

1) 재료

a) **연소재** 소성 온도 500℃ 이상의 온도에서 연소된 잔재물로서 연탄재, 석탄재 등을 말하며, 10무게% 이상 사용하여야 한다.

b) **재활용 폐자재** 재활용 폐자재란 폐석고, 소석회, 폐타일, 파유리, 폐석, 폐콘크리트, 폐주물사, 폐아스팔트, 폐주강사, 철강 슬래그를 말하며 연소재 벽돌에는 연소재를 포함하여 재활용 원료를 50무게% 이상 포함하여야 하고, 제품에 환경 유해성이 없어야 한다.

c) **경화제** 경화제는 KS L 5201, KS L 5204, KS L 5210 또는 KS L 5211에서 규정하는 시멘트로 하고 10무게% 이상 포함하여야 한다.

d) **물** 물은 기름, 산, 염분, 유기물, 그 밖의 유해물 등의 유해 성분을 함유하지 않아야 한다.

e) **연소재** 벽돌에는 제품의 질이 저하되지 않는 범위에서 적당한 착색제 및 혼화제를 첨가할 수 있다.

2) 제조 방법

a) **재료의 계량** 재료의 계량은 모두 무게로 한다. 다만 물 또는 액상의 혼화제는 부피 또는 그 밖의 확실한 방법으로 계량하여도 좋다.

b) **혼합** 원료의 반죽 혼합에는 동력에 의한 혼합기를 사용하며, 물은 원료를 반죽 · 혼합시키면서 살수 상태로 가한다.

c) **성형** 진동 압축 또는 이와 동등 이상의 품질을 얻을 수 있는 방법으로 성형한다.

d) **양생** 벽돌의 양생은 제품 출하시에 필요한 강도를 얻을 수 있도록 양생하여야 한다. 다만 1차 실내 양생은 500℃/h를 표준으로 한다.

e) 비고

1) 초기의 상온 양생에서 상압의 수증기 양생을 하는 경우에는 다음의 주의가 필요하다.
   - 시멘트의 응결이 시작되는 시기에 급격한 온도의 변화를 주어서는 안 된다.
   - 양생실 온도를 올리거나 내릴 때는 급격한 온도의 변화(20℃/h)가 생기지 않도록 하여야 한다.
   - 양생실의 최고 온도는 65℃를 초과하지 않는 것이 바람직하다.

2) 양생 및 보존 기간 중에 초기 동해를 입지 않아야 한다.

3) 시험 방법

■ **압축 강도 시험** 규정한 양생이 끝난 후, 7일 이상 보존한 것을 시험체로 한다. 시험체는 가압 양면을 시험체 벽돌의 세로축에 지각이 되도록 평활하게 마무리한다[*]. 그 후 2시간 이상 맑은 물 속에 담가 흡수시켜서 시험한다. 이 경우, 압축 방향은 실제로 하중을 받는 방향으로 하고 전체면에 고르게 가압한다. 가압은 원칙적으로 중앙에 구접면을 갖는 전압(電壓) 장치를 사용하여 전 단면적당 약 0.2N/mm 의 속도로 한다. 압축 강도는 다음 식에 따라 산출한다.

[*] 가압면을 평활하게 마무하는 방법은 원칙적으로 연마로 하지만 연마 대신에 석고 등으로 캐핑해도 좋다.

$$\text{압축 강도}(N/mm^2) = \frac{\text{최대하중}}{\text{가압 전 단면적}}$$

■ **흡수율 시험** 흡수율 시험에 사용하는 시험체는 전체 모양 그대로를 사용한다. 시험체의 건조 무게와 표수 무게를 구하고 다음 식에 의해 산출한다.

$$\text{흡수율}(\%) = \frac{m_0 - m_1}{m_1} \times 100$$

***[참고_ 여기에서 m_0 : 시험체의 표수 무게(g) / m_1: 시험체의 건조 무게(g)]

4) 검사 방법

검사는 겉모양, 치수 압축 강도, 흡수율에 대하여 한다.

a) 겉모양, 치수 검사는 10000개를 1로트로 하고, 1로트에서 무작위로 10개의 시료를 채취하여 겉모양이 균일하고, 비틀림, 균열, 흠 등이 없어야 하고 표1에 의한 규정에 적합하면 로트 전부를 합격으로 한다.

b) 압축 강도, 흡수율 검사는 10000개를 1로트로 하고, 1로트에서 무작위로 각각 3개의 시료를 채취하여 시험을 하여 품질(압축 강도 8N/mm², 흡수율 15%이하)의 규정에 적합하면 그 로트를 합격으로 한다.

[표_1] 벽돌의 모양, 치수 및 치수 허용차

모양	길이	두께	너비	허용차
기본 벽돌	190	57	90	±2
이형 벽돌	흠벽돌, 둥근모접기 벽돌과 같이 기본 벽돌과 동일한 크기인 것의 치수 및 허용차는 기본 벽돌에 준한다.			

5) 표시

1. **제품의 표시** 벽돌에는 다음 사항을 표시하여야 한다.
  a) 제조자명 또는 그 약호
2. **납품서의 표시** 납품서에는 다음 사항을 표시한다.
  a) 제품명
  b) 제조 연월일 또는 로트 번호
  c) 제조자명 또는 그 약호

Ⅱ 방수공사

A. 건축용 시멘트 방수재

건축용 시멘트 방수재 시험 방법 [KS F 2451]

시험빈도 : 제조 회사별 / 제품 규격별

1) 시험

1. 응결 시험은 KS L 5103의 규정에 따른다.

2. 안정성 시험

a) 시험체 제작 및 양생 방법 시멘트 약 100g을 3.4에 따라 잘 비빈 시멘트 풀을 가로 · 세로 각각 약 130mm의 유리판 위에 놓고 스패튤러로 가장자리에서 안으로 가볍게 문질러 지름을 약 100mm의 원형으로 하고, 중심의 두께를 약 15mm로 하여 가장자리를 향하여 얇아지도록 만든다. 시험체를 만든 즉시 습기함에 넣고 약 24시간 양생한다. 이 때 습기함 안의 온도는 20±3℃로 유지하여야 하며, 습도를 80% 이상으로 한다. 또한 시험체를 침수시키는 수조의 물의 온도는 20±3℃로 한다.

b) 시험 및 평가 방법 안정성 시험은 침수 방법에 따른다. 다만 침수 방법에 요하는 시험 시일이 없을 때는 찌는 방법에 따른다. 각 시험 방법에 따른 평가는 다음과 같다.

- 침수 방법 습기함 속에 약 24시간 저장한 시험체 2개를 수조에 넣고 27일간을 두어, 팽창성 균열 또는 비틀림 유무를 검사한다.
- 찌는 방법 습기함 속에 약 24시간 저장한 시험체 2개를 유리판을 붙인 그대로 찌는 용기의 물 속에 넣고 천천히 가열하여, 끓는 물 속에 약 90분 동안 쪄서 자연적으로 식힌 후 팽창성 균열 또는 비틀림 유무를 검사한다.

c) 주의 사항

a) 불안정한 경우의 시험체는 용적 변화를 일으켜 비틀림, 그물 모양의 균열 또는 바깥 변에 방사상 균열로 오인할 염려가 있으므로 주의가 필요하다.

b) 시험체가 침수 전에 너무 건조되면 수축으로 인하여 균열이 생기는 수가 있다. 이 균열은 팽창성 균열로 오인할 염려가 있으므로 주의가 필요하다.

3. 압축 강도 시험

a) 시험체 제작 및 양생 방법 시험체는 모르타르로 하며, 모르타르는 시험용 시멘트와 시험용 모래를 1:2.45(무게비)로 배합하여, KS L 5105의 2.4의 시험체 성형틀을 사용하여 만든다. 다만 수량의 표준은 방수재를 혼합한 것이거나 또는 혼합하지 않은 것이거나 모두 흐름 시험에서 100~115mm인 것이어야 한다. 시험체는 성형 후 48시간을 경과하여 탈형하며, 그 후 19일간 온도 20±3℃, 습도 80% 이상의 습기함 속에서 양생하고, 상온의 실내에서 7일간 보존하여 압축 강도 시험을 한다.

b) 시험 및 평가 방법 압축 강도 시험은 KS L 5105의 11.의 시험 방법에 따르고, 방수재를 혼합한 것과 혼합하지 않은 것의 각각 3개의 평균값을 압축 강도로 한다. 압축 강도비는 방수재를 혼합하지 않은 것의 압축 강도로 혼합한 것의 압축 강도를 나누어 그 값을 백분율로 표시하며, 다음 식에 따라 구한다.

$$\text{압축 강도비(\%)} = \frac{\text{방수재를 혼합한 시험체의 압축 강도 N/cm}^2}{\text{방수재를 혼합하지 않은 시험체의 압축 강도 N/cm}^2} \times 100$$

4. 흡수 시험

a) 시험체 제작 및 양생 방법 시험체 제작용 모르타르의 배합은 1:2:45이다. 시험체의 형틀은 안지름 150mm, 안높이 40mm의 금속제 또는 플라스틱제로, 내면을 평활하게 다듬질하며, 성형은 KS L 5105의 2.7의 시멘트 플로 시험용 탬퍼로 각 층을 약 80회 다진다.양생은 시험체 성형 후 48시간 경과하여 탈형하고, 그 후 19일간 온도 20±3℃, 습도 80% 이상의 습기함 속에 넣어 둔다.

b) 시험 및 평가 방법 시험체는 온도 20±3℃, 상대 습도 (60±5)%의 표준 상태에서 항량이 될 때까지 건조시킨 후, KS F 2609의 5.(시험 방법)에 따라 시험하고, 6.(계산)에 따라 계산한다.

5. 투수 시험

a) 시험체 제작 및 양생 방법 시험체 제작용 모르타르의 배합은 1:2:45이다. 시험체 제작 및 양생 방법은 상기와 같으며, 양생이 끝난 시험체는 그 양면의 중앙부 지름 50mm 이상에 가볍게 솔질하고 겉껍질 부분을 제거하여, 약 80℃에서 항량이 될 때까지 건조시킨다.

b) 시험 및 평가 방법 투수 시험은 우선 건조한 시험체의 질량(W)을 측정한 후, 시험체 측면을 파라핀 또는 에폭시 수지 등으로 방수 처리한다. 그리고 방수 처리재가 완전히 경화한 상태에서 시험체의 질량(W_1)을 측정한 후, 투수 시험 장치를 사용하여 시험체의 위아래 양면의 중앙에 지름 50mm의 원형 투수 구멍이 있는 두께 약 10mm 이상의 고무 개스킷을 대고 균일하게 단단히 죈 후, 성형할 때의 윗면으로부터 1N/mm²의 수압을 1시간 가한다. 그리고 수압을 가한 시험체를 투수 시험 장치에서 꺼내어 표면에 물기가 있는 부분의 수분을 빨리 닦아낸 후 질량(W_2)을 측정한다. 투수 시험 평가는 방수재를 혼합한 것 3개와 혼합하지 않은 것 3개에 대하여 하고, 그 결과를 평균값으로 나타낸다.

투수량 및 투수비의 평가는 다음 식으로 나타낸다.

투수량(g) = $W_2 - W_1$

$$투수비(\%) = \frac{방수재를\ 혼합한\ 시험체의\ 투수량(g)}{방수재를\ 혼합하지\ 않은\ 것의\ 투수량(g)} \times 100$$

***[참고_ 여기에서 W_1: 시험체 측면에 방수 처리재 도포 후 24시간 실내 공기 중에 양생한 후의 질량(g)
W_2: 1시간 1N/cm 의 수압을 가한 직후의 질량(g)]

*** [비고_결과에는 참고 자료로 탈형 직후의 질량 W(g)을 부기한다.]

6. 부착 시험

a) 시험체의 제작 및 양생 방법 시험체는 KS F 4716의 5.2에 표시한 시험용 밑판을 연마한 면에 안쪽 치수 40×40×5mm의 금속제 또는 합성 수지제 거푸집을 놓고, 이것에 배합비 및 시방에 따라 조제한 시료를 쇠흙손 또는 쇠주걱을 사용하여 윗면을 평탄하게 마무리하여 성형한다. 그 후 양생 방법에 따라 14일간 양생한 후 온도 20±15℃, 상대 습도 65±20%의 시험실 내에서 24시간 건조시킨 것을 시험체로 한다.

b) 시험 및 평가 방법 KS F 4716의 5.6(부착 강도 시험)에 따른다. 정해진 양생이 끝난 시험체를 양생실 내에서 수평하게 놓고, 시료 도포면에 접착제를 바른 후 상부 인장용 지그(강철제)를 가만히 올려 놓고 가볍게 문질러 접착시킨 후, 다시 그 위에 질량 1kg의 추를 얹어 주위에 비어져 나온 접착제를 신중히 제거한다. 24시간 가만히 둔 후 추를 제거하고 하부 인장용 지그(강철제) 및 강철제 받침판을 사용해서 시료면에 대해 수직 방향으로 인장력[*]을 가해 최대 인장 하중을 구한다. 부착 강도는 다음 식에 의해 계산하고, 소수점 이하 1자리로 끝맺음한다.

$$부착강도\ N/cm^2 = \frac{T}{16}$$

***[참고_ 여기에서 T : 최대 인장 하중 N]

*** [비고_시험에 사용하는 인장 시험기의 물리개는 자동 중심 죔형이 바람직하다.]

*** [참고_접착제는 시험체 및 방수재에 침투하기 어려운 고점도의 것으로, 무용제의 2액형 에폭시 수지를 사용하는 것이 좋다.]

B. 아스팔트 펠트

아스팔트 펠트 [KS F 4901] 시험빈도 : 제조회사별 / 제품규격마다

1) 시험편

1. **시험의 일반 조건** 시험에 일반 조건은 다음과 같다.
  a) 시험 장소의 온습도 조건과 시험체 및 시험편의 양생 조건
    ① 치수의 측정, 겉모양 및 제품의 단위 면적 질량 측정의 온습도 조건은 KS A 0006에서 규정하는 20℃ 15급, 65% 20급[(20±15)℃, (65±20)%]으로 한다.
    ② 1) 이외의 시험의 온습도 조건은 특별한 지정이 없는 한 KS A 0006에서 규정하는 20℃ 2급, 65% 20급[(20±2)℃, (65±20)%]으로 한다.
    ③ 시험체 및 시험편의 양생 시간은 특별한 지정이 없는 한 시험 전 1시간 이상으로 한다.
  b) 시험체 및 시험편의 제작
    ① 시험체, 시험편의 치수 및 개수는 표 1에 따른다.
    ② 시험편의 모양 및 채취

[표_1] 시험체, 시험편의 치수 및 개수

시험 항목	시험편의 기호	시험체 및 시험편의 치수 (길이 방향X나비 방향)mm	개수
제품의 단위 면적 질량	-	1400X전체 나비	1
원지의 단위 면적 질량	A	50X200	3
원지에 대한 아스팔트 침투율			
인장성능 길이 방향	B	200X50	10
나비 방향	B'	50X200	10
굴곡 성능 길이 방향	C	250X25	10
나비 방향	C'	25X250	10
아스팔트의 침투 상황	D	100X전체 나비	1
가열 감량	E	200X200	3

2. **겉모양** 겉모양은 평면으로 펼쳐 육안으로 관찰하여 조사한다.
3. **치수의 측정** 치수의 측정은 다음과 같다.
  a) 길이 평면에 펼쳐서 전체 길이의 최단부를 10mm까지 측정한다. 1롤 중에 절단된 곳이 있는 경우에는 각 최단부의 길이를 같은 방법으로 측정하여, 그 합에서 150mm를 뺀 길이를 1롤의 길이로 한다.
  b) 나비 나비는 길이 방향의 양 끝 부근 및 중앙 부근의 3곳에서 나비를 1mm까지 측정하고 그 평균값으로 나타낸다.

4. **제품의 단위 면적 질량** 제품의 단위 면적 질량은 길이 및 나비를 측정한 시료의 끝부분으로부터 약 1m를 제외한 부분으로부터 전체 나비에 걸쳐서 길이 약 1.4m의 시험체를 길이 방향과 직각으로 잘라낸 다음, 그 질량을 1g까지 측정한 후 이것을 시험체의 면적으로 나누어 1m²당 단위 면적 질량으로 한다. 시험체의 면적은 시험체의 길이 및 나비를 각각 3곳에서 1mm까지 측정한 다음, 이들의 평균값으로 산출한다.
5. **원지의 단위 면적 질량** 원지의 단위 면적 질량은 다음과 같다.
   a) 표 1에 나타낸 시험편 A(3개)를 취하여 그 각각에 대하여 치수를 0.1mm까지, 질량(W_1)을 0.01g까지 측정한다.
   b) 다음에 이것을 삼염화에탄 등의 용제로 속슬렛 추출기로 추출액이 착색되지 않을 때까지의 아스팔트를 추출한 후 원지를 꺼내어 실온에서 용제를 휘발시키고 (105±3)℃의 가열 항온기 속에서 1시간 건조한다. 건조 후 데시케이터에 넣고 실온까지 냉각시킨 후 꺼내어 각 시험편의 원지의 질량(W_2)을 0.01g까지 빨리 측정한다.
   c) 원지의 단위 면적 질량은 이 값(W_2) 및 시험편의 실측 치수로부터 각 시험편 별로 다음 식(1)을 이용하여 계산한 3개의 값의 평균값으로 나타낸다.

$$\text{원지의 단위 면적 질량(g/m}^2) = \frac{W_2 \times 10^6}{\text{시험편의 실측 면적}} \cdots\cdots\cdots (1)$$

6. **원지에 대한 아스팔트의 침투율** 5에서 구한 W_1 및 W_2로부터 각 시험편마다 다음 식(2)를 이용하여 계산한 3개값의 평균값으로 나타낸다.

$$\text{원지에 대한 아스팔트의 침투율(\%)} = \frac{W_1 - W_2}{W_2} \times 100 \cdots (2)$$

7. **인장 성능** 표 1에 나타낸 시험편 B(10개) 및 B'(10개)를 잘라내어 나비를 3곳에서 0.1mm까지 측정한 다음에 인장 시험기로 각각 10개씩 인장하여 자동 기록된 차트로부터 최대 인장 하중을 읽는다. 시험편의 물림 간격은 100mm로 하며, 인장 속도는 1분간 100mm로 한다. 다만, 시험시 물림쇠로부터 10mm 이내에서 찢어진 경우에는 그 시험편을 제외하고 새로 시험편을 추가하여 측정한다. 인장 강도는 최대 인장 하중(N)을 시험편의 실측 나비(3곳에서의 평균값)로부터 나비 mm당 값으로 환산하여 10개의 평균값으로 나타낸다. 또한 최대 하중시의 연신율(%)을 측정하여 기록한다.
8. **굴곡 성능** 표 1에 나타낸 시험편 C(10개) 및 C'(10개)를 각각 (20±1)℃의 수중에 약 15분간 담근 다음 1매씩 꺼내어 즉시 지름 15mm의 둥근 막대기에 대고 2초 동안 180 접어 표면에 균열의 발생 유무를 조사한다.

9. **아스팔트의 침투 상황** 표 1에 나타낸 시험편 D(1개)를 제품의 나비 방향으로 전체 나비에 걸쳐 당겨 찢어서 내부에 아스팔트가 침투되지 않은 부분이 있는지를 조사한다.
10. **가열 감량** 표 1에 나타낸 시험편 E(3개)의 각각에 대하여 질량(W_3)을 0.1g까지 측정한다. 다음에 (105±3)℃의 가열 항온기 속에서 5시간 가열하고 가열 후 데시케이터에 넣고 상온까지 냉각시킨 후 각각의 질량(W_4)을 0.1g까지 측정한다. 가열 감량은 다음 식 (3)을 이용하여 계산한 3개값의 평균값으로 나타낸다.

$$\text{가열 감량(\%)} = \frac{W_3 - W_4}{W_4} \times 100 \quad \cdots\cdots\cdots\cdots\cdots\cdots\cdots (2)$$

2) 검사

검사는 합리적인 샘플링 검사 방법에 따라 채취한 샘플을 1)에 따라 시험하여 품질의 규정에 적합하여야 한다.

3) 제품의 호칭 방법

제품의 호칭 방법은 제품 단위 면적 질량의 호칭으로 한다. ex) 아스팔트 펠트 440품

C. 아스팔트 루핑

아스팔트 루핑 [KS F 4902]

시험빈도 : 제조회사별 / 제품규격마다

1) 시험편

1. 시험의 일반 조건 시험에 일반 조건은 다음과 같다.

a) 시험 장소의 온습도 조건과 시험체 및 시험편의 양생 조건

① 치수의 측정, 겉모양 및 제품의 단위 면적 질량 측정의 온습도 조건은 KS A 0006에서 규정하는 20℃ 15급, 65% 20급[(20±15)℃, (65±20)%]으로 한다.

② ① 이외의 시험의 온습도 조건은 특별한 지정이 없는 한 KS A 0006에서 규정하는 20℃ 2급, 65% 20급[(20±2)℃, (65±20)%]으로 한다.

③ 시험체 및 시험편의 양생 시간은 특별한 지정이 없는 한 시험 전 1시간 이상으로 한다.

b) 시험체 및 시험편의 제작

① 시험체, 시험편의 치수 및 개수는 [표 1]에 따른다.

② 시험편의 모양 및 채취

[표_1] 시험체, 시험편의 치수 및 개수

시험 항목	시험편의 기호	시험체 및 시험편의 치수 (길이 방향X나비 방향)mm	개수
제품의 단위 면적 질량	-	1400X전체 나비	1
원지의 단위 면적 질량	A	50X200	3
원지에 대한 아스팔트 침투율			
인장성능 길이 방향	B	200X50	10
나비 방향	B'	50X200	10
굴곡 성능 길이 방향	C	250X25	10
나비 방향	C'	25X250	10
아스팔트의 침투 상황	D	100X전체 나비	1
가열 감량	E	200X200	3

2. 겉모양 겉모양은 평면으로 펼쳐 육안으로 관찰하여 조사한다.

3. 치수의 측정 치수의 측정은 다음과 같다.

a) 길이 평면에 펼쳐서 전체 길이의 최단부를 10mm까지 측정한다. 1롤 중에 절단된 곳이 있는 경우에는 각 최단부의 길이를 같은 방법으로 측정하여, 그 합에서 150mm를 뺀 길이를 1롤의 길이로 한다.

b) 나비 나비는 길이 방향의 양 끝 부근 및 중앙 부근의 3곳에서 나비를 1mm까지 측정하고 그 평균값으로 나타낸다.

4. **제품의 단위 면적 질량** 제품의 단위 면적 질량은 길이 및 나비를 측정한 시료의 끝부분으로부터 약 1m를 제외한 부분으로부터 전체 나비에 걸쳐서 길이 약 1.4m의 시험체를 길이 방향과 직각으로 잘라낸 다음, 그 질량을 1g까지 측정한 후 이것을 시험체의 면적으로 나누어 1m2당 단위 면적 질량으로 한다. 시험체의 면적은 시험체의 길이 및 나비를 각각 3곳에서 1mm까지 측정한 다음, 이들의 평균값으로 산출한다.

5. **원지의 단위 면적 질량** 원지의 단위 면적 질량은 다음과 같다.
   a) 표 1에 나타낸 시험편 A(3개)를 취하여 그 각각에 대하여 치수를 0.1mm까지, 질량(W_1)을 0.01g까지 측정한다.
   b) 다음에 이것을 삼염화에탄 등의 용제로 속슬렛 추출기로 추출액이 착색되지 않을 때까지의 아스팔트를 추출한 후 원지를 꺼내어 실온에서 용제를 휘발시키고 (105±3)℃의 가열 항온기 속에서 1시간 건조한다. 건조 후 데시케이터에 넣고 실온까지 냉각시킨 후 꺼내어 각 시험편의 원지의 질량(W_2)을 0.01g까지 빨리 측정한다.
   c) 원지의 단위 면적 질량은 이 값(W_2) 및 시험편의 실측 치수로부터 각 시험편 별로 다음 식(1)을 이용하여 계산한 3개의 값의 평균값으로 나타낸다.

$$\text{원지의 단위 면적 질량(g/m}^2) = \frac{W_3 \times 10^6}{\text{시험편의 실측 면적}} \cdots\cdots\cdots\cdots\cdots (1)$$

6. **원지에 대한 아스팔트의 침투율** 5에서 구한 W_1 및 W_2로부터 각 시험편마다 다음 식(2)를 이용하여 계산한 3개값의 평균값으로 나타낸다.

$$\text{원지에 대한 아스팔트의 침투율(\%)} = \frac{W_2 - W_3}{W_3} \times 100 \cdots\cdots\cdots (2)$$

7. **피복물의 단위 면적 질량** 5에서 구한 W_1 및 W_2로부터 각 시험편마다 다음 식(3)을 이용하여 계산한 3개 값의 평균값으로 나타낸다.

$$\text{피복물의 단위 면적당 질량(g/m}^2) = \frac{(W_1 - W_2) \times 10^6}{\text{시험편의 실측 면적(mm}^2)} \cdots\cdots\cdots (3)$$

8. **피복물의 회분** 5에서 벗겨낸 피복물을 모아 200℃에서 250℃로 가열하면서 균일하게 되도록 휘젓고 그 중에서 약 1g을 0.001g까지 측정한 질량(W_4)의 자제 도가니에 취하여 그 질량(W_5)을 0.001g까지 측정한 후 750℃의 가열로에 넣고 수시로 저으면서 항량이 될 때까지 가열한다. 그 후 용기를 데시케이터 중에서 상온까지 냉각시킨 후 그 질량(W_6)을 같은 방법으로 측정한다. 피복물의 회분은 다음 식(4)를 이용하여 계산한 3개 값의 평균값으로 나타낸다.

$$\text{피복물의 회분(\%)} = \frac{(W_6 - W_4)}{(W_5 - W_4)} \times 100 \quad \cdots\cdots(4)$$

9. **내열 성능** 표 1에 나타낸 시험편 E(3개)를 (80±3)℃의 가열 항온기 속에 2시간 늘여 걸쳐둔다. 그 다음 끄집어내어 침투한 아스팔트의 비어져 나옴 등의 유무를 조사한다.
ex) 아스팔트 루핑 1500 품

Ⅲ 단열 · 보온공사

A. 단열 · 보온재

발포 폴리스티렌(PS) 단열재 [KS M 3808]

시공면적 : 1,000㎡마다 / 100매마다

1) 시험

1. **시험편의 상태 조절 및 시험 장소** 시험편의 상태 조절 및 시험 장소는 다음과 같다.
   a) 시험 장소는 온도 (23±2)℃, 상대 습도 (50±10)%로 유지한다.
   b) 시험편은 원칙적으로 시험 전에 a)의 온도 및 상대 습도로 24시간 이상 유지한다.
2. **시료 및 시험편** 시료는 원칙적으로 제조 후 24시간 이상 경과한 제품에서 취하고 시험편을 시료에서 직접 잘라 내며 그것이 불가능한 경우는 제품과 동일 조건으로 제조한 시료에서 잘라 낸다.
3. **수치의 맺음법** 수치의 맺음법은 KS A 3251-1에 따른다.
4. **겉 모 양** 표면 및 쪼갠 면의 상태를 육안으로 조사한다.
5. **치 수**
   a) 두께, 길이, 나비, 안지름 및 바깥지름은 각각 3곳을 측정하여 그 평균값을 취한다.
   b) 두께, 나비, 안지름 및 바깥지름은 0.5mm, 길이는 1mm의 정밀도로 측정한다.
6. **밀도** 밀도는 다음과 같이 측정한다.
   a) 단열판은 시료의 두께 그대로 하고 시료에서 약 200mm×200mm의 시험편을 중앙부에서 1개, 임의의 곳에서 2개 잘라 내어 (70±5)℃에서 건조하여 항량이 된 후 무게(W)와 부피(*V*)를 구하여 밀도를 다음 식으로 계산하고 3개의 평균값으로 나타낸다.

$$밀도(kg/m^3) = \frac{W}{V}$$

   또한 부피를 구할 경우 두께, 길이 및 나비는 각각 3곳을 측정하여 그 평균값을 취한다. 치수는 0.5mm, 무게는 0.1g의 정밀도로 측정한다.
   b) 단열통은 시료 그대로 또는 시료에서 되도록 큰 직육면체 시험편을 잘라 내고 (70±5)℃에서 건조하여 항량이 된 후 무게(*W*)와 부피(*V*)를 구하여 밀도를 다음 식으로 계산한다.

$$밀도(kg/m^3) = \frac{W}{V}$$

또한 부피를 구할 경우 반지름, 두께, 길이 및 나비는 각각 3곳을 측정하여 그 평균값을 취한다. 치수는 0.5mm, 무게는 0.1g의 정밀도로 측정한다.

7. **열 전도율** 열 전도율의 측정은 KS L 9016에 규정하는 방법에 따른다.

8. **굴곡 강도** 굴곡 강도는 다음과 같이 측정한다.

a) 단열판은 그림 1과 같은 단열판의 굴곡 시험 장치를 가압 쐐기 및 지지대 앞끝 부분의 반지름(R)이 (10±0.2)mm 이며, 시험편의 나비보다도 충분히 크고 서로 평행한 구조로 한다. 지점 간 거리는 (200±1)mm로 한다.

시험편은 시료에서 두께 20~50mm(다만 성형 스킨이 있는 시험편은 시료 두께 그대로 한다.), 길이 약 300mm 및 나비 약 75mm의 크기로 3개를 잘라 낸다. 두께 및 나비는 각각 3곳을 측정하여 그 평균값을 취한다. 다만 압출법 단열판은 시험편을 길이 방향 및 나비 방향에서 각각 3개를 잘라 낸다.

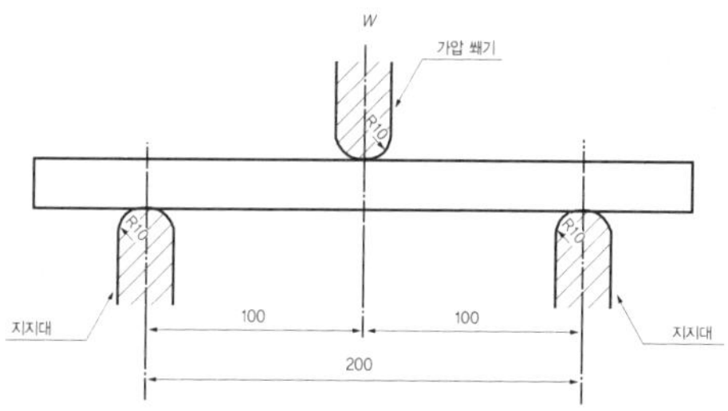

[그림_1] 단열판의 굴곡 시험 장치

측정은 시험편을 지지대 위에 놓고 시험편 표면의 지점 간 거리 중앙부에 하중 속도 20mm/min으로 하중을 가하여 최대 하중(W)을 측정한다. 하중은 1N의 정밀도로 측정한다. 굴곡 강도는 다음 식에 따라 구하여 3개의 평균값으로 나타낸다. 다만 압출법 단열판은 각 방향의 평균값 중 작은 값으로 한다.

$$\text{굴곡강도}((N/cm^2)) = \frac{3W\ell}{2bh^2}$$

***[참고_ 여기에서 W : 최대 하중(N) / ℓ : 지점 간 거리(mm) / b : 시험편 나비(cm) / h : 시험편 두께(cm)]

b) 단열통은 그림 2와 같은 단열통의 굴곡 시험 장치를 사용하며, 중앙부의 가압 부분은 나비 (25±1)mm의 시트 모양 가압부로 하고 시시내 잎끝 부분의 반지름(R)이 (10±0.2)mm이며, 시험편의 나비보다도 충분히 크고 서로 평행한 구조로 한다. 지점 간 거리는 (400±1)mm로 한다.

시험편은 시료에서 길이 500mm의 반원통 시험편을 3개 잘라 내고 반원통의 안쪽 반지름과 바깥쪽 반지름은 양 끝에서 각각 3곳을 측정하여 그 평균값을 취한다.

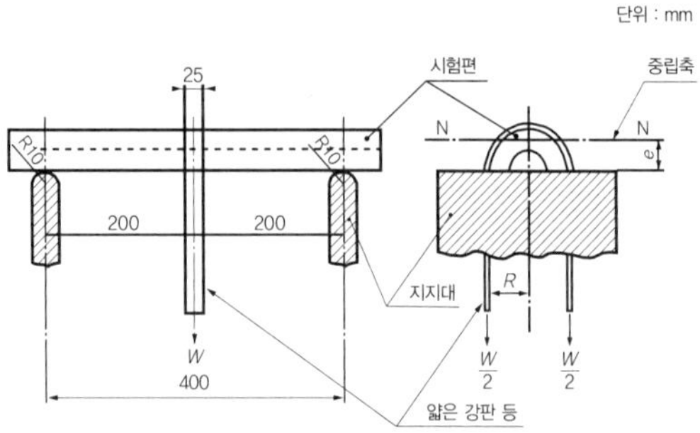

[그림_2] 단열통의 굴곡 시험 장치

측정은 시험편을 지지대 위에 놓고 지점 간 거리 중앙부에 인장 하중 속도 10~30mm/min으로 하중을 가하여 최대 하중(W)을 측정한다. 하중은 1N의 정밀도로 측정한다.

또한 a)의 시험편으로 잘라낼 수 있는 경우에는 판 모양으로 시험하여도 좋다. 통의 맞춤 부분이 굴곡 강도를 식에 따라 구하여 3개의 평균값으로 나타낸다.

$$\text{굴곡강도}(\mathrm{N/cm^2}) = \frac{W\ell e}{4\ell}$$

$$e = \frac{4(R^2+Rr+r^2)}{3\pi(R+r)}$$

$$\ell = 0.109\,8(R^4-r^4) - \frac{0.283R^2r^2(R-r)}{R+r}$$

***[참고_ 여기에서 W : 최대 하중(N) / ℓ : 지점 간 거리(cm)
e : 중립축 NN에서 시험편 단면 아래끝까지의 거리(cm) / ℓ : 단면 2차 모멘트($\mathrm{cm^2}$)
R : 반원통 시험편의 바깥쪽 반지름(cm) / r : 반원통 시험편의 안쪽 반지름(cm)]

9. **압축 강도** 압축 강도는 다음과 같이 측정한다.

a) 표준 시험편은 직육면체로 하고 시료로부터 밑면의 한 변의 길이가 (100±1)mm 또는 (50±1)mm로 하여 두께 (50±1)mm인 것을 3개 잘라 낸다. 표준 시험편 이외의 시험편의 모양 및 치수는 그 밑면의 면적이 25~230cm 인 정사각형 또는 원형으로 하고 두께는 밑면의 한 변의 길이 이하 또는 원의 지름 치수 이하로 한다.

이 때 성형 스킨이 있는 시험편 및 시험편의 두께가 얇을 때는 시료 두께 그대로 한다. 시험편 윗면과 아랫면의 평행도는 두께의 1% 이내가 되도록 한다.

b) 시험 방법 및 계산은 KS M ISO 844에 규정하는 방법에 따른다. 하중은 항복 변형에서의 하중으로 하고 규정 변형 0.1까지 항복점이 없는 경우에는 규정 변형 0.1에서의 하중으로 한다. 다만 시험 속도는 시험편 두께의 10%mm/min으로 한다.

10. **흡수량** 흡수량은 다음과 같이 측정한다.

a) **단**열판은 시료에서 두께 (25±1)mm, 길이(100±1)mm, 나비(100±1)mm인 시험편을 3개 잘라 낸다. 성형 스킨이 있는 시험편 및 두께가 25mm가 되지 않는 것은 시료 두께로 한다. 단열통은 시료의 두께 40mm 이상인 것은 시료에서 두께 (25±1)mm, 길이(100±1)mm, 나비(50±1)mm, 시료의 두께 40mm 미만인 것은 시료 두께 그대로, 길이 (50±1)mm의 시험편을 3개 잘라 내어 치수를 측정한다.

b) 시험편을 (23±3)℃의 맑은 물이 들어 있는 용기의 수면 아래 50mm에 담근다. 이어서 10초 후에 시험편을 꺼내어 수직으로부터 30 기울인 체눈 간격이 약 3mm인 철망에 얹어 30초간 방치한 후 무게를 0.01g의 정밀도로 측정하고 이것을 기준 무게로 한다. 다음에 다시 맑은 물에 담가 24시간 흡수시킨 후 기준 무게를 측정할 때와 같은 방법으로 무게를 측정한다.

성형 스킨이 있는 시료에 물이 묻는 영향을 적게 하기 위하여 24시간 흡수시키는 조작 전후에서 표면 수분을 거즈 등으로 닦아 내고, 에틸알코올 속에 10초간 담그고 다시 표면을 거즈 등으로 닦아 내어 60분간 방치한 후 무게를 측정한 값을 기준 무게 및 최종 흡수 후의 무게로 하여도 좋다. 흡수량은 다음 식으로 구한다.

$$\text{흡수량}(g/100cm^2) = \frac{B-C}{\text{표면적}} \times 100$$

***[참고_ 여기에서 B : 최종 흡수 후의 무게(g) / C : 기준 무게(g)]

11. **연소성** 연소성은 다음과 같이 측정한다.

a) 시료에서 두께 (10±1)mm, 길이(200±2)mm, 나비 (25±1)mm의 시험편을 5개 잘라 낸다. 다음에 이 시험편에 그림 3처럼 착화 한계 지시선 및 연소 한계 지시선을 표시한다.

b) 화원용 양초는 굵기 약 20mm, 정상 연소시 심지의 길이 약 10mm일 때 불꽃의 길이 50mm 이상, 굵기 약 7mm 이상이 되는 것을 사용한다.

c) 시험편 및 화원용 양초가 그림 3과 같은 관계가 되도록 한다. 양초는 쉽게 수평 방향으로 이동할 수 있도록 하여 심지를 수직으로 세우고 정해진 불꽃임을 확인한다.

흔들리지 않는 불꽃을 시험편의 a끝(그림 3 참조)에 대고 약 5초 동안 양초를 같은 속도로 착화 한계 지시선까지 밀어 보낸다. 이때, 시험편과 양초는 시험 중 관찰이 가능한 한면 유리창을 갖는 부피 0.5 이상의 시험 챔버, 실험실용 퓸 후드 등의 장치 내에 위치하며, 시험 중 유도 또는 강제 환기가 없어야 한다.

d) 착화 한계 지시선에 도달했으면 불꽃을 재빨리 후퇴시키고 그 순간부터 불꽃이 꺼질 때까지의 시간(초)을 스톱 워치 또는 시간 측정기로 1/100초 간격으로 측정하고, 연소의 정지 위치를 확인한다. 5개의 불꽃이 꺼진 시간의 평균값을 구한다.

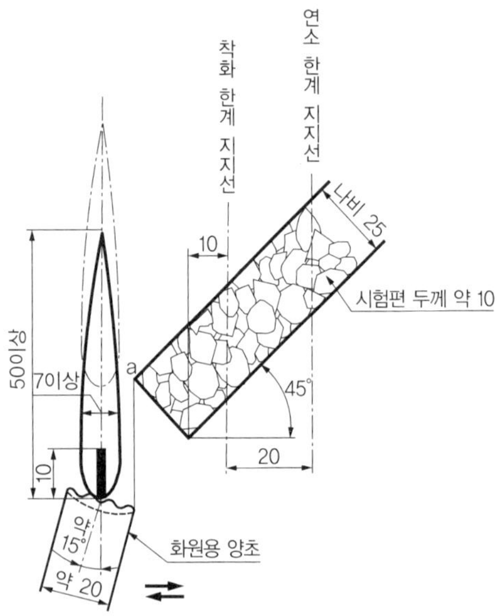

[그림_3] 연소성 시험

2) 검사

검사는 품질에 대하여 시험에서 규정하는 시험을 하여 품질의 규정에 적합하여야 한다. 다만 검사는 합리적인 샘플링 방식에 따라 하여도 좋다.

3) 표시

제품 또는 포장에는 다음 사항을 표시하여야 한다.

- **종류** 보기 1. 비드법 1종 단열판 4호
  보기 2. 비드법 2종 단열통 1호
  보기 3. 압출법 단열판 1호
- **치수**[단일통은 통의 안지름 대신에 통의 호칭 방법으로 바꾸어도 좋다.]
- **밀도**[압출법 단열판에 대해서는 제조자가 제시하는 참고값이다]
- **제조 연월일 또는 그 약호**
- **제조자명 또는 그 약호**

발포 폴리에틸렌 보온재 [KS M 3862]

시공면적 : 1000㎡마다1,000매마다

1) 시험

1. **시험 장소 및 시험편의 상태 조절** 시험 장소 및 시험편의 상태 조절은 특별히 지정하지 않는 한, 다음에 따른다.
   a) 시험 장소는 온도 23±5℃ 및 상대 습도 50^{+20}_{-10} %로 유지한다.
   b) 시험편은 원칙적으로 시험 전에 a)의 온도 및 상대 습도에서 16시간 이상 유지한다.
2. **시험편 작성** 시험편은 시료에서 지정하는 크기의 것을 만든다. 다만, 시료는 제품 또는 제품과 동일 제조 조건에서 만든 것이라도 좋다.
   또한, 시트로 피복한 경우는 시트를 피복하기 전의 것으로 한다.
3. **수치의 맺음법** 수치의 맺음법은 KS A 0021에 따른다.
4. **겉 모 양** 겉모양은 현저한 흠, 변형 및 커다란 공동의 유무를 육안으로 조사한다.
5. **치수** 치수의 측정은 다음에 따른다.
   a) 안지름은 동일한 단면의 긴 지름, 짧은 지름을 각각 0.1mm의 정밀도로 측정하여 그 평균값으로 표시한다.
   b) 두께는 그림 1과 같이 시험편의 둘레 방향(5.9인 경우는 축방향으로 한다.)에 대응하는 2곳을 KS M 3014에 규정한 다이얼 게이지를 사용하여 0.1mm의 정밀도로 측정하고 그 평균값으로 표시한다.
   또한, 두께가 20mm를 초과하는 경우는 버니어 캘리퍼스를 사용해도 좋다.
   c) 길이는 1mm의 정밀도로 측정한다.

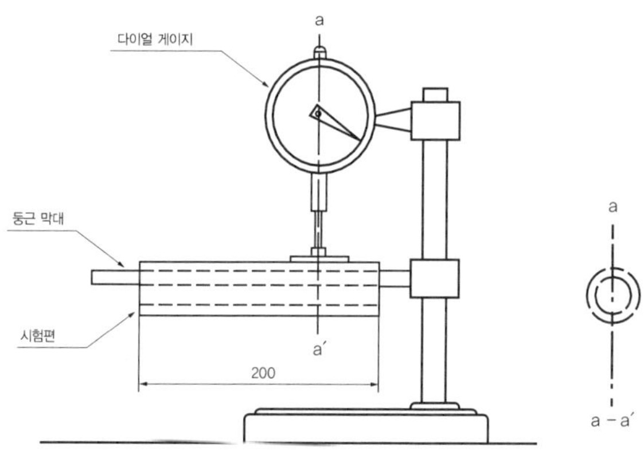

[그림_1] 두께 측정 방법

6. **열전도율** 열전도율의 측정은 KS L 9016의 5.4에 따라 하거나, 동일 제조 조건에서 제작한 보온판을 시료로 하여 KS L 9016의 5.1~5.3에 따라 한다.
또한, 열전도율이 다른 재료를 적층한 시험체에 대해서도 위에 준하여 측정한다.

7. **인장 강도** 인장 강도 측정은 다음에 따른다.
 a) 시험편은 시료에서 그림 2의 모양으로 5개를 채취하고, 채취한 시험편은 이음매가 없는 것으로 한다.

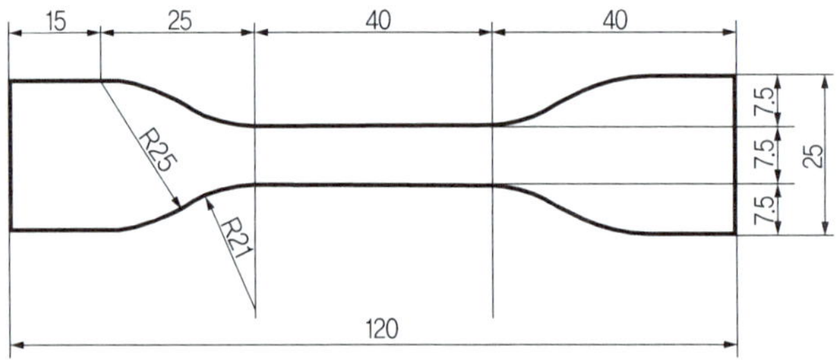

[그림_2] 시험편

 b) **장 치** 인장 시험 장치는 최대 하중의 지시 장치를 가지며, 측정시의 최대 하중이 그 용량의 15~85%의 범위인 것 및 하중 눈금의 허용차는 ±2%인 것을 사용하여야 한다.
 c) **측정방법** 측정 방법은 다음에 따른다.
  ① 두께는 시험편의 거의 중앙부에서 0.1mm의 정밀도로 측정한다.
  ② 나비는 아령형의 안치수를 그대로 사용한다.
  ③ 시험편 평행부 중앙에 간격 40mm가 되도록 눈금을 적당한 방법으로 정확하고 선명하게 새긴다.
  ④ 시험편은 측정 중에 비틀어지거나 그 외의 부적합함이 발생되지 않도록 정확히 물림쇠에 부착하고 인장 속도는 약 500mm/min의 일정 속도로 시험편을 늘려 그 사이의 최대 하중을 측정한다. 인장 강도는 다음 식에 따라 구한다.

$$인장강도(N/cm^2) = \frac{F}{W \cdot t}$$

***[참고_ 여기에서 F : 절단될 때까지의 최대 하중(N) / W : 시험편의 나비(cm)] / t : 시험편의 두께(cm)

  ⑤ 인장 강도의 측정은 5개를 측정하여 최대 최소값을 제외한 3개의 평균값으로 표시한다.

8. **흡수량** 흡수량의 측정은 다음에 따른다.

a) **시험편** 시료에서 길이 50mm로 절단한 시험편 3개를 채취하여 0.1mm의 정밀도로 길이, 안지름 및 바깥지름 치수를 측정한다.

b) **측정 방법** 시험편을 23±3℃의 깨끗한 물이 들어 있는 용기의 수면 밑으로 50mm 침지시켜 10초 경과 후, 시험편을 꺼내어 표면을 깨끗한 천 등으로 닦아낸 다음 에틸알코올에 침지시켜 10초 경과 후에 시험편을 꺼내어 표면을 깨끗한 천 등으로 닦고 60분간 방치한 후, 무게를 0.001g의 정밀도로 측정하여 이것을 기준 무게로 한다.
다음에 다시 깨끗한 물에 침지시켜 24시간 경과 후, 기준 무게의 측정 때와 같은 방법으로 무게를 측정한다. 흡수량은 다음 식에 따라 구하고 3개의 평균값으로 표시한다.

$$흡수량(g/100cm^2) = \frac{B-C}{표면적} \times 100$$

***[참고_ 여기에서 B : 최종 흡수 후의 무게(g) / C : 기준 무게(g)]

표면적은 다음 식으로 구한다.

$$표면적(cm^2) = \{(D+d)L + \frac{1}{2}(D^2-d^2)\}\pi$$

***[참고_ 여기에서 L : 시험편의 길이(cm) / D : 시험편의 바깥지름(cm) / d : 시험편의 안지름(cm) / π : 원주율]

9. **두께 수축률** 두께 수축률의 측정은 다음에 따른다.

a) 시험편은 시료에서의 길이 200mm로 절단한 시험편을 3개 채취하여 따라 두께를 구하여 초기 두께로 한다.

b) 측정 방법 시험편의 안지름에 상당하는 바깥지름을 가진 한국산업규격에 정해진 강관 또는 동관(이하 관이라 한다.) 위에 그림 3과 같이 시험편의 길이 방향을 따라 두께 측정 위치의 반대쪽에 1곳 절개된 부분이 오도록 시험편을 관에 씌워, 시험편의 절개된 부분이 벌어지지 않도록 점착 테이프로 고정시켜 두께 측정 위치가 위쪽으로 오도록 시험편을 관에 씌운다.
이 상태에서 1종은 70±5℃, 2종은 120±5℃로 조정된 기름, 가열 수증기 또는 온수를 관속에 연속으로 통과시켜 168시간 경과시킨 후, 시험편을 떼어내어 표준 상태에서 24시간이상 방랭시킨다. 방랭시킨 후, 시험편을 치수측정에 따라 두께를 조기 두께 측정 위치와 같은 위치에서 측정한다. 두께의 수축률은 다음 식에 따라 구하고 3개의 평균값으로 나타낸다.

$$\text{두께 수축률}(\%) = \frac{C-B}{C} \times 100$$

***[참고_ 여기에서 B : 가열 방랭 후의 두께(mm) / C : 초기 두께(mm)]

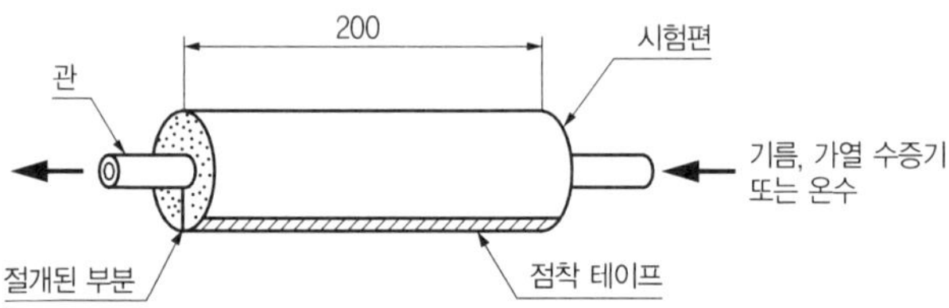

[그림_3] 두께 수축률 시험 방법

2) 검사

검사는 품질에 대하여, 1)에 따라 시험하여 품질의 규정에 적합하여야 한다.
또한, 검사는 합리적인 샘플링 검사 방식에 따라 하여도 좋다.

3) 표시

제품 또는 포장에는 다음 사항을 표시한다.

a) 종류 또는 기호

　보기 1종 또는 P1

　2종 또는 P2

b) 치 수[*]

c) 제조 연월 또는 그 약호

d) 제조자 명 또는 그 약호

[*] 안지름 대신에 통의 호칭 방법을 사용해도 좋다. 또 길이는 생략하여도 좋다.

4) 참고 – 투습 계수 시험

1. **시험편** 시료에서 지름 65mm 이상, 두께 25±0.5mm의 원반 모양 시험편을 만들어 3개를 시험에 제공 한다. 다만, 이외의 적당한 시험 장치가 있을 때는 이 치수 모양에 따르지 않아도 되지만, 수증기의 통과 면적은 32cm 이상, 두께는 20mm 이상 100mm 이하로 한다. 시험편의 치수는 0.1mm까지 측정하고, 수증기의 통과 면적은 0.05cm 까지 산출한다.
2. **시험 방법** 시험편에 힘을 주어서 집어 넣을 정도의 비커 등을 준비하여 그 바닥에 건조한 독립 기포 플라스틱 발포체를 놓고, 그 위에 KS A 1013(방습 포장 재료의 투습도 시험 방법)에 규정한 무수 염화칼슘 또는 KS A 2110(포장용 실리카겔 건조제)에 규정한 실리카겔 건조제 A형 1종을 200℃로 가열하여 활성화시킨 것을 넣는다.

   다음에 시험편을 집어 넣고 주위를 KS A 1013에 규정한 밀봉제로 밀봉하거나, 또는 특수 용기를 사용하여 시험편 주위를 밀봉한다. 밀봉한 비커등 또는 특수 용기를 온도 23±2℃, 상대 습도 50±5%의 실내 또는 항온 항습조 내에 두어 적당한 시간 간격으로 무게 증가를 측정한다. 시험은 시간과 무게 증가의 관계가 직선 관계가 될 때까지 계속한다.

*** [비고_시험 방법의 세부 사항은 KS A 1013을 참조해도 좋다.]

3. **계 산** 시간과 무게 증가의 관계가 직선 관계로 된 측정값을 사용하여 투습 계수를 다음 식에 따라 구하여 3개의 평균값으로 나타낸다.

$$P_{WV} = \frac{(W_2-W_1)}{(T_2-T_2)A} \cdot \frac{1}{(P_2-P_2)A} \cdot \frac{h}{25}$$

***[참고_ 여기에서 P_{WV} : 두께 25mm당 투습 계수(ng/m² · s · Pa)
W_1, W_2: 시간 T_1, T_2에서의 무게(ng)
T_1, T_2: 무게 W_1, W_2에 대응하는 시간(s)
A : 시험편의 수증기 통과 면적(m^2)
p_1: 비커 등의 안의 수증기압(0Pa)
p_2: 실내 또는 항온 항습조의 수증기압(1404.4Pa)
h : 시험편의 실측 두께(mm)]

규산칼슘 보온제 [KS L 9101]

시공면적 : 1000m²마다 / 1,000매마다

1) 시험 방법

1. **시험 조건** 시험 조건은 특별한 지정이 없는 경우, KS A 0006에 정하는 상온 상습으로 한다.
2. **수치의 맺음법** 수치의 맺음법 KS A 0021에 따른다.
3. **수치의 환산** 종래 단위의 시험기 또는 계측기를 사용하여 시험하는 경우, 국제 단위계(SI)로의 수치의 환산은 다음에 따른다.

> 1kgf = 9.80N   1kcal/h= 1/0.86W

4. **시료 및 시험관** 시료는 제품에서 채취하고, 시험편은 제품 치수[*]의 시료 또는 시료에서 잘라낸 것으로 하거나, 제품과 동일한 제조 조건으로 제작한 것으로 하여도 된다.
   a) 시험편의 두께는 특별한 지정이 없는 한, 시료의 두께로 한다.
   b) 시험편은 특별한 지정이 없는 한, 약 105℃의 건조기 내에서 항량이 될 때까지 건조하고, 시험할 때까지 흡습되지 않도록 보관한다.
5. **치수 및 무게** 치수 및 무게의 측정은 다음에 따른다.
   a) 두께, 길이, 나비, 안지름 및 바깥 지름은 각각 3곳을 측정하고, 그 평균값으로 한다.
   b) 두께, 나비, 안지름 및 바깥 지름은 0.5mm의 정밀도까지, 길이는 1mm의 정밀도까지 측정한다.
   c) 무게는 1g 또는 자체 무게의 $\frac{1}{100}$ 이하의 정밀도까지 측정한다.
6. **겉 모 양** 사용상 지장이 되는 현저한 갈라짐, 결손 및 뒤틀림이 있는지를 눈으로 조사한다.
7. **밀도** 밀도의 측정은 다음에 따른다.
   a) **보온판** 보온판의 시험편은 길이 약 300mm, 나비 약 75mm의 시험편을 시료로부터 잘라내거나, 제품 치수[*]의 시료로 하여, 두께, 길이, 나비 및 무세를 측성한다. 밀도는 다음 식에 따라 구한다.

[*] 제품 치수는 제품 자체의 크기를 말한다.

$$P = \frac{m}{V}$$

***[참고_ 여기에서 P : 밀도(kg/m³) / m : 시험편의 무게(kg) / V : 시험편의 부피(m³)

b) **보온통** 보온통의 시험편은 길이 약 500mm의 것을 잘라 내거나 또는 제품 치수[*]의 시료로 하여 두께, 길이, 안지름, 바깥 지름 및 무게를 측정한다. 밀도는 다음 식에 따라 구한다.

$$P = \frac{m}{V}$$

***[참고_ 여기에서 P : 밀도(kg/m³) / m : 시험편의 무게(kg) / V : 시험편의 부피(m³)

8. **열 전도율** 열 전도율의 측정은 KS L 9016에 따른다. 다만 평균 온도(시험체 온도)는 70 +5 −2 ℃로 한다.
9. **휨 강도** 강도의 측정은 다음에 따른다. 휨 강도 시험편은 6.4 b)의 건조를 생략하여도 된다. 이 때 외피가 있는 제품에 대하여는 외피를 제거한 후에 시험한다.

a) **보온판** 보온판의 휨 강도 시험은 시험 장치를 사용하여 가압봉 및 지지대의 앞 끝부분의 반지름(R)이 10±0.2mm로 시험편의 나비보다 충분히 크고 서로 평행한 구조로 한다. 지점간 거리는 200±1mm로 한다. 시험편은 길이 약 300mm, 나비 약 75mm로 하여, 시료에서 3개를 잘라낸다.

측정은 시험편을 지지대 위에 놓고, 지점간 거리의 중앙 부분에 하중 속도 10~30mm/min으로 하중을 가하여 최대 하중을 측정한다. 측정 정밀도는 최대 하중의 5% 이하까지 측정한다.

다음 식에 따라 휨 강도를 구하고, 3개의 평균값으로 표시한다.

$$K = \frac{3Wl}{2bh^2}$$

***[참고_ 여기에서 K : 휨 강도(N/cm²){kgf/cm²} / W : 최대 하중(N){kgf} / l : 지점간 거리(cm)
b : 시험편의 거리(cm) / h : 시험편의 두께(cm)

b) **보온통** 보온통의 휨 강도 시험은 장치를 사용하여 중앙부의 가압 부분은 나비(25±1)mm인 시트 모양의 가압부로 하고, 지지대의 앞 끝부분의 반지름(R)이 (10±0.2)mm로 시험편의 나비보다 충분히 크고 서로 평행한 구조로 한다.

지점간 거리는 400±1mm로 한다.

시험편은 길이 약 500mm의 반원통 모양으로 하여 시료로부터 3개를 잘라낸다.

측정은 시험편을 지지대 위에 놓고, 지점간 거리의 중앙부에 인장 하중 속도 10~30mm/min로 하중을 가하여 최대 하중(W)을 측정한다. 측정 정밀도는 최대 하중의 5% 이하까지 측정한다.
다음 식에 따라 휨 강도를 구하고, 3개의 평균값으로 표시한다.

$$K = \frac{Wle}{4I}$$

$$e = \frac{4(R^2+Rr+r^2)}{3\pi(R+r)}$$

$$I = 0.109\,8(r^4-R^4) - \frac{0.283R^2r^2(r-R)}{R+r}$$

***[참고_ 여기에서 K : 휨 강도(N/cm²) {kgf/cm²} / W : 최대 하중(N){kgf} / l : 지점간 거리(cm)
e : 중립축 NN에서 시험편 단면의 아래 끝까지의 거리(cm) / I : 단면 2차 모멘트(cm²)
R : 원통의 안쪽 반지름(cm) / r : 원통의 바깥쪽 반지름(cm)

또한 보온통의 경우, 길이 약 300mm, 나비 약 75mm, 두께 약 25mm의 시험편을 잘라낼 수 있는 경우는 판형으로 시험하여도 된다.
다만 반원통 이외의 시험편은 위 식에 적용되지 않으므로, 동일한 제조 조건으로 제작된 보온판을 이용하여 측정 하고, 보온통의 휨 강도 값으로 하여도 된다.

10. **선 수축률** 선 수축률의 측정은 다음에 따른다.

a) **시험편** 시험편은 길이 약 150mm, 나비 약 50mm로 하여 시료로부터 잘라내고, 그림 1에 나타낸 바와 같이 약 100mm의 눈금을 새기고, 눈금의 길이를 0.1mm의 정밀도까지 측정한다. 다음에 시험편을 가열로의 상하, 좌우, 전후의 벽으로부터 40mm 이상의 간격을 두고 가마 속에 수평으로 놓는다.

b) **시험 온도** 시험 온도는 1호는 1000±15℃, 2호는 650±15℃로 한다. 시험 온도까지의 승온 시간을 2~3시간으로 하여 시험 온도에서 3시간 동안 유지한다. 상온까지 냉각한 후 눈금의 길이를 0.1mm의 정밀도까지 측정하고, 선 수축률은 다음 식에 따라 구한다. 이 때, 시험편에 갈라짐 또는 뒤틀림이 없는지를 육안으로 조사한다.

$$\Delta l = \frac{l_0 - l_1}{l_0} \times 100$$

***[참고_ 여기에서 Δl : 선 수축률(%) / l_0 : 가열 전의 눈금의 길이(mm) / l_1: 가열, 냉각 후의 눈금의 길이(mm)

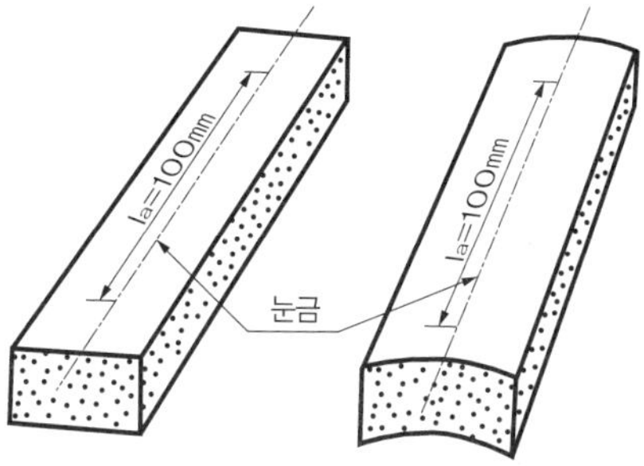

[그림_1] 눈금 긋는 법

11. **발수도** 발수도의 측정은 다음에 따른다.

a) **보 온 판** 시료에서 길이 약 300mm, 나비 약 150mm의 시험편을 잘라내어 두께, 나비, 길이 및 무게를 측정 하고, 그림 2에 나타낸 시험 장치의 45° 경사면에 시험편을 부착한다. 수량 조정 밸브를 조정해서 노즐로부터 토출하는 수량이 1분에 1ℓ 가 되도록 하고, 시험편의 위쪽 표면이 젖도록 물을 뿌린다.

60분간 물을 뿌린 후 표면의 물방울을 종이 또는 헝겊으로 털어 내고, 곧바로 무게를 측정한다. 발수도는 다음 식에 따라 구한다.

$$Wr = \left(1 - \frac{m_1 - m_0}{V \times p}\right) \times 100$$

***[참고_ 여기에서 Wr : 발수도(%) / m_0 : 시험 전의 시험편의 질량(g) / m_1: 시험 후의 시험편의 질량(g)
V : 시험 편의 부피(cm^3) / P : 물의 밀도(1g/cm^3로 한다.)

b) **보온통** 시료에서 길이 약 300mm의 시험편을 잘라내어 길이, 안지름, 바깥 지름 및 무게를 측정하고, 안쪽면을 아래로 해서 시험 장치에 부착한 후 a)처럼 같은 방법으로 발수도를 구한다.

2) 표시

제품 또는 포장에는 다음 사항을 표시하여야 한다.

a) 종 류

b) 치 수[보온통은 통의 안지름 대신에 통의 호칭 방법을 사용하여도 된다.]

c) 제조 연월 또는 그 약호, d) 제조자명 또는 그 약호

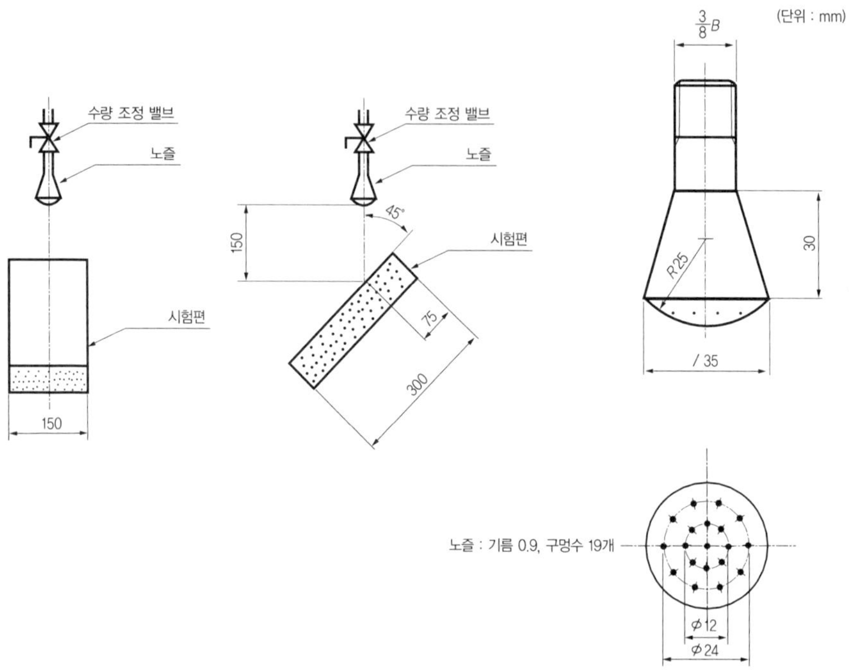

[그림_4] 발수도 시험 장치

3) 제품의 호칭 방법

보기1. 보온판 보온판 1호-13 50×150×600
- 50×150×600: 치수(두께×나비×길이)
- 보온판 1호-13: 종류

보기2. 보온판 보온판 2호-22 100A×50×600
- 100A×50×600: 치수[통의 호칭(또는 안지름)×두께×길이]
- 보온판 2호-22: 종류

인조 광물 섬유 단열재 [KS L 9102]

시공면적 :1,000m²마다 / 1,000매마다

1) 시험 방법

1. **시험 조건** 시험은 특별한 지정이 없는 한 KS A 0006에서 정하는 상온 · 상습으로 한다.
2. **샘플링 방법** 시료는 원칙적으로 제품에서 채취하고, 시험편은 제품 치수[*] 시료 또는 시험편에서 잘라 낸 것, 또는 제품과 동일 조건에서 제조된 것으로 한다.

[*] 제품 치수는 제품 그대로의 크기를 말한다.

3. **수치의 맺음법** 수치의 맺음법은 특별히 지정이 없는 한 KS A 3251-1에 따른다.
4. **치 수**

a) **측정 기구** 치수 측정 기구는 특별한 규정이 없는 한 KS B 5209에서 규정하는 눈금이 1mm인 1급 강제 줄자 또는 KS B 5246에서 규정하는 눈금이 1mm인 1급 금속제 곧은 자로 측정하고, 측정의 정밀도는 표 1에 따른다.

[표_1] 시료의 치수, 무게 및 측정 정밀도

종류	밀도 측정시의 시료 치수	시료 무게 *m* (g)	측정정밀도					
			무 게		두 께 *t* (mm)	나 비 *w* (mm)	길 이 *l* (mm)	밀 도 *p* (kg/m²)
			m(kg)	정밀도(g)				
미네랄울 (MW)	-	100	-	0.5	0.5	l ≥ 3000	10	1
보 온 판 (MW)	제품 치수[*]	-	m≥5	50		l < 3000	1	
(GW)	또는 1m² 이상		5>m≥1	10				
보 온 대 (MW)			1>m≥0.5	5				
(GW)			m<0.5	1				
블 랭 킷 (MW)								
(GW)								
펠 트 (MW)								
보 온 통 (MW)	제품 치수[*]					-	1	
(GW)								

b) **두께 및 지름** 단열재의 두께 및 지름의 측정은 다음에 따른다.

① **보온판, 펠트, 보온대 및 블랭킷의 두께** 보온판, 펠트, 보온대 및 블랭킷의 두께는 500×500mm 이상의 시험편을 경질 평판 위에 놓고, 시험편의 끝에서부터 100mm 이상 안쪽에 무게 100g, 크기 150×150mm의 강성이 있는 하중판을 올려 놓고 1분 이상 경과하여 하중판의 가라앉음이 멎은 후, 하중판의 중앙에 뚫어놓은 구멍을 통하여 침 모양의 것을 찔러 넣어 측정한다. 측정 위치는 균등히 분포한 3곳 이상으로 하고, 두께는 그 평균값으로 한다. 외피가 있는 시료는 외피의 두께를 제외한다.

압축 포장된 것은 시료 나비 방향의 양끝을 손으로 잡고 수평 방향으로 물결치듯이 잘 흔들어 경질 평판 위에 놓고, 4시간 경과한 후 위와 같은 방법으로 측정한다.

② **보온통의 두께** 보온통의 바깥지름 및 안지름은 제품 치수(5) 시료의 양끝에서 각각 마주보는 2곳을 측정하여 그 평균값을 취한다.

두께는 다음 식에 따라 구한다.

$$t = \frac{d_0 - d_1}{2}$$

***[참고_ 여기에서 t : 두께(mm) / d_0 : 바깥지름(mm) / d_1 : 안지름(mm)

외피가 있는 시료는 외피의 두께를 제외한다.

c) **나비 및 길이** 나비 및 길이의 측정은 다음에 의한다.

또한 시험편의 치수는 제품 치수[제품 그대로의 크기]로 한다.

① **보온판, 펠트, 보온대 및 블랭킷의 나비 및 길이** 보온판, 펠트, 보온대 및 블랭킷의 나비 및 길이는 원 치수의 시험편을 편평한 바닥에 놓고, 시험편의 주변부에서부터 100mm 이상 안쪽을 그림 1과 같이 길이 2곳(ℓ_1, ℓ_2), 나비 3곳(b_1, b_2 및 b_3)의 치수를 측정하고 각각 그 평균값을 취한다. 다만 길이가 3000mm 이상인 시험편은 길이 방향에 평행하게 1곳을 측정한다.

보온대 및 블랭킷은 주름과 장력이 걸리지 않은 상태에서 측정한다.

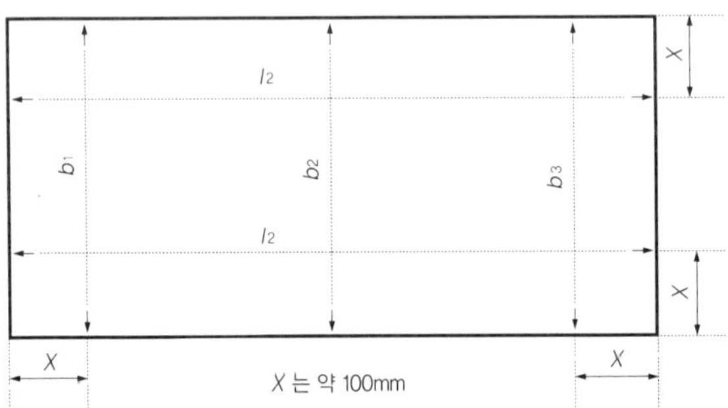

[그림_1] 길이 및 나비의 측정 및 위치

② **보온통의 길이** 보온통의 길이는 시험편의 바깥면 양쪽 끝에서 마주보는 2곳을 측정하고, 그 평균값을 취한다.

③ **보온통의 길이** 외피가 있는 시료는 기본 재료[*]의 나비와 길이를 측정한다.

[*] 외피를 제외한 것을 말한다.

5. **밀도** 밀도의 측정은 다음에 따른다. 또한 시료의 치수 및 측정의 정밀도는 표 1에 따른다.

a) 보온판, 펠트, 보온대, 블랭킷 및 보온통은 표 1에 나타낸 시료에 대해 무게 및 부피를 구하여 다음 식에 따라 밀도를 구한다.

$$p = \frac{m}{V}$$

***[참고_ 여기에서 p : 밀 도(kg/m³) / m : 무 게(kg) / V : 부 피(m³)

또한 부피를 구하는 경우, 두께, 나비 및 길이는 5에서 규정하는 방법에 따른다.

다만 그라스울의 경우 부피를 구할 때 보온판, 블랭킷, 보온대의 두께는 규정하는 두께를, 보온통은 규정하는 안지름 및 두께를 사용한다.

외피가 있는 시료는 외피의 무게를 제외한다.

b) MW 미네랄울은 표 1에 나타낸 무게의 시료를 채택하여 이것을 안지름 150mm의 금속 원통에 넣고, 단위 cm²당 무게 50g의 추를 가하여 5분 이상 경과한 후의 부피를 구한다. 이것과 시료의 무게로부터 다음 식에 따라 밀도를 구한다.

$$p = \frac{m}{V}$$

***[참고_ 여기에서 p : 밀 도(kg/m³) / m : 무 게(kg) / V : 부 피(m³)

6. **열 전도율** 열 전도율은 KS L 9016에 규정하는 방법에 따른다. 다만 평균 온도(시험체 온도)는 70 +5 −2 ℃로 한다.

a) MW 미네랄울은 150kg/m³, GW 그라스울은 64kg/m³ 또는 80kg/m³ 의 밀도로 조정한 시료를 이용하여 KS L 9016의 5.1(평판 직접법), 5.2(평판 비교법) 또는 5.3(평판 열류계법)에 따라 한다.

b) 보온판, 펠트, 보온대 및 블랭킷은 KS L 9016의 5.1, 5.2 또는 5.3에 따라 한다. 보온판에서 32K 이하인 것 및 블랭킷은 규정 두께까지 압축하여 측정한다.

c) 보온통은 KS L 9016의 5.4(원통법)에 따르든지 동일조건에서 제조한 보온판을 시료로 하고 b)에 준하여 하여도 좋다.

d) 외피가 있는 시료는 외피를 제외하고 측정한다.

7. **열간 수축 온도** 열간 수축 온도의 측정은 다음에 따라 한다.

a) **시험 장치** 열간 수축 온도 시험 장치의 구조는 그림 2와 같다.

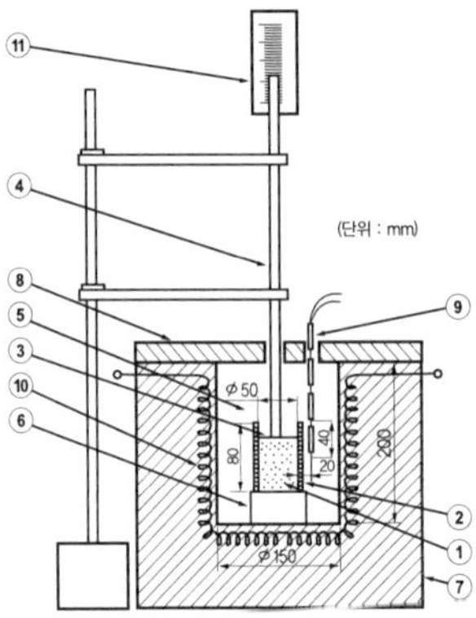

[그림_2] 열간 수축 온도 시험 장치

b) **시 료** MW 미네랄울은 150kg/m³, GW 그라스울은 64kg/m³의 밀도로 조정한 시료를 이용한다. 보온판, 펠트, 보온대 및 블랭킷은 지름 47~50mm, 두께 50~80mm의 시험편을 잘라낸다. 보온통은 동일 조건에서 제조한 보온판으로부터 시험편을 잘라낸다. 외피가 있는 시료는 외피를 제거하고 시험을 한다. 시료 또는 시험편의 밀도를 시료 또는 시험편의 무게와 하중판 및 측정봉을 설치하기 전의 시료 또는 시험편의 두께에서 계산하여 구하고 시험 결과에 기록한다.

c) **측 정** 시료 또는 시험편을 가열 용기에 넣고 그 위에 단위 cm²당 무게 5g이 되도록 조정한 하중판 및 측정봉을 설치하고, 실온에서 측정봉 끝의 높이를 스케일로 읽고 기록한다. 다음에 가열로를 가열하면서 열전대에 의해 노 내 온도를 측정한다. 열전대의 위치는 수직 방향에서는 가열 용기의 중앙부, 수평 방향에서는 가열 용기의 바깥면으로부터 20mm 떨어진 곳으로 한다.

가열 · 승온 속도는 시료 또는 시험편의 열간 수축 온도의 예상값에서 약 200℃ 낮은 온도까지는 약 5℃분, 그 후는 약 3℃분으로 한다. 가열 개시부터 10분 간격으로 노 내 온도 및 측정봉 앞끝의 높이를 측정하여 기록한다.

시료 또는 시험편의 열간 수축 온도의 예상값 근처에서는 이를 3분 간격으로 측정한다. 열팽창에 의한 측정봉 자체의 신장을 보정하기 위해 미리 노 내 온도에 대한 측성봉의 신장을 측정하여 보정 곡선을 작성하고, 그것에 의해 측정봉 앞끝 위치를 보정한다.

두께의 수축률을 다음 식에 따라 구한다.

$$\Delta l = \frac{t_0 - t_1}{t_0} \times 100$$

***[참고_ 여기에서 Δt : 두께의 수축률(%) / t_0 : 실온에서 하중판 및 측정봉을 설치한 경우의 시료 또는 시험편의 두께(mm) / t_1: 가열 중의 시료 또는 시험편의 두께(mm)

다음에 노 내 온도에 대한 두께 수축률의 그래프에서부터 보간법에 의해 수축률이 10%인 경우의 노 내 온도를 구한다. 이 시험을 2회하여 얻어진 노 내 온도의 평균값을 취한다.

8. **섬유의 평균 굵기** 섬유의 평균 굵기는 MW 미네랄울의 3곳에서 각각 약 20g의 시료를 채취하고 다시 그 각각에서 20올의 섬유를 채취하여, 미세 측정 접안 장치를 갖춘 현미경 또는 동등 이상의 성능을 갖는 확대경으로 섬유올의 바깥지름을 측정하여 평균값을 취한다. 크기는 0.5 의 정밀도까지 측정한다.

다만, 접착제를 포함한 것은 약 500℃에서 30분간 열처리하여 접착체를 제거한 후 시험에 사용한다.

9. **입자 함유율** 입자 함유율은 MW 미네랄울로부터 시료 약 100g을 채취하여 110±5℃의 공기 건조기 내에서 항량이 될 때까지 건조하고, 무수 염화칼슘[*] 또는 실리카겔[**]로 조습된 데시케이터에 넣어 상온까지 냉각시킨 후 무게를 측정하여 이를 처음 시료의 무게(m_0)로 한다. 다음에 이 시료를 충분히 물로 세척하고, 떨어진 입자 중 KS A 5101에 규정하는 시험용 망체 500㎛의 위에 남는 것을 위와 같은 방법으로 건조한 무게를 건조 후의 입자 무게(m_1)로 하여, 입자의 함유율을 다음 식에 따라 구한다.

$$S_c = \frac{m_1}{m_0} \times 100$$

***[참고_ 여기에서 S_c : 입자의 함유율(%) / m_1: 건조 후의 압자 무게(g) / m_0 : 처음 시료의 무게(g)

이 때 무게는 0.1g의 정밀도까지 측정한다.

[*] KS M 8038에 규정한 염화칼슘(무수)을 사용한다.
[**] KS M 1117에 규정한 품질에 적합한 실리카겔을 사용한다.

10. **겉모양** 사용상 지장이 있는 현저한 손상, 오염 및 결함의 유무를 눈으로 조사한다.
11. **검사** 합리적인 샘플링 방식에 따르고 1)에 따라 시험하여 품질의 규정에 적합하여야 한다.

2) 제품의 호칭 방법] 제품의 호칭 방법은 다음 보기에 따른다.

보기1. 미네랄울 보온통 200A×65t

200A×65t — 통의 호칭 방법(또는 통의 안지름)×두께(mm)

보기2. 그라스울 보온판 2호 32K - 50×600×1200

50×600×1200 — 두께×나비×길이(mm)

그라스울 보온판 2호 32K — 종류

발수성 펄라이트 보온재 [KS F 4714]

시험빈도 : 시공면적 1,000제곱미터마다 / 1,000매마다

1) 시험 방법

1. 수치의 맺음법은 KS A 3251-1에 따른다.
2. 밀도의 측정은 다음에 따른다.
 a) 보온판은 제품의 두께 그대로 나비 약 75mm, 길이 약 250mm의 시험편을 취하여, 약 105℃로 건조시켜 항량이 된 후의 질량(W)과 부피(V)에서 다음 식에 따라 밀도를 구한다.

$$\text{밀 도(kg/m3)} = \frac{W}{V}$$

 부피를 구할 경우 두께, 길이 및 나비는 각각 3곳을 측정하여 그 평균값을 구한다.
 두께 및 나비는 0.1mm, 길이는 1mm, 질량은 1g까지 측정한다.
 b) 보온통은 길이 300mm 이상의 시료에 대하여 질량(W)과 부피(V)를 구한 후 다음 식에 따라 밀도를 구한다.

$$\text{밀 도(kg/m}^3\text{)} = \frac{W}{V}$$

 부피를 구할 경우, 안지름 및 바깥지름은 제품의 양 끝에서 각각 3곳을 측정하여 평균값을 구한다. 두께, 안지름 및 바깥지름은 0.1mm, 길이는 1mm, 질량은 1g까지 측정한다.
 c) 외피가 있는 제품은 외피를 벗긴 후 측정한다.
3. 열전도율의 측정은 KS L 9016에 따른다.
 시험편의 내외면에는 두께 약 0.5mm인 석면 종이를 발라 측정하고, 다음 식에 따라 열전도율을 산출한다.

$$\lambda = \frac{Q\ln \frac{r_2}{r_1}}{2\pi(\theta_1-\theta_2)(L+2nr_1)}$$

$$Q(W) = A \times V$$

***[참고_λ : 열전도율(W/m · K) / A : 전류(A) / V : 전열기 양 끝의 전압(V) / L : 시험편의 길이(m) / r_1: 시험편의 안 반지름(m) / r_2: 시험편의 바깥 반지름(m) / θ_1: 시험편의 내면 온도(℃) / θ_2: 시험편의 외면 온도(원둘레의 평균값)(℃) / ln : 자연 로그 / n : 그림 1에 따른다.]

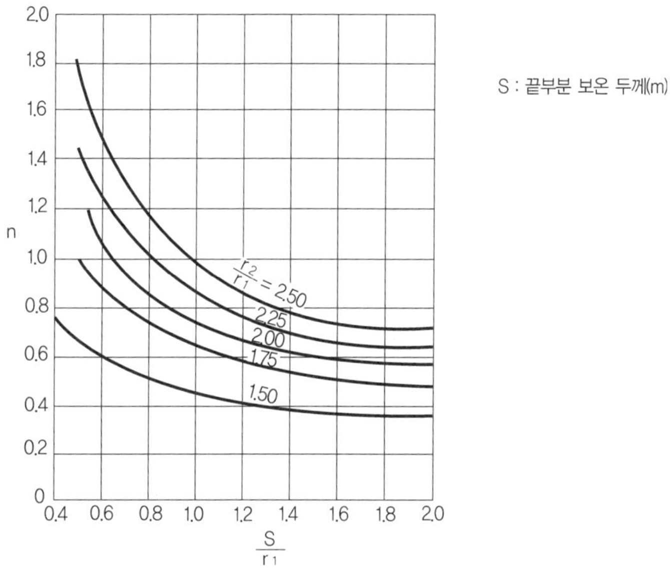

[그림_1]

4. **휨 강도** 시험은 다음에 따른다.

a) 보온판의 두께는 제품 두께 그대로 나비 약 75mm, 길이 약 250mm의 시험편 3개를 취하여, 시험 장치로 시험편의 표면으로부터 스팬 중앙의 전체 나비에 걸쳐 10mm/min 속도로 하중을 가한다.

다음 식에 따라 휨 강도를 구한다. 다만 3개의 평균값이 표 3의 규정에 적합하여야 한다.

$$K = \frac{3Wl}{2bh^2}$$

***[참고_K : 휨 강도(N/㎠) / W : 최대 하중(N) / ℓ : 스 팬(cm) / b : 시험편의 나비(cm) / h : 시험편의 두께(cm)]

두께 및 나비는 각각 3곳을 측정하여 그 평균값을 취한다. 두께 및 나비는 0.1mm, 스펜은 1mm, 하중은 0.98N까지 측정한다.

b) 보온통은 길이 약 500mm의 반원통 시험편 3개를 취하여, 시험장치로 스팬 중앙에 나비 25mm의 순응성이 좋은 헝겊 또는 고무판 등을 대고, 시험편의 표면에서 전체 나비에 걸쳐 10mm/min 속도로 하중을 가한다.
다음 식에 따라 휨 강도를 구한다.

$$K = \frac{Wle_2}{4I}$$

$$e_c = \frac{4(R^2+Rr+r^2)}{3\pi(R+r)}$$

$$I = 0.1098(R^4-r^4) - \frac{0.283R^2r^2(R-r)}{R+r}$$

***[참고_K : 휨 강도(N/cm²) / W : 최대 하중(N) / l : 스 팬(cm) / R : 원통의 바깥 반지름(cm) / r : 원통의 안 반지름(cm)]

원통의 안 반지름 및 바깥 반지름은 0.1mm, 스팬은 1mm, 하중은 0.98N까지 측정한다. 원통의 안 반지름 및 바깥 반지름은 양 끝에서 각각 3곳을 측정하여 그 평균값을 취한다. 또한 나비 약 74mm, 두께 약 25mm, 길이 약 250mm의 시험편을 잘라 낼 수 있는 경우에는 판으로 시험하여도 좋다.

c) 외피를 씌운 제품은 외피를 벗긴 후 측정한다.

5. **선 수축률** 시험은 다음에 따른다.

시험편은 보온판, 보온통 모두 길이 방향으로 길이 약 150mm, 나비 약 50mm, 두께는 제품의 두께 그대로 하여 이것을 약 110±5℃에서 건조시켜 항량으로 한 후, 데시케이터 속에서 냉각시킨 후 산화크롬 또는 시험편에 나쁜 영향을 주지 않고 높은 온도에서도 소실하지 않는 약품으로 표시선을 명시하여 표시선의 길이(ℓ_1)를 측정한다.

다음에 시험편을 가마 안에 수평으로 눕혀 가만히 놓는다. 이 경우 시험편 상호간은 20mm 이상, 가마벽과는 40mm 이상의 간격을 둔다. 가열 온도는 2~3시간에 고온용은 1000℃, 그 외는 650℃가 되도록 하며, 고온용은 1000±15℃, 그 외는 650±15℃에서 3시간 가열한 후 자연 냉각시켜 표시선의 길이(ℓ_2)를 측정하여, 다음 식에 따라 선 수축률을 구한다.

$$\text{선 수축률(\%)} = \frac{\ell_1-\ell_2}{\ell_2} \times 100$$

표시선의 길이는 0.1mm까지 측정한다.

5. 발수도의 측정은 다음에 따른다.
  a) 보온판은 제품의 두께 그대로 나비 약 150mm, 길이 약 300mm의 시험편을 만들어 약 105℃로 건조하여 항량이 된 후의 질량(W_1)과 부피(V)를 측정한다. 시험 장치의 45 경사면에 붙이고 물뿌림 양이 1분 동안에 1L가 되도록 하여 60분 동안 뿌린 후 표면의 물방울을 제거하여 질량(W_2)을 측정하고, 다음 식에 따라 발수도를 구한다.

$$발수도(\%) = 1 - \left(\frac{W_2 - W_1}{V \times p} \right) \times 100$$

***[참고_p : 물의 비중으로, 1로 한다.]

부피를 구하는 경우 두께, 나비 및 길이는 각각 3곳을 측정하여 그 평균값을 취한다. 두께, 나비는 0.1mm, 길이는 1mm, 질량은 1g까지 측정한다.
  b) 보온통은 길이 약 300mm의 시험편을 a)와 같은 방법으로 준비한 건조 시험편의 내면을 아래로 하여 시험 장치의 45 경사면에 붙이고 a)와 같은 방법으로 발수도를 측정한다. 부피를 구할 경우, 안지름 및 바깥지름은 시험편의 양 끝에서 각각 3곳을 측정하여 평균값을 취한다. 두께, 안지름 및 바깥지름은 0.1mm, 길이는 1mm, 질량은 1g까지 측정한다.
  c) 250℃ 이상으로 가열한 것은 이 시험 방법을 적용하지 않는다.

2) 보고

검사는 치수 및 품질을 검사하여 합격 여부를 결정한다. 다만 검사는 합리적인 샘플링 방식에 따른다.

3) 표시

제품 또는 포장에는 다음 사항을 표시하여야 한다.
  a) 종 류
  b) 치 수
  c) 제조 연월 또는 그 약호
  d) 제조자명 또는 그 약호

참고 KS 규격

KS B 0817
KS B 0845
KS B 0896
KS B 1010
KS D 0244
KS D 0273
KS D 3503
KS D 3504
KS D 3505
KS D 3511
KS D 3515
KS D 3527
KS D 3529
KS D 3530
KS D 3542
KS D 3558
KS D 3565
KS D 3593
KS D 3613
KS D 7002
KS D 7017
KS F 2302
KS F 2303
KS F 2306
KS F 2307
KS F 2308
KS F 2309
KS F 2310
KS F 2311
KS F 2312
KS F 2314
KS F 2316
KS F 2320
KS F 2322
KS F 2327
KS F 2328
KS F 2337
KS F 2340
KS F 2342
KS F 2343
KS F 2346
KS F 2349
KS F 2353
KS F 2354
KS F 2355
KS F 2367
KS F 2373
KS F 2405
KS F 2414
KS F 2426
KS F 2432
KS F 2433
KS F 2444
KS F 2445
KS F 2451
KS F 2455
KS F 2502
KS F 2503
KS F 2504
KS F 2504
KS F 2505
KS F 2507
KS F 2508
KS F 2509
KS F 2510
KS F 2511
KS F 2512
KS F 2515
KS F 2516
KS F 2518
KS F 2519
KS F 2540
KS F 2544
KS F 2545
KS F 2546
KS F 2560
KS F 2561
KS F 2562
KS F 2591
KS F 2592
KS F 2701
KS F 2825
KS F 3501
KS F 4001
KS F 4002
KS F 4004
KS F 4006
KS F 4009
KS F 4303
KS F 4306
KS F 4402
KS F 4403
KS F 4405
KS F 4406
KS F 4419
KS F 4420
KS F 4424
KS F 4601
KS F 4602
KS F 4714
KS F 4722
KS F 4726
KS F 4729
KS F 4901
KS F 4902
KS F 4903
KS F 4911
KS F 4914
KS F 4917
KS K 0210
KS K 0530
KS K 0754
KS K 0754
KS K 0768
KS K 0769
KS K ISO 10319
KS K ISO 10319
KS K ISO 10321
KS K ISO 11058
KS K ISO 11058
KS K ISO 12956
KS K ISO 12956
KS K ISO 9863-1
KS K ISO 9863-2
KS K ISO 9864
KS K ISO 9864
KS K ISO TR 12960
KS L 1592
KS L 5201
KS L 5204
KS L 5210
KS L 5219
KS L 5405
KS L 8520
KS L 9101
KS L 9102
KS M 0024
KS M 2201
KS M 2202
KS M 2203
KS M 3401
KS M 3404
KS M 3407
KS M 3408-2
KS M 3500
KS M 3805
KS M 3808
KS M 3862
KS M 6080

건설공사 품질시험기준

CONSTRUCTION STANDARDS FOCUS

:: 2008년 5월 20일 1쇄 발행

:: 편집부 편

:: 발행인 | 김기현 | 발행처 시공문화사

:: 등록 | 1993.3.12 제 1-1493

:: 표지 · 편집디자인 | 제이드

:: 인쇄 | 예림인쇄사

:: 제본 | 문종문화사

:: 용지 | (주) 대림지업사

:: 120-796 서울시 서대문구 현저동 200 극동빌딩 5층

:: 전화 02-3147-1212 · 2323 | 팩스 02-3147-2626

:: spacetime@korea.com | www.spacetime.co.kr

:: ISBN 89-5592-101-2 978-89-5592-101-4

정가 28,000원